Duden Ratgeber

Das große Handbuch Bewerbung

Alle Musterdokumente und Vorlagen aus diesem Buch können Sie ohne weitere Berechnung herunterladen und ganz einfach selbst bearbeiten.

So gehts:

- Besuchen Sie http://s.duden.de/download-hb-bewerbung-2
- Registrieren Sie sich bei uns einmalig als Kunde.
- Laden Sie die Dateien einfach auf Ihren Computer.

Fertig!

Klingt ganz einfach, ist es auch.

Duden Ratgeber

Das große Handbuch Bewerbung

Schritt für Schritt zum beruflichen Erfolg

Bearbeitet von
der Dudenredaktion

2., aktualisierte und
überarbeitete Auflage

Dudenverlag
Berlin

Die **Duden-Sprachberatung** beantwortet Ihre Fragen
zu Rechtschreibung, Zeichensetzung, Grammatik u.Ä.
montags bis freitags zwischen 09:00 und 17:00 Uhr.
Aus Deutschland: **09001 870098** (1,99 € pro Minute aus dem Festnetz)
Aus Österreich: **0900 844144** (1,80 € pro Minute aus dem Festnetz)
Aus der Schweiz: **0900 383360** (3,13 CHF pro Minute aus dem Festnetz)
Die Tarife für Anrufe aus den Mobilfunknetzen können davon abweichen.
Den kostenlosen Newsletter der Duden-Sprachberatung können Sie
unter www.duden.de/newsletter abonnieren.

Bibliografische Information der Deutschen Nationalbibliothek
Die Deutsche Nationalbibliothek verzeichnet diese Publikation in der Deutschen Nationalbiografie; detaillierte bibliografische Daten sind im Internet über http://dnb.d-nb.de abrufbar.

D C B A
Bibliographisches Institut GmbH, Mecklenburgische Straße 53, 14197 Berlin

Redaktionelle Leitung Iris Glahn
Redaktion Dr. Hildegard Hogen
Autorinnen Doris Brenner, Judith Engst, Dr. jur. Stephanie Kaufmann, Barbara Kettl-Römer, Janne Jörg Kipp, Angelika Rodatus

Herstellung Maike Häßler
Layout init · Büro für Gestaltung, Bielefeld
Umschlaggestaltung Büroecco, Augsburg
Umschlagabbildung © istock.com (shapecharge)
Satz fotosatz griesheim GmbH
Druck und Bindung Heenemann GmbH & Co. KG, Bessemerstraße 83–91, 12103 Berlin
Printed in Germany

ISBN 978-3-411-75062-7
Auch als E-Book erhältlich unter: ISBN 978-3-411-91164-6
www.duden.de

Inhalt

Fähigkeiten und Ziele
Anforderungsprofile
Stellensuche
Akademiker als Bewerber
Bewerbung mit 45+
Bewerbungsunterlagen
Fähigkeiten und Ziele
Anforderungsprofile
Stellensuche
Akademiker als Bewerber
Bewerbung mit 45+
Bewerbungsunterlagen
Fähigkeiten und Ziele
Anforderungsprofile
Stellensuche
Akademiker als Bewerber
Bewerbung mit 45+
Bewerbungsunterlagen
Fähigkeiten und Ziele
Anforderungsprofile
Stellensuche
Akademiker als Bewerber
Bewerbung mit 45+
Bewerbungsunterlagen
Fähigkeiten und Ziele
Anforderungsprofile
Stellensuche
Akademiker als Bewerber
Bewerbung mit 45+
Bewerbungsunterlagen
Fähigkeiten und Ziele
Anforderungsprofile
Stellensuche
Akademiker als Bewerber
Bewerbung mit 45+
Bewerbungsunterlagen
Fähigkeiten und Ziele
Anforderungsprofile
Stellensuche
Akademiker als Bewerber
Bewerbung mit 45+
Bewerbungsunterlagen
Fähigkeiten und Ziele
Anforderungsprofile
Stellensuche
Akademiker als Bewerber
Bewerbung mit 45+
Bewerbungsunterlagen
Fähigkeiten und Ziele

Stellensuche und Vorbereitung

Stellensuche und Vorbereitung

Die Stellensuche

Planvolles Vorgehen erleichtert die Bewerbung.

Wer eine neue Stelle sucht, hat es nicht immer leicht. Denn es ist gar nicht so einfach, geeignete Angebote zu finden. Oft scheitert die Suche auch einfach daran, dass ein Bewerber noch nicht genau weiß, was er eigentlich kann und was er will.

Vorbereitung: Fähigkeiten und Ziele identifizieren

Welcher Beruf passt zu Ihren Interessen und Fähigkeiten?

Eine Bewerbung bringt nur dann den gewünschten Erfolg, wenn sie zielgerichtet ist. Eine willkürliche Streuung von Bewerbungen an viele potenzielle Arbeitgeber und auf alle möglichen Stellen ist nicht die Methode, die letztlich zu einer guten Stelle führt. Bevor Sie nicht wissen,

- was Sie können und welche Erfahrungen Sie mitbringen,
- welche vorrangigen Interessen Sie haben,
- auf welche Ziele Sie hinarbeiten,

brauchen Sie gar keine Bewerbung loszuschicken.

»Harte« Qualifikationen ...

Vorüberlegungen zum eigenen Können

Überlegen Sie genau: Welche »harten« Qualifikationen haben Sie zu bieten? Welche Ausbildung haben Sie? Welche Erfahrung bringen Sie mit? Welcher Teil Ihrer Ausbildung, Ihres Studiums oder Ihres Werdegangs hat Ihnen besonders großen Spaß gemacht? Und welche Qualifikationen sind darüber hinaus entwicklungsfähig? Falls Sie keine abgeschlossene Ausbildung haben: Welche Kenntnisse und Fähigkeiten haben Sie? Zwei Beispiele für die Entwicklungsfähigkeit bestimmter Kenntnisse:

Beispiel 1
Marian Langer ist gelernter Mediengestalter. Nach seiner Ausbildung in einer Werbeagentur hat ihn eine Direktbank übernommen, wo er zunächst in der Marketingabteilung auch tatsächlich als Mediengestalter arbeitete. Dort hat er die nötigen Kenntnisse über verschiedene Finanzprodukte und Dienstleistungen seiner Bank erworben. Zudem war er fürs Direktmarketing zuständig, eine Werbeform, bei der es

um den direkten Kundenkontakt geht. Als er nun bei einer anderen Bank eine offene Stelle im Beschwerdemanagement findet, bewirbt er sich. Seine Chancen stehen recht gut, denn seine langjährige Erfahrung im Finanzwesen und in der Kommunikation belegt seine Qualifikation.

Beispiel 2
Laura Bader hat ihr Studium der Volkswirtschaftslehre im vierten Semester abgebrochen. Nun steht sie vor der Frage, in welchem Beruf sie arbeiten kann und will. Während ihrer Studienzeit hat Laura Bader neben den wirtschaftswissenschaftlichen Grundlagen auch Kenntnisse in kaufmännischer Buchführung und Statistik sowie Fähigkeiten im Umgang mit Tabellenkalkulationssoftware aufgebaut. Daran kann sie bei der Stellensuche anknüpfen.

... und »weiche« Fähigkeiten

Hobbys geben Aufschluss über Charaktereigenschaften.

Durchleuchten Sie Ihre Hobbys und Vorlieben einmal ganz genau: Welchen Neigungen gehen Sie nach und was offenbaren diese über Ihre Qualifikationen? Einige Beispiele:

Hobbys als Hinweis auf Qualifikationen

Hobby, Freizeitbeschäftigung	Hinweis auf ...
Sammeln	Gründlichkeit, Genauigkeit
Gemeinschaftssportart (z. B. Fußball)	Teamfähigkeit, Kampfgeist
Einzelsportart (z. B. Marathonlauf)	Disziplin, Kampfgeist
Leitung einer Jugendgruppe, Trainieren einer Nachwuchsmannschaft	Führungsqualitäten
Amt als Vereinsvorstand	Organisationstalent
Ehrenamt	soziale Fähigkeiten, Teamfähigkeit
Mode	Stilsicherheit

Das Fremdbild ergänzt und korrigiert die eigene Einschätzung.

Andere sehen Stärken, die man selbst nicht an sich wahrnimmt.

Verlassen Sie sich nicht nur auf Ihr eigenes Urteil – fragen Sie auch andere!

Machen Sie sich nicht allein darüber Gedanken, welche berufsbezogenen Fähigkeiten Sie haben. Sie können gar nicht alles herausfinden, was Sie kennzeichnet. Besonders in Zeiten von Arbeitslosigkeit neigen Stellensuchende dazu, die eigenen Stärken gar nicht wahrzunehmen, sondern nur die Schwächen zu sehen.

Fragen Sie Menschen, zu denen Sie Vertrauen haben und deren Urteil Sie schätzen. Lassen Sie sich offen deren Meinung sagen: Welche

- Anlagen,
- Begabungen,
- Kenntnisse,
- Fähigkeiten

sind Ihren Bekannten an Ihnen aufgefallen? Dabei kommt oft Überraschendes heraus, denn fast jeder hält seine Stärken für normal. Die eigenen Schwächen dagegen sind den meisten Menschen nur allzu deutlich bewusst.

Beispiel

Frederick A. fragt seinen besten Freund Julian nach einer ehrlichen Einschätzung seiner Fähigkeiten. Eine der Antworten überrascht ihn wirklich: »Du kannst prima organisieren und behältst auch noch im größten Chaos den Überblick.« Stimmt – Frederick A. hat Jahr für Jahr das Laienschauspiel in seinem Dorf organisiert (vom Auswählen des Stücks über das Ausleihen von Kostümen bis hin zur Buchung der Aufführungsräume). Aber er hat Organisationstalent immer für etwas Selbstverständliches gehalten, weil er dachte: »Das kann doch jeder.« Erst sein Freund hat ihn darauf aufmerksam gemacht, dass Organisationsfähigkeit eine wünschenswerte Fähigkeit ist, über die längst nicht jeder verfügt.

Berufsziel festlegen und passende Arbeitgeber suchen

Werden Sie sich über Ihre Ziele klar – und über potenzielle Arbeitgeber!

Die Suche nach den eigenen Talenten und Vorlieben mündet schließlich in das Formulieren von beruflichen Zielen. Nur auf Berufe, die Ihren Neigungen und Fähigkeiten zum großen Teil entsprechen, sollten Sie sich bewerben. Suchen Sie auch nach möglichen Arbeitgebern: Bei

- welchem Unternehmen,
- welcher Organisation,
- welchem Verband,
- welcher öffentlichen Einrichtung,
- welchem öffentlichen Träger

wollen Sie arbeiten? Vielleicht lohnt sich dort eine Initiativbewerbung.

Stellenanzeigen lesen: Welche Tätigkeiten interessieren Sie prinzipiell?

Tipp **Halten Sie Ihre Ziele in Stichworten fest!**

Wenn Sie unschlüssig sind, bieten Stellenanzeigen in Zeitungen bereits eine erste Orientierung. Überlegen Sie sich, welche Stellenbeschreibungen Ihnen zusagen. Wenn Sie es schaffen, Ihre bevorzugten Berufsfelder oder Tätigkeiten mit Stichwörtern zu beschreiben, dann erleichtert das auch die Onlinesuche nach Stellen.

Stellen suchen – gewusst wo!

Die passende Stellenanzeige zu finden gelingt nicht immer.

Das Internet hat die Stellensuche gründlich verändert. Nur samstags die Tageszeitung zu durchforsten, das reicht heute nicht mehr. Nutzen Sie alle Möglichkeiten der Recherche, die sich bieten: Internet, Printmedien, Hinweise von Bekannten und gegebenenfalls auch Jobmessen. Sie bekommen so nicht nur die Chance, auf interessante Stellen zu stoßen; sondern auch einen tiefen Einblick in den Stellenmarkt. Die wichtigsten Quellen der Stellensuche sind

- Online-Jobbörsen,
- soziale Netzwerke,
- Stellenmärkte der Printmedien (online und gedruckt),
- Arbeitgeberwebsites,
- Stellenausschreibungen in Fachmedien,
- Hinweise von Bekannten,
- Jobmessen.

Online-Jobbörsen

Die Generalisten: Stepstone und Monster

Überregional und branchenübergreifend

Stepstone (www.stepstone.de) und Monster (www.monster.de) agieren überregional und branchenübergreifend. Sie befinden sich im stetigen Wettstreit um die Marktführerschaft. Viele größere Unternehmen haben Rahmenverträge mit diesen Portalen, die sie zur Schaltung einer bestimmten Anzahl von Stellenangeboten und zum Zugriff auf die Bewerberprofile berechtigen.
Als Bewerber finden Sie dort Stellenausschreibungen der verschiedensten Arbeitgeber, vorwiegend von Industrie- und Handelsunternehmen. Stellenanzeigen lokal ansässiger Handwerks- und Einzelhandelsfirmen sowie des öffentlichen Dienstes sind dagegen in diesen Portalen eher weniger anzutreffen.

Geeignet für Fachkräfte und mittlere Positionen

Der Fokus von Stepstone und Monster liegt auf der Vermittlung von Fach- und Führungskräften, allerdings nicht unbedingt von hochbezahlten Spitzenpositionen.

Lokaler Schwerpunkt: Stellenanzeigen.de, Meinestadt.de und die Jobbörse der Arbeitsagentur

Wo lokale Unternehmen inserieren

Zwar sind die Plattformen Stellenanzeigen.de (www.stellenanzeigen.de) und MeineStadt.de (http://jobs.meinestadt.de/deutschland/stellen) branchenübergreifend in ganz Deutschland tätig, dennoch haben sie einen lokalen beziehungsweise regionalen Schwerpunkt. Das heißt: Sie richten sich nicht vorrangig an »mobile« Bewerber, die für ihre Traumstelle gern einen Umzug in Kauf nehmen. Vielmehr finden Sie auf diesen Plattformen vor allem Anzeigen von regionalen Unternehmen und Institutionen, beispielsweise von Handwerksbetrieben, Einzelhandelsfirmen und mittelständischen Industrieunternehmen. Auch Krankenhäuser, Pflegeeinrichtungen und kommunale Behörden (Gemeinden, Landkreise) stellen Anzeigen auf diesen Plattformen ein.

Fachkräfte, Aushilfsjobs, Ausbildungsstellen, Praktika

Die Stellenangebote richten sich weniger an Führungskräfte als vielmehr an ausgebildete Fachkräfte. Aber auch

für die Suche nach Ausbildungsstellen, Plätzen für Werkstudenten, Aushilfsjobs und Praktika eignen sich diese Portale.
Ähnliches gilt für die Jobbörse der Arbeitsagentur (http://jobboerse.arbeitsagentur.de). Diese hat überdies den Vorteil, dass Unternehmen dort kostenfrei inserieren können. Schon deshalb ist hier das Angebot sehr groß, und Sie werden viele lokale Firmen und Institutionen mit ihren Stellenangeboten auf dieser Jobbörse finden.

Online-Jobbörsen lokaler Zeitungen

Oft auch online: Stellenanzeigen in Lokalzeitungen

Falls Sie bei der lokalen Suche auf Stellenanzeigen.de, Meinestadt.de oder der Jobbörse der Arbeitsagentur nicht fündig werden, sollten Sie sich überlegen: Welche Tageszeitung ist in Ihrem Gebiet am weitesten verbreitet?
Gehen Sie dann im Internet auf deren Website. Meist führt von dort aus direkt ein Link zu einer Jobbörse, in der ausschließlich Stellenangebote aus dem Verbreitungsgebiet Ihrer Zeitung zu finden sind. Diesen Link finden Sie häufig hinter der Schaltfläche »Anzeigen« oder »Job & Karriere«.
Die meisten Lokal- und Regionalzeitungen bieten Firmen inzwischen kombinierte Inserate an, die sowohl in der gedruckten als auch in der Online-Ausgabe erscheinen. Daher lohnt sich auch hier das Surfen im Internet – vor allem, wenn Sie keine Lokalzeitung abonniert haben.
Einige Beispiele:

- www.waz-jobs.de ist das Stellenportal der »Wolfsburger Allgemeinen Zeitung« (»WAZ«).
- www.jobs.hna.de ist die Jobbörse der »Hessischen/Niedersächsischen Allgemeinen« (»HNA«).
- http://stellenmarkt.stuttgarter-zeitung.de ist der Stellenmarkt der »Stuttgarter Zeitung«.
- http://jobs.merkur.de ist die Jobbörse der Tageszeitung »Münchner Merkur«

Online-Jobbörsen überregionaler Zeitungen

Stellenbörsen überregionaler Zeitungen: Fach- und Führungskräfte gesucht!

Größere Firmen und Institutionen präsentieren sich oft im Karriereteil überregionaler Zeitungen. Meist ist die Schaltung gedruckter Stellenanzeigen mit einer Veröffentlichung auf der Online-Stellenbörse derselben Zeitung verknüpft. Ausgeschrieben werden dort in der Regel leitende Funktionen sowie Stellenangebote für spezialisierte Fachkräfte. Anders als bei Stellenanzeigen.de sind diese Anzeigen nicht auf lokale Arbeitgeber begrenzt: Anzeigen schalten viele Konzerne mit mehreren Standorten sowie Bundesbehörden und Hochschulen, die ihre Mitarbeiter nicht nur aus der eigenen Region rekrutieren. Die wichtigsten Stellenbörsen dieser Kategorie sind:

- http://FAZjob.net, betrieben von der »Frankfurter Allgemeinen Zeitung«. Hier finden Sie Stellen für Fach- und Führungskräfte in ganz Deutschland.
- http://stellenmarkt.sueddeutsche.de, betrieben von der »Süddeutschen Zeitung«. Hier finden Sie vorwiegend Stellen für Fach- und Führungskräfte im süddeutschen Raum (Bayern und Baden-Württemberg), aber auch überregionale Anzeigen.
- http://jobs.zeit.de, betrieben von der Wochenzeitung »Die Zeit«. Dieses Stellenportal weist einen klaren Schwerpunkt in den Bereichen Wissenschaft und Forschung auf. Viele Hochschulen und Forschungseinrichtungen (z. B. die Max-Planck- und Fraunhofer-Institute) inserieren dort.

Top-Jobs: Experteer und Placement24

Spezial-Stellenbörsen für Topjobs

Die Stellenportale Experteer (www.experteer.de) und Placement24 (www.placement24.com) haben sich auf die Vermittlung von hochqualifizierten Fach- und Führungskräften ab einem Bruttojahresgehalt von 60 000 Euro (Experteer) bzw. 40 000 Euro (Placement24) spezialisiert. Damit sind diese Plattformen hauptsächlich für die Stellensuche in der Industrie geeignet. Sie versprechen den Bewerbern den direkten Kontakt zu Personalberatern (»Headhuntern«), die bei der Besetzung solcher Stellen häufig eingeschaltet werden.
Beachten Sie: Bei beiden Plattformen gibt es eine kostenfreie Basismitgliedschaft. Richtig nutzen lassen sich die entscheidenden Funktionen allerdings erst mit einer kos-

tenpflichtigen Premiummitgliedschaft. Vorteil: Damit können Sie als Bewerber auch verfolgen, wer sich Ihr Profil angesehen hat.

Eher selten: explizit ausgeschriebene Stellen

Vereinzelt werden Sie auf Experteer und Placement24 tatsächlich Angebote für gut dotierte Stellen finden. Allerdings werden die meisten echten »Topstellen« häufig nicht öffentlich ausgeschrieben, oder sie sind auf Stepstone und Monster.de genauso präsent. Insofern ist die reine Suche nach Stellenangeboten für Spitzenkräfte auf diesen Portalen nicht unbedingt befriedigend.

Auch die Eingabe eines Bewerberprofils führt nicht immer zu den gewünschten Kontakten zu Headhuntern. Diese machen sich häufiger auf Stepstone und Monster, XING und LinkedIn auf die Suche nach qualifizierten Fach- und Führungskräften – das spart ihnen nämlich Kosten.

Soziale Netzwerke: XING, LinkedIn und Facebook

Business-Netzwerke sind auch zur Stellensuche geeignet.

Ob XING, LinkedIn oder Facebook: Soziale Netzwerke sind aus der modernen Welt nicht wegzudenken. Während Facebook schwerpunktmäßig für den privaten Austausch gedacht ist, haben sich XING und LinkedIn auf geschäftliche Kontakte spezialisiert. Deshalb haben sie sich inzwischen zu wichtigen Instrumenten bei Stellensuche und Karriereplanung entwickelt, die Bewerber als ebenso hilfreich einschätzen wie Personalberater, Recruiter (auf die Auswahl von Bewerbern spezialisierte Personaler in größeren Unternehmen) und Headhunter.

Um diese Netzwerke nutzen zu können, müssen Sie sich als Mitglied registrieren. Speziell für die Stellensuche lohnt sich meistens die kostenpflichtige, aber durchaus erschwingliche Premiummitgliedschaft. Ihr Vorteil als Bewerber: Sie können sehen, wer auf Ihr Profil zugegriffen hat. Überdies erhalten Sie auch mehr Informationen über andere Netzwerkmitglieder (auch Personalverantwortliche und Headhunter) und haben bessere Möglichkeiten, diese zu kontaktieren.

Als Mitglied können Sie Ihr Bewerberprofil eingeben. Sie können sich aber auch die dort geschalteten Stellenanzeigen ansehen und direkt Kontakt zu potenziellen Arbeitgebern oder Headhuntern aufnehmen. Folgende Unterschiede bestehen zwischen den Anbietern:

XING: Schwerpunkt Deutschland

- XING hat seinen Schwerpunkt in Deutschland. Sie werden hier vorwiegend inländische Stellenausschreibungen finden. LinkedIn ist dagegen international ausgerichtet. In Deutschland ist dieses Businessnetzwerk zwar im Aufwind, aber noch längst nicht so weit verbreitet wie XING.

LinkedIn: internationaler Schwerpunkt

- Bei LinkedIn werden Sie viele Stellen finden, die mit Auslandseinsätzen verbunden sind beziehungsweise viele Auslandsreisen und Auslandskontakte erfordern. Die Nutzung von LinkedIn ist in anderen Ländern weiter verbreitet als in Deutschland, wo die Zahl der Nutzer noch überschaubar ist.

Facebook: Jobs für jüngere Menschen

- Das private Netzwerk Facebook eignet sich nur sehr eingeschränkt für die Stellensuche. Vor allem Ausbildungsplätze für jüngere Bewerber werden hier manchmal angeboten. Zudem sind die Unternehmen angesichts des drohenden Fachkräftemangels verstärkt in Facebook aktiv, um Kontakt zu potenziellen Auszubildenden, Werkstudenten und Trainees zu knüpfen. Wer einen Ausbildungsbetrieb sucht, kann also auch auf Facebook fündig werden. Dort konkrete Stellenanzeigen zu finden, ist jedoch eher die Ausnahme als die Regel.

Tipp **Soziale Netzwerke reichen nicht!**

Beschränken Sie sich bei der Suche nach Stellen nicht allein auf die sozialen Netzwerke. Stellenanzeigen dort zu schalten, ist für Arbeitgeber wegen der hohen Reichweite und Beliebtheit vergleichsweise teuer. Deshalb werden Sie in sozialen Netzwerken immer nur eine kleine Auswahl derjenigen Stellen finden, die tatsächlich verfügbar sind.

Spezialisierte Stellenportale für einzelne Branchen

Branchenspezifische Stellenportale

Neben den bereits genannten Jobbörsen gibt es noch branchenspezifische Stellenportale. Die meisten werden von Branchenverbänden betrieben. Auch Verlage, die branchenspezifische Fachpublikationen herausgeben, bieten im Internet entsprechende Jobbörsen an. Hinzu kommen einige privatwirtschaftliche Stellenportale mit branchenspezifischem Schwerpunkt. Dazu einige Beispiele:

- www.kunststoffweb.de/karriere ist eine Plattform des Gesamtverbands Kunststoff verarbeitender Industrie. Dort finden sich verschiedenste Stellenangebote von Unternehmen im Bereich der Kunststoffverarbeitung.
- www.aerzteblatt.de/aerztestellen ist eine Plattform des »Deutschen Ärzteblattes«, der führenden Fachzeitschrift für Ärzte. Dort sind beispielsweise offene Stellen in Krankenhäusern und Gesundheitszentren ausgeschrieben.
- www.twjobs.de ist die Stellenbörse der Fachzeitschrift »Textilwirtschaft«, der auflagenstärksten Publikation in diesem Bereich.
- www.hotelcareer.de, www.gastronomiecareer.de und www.touristikcareer.de sind auf Hotellerie, Gastronomie und Touristik spezialisierte Stellenportale eines privaten Anbieters.
- www.carelounge.de bietet drei Stellenbörsen im Sozial- und Gesundheitsbereich: Angeboten werden Stellen in Pflegeeinrichtungen und Krankenhäusern, in Sozialeinrichtungen und in Seniorenheimen. Auch diese Plattformen werden von einem privaten Anbieter betrieben.

Bessere Auffindbarkeit branchenspezifischer Stellen

Diese branchenspezifischen Jobbörsen helfen Ihnen bei der Stellensuche, wenn Sie sich auf bestimmte Verfahren, Abläufe oder Tätigkeiten in einer Branche spezialisiert haben. Bei verbandseigenen Portalen können zudem die Unternehmen, die Mitglieder im Verband sind, ihre Stellenanzeigen oft kostenlos schalten. Diese Portale finden Sie nicht selten als Link auf der Website des jeweiligen Verbands oder Fachverlags, meist hinter einer Schaltfläche

»Karriere«. Dort stoßen Sie häufig auf weitaus mehr und überdies passendere Angebote als bei weniger spezialisierten Stellenportalen.
Was tun, falls Sie kein branchenspezifisches Stellenportal für Ihren Bereich finden? Sie haben zwei weitere Möglichkeiten, sich auf die Suche zu begeben:

Wie Sie branchenspezifische Jobbörsen finden

- Gehen Sie über eine Metasuchmaschine, geben Sie dort einen branchentypischen Beruf ein, und Sie sehen bei den Suchergebnissen automatisch auch die auf die jeweilige Branche spezialisierten Stellenportale.
- Besuchen Sie die Website www.berufenet.arbeitsagentur.de. Suchen Sie dort nach der Berufsbezeichnung Ihrer Wahl, am besten auch mit Varianten (z. B. »Medizinische/-r Fachangestellte/-r« statt »Arzthelfer/-in«). Unter »Zusätzliche Informationen« finden Sie eine Vielzahl spezialisierter Stellenbörsen, die genau auf den jeweiligen Beruf bzw. die jeweilige Branche zugeschnitten sind.

Metasuchmaschinen für Stellenbörsen erleichtern die Suche

Metasuchmaschinen durchsuchen mehrere Jobbörsen.

Metasuchmaschinen sind besondere Suchmaschinen, die verschiedene Stellenbörsen und auch Unternehmenswebsites nach Stellenausschreibungen durchforsten und teilweise eine sehr komfortable Suche erlauben. Die bekanntesten Metasuchmaschinen für Stellenanzeigen sind:

- www.jobturbo.de
- www.jobworld.de
- www.jobkralle.de
- www.jobrobot.de
- www.jobs.de
- www.careerjet.de
- www.kimeta.de

Jobmessen

Jobmessen – auch Karrieremessen genannt –, auf denen sich Unternehmen und Organisationen, Verbände und öffentliche Einrichtungen als Arbeitgeber präsentieren,

werden immer beliebter, und sie sind längst nicht mehr nur auf die Groß- und Universitätsstädte beschränkt. Selbstverständlich spielen Jobmessen keine Rolle in ohnehin überlaufenen Berufen. Wohl aber dort, wo mehr oder weniger händeringend geeignete Arbeitskräfte gesucht werden. Spezielle Ausbildungsmessen wenden sich vor allem an Schüler, Absolventenmessen vor allem an junge Leute, die gerade ihren Bachelor oder ihren Master erworben haben. Welche Jobmessen anstehen, können Sie zum Beispiel unter www.jobmesse-radar.de in Erfahrung bringen.
Der Besuch einer Jobmesse entspricht, was die Anforderungen an Stellensuchende betrifft, denen eines Vorstellungsgesprächs – schließlich wollen Sie mit einem potenziellen Arbeitgeber in persönlichen Kontakt treten. Vorbereitung ist also alles! Informieren Sie sich im Vorfeld, welche Unternehmen zu den Ausstellern zählen und informieren Sie sich auch über die Unternehmen, die für Sie infrage kommen. Mit ein bisschen Insiderwissen können Sie im Gespräch viele Punkte machen!

Tipp **Einen Gesprächspartner ansprechen**

Malen Sie sich schon vorab aus, wie Sie vor Ort auf einen Gesprächspartner zugehen und ihn höflich ansprechen. Unabdingbar ist es, sich selbst kurz vorzustellen; in aller Regel verbunden mit einem kurzen Handschlag (achten Sie auf die Körpersprache Ihres Gegenübers) und einem freundlichen Lächeln. Dazu nennen Sie Ihren Vor- und Ihren Nachnamen, Ihren Beruf und für welche Art von Stelle Sie sich im betreffenden Unternehmen interessieren. Auf diese Weise gelingt der Einstieg in ein Gespräch eigentlich immer, denn nun wird sich Ihr Gegenüber vorstellen und die ersten Fragen haben.

Kleiden Sie sich genau so, als ob Sie zu einem Vorstellungsgespräch eingeladen worden wären und achten Sie insgesamt auf ein gepflegtes, professionelles Erscheinungsbild – Sie können anders keine belastbaren Kontakte knüpfen! Halten Sie Visitenkarten bereit und Bewerbungsmappen, die Sie direkt überreichen können. Sorgen Sie dafür, dass diese Mappen bis zur Übergabe wirklich in tadellosem Zustand bleiben. Wenn sich allerdings im Gespräch herausstellt, dass Ihre Bewerbung nicht gut genug auf die Anforderungen der speziellen Stelle zugeschnitten ist, lassen Sie sich die Kontaktdaten Ihres Gesprächspartners geben und senden Sie ihm später Ihre überarbeitete Bewerbung. Fragen Sie auch, auf welchem Weg Sie sie übermitteln sollen: per E-Mail, per konventioneller Post oder über ein Onlineformular?

Stellen suchen – gewusst wie!

Sobald Sie einen Überblick oder sogar einen Plan dazu haben, wo überall Sie nach Stellen suchen können, dürfte sich die nächste Frage stellen: Wie Sie nach Stellen suchen. Rufen Sie sich dazu ins Gedächtnis: Was wollen Sie überhaupt? Welche Tätigkeit oder Position streben Sie an? Welche Branche oder welche Art von Unternehmen kommt potenziell für Sie in Frage? Je genauer Sie wissen, wonach Sie suchen, desto besser lässt sich die Suche nach passenden Stellenangeboten eingrenzen. Dafür bieten die einschlägigen Stellenportale und Metasuchmaschinen zunächst beispielsweise folgende Suchkriterien an:

- die Art der Tätigkeit (z. B. Ausbildungsplatz, Praktikum, Minijob, Teilzeit- oder Vollzeitstelle),
- das Berufsfeld (z. B. öffentlicher Dienst, Finanzen, Marketing und Kommunikation, Ingenieurwesen),
- regionale Kriterien (Eingabe der Postleitzahl Ihres Wohn- oder Wunschortes und des gewünschten Mobilitätsradius).

Nach Berufsbezeichnungen suchen

Berufsbezeichnungen: die richtigen Keywords eingeben

Auch die Eingabe von Berufsbezeichnungen in ein Suchfeld kann durchaus hilfreich sein. Aber Achtung: Verwenden Sie dafür die gängigsten Bezeichnungen, die so genannten Schlüsselwörter (»Keywords«). Berücksichtigen Sie dabei stets, dass es für bestimmte Berufe verschiedene Bezeichnungen geben kann, auch englische. Außerdem variieren womöglich die Schreibweisen. Dazu zwei Beispiele:

Verkäufer/-in (im Einzelhandel)
Fachberater/-in für ...
Kundenberater/-in
Kunden-Berater/-in
Mitarbeiter/-in Verkauf
Shop Assistant

Key Account Manager
(= Vertriebsmitarbeiter, der sich um die Schlüsselkunden, sprich die größten Kunden, kümmert)
Sales Manager
Area Sales Manager
Business Development Manager
Business-Development-Manager

Keywords aus veröffentlichten Stellenanzeigen übernehmen

Wenn Sie sich über die genaue Berufsbezeichnung Ihrer angestrebten Tätigkeit noch nicht im Klaren sind oder noch keine Ausbildung beziehungsweise Spezialisierung haben, grenzen Sie die Suche anderweitig ein. Suchen Sie zunächst etwa nach Branchen oder einfach nur nach der Postleitzahl und dem Umkreis, in dem Sie nach Stellen suchen. Die Suche funktioniert auch, wenn Sie nur zu einem Kriterium Angaben machen, also beispielsweise zur Postleitzahl. Sie erhalten dann alle auf dem jeweiligen Stellenportal veröffentlichten Stellenangebote in Ihrer Nähe. Sollten Sie zunächst nichts finden, geben Sie nicht vorschnell auf, sondern modifizieren Sie Ihre Suche.
Suchen Sie beispielsweise in einem größeren Umkreis. Schauen Sie die gefundenen Anzeigen an, auch wenn die Stellen zu weit von Ihrem Wohnort entfernt liegen und daher nicht infrage kommen. Notieren Sie sich die darin verwendeten Berufs-, Tätigkeits- und Branchenbezeichnun-

gen und wiederholen Sie damit die Suche im gewünschten Umkreis.

Nach Qualifikationen suchen

Oft erfolgreich: die Eingabe spezifischer Qualifikationen

Verwenden Sie das Suchfeld der einschlägigen Stellenportale nicht allein zur Eingabe von Berufsbezeichnungen. Geben Sie probehalber stattdessen auch Tätigkeiten oder Qualifikationen an, die Sie anstreben beziehungsweise besitzen. Je spezifischer und gefragter diese sind, desto mehr Erfolg verspricht eine Suche nach diesen Schlüsselwörtern.

Beispiel
Die Suche nach »Six Sigma« (ein bewährtes System zur Prozessoptimierung in der Industrie) oder »Kinästhetik« (ein Bewegungskonzept aus der Altenpflege, das Patienten hilft, ihren Körper besser wahrzunehmen) kann Sie schnell zu einem brauchbaren Suchergebnis führen.

Wenn Sie spezielle Computerprogramme oder Programmiersprachen beherrschen, die in der Industrie gängig sind, geben Sie diese ein. Dasselbe gilt für gängige Methoden, Prinzipien, Verfahren oder Normen. Auf diese Weise finden Sie spezifischere Stellenangebote, die besonders gut zu Ihnen passen könnten und bei denen die Konkurrenz durch andere Bewerber geringer ist als bei allgemeinen Ausschreibungen.

Synonyme und Schreibvarianten berücksichtigen

Denken Sie auch hier daran, dass es Synonyme und Schreibvarianten geben kann. Die jeweiligen Schlüsselwörter verwenden Sie dann bei weiteren Suchläufen. Zusätzlich sollten Sie auch noch andere Stellenbörsen und soziale Netzwerke durchstöbern oder sich mithilfe von Metasuchmaschinen einen Überblick über die angebotenen Stellen in Ihrem angestrebten Tätigkeitsbereich verschaffen.

Suchen mit Operatoren

Wie Sie Ihre Suche richtig eingrenzen

Einige wenige Jobbörsen und Metasuchmaschinen ermöglichen die Suche mit Operatoren, wie sie auch die Suchmaschine Google einsetzt. Das ist beispielsweise bei der

Metasuchmaschine Jobturbo (www.jobturbo.de) der Fall. Dort können Sie

- einzelne Suchbegriffe ausschließen, indem Sie ein Minus davor setzen (z. B. »Kundenberater – Callcenter«: Sie finden damit Stellen mit Kundenkontakt, schließen jedoch Stellenangebote von Callcenterbetreibern aus, bei denen der Kundenkontakt nur telefonisch stattfindet);
- zusammenhängende Begriffe suchen, indem Sie die Suchwörter in Anführungszeichen setzen (z. B. »Online Marketing«). Achtung: Suchergebnisse, bei denen nicht beide Wörter in genau dieser Reihenfolge und Schreibweise vorkommen, werden nicht angezeigt;
- Platzhalter verwenden, indem Sie für fehlende Buchstaben oder Wortteile ein Sternchen verwenden (z. B. »Product Manag*« zeigt Ihnen alle Stellenanzeigen an, in denen entweder »Product Manager« oder »Product Management« steht).

Nutzen Sie die »erweiterte Suche«!

Welche Suchmöglichkeiten die einzelnen Stellenbörsen und Metasuchmaschinen bieten, ist unterschiedlich. Für eine effiziente Suche lohnt es sich durchaus, sich mit den Möglichkeiten einer »erweiterten Suche« zu beschäftigen. Eine entsprechend benannte Schaltfläche finden Sie bei den meisten Anbietern.

E-Mail-Benachrichtigung einrichten

Passende Stellenanzeigen zuschicken lassen

Sie haben weder die Zeit noch die Lust, sich täglich auf einschlägigen Jobbörsen, Stellenportalen und Metasuchmaschinen zu tummeln? Das brauchen Sie auch nicht. Denn die meisten Anbieter schicken Ihnen auf Wunsch passende Stellenangebote per E-Mail zu. Meist verbirgt sich dieser Service hinter der Schaltfläche »Jobs per E-Mail« oder »E-Mail-Benachrichtigung«. Manchmal öffnet sich auch bei Eingabe der Suchkriterien ein Fenster, das diese Möglichkeit anbietet. Sie brauchen dann lediglich festzulegen, wonach Sie suchen. Die zu Ihren Eingaben passenden Stellenangebote werden Ihnen dann automatisch zugesendet. Das ist praktisch und hilft Ihnen, Zeit zu sparen.

Tipp **Einstellungen für den E-Mail-Empfang**

Falls Sie nach der Aktivierung der E-Mail-Benachrichtigung keine Stellenangebote in Ihrem Posteingang finden, prüfen Sie, woran das liegt. Waren Ihre Suchkriterien zu spezifisch? Das ist manchmal, aber längst nicht immer der Fall. Oft werden diese E-Mails vom Spamfilter Ihres E-Mail-Anbieters abgefangen, sodass Sie sie in Ihrem E-Mail-Programm gar nicht zu sehen bekommen. In diesem Fall ändern Sie die Einstellungen für den E-Mail-Empfang. Rufen Sie die entgangenen E-Mails in Ihrem Spamordner auf. Setzen Sie die Absenderadresse dann auf Ihre persönliche Whitelist (die Liste zugelassener E-Mail-Adressen in Ihrem E-Mail-Programm). Damit ist gewährleistet, dass Sie die passenden Stellenausschreibungen auch wirklich erhalten.

Bewerberprofile bei Jobbörsen eingeben

Wann lohnt sich die Eingabe eines Bewerberprofils?

Bei den meisten Jobbörsen können Sie ein eigenes Bewerberprofil eingeben und dazu Ihren Lebenslauf hochladen. Die Daten stehen dann potenziellen Arbeitgebern und Headhuntern zur Verfügung, sofern diese bereit sind, für den Zugriff zu zahlen. Ausgenommen sind hier lediglich die Metasuchmaschinen, die diesen Service nicht anbieten. Die Mehrzahl der Stellenportale bietet die Eingabe von Profil beziehungsweise Lebenslauf für Bewerber kostenfrei an. Bei einigen kostet dieser Service jedoch Geld, vor allem bei Portalen für gut bezahlte Fach- und Führungskräfte wie Experteer.de und Placement24.

Die Erfahrungen mit den Onlineformularen diverser Internet-Stellenportale sind sehr durchwachsen. Jeder Bewerber – ob qualifiziert oder nicht – kann sich dort einloggen und sein Bewerberprofil mitsamt Lebenslauf hinterlegen. Headhunter und Personalverantwortliche bezahlen monat-

Wer gefragte Qualifikationen bietet, wird eher gefunden.

lich eine bestimmte Summe an das Portal, um Zugriff auf diese Bewerberdaten zu erhalten.
Allerdings sind die Chancen, als Bewerber entdeckt zu werden, nicht so groß, wie man vielleicht meinen könnte. Die meisten Personalverantwortlichen scheuen den finanziellen und zeitlichen Aufwand, sich regelmäßig durch die Vielzahl der Bewerberprofile zu klicken. Realistische Chancen haben Sie vor allem, wenn Sie eine sehr gefragte Qualifikation zu bieten haben. Dann nämlich können Sie durchaus damit rechnen, dass einzelne Recruiter und Headhunter gezielt nach Bewerbern mit Ihrem Profil suchen und dabei auf Ihre Eingaben stoßen.
Oft müssen Sie jedoch einige Geduld aufbringen und dürfen nicht damit rechnen, dass sich Ihr Eintrag binnen kürzester Zeit bezahlt macht.

Tipp **Meist reicht das kostenlose Profil**

Das eigene Profil bei einer Online-Stellenbörse einzugeben, kann durchaus sinnvoll sein. Allein dafür aber auf kostenpflichtige Portale auszuweichen, das lohnt sich kaum – nicht einmal unbedingt für hoch bezahlte Fach- oder Führungskräfte. Denn: Wer die notwendigen Qualifikationen mitbringt, den finden Personalverantwortliche, Recruiter (auf Bewerbersuche spezialisierte Personaler) und Headhunter auch auf Stepstone, Monster oder – noch beliebter – in den kostenlosen, offenen Bereichen der sozialen Netzwerke XING und LinkedIn.

XING und LinkedIn optimal nutzen

Eine Alternative zum Bewerberprofil auf einer Online-Stellenbörse sind Einträge bei sozialen Business-Netzwerken wie XING und LinkedIn. Vor allem auf XING schauen sich viele Personalverantwortliche und -vermittler gezielt um. Auch die Recruitingabteilungen größerer Unternehmen suchen dort regelmäßig nach möglichen Kandidaten für offene Stellen. Es ist für sie die günstigste Art und Weise, geeignete Bewerber zu finden. Außerdem tummeln sich auf diesen Portalen nicht allein Arbeitssuchende, sondern auch Menschen, die zwar eine feste Anstellung haben, aber möglicherweise wechseln wollen.

Stete Optimierung

Wenn Sie auf Stellensuche gehen, lohnt es sich daher, Ihren Eintrag in diesen Netzwerken im Hinblick auf Ihre Karrierewünsche immer weiter und immer wieder zu optimieren.

Auch bei den sozialen Netzwerken gilt: Am ehesten werden Sie bei der Jobsuche fündig, wenn Sie gefragte Qualifikationen bieten und es nicht eilig haben. XING steht hierzulande auf Platz 1 der sozialen Business-Netzwerke. LinkedIn dagegen ist im deutschsprachigen Raum noch immer ein wenig exotisch. Es lohnt sich vor allem, wenn Sie international auf Stellensuche sind.

Einfache Mitgliedschaft oder Premium-Zugang?

Ob für Sie individuell eine einfache, kostenlose Mitgliedschaft reicht, oder ob Sie besser einen kostenpflichtigen Premiumzugang buchen, das können nur Sie selbst entscheiden. Fest steht, dass Ihnen ohne den Premium-Zugang viele Informationen entgehen. Sind das aber auch wirklich die Informationen, die für Sie von Relevanz sind? Geht es Ihnen darum, die Gelegenheiten zu gelungenen Selbstdarstellungen zu nutzen, oder darum, wirklich mit viel Engagement immer wieder auf sich aufmerksam zu machen?

Ist Ihre Branche in den Businessnetzwerken stark vertreten?

Sowohl Xing als auch LinkedIn ist insbesondere in den typischen gehobenen Bürojobs stark, im traditionellen Handwerk dagegen, in Branchen wie der Pflege oder der Bildung und Erziehung spielen sie eher eine untergeordnete Rolle, ebenso wie in den typischen Berufen der öffentlichen Verwaltung.

Öffentlich diskutieren und Dossiers verfassen

Außerdem zieht man in den Business-Netzwerken vor allem dadurch Aufmerksamkeit auf sich, dass man sich an Gruppendiskussionen beteiligt (oder sogar eigene Dossiers veröffentlicht) und so die eigene Kompetenz unter Beweis stellt. Wem das nicht liegt, hat es schon schwerer.

Andererseits bieten die Business-Netzwerke regelmäßig befristete günstige oder sogar kostenlose Premiummitgliedschaften zum Schnuppern an. Vielleicht verschaffen sie noch am schnellsten die Antwort auf die individuelle Frage, ob sich ein kostenpflichtiger Zugang lohnt oder nicht: Probieren geht über studieren!

Ihr Profil

Auch wer sich gegen einen kostenpflichtigen Zugang entscheidet, kann von den sozialen Business-Netzwerken profitieren: durch eine Mitgliedschaft, kombiniert mit einem durchdachten Profil, das möglichen Interessenten eine weitere Facette Ihrer Persönlichkeit offenbart.

Nehmen Sie sich Zeit!

Die Entwicklung eines aussagekräftigen Profils bei Xing oder LinkedIn erfordert mindestens so viel Sorgfalt wie eine klassische Bewerbung: Schließlich ist es eine Selbstdarstellung für die Öffentlichkeit! Nehmen Sie sich dafür also genügend Zeit, und planen Sie auch mehrere Korrekturläufe ein. Kaum jemandem gelingt es auf Anhieb, die eigene Persönlichkeit mit ihren Stärken und Schwächen in nur wenigen Worten zu beschreiben – zumal dann, wenn keine konkrete Stellenanzeige als Leitfaden zur Verfügung steht. Und sich auf wenige Worte zu beschränken, das ist in den Business-Netzwerken so wichtig wie in jeder Bewerbung: Weil die Leser erwarten, nicht möglichst viele, sondern möglichst interessante Informationen zu erhalten.

Tipp – Die Gehaltsrecherche

Aufs Geratewohl sollten Sie in Ihrem Profil kein Wunschgehalt angeben. Recherchieren Sie stattdessen vorher im Internet, was für die gewünschte Position und Branche üblich ist. Sie finden entsprechende Angaben beispielsweise, indem Sie die Schlüsselwörter »Gehalts-Check« bzw. »Gehaltscheck«, »Gehalts-Vergleich« bzw. »Gehaltsvergleich« oder den Satz »Verdienen Sie genug?« bei Google eingeben.

Vorsicht, wenn Sie fest angestellt sind!

Wer derzeit ohne Arbeit ist, sollte offensiv vermitteln, dass er die Situation verändern will.

Für ein erfolgreiches Profil müssen Sie nicht unbedingt die kostenpflichtige Mitgliedschaft bei Xing buchen – wohl aber den einen oder anderen Tipp beherzigen. Der wichtigste: Falls Sie aus einer Festanstellung heraus auf Stellensuche sind, dann seien Sie sehr vorsichtig bei Xing, denn es ist mehr als wahrscheinlich, dass auch Ihr Arbeitgeber sich hier umschaut. Niemand wird Sie schief anschauen, nur weil Sie ein Xing-Profil haben. Wohl aber dürfte es Ihnen zum Nachteil gereichen, wenn Sie offen darstellen, dass Sie einen neuen Arbeitsplatz suchen. Wenn Sie aus einer Festanstellung heraus Ausschau halten wollen, gilt es also, möglichst unverbindlich und allgemein zu bleiben. Wenn Sie dagegen gerade ohne Arbeit sind, dann sollten Sie dies auch offensiv vermitteln und deutlich machen, dass Sie Ihre Situation unbedingt ändern wollen.

Tipp **PDFs nur bei kostenpflichtiger Mitgliedschaft**

Derzeit bieten nur die kostenpflichtigen Premiummitgliedschaften die Möglichkeit, Bilder und PDF-Dateien hochzuladen. Diese Option ermöglicht Ihnen, etwa Ihren Lebenslauf zusätzlich einzustellen oder Arbeitsproben hochzuladen, was speziell bei kreativen Berufen sinnvoll sein kann. Das macht es Interessenten leichter, sich näher über Sie zu informieren. Natürlich müssen Sie selbst entscheiden, was Sie in einem Businessnetzwerk einer größeren Öffentlichkeit über sich und Ihre Arbeit preisgeben möchten.

Erstellen Sie Ihr Profil so, dass ein Personalverantwortlicher, Recruiter oder Headhunter etwas damit anfangen kann.
Die Schwierigkeit bei einem XING- oder LinkedIn-Profil besteht darin, dass Sie sich nicht auf eine explizit ausgeschriebene Stelle bewerben, sondern gewissermaßen aufs Geratewohl Informationen über Ihre Qualifikationen ver-

breiten und dabei hoffen, auf Interessenten zu stoßen. Genau deshalb sollten Sie sich im Vorfeld darüber informieren, was Personaler, Recruiter und Headhunter wirklich suchen. Betrachten Sie vorab online einige Stellenangebote, die in etwa dem entsprechen, was Sie können und tun wollen. Dann haben Sie ein klareres Bild davon, welche Informationen Sie in Ihrem Profil unterbringen müssen:

Qualifikation und Spezialisierung in den Vordergrund rücken

- Fokussieren Sie Ihre besonders hochwertigen Berufsqualifikationen. Das kann ein Schweißerschein sein (den längst nicht jeder hat) oder eine Spezialisierung auf Arbeitssicherheit, Gesundheitsschutz und Unfallverhütungsmaßnahmen im Betrieb.
- Machen Sie Ihre Spezialisierung deutlich: Einen »Universaldilettanten« wird niemand suchen. Sehr wohl aber jemanden, der über eine klar umrissene Spezialisierung verfügt. Lassen Sie also ruhig frühere Tätigkeiten weg, wenn sie nichts mit der Position zu tun haben, in der Sie jetzt sind und in der Sie nach neuen Herausforderungen suchen.

Schlüsselwörter verwenden

- Umschreiben Sie Ihre Tätigkeit nicht vage, sondern verwenden Sie die richtigen Schlüsselwörter (»Keywords«). Das gilt nicht nur für Ihre Berufsbezeichnung, sondern auch für spezielle Methoden, Verfahren, Techniken, Normen, Standards oder Softwareanwendungen, die Sie womöglich kennen. Wenn diese gefragt sind, dann kann ein Interessent Sie über diese Schlüsselwörter schnell ausfindig machen. Welche Keywords für Sie wichtig sind, verraten Ihnen wiederum einschlägige Stellenanzeigen aus Ihrem Bereich.
- Schreiben Sie explizit, welche Berufserfahrung Sie mitbringen und auf welche Tätigkeit(en) und Verantwortungsbereiche sich diese Berufserfahrung jeweils erstreckt.

Die Eingabe der Postleitzahl erleichtert Recruitern die Suche.

- Auch wenn es banal klingen mag: Geben Sie Ihren aktuellen Wohnort ein, zumindest aber die Postleitzahl. Ein Personalverantwortlicher, Recruiter oder Headhunter wird sich immer zunächst im Umkreis des Arbeitgebers umsehen, für den er einen geeigneten Kandidaten sucht. Denn längst nicht jeder Bewerber ist willens, für einen neuen Arbeitsplatz umzuziehen. Allein mit der Postleitzahl erhöhen Sie schon Ihre Chance, als gefragte Fach- oder Führungskraft nicht nur gefunden, sondern auch kontaktiert zu werden.

- Was die Reihenfolge angeht: Setzen Sie an die oberste Stelle Ihres Eintrags, was wirklich am wichtigsten ist, also Qualifikationen, Erfahrungen und Kenntnisse in Bezug auf das Berufsfeld, in dem Sie tätig sein wollen. Anderweitige Informationen lenken möglicherweise vom Wesentlichen ab. Sie können diese also weiter unten anführen – oder ganz weglassen. Erwähnen Sie nur, was für Ihren aktuellen Karrierewunsch relevant ist.

Organisatorische Hinweise sind sinnvoll.

- Machen Sie auch Angaben zu organisatorischen Fragen. Schreiben Sie etwa »Reisetätigkeit kein Problem«, wenn Sie nach einer Stelle suchen, die üblicherweise mit häufigen Geschäftsreisen verbunden ist.

Benennen Sie explizit Ihren Karrierewunsch.

Sie mögen noch so interessante Qualifikationen bieten – solange Sie einem Personalverantwortlichen, Recruiter oder Headhunter nicht mittteilen, was Sie wollen, nützt das nichts. Schreiben Sie explizit, wonach Sie suchen. Zum Hintergrund: In XING und LinkedIn tummeln sich viele Kandidaten, die sich in Festanstellung befinden, sich aber womöglich beruflich verändern wollen. Recruiter und Headhunter orientieren sich zunächst immer an den bisherigen Berufserfahrungen eines Kandidaten und bieten vergleichbare Tätigkeitsbereiche an, wenn auch gegebenenfalls in höherer Position. In welche Richtung sich ein Bewerber verändern will, können Sie anhand des »Ich-biete«-Eintrags jedoch nicht einfach erraten. Will der oder die Betreffende sich als Fachkraft noch stärker spezialisieren? Oder strebt er oder sie eine Führungsposition in seinem bisherigen Bereich an? Wenn Sie nichts dazu sagen, weiß der Personalverantwortliche, Recruiter oder Headhunter das nicht. Beherzigen Sie deshalb folgende Tipps:

Stellensuche möglichst explizit benennen

- Schreiben Sie explizit: »[Ich suche] eine Vollzeitanstellung im Bereich … / einen Ausbildungsplatz / ein Praktikum / einen Platz als Werkstudent im Bereich …«. Problematisch ist das allerdings, wenn Sie sich aus ungekündigter Stellung heraus nach einem neuen Arbeitgeber umsehen. Ihren bisherigen Arbeitgeber wird das düpieren. Hier hilft die Umschreibung: »[Ich suche] Business-Kontakte im Bereich …«. Wer schreibt: »[Ich suche] neue Herausforderungen im Bereich …«, macht schon sehr deutlich, dass er wechselwillig ist.

Tätigkeit und Position beschreiben

- Benennen Sie nicht nur die angestrebte Tätigkeit, sondern auch die Position. Es ist ein Unterschied, ob Sie Junior- oder Seniorproduktmanager sind oder ob Sie in der Qualitätssicherung eines Unternehmens mitarbeiten oder diese leiten möchten.
- Benennen Sie die Anforderungen, denen Sie gerecht werden.

»Soft Skills« nicht vergessen

- Vergessen Sie auch die sozialen Kompetenzen (»Soft Skills«) nicht. Dazu gehören beispielsweise Führungsqualitäten, Teamfähigkeit, Kommunikationskompetenz, Konfliktfähigkeit, selbstbewusstes Auftreten, Einfühlungsvermögen, Kritikfähigkeit, Selbstdisziplin etc.

Denken Sie bei der Zusammenstellung und vor allem bei der Formulierung Ihrer Texte an die Adressaten; Sie schreiben schließlich nicht für sich, sondern für andere: Was müssen sie erfahren, was sollten sie erfahren? Was ist weniger wichtig? Stimmt der Tonfall; klingt alles freundlich und offen?

Kontaktdaten eingeben, Kontakte pflegen

Schnelle Kontaktaufnahme ermöglichen

Personalverantwortliche, Recruiter und Headhunter halten sich nicht gern mit zeitraubenden E-Mail-Nachrichten auf. Sie werden Sie daher womöglich lieber anrufen, anstatt Sie auf XING oder LinkedIn zu kontaktieren. Deshalb gilt: Geben Sie Ihre Kontaktdaten an. Zumindest die Telefon- oder Mobilfunknummer, unter der Sie problemlos erreichbar sind, sollten Sie nennen.

Tipp **Jederzeit bereit sein!**

Es muss nicht sein, kann aber vorkommen: dass Sie auf Ihr Profil hin von einem Arbeitgeber oder seinem Dienstleister angerufen werden. Seien Sie sich dessen stets bewusst, und melden Sie sich am Telefon förmlich mit Ihrem Vor- und Nachnamen. Ein nachlässiges, genuscheltes »Hallo?« wirkt unsympathisch. Außerdem dürfte es Ihnen schwerfallen, in dem Moment auf professionell umzuschalten, in dem Sie realisieren, wen Sie am Telefon haben. Vergessen Sie also nie: Es kann sein, dass Sie als potenzieller Bewerber angerufen werden. Und verhalten Sie sich so.

Auch eine E-Mail-Adresse sollten Sie im Feld »Kontaktdaten« hinterlegen oder alternativ dafür sorgen, dass XING-Benachrichtigungen stets in Ihrem Postfach landen, auch wenn Sie gerade nicht eingeloggt sind. Falls eine entsprechende Anfrage kommt, reagieren Sie umgehend.

Gezielt auf Personen zugehen, die Ihr Profil aufrufen

In der Premiummitgliedschaft können Sie sehen, wer auf Ihr Profil zugegriffen hat. Das sind wertvolle Auskünfte für Sie: Wenn sich ein Personalverantwortlicher, Recruiter oder Headhunter für Sie interessiert, Ihnen aber noch keine Anfrage gesendet hat, werden Sie von sich aus aktiv. Fragen Sie direkt bei der betreffenden Person, wonach sie sucht. Auf diese Weise erhalten Sie schnell wertvolle Kontakte, die Ihnen im günstigsten Fall die gewünschte Stelle bringen können. Die meisten Arbeitgeber schätzen Eigeninitiative, und einmal hergestellte persönliche Kontakte erweisen sich später oft als nützlich.

Respektieren Sie jedoch auch abschlägige Antworten: Wenn Sie auf Ihre Anfrage keine Antwort erhalten oder der Kontakt kein Interesse signalisiert, führt hartnäckiges Nachhaken selten zum Erfolg.

Onlineangebote stets auf Aktualität prüfen!

Onlinestellenangebote unbedingt auf Aktualität prüfen!

Sie haben eine passende Stellenanzeige im Internet gefunden? Dann prüfen Sie, ob sie noch aktuell ist. Das ist nämlich nicht selbstverständlich.

Seien Sie bei Onlineanzeigen vorsichtig, was deren Aktualität angeht. Das gilt selbst bei Stellenportalen, die damit werben, stets aktuell zu sein. Denn nicht alle Anzeigen werden gelöscht, wenn sie veraltet sind. Oft liegt das an der Firma, die eine Stelle ausschreibt und die Information einfach nicht weitergibt, dass sie einen geeigneten Bewerber dafür schon gefunden hat. Selbst bei Stellenanzeigen auf der Website eines potenziellen Arbeitgebers ist Vorsicht geboten. Erfahrungsgemäß sind auch diese nicht immer auf dem neuesten Stand. Nicht alle Firmen aktualisieren ihre Firmenwebsite im Wochenrhythmus.

Auf das Datum der Onlineanzeige ist nicht unbedingt Verlass.

Verlassen Sie sich auch nicht auf das Datum einer Stellenanzeige im Internet. Denn oft bezeichnet es nicht den Tag der Erstveröffentlichung (z. B. in gedruckter Form in einer Zeitung), sondern den Tag der Erfassung in der Online-Jobbörse. Von der Erstveröffentlichung bis zur Erfassung können einige Tage ins Land gehen – entscheidende Tage, wenn es darum geht, ob Ihre Bewerbung noch rechtzeitig beim Personalverantwortlichen eintrifft.

Mit einem Anruf lässt sich klären, ob die Stellenanzeige noch aktuell ist.

Bei Stellenanzeigen im Internet gilt daher die dringende Empfehlung: Klären Sie telefonisch, ob diese noch gültig sind. Rufen Sie beim Arbeitgeber an und fragen Sie, ob sich eine Bewerbung noch lohnt. Sollte dies nicht der Fall sein, dann sparen Sie – bei Mappenbewerbungen – wenigstens das Geld für Bewerbungsmappe, Papier, Porto – und vor allem den Zeitaufwand, den eine gute Bewerbung erfordert.

Stellensuche in Printmedien

Auch wenn heute viele Stellen über das Internet angeboten werden, so sind die Anzeigenteile der Printmedien noch längst nicht überflüssig geworden.

Lesen Sie den Stellenmarkt mehrerer Zeitungen.

Die Stellenanzeigen in Tageszeitungen

Samstag für Samstag die Zeitung durchzublättern und nach passenden Stellenangeboten zu suchen, das sorgt oft für Frust. Denn bei den meisten Berufswünschen findet sich nur selten eine passende Stellenanzeige. Allerdings beschränken sich auch viele Bewerber auf eine einzige Zeitung, nämlich die Lokalzeitung ihrer Stadt oder Gemeinde. Selbst Hochschulabsolventen sind bei der Stellensuche in Zeitungen nicht unbedingt erfindungsreicher. Sie tun oft nicht mehr, als einmal wöchentlich den Stellenmarkt der Frankfurter Allgemeinen Zeitung, der ZEIT und der Süddeutschen Zeitung zu durchstöbern, und hoffen, dass darin die meisten offenen Stellen ausgeschrieben sind. Das ist jedoch nicht der Fall.

Der Stellenmarkt in Zeitungen ist nach wie vor eine wichtige Quelle.

Unterschätzen Sie den Stellenmarkt in den Zeitungen nicht! Wenn Sie sich nicht online auf die Suche machen wollen, sorgen Sie dafür, dass Ihnen genügend Zeitungen zur Verfügung stehen. Es gibt eine ganze Reihe von Möglichkeiten, wie Sie den Zeitungsstellenmarkt optimal für sich nutzen können. Besonders lohnt sich der Blick auf größere Regionalzeitungen und kleinere überregionale Zeitungen.

Wenn Sie nicht alle gewünschten Zeitungen am Kiosk bekommen

Sie suchen nicht allein in der Umgebung Ihres Wohnorts eine Stelle? Dann haben Sie sicher die Schwierigkeit, dass nicht jede für Sie interessante Lokal- und Regionalzeitung am Kiosk zu haben ist. Das ist aber noch lange kein Grund, sich bei der Stellensuche nur auf die wesentlichen Zeitungen zu beschränken, die am Kiosk verkauft werden. Abonnieren Sie einfach andere Lokal- bzw. Regionalzeitungen zusätzlich. Sie meinen, das ist zu teuer? Irrtum!

Schließen Sie ein Samstagsabonnement ab.

Kaum jemand weiß, dass die meisten Zeitungen auch im Samstags- bzw. Wochenendabonnement zu haben sind. Die wenigsten Zeitungen machen offen dafür Werbung, und oft sucht man im Internet vergeblich nach einem entsprechenden Hinweis. Dennoch ist es bei den meisten

Zeitungen ohne Weiteres möglich, nur die Samstagsausgaben im Abonnement zu beziehen. Das heißt: Sie bekommen und bezahlen jeweils nur die Samstagsausgabe, die in der Regel den größten Stellenmarkt enthält. Das Samstagsabonnement zu kündigen, sobald Sie es nicht mehr brauchen, ist ebenfalls kein Problem. Das geht meist monatlich, manchmal auch vierteljährlich.

Tipp **Das Samstagsabonnement**

Zeitungen besser selbst abonnieren

Die Erfahrung zeigt, dass es nichts bringt, sich Zeitungen von Bekannten aufbewahren und mitbringen zu lassen. Durch die Zeitverzögerung sind viele Stellen schon wieder passé, wenn der Bewerber davon erfährt. Mit einem Samstagsabonnement haben Sie dagegen gleich zwei Vorteile:

1. Sie bekommen Stellenanzeigen aus den Regionen, die Sie wirklich interessieren.
2. Wenn Sie eine Stelle finden, auf die Sie sich bewerben wollen, dann haben Sie längst nicht so viel Konkurrenz wie bei einer überregionalen Zeitung.

Auch Zeitungen benachbarter Regionen abonnieren

Prüfen Sie, welche Regionen für Sie infrage kommen, und bestellen Sie mehrere Samstagszeitungen. Das kostet nicht viel. Wenn Sie außerhalb des regulären Zustellgebiets wohnen, kommt die Zeitung nicht per Zusteller, sondern mit der Post – dann eventuell gegen einen geringen Aufpreis und mit Verzögerung.

Die Stellenanzeigen in Fachzeitschriften

Fachzeitschriften drucken wenige, aber sehr spezifische Stellenangebote.

Manche Stellen sind so speziell, dass sie nicht in der normalen Presse ausgeschrieben werden. Das gilt beispielsweise für viele Ingenieurberufe. Hier lohnt sich in jedem Fall ein Blick in einschlägige Fachzeitschriften, im Fall der Ingenieure also in die VDI-Nachrichten (Fachzeitschrift des Vereins Deutscher Ingenieure) oder für Zahnärzte und zahnmedizinische Fachangestellte (früher: Zahnarzthelfer/-innen) in die Zahnmedizinischen Mitteilungen (ZM).

Stellensuche durch Hinweise von Bekannten

Beziehungen nutzen, Kontakte pflegen

Auf Hinweise mit einer Bewerbung reagieren

Experten schätzen, dass etwa zwei Drittel aller Stellen unter der Hand vergeben werden. Diese Stellen werden gar nicht ausgeschrieben und nicht per Zeitungsinserat bekannt gemacht, sondern firmenintern oder mit Personen aus dem näheren Umfeld des Unternehmens besetzt. Das ist eine Chance für Sie, an die gewünschte Stelle heranzukommen. Und selbst wenn Sie nicht über »Vitamin B« verfügen, ist es nützlich, auf Hinweise von Bekannten zu achten. Das gilt auch, wenn Sie arbeitslos sind und weit davon entfernt, ein gut funktionierendes Beziehungsnetzwerk zu haben. Sobald Sie von einer offenen Stelle erfahren, die Sie interessiert, sollten Sie aktiv werden. Versuchen Sie, so viele Informationen wie möglich darüber zu bekommen, und schreiben Sie schnell eine Initiativbewerbung an den betreffenden Arbeitgeber. Bitten Sie gegebenenfalls den Bekannten, der Ihnen von der freien Stelle erzählt hat, um Vermittlung.

Wenn Sie keine passende Stelle finden: Suchen Sie nach Unternehmen

Suchen Sie gezielt Unternehmen, in denen Sie gern arbeiten würden.

Auch wenn die Stellenmärkte in den Zeitungen wenige für Sie interessante Angebote hergeben – lassen Sie sich nicht entmutigen! Halten Sie Ausschau nach Unternehmen, die Sie für interessant halten. Versuchen Sie herauszufinden, ob diese vielleicht auch Stellen – oder Unternehmensbereiche – haben, wo Sie gern arbeiten würden. Das tun Sie, indem Sie

- auf die Firmenwebsite schauen,
- Leute ansprechen, die dort tätig sind,
- in der Personalabteilung anrufen und fragen.

Schicken Sie eine Initiativbewerbung oder eine Bewerbung in Anlehnung an eine ausgeschriebene Stelle, bei der vielleicht nicht genau die Qualifikationen und Erfahrungen gesucht sind, die Sie bieten, aber ähnliche.

Auf welche Stellenanzeige lohnt sich eine Bewerbung?

Unspezifische Bewerbungen bringen gar nichts.

Viele Bewerber machen regelmäßig die gleiche, frustrierende Erfahrung: Sie finden kaum etwas, was zu ihnen passt. Dann bewerben sie sich lustlos und unspezifisch per Standardbewerbungen mit immer gleichen Formulierungen auf mehr oder weniger beliebige Stellenangebote. Zwei oder drei Wochen später kommt garantiert eine Absage. Warum?

- Weil sie nicht zum gewünschten Anforderungsprofil passen.
- Weil sie in ihrer Bewerbung keinerlei Aussage dazu gemacht haben, warum sie die Stelle gern hätten.
- Weil sie nichts dazu geäußert haben, warum sie der betreffende Arbeitgeber interessiert.

Nur auf Stellen bewerben, die Sie interessieren

Bewerben Sie sich nur, wenn Ihre Qualifikationen zur angebotenen Stelle passen.

Vermeiden Sie es, Ihre Bewerbungen einheitlich zu gestalten und beliebig auf alle möglichen Stellenangebote hin zu verschicken. In der Regel haben Sie damit keinen Erfolg. Außerdem sinkt mit jeder Absage das Selbstvertrauen. Stattdessen sollten Sie gezielt diejenigen Stellenangebote heraussuchen, die Sie wirklich interessant finden und für die Sie Ihrer Ansicht nach qualifiziert sind. Wohlgemerkt Ihrer Ansicht nach, denn mit den Anforderungen der potenziellen Arbeitgeber ist das so eine Sache.

Sie erfüllen fast alle Anforderungen? – Bewerben Sie sich!

Die wichtigsten Qualifikationen sollten stimmen, dann ist eine Bewerbung ratsam.

Oft taucht in der Stellenanzeige neben wirklich nötigen Kenntnissen und Fähigkeiten (z. B. Sprachkenntnissen bei einer Fremdsprachensekretärin, speziellen Computerkenntnissen bei einem IT-Fachmann) noch eine ganze Liste von Wunscheigenschaften auf, die ein Bewerber unmöglich alle erfüllen kann. Wenn die Stellenanzeige keine Priorität vorgibt, wie wichtig die einzelnen Anforderungen sind, dann überlegen Sie selbst:

- Trauen Sie sich die Aufgaben der ausgeschriebenen Stelle zu?
- Fehlen Ihnen (fast) nur Eigenschaften oder Kenntnisse, die dafür nebensächlich sind?
- Haben Sie Qualifikationen, die Sie stattdessen zu Ihren Gunsten in die Waagschale werfen können?

Wenn diese Kriterien erfüllt sind, dann probieren Sie es mit einer Bewerbung.

Ihnen fehlen einige Qualifikationen? Wann Sie sich trotzdem bewerben sollten

Wer nicht alle Qualifikationen mitbringt, muss in der Bewerbung gut argumentieren.

Sie finden eine Stelle interessant, erfüllen aber das Anforderungsprofil nicht. In diesem Fall wägen Sie ab: Wie viele Anforderungen können Sie nicht erfüllen? Sind es entscheidende Qualifikationen, die Ihnen fehlen? Oder geht es lediglich um Erfahrung oder um ein Gebiet, in das Sie sich leicht einarbeiten können? Schaffen Sie es, für Ihre Bewerbung Argumente zu finden, zum Beispiel warum

- Sie gerade diese Stelle gern hätten,
- Sie sich trotz vermeintlicher oder tatsächlicher Defizite für den geeigneten Kandidaten halten,
- das Unternehmen Sie interessiert und Sie gern dort arbeiten möchten?

Wenn ja, dann versuchen Sie es ruhig mit einer Bewerbung. Natürlich hängen Ihre Chancen dann von der Konkurrenz ab. Aber darüber, was Ihre Mitbewerber eventuell zu bieten haben, sollten Sie sich nicht den Kopf zerbrechen – das können Sie weder abschätzen noch beeinflussen. Einzelheiten dazu, wie Sie mit vermeintlichen Schwächen und mit fehlenden Anforderungen umgehen, finden Sie im Kapitel »Abweichungen vom Anforderungsprofil«.

Es gibt auch eine zweite Möglichkeit, die sich Ihnen zumindest bei größeren Firmen bietet: Angenommen, die Stelle scheint Ihnen interessant, Ihnen fehlt aber noch die nötige Erfahrung. Dann versuchen Sie es mit einer Initiativbewerbung in Anlehnung an die ausgeschriebene Position. Signalisieren Sie darin Ihre Bereitschaft, eine

Ausbildung oder ein entsprechendes Training zu durchlaufen. Mehr dazu finden Sie im Kapitel »Initiativbewerbung«.

Im Zweifel: Versuchen Sie es mit einer (Initiativ-)Bewerbung!

Fehlende Qualifikationen lassen sich manchmal ausgleichen.

Wenn Sie – trotz fehlender Qualifikationen – Argumente finden, die für Ihre Eignung sprechen, dann sollten Sie auf jeden Fall eine Bewerbung losschicken. Aber aufgepasst: Eine Bewerbung mit dem üblichen Standardtext bringt keinen Erfolg. Schneiden Sie Ihre Bewerbung sorgfältig auf die angebotene Stelle zu. Formulieren Sie ein Anschreiben, in dem Sie individuell auf die Stelle und das Unternehmen eingehen. Verhehlen Sie nicht, dass Ihnen womöglich eine der gewünschten Qualifikationen fehlt. Aber kompensieren Sie das nach Möglichkeit. Ändern Sie beispielsweise Ihren Lebenslauf. Das bedeutet nicht, dass Sie schummeln sollten. Aber setzen Sie die Schwerpunkte so, dass

- die eine oder andere Station in Ihrem Leben zumindest einen Anknüpfpunkt zur gebotenen Stelle bildet,
- dem Empfänger deutlich wird, warum Sie sich ausgerechnet auf diese Stelle bewerben.

Beispiel

Katja Müller hat keine Erfahrung als Führungskraft, möchte sich aber gern auf eine Führungsposition bewerben. Sie weiß, dass sie durchsetzungsstark ist, dass sie gut mit Menschen umgehen kann und dass ihr das auch Spaß macht. In der Zeitung findet sie eine passende Anzeige, die sich zu ihrem Leidwesen nur an erfahrene Führungskräfte richtet. Dennoch kann sich hier eine Bewerbung lohnen. Katja Müller muss eben ihr Manko – die fehlende Erfahrung – ansprechen und gut begründen, warum sie sich trotzdem für geeignet hält. »Berufliche Erfahrungen als Führungskraft habe ich leider nicht, aber ich trainiere eine Handballmannschaft und weiß daher, dass ich über Führungsqualitäten verfüge.« Wenn die Konkurrenz nicht allzu groß ist, hat sie mit diesem Satz im Anschreiben durchaus Chancen, zum Vorstellungsgespräch eingeladen zu werden. Dort kann sie den potenziellen Arbeitgeber von ihren Fähigkeiten überzeugen.

Akademiker als Bewerber

Nur wenige Akademiker sind dauerhaft arbeitslos.

Für Akademiker ist das Risiko, über längere Zeit arbeitslos zu sein, verhältnismäßig gering. Das ist eine Tatsache, auch wenn sich das Gerücht vom Hochschulabsolventen, der nach monatelanger Arbeitslosigkeit schließlich Taxi fahren oder Bratwürste verkaufen muss, hartnäckig hält. In Wahrheit liegt der Anteil der Akademiker an der Gesamtzahl der Arbeitslosen in Deutschland weit unter 10 Prozent. Als Hochschulabsolvent haben Sie also gute Chancen, einen Arbeitsplatz zu finden.

Suchen Sie möglichst eine Stelle, die zu Ihnen passt.

Es geht nicht um irgendeine Stelle

Achten Sie von Anfang an darauf, dass Sie sich Stellen aussuchen, die auch Ihrem persönlichen Profil entsprechen. Wer möglichst viele Bewerbungen schreibt und sie wahllos an unterschiedliche Arbeitgeber versendet, wird nichts erreichen. Bewerben Sie sich stattdessen gezielt auf Arbeitsplätze, die sowohl Ihrer akademischen Ausbildung als auch Ihren sonstigen Neigungen, Kenntnissen und Fähigkeiten gerecht werden.

Welche Besonderheiten müssen Hochschulabsolventen bei Bewerbungen beachten? Um diese Frage beantworten zu können, sollten Sie sich zunächst vor Augen führen, welche Merkmale für den Werdegang von Akademikern typisch sind. So machen Sie leichter potenzielle Arbeitgeber ausfindig und schreiben überzeugende Bewerbungen, die schnell zum gewünschten Erfolg führen.

Was ist typisch im Werdegang von Akademikern?

Als Hochschulabsolvent empfinden Sie vielleicht bestimmte Details Ihres Lebenslaufs als hinderlich für Ihre Bewerbung. Bei genauerer Betrachtung aber erweisen sich diese Besonderheiten meist als typisch oder zumindest nicht ungewöhnlich für den Werdegang von Akademikern.

In manchen Fällen bestimmt das Studium den späteren Berufsweg.

Studiennaher oder fachfremder Einsatz?

Selbstverständlich gibt es viele Akademiker, die später in genau dem Bereich arbeiten, für den sie studiert haben.

Studiennaher Berufsweg

Julius L., ein Humanmediziner, tritt unmittelbar nach dem Studium eine Stelle in einem Krankenhaus an. Dort qualifiziert er sich zum Facharzt weiter. Später steigt er in eine Praxisgemeinschaft ein.

Lars F., ein Jurist, absolviert nach dem Studium sein Referendariat. Danach geht er in den Staatsdienst, um als Richter zu arbeiten, oder er fängt in einer Rechtsanwaltskanzlei an.

Ein fachfremder Einsatz ist bei Akademikern häufig.

An welchen Stellen Akademiker eingesetzt werden

Die meisten Fächer aber führen nicht auf einem solchen direkten Weg in eine Berufstätigkeit, die dem Studium klar entspricht. Fachfremde Einsätze kommen bei Hochschulabsolventen besonders häufig vor.

Fachfremde Tätigkeiten

Die Wirtschaftswissenschaftlerin Lisa A. arbeitet im Anschluss an ihr Studium nicht etwa in der Wertpapierabteilung einer Bank, sondern wird Produktmanagerin in einem Pharmakonzern.

Sebastian G., Bachelor der Elektrotechnik, ist nach jahrelanger Tätigkeit bei einem Automobilzulieferer zum Experten für internationale Handelsbeziehungen geworden und verantwortet den Absatz auf dem asiatischen Markt. Er arbeitet jetzt also im Marketing und nicht – wie für Ingenieure üblich – in der Entwicklung.

Kurzum: Viele Akademiker finden sich nach dem Hochschulabschluss in einem Beruf wieder, der sich nicht oder nur teilweise mit den Inhalten ihres Studiums deckt. Das bedeutet aber nicht, dass sie dafür unzureichend qualifiziert wären, denn womöglich haben sie bereits während der Ausbildung einige Erfahrung gesammelt.

Fachfremde Tätigkeiten sind der Normalfall und damit kein Makel im Lebenslauf.

Fachfremde Tätigkeiten sind kein Makel

Ein fachfremder beruflicher Einsatz ist kein Makel im Lebenslauf, sondern die mögliche Folge einer akademischen Ausbildung. Nur wenn Sie sich über diese Tatsache im Klaren sind, können Sie sich in Ihrer Bewerbung überzeugend präsentieren. Wichtig ist vor allem, dass Sie jede Station in Ihrem Lebenslauf plausibel begründen und die nach dem Studium erworbenen Qualifikationen in der Bewerbung angemessen darstellen.
Im fachfremden Einsatz lässt sich eine besondere Fähigkeit anwenden, die Akademikern in fast jedem Studiengang vermittelt wird: Sie lernen während des Studiums, sich schnell und intensiv in zahlreiche verschiedene Themengebiete einzuarbeiten. Diese Kompetenz bringt sie auch später im Berufsleben weiter. Akademiker können durchaus auf einem völlig neuen Gebiet Experten werden.

Spezialisierung im Studium?

In vielen Fachrichtungen fehlt während des Studiums eine Spezialisierung, die anschließend direkt im Berufsleben anwendbar ist.

Fall 1: Keine Spezialisierung im Studium

Studienabschlüsse ohne Spezialisierung

Zwar verfassen Akademiker ihre Bachelor- oder Masterarbeit zu einem speziellen Thema – während ihres Studiums aber machen sie sich mit zahlreichen Facetten ihres Fachgebiets vertraut. Sie legen sich also nicht von vornherein auf eine bestimmte Richtung fest. Viele der Qualifikationen, die für den späteren Werdegang maßgeblich sind, eignen sich solche Generalisten häufig erst später an.

Bei Aushilfsjobs, Praktika und ersten Berufstätigkeiten wertvolle Qualifikationen erwerben

Dabei spielt nicht selten der Zufall eine Rolle. Oft finden Akademiker bei einer **Aushilfstätigkeit** Geschmack an einem bestimmten Aufgabenbereich. In anderen Fällen gibt ein **studienbegleitendes Praktikum** den Ausschlag. Manche Hochschulabsolventen schließlich geraten über Beziehungen in eine **erste Berufstätigkeit** hinein und entdecken dort, welche Tätigkeiten ihnen liegen und welchen Weg sie zukünftig weiterverfolgen wollen.

Spezialisierung im Beruf

Späte berufsbezogene Spezialisierung
Die Biologin M. Sc. Margit C. hat in den Semesterferien ein Praktikum in der Pressestelle einer Naturschutzorganisation absolviert. Nach Abschluss ihres Studiums bewirbt sie sich auf eine Traineestelle bei einer PR-Agentur, die sie dank ihrer Praktikumserfahrungen auch bekommt. Die Agentur zeichnet für die Presse- und Öffentlichkeitsarbeit von Unternehmen im Gesundheitssektor verantwortlich. Eine Mitarbeiterin mit naturwissenschaftlichem Hintergrund ist daher sehr willkommen.

Die Hochschulabsolventin merkt schnell, dass es ihr Spaß macht, Texte zu verfassen. Zudem versteht sie dank ihres Studienfachs mühelos komplexe medizinische Zusammenhänge. Es fällt ihr leicht, diese in eine einfache, verständliche und daher pressetaugliche Sprache zu übersetzen.

In der PR-Agentur wird Margit C. aber zunehmend auch für andere Aufgaben eingesetzt. Neben der klassischen Pressearbeit hilft sie bei der Organisation von Produktpräsentationen, Messeauftritten und Pressekonferenzen. Das gefällt ihr sogar noch besser als das Schreiben von Pressemitteilungen. Sie entschließt sich, dieses berufliche Standbein zu stärken, und bewirbt sich letztlich bei einer Eventagentur. Fortan ist das Veranstaltungsmanagement ihre Haupttätigkeit. Die Hochschulabsolventin hat sich also in einem Bereich spezialisiert, der mit ihrem ursprünglichen Studium der Biologie kaum noch etwas zu tun hat.

Fehlender Bezug zur späteren Tätigkeit

Fall 2: Spezialisierung im Studium, aber nicht berufsbezogen

Daneben gibt es aber auch viele Akademiker, die sich sehr wohl schon während des Studiums spezialisieren und womöglich in einem bestimmten Teilgebiet ihres Fachs sogar promovieren. Allerdings fehlt dabei oft der Bezug zu einer späteren Berufstätigkeit. Mit anderen Worten: Solche Akademiker befassen sich während ihres Studiums oder ihrer Promotion mit anderen Themengebieten als mit denen, die am Arbeitsmarkt besonders gefragt sind.

Nicht berufsbezogene Spezialisierung im Studium

Doktorarbeit ohne berufspraktischen Bezug
Raffael H., ein Doktor der Slawistik, hat über ukrainische Literatur der Postmoderne promoviert. Dabei ist ihm klar, dass er den literaturwissenschaftlichen Ansatz seiner Promotion im Beruf nicht wird weiterverfolgen können. Letztlich verhelfen ihm seine hervorragenden Kenntnisse der ukrainischen Sprache und seine soliden Grundkenntnisse des Russischen zum Berufseinstieg.
Seine erste Stelle tritt Raffael H. bei einer Industrie- und Handelskammer (IHK) an. Dort wird er als Referent für den osteuropäischen Raum eingestellt. Er hilft den IHK-Mitgliedsunternehmen, Handelsbeziehungen nach Osteuropa zu knüpfen. Später wird er von einer großen, international agierenden Bank abgeworben, die in der ukrainischen Hauptstadt Kiew eine Auslandsdependance einrichten will.

In diesem Beispiel bestimmt also die Spezialisierung während der Promotion nicht den weiteren Berufsweg. Aber immerhin finden sich in der akademischen Arbeit Ansätze, die den Einstieg in eine berufliche Tätigkeit erleichtern.

Enger Zusammenhang zwischen Studium und Tätigkeit

Fall 3: Spezialisierung bereits im Studium

Schließlich gibt es aber durchaus auch Akademiker, die sich schon während des Studiums auf genau das Gebiet spezialisieren, in dem sie später arbeiten wollen und werden. Zu den Fächern, in denen eine solche berufsbezogene Spezialisierung häufig vorkommt, gehören beispielsweise Rechtswissenschaft und Betriebswirtschaftslehre, aber auch technische und naturwissenschaftliche Studiengänge wie Maschinenbau, Verfahrenstechnik, Elektrotechnik, Bauingenieurwesen, Informatik oder Biochemie.

Berufsbezogene Spezialisierung während des Studiums

Von der Masterarbeit direkt in den Beruf
Jakob R., ein Student der Wirtschaftsinformatik, arbeitet gegen Ende seines Studiums zeitweise als Werkstudent in einem Maschinenbaubetrieb. Er schreibt dort seine Masterarbeit über die Steuerung von Fertigungsanlagen und programmiert die zugehörige Software. Nach seinem Abschluss wird er vom Unternehmen übernommen und kann auf demselben Gebiet weiterarbeiten.

Die berufliche Spezialisierung von Akademikern

Inhaltliche Überschneidungen suchen

In der Regel beginnt die berufsbezogene Spezialisierung von Akademikern mit kleineren oder größeren Überschneidungen zwischen den Studieninhalten und der angestrebten Stelle. Am Ende einer Hochschulausbildung laufen dann häufig das Studium und die aktuelle oder angestrebte Tätigkeit parallel. Manchmal decken sich die Anforderungen an einem Arbeitsplatz auch mit den Aufgaben, die ein Akademiker während eines Praktikums, einer Tätigkeit als wissenschaftliche Hilfskraft, eines Aushilfsjobs oder einer früheren Berufstätigkeit übernommen hat. Ein potenzieller Arbeitgeber geht davon aus, dass bestimmte Grundqualifikationen schon vorhanden sind und ausgebaut werden können. Gerade für Hochschulabsolventen ohne langjährige Berufserfahrung ist es sinnvoll, schon vor der Stellensuche solche Anknüpfungspunkte zu suchen.

Es kommt nicht nur auf die fachlichen Inhalte an.

Denken Sie daran: Ihr fachlicher Hintergrund ist nur *einer* der Faktoren, die Ihre Eignung für einen bestimmten Beruf belegen können. Genauso wichtig sind die vielen Qualifikationen, Kenntnisse und Fähigkeiten, die Sie sich nach und nach an den verschiedenen Stationen Ihres Werdegangs erwerben oder an sich entdecken.
Wenn Sie sich verdeutlichen, was Sie – abseits von den Inhalten Ihres Studiums – alles können, wird es Ihnen leichter fallen, eine geeignete Stelle zu finden.

Tipp **Weitere Qualifikationen entdecken**

- Welche Qualifikationen haben Sie sich im Studium, während Ihrer Promotion, in Praktika, Aushilfsjobs oder anderen Berufstätigkeiten angeeignet, die am Arbeitsmarkt besonders gefragt sein könnten?
- Haben Sie an einer Station Ihres Werdegangs an sich selbst Fähigkeiten entdeckt, von deren Existenz Sie während der Studienzeit noch gar nichts wussten, z. B. Organisationstalent, Verhandlungsgeschick, Kommunikations- oder Führungsstärke?

- Welche zusätzlichen Kenntnisse könnten Sie sich aneignen oder welches Wissen ließe sich so ausweiten, dass es Sie möglicherweise auch für einen fachfremden Einsatz am Arbeitsmarkt qualifiziert?

Begeben Sie sich gezielt auf die Suche nach solchen Qualifikationen. Notieren Sie die Tätigkeiten, die Sie im Studium, in Ihren bisherigen Anstellungen und in Ihrer Freizeit gern ausgeübt haben beziehungsweise ausüben und die Sie gut beherrschen. Ergeben sich womöglich Schwerpunkte, etwa weil Sie feststellen, dass Sie gern und häufig mit Menschen zu tun haben? Oder meiden Sie vielleicht lieber andere Personen? Mithilfe solcher Vorüberlegungen fällt es Ihnen leichter, geeignete Berufsfelder zu finden.

Verschiedene Qualifikationen ermöglichen ganz unterschiedliche Werdegänge.

Das Beispiel der Biologin Margit C. zeigt, dass die Karriere von Hochschulabsolventen nicht geradlinig verlaufen muss. Gefragt ist häufig nicht nur *eine* Qualifikation, die immer weiter vertieft wird und den Lebensweg bestimmt. Beruflicher Erfolg beruht vielmehr oft auf *mehreren* unterschiedlichen Qualifikationen, die eine Entwicklung in *verschiedene Richtungen* zulassen.

Umwege, Abzweigungen, Weggabelungen und Sackgassen

Der Berufsweg von Akademikern gleicht daher in vielen Fällen einem verschlungenen Pfad mit Umwegen, Abzweigungen und Weggabelungen. Es kann sogar vorkommen, dass eine Laufbahn zeitweise in eine Sackgasse mündet. Das ist dann der Fall, wenn die betreffende Person eine Tätigkeit aufnehmen muss, die ihr entweder nicht gefällt oder mit der sie über- beziehungsweise unterfordert ist.

Die besondere Flexibilität von Akademikern

Warum aber sind gerade Akademiker besonders anfällig für berufliche Richtungswechsel, Umwege und Sackgassen? Sie scheuen in der Regel den fachfremden Einsatz nicht und sind bereit, sich unbekannten Herausforderungen zu stellen. Die im Studium erlernte fachliche Flexibilität können sie oft erfolgreich auch in ihrem neuen Beruf anwenden. Allerdings bedeutet das nicht, dass sich nicht auch Hochschulabsolventen einmal irren können und eine Stelle annehmen, die ihnen überhaupt nicht liegt.

Der Unterschied zum Ausbildungsberuf

Die typische Karriere eines Studierten unterscheidet sich meist von der Laufbahn in Berufen, die keinen Hochschulabschluss erfordern. Fehlentscheidungen kommen zwar auch bei Nichtakademikern vor, sind aber systembedingt seltener. Ein Auszubildender weiß, welcher Beruf ihn später erwartet. Er kann sich schon früh mit den späteren Anforderungen beschäftigen und sich überlegen, ob die jeweiligen Tätigkeiten zu seinen Neigungen, Interessen und Fähigkeiten passen.
Für Akademiker ist dieser Abgleich schwieriger, denn im Studium erfahren sie oft nichts oder nur sehr wenig über einen möglichen späteren Beruf. Eine Mittelstellung nehmen die praxisnahen Studiengänge der Hochschulen für angewandte Wissenschaften und der Berufsakademien ein.

Wann ist ein Berufswechsel sinnvoll?

Das Studienfach entscheidet nicht unbedingt über den späteren Beruf.

Stellt sich die Berufswahl als Fehlentscheidung heraus, bedeutet das allerdings nicht, dass der betreffende Hochschulabsolvent dadurch in eine Sackgasse gerät.
Was können Sie tun, wenn Sie sich in einer vergleichbaren Lage befinden? Mario W. aus unserem folgenden Beispiel hat sich für einen Richtungswechsel entschieden und damit die richtigen Konsequenzen gezogen.
Die Zufriedenheit mit der eigenen Arbeit ist ein Karrierebaustein, der nicht zu unterschätzen ist: Je mehr Freude Ihnen Ihre Aufgaben bereiten, desto besser werden Sie sie erledigen und desto erfolgreicher werden Sie dabei sein.

Beispiel für einen sinnvollen Richtungswechsel

Richtungswechsel erforderlich
Mario W. hat Betriebswirtschaft studiert und sich zunächst für den Bereich Marketing entschieden. Direkt nach dem Studium fängt er bei einem Luxusgüterkonzern an, wo er den Werbeauftritt für eine exklusive Duftlinie organisieren soll. Die Zusammenarbeit mit PR-Experten und Werbeagenturen entspricht aber nicht seiner Begabung. Er muss sich eingestehen, dass ihm das Gespür für die Käufer im Luxussegment fehlt und dass er nicht in der Lage ist, den Agenturen klare Vorgaben zu machen. Außerdem fällt es ihm schwer, die Vorschläge, die diese einreichen, auf ihre Werbewirkung hin zu beurteilen.
Mario W. graut es jeden Morgen vor seiner Arbeit. Er fühlt sich im Büro unwohl und sehnt das Wochenende herbei. Er beschließt deshalb, sich nicht länger zu quälen, und reicht die Kündigung ein.
Während der folgenden Auszeit besinnt sich Mario W. auf seine Stärken: Er kann sehr gut mit Zahlen umgehen und arbeitet gern mit Tabellenkalkulationsprogrammen am Computer. Es fällt ihm leicht, Unternehmensprozesse in Zahlen darzustellen oder solche Daten auszuwerten und zu interpretieren.
Als ihm das bewusst wird, bewirbt er sich erfolgreich auf eine Stelle im Controlling. Dort befasst er sich mit der Entwicklung betriebswirtschaftlicher Kennzahlen für seinen neuen Arbeitgeber. Er ist dabei ganz in seinem Element und hat wieder Freude an seiner Arbeit.

Machen Sie sich die Entscheidung für einen Richtungswechsel nicht zu leicht.

Allerdings sollten Sie das Für und Wider eines Richtungswechsels sorgfältig abwägen. Wenn Sie sich allzu häufig umorientieren, könnte sich das negativ auf Ihre weiteren Bewerbungschancen auswirken. Und noch eine Gefahr droht: In der Regel gelten Sie bei jedem Neubeginn erst einmal als Anfänger in dem jeweiligen Bereich, der typische Anfängerfehler macht, weil ihm die nötige Erfahrung fehlt.

Wenn die berufliche Situation unerträglich ist, setzen Sie sich eine Frist und entscheiden Sie dann.

Tipp **Setzen Sie sich eine Frist**

Wer beschließt, sich beruflich neu zu orientieren, sollte zuvor sichergehen, dass sein Unbehagen am Arbeitsplatz nicht nur aus der Unerfahrenheit als Berufsanfänger resultiert. Schließlich ist es völlig normal, dass ein Neuling die Eingewöhnungsphase nicht unbedingt als angenehm empfindet.

Überlegen Sie sich daher: Haben Sie grundsätzlich Freude an Ihrem Aufgabengebiet? Welche Tätigkeiten gefallen Ihnen, welche empfinden Sie als unangenehm? Setzen Sie sich eine Frist von mehreren Wochen oder sogar Monaten. Deren Länge hängt von Ihrem Leidensdruck ab, bei neuen Aufgabengebieten aber auch von deren Schwierigkeitsgrad. Gerade in anspruchsvollen Berufen kann es einige Monate dauern, bis Sie mit der Materie vertraut sind. Entsprechend viel Zeit sollten Sie sich nehmen, um Ihre Situation zu beurteilen.

Am Ende der Frist ziehen Sie Bilanz: Ist Ihr Unbehagen immer noch nicht verschwunden und überwiegen die unangenehmen Aspekte gegenüber den angenehmen? Dann ist eine berufliche Umorientierung sinnvoll.

Wie es nach dem Berufswechsel weitergeht

Ein Richtungswechsel muss kein Karrierehindernis sein.

Ein Richtungswechsel muss nicht das Ende des beruflichen Erfolgs bedeuten. Wer sich neu orientiert, muss vielleicht in einem anderen Gebiet auf einer niedrigeren Karrierestufe, möglicherweise sogar »ganz unten« anfangen. Trotzdem werden sich Ihre Chancen auf dem Arbeitsmarkt durch einen solchen Schritt in aller Regel verbessern. Das gilt vor allem dann, wenn Sie

Entscheiden Sie sich für ein Gebiet, auf dem Sie Ihre Fähigkeiten einsetzen können.

- anschließend auf einem Gebiet tätig werden, das ganz Ihren Neigungen und Fähigkeiten entspricht,
- ein Tätigkeitsfeld auswählen, auf dem die Konkurrenz nicht zu groß ist,

- nicht ständig die berufliche Richtung wechseln, sondern nur dann, wenn es wirklich geboten ist,
- Ihren Richtungswechsel gegenüber möglichen Folgearbeitgebern plausibel begründen und
- überzeugend darlegen können, warum Sie sich für das neue Aufgabengebiet besser eignen als für das bisherige.

Die beruflichen Ansprüche von Akademikern

Die hohe Qualifizierung bedeutet auch, dass Akademiker hohen Ansprüchen gerecht werden müssen.

An Akademiker werden im Beruf hohe Ansprüche gestellt. In der Regel erwarten Arbeitgeber von ihnen mehr als von Arbeitnehmern, die eine Berufsausbildung absolviert haben. Das hängt mit der Qualifikation zusammen: Je besser ein Mitarbeiter ausgebildet ist, desto wertvoller ist er für ein Unternehmen. Er wird meist besser bezahlt und muss im Gegenzug bessere Leistungen erbringen. Arbeitgeber gehen zudem davon aus, dass Akademiker bereit und fähig sind, im Beruf mehr Verantwortung zu tragen als andere Mitarbeiter.

Diese hohen Erwartungen sind durchaus gerechtfertigt. Viele Akademiker sind sehr motiviert, haben ein gesundes Selbstvertrauen und entwickeln großen Ehrgeiz. Die entsprechend guten fachlichen Leistungen werden häufig mit einem beruflichen Aufstieg belohnt.

Das Peter-Prinzip

Wenn die Ansprüche, die mit einem Aufstieg verbunden sind, zu hoch werden

Schwierig wird es dann, wenn nach einer Beförderung die betreffende Person plötzlich mit Anforderungen konfrontiert wird, denen sie nicht mehr gewachsen ist. Dieses Problem, das gar nicht so selten vorkommt, hat der US-amerikanische Pädagoge Laurence J. Peter im Jahr 1969 erstmals beschrieben. Im Personalwesen ist das nach ihm benannte »Peter-Prinzip« ein gängiger Begriff.

Man darf die Kernthese des Peter-Prinzips allerdings kritisch betrachten. Problematisch ist, dass sie die Schlussfolgerung nahelegt, alle Mitarbeiter in hohen Positionen

Das Peter-Prinzip – eine Gefahr, die Sie kennen sollten

Laurence J. Peter beobachtete, dass die Angestellten in einer Unternehmenshierarchie so lange aufsteigen, bis sie eine Position erreicht haben, für die sie ungeeignet sind. Wörtlich schrieb Peter: »In a hierarchy every employee tends to rise to his level of incompetence.« (»In einer Hierarchie neigt jeder Angestellte dazu, bis zur Ebene seiner eigenen Unfähigkeit aufzusteigen.«)
Nach dem Peter-Prinzip klettert ein Mensch also auf der Karriereleiter nach oben, solange er seine Sache gut macht. Zuletzt findet er sich allerdings auf einer Position wieder, für die er die nötigen Qualifikationen nicht mehr mitbringt und mit deren Ansprüchen er überfordert ist.

Vorsicht, Falle! Überforderung als Gefahr

seien unfähig. Das ist sicherlich falsch, sonst hätten Wirtschaftsunternehmen wohl kaum Erfolg. Dennoch steckt ein Körnchen Wahrheit in dieser Theorie: Die Überforderung angesichts schwieriger Aufgaben stellt durchaus eine reale Gefahr auf dem Berufsweg dar. Gerade ehrgeizige Hochschulabsolventen geraten oft in diese Falle. Sie haben einen hohen Anspruch an sich selbst sowie an ihre Karriere und nehmen deshalb neue Herausforderungen gern an. Stellt ihnen ein Arbeitgeber einen Aufstieg in Aussicht und überträgt er ihnen immer mehr Verantwortung, fühlen sich die Arbeitnehmer geschmeichelt und sind stolz auf die Anerkennung. Diese Gefühle sind durchaus legitim, denn die Beförderung zeigt, dass sie ihre Sache bisher gut gemacht haben.
Die höheren Anforderungen der neuen Stelle werden dabei aber oft unterschätzt.
Achten Sie also darauf, dass Sie sich nicht um Ihrer Karriere willen überhöhten Ansprüchen aussetzen. Auch wenn Sie prinzipiell in der Lage sind, eine bestimmte Position zu erreichen, sollten Sie sich fragen, ob Sie die notwendigen Voraussetzungen dafür mitbringen und sich auf Dauer in dieser Stellung bewähren können.

Beispiel für die Auswirkungen des Peter-Prinzips

Plötzlich überfordert
Bauingenieur Markus S. ist stolz auf seine bisherige Leistung: Er hat sich innerhalb des Unternehmens hochgearbeitet, war zunächst als Statiker, dann als Tragwerksplaner im Hochbau tätig. Mehr und mehr wurde er von seinem Chef auch in die Bauleitung einbezogen. Er ist sich sicher: »Das könnte ich auch allein.«

Gute Arbeit führt zur Beförderung.

Tatsächlich wird er kurz darauf auf diese Position befördert. Seine Freude ist allerdings nur von kurzer Dauer, denn er hat die rechtliche und betriebswirtschaftliche Seite der Bauleitung unterschätzt.

Beförderung führt zur Überforderung.

Plötzlich ist Markus S. konfrontiert mit Einzelheiten der Vertragsgestaltung, mit Führungsverantwortung und vor allem mit einem enormen Zeit- und Kostendruck. Er muss mit Auftraggebern nachverhandeln, als die Kosten für ein Bauprojekt das geplante Budget übersteigen, und seine Baumannschaft zur Einhaltung der vertraglich zugesicherten Fertigstellungszeiten anhalten.
Seine Kernkompetenzen, die statischen Berechnungen und die Entwürfe, die zur Planung eines Gebäudes notwendig sind, machen nur noch einen kleinen Teil der neuen Arbeit aus. Stattdessen erfordert seine Tätigkeit Managementkompetenzen, die ihm – das muss er jetzt erkennen – fehlen. Markus S. ist ein typisches Opfer des Peter-Prinzips geworden.

Es muss nicht immer ein Aufstieg sein

Das Peter-Prinzip gilt auch bei der Suche nach einem neuen Arbeitgeber.

Das Peter-Prinzip entfaltet seine Wirkung aber nicht nur im Zusammenhang mit Beförderungen, sondern auch bei Bewerbungen auf eine neue Stelle. Für viele Stellensuchende mit Hochschulabschluss kommt es überhaupt nicht infrage, sich auf eine Arbeitsstelle auf gleichem Niveau wie bisher oder gar auf eine hierarchisch niedriger angesiedelte Position zu bewerben. Häufig scheint es nur eine akzeptable Richtung zu geben: nach oben.

Bewerbungen und das Peter-Prinzip

Der berufliche Aufstieg ist für manche Akademiker außerordentlich wichtig. Sie möchten bei ihrem neuen Arbeitgeber eine Position erreichen, die besser dotiert und angesehener ist als ihre bisherige. Das zeigt sich in Bewerbungs-

schreiben beispielsweise an üblichen Formulierungen für die Gehaltsvorstellungen: »Derzeit verdiene ich ... Euro. Ich rechne mit einer Verbesserung.«
Doch Vorsicht: Hier besteht die Gefahr, sich selbst mit der neuen Position zu überfordern und letztlich mit der Anstellung nicht glücklich zu werden.
Ist aufwärts die richtige Richtung für Sie? Das kann durchaus sein. Aber Sie sollten prüfen, welche Fähigkeiten Sie für den nächsten Schritt auf der Karriereleiter benötigen.

Überfordert als Chef

Eine hohe Stellung in einem Unternehmen bringt meist Führungsverantwortung mit sich. Dem sollte sich nur jemand aussetzen, der dafür gewappnet ist. Wenn Sie beispielsweise ein starkes Harmoniebedürfnis haben, wird es Ihnen schwerfallen, Mitarbeitern klare Vorgaben zu machen und berechtigte Kritik zu üben.

Überfordert mit internationalem Aufgabengebiet

Eine höhere Position kann auch eine geografische Ausweitung des Verantwortungsbereichs mit sich bringen, zum Beispiel von der nationalen auf die internationale Ebene. Dann erwartet der Arbeitgeber von der jeweiligen Führungskraft interkulturelle Kompetenz sowie die sichere Beherrschung von einer oder mehreren Fremdsprachen.
Fragen Sie sich auf jeder Stufe Ihrer Karriere selbstkritisch, welche Aufgaben Sie sich ohne Weiteres zutrauen und welche nicht. Gerade wenn Sie sich bewerben, ist es wichtig, dass Sie Ihre eigenen Kompetenzen, aber auch Ihren Willen, eine Führungsrolle einzunehmen, richtig einschätzen.

Kernfrage: Sind Sie für die neuen Aufgaben gewappnet?

Können und wollen Sie die Verantwortung, die der angestrebte Posten mit sich bringt, wirklich übernehmen? Sind Sie in der Lage, sich die eventuell fehlenden Qualifikationen anzueignen? Wenn Sie diese Fragen aus voller Überzeugung bejahen können, spricht nichts dagegen, sich zu bewerben. Auch wenn Sie es zumindest versuchen möchten, den neuen Ansprüchen gerecht zu werden, ist das eine legitime Motivation. Manchmal ist es für eine Beförderung aber auch einfach noch zu früh. In solchen Fällen können Sie zumindest schon zielgerichtet daran arbeiten, diejenigen Fähigkeiten auszubauen, die Sie später für eine vergleichbare Stelle brauchen und die Ihnen derzeit noch fehlen. Anders sieht es allerdings aus, wenn Sie nicht glauben, dass Sie sich diese Kompetenzen aneignen können. Seien Sie lieber ehrlich zu sich selbst. Reizen Sie an einem Stellenangebot nur das höhere Ansehen und das Gehalt, nicht aber die Aufgabe selbst? Dann sollten Sie sich besser für eine andere Position bewerben, bei der nicht von vornherein abzusehen ist, dass Sie dort überfordert – oder vielleicht auch gelangweilt – sein werden.

Höheres Ansehen und mehr Gehalt sind als Motivation zu wenig.

Die Möglichkeit, nach unten auszuweichen

Nicht alle Akademiker machen eine Bilderbuchkarriere. Viele nehmen auch eine Tätigkeit auf, die hinter ihren eigentlichen Fähigkeiten zurückbleibt. Tatsächlich ist auch dies einer der Gründe für die niedrigen Arbeitslosenzahlen bei Hochschulabsolventen – diese haben immer die Möglichkeit, eine Stelle anzunehmen, die ihrer Qualifikation nicht gerecht wird. Viele akzeptieren dadurch, womöglich dauerhaft unterfordert zu sein und auch weniger zu verdienen als ihre Studienkollegen.

Tätigkeiten, die dem hohen Bildungsabschluss nicht entsprechen

Arbeiten unterhalb der eigenen Qualifikation

Arbeiten als … Telefonagentin

Tanja F., eine Romanistin mit Masterabschluss, hat eine Anstellung in einer Telefonagentur und betreut die Beschwerdehotline eines Elektronikversenders.

Kundenberater

Jonas K. ist Agraringenieur und als Kundenberater in der Gartenabteilung eines Baumarkts tätig.

Technischer Assistent

Der Biochemiker Kai B. erfüllt Aufgaben als technischer Assistent an einem Forschungsinstitut.

Kassiererin

Katharina A., studierte Betriebswirtin, ist bei einem Herrenausstatter als Kassiererin beschäftigt.

Schreibkraft

Daniela G. ist Germanistin und arbeitet als Schreibkraft in einem mittelständischen Industrieunternehmen.

Dekanatsassistent

Jens S., ein Soziologe mit Masterabschluss, bleibt nach seinem Studium an der Universität und wird als Dekanatsassistent angestellt.

Beweggründe gründlich hinterfragen

Gegen eine solche Berufswahl ist grundsätzlich nichts einzuwenden. Taxifahrer, Callcenter-Mitarbeiter, Kundenberater, technischer Assistent, Kassierer, Schreibkraft, Dekanatsassistent – all das sind ehrenwerte Berufe. Standesdünkel ist hier sicher nicht angebracht. Trotzdem sollten Sie sich gründlich überlegen, ob Sie eine Stelle annehmen wollen, für die Sie als Akademiker letztlich überqualifiziert sind.

Übergangslösungen sind sinnvoll während der Berufsorientierung.

Nichts spricht dagegen, diesen Schritt als *Übergangslösung* zu nutzen, solange Sie sich noch in der Phase der Berufsorientierung befinden. Auf diese Weise sind Sie nicht auf die finanzielle Unterstützung Ihrer Angehörigen oder auf Leistungen des Staats und der Sozialversicherungen angewiesen.

Haben Sie neben der Arbeit noch Zeit, sich zu bewerben?

Voraussetzung ist dann allerdings, dass parallel zur Arbeit noch genügend Zeit bleibt, um sich um das weitere berufliche Fortkommen zu kümmern. Ihre Stelle darf Sie nicht so sehr fordern, dass Sie nach einem anstrengenden Tag zu erschöpft sind, um noch Bewerbungen zu schreiben, und Sie auch am Wochenende kaum Zeit für Ihre Bewerbungen finden.

Meist keine akzeptable Dauerlösung

Wenn es allerdings darum geht, *dauerhaft* eine Tätigkeit aufzunehmen, für die Sie überqualifiziert sind, gilt es, sehr vorsichtig zu sein. Das mag manchmal verlockend sein, weil dieser Weg naheliegend ist und leicht umsetzbar erscheint. Reine Bequemlichkeit ist aber sicherlich keine ausreichende Motivation für eine solche Entscheidung. Wer sich von vornherein zu niedrig einstuft, eignet sich die nötige Berufserfahrung für höher qualifizierte Tätigkeiten nicht an. Dann fällt es später schwer, eine Stelle zu finden, die der hohen Qualifikation entspricht und auch angemessen bezahlt wird.

Nehmen Sie nicht aus Bequemlichkeit das erstbeste Stellenangebot an.

Der erstbeste Arbeitsplatz
Direkt im Anschluss an ihr Studium wird der Archäologin Jasmin S. eine Tätigkeit im städtischen Museum für Frühgeschichte angeboten. Sie soll die Aufsicht über die Ausstellungsräume führen und zudem zeitweise den angeschlossenen Museumsladen betreuen. Jasmin S. weiß, dass sie inhaltlich nicht über die Ausstellungskonzepte mitbestimmen darf. Trotzdem nimmt sie den Vorschlag an. Damit bleibt ihr die Mühe erspart, sich passende Stellenangebote zu suchen und Bewerbungen zu schreiben. Zudem fühlt sie sich wohl in ihrer Universitätsstadt. Da sie vor Ort arbeiten kann, muss sie nicht umziehen.

Nach einigen Wochen ist Jasmin S. zutiefst enttäuscht von ihrer Arbeit, weil sie keinerlei Mitspracherecht hat. Die reine Aufsicht über die Museumsräume langweilt sie. Mit Führungen wird sie nur sehr selten betraut und die Arbeit im Museumsshop stellt keine fachliche Herausforderung für sie dar. Jasmin S. fühlt sich fehl am Platze.

Langfristig werden Sie vermutlich nicht glücklich an einem Arbeitsplatz, der Sie unterfordert, an dem Sie kein Mitspracherecht und keinerlei eigenen Gestaltungsspielraum haben. Bevor Sie also eine Anstellung annehmen, für die Sie überqualifiziert sind, sollten Sie Ihre Beweggründe genau hinterfragen.

Bewerben unterhalb der Qualifikation – ein Ausweg?

Wann kann eine dauerhafte Tätigkeit unterhalb der eigenen Qualifikation sinnvoll sein?

Die Bewerbung auf eine Stelle, die Ihrer Qualifikation nicht entspricht, ist dann eine akzeptable Lösung, wenn
- Sie mit Ihrem bisherigen Beruf überfordert waren, sich von den Anstrengungen erholen und neu orientieren möchten;
- für Sie nicht die Arbeit und der Verdienst oberste Priorität haben, sondern beispielsweise Ihre Familie oder Ihre Freizeitbeschäftigungen;
- Sie in Ihrer Region keinen Arbeitsplatz finden, der Ihrer akademischen Qualifikation und Ihren Neigungen entspricht, und Sie nicht bereit sind, für eine passende Stelle an einen anderen Ort umzuziehen;

- der Arbeitsmarkt für Sie keine Angebote bereithält, zum Beispiel weil Sie seit langem arbeitslos und schon etwas älter sind und Sie daher jeden beruflichen (Wieder-)Einstieg begrüßen;
- Sie bei dem neuen Arbeitgeber die Möglichkeit haben, in der Hierarchie aufzusteigen.

Aufstiegschancen nutzen

Manchmal gibt es Aufstiegschancen.

Vor allem der letzte Punkt aus der Liste ist wichtig. Die spätere Beförderung auf eine Position, die besser zur eigenen Qualifikation passt, ist eine nicht zu unterschätzende Möglichkeit. Oft bleibt ein Akademiker nicht lange auf den unteren Stufen in der Hierarchie eines Unternehmens, sondern arbeitet sich dank einer raschen Auffassungsgabe und einer großen Verantwortungsbereitschaft allmählich nach oben.

So kann ein Aufstieg aussehen.

Schrittweise Beförderung
Katharina A., die Betriebswirtin, die als Kassiererin bei einem Herrenausstatter angefangen hat, ist bald für alle Kassen in dem großen Modegeschäft verantwortlich. Ihr obliegt es zunächst, die Tagesabschlüsse zu erstellen. Als ein neues Warenwirtschaftssystem mitsamt einer neuen Kassensoftware eingeführt wird, schult sie die anderen Mitarbeiter in diesem Bereich. So steigt sie langsam immer weiter in der Unternehmenshierarchie auf.

Wegbewerben erhöht die Chance auf einen Aufstieg.

Allerdings lässt sich ein Aufstieg innerhalb eines Unternehmens aus einer niedrigen Position heraus schlecht planen. Nicht immer ist gewährleistet, dass ein Vorgesetzter Ihr Talent entdeckt und Ihre höhere Qualifikation durch eine Beförderung würdigt. Häufig bestehen bessere Chancen, wenn Sie übergangsweise eine Aushilfstätigkeit annehmen und sich aus dieser Position heraus auf eine höhere Stelle bei einem anderen Unternehmen bewerben.

Die Bewerbung mit 45+

Wer 45 oder gar 50 Jahre alt ist, hat sie überschritten – die unsichtbare Altersgrenze. Wer »in diesem Alter« auf Jobsuche geht, weil er noch einmal neu durchstarten will oder weil ihn seine berufliche Situation dazu zwingt, der wird in der Regel von seinem Umfeld skeptisch beäugt.
Es mangelt nicht an Einwänden und Vorurteilen. Beinahe jeder kennt Beispiele von älteren Arbeitssuchenden, die Dutzende oder gar Hunderte von Bewerbungen geschrieben haben und keine neue Festanstellung finden.
Doch es wäre unklug, sich von den Frustrationen anderer anstecken zu lassen, selbst wenn sie von den Medien noch verstärkt werden. Denn es wird nur selten erwähnt, dass es auch sehr viele positive Beispiele gibt: Bewerber über 50, die schon nach kurzer Jobsuche oder mit dem entsprechenden Durchhaltevermögen etwas Neues gefunden haben und erfolgreich und glücklich mit ihrer neuen Arbeitssituation sind.

Die Vorurteile in der Gesellschaft sitzen tief.

Sucht man in den Medien nach Beiträgen zu Bewerbern oder Arbeitnehmern, die über 45 oder 50 Jahre alt sind, begegnet man immer wieder demselben Etikett, das den Angehörigen dieser Altersgruppe auf dem Arbeitsmarkt angeheftet wird: Sie sind alt. Und daran ändern auch die mehr oder weniger beschönigenden Formulierungen nichts.
Von »ältere Arbeitnehmer« über »Mitarbeiter im fortgeschrittenen Alter« bis zu »Alte im Job« findet man in den Medien und der Literatur alle möglichen Bezeichnungen, die Erwerbstätigen in dieser Altersgruppe immer wieder suggerieren, dass sie jetzt zum alten Eisen gehören. Mit 44 Jahren ist man noch bei den Jungen, ab 45 Jahren trägt man bereits den Stempel »alt« auf dem Lebenslauf und es wird schwierig auf dem Arbeitsmarkt. Das ist die Botschaft. Kein Wunder, dass die meisten Menschen in unserer Gesellschaft Angst vor dem Alter haben.

Selbstzweifel bei den Arbeitnehmern

Jugend gilt mehr.

Und schnell beginnt bei vielen Arbeitnehmern jedes Jahr, das sie nach dem 40. Geburtstag auf ihrem Lebenskalender verbuchen, mehr an ihrem Selbstwertgefühl zu nagen. Zweifel und Ängste tauchen auf: Bin ich in ein paar Jahren noch leistungsfähig genug, um auf dem Arbeitsmarkt zu bestehen? Was passiert, wenn ich meinen Job verliere? Droht mir Langzeitarbeitslosigkeit?

Falls dann der Arbeitsplatz – aus welchen Gründen auch immer – tatsächlich verloren geht, machen sich Arbeitnehmer mit dieser pessimistischen Einstellung zu sich selbst auf die Jobsuche. Oft zeigen sie schon in ihrem Bewerbungsschreiben, spätestens aber im Vorstellungsgespräch, dass sie ihr Alter für eine ihrer größten Schwächen halten, und entschuldigen sich dafür. So programmieren sie Absagen und damit verbundene Enttäuschungen quasi von Anfang an selbst mit.

In den letzten 100 Jahren ist die Lebenserwartung um rund 30 Jahre gestiegen.

Objektiv sind die Zweifel an der eigenen Leistungsfähigkeit in diesem Alter jedoch bei den meisten unangebracht. Einerseits werden über 45- oder über 50-Jährige auf dem Arbeitsmarkt kritisch betrachtet. Andererseits ist diese Altersgruppe in der Gestaltung ihres Lebens in Familie, Beruf und Freizeit heute wesentlich aktiver, jugendlicher und dynamischer, als es die gleiche Altersgruppe vor 30 oder 40 Jahren war. Man spricht von den Best Agers – und diese Bezeichnung scheint treffend –, weil viele Menschen dieser Altersgruppe tatsächlich ein abwechslungsreiches, vitales Leben führen.

Risiko der Arbeitslosigkeit steigt

IT-bezogene Geschäftsfelder sind besonders jugendorientiert, was Mitarbeiter anbelangt.

Und dennoch: Wer die 50 überschritten hat und in diesem Alter seinen Job verliert, hat ein hohes Risiko, länger ohne Arbeit zu sein bzw. keine seiner früheren Position adäquate Stelle mehr zu finden. Besonders in jungen, schnelllebigen Branchen werden Bewerber, die die 45 überschritten haben, nicht mehr so gern eingestellt, vor allem, wenn sie einige Zeit nicht in ihrem Beruf tätig waren. Auch nach den Kategorien, die die Europäische Union bildet, werden Menschen jenseits der 45 als »ältere Arbeitnehmer« bezeichnet.

Zahl der älteren Erwerbstätigen steigt

Noch bis vor einigen Jahren wurden ältere Arbeitnehmer von vielen Unternehmen, v. a. von großen, unter wirtschaftlich sehr verlockenden Bedingungen in den Ruhestand geführt. Diese Zeit scheint erst einmal vorbei: Die Zahl der erwerbstätigen 50- bis 65-Jährigen steigt und steigt, ohne dass ein Ende abzusehen wäre. Die Wirtschaft kann auf sie nicht mehr ohne Weiteres verzichten!

Langzeitarbeitslose haben es besonders schwer.

Die Schwierigkeiten, eine neue Stelle zu finden, nehmen mit der Dauer der Arbeitslosigkeit zu, weil die Betroffenen zu lange nicht am Berufsleben teilgenommen haben und weil ihnen moderne Qualifikationen fehlen.
Die besten Chancen haben Best Ager, die sich aus einer Festanstellung heraus bewerben, weil sie zum Beispiel eine neue Herausforderung suchen. Denn ein wichtiges Kriterium für Personalverantwortliche bei der Bewerberauswahl besteht nach wie vor darin, ob der Bewerber noch in einem Arbeitsverhältnis steht oder nicht.

Vorurteile gegenüber älteren Bewerbern

Erfahrene Mitarbeiter werden generell wertgeschätzt.

Warum aber ist es für 45-plus-Bewerber überhaupt schwieriger bzw. langwieriger, einen neuen Job zu finden? Denn langjährige Mitarbeiter über 45 Jahre – das zeigt die Praxis – werden in ihren Betrieben durchaus geschätzt und können mit Unterstützung rechnen. Arbeitssuchende über 45 ernten dagegen paradoxerweise vor allem Absagen.

Wann Alter keine Rolle spielt

Ein Blick auf die Altersstruktur der Erwerbstätigen in Toppositionen zeigt, dass hier sogar die Mehrzahl 45 Jahre und älter ist. Nimmt man das Alter von Vorständen und

Als Angela Merkel mit Anfang 50 zur Bundeskanzlerin gewählt wurde, galt sie als junge Kanzlerin.

Aufsichtsräten in vielen Unternehmen oder auch von Politikern genauer unter die Lupe, scheinen hier die Lebensjahre keine Rolle zu spielen. Kaum jemand würde das Wort »alt« in den Mund zu nehmen, wenn zum Beispiel von einem Vorstandsmitglied der Siemens AG oder eines anderen großen Konzerns die Rede ist. Das Geburtsdatum vieler Vorstände liegt zwischen 1955 und 1965. Auch viele Freiberufler und Unternehmer lenken ihre Geschäfte weiterhin mit viel Dynamik, Überblick und Erfolg, obwohl sie 50, 60, manchmal sogar über 70 Jahre alt sind. Dabei steht außer Zweifel, dass ihnen ihre Aufgaben ein hohes Maß an Leistungsfähigkeit und Belastbarkeit abverlangen.

Ältere Topmanager profitieren von ihrer außergewöhnlichen Karriere.

»Topmanager und Unternehmer nehmen bei den Erwerbstätigkeiten insofern eine Sonderrolle ein, als sie zu einem bestimmten Zeitpunkt ihrer Karriere den entscheidenden Schritt in die erste Hierarchieebene eines Unternehmens, einer Organisation oder in die Selbstständigkeit geschafft haben. Sie haben damit starken Erfolgswillen und die Fähigkeit zu außergewöhnlichen beruflichen Leistungen bewiesen«, sagt dazu Falk Runge, Executive Vice President bei Kienbaum. Allerdings hat die Wirtschaftskrise auch gezeigt: Verlieren Topmanager ihren Job, geht es vielen genauso wie dem durchschnittlichen Arbeitnehmer.
Sie haben Schwierigkeiten, eine neue adäquate Position zu finden. »Trotz des einschneidenden demografischen Wandels in Deutschland hat ein wirkliches Umdenken noch nicht stattgefunden«, stellt Runge fest.

Vorbehalte gegenüber älteren Arbeitnehmern

Viele Personalverantwortliche denken immer noch in alten Mustern.

Personalverantwortliche führen eine Reihe von Gründen dafür an, warum sie Arbeitnehmer, die 45 Jahre oder älter sind, weniger gern einstellen. Dass es sich dabei zum Teil um Vorurteile handelt, zeigt ihre widersprüchliche Einstellung zu Best Agers, die in einer festen Anstellung sind und die viel seltener mit den gleichen Vorbehalten kämpfen müssen.

Treten Sie Vorurteilen entgegen.

Der folgende kleine Exkurs in die Gedanken- und Entscheidungswelt von Personalverantwortlichen soll Sie keinesfalls demotivieren. Im Gegenteil, er soll dazu dienen, die Entscheidungshintergründe und auch die Vorurteile von Personalverantwortlichen bei 45-plus-Bewerbern besser zu verstehen. So können Sie bei Ihrer Bewerbung Vorbehalten entgegenwirken, besser argumentieren und sich erfolgversprechender verkaufen.

Abnehmende Leistungsfähigkeit

Ältere Arbeitnehmer gelten oft als weniger leistungsfähig.

Vielen Bewerbern wird mit zunehmendem Alter abnehmende Belastbarkeit unterstellt: Arbeitgeber rechnen mit krankheitsbedingten Ausfällen, und sie bezweifeln, dass 45-plus-Bewerber noch Potenzial zur Leistungssteigerung haben.

Kündigungsschutz

Best Ager genießen einen generell besseren Kündigungsschutz als junge Mitarbeiter.

Arbeitgeber können sich von älteren Mitarbeitern schlechter trennen als von jungen. Bei betriebsbedingten Kündigungen werden ältere Arbeitnehmer eher durch die Sozialauswahl geschützt. Auch bei krankheitsbedingter Minderleistung von älteren Mitarbeitern müssen Arbeitgeber erst alle Möglichkeiten wie zum Beispiel Wiedereingliederungsmaßnahmen für den Mitarbeiter ausschöpfen, ehe sie sich von ihm trennen können.

Keine oder nur bedingt passende Qualifikationen

Arbeitgeber rechnen mit längeren Einarbeitungszeiten.

Bewerber über 45, die einige Zeit arbeitslos waren oder aus anderen Gründen nicht am Arbeitsleben teilgenommen haben, laufen Gefahr, den Anschluss an aktuelle Entwicklungen im Beruf zu verpassen. Personalverantwortliche rechnen mit einer längeren und schwierigeren Einarbeitungszeit.

Geringere Lernbereitschaft und Skepsis gegenüber Veränderungen

Arbeitgeber befürchten mangelnde Lernfähigkeit und Flexibilität.

Bewerbern über 45 wird nachgesagt, sie seien nicht mehr lernbereit und würden sich Veränderungen gegenüber häufig ablehnend verhalten. Das gilt vor allem für 45-plus-Bewerber in IT-bezogenen Geschäftsfeldern und in Internet-geprägten Unternehmen. Hier finden permanent Innovationen und rasante technische Entwicklungen statt, die den Mitarbeitern eine hohe Flexibilität und Lernbereitschaft abfordern. Personalverantwortliche sprechen diese beiden Eigenschaften nach wie vor eher jüngeren Mitarbeitern zu.

- Ungünstiges Verhältnis von Qualifizierungskosten und wirtschaftlichem Nutzen

Weiterbildung für ältere Mitarbeiter erscheint nicht mehr so rentabel.

Auch die Fortbildungskosten spielen eine Rolle. Neue Technologien und Arbeitstechniken erfordern vom Arbeitgeber permanente Investitionen in die Weiterbildung seiner Mitarbeiter. Davon will jedes Unternehmen nach dem Aufwand-Ertrags-Prinzip so lange wie möglich profitieren. Mitarbeiter, die erst mit Ende 40 oder Anfang 50 einsteigen und Weiterbildungsmaßnahmen benötigen, die sie auf den aktuellen Stand des Wissens bringen, können diese Investition des Unternehmens nicht so lange in Ertrag umsetzen wie junge Mitarbeiter.

- Teamzusammensetzung

Für junge Teams werden junge Arbeitnehmer gesucht.

Auch die Altersstruktur in Teams kann bei der Ablehnung eine Rolle spielen. Viele Personalverantwortliche suchen zum Beispiel für bestehende Teams, die sich aus jüngeren Mitgliedern zusammensetzen, auch jüngere Kollegen.

- Kosten

Best Ager verdienen mehr.

Mitarbeiter sind für jedes Unternehmen nicht zuletzt auch ein Kostenfaktor. In manchen Tarifverträgen werden Mitarbeiter nach dem Alter in Tarifgruppen eingeteilt. Best Ager werden hier – was ihr Einkommen anbelangt – automatisch höher eingestuft. Da liegt für die meisten Personalentscheider die Bevorzugung jüngerer Mitarbeiter nahe: Sie kosten weniger, sind gut ausgebildet, jung und entwicklungsfähig und vor allem noch formbar im Sinne des Unternehmens.

Vorteile und Stärken von 45+

45-plus-Mitarbeiter haben besondere Fähigkeiten.

Es liegt auch an Ihnen, mit Ihren Bewerbungen und in Ihren Vorstellungsgesprächen das Schablonendenken der Personalverantwortlichen aufzubrechen und Vorurteile zu entkräften. Rückendeckung und Argumentationshilfen erhalten Sie sowohl aus der Wissenschaft als auch aus der Praxis.

Bei sozialen Kompetenzen liegen Best Ager vorn

In wissenschaftlichen Studien konnte nachgewiesen werden, dass es Bereiche gibt, in denen Best Ager jüngeren Arbeitnehmern deutlich überlegen sind. Das betrifft vor allem die soziale Kompetenz.

Souveräner Umgang mit komplexen Sachverhalten

Generalisten mit großem Erfahrungsschatz

45-plus-Arbeitnehmer sind häufig Generalisten mit großer Erfahrung und einem dementsprechenden Gesamtüberblick, der es ihnen leichter macht, komplexe Probleme zu entschlüsseln und zu lösen.

Realistische Selbsteinschätzung

Realistische Selbsteinschätzung

Best Ager haben bereits Höhen und Tiefen in ihrer Berufskarriere erlebt. Sie können ihre Qualifikation, ihre Leistungsfähigkeit und ihre Persönlichkeit besser einschätzen als junge Mitarbeiter.

Vorausschauende Berücksichtigung potenzieller Komplikationen

Besonnenheit und Weitblick

Mitarbeiter, die älter als 45 Jahre sind, haben aufgrund ihrer Erfahrung einen größeren Weitblick und sind damit in der Lage, problematische Entwicklungen frühzeitig zu erkennen und vorausschauend geeignete Gegenmaßnahmen zu ergreifen.

Vermeidung und Klärung von Konflikten

Harmonisierende Wirkung im Team

Wer schon eine Reihe von Berufsjahren bewältigt hat, verfügt aufgrund seiner Erfahrung meist über eine sehr gute

Menschenkenntnis. Er kann sehr schnell einschätzen, wen er wie anpacken muss, um ihn zur konstruktiven Zusammenarbeit zu bewegen. So kommen erst gar keine größeren Meinungsverschiedenheiten auf. Auch in Konfliktsituationen agieren Best Ager oft gelassener und konstruktiver als jüngere Mitarbeiter mit weniger sozialer Erfahrung im Beruf.

- Zufriedenheit und Engagement

Motivation durch Zufriedenheit

45-plus-Mitarbeiter wollen nicht mehr auf Biegen und Brechen in kürzester Zeit die Karriereleiter hinauf. Sie haben erkannt, dass es vor allem darauf ankommt, dass ihre Arbeit sinnvoll ist und Zufriedenheit vermittelt. Hauptsächlich aus diesen Werten schöpfen sie Motivation und Engagement. Aus dieser Haltung heraus – das wissen sie – stellt sich der Erfolg ganz von selbst ein.

- Verlässlichkeit und Loyalität

Enge Bindung an das Unternehmen

Die heutigen Best Ager stammen aus einer Generation, der Werte wie Zuverlässigkeit und Vertrauenswürdigkeit mit auf den Weg gegeben wurden. Jobhopping ist ein Fremdwort für sie. Sie sind durchaus bereit, eine dauerhafte Bindung zu einem Unternehmen einzugehen.

- Krisenfestigkeit

Starke Nerven auch in schlechten Zeiten

Best Ager haben nicht nur persönlich Höhen und Tiefen in ihrer Karriere durchlebt, sie haben auch Rezessionen und Wirtschaftskrisen durchgestanden und die Erfahrung gemacht, dass es immer wieder weiter geht. In Krisensituationen im Unternehmen reagieren sie wesentlich ruhiger und souveräner als jüngere Mitarbeiter, die oft panikartig das vermeintlich sinkende Schiff verlassen. Best Ager wirken tatkräftig mit, wenn es darum geht, das Unternehmensschiff wieder in ruhigere Gewässer zu steuern.

- Fleiß und Pünktlichkeit

Klassische Mitarbeitertugenden

Diese als »typisch deutsch« angesehenen Eigenschaften begrüßt jeder Arbeitgeber bei einem Mitarbeiter. 45-plus-

Mitarbeiter haben diese Tugenden noch von ihren Eltern übernommen und in ihr Verhalten im Berufsleben integriert.

■ Positive Vorbilder

Mit gutem Beispiel voran

Best Ager geben ihr Know-how gern an Berufsanfänger und jüngere Mitarbeiter weiter. Sie können jüngere Mitarbeiter gut anleiten und sind oft hervorragende Mentoren. In wissenschaftlichen Studien bestätigt mehr als die Hälfte der befragten jüngeren Mitarbeiter, dass sie von der Generation 45 plus am meisten lernt.

Wenn Sie sich als 45-plus-Bewerber historisch einordnen wollen, gehören Sie zur Generation der Babyboomer. In den Jahren von 1946 (in Deutschland erst ab 1955) bis 1964 kamen so viele Kinder zur Welt wie in keiner anderen Generation. In Ihre Zeit fallen bahnbrechende und die Generation prägende Ereignisse und Entwicklungen des vergangenen Jahrhunderts wie zum Beispiel die Jahre des Wirtschaftswunders, die Mondlandung und die Studentenbewegung.

■ Ausgeprägte Teamfähigkeit

Im Team unschlagbar

Als Babyboomer saßen Sie in Ihrer Schulzeit in übervollen Schulklassen. 40 Schüler und mehr in einer Klasse waren in den Ballungsgebieten keine Seltenheit. In diesen engen Klassenräumen entstand ganz automatisch Teamfähigkeit. Sie haben Kooperation und Zusammenarbeit von Grund auf gelernt und bemühen sich, in Konfliktsituationen mit viel Diplomatie kollegiale Lösungen zu finden – auch über die Generationen hinweg. Gleichzeitig verfügen Sie über Durchsetzungskraft, wenn es darum geht, Ihre Interessen und Ideen umzusetzen.

■ Hohe Flexibilität

Stets bereit, zu lernen

Permanente Weiterentwicklung und lebenslanges Lernen sind für Babyboomer selbstverständlich. 1966 kürte das US-Magazin Times die gesamte Generation der Babyboomer zur »Person des Jahres«, weil sie den Wandel als Wert an sich begriff. Sie sind Vertreter einer Generation, die geprägt wurde von der Aussage: »Du musst dich permanent weiterbilden. Wer nicht ständig dazulernt, geht rückwärts!«

- Überschaubare Verpflichtung

Kein Arbeitgeber spricht gern Kündigungen aus. Was aber, wenn perspektivisch vermutlich große Marktveränderungen zu erwarten sind? Ältere Bewerber verhelfen Unternehmen auch zu personeller Flexibilität, denn die Dauer ihrer Beschäftigung ist überschaubar. In einigen Jahren werden sie ohne Kündigung, ohne Kündigungsstreitigkeiten und ohne Abfindung aus dem Unternehmen ausscheiden. Viele Arbeitgeber entspannt diese Aussicht.

Nicht einschüchtern lassen

Mit 50 Jahren haben Arbeitnehmer noch über 15 Jahre Arbeitszeit vor sich.

Es ist also definitiv eine von Vorurteilen geprägte mentale Barriere, die Personalverantwortliche derzeit immer noch davon abhält, 45-plus-Bewerber genauso zu sehen und zu behandeln wie jüngere Jobkandidaten. Und es liegt auch an Ihnen selbst, diese Blockaden zu lösen. Lassen Sie sich weder von Ihrem Umfeld noch von den Medien einreden, Sie seien zu alt, um beruflich noch einmal so richtig durchzustarten. Sie wissen selbst: Ihr Lebensgefühl ist heute mit 45, 50 und mehr Jahren ganz anders als das der Generation Ihrer Eltern oder Großeltern. Viele Menschen in Ihrem Alter sind aktiv und leistungsfähig und befinden sich nach wie vor auf dem Höhepunkt ihrer Fähigkeiten. Bei steigendem Renteneintrittsalter haben 50-Jährige noch über 15 Jahre Arbeitszeit vor sich.

Die Entwicklung auf dem Arbeitsmarkt kommt Ihnen entgegen.

Und was dazukommt: Wenn die Babyboomer in absehbarer Zeit in großen Scharen in den Ruhestand gehen, vielleicht auch vorbereitet durch Altersteilzeit oder Vorruhestand, dann hinterlassen sie in den Unternehmen und Organisationen Lücken, die nicht ohne Weiteres zu schließen sein werden. Denn die schiere Größe dieser Generation führt in allem, was sie unternimmt, zwangsläufig zu großen Veränderungen. Für alle diejenigen, die etwas jün-

ger sind, also nach 1964 geboren wurden, ist es ein Vorteil, wenn die Babyboomer aus dem Erwerbsleben ausscheiden.
Daran dürften auch die vielen Migranten, die in den nächsten Jahren in den Arbeitsmarkt strömen, nichts ändern. Denn sie sind – statistisch gesehen – jünger und sie haben entsprechend wenig Berufserfahrung, zumal auf dem deutschsprachigen Arbeitsmarkt. Die Generation 45 plus könnte also dank ihrer Erfahrung flankierend wertvolle Arbeit in der Phase des Übergangs leisten.

Die richtige Einstellung zum eigenen Lebensalter

Seien Sie den Entwicklungen auf dem Arbeitsmarkt einen Schritt voraus und verkaufen Sie selbstbewusst Ihre Stärken und Fähigkeiten als Best Ager. Öffnen Sie den weniger vorausschauenden Personalverantwortlichen die Augen dafür, welche Vorteile damit verbunden sind, wenn sie Sie einstellen. So können Sie dazu beitragen, dass bei der Einstellung von 45-plus-Mitarbeitern der Mentalitätswechsel in der deutschen Wirtschaft vorankommt.

Finden Sie eine positive Einstellung zu sich selbst.

Eine Grundvoraussetzung für Ihren Erfolg bei der Bewerbung liegt in einer selbstbewussten Einstellung zu sich selbst. Betrachten Sie deshalb zunächst einmal kritisch Ihre eigenen Blockaden in Bezug auf Ihr Alter.

Fragen zur inneren Einstellung

- Habe ich mich von der verbreiteten Einstellung in der Gesellschaft und in den Medien, ab 45 Jahre werde man langsam alt, anstecken lassen?
- Sehe ich nur wenige Chancen, wieder eine adäquate Arbeitsstelle für mich zu finden?
- Denke ich insgeheim selbst, dass ich mit den jüngeren Mitarbeitern auf dem Arbeitsmarkt nicht mehr mithalten kann?

- Fühle ich mich generell gegenüber Jüngeren minderwertig, weil ich älter als 45 Jahre bin?
- Mache ich oft selbst Witze über mein Alter?
- Überlege ich, wie ich mein Alter bei meiner Bewerbung am besten vertuschen könnte?
- Habe ich das Gefühl, mich bei der Bewerbung für mein Alter entschuldigen zu müssen?
- Habe ich Schwierigkeiten, eine Reihe von Vorzügen aufzuzählen, die mich im Berufsleben gegenüber jüngeren Arbeitnehmern auszeichnen?

Gehen Sie mit Selbstbewusstsein an Ihre Bewerbung.

Wenn Sie eine oder mehrere dieser Fragen mit Ja beantworten mussten, besteht die erste Aufgabe für Sie darin, an Ihrer positiven Einstellung zu sich selbst und zu Ihrem Alter zu arbeiten. »Viele 45-plus-Bewerber gehen in ein Bewerbungsgespräch und entschuldigen sich erst mal für ihr Alter«, weiß die Kommunikations- und Bewerbungstrainerin Jutta Schober. »Sie sagen: Ich bin zwar schon 45, aber vielleicht kann ich ja trotzdem noch etwas für Sie machen.« Damit sei der negative Ausgang des Jobinterviews im Grunde genommen vorprogrammiert. Man könne das Bewerbungsgespräch ja einmal mit einem Flirt vergleichen. »Da fängt man auch nicht damit an, seine vermeintlichen Makel aufzuzählen.«

Von anderen Best Agers lernen

Das bedeutet: Nur wenn Sie sich selbst ganz selbstverständlich als leistungs- und weiterhin entwicklungsfähig betrachten, können Sie dieses Gefühl auch in Ihrem Bewerbungsschreiben und später in den Vorstellungsgesprächen vermitteln und so die Entscheider in den Unternehmen von Ihren Vorzügen überzeugen.
Achten Sie ganz bewusst auf die vielen Best Ager in Ihrer Umgebung, die ihr Berufs-, ihr Arbeits- und ihr Privatleben positiv gestalten. Sie werden feststellen, wie sportlich aktiv viele Vertreter dieser Generation sind. Sie reisen, gehen in-

tensiven und interessanten Freizeitbeschäftigungen nach, bilden sich weiter, sind an neuen Kommunikationstechnologien interessiert und planen gezielt ihre weitere berufliche Zukunft.

Machen Sie sich die Stärken von Best Agers immer wieder von Neuem bewusst.

Ein positives Selbstbild erarbeiten

Ersetzen Sie negative Einstellungen, was Ihr Alter anbelangt, gezielt, indem Sie sich die bereits genannten Vorzüge der Best Ager wiederholt bewusst machen. Nehmen Sie sich ein wenig Zeit und notieren Sie sich alle positiven Beispiele von Menschen über 45 aus Ihrem näheren und weiteren Umfeld, die eine neue Stelle gefunden oder sich erfolgreich beruflich neu orientiert haben. Halten Sie sich diese Liste immer wieder vor Augen, wenn Sie beginnen, wegen Ihres Alters an sich selbst zu zweifeln, oder wenn Ihnen wieder einmal ein »Altersvorurteil« entgegenschlägt.
Machen Sie sich klar, dass andere Sie nur dann positiv wahrnehmen, wenn auch Sie selbst eine positive Einstellung zu sich und Ihrem Alter gewinnen. Die viel zitierte Kraft der sich selbst erfüllenden Voraussage ist kein psychologischer Humbug, sondern durch zahlreiche Studien belegt. Das heißt: Der Glaube an die eigene Vorhersage führt meist dazu, dass diese tatsächlich eintritt – im positiven wie im negativen Sinne.

Formulieren Sie Ihren persönlichen Erfolgssatz.

Kreieren Sie also Ihre persönliche positive Selffulfilling Prophecy als Ihre Zielmarke, bevor Sie in die Bewerbungsphase einsteigen. Gehen Sie davon aus, dass Sie Erfolg haben und die für Sie passende Stelle finden werden. Ein gesunder Optimismus hilft enorm dabei, dass sich die Dinge dann auch tatsächlich zu Ihren Gunsten entwickeln können.
Denn mit dieser Einstellung strahlen Sie Erfolg aus und beeinflussen damit Ihr gesamtes Handeln und Auftreten. Am besten, Sie überlegen sich einen Erfolgssatz, den Sie aufschreiben und an einem für Sie gut sichtbaren Ort aufbewahren, sodass Sie täglich einen Blick darauf werfen

und sich so immer wieder motivieren können. Formulieren Sie diesen Satz so konkret wie möglich. Also nicht: »Ich möchte gern einen Job bekommen«, sondern zum Beispiel:

- »Ich finde in Kürze eine für mich passende Tätigkeit in der Kundenbetreuung.«
- »Noch in diesem Jahr arbeite ich als Buchhalterin in einem netten Team.«

Konzentrieren Sie sich auf Ihre Leistungen, nicht auf Ihre Erfahrung!

Dass Sie als Best Ager über eine Menge Erfahrung verfügen, ist selbstverständlich; das müssen Sie in Ihrer Bewerbung nicht betonen, denn: Die Gefahr ist zu groß, dass Sie falsch beurteilt werden, zum Beispiel als selbstgefällig, als Neuem gegenüber verschlossen oder gar als beharrend auf dem Hergebrachten.

Statt auf Ihre Erfahrung konzentrieren Sie sich besser auf Ihre Leistungen und damit auf Ihr Potenzial. Das wird auch Ihrem Selbstwertgefühl gut tun. Denn Ihre Leistungen sind Zeugnisse Ihrer Aktivität, Ihres Könnens; Erfahrungen lassen sich auch mehr oder weniger im Passiven sammeln.

Formulieren Sie also nicht »Ich kann auf 25 Jahre Erfahrung in der Ausbildung von Bankkaufleuten zurückblicken.«, sondern zum Beispiel »Als Ausbildungsleiterin habe ich 37 Bankkaufleute ausgebildet«.

Abweichungen vom Anforderungsprofil

Das ideale Profil bringt kaum ein Bewerber mit.

Höchstens 35 Jahre alt, Doktorgrad und jahrelange Berufserfahrung – wer kennt sie nicht, die Anforderungen vieler Arbeitgeber? Stellensuchende sind oft verunsichert, weil sie als Bewerber in keiner Weise dem Ideal entsprechen. Nicht nur, dass sie die genannten Anforderungen zum Teil nicht mitbringen – sie haben oft auch einen Lebenslauf, der nicht zwangsläufig in die gewünschte Stelle mündet. Dazu finden sie vieles in ihrem bisherigen Leben mangelhaft und für eine Bewerbung ungeeignet.

Anforderungsprofile: Wunschzettel der Arbeitgeber

Was die wenigsten wissen: Selten erfüllt ein Bewerber das, was als Anforderungsprofil in der Stellenanzeige gefragt ist. Denn Stellenprofile haben viel mit Wunschzetteln gemeinsam: Nicht immer ist das, was auf der Liste steht, realistisch und erfüllbar. Viele Firmenchefs und Personalverantwortliche listen zunächst einmal ganz unbefangen alles auf, was sie sich von einem idealen Mitarbeiter wünschen – ohne Bezug zur realen Person eines Bewerbers. Die Erfüllbarkeit solcher Wünsche oder Anforderungen steht auf einem anderen Blatt: in Ihrem Fall in Ihrer Bewerbung.

Unterscheiden Sie Muss- und Kann-Anforderungen

Fehlt eine Muss-Anforderung, ist eine Bewerbung sinnlos.

Sie haben eine Stellenanzeige gefunden, die Ihnen zusagt? Dann überlegen Sie bei jeder Anforderung, die Sie nicht oder nur unzureichend erfüllen, einzeln: Ist dieser Wunsch des Arbeitgebers tatsächlich für die Stelle unerlässlich? Wenn ja, handelt es sich um eine Muss-Anforderung. Fehlt Ihnen diese unabdingbare Qualifikation oder Fähigkeit, dann hat es keinen Sinn, sich auf die betreffende Stelle zu bewerben. Konzentrieren Sie sich lieber auf die Stellen, die besser zu Ihnen passen. Sie sparen Zeit, Mühe und womöglich auch Material und Porto.
Fehlt Ihnen dagegen eine Eigenschaft oder Kenntnis, die für die Stelle nicht unbedingt notwendig scheint, dann

lohnt sich eine Bewerbung eventuell doch. Das gilt besonders, wenn Sie etwas zur Kompensation anbieten können.

Stärken Sie Ihr Selbstbewusstsein

Den perfekten Bewerber gibt es schlichtweg nicht. Seien Sie daher selbstbewusst im Umgang mit dem, was Sie als Bewerber angeblich nicht vorweisen sollten:

- schlechte Schulnoten
- schlechte Arbeitszeugnisse
- Lücken im Lebenslauf
- mangelnde Erfahrung
- nicht ganz genau passende Qualifikationen
- abgebrochene Ausbildung(en), abgebrochenes Studium, häufiger Stellenwechsel
- lange Zeiten der Arbeitslosigkeit
- eigene Kündigung einer Stelle
- Kündigung durch den früheren Arbeitgeber
- Beschäftigung in minderqualifizierter Stellung
- komplett falsche Ausbildung
- zu hohes Alter
- Behinderungen

Die Erfahrung lehrt: Meist haben Bewerber selbst mehr Probleme mit ihren – vermeintlichen oder tatsächlichen – Defiziten als Personalverantwortliche. Lernen Sie deshalb, persönliche Schwächen, Brüche, Lücken und Unstimmigkeiten in Ihrem Leben als etwas ganz Normales zu betrachten: Sie haben keinen Grund, sie zu verstecken, sollten sie aber auch auf keinen Fall betonen!

Wie Sie mit vermeintlichen und tatsächlichen Mängeln umgehen

Mängel nicht verstecken ...

Fehler nicht verstecken, aber auch nicht überbetonen

Um es gleich vorweg zu sagen: Es hat keinen Sinn, Offensichtliches zu verstecken. Die meisten Personalentscheider reagieren ungehalten, wenn sie entdecken, dass sie getäuscht werden. Das gilt besonders beim Lebenslauf, wenn er nicht chronologisch, sondern thematisch geordnet wird, um Lücken zu verbergen oder Brüche und Unstimmigkeiten zu kaschieren. Ein Bewerber hat selten eine Chance, damit durchzukommen. Es ist besser, Sie gehen selbstbewusst mit Ihren Defiziten um und stehen dazu.

... aber auch nicht betonen!
Mängel nicht zu verstecken heißt aber noch lange nicht, dass Sie sie betonen sollten. Den Personalentscheider interessieren Ihre Defizite wesentlich weniger als das, was Sie für die gewünschte Stellung qualifiziert. Das müssen Sie immer im Hinterkopf haben, auch wenn Sie – was manchmal durchaus sinnvoll sein kann – schon in der schriftlichen Bewerbung erklären, warum Sie in dem einen oder anderen Punkt dem Anforderungsprofil nicht entsprechen.

Konzentrieren Sie sich auf Ihre Stärken.

Ihre Schwächen sind nicht so wichtig wie Ihre Stärken
Stellen Sie Ihr vermeintliches Defizit nicht in den Mittelpunkt Ihrer Bewerbung. In der Regel reicht eine kurze Anmerkung im Lebenslauf als Erklärung. Im Anschreiben sollten Sie vor allem dann darauf eingehen, wenn Sie eine Stärke entgegensetzen können, die den Mangel wettmacht! Im Vorstellungsgespräch werden Sie wahrscheinlich nach Ihren Schwächen gefragt. Antworten Sie ehrlich, aber nicht zu ausführlich. Stellen Sie eine Schwäche als etwas Selbstverständliches (und nicht so Schlimmes) dar. Konzentrieren Sie sich auf Ihre Stärken. Auf die Frage nach Ihren Vorzügen sollten Sie wesentlich mehr zu bieten haben. Bleiben Sie dabei aber ehrlich und authentisch.

Kleine Mängel kommentarlos stehen lassen

Kleine Mängel ohne Scheu im Lebenslauf aufführen
Nicht alle Mängel sind gravierend. Einen Wechsel des Studienfachs oder ein halbes Jahr Arbeitslosigkeit können Sie in Ihrem Lebenslauf aufführen, ohne Nachteile erwarten zu müssen. Meist brauchen Sie noch nicht einmal eine Begründung. Brüche und Lücken im Lebenslauf gibt es häufig, das wissen auch Personalverantwortliche. Machen Sie

sich darauf gefasst, dass im Vorstellungsgespräch die eine oder andere Frage dazu kommt. Halten Sie dafür eine plausible Begründung bereit, aber antworten Sie kurz. Dann ist klar: Sie betrachten den »Mangel« selbst als nebensächlich und setzen Ihre Prioritäten bei Ihren Kenntnissen und Fähigkeiten.

Große Mängel: Vorbehalte durch Erklärung von vornherein entkräften

Große Defizite plausibel erklären

Bei offenkundigen Schwächen ist es besser, mögliche Vorbehalte von vornherein zu entkräften. Wenn Sie es schaffen, selbstbewusst mit Ihren Fehlern, Defiziten und mit Abweichungen vom Anforderungsprofil umzugehen, dann haben Sie viel gewonnen. Es gibt mehrere Positionen in der Bewerbung, an denen Sie darauf eingehen können:

- im Anschreiben, wenn Sie dem Mangel eine Stärke entgegensetzen können
- im Lebenslauf, wenn eine kurze Erklärung reicht (das ist die Regel)
- auf einer gesonderten Seite, wenn Sie eine ausführliche Erklärung für nötig halten (z. B. bei Behinderungen, die eine besondere Arbeitsumgebung erfordern)

Schein oder Sein? – Wie viel Wahrheit verträgt eine Bewerbung?

Beachten Sie: Bereiten Sie sich bei Schwächen, Lücken und Abweichungen vom gewünschten Bewerberprofil unbedingt auf Fragen im Vorstellungsgespräch vor. Legen Sie sich vorher zurecht, welche Argumente Sie anführen und wie Sie sie formulieren.

Aber auch hier gilt: Sie brauchen sich nicht zu verteidigen! Es ist Ihr gutes Recht, für Ihr Leben eigene Entscheidungen zu fällen – auch wenn diese sich im Nachhinein vielleicht nicht so gut verkaufen lassen. Behandeln Sie alle Abweichungen vom vermeintlich perfekten Lebenslauf oder Anforderungsprofil als normale Sache. Konzentrieren Sie sich auf Ihre Stärken.

Mit diesen Argumenten entkräften Sie mögliche Einwände

Vorbehalte der Personalverantwortlichen gezielt entkräften

Werfen Sie einen kritischen Blick auf Ihr bisheriges Leben und versuchen Sie dabei die Sicht eines Personalentscheiders einzunehmen: Gibt es wirklich Defizite? Oder sind es nur kleinere Mängel, die nicht weiter erklärt werden müssen? Nur wenn Sie wirklich meinen, eine Schwäche sei gravierend, sollten Sie sie schon in der schriftlichen Bewerbung erklären. Im Vorstellungsgespräch sollten Sie nur darauf eingehen, wenn Sie danach gefragt werden. Argumentationshilfen für die schriftliche Bewerbung, vor allem aber für entsprechende Fragen im Vorstellungsgespräch finden Sie in den Übersichtskästen zu den einzelnen (vermeintlichen oder tatsächlichen) Defiziten.

Schlechte Schulnoten

Nur Berufsanfänger sollten zu schlechten Zeugnisnoten Stellung nehmen.

Schlechte Schulnoten spielen vor allem dann eine entscheidende Rolle, wenn Sie sich auf den ersten Arbeits- oder Ausbildungsplatz bewerben. Dann können Sie schon in der schriftlichen Bewerbung darauf eingehen. Das sollten Sie aber nur dann tun, wenn das Zeugnis durchweg schlecht ist.

Haben Sie dagegen nur in einigen Fächern schlechte Noten, brauchen Sie in der schriftlichen Bewerbung nichts zu erklären – zumindest dann nicht, wenn es bei der betreffenden Stelle nicht auf diese Fächer ankommt.

Gelassenheit zählt.

Im Vorstellungsgespräch kann es Ihnen allerdings passieren, dass Sie auf Ihre Schulnoten angesprochen werden. Hier zählt der gelassene Umgang mit diesem vermeintlichen Angriff. Lassen Sie sich bloß nicht ins Bockshorn jagen! Eine kurze Erklärung genügt, je selbstsicherer, desto besser – aber ohne jede Überheblichkeit. Die folgende Tabelle zeigt Ihnen, mit welchen Argumenten Sie schlechte Noten erklären und in welche Formulierungen Sie die Erklärung verpacken können:

Argumente, Beispiele und Musterformulierungen bei schlechten Schulnoten

Ihre Argumente	Beispiele, Musterformulierungen
Mehr Interesse an praktischem Tun als an der Büffelei für die Schule	Lassen Sie sich nicht von meinen Schulzeugnissen abschrecken. In der Praxis bin ich wesentlich besser als in der Theorie. Ich bin ein Praktiker. Dinge praktisch umzusetzen fällt mir leicht und macht mir Spaß.
Andere Interessen	Ich bin von meinen Interessen und Fähigkeiten her eindeutig besser in Sprachen als in Mathematik und Naturwissenschaften. *(oder umgekehrt)*
Sie sind eigentlich gut im betreffenden Fach. Sie haben aber zu wenig gelernt oder sich zu wenig mündlich am Unterricht beteiligt.	Meine schlechte Physiknote im Abiturzeugnis? Darüber habe ich mich selbst geärgert. Ich habe einfach zu wenig gelernt. Meine Klassenarbeiten im Fach Englisch waren gut. Meine mündliche Beteiligung war allerdings zu gering. Ich bin ein eher zurückhaltender Mensch. Deshalb habe ich mich im Sprachunterricht mündlich eher still verhalten.
Spätzünder (als Argument v. a. bei reiferen Bewerbern möglich)	Als Schüler war ich – das gebe ich zu – nicht gerade der Fleißigste. Das entscheidende Interesse für ... kam erst nach der Schule / während der Ausbildung / im Studium / während meiner praktischen Tätigkeit im Beruf. Ich habe erst später, nach der Schule, Interesse für ... entwickelt.

Besser ein schlechtes Arbeitszeugnis als gar keines!

Schlechte Arbeitszeugnisse

Schlechte Arbeitszeugnisse dürfen Sie auf keinen Fall einfach unterschlagen. Sie gehören – als Beleg für die Richtigkeit Ihrer Angaben im Lebenslauf – ebenso in eine Bewerbung wie gute. Ein schlechtes Arbeitszeugnis sollten Sie in der schriftlichen Bewerbung lieber nicht kommentieren. Warten Sie das Vorstellungsgespräch ab. Rechnen Sie damit, dass Sie danach gefragt werden.

Wer Negatives über den früheren Arbeitgeber sagt, hat keine Chance.

Achtung: Nichts Schlechtes über frühere Arbeitgeber sagen!

Auf keinen Fall sollten Sie sich dazu hinreißen lassen, sich schlecht oder abfällig über Ihren früheren Arbeitgeber zu äußern. Das wäre der sichere Weg zu einer Absage. Bleiben Sie sachlich. Suchen Sie die wahren Gründe sowohl bei Ihrem früheren Arbeitgeber als auch bei sich selbst. Selbst wenn sich Ihr früherer Arbeitgeber absolut unerträglich benommen hat – sagen Sie nichts darüber. Es würde ein schlechtes Licht auf Sie werfen. Der potenzielle neue Arbeitgeber müsste sich Sorgen machen, dass Sie später womöglich auch Nachteiliges über ihn sagen.

Argumente und Musterformulierungen bei schlechten Arbeitszeugnissen

Ihre Argumente	Musterformulierungen
Sie sind einfach nicht mit dem oder der Vorgesetzten zurechtgekommen.	Die Chemie hat nicht gestimmt. Das hat sicherlich an beiden Seiten gelegen. Da war es besser, einen Schlussstrich zu ziehen.
Der Einsatzbereich entsprach nicht Ihren Neigungen.	Mehr und mehr bin ich in einem Bereich eingesetzt worden, der meinen Neigungen nicht entspricht. Zwar habe ich das Gespräch mit meinem Vorgesetzten gesucht, aber es änderte sich nichts daran. Deshalb fällt auch die Leistungsbeurteilung nicht zu meinem Vorteil aus.
Arbeit ohne Rückmeldung	Ich kann nicht gut ohne Feedback arbeiten. Mit offener, konstruktiver Kritik kann ich umgehen. Von der Unzufriedenheit meines Vorgesetzten habe ich zu spät erfahren, als dass ich hätte gegensteuern können.

Mangelnde Erfahrung lässt sich oft kompensieren.

Mangelnde Erfahrung

Mangelnde Erfahrung kann ein Grund sein, auf eine Bewerbung zu verzichten. Denn in den meisten Fällen ist Erfahrung eine absolute Muss-Anforderung. Versetzen Sie sich in den Personalverantwortlichen und versuchen Sie ehrlich zu antworten, ob Sie sich die ausgeschriebene Stelle zutrauen. Nur wenn Sie das bejahen können, lohnt sich eine Bewerbung. Taktisch klug ist es, ohne Umschweife zuzugeben, dass Sie nicht über die geforderte Berufserfahrung verfügen. Betonen Sie aber nicht Ihren Mangel an Erfahrung, sondern Ihren Willen, ihn wettzumachen. Alternativ dazu bietet sich eine Initiativbewerbung in Anlehnung an die ausgeschriebene Stelle an. Sie können sich beispielsweise als Trainee bewerben, wenn eigentlich ein ausgebildeter Mitarbeiter gesucht wird. Oder als Junior-Produktmanager, wenn laut Stellenangebot ein Senior eingestellt werden soll. Ihre Argumente:

Argumente und Musterformulierungen für einen Mangel an Erfahrung

Ihre Argumente	Musterformulierungen
Sie können sich leicht einarbeiten, da Sie lernfähig sind oder schon Grundkenntnisse besitzen.	Über die geforderte Erfahrung von ein bis zwei Jahren verfüge ich nicht. Ich traue mir aber durchaus zu, mich in diesen Bereich sehr schnell einzuarbeiten. Mit der XYZ-Software habe ich nicht viel praktische Erfahrung. Aber ich habe an mehreren Schulungen teilgenommen und denke, dass die Routine im täglichen Umgang mit diesem Programm sehr schnell einkehrt.
Angebot, an einer betriebsinternen Ausbildung teilzunehmen	Wenngleich ich noch keine Berufserfahrung habe, bewerbe ich mich in Anlehnung an Ihre Stellenanzeige. Gern eigne ich mir als Trainee (Alternative: als Auszubildender) in Ihrem Unternehmen das nötige Know-how an, um später in diesem Bereich Verantwortung zu übernehmen.
Andere Kenntnisse, die die mangelnde Erfahrung wettmachen	Zwar fehlt mir die Erfahrung im Bereich Werbung, dafür habe ich umso mehr Kenntnisse in allem, was mit Marketing und Product-Placement zu tun hat.
Anknüpfungspunkte	Auch wenn ich noch nie beruflich als Grafikerin gearbeitet habe: Zeichnungen und Piktogramme zu entwerfen, hat mir privat immer viel Spaß gemacht. Das traue ich mir ohne Weiteres auch im Beruf zu.

Unzureichende Qualifikationen

Gehen Sie offensiv mit fehlenden Qualifikationen um.

Wer kennt das nicht? – Gefragt sind verhandlungssicheres Englisch (und nicht nur Schulkenntnisse), perfekter Umgang mit einer bestimmten Software (und nicht nur Anfängerkenntnisse), ein Studium der Betriebswirtschaft (und kein geisteswissenschaftlicher Abschluss) usw. Sind solche Anforderungen für eine Stelle ein unbedingtes Muss, dann brauchen Sie viel Glück, um eine Chance zu haben. Es hängt eben davon ab, was andere Bewerber bieten. Auf jeden Fall sollten Sie schon in der schriftlichen Bewerbung begründen, warum Sie sich für den geeigneten Kandidaten halten. Damit zeigen Sie, dass Sie sich sehr wohl mit dem Anforderungsprofil in der Stellenanzeige auseinandergesetzt haben und es nicht einfach ignorieren. Die Argumente für Ihre Abweichung vom geforderten Profil sind ähnlich wie bei mangelnder Berufserfahrung:

Argumente und Musterformulierungen bei unzureichenden Qualifikationen

Ihre Argumente	Musterformulierungen
Schnelle Einarbeitung möglich	Das XY-Programm kenne ich bisher noch nicht. Da ich aber in Sachen Software sehr gut bin und über eine rasche Auffassungsgabe verfüge, sehe ich kein Problem darin, mich schnellstens einzuarbeiten.
Angebot, an einer betriebsinternen Ausbildung teilzunehmen	Als Bilanzbuchhalter habe ich bisher die Jahresabschlüsse mit der ABC-Software erstellt. Ich bin aber gern bereit, mir in einem Kurs oder einer betriebsinternen Weiterbildung die geforderten Kenntnisse in XYZ anzueignen.
Andere Kenntnisse, die die fehlende Qualifikation (wenigstens teilweise) kompensieren	Zugegeben – ich habe nicht BWL studiert, sondern Kunstgeschichte. Aber ich beobachte den Kunst- und Antiquitätenmarkt schon seit dem Beginn meines Studiums und bin über die aktuellen Preistrends stets informiert. Mein Englisch ist nicht verhandlungssicher; ich habe nur gute Grundkenntnisse. Dafür aber kann ich Finnisch, womit ich Ihnen auf dem skandinavischen Markt, den Ihr Unternehmen ja ebenfalls beliefert, sicher weiterhelfen kann.

Abgebrochene Ausbildung, abgebrochenes Studium

Sie haben Ihre Ausbildung, Ihr Studium abgebrochen oder die letzte Trainee-, Referendariats- oder Volontariatsstelle ohne die erhoffte Qualifikation frühzeitig aufgekündigt?

Wenn Sie einen Ausbildungsabbruch erklären, dreht Ihnen niemand einen Strick daraus.

In der Regel stellen Sie das unkommentiert in den Lebenslauf. Dass man Entscheidungen nachträglich bereut und dann einen anderen Weg einschlägt, kommt schließlich vor. Schwierig wird es erst, wenn dem Ausbildungs- oder Studienabbruch keine neue Ausbildung gefolgt ist, auf die man sich berufen kann.

Mit einer Erklärung haben Sie größere Chancen

Generell gilt: Nutzen Sie die Möglichkeit, Ihre Entscheidungen zu erklären. Wenn Sie das nicht tun, müssen Sie damit rechnen, dass Ihnen mangelndes Durchhaltevermögen oder gar Faulheit unterstellt wird. Am besten, Sie sagen die Wahrheit – wenn auch nicht die ungeschminkte. Tun Sie dies in aller Kürze.

Auf eine Erklärung können Sie dann verzichten, wenn die Abbrüche oder häufigen Wechsel schon länger zurückliegen. Jeder hat ein Recht auf Jugendsünden. Bei Ihrer Bewerbung zählt vor allem die aktuelle Lage.

Bewerten Sie selbst Ihre damalige Entscheidung.

Übrigens: Bei vielen Personalentscheidern kommt es gut an, wenn Sie einen Schritt zurücktreten und Ihr bisheriges Leben mit etwas Abstand betrachten. Wenn Sie zum Beispiel drei Ausbildungen abgebrochen haben, bevor Sie eine dauerhafte Tätigkeit gefunden haben, dann können Sie durchaus sagen: »Ich brauchte mehrere Anläufe ...«

Hier weitere Beispiele:

Argumente und Musterformulierungen bei Ausbildungs- oder Studienabbruch

Ihre Argumente	Musterformulierungen
Falsche berufliche Orientierung	Erst während meines Referendariats fiel mir auf, dass es mir nicht liegt, Schüler in Mathe zu unterrichten. Ich wollte mehr Rückzug und Eigenverantwortung und habe mich daher dem Thema Controlling zugewandt.
Unerwartete Auswirkungen auf den Lebensstil	Dass die Arbeitszeiten eines Bäckers so große Auswirkungen auf das Privatleben haben, merkte ich erst, als ich schon mit der Ausbildung angefangen hatte. Das war für mich der Grund, meine Lehre abzubrechen.

Argumente und Musterformulierungen bei Ausbildungs- oder Studienabbruch (Fortsetzung)	
Ihre Argumente	**Musterformulierungen**
Sie wollten einen Ortswechsel.	Aus privaten Gründen zog es mich nach Zürich. Allerdings wurden dort meine bisher absolvierten drei Semester nicht anerkannt. Ich beschloss, das Studium nicht weiterzuführen und stattdessen bei einem Reiseanbieter zu jobben. Dennoch habe ich mich weiterhin mit Sportpädagogik beschäftigt und bin – trotz Studienabbruchs – gut informiert.
Persönliche Gründe, die nicht an der Tätigkeit liegen	Der Abbruch geschah aus rein persönlichen Gründen und hatte nichts mit den Ausbildungsinhalten zu tun. Gern möchte ich meine Ausbildung wieder aufgreifen und zu Ende führen.

Kündigung auf eigene Faust, häufiger Arbeitgeberwechsel, kurze Verweildauer auf einer Arbeitsstelle

Entkräften Sie den Verdacht, ein unbeständiger Mensch zu sein.

Haben Sie als Bewerber Ihre letzte Arbeitsstelle oder gar mehrere Arbeitsstellen selbst gekündigt, sollten Sie Ihre Entscheidung erklären. Häufige Stellenwechsel sind bei Bewerbungen ein Problem. Das betrifft vor allem junge Leute, aus deren Lebenslauf deutlich wird, dass sie es bei keinem Arbeitgeber länger als ein bis anderthalb Jahre ausgehalten haben. Die meisten Personalentscheider suchen Mitarbeiter, die bereit sind, länger bei ihnen zu bleiben. Denn die ständige Personalsuche und die Einarbeitung neuer Mitarbeiter bedeuten zusätzliche Kosten. Wichtig: Machen Sie in der Bewerbung deutlich, dass Ihr Interesse an der Stelle ernst ist und dass Sie an einer dauerhaften Tätigkeit interessiert sind.

Kündigung auf eigene Faust

Eine Eigenkündigung nur kommentieren, wenn Sie gefragt werden

Eigene Kündigungen können Sie nicht verbergen. Denn im Arbeitszeugnis steht es schwarz auf weiß, wie ein Arbeitsverhältnis beendet wurde (wohlgemerkt ist nur das »Wie«, aber keinesfalls das »Warum« eine Pflichtangabe im Zeugnis!). Erfahrene Personalverantwortliche finden also auf jeden Fall heraus, dass Sie selbst gekündigt haben, indem

sie ganz einfach ins Zeugnis schauen. Im Vorstellungsgespräch sollten Sie die Gründe erklären.
Achtung: Verlieren Sie kein böses Wort über Ihren früheren Arbeitgeber! Versuchen Sie, objektiv zu bleiben und die Verantwortung für die Kündigung auf beiden Seiten zu suchen.

Offensiv statt defensiv

Machen Sie klar, dass ein Schlussstrich dringend nötig war.

Bei der Darstellung der eigenen Kündigung brauchen Sie sich nicht zu verteidigen. Machen Sie klar, dass Sie einen Schlussstrich unter eine unerträgliche Situation gezogen bzw. gekündigt haben, um sich beruflich weiterzuentwickeln. Dem Willen, Dinge zu verändern, und der Konsequenz, die nötigen Schritte auch zu gehen, kann ein potenzieller neuer Arbeitgeber wahrscheinlich durchaus Positives abgewinnen.

Lust auf häufigeren Wechsel? Dann suchen Sie sich ein passendes Betätigungsfeld!

Wer den Wechsel liebt, sollte nach passenden Berufen suchen.

Wenn Sie tatsächlich keine große Lust auf eine dauerhafte Beschäftigung haben, dann überlegen Sie, welche Form der Arbeit Ihrem Wesen entgegenkommt. Vielleicht liegt Ihre Chance ja im Projektmanagement, wo Sie immer wieder neue, zeitlich begrenzte Aufgaben bekommen. Oder Sie wagen den Sprung in die Selbstständigkeit. Vielleicht möchten Sie ja auch eine Stelle, die mit vielen Reisen verbunden ist? Oder Sie finden die gewünschte Abwechslung, indem Sie für eine Zeitarbeitsfirma tätig werden. Dort haben Sie außerdem die Chance, auszuprobieren, welcher Arbeitgeber, welche Sparte und welche Tätigkeiten Ihnen liegen.

Was tun bei Pech in Serie?

Bei häufigem Wechsel: Fragen Sie sich, ob Ihre berufliche Orientierung stimmt.

Eines ist klar: Man kann auch Pech in Serie haben und mehrfach hintereinander an Stellen geraten, die einfach nicht zu den eigenen Stärken und Vorlieben passen. Suchen Sie – zunächst für sich selbst – nach den wahren Gründen für jeden einzelnen Wechsel. Vielleicht liegt es daran, dass Sie nicht in der richtigen Sparte gelandet sind? Oder Sie waren dauerhaft über- oder unterfordert? Stimmt vielleicht die eingeschlagene Richtung nicht? Ist ein Berufswechsel oder eine Neuorientierung angesagt? Machen Sie sich unbedingt Gedanken über das, was Sie gut können und was Sie gern tun.

Einwände vorwegnehmen: Hier liegt Ihre Chance

Zeigen Sie, dass Sie beständig sind und nicht gleich aufgeben.

Wankelmut und mangelndes Durchhaltevermögen sind bei den meisten Arbeitgebern K.-o.-Kriterien. Machen Sie daher in Ihrer Bewerbung glaubhaft, dass

- Sie nicht sprunghaft sind,
- Sie nicht gleich aufgeben, wenn Sie Gegenwind haben,
- Ihnen an einer dauerhaften Stelle gelegen ist.

Damit nehmen Sie mögliche Einwände vorweg. Hierauf sollte auch der Schwerpunkt liegen. Erst in einem zweiten Schritt überlegen Sie, mit welchen Argumenten und Formulierungen Sie Ihre Entscheidung(en), den Arbeitgeber zu wechseln, erklären. Zum Beispiel:

Argumente und Musterformulierungen bei eigener Kündigung und/oder häufigem Arbeitgeberwechsel

Ihre Argumente	Musterformulierungen
Nicht die richtige Tätigkeit	Als studierter Biologe war ich schnell in die Vertriebsschiene geraten. Als ich auch mit meiner vierten Stelle als Pharmavertreter nicht zufrieden war, merkte ich, dass mir die Arbeit im Labor mehr Spaß machen würde als der Verkauf. Ich denke, meine gute Kenntnis der Abnehmer kommt mir auch bei der Pharmaforschung zugute.
Falsches Arbeitsumfeld	Gründlichkeit und Sorgfalt zeichnen meine Arbeitsweise aus. Deshalb fühle ich mich unwohl, wenn ich zu Eile und Oberflächlichkeit gedrängt werde. Das geht auf Kosten der Qualität und entspricht – gerade in der Buchhaltung – nicht meinen Vorstellungen. Deshalb bin ich bei einer Tätigkeit, bei der es auf Genauigkeit und Sorgfalt ankommt, für Sie der richtige Bewerber.

Argumente und Musterformulierungen bei eigener Kündigung und/oder häufigem Arbeitgeberwechsel (Fortsetzung)	
Ihre Argumente	**Musterformulierungen**
Sie wollten sich weiterbilden.	Nach mehrjähriger beruflicher Tätigkeit als ... habe ich mich dafür entschieden, eine Weiterbildung im Bereich ... zu absolvieren. Diese Weiterbildung werde ich im Dezember ... erfolgreich abschließen. Ab Januar ... kann ich Ihnen zur Verfügung stehen. Um beruflich den nächsten Karriereschritt zu gehen, habe ich mich dafür entschieden, ein Aufbaustudium zum ... zu absolvieren. Dieses habe ich jetzt erfolgreich abgeschlossen.
Sie suchen eine neue berufliche Herausforderung.	Nach meinem Abschluss als ... habe ich fünf Jahre im Bereich ... gearbeitet. Jetzt suche ich eine neue berufliche Herausforderung im Bereich ... Ich suche eine neue berufliche Herausforderung im Bereich ...
Sie wollten vielfältige Erfahrungen sammeln.	Nach meiner Ausbildung zur ... konnte ich bei verschiedenen Arbeitgebern unterschiedliche praktische Erfahrungen sammeln. Jetzt sind meine »Wanderjahre« vorbei, und ich suche eine längerfristige Anstellung im Bereich ... Als Handwerker wollte ich in verschiedenen Regionen Deutschlands und bei unterschiedlichen Arbeitgebern Erfahrungen sammeln. Jetzt suche ich eine längerfristige Anstellung.
Sie hatten mehrere Anstellungen über Zeitarbeitsvermittler.	Als ... war ich in den vergangenen acht Jahren über verschiedene Zeitarbeitsfirmen für unterschiedliche Arbeitgeber tätig. An einer längerfristigen Anstellung in Ihrem Unternehmen bin ich deshalb sehr interessiert.
Pech in Serie	In mehreren kurzen Anstellungen bei verschiedenen Arbeitgebern habe ich gute Einblicke in unterschiedliche Branchen erhalten. Diese Erfahrung möchte ich gern bei Ihnen einsetzen. Nach einer beruflichen Orientierungsphase habe ich mich dazu entschlossen, meine Erfahrungen und Fähigkeiten im Bereich ... einzusetzen. Deshalb bewerbe ich mich bei Ihnen.
Nicht der richtige Arbeitgeber	Im öffentlichen Dienst fühlte ich mich unwohl, weil ich selbst die kleinsten Entscheidungen nicht treffen durfte. Außerdem frustrierte es mich, dass ein Aufstieg mehr von den Dienstjahren abhing als von der Leistung.

Tipp **Keine Offenbarungen!**

Hat eine unerträgliche Situation am Arbeitsplatz Sie zur Kündigung veranlasst? Wenn Sie in der Wahl Ihrer bisherigen Arbeitgeber Pech hatten, Mobbing ausgesetzt waren oder aus privaten Gründen häufiger den Wohnort und damit auch den Arbeitgeber wechselten, dann nennen Sie diese Gründe auf keinen Fall in Ihrer Bewerbung oder im Vorstellungsgespräch. Seelenstriptease führt direkt zur Absage.

Lange Zeiten der Arbeitslosigkeit

Arbeitslosigkeit ist keine Schande.

Lange Zeiten der Arbeitslosigkeit sind nichts, wofür Sie sich zu schämen bräuchten. Hüten Sie sich davor, die Arbeitslosigkeit im Lebenslauf zu verbergen (z. B. durch Anordnung nach Themen statt nach Chronologie). Sie dürfen auch keine unerklärte Lücke im Lebenslauf stehen lassen. Stattdessen sollten Sie beschäftigungslose Zeiten ohne weiteren Kommentar als solche im Lebenslauf aufführen. Falls Ihnen das Wort »arbeitslos« zu hart erscheint, bieten sich folgende Ausdrücke an:

Besser als das Wort »arbeitslos« klingt »arbeitssuchend«.

- arbeitssuchend
- auf der Suche nach einer geeigneten Stelle
- Bewerbungsphase
- Bewerbungs- und Orientierungsphase

Haben Sie auch keine Scheu, eine aktuelle, zurzeit noch anhaltende Arbeitslosigkeit im Lebenslauf zu erwähnen. Kaum ein Personalverantwortlicher wird Ihnen diesen Status ankreiden. Schließlich zeigen Sie mit Ihrer gut gestalteten Bewerbung, dass Sie nicht bereit sind, sich damit abzufinden.

Seien Sie selbstbewusst – trotz Kündigung.

Kündigung durch den früheren Arbeitgeber

Wenn Ihnen die Stelle durch Ihren früheren Arbeitgeber gekündigt wurde, ist das kein Grund, sich zu verstecken. Längst nicht alle Personalverantwortlichen machen einen Unterschied zwischen gekündigten und ungekündigten Bewerbern. Also Kopf hoch! Gerade in dieser misslichen Situation ist Selbstbewusstsein gefragt – und die Konzentration auf die eigenen Stärken. Im Lebenslauf erwähnen Sie eine solche Kündigung allenfalls, wenn sie betriebsbedingt war, also zum Beispiel wenn Ihre frühere Firma aus Kostengründen – oder zur Vermeidung einer Insolvenz – Arbeitsplätze wegrationalisiert hat. Eine verhaltens- oder personenbedingte Kündigung – also eine Kündigung, die Sie selbst durch Ihr Verhalten oder Ihre mangelnde Eignung für die Stelle verursacht haben – kommentieren Sie in der schriftlichen Bewerbung am besten gar nicht.

Das Arbeitszeugnis verrät, dass Ihnen gekündigt wurde.

Vorsicht: Verschweigen können Sie eine Kündigung durch den Arbeitgeber nicht

Auch wenn Sie nicht ausdrücklich darauf hinweisen, dass Ihnen gekündigt wurde: Sie können diese Tatsache in der Bewerbung nicht verbergen. Denn ein Blick auf die Schlussformel in Ihrem Arbeitszeugnis genügt, und der Empfänger Ihrer Bewerbung weiß, dass Sie nicht freiwillig gegangen sind. Allerdings darf Ihr früherer Arbeitgeber im Zeugnis nicht aufführen, warum er Ihnen gekündigt hat.

Schreiben Sie in die Bewerbung nichts, was im Widerspruch zum Arbeitszeugnis steht.

Aufgepasst: Prüfen Sie vorher, was im Arbeitszeugnis steht

Bleibt also nur der Blick nach vorn. Machen Sie sich darauf gefasst, dass Sie im Vorstellungsgespräch um Erklärung gebeten werden. Aus Arbeitgebersicht haben Sie einen Vorteil: Sie sind sofort verfügbar, da Sie nicht an Kündigungsfristen gebunden sind. Das ist ein Argument, das Sie selbst in die Waagschale werfen sollten. Ihr Hauptargument sind Ihre Stärken und Fähigkeiten. Wichtig ist, dass Sie Ihre Argumente mit dem abstimmen, was Ihr früherer Vorgesetzter im Arbeitszeugnis geschrieben hat. Folgende Argumente bieten sich an:

Argumente und Musterformulierungen bei einer Kündigung durch den Arbeitgeber

Ihre Argumente	Musterformulierungen
Die Chemie stimmte nicht.	Wir sind nicht gut miteinander zurechtgekommen. Wahrscheinlich sind wir zu verschieden. Im Nachhinein war ich froh, als der Schlussstrich gezogen war.
Fehlende Eignung für die letzte Stelle *(wenn Sie sich anders orientieren)*	Schon bald, nachdem ich die Stelle angetreten hatte, stellte sich heraus, dass die körperliche Belastung größer war als erwartet. Für meinen Arbeitgeber war das ebenso überraschend wie für mich, dass die Stelle das ständige Heben von Lasten erforderte. Daher wurde ich personenbedingt gekündigt.
Unterschiedliche Arbeits- und Führungsweise	Unsere Arbeitsweise war zu unterschiedlich: Mein Vorgesetzter erwartete, dass ich ihm über jeden meiner Schritte Bericht erstatte; für ihn war Kontrolle eine Selbstverständlichkeit, um den Arbeitsfortschritt zu gewährleisten. Ich dagegen bin selbstständige Arbeit gewöhnt. Für mich zählen die Ergebnisse und allein daran will ich gemessen werden. Das konnte nicht gut gehen.

Beschäftigung in minderqualifizierter Stellung

Kernaussage: Die Aushilfstätigkeit war eine Übergangslösung.

Sie haben über längere Zeit eine Stelle gehabt, die deutlich unter dem Niveau liegt, auf dem Sie ausgebildet wurden oder studiert haben? Jetzt wollen Sie wieder eine Stelle haben, die Ihrer Ausbildung und Ihren Fähigkeiten angemessen ist? Dann ist es unbedingt zu empfehlen, dass Sie eine Erklärung dazu abgeben. Dafür sollten Sie nicht das Vorstellungsgespräch abwarten. Hier ist es eindeutig günstiger, Sie klären die Hintergründe schon in Ihrer schriftlichen Bewerbung.

Machen Sie klar, dass Sie mehr können.

Legen Sie den Schwerpunkt auf Ihre Qualifikationen

Wichtig: Betonen Sie nicht die Berufsphasen, in denen Sie unter Ihrer Qualifikation beschäftigt waren. Legen Sie den Schwerpunkt vielmehr ausdrücklich darauf, dass Sie über die geforderten Erfahrungen und Kenntnisse verfügen. Vergessen Sie nicht zu betonen, dass

- Ihre Kenntnisse trotz langer Pause noch nicht veraltet sind,
- Sie sich auf dem Laufenden gehalten haben,
- Sie keine Schwierigkeiten darin sehen, Ihr Wissen auf den neuesten Stand zu bringen.

Ihre Zielstrebigkeit und Ihr Durchhaltevermögen sprechen für Sie.

»Ich will eine Veränderung zum Besseren« – ein Argument, das für Sie spricht!

Erst wenn Sie das Augenmerk auf Ihre Fähigkeiten richten, haben Sie erreicht, was Sie wollen: Ihr potenzieller Arbeitgeber sieht, was Sie zu bieten haben. Weitere Pluspunkte können Sie damit bei Personalentscheidern durchaus verbuchen, nämlich dass Sie

- sich nicht zu schade sind, notfalls eine minderqualifizierte Stellung anzunehmen,
- nicht bereit sind, (drohende) Arbeitslosigkeit schicksalsergeben hinzunehmen,
- sich auch unter widrigen Umständen über Wasser halten können,
- aber auch Mut haben, eine Veränderung zum Besseren anzustreben.

Wichtig: Sie müssen klarmachen, dass Sie sich in Ihrer früheren und jetzt wieder angestrebten Tätigkeit auf dem Laufenden gehalten haben oder zumindest willig sind, sich wieder einzuarbeiten. Das gilt beispielsweise für neue Fertigungsmethoden, für aktuelle Software oder Technik, die die frühere ersetzt hat.

Beispiele, wie Sie Ihre Arbeit in minderqualifizierter Stellung begründen können, finden Sie in der folgenden Tabelle:

Argumente und Musterformulierungen bei längerer Arbeit in unterqualifizierter Stellung

Ihre Argumente	Musterformulierungen
Familiäre Gründe	Als alleinerziehende Mutter konnte ich mit dem Geldverdienen nicht warten, bis ich eine angemessene Stelle gefunden hätte. Also nahm ich vor fünf Jahren einen Teilzeitjob als Bürokraft an. Jetzt, da meine Tochter zur Schule geht, sehe ich die Chance, endlich wieder in den Bereich »Messeorganisation« zu wechseln.
Sie wollten einen Ortswechsel.	Aus privaten Gründen zog es mich nach Stralsund. Dort fand ich aber – anders als erwartet – keine Stellung im gleichen Bereich. Also schlug ich mich als Aushilfe durch.
Provisorium wurde zur Dauerlösung.	Als es mit den Forschungsgeldern für meine Postdocstelle nichts wurde, suchte ich eine Stelle. Für einen promovierten Biologen war weit und breit nichts in Sicht. Also jobbte ich in der Gartenabteilung eines Baumarkts.
Auf keinen Fall arbeitslos!	Lieber mit als ohne Job. Und da Aushilfskräfte am Bau damals gesucht waren, verdiente ich mir dort mein Geld. Ich hatte sogar Spaß daran – aber auf Dauer ist es natürlich keine große Herausforderung. Das Letzte, was ich wollte, war, nach Studium und Referendariat dem Sozialamt auf der Tasche zu liegen. Als die Arbeitsagentur mir einen Fabrikjob in der Fertigung anbot, stimmte ich zu.

Komplett falsche Ausbildung

Als Quereinsteiger brauchen Sie gute Argumente.

Als Quereinsteiger haben Sie eine Chance, wenn die Nachfrage nach qualifizierten Bewerbern größer ist als das Angebot – also in der Regel in Zeiten eines wirtschaftlichen Aufschwungs. Aber auch in Krisenzeiten, in denen die Unternehmen vorsichtig mit Neueinstellungen sind, ist es nicht ausgeschlossen, dass Sie einen Arbeitgeber von Ihrem Interesse an einer bestimmten Tätigkeit überzeugen. Wenn Sie sicher sind, in welche Richtung Sie gern gehen möchten, versuchen Sie, ein Unternehmen – oder einen anderen potenziellen Arbeitgeber – dafür zu gewinnen, Sie für seine Zwecke auszubilden oder Ihnen die nötigen Weiterbildungen anzubieten. Eines spricht auf jeden Fall für Sie: Ihre Begeisterung und Motivation. Bekunden Sie Ihre Lernbereitschaft und argumentieren Sie zum Beispiel so:

Argumente und Musterformulierungen bei falscher Ausbildung

Ihre Argumente	Musterformulierungen
Großes Interesse	Schon seit meiner Jugend begleitet mich der XY-Verlag mit seinen Sachbüchern durch mein Leben. Er publiziert genau in dem Bereich, der mich – nach wie vor – interessiert. Deshalb würde ich gern ein Volontariat in Ihrem Hause absolvieren.
Anknüpfungspunkte	Während der Schulzeit habe ich von Zeit zu Zeit als Aushilfssekretärin in einer Steuerkanzlei gejobbt. Die Arbeit war interessant und abwechslungsreich, und die komplizierten Formulare und Zahlenkolonnen haben mir nie Angst eingejagt.
Vorwissen, Vorbildung im entsprechenden Bereich	Auch wenn ich von der Ausbildung her Arzthelferin bin – als Handwerkerfrau erledigte ich für den Betrieb meines Mannes die komplette Buchführung. Daher traue ich mir die Organisation im Geschäftsführersekretariat einer mittelständischen Firma ohne Weiteres zu.
Früher absolvierte Praktika	Im Bereich Zahntechnik habe ich während der Realschulzeit ein Praktikum absolviert. Meine Praktikumschefin hat mir großes Geschick im Umgang mit den verschiedensten Werkstoffen bescheinigt.

Behinderungen

»Behindert ist man nicht, behindert wird man.« An diesem Spruch einer Behindertenorganisation ist viel Wahres. Behinderte haben es in der Gesellschaft – und auf dem Arbeitsmarkt – nicht leicht. Bei der Bewerbung steht für viele Behinderte die Frage im Vordergrund: »Soll ich gleich in der schriftlichen Bewerbung mit meiner Behinderung herausrücken?«

Zu Recht befürchten sie, dann gar nicht erst zum Vorstellungsgespräch eingeladen zu werden. Andererseits ist die Angst durchaus begründet, dass eine Bewerbung abgelehnt wird, wenn sich erst im Vorstellungsgespräch herausstellt, dass ein Bewerber behindert ist. Wer die Personalauswahl trifft, könnte einem behinderten Bewerber dieses Vorgehen übelnehmen.

Beispiel
Elisa Gruner ist schwer hörgeschädigt. Im Alltag versteht sie ihre Mitmenschen nur, indem sie vom Mund abliest. Telefonieren kann sie zwar (dank einer Sondereinstellung Ihres Hörgeräts), sie versteht den Gesprächspartner am anderen Ende der Leitung aber nur, wenn er sehr langsam, laut und deutlich spricht. In der schriftlichen Bewerbung hat Elisa Gruner nichts von ihrer Hörbehinderung erwähnt. Jetzt befürchtet sie, dass sie per Telefon zum Vorstellungsgespräch eingeladen wird und ihre Behinderung dann nicht länger verbergen kann.

Genau überlegen, auf welche Stelle Sie trotz Behinderung passen

Treffen Sie eine klare Aussage: Worin bestehen die Einschränkungen bei der Arbeit?

Behinderungen schränken ein. Das ist leider eine Tatsache. Also geht es in der Bewerbung darum, dem Personalentscheider klarzumachen, dass diese Einschränkung sich in der ausgeschriebenen Stellung nicht entscheidend auswirkt.

Beispiel
Vincent Velten hat eine leichte spastische Lähmung, die nur zum Vorschein kommt, wenn er sehr aufgeregt ist. Dann verzieht sich sein Gesicht für Sekundenbruchteile ungewollt stark, ohne dass er die Gesichtsmuskulatur beeinflussen kann. Bei einer Bewerbung als Firmenrepräsentant oder Verkäufer hätte er deswegen wahrscheinlich keine großen Chancen. Aber da er genau weiß, dass er mit Menschen umgehen kann, bewirbt er sich auf firmeninterne Stellen, bei denen der Umgang mit Menschen ebenfalls wichtig ist. Denn von Mitarbeitern und Firmenangehörigen, mit denen er Tag für Tag zusammenarbeitet, darf er zu Recht erwarten, dass sie sich daran gewöhnen und sich nicht weiter daran stören.

Behinderung nicht verschweigen – aber auch nicht zuerst offenbaren!

Stellen Sie die Behinderung nicht ins Zentrum der Bewerbung.

Gerade bei der schriftlichen Bewerbung gilt in besonderem Maße die Empfehlung: Stellen Sie Ihre Behinderung nicht in den Vordergrund! Selbst wenn Sie im (Arbeits-)Alltag erheblich damit zu kämpfen haben und sich zwangsläufig alles darum dreht – als Bewerber disqualifizieren Sie sich, wenn Sie die Behinderung zur Hauptsache in Ihrer Bewerbung machen. Betonen Sie in erster Linie, was Sie für die Stelle qualifiziert!

Nicht im Anschreiben

Eine Behinderung gehört nicht unbedingt ins Anschreiben.

Erwähnen Sie Ihre Behinderung nicht sofort im Anschreiben. Vielleicht geht Ihre Behinderung ja schon aus Ihrem Lebenslauf hervor – wenn Sie auf eine Förderschule gegangen sind. Dann genügt ein Satz zur Erklärung, zum Beispiel:

- »Ich bin nämlich körperbehindert und sitze im Rollstuhl.«
- »Ich bin seit meiner Geburt hochgradig hörgeschädigt.«

Erklärung auf einer gesonderten Seite bietet sich an

Schreiben Sie auf einer Extraseite, was der Arbeitgeber wissen muss.

Halten Sie Ihre Behinderung für besonders erklärungsbedürftig? Dann bietet es sich an, auf einer gesonderten Seite darauf einzugehen. Das sollten Sie tun, wenn

- Sie eventuelle Einwände entkräften können,
- kein Zweifel an Ihrer Eignung für die betreffende Stelle besteht.

Machen Sie klar, inwiefern die Behinderung sich auf Ihre Arbeit auswirkt. Muss der Arbeitgeber mit Mehrkosten rechnen (z. B. für einen behindertengerechten Arbeitsplatz, spezielle Möbel, EDV- oder Telefonanlagen)? Oft gibt es Zuschüsse oder günstige Finanzierungsmöglichkeiten von öffentlichen Trägern, die ein Arbeitgeber in den seltensten Fällen kennt. Weisen Sie auf diese Möglichkeiten hin. Damit erhöhen Sie Ihre Chancen erheblich.

Es gibt Fördermöglichkeiten der öffentlichen Hand zur Eingliederung Behinderter.

Gibt es von öffentlicher Seite Zuschüsse für Ihr Gehalt? Dann überlegen Sie, ob Sie dieses Extra in die Waagschale werfen. Das ist jedoch – besonders, wenn Sie qualifizierte Arbeit anzubieten haben – nicht immer sinnvoll. Es lohnt sich aber, wenn ein Arbeitgeber dadurch für Sie einen zusätzlichen Arbeitsplatz einrichten könnte.

Gibt es Qualifikationen, die Sie Ihrer Behinderung verdanken?

Ihre Argumente

Denken Sie daran: Das wesentliche Argument, Sie einzustellen, ist Ihre Befähigung für die angebotene Position. Das ist auch das Einzige, das Sie – auch im Vorstellungsgespräch – anführen sollten.
Ihre Behinderung sollte in der Beschreibung Ihrer Qualifikationen nur dann auftauchen, wenn Sie ihr bestimmte Fähigkeiten verdanken. Ein Überblick über Ihre Argumente:

Argumente und Musterformulierungen für behinderte Bewerber

Ihre Argumente	**Musterformulierungen**
Ihre Qualifikationen stimmen.	Ich bin Ärztin mit abgeschlossener Facharztausbildung.
Durchhaltevermögen	Trotz meiner Behinderung habe ich meine Schulzeit/Ausbildung/mein Studium zu Ende gebracht. Dabei musste ich mich – um die Behinderung auszugleichen – natürlich mehr anstrengen als andere. Ich besitze also einiges an Durchhaltevermögen. Ich bin Gegenwind gewohnt. Wenn etwas nicht glattläuft, lasse ich mich nicht so leicht entmutigen.
Gespür im Umgang mit Menschen	Als Blinder hört man sehr viel aus dem Klang der Stimme heraus. Ich kann recht schnell beurteilen, wer aufrichtig ist und wer nicht. Ich habe – das können Sie sicher nachvollziehen – ein besonderes Gespür für die Belange sozial Benachteiligter. *(bei einer Bewerbung auf Stellen im karitativen Bereich)*

Sagen Sie, wo Ihre Behinderung Sie tatsächlich bei der Arbeit behindert.

Einwände vorwegnehmen

Eine Behinderung kann ein Grund sein, Sie nicht einzustellen – sie ist es aber nicht zwangsläufig. Begegnen Sie den Ängsten und dem Misstrauen potenzieller Arbeitgeber offen. Nehmen Sie ihre Bedenken und Vorurteile vorweg und entkräften Sie sie mit passenden Argumenten:

Einwände entkräften: Musterformulierungen

Mögliche Einwände	Musterformulierungen
Mehraufwand	Das Einzige, was Ihnen an Mehraufwand entsteht, ist der Kauf eines Telefons mit Induktionsspule. Dafür gibt es aber Fördermittel / das können Sie von der Steuer absetzen / die Kosten dafür übernehme ich selbst, denn ich bekomme dafür steuerliche Vergünstigungen. Als größere Firma verfügen Sie über behindertengerechte Räume. Ein paar Möbel umzustellen, sodass ich mit meinem Rollstuhl durchkomme, ist der einzige Mehraufwand. Im Gegenteil. Ich bin zu 100 % als Schwerbehinderter anerkannt. Wenn Sie mich einstellen, dann brauchen Sie keine Ausgleichsabgabe mehr zu zahlen.
Die Behinderung beeinträchtigt die Arbeitsqualität.	Ich bin gelernter Masseur. Mein fehlendes Augenlicht hat meinen Tastsinn entscheidend verbessert: Ich kann Verspannungen und Verrenkungen ertasten, ohne die Ablenkung von außen. Ich habe – auch wenn ich im Rollstuhl sitze – eine sehr gepflegte Erscheinung. Was spricht dagegen, mich als Empfangssekretärin einzustellen? Die Kunden gewöhnen sich erfahrungsgemäß schnell daran. Ich bin schwer hörbehindert. Dennoch kann ich telefonieren, wenn mein Gesprächspartner langsam und deutlich spricht. Ich bin bei meiner letzten Stelle gut mit der Behinderung zurechtgekommen. Ernsthafte Probleme gab es nicht. *(besonders ehrlich, auf einer Erklärungsseite)* Ich kann nicht einschätzen, wie sich meine Behinderung auf der von Ihnen ausgeschriebenen Position auswirkt. Aber ich lade Sie ein, sich in einem persönlichen Gespräch von meinen Fähigkeiten zu überzeugen.

Die schriftlichen Bewerbungsunterlagen

Wer sich mit Verspätung bewirbt, hat meist keine Chance mehr.

Ist eine Stellenanzeige erst veröffentlicht, dann sollten Sie die Bewerbungsunterlagen schnellstens zusammenstellen, ein individuelles Anschreiben verfassen und bei Bedarf den Lebenslauf modifizieren, sodass daraus ersichtlich wird, warum Sie für die Stelle geeignet sind.

Die Bewerbungsfrist

Spätestens zwei Wochen, nachdem das Stellenangebot in der Zeitung oder im Internet veröffentlicht worden ist, sollten Sie Ihre Bewerbung losschicken. Zwei Wochen – so lange lassen sich die meisten Personalverantwortlichen Zeit. Während des Wartens fällen sie noch keine endgültige Entscheidung. Sie sichten allenfalls die eingehenden Bewerbungen und treffen eine Vorauswahl.

Stelle noch gültig? Im Zweifel nachfragen!

Nachfragen, ob ein Onlinestellenangebot noch aktuell ist!

Sie sind später dran? Oder Sie haben eine Stellenanzeige im Internet gefunden und sind nicht sicher, ob sie noch gültig ist? Hier lohnt sich ein Anruf bei der Personalabteilung oder dem in der Anzeige genannten Ansprechpartner. Fragen Sie nach, ob die Anzeige aktuell ist und ob sich eine Bewerbung überhaupt noch lohnt.

Bei Internetstellenangeboten auf jeden Fall nachhaken

Mit der Aktualität von Internetstellenbörsen macht man oft schlechte Erfahrungen. Denn viele nennen nicht das Datum der Erstveröffentlichung einer Anzeige, sondern das Erfassungsdatum. Das heißt: Die Anzeige mag schon vor ein oder zwei Wochen auf einer Firmen- oder Zeitungswebsite veröffentlicht worden sein und wird erst später im nächsten Portal erfasst. Oft genug wird ihr dann das spätere Datum zugeordnet. Auch eine Quellenangabe sucht man auf den meisten Onlinestellenportalen vergeblich.

Aktualität prüfen: Oft hilft ein Blick auf die Firmenwebsite.

Tipp — Recherchieren und nachhaken

Misstrauen Sie bei Stellenangeboten im Internet dem Datum. Abhilfe schafft eventuell ein Blick auf die Firmenwebsite: Wenn eine Stelle dort nicht mehr ausgeschrieben ist, dann ist sie höchstwahrscheinlich schon wieder besetzt. Leider ist aber der Umkehrschluss, nämlich dass Stellenangebote auf der Firmenwebsite auf jeden Fall aktuell sind, nicht immer richtig. Die wenigsten Firmen aktualisieren ihre Seiten im Abstand von ein bis zwei Wochen. Deshalb empfiehlt es sich auch hier, zum Telefonhörer zu greifen und in der Personalabteilung nachzufragen.

Ein telefonischer Erstkontakt ist manchmal, aber nicht immer ratsam.

Vorheriger Anruf nötig?

Viele Bewerber meinen, sie könnten durch einen vorherigen Anruf die Aufmerksamkeit des Personalentscheiders im positiven Sinne auf sich lenken. Im Zeitalter der Massenbewerbungen ist diese Überlegung sicherlich nicht falsch. Trotzdem ist bei einer derart pauschalen Annahme Vorsicht angebracht: Durch einen vorherigen Anruf fallen Sie auf – das stimmt, aber nicht unbedingt positiv. Manchen Personalverantwortlichen gehen die ständigen Anrufe von Bewerbern auf die Nerven. Andere sehen darin ein Zeichen von besonderem Interesse.
Das folgende Prüfschema hilft Ihnen bei der Entscheidung, ob ein vorheriger Anruf sinnvoll ist oder nicht:

Prüfschema: Ist ein vorheriger Anruf empfehlenswert?

Frage 1: **Ist ein Anruf nötig, um die Aktualität der Stellenanzeige zu prüfen?**	
Ja? – Anrufen	Nein? – Weiter mit Frage 2
Frage 2: **Brauchen Sie noch Informationen, um abzuschätzen, ob sich eine Bewerbung lohnt?**	
Ja? – Weiter mit Frage 6	Nein? – Weiter mit Frage 3

Prüfschema: Ist ein vorheriger Anruf empfehlenswert? (Fortsetzung)	
Frage 3: **Haben Sie eine wichtige Frage, die wirklich unbedingt geklärt werden muss?**	
Ja? – Anrufen	Nein? – Weiter mit Frage 4
Frage 4: **Halten Sie einen Anruf für sinnvoll, um die Aufmerksamkeit auf sich zu lenken?**	
Ja? – Weiter mit Frage 5	Nein? – Nicht anrufen
Frage 5: **Ist in der Stellenanzeige ein Ansprechpartner mit Telefonnummer genannt?**	
Ja? – Weiter mit Frage 6	Nein? – Nicht anrufen
Frage 6: **Trauen Sie sich zu, am Telefon einen kompetenten, souveränen Eindruck zu hinterlassen?**	
Ja? – Anrufen	Nein? – Nicht anrufen (Initiativbewerber: Bewerbung auf gut Glück losschicken!)

Ein Anruf unter einem Vorwand kommt nicht gut an.

Wenn keine Telefonnummer genannt ist, sollten Sie den Personalverantwortlichen nur anrufen, um wichtige Fragen zu klären. Indem er seine Nummer nicht genannt hat, signalisiert er, dass er nicht angerufen werden will.

Bei der ersten Sichtung zählen Vollständigkeit, Aussehen und Korrektheit der Bewerbung.

Sie haben sich entschieden, auf welche Stellenanzeige bzw. bei welchen Unternehmen Sie sich bewerben möchten? Dann geht es jetzt daran, eine möglichst ansprechende Bewerbung zu erstellen. Unterschätzen Sie dabei nicht den optischen Eindruck, den Ihre Bewerbung macht. Schaffen Sie es, Ihre Unterlagen überzeugend zu präsentieren, dann sind Sie vielen Mitbewerbern schon einen entscheidenden Schritt voraus. Das kann nämlich – da sind sich die Personalverantwortlichen einig – längst nicht jeder.

Die erste Prüfung einer Bewerbung dauert selten länger als 30 Sekunden.

Die Wahrscheinlichkeit, dass Sie Konkurrenz haben, ist groß. Stellen, auf die sich 100 und mehr Menschen bewerben, sind heute keine Seltenheit. In vielen Firmen, bei Personalberatern und Behörden ist es daher üblich, die eingehenden Bewerbungen erst einmal grob zu sichten. Für drei Viertel aller Bewerbungen wendet der Personalentscheider zunächst nicht mehr als 30 Sekunden auf.

Keine Zugeständnisse bei Onlinebewerbungen!

Dass Bewerbungsmappen penibel ordentlich zu sein haben, ist den allermeisten Bewerbern wohlbekannt. Dass aber auch elektronisch übermittelte Bewerbungen keinerlei Zugeständnisse an das Niveau ihrer äußeren Form machen dürfen, wird hin und wieder noch immer ignoriert. Dabei gilt: Egal, auf welchem Weg Sie sich bewerben – per konventioneller Post, per E-Mail oder per Onlineformular – Ihre Bewerbungsunterlagen (und nichts anderes!) sind die Grundlage, auf der die Entscheider ihre Auswahl treffen. Nur wenn die Unterlagen auf den ersten Blick ansprechend sind, wird der Adressat einen zweiten Blick darauf werfen und zu lesen beginnen – und nur dann hat ein Bewerber überhaupt die Chance, in die Auswahl zu kommen. Ebenso wenig wie in Mappenbewerbungen sind also enorm lange Anschreiben in kleinster Schriftgröße, überladene Lebensläufe oder schlechte Bewerbungsfotos in elektronischen Bewerbungsunterlagen erlaubt.

Bewerbungen, die einfachste Anforderungen an ein ansprechendes Erscheinungsbild nicht erfüllen, werden am schnellsten aussortiert. Beachten Sie: Oft sichtet noch nicht einmal der Personalverantwortliche selbst die eingehenden Bewerbungen, sondern jemand aus seinem Mitarbeiterstab, der nur nach formalen Kriterien vorgeht. Hier stehen die Chancen noch schlechter, mit Inhalten zu überzeugen, wenn schon die Form nicht stimmt.

Planen Sie viel Zeit ein für die Zusammenstellung Ihrer Bewerbungsunterlagen!

Nehmen Sie also die Zusammenstellung Ihrer Bewerbungsunterlagen sehr ernst, und planen Sie dafür viel Zeit ein. Wenn Sie nach langen Jahren zum ersten Mal wieder eine Bewerbung schreiben, kann es gut und gern mehrere volle Arbeitstage dauern, bis Sie alles beieinander haben. Unterschätzen Sie diesen Aufwand nicht! Sie laufen sonst Gefahr, die Bewerbungsfrist nicht halten zu können.

Tadelloses Aussehen, Fehlerlosigkeit, Vollständigkeit, richtige Reihenfolge

Damit Ihre Bewerbungsmappe nicht gleich bei der ersten Sichtung aussortiert wird, haben zunächst formale Kriterien Vorrang. Wichtig sind

- optisch ansprechende Aufbereitung (Umfang der Bewerbung, Foto, Qualität der Ausdrucke und Kopien bzw. Scans bei einer digitalen Bewerbung mit PDF-Dokument),
- Fehlerlosigkeit in Anschreiben und Lebenslauf,
- Vollständigkeit der Zeugnisse und Zertifikate.

Eine Bewerbung, die diesen Anforderungen nicht genügt, hat geringere Chancen. Im Umkehrschluss bedeutet das: Wenn Sie für eine ausgeschriebene Stelle qualifiziert sind, dann sollten Sie alles daransetzen, dass auch die Form stimmt. Erst damit gehen Sie sicher, dass der Inhalt Ihrer Bewerbung überhaupt wahrgenommen wird.

Formalkriterien der Bewerbung

K.-o.-Kriterien: unvollständige Unterlagen, Flecken, schlechtes Foto, schlechte Scans und Kopien

Mit einer nachlässig aufbereiteten Bewerbung setzt ein Bewerber ein falsches Signal: Unvollständige Unterlagen, ein schlechtes Foto, unleserliche Scans – all das lässt den Schluss zu, dass ihm nicht allzu sehr an der Stelle gelegen ist. Genau diesen Eindruck müssen Sie bei Ihrer Bewerbung vermeiden: Mit einer optisch ansprechenden Aufbereitung signalisieren Sie, dass es Ihnen ernst ist mit Ihrem Interesse an der jeweiligen Stelle, und dass Sie professionell auftreten können. Die erste Auswahlrunde haben Sie damit schon geschafft.

Worauf es formal bei einer E-Mail-Bewerbung ankommt

Privat mögen Nachlässigkeiten im E-Mail-Schriftverkehr erlaubt sein, im Geschäftsleben dagegen werden sie

schnell zur Falle. Eine Bewerbung, die nicht gängigen Standards entspricht, ist schnell gelöscht. Folgende Tipps sollten Sie daher unbedingt beherzigen:
Richten Sie jede einzelne Bewerbung nur an einen Empfänger und nicht an mehrere. Richten Sie Ihre E-Mail-Bewerbung am Empfänger aus und schicken Sie sie direkt an die zuständige Person (also nicht an die allgemeine Firmenadresse info@...).
Beim E-Mail-Text haben Sie die Wahl: Entweder Sie verwenden Ihr Anschreiben, das sich aber trotzdem zusätzlich in der angehängten Bewerbungs-PDF befinden sollte. Oder Sie verwenden einen Kurztext, mit dem Sie Ihre Bewerbung lediglich ankündigen.
Vergessen Sie nicht, Ihr Bewerbungs-PDF anzuhängen! Schicken Sie zur Sicherheit die vollständige E-Mail zuvor probeweise an Ihre eigene E-Mail-Adresse. Dann sehen Sie, ob sie in der gewünschten Form ankommt.

Bei postalischer Bewerbung: Umschlag und Adressierung

Umschlag von Hand beschriften oder mit einem ausgedruckten Adressetikett bekleben

Über die Art und Gestaltung des Umschlags, in dem Sie Anschreiben und Bewerbungsmappe verschicken, brauchen Sie sich keine großen Gedanken zu machen. Gegen eine Beschriftung von Hand ist nichts einzuwenden, vorausgesetzt, Sie schreiben leserlich. Die oft wiederholte Empfehlung, auf jeden Fall weiße C4-Umschläge und computeradressierte Etiketten für die Adressierung zu verwenden, ist überzogen. Häufig öffnet sowieso die Poststelle oder die Sekretärin den Bewerbungsumschlag und nicht derjenige, der die Personalauswahl trifft. Merken Sie sich: Am Umschlag liegt es in der Regel nicht, wenn Sie eine Absage bekommen.

Die eigene Adresse nicht vergessen

Die Absenderadresse muss unbedingt auf dem Anschreiben stehen.

Folgender Hinweis ist wichtig: Ihre eigene Adresse muss unbedingt auf das Anschreiben. Wenn sie nur als Absenderangabe auf dem Umschlag auftaucht, wird sie eventuell weggeworfen. Als Bewerber sind Sie dann ohne zusätzliche Recherche nicht auffindbar. Für die Adresse des

Empfängers ist es am wenigsten aufwendig, wenn Sie einen Fensterumschlag verwenden, wie es sie auch in DIN-C4-Größe gibt. Dann sparen Sie sich die Beschriftung, denn die Empfängeradresse des Anschreibens erscheint im Brieffenster.

Sperrvermerk: So verhindern Sie die unerwünschte Weitergabe

Ein Sperrvermerk verhindert, dass Ihr aktueller Arbeitgeber die Bewerbung erhält.

Sie senden Ihre Bewerbung an eine Chiffreanschrift oder einen Personalvermittler? Dann verhindern Sie, dass Ihre Bewerbung an jemanden weitergereicht wird, der als Adressat nicht infrage kommt. Schließen Sie etwa Ihren derzeitigen Arbeitgeber aus, wenn Sie sich aus ungekündigter Stellung heraus bewerben. Er soll ja nicht erfahren, dass Sie sich anderswo nach einer neuen Stelle umsehen. Das erreichen Sie mit einem Sperr- oder Weiterleitungsvermerk, den Sie gut sichtbar auf den Umschlag oder in den E-Mail-Text schreiben (am besten fett hervorgehoben):

Beispiel

Bitte nicht weiterleiten an:
1. Fa. Krantz & Söhne Maschinentechnik
2. Reedenbosch GmbH & Co. KG

Postalische Bewerbung: geeignete Bewerbungsmappen

Bewerbungsmappen: Gutes Aussehen und einfache Handhabung sind wichtig.

Bewerbungsmappen müssen zwei Kriterien erfüllen: gutes Aussehen und einfache Handhabung. Achtung: Das zweite Kriterium ist genauso wichtig wie das erste. Bei vielen Personalverantwortlichen sind hochwertige, dreifach gefaltete Mappen aus Karton deshalb unbeliebt, weil die Heftung mit einer Klemmleiste in der Mitte zu kompliziert ist. Achten Sie daher beim Kauf von Bewerbungsmappen auf

- modernes und hochwertiges Aussehen (keine billigen Plastikschnellhefter mit Metallbindung);
- unkomplizierte Heftung (z. B. Clipmappen mit Plastikbindung, Mappen mit schwenkbarem Klemmbügel);

- einen hochwertigen Umschlag (gefärbter Karton bleicht schnell aus und knickt leicht; besser ist daher ein fester Plastikumschlag, transparent oder in einer dezenten Farbe, z. B. Dunkelblau);
- einfache Handhabung (z. B. dass die Ecken von Anschreiben oder Lebenslauf nicht in starre Schlitze geklemmt werden müssen, dass sich alle Unterlagen mit einem Handgriff entnehmen und wieder einheften lassen).

Ansprechend, aber kein unbedingtes Muss ist ein Deckblatt. Es ist das oberste eingeheftete Blatt.
Das Anschreiben liegt – nicht eingeheftet – auf der Mappe.

Das Anschreiben nicht in die Mappe einheften

Umfang von Anschreiben und Lebenslauf

Die folgenden Empfehlungen gelten sowohl für Online- als auch für postalische Bewerbungen.

Anschreiben: maximal eine Seite

Ein mehrseitiges Anschreiben ist tabu.

Das Anschreiben darf nicht länger als eine Seite sein. Betrachten Sie diese Regel als absolutes Muss ohne Ausnahmen. Sie müssen zeigen, dass Sie dazu fähig sind, sich auf das Wesentliche zu beschränken. Das gelingt Ihnen vor allem dadurch, dass Sie Ihre augenblickliche Situation nicht zu ausführlich darstellen. Sie taucht sowieso noch im Lebenslauf auf. Besser ist es, Sie treffen Aussagen zu Ihren wesentlichen Fähigkeiten.

Lebenslauf: Ideal sind zwei Seiten

Beim Lebenslauf sind ein bis drei Seiten die Regel.

Beim Lebenslauf gibt es keine zwingende Vorschrift. Die gängige Empfehlung lautet, er solle nicht länger als zwei Seiten sein. In der Praxis ergibt die Beschränkung auf eine bestimmte Seitenzahl keinen Sinn. Schließlich ist nachvollziehbar, dass ein erfahrener, älterer Bewerber einen wesentlich längeren Lebenslauf hat als ein Schulabsolvent. Klar ist aber auch, dass ein älterer Bewerber nicht jede kleine Station detailliert im Lebenslauf darstellen muss. Auch hier sollten Sie nur das ausführlich darstellen, was im Hinblick auf die gewünschte Tätigkeit wichtig ist. Im Idealfall umfasst ein Lebenslauf zwei Seiten; selten geht er über einen Umfang von drei Seiten hinaus.

Fehlerlosigkeit in Anschreiben und Lebenslauf

Rechtschreib- und Grammatikfehler führen oft zu schnellen Absagen.

Anschreiben und Lebenslauf dürfen keine Fehler enthalten. Das gilt besonders für Bewerbungen im kaufmännischen Bereich. Personen, die sich im Beruf nicht nur mündlich ausdrücken müssen, sondern auch am Schriftverkehr teilnehmen (z. B. bei der Korrespondenz, Erstellung von Präsentationen, Angeboten, Schulungsunterlagen oder Gutachten), dürfen sich in der Bewerbung keine Rechtschreib- oder Grammatikfehler leisten. Denn ein Personalverantwortlicher fragt sich dann, ob der Bewerber geeignet ist, die Firma, Organisation oder Behörde angemessen nach außen zu repräsentieren.
Bei Berufen, die keine oder nur wenig informelle Schreibarbeit erfordern, sind Rechtschreibfehler eher verzeihlich. Die meisten Chefs oder Personalverantwortlichen drücken ein Auge zu, vorausgesetzt, die Bewerbung strotzt nicht gerade vor Fehlern. Dem potenziellen Arbeitgeber kommt es in erster Linie darauf an, dass sich der Bewerber für die praktische Tätigkeit eignet. Dennoch gibt es genügend Arbeitgeber, die auch bei solchen Stellen keine fehlerhaften Bewerbungen dulden. Dann wird eine Bewerbung mit Rechtschreibfehlern automatisch ausgesiebt.

Auch Textverarbeitungsprogramme bergen Gefahren

Vermeiden Sie typische Fehler.

So hilfreich Textverarbeitungsprogramme bei Bewerbungen sind – sie bergen auch Gefahren. Denn gerade bei nachträglich geänderten Sätzen kommt es häufig vor, dass

- Wortendungen nicht angepasst werden,
- Wörter beim Umstellen aus Versehen stehen bleiben (häufig bei zusammengesetzten Verben),
- das Subjekt im Singular steht – und das Verb im Plural (oder umgekehrt),
- die Zeichensetzung nicht mehr stimmt.

Lesen Sie Ihre Unterlagen daher sorgfältig durch – nicht am Bildschirm, sondern in ausgedruckter Form. Bitten Sie außerdem eine weitere Person, Ihre Bewerbung auf Inhalt, Rechtschreib- und Grammatikfehler zu prüfen.

Gutes Bewerbungsfoto

Ein Bewerbungsfoto hat einzig den Zweck, Sie optimal darzustellen. Beauftragen Sie daher einen guten Fotografen. Tragen Sie seriöse, geschäftsmäßige Kleidung und achten Sie darauf, freundlich in die Kamera zu schauen. Üblich ist ein Porträtfoto im Dreiviertelprofil. Wenn Sie Ihrem Fotografen sagen, dass Sie das Bild für eine Bewerbung brauchen, wird er wissen, was gemeint ist.

Größe, Format und Farbe nicht verbindlich vorgeschrieben

Das Bewerbungsfoto darf größer sein als ein Passbild.

Bewerbungsfotos sind etwas größer als Passbilder, in der Regel 4,5 cm × 6,5 cm. Die Auflösung eines guten elektronischen Bewerbungsfotos liegt bei 72 bis 150 dpi. Wenn Sie das Foto später noch selbst bearbeiten, ändern Sie an der Auflösung nichts!
Achtung: Für eine postalische Bewerbung muss die Auflösung höher sein, in der Regel mindestens 300 dpi.
Es bleibt Ihnen überlassen, ob Sie Hoch- oder Querformat, ein Farb- oder ein Schwarz-Weiß-Bild bevorzugen.

Welche Fotos für eine Bewerbung ungeeignet sind

Kein Handyfoto, kein Freizeitfoto, kein Automatenfoto, kein biometrisches Passbild

Verwenden Sie auf keinen Fall:

- Automatenbilder
- Handyfotos
- Bilder, auf denen neben Ihnen noch andere Personen zu sehen sind
- private Fotos bzw. Urlaubsbilder
- Ganzkörperfotos
- Scans oder Digitalfotos mit schlechter Auflösung oder Farbqualität (bei postalischen Bewerbungen verwenden Sie entweder Abzüge und/oder qualitativ hochwertige Ausdrucke)

Das Bewerbungsbild gehört aufs Deckblatt oder auf den Lebenslauf.

Wo Sie das Foto platzieren

Das Bewerbungsbild gehört nicht auf das Anschreiben, denn dieses ist zum Verbleib beim Empfänger bestimmt. Am besten platzieren Sie es auf einem gesonderten Deckblatt oder (rechts oben) auf dem Lebenslauf. Befestigen Sie bei einer postalischen Bewerbung das Foto auf keinen Fall mit einer Büroklammer, sonst wird möglicherweise Ihr Gesicht verdeckt und das Bild verbogen. Nur wenn die Druckqualität sehr gut ist, können Sie das Bild zusammen mit dem Lebenslauf am heimischen Drucker ausdrucken. Ansonsten verwenden Sie lieber einen Abzug, auf dessen Rückseite Sie zur Sicherheit Ihren Namen notieren und den Sie mit einem Klebe- oder Gummierstift auf dem Lebenslauf befestigen.

Achtung: Bei internationalen Bewerbungen ist ein Foto nicht üblich

Bei internationalen Bewerbungen, besonders aber im englischsprachigen Raum, gehört ein Foto nicht zum Standard. Einem Bewerber, der diese Regel missachtet, wird leicht ein Hang zu übertriebener Selbstdarstellung nachgesagt.

Achten Sie auf gute Auflösung und verringern Sie notfalls die Farbtiefe.

E-Mail-Bewerbung: gute Auflösung bei vertretbarer Dateigröße

E-Mail-Bewerbungen müssen nicht nur am Bildschirm gut aussehen. Auch ausgedruckt müssen sie gestochen scharf und gut lesbar sein. Denn nicht selten wird die Bewerbung beim Empfänger ausgedruckt, etwa um sie mit weiteren Entscheidungsträgern (z. B. dem zuständigen Produktionsleiter) zu besprechen. Dafür muss die Auflösung gut genug sein, zugleich aber sollte das gesamte Dokument die Größe von 2 bis 3 MB nicht überschreiten. Die absolute Obergrenze liegt bei 5 MB, denn größere Dateianhänge lassen die Mailserver vieler Firmen, Organisationen und Behörden nicht durch. Die Dateigröße lässt sich beispielsweise im Dateimanager unter dem Stichwort »Eigenschaften« prüfen (rechte Maustaste). Es bleibt Ihnen überlassen, ob Sie auf dem Anschreiben einen Unterschriftenscan verwenden oder lediglich Ihren Namen eintippen.

Tipp **Dateigröße reduzieren**

Falls Ihr Bewerbungsanhang zu groß ist, verkleinern Sie ihn. Scannen Sie Ihre Nachweise neu und reduzieren Sie dabei die Farbtiefe (angegeben in dpi). Notfalls wandeln Sie Ihr Farb- in ein Schwarz-Weiß-Foto um und verzichten auf den Unterschriftenscan; auch das reduziert die Dateigröße.

Postalische Bewerbung: Achten Sie auf ein tadelloses Erscheinungsbild
Achten Sie bei allen Ausdrucken und Kopien darauf, dass die Schrift nicht verwischt ist und dass die Zeilenränder parallel zum Blattrand verlaufen. Wenn Sie einen Tintenstrahldrucker verwenden, dann lassen Sie den einzelnen Seiten vor dem Unterschreiben genügend Zeit, bis die Tinte getrocknet ist.
Noch besser allerdings ist es, Ausdrucke aus einem Laserdrucker anfertigen zu lassen, zum Beispiel in einem Copyshop. Denn auch einem Personalverantwortlichen kann einmal das Missgeschick passieren, dass er sein Glas mit Wasser umstößt. Bei Ausdrucken mit Tintenstrahlern verwischt dann die Schrift bis zur Unkenntlichkeit.

Hochwertiges weißes Papier

Benutzen Sie kein Umweltschutzpapier.

Zum äußeren Eindruck gehört auch das Papier. Nichts spricht dagegen, das Anschreiben, den Lebenslauf und gegebenenfalls das Deckblatt sowie die zusätzliche Erklärungsseite auf normalem 80-Gramm-Papier auszudrucken. Vieles spricht aber dafür, für diese Seiten ein hochwertiges, etwas schwereres Papier zu nehmen, etwa 90- oder 100-Gramm-Papier. Eine solche Bewerbung hebt sich in positivem Sinne von der Masse ab. Wer die Bewerbung perfekt gestalten will, kopiert die beigelegten Nachweise auf das gleiche Papier. Diese Mühe honorieren viele Personalentscheider mit erhöhter Aufmerksamkeit.

Farbiges und Umweltschutzpapier sind ungeeignet
Auf farbigem Papier sollten Sie nichts ausdrucken und auch keine Ablichtungen machen. Hintergrund: Viele Arbeitgeber, vor allem aber Headhunter, die bei der Personalauswahl behilflich sind, kopieren am Anfang des Auswahlverfahrens die gesamte Bewerbung, bevor sie sie z. B. an die Fachabteilung oder den Kunden weiterreichen, für den sie eine Stelle besetzen. Kopien von farbigem Papier sind meist ausgesprochen schlecht zu lesen – ein entscheidender Nachteil. Gleiches gilt für Umweltschutzpapier.

Keine Knicke, kein Schmutz, kein Geruch

Vermeiden Sie alles, was auf eine Wiederverwendung der Unterlagen schließen lässt.

Achten Sie darauf, dass alle Unterlagen knick-, schmutz- und geruchsfrei sind. Sonst liegt der Verdacht nahe, dass Sie die Unterlagen wiederverwendet haben oder es mit Ordnung und Sauberkeit nicht so genau nehmen.

Verdächtige Klarsichthüllen
Achtung: Es ist weder üblich noch empfehlenswert, jedes einzelne Blatt in eine Klarsichthülle zu stecken. Wer das tut, stößt den Empfänger geradezu mit der Nase darauf, dass die Bewerbung mehrfach verwendet wird oder werden soll.

Vorsicht bei mehrfacher Verwendung von Bewerbungen

Achten Sie bei Wiederverwertung darauf, dass die Unterlagen in tadellosem Zustand sind.

Wer geschickt vorgeht, kann ohne Weiteres den einen oder anderen Bewerbungsbestandteil mehrfach verwenden. Gerade bei Bildern, Zeugnis- und Nachweiskopien spricht nichts dagegen. Aber Vorsicht! Beachten Sie auf jeden Fall die folgenden Tipps:

- Der Geruch nach Zigarettenrauch fällt (zumindest Nichtrauchern) sofort auf. Wenn die Unterlagen nach Rauch riechen, sind sie für eine neue Bewerbung nicht zu gebrauchen.
- Prüfen Sie gebrauchte Bewerbungsunterlagen daraufhin, ob sie frei von Notizen sind. Denn es kommt vor,

dass sich ein Personalentscheider in der Bewerbung Notizen macht, zum Beispiel wenn ihm etwas unplausibel oder erklärungsbedürftig erscheint.

Welche Unterlagen Sie wiederverwenden können

Bestandteil der Bewerbung	Wiederverwendung möglich?	Grund/Voraussetzung
Anschreiben	Nein	Sie sollten das Anschreiben individuell erstellen und genau auf das jeweilige Unternehmen zuschneiden.
Deckblatt	Nein	Auch das Deckblatt sollte individuell gestaltet sein.
Lebenslauf	Nein	Auf einem vollständigen Lebenslauf steht immer das aktuelle Datum. Außerdem kann er leicht variieren, je nachdem, auf welches Berufsfeld Sie sich bewerben. Entsprechend stellen Sie diejenigen Erfahrungen und Kenntnisse stärker heraus, die Sie für die jeweilige Stelle am ehesten brauchen.
Foto	Ja	Die Abzüge guter Porträtfotos kosten Geld – es besteht somit kein Grund, sie nach einmaligem Gebrauch wegzuwerfen. Bekommen Sie eine alte Bewerbung zurück, dann lösen Sie das Bild nicht gewaltsam von der Papierunterlage. Schneiden Sie es einfach aus. Achten Sie aber darauf, dass der Papierrand nicht übersteht.
Zeugniskopien, Nachweise	Ja	Eine Wiederverwendung ist möglich, vorausgesetzt, sie sind weder zerknittert noch fleckig. Prüfen Sie auch unbedingt, ob sie frei von Notizen oder Beschriftungen früherer Empfänger sind.

Übertriebene Kreativität ist nicht gefragt

»Auffallen um jeden Preis« ist bei Bewerbungen ein schlechtes Motto.

»Wie kreativ muss meine Bewerbung sein?« – Diese Frage stellt sich fast jeder Bewerber, denn im Zeitalter der Massenbewerbungen scheint Auffälligkeit die einzige Möglichkeit, sich von der Menge abzuheben. Besonders nachdrücklich stellt sich diese Frage im Kreativbereich, also zum Beispiel bei einer Werbeagentur: »Muss ich meine Kreativität mit der Form meiner Bewerbung nachweisen?«

Die Antwort darauf lautet: Nein. Auffallen müssen Sie als Bewerber mit dem Inhalt, nicht (unbedingt) mit der Form. Das bedeutet nicht, dass Sie nachlässig sein sollen – korrekt, ordentlich und ästhetisch ansprechend müssen Ihre Unterlagen auf jeden Fall sein. Aber der Versuchung, unbedingt durch schrille Gestaltung aufzufallen, sollten Sie widerstehen. Sie laufen sonst Gefahr, für extrovertiert gehalten zu werden.

Kreativität ist meist entbehrlich

Zumindest bei ausgeschriebenen Stellen können Sie sich als Bewerber darauf verlassen, dass jede Bewerbung – auch Ihre – geprüft wird. Gehen Ihre Qualifikationen daraus hervor (in Anschreiben, Lebenslauf und Nachweisen) und passen sie zu den Anforderungen einer Stelle, dann findet Ihre Bewerbung auf jeden Fall die Beachtung, die ihr gebührt – auch ohne weitere kreative Gestaltung; darauf sollten Sie vertrauen.
Bei Initiativbewerbungen haben Sie in der Regel den Vorteil, dass Ihre Bewerbung die einzige oder eine von wenigen ist, die einem Personalverantwortlichen in diesem Moment vorliegt. Hat er Zeit, wird er sie prüfen. Auch hier besteht für Sie als Bewerber nicht die Notwendigkeit, durch auffällige Gestaltung darauf aufmerksam zu machen.

Bewerbungen bei Werbeagenturen – Kreativität nicht um der Auffälligkeit willen

Schreiend bunt und auffällig muss auch bei Werbeagenturen nicht sein.

Werbeagenturen bekommen täglich viele Bewerbungen auf den Tisch. Auch wenn der Personalbedarf im Kreativbereich groß ist – kaum ein Bewerber bekommt eine Stelle in diesem Bereich, weil er seine Bewerbung so auffällig gestaltet hat, dass sie sofort ins Auge springt. In der täglichen Bewerbungsflut sind viele E-Mail-Bewerbungen oder Bewerbungsmappen dabei, die um jeden Preis auffallen wollen. Das empfinden die meisten Personalverantwortlichen als lästig, unsympathisch und vor allem unprofessionell. Bleiben Sie also stilsicher!

»Form follows function« – diese Aussage ist bezeichnend für die Einstellung großer Werbeagenturen in Bezug auf ihr Tun. Auch Sie als Bewerber (z. B. auf eine Texter- oder Grafikdesignerstelle) sollten sie beherzigen. Denn in erster Linie entscheidet nicht die Form, ob Ihre Botschaft ankommt, sondern der Inhalt. Maßgeblich ist, ob Sie es mit der Gestaltung Ihrer Bewerbung schaffen, Ihre Qualifikationen zu unterstreichen, zum Beispiel als

- Grafiker mit einem guten Gesamtlayout,
- Texter mit kurzen, prägnanten Sätzen und griffigen Aussagen.

Zeigen Sie Ihre Kreativität anhand geeigneter Arbeitsproben.

Die eigentliche Kreativität ist bei den mitgelieferten Arbeitsproben gefordert. Haben Sie als Aspirant auf eine Texterstelle noch keine eigenen Arbeiten vorzuweisen, dann nehmen Sie sich den Copytest vor, den Sie auf den Websites der meisten Werbeagenturen im Internet finden. Als »Copy« bezeichnet die Werbesprache den Fließtext in einer Anzeige, Broschüre oder einem Werbebrief. Als Beleg für Ihre Eignung legen Sie Ihrer Bewerbung den ausgefüllten Copytest bei. Er dient als Ersatz für Arbeitsproben.

Unvollständigkeit ist ein Absagegrund.

Vollständigkeit ist ein Muss. Sonst landet Ihre Bewerbung kaum auf dem Stapel der A-Kandidaten, also der Bewerber, die auf jeden Fall zu einem Vorstellungsgespräch eingeladen werden. Zu umständlich scheint es vielen Personal- oder Firmenchefs, fehlende Unterlagen nachzufordern. Zur vollständigen schriftlichen Bewerbung gehören (in dieser Reihenfolge):

- Anschreiben
- Deckblatt (nicht obligatorisch)
- Lebenslauf
- Erklärungsseite (nicht obligatorisch)
- Foto
- Nachweise

Was alles zu einer vollständigen Bewerbung gehört.

Checkliste: Ist Ihre Bewerbung vollständig?

- ☐ Anschreiben (nicht eingeheftet, sondern lose auf der Mappe liegend)
- ☐ Deckblatt (nicht obligatorisch)
- ☐ Lebenslauf
- ☐ Erklärungsseite (nicht obligatorisch)
- ☐ Foto (auf Deckblatt oder Lebenslauf, nicht üblich bei englischen Bewerbungen)
- ☐ Schulzeugnisse (i. d. R. der höchste Abschluss einer allgemeinbildenden Schule)
- ☐ Ausbildungszeugnisse (z. B. Gesellenbrief) oder -belege (z. B. Meisterbrief)
- ☐ Studienabschlussdokumente (z. B. Masterzeugnis und -urkunde)
- ☐ alle Arbeitszeugnisse früherer Arbeitgeber
- ☐ Nachweise über Aus- und Weiterbildung
- ☐ Praktikums- und Tätigkeitsnachweise
- ☐ Nachweise über Stipendien
- ☐ Referenzen (falls vorhanden)
- ☐ Arbeitsproben (falls verlangt)

Nachweise: Was wirklich in die Bewerbung gehört

Schicken Sie nie die Originale mit.

Bei Nachweisen, Referenzen und Arbeitsproben fällt die Entscheidung manchmal schwer, was wirklich in die Bewerbung gehört und was nicht. Eines ist klar: In eine Bewerbung gehören nie die Originale, sondern immer nur Kopien bzw. Scans.
Beglaubigungen sind in der Regel nicht nötig, es sei denn, sie wurden ausdrücklich verlangt. Das ist allenfalls noch bei bestimmten Stellen im öffentlichen Dienst der Fall. Sparen Sie sich also das Geld für die Beglaubigung. Halten Sie stattdessen die Originale fürs Vorstellungsgespräch bereit.
Sie sind im Zweifel, welche Zeugnisse und Unterlagen wirklich wichtig sind? Dann helfen Ihnen die folgenden Tipps und Erläuterungen zu den einzelnen Nachweisen weiter.

Schulzeugnisse: nur der höchste Abschluss

Hauptschulabschluss, mittlere Reife oder Abitur

Bei Schulzeugnissen genügt dasjenige, das den höchsten allgemeinbildenden Abschluss belegt. Wenn Sie also mittlere Reife haben, dann legen Sie das Abschlusszeugnis der 10. Klasse bei. Haben Sie Abitur, dann weisen Sie Ihre Schulzeit mit dem Abiturzeugnis nach. Haben Sie Ihre Schulausbildung abgebrochen (z. B. nach der 11. Klasse), dann legen Sie das Zeugnis der mittleren Reife bei und zusätzlich noch das Zeugnis der 11. Klasse. Stehen Sie vor Abschluss der mittleren Reife, dann legen Sie das Zeugnis des letzten Schuljahres und das letzte Zwischenzeugnis bei. Abschlusszeugnisse von nicht allgemeinbildenden Schulen (z. B. Handelsschule) gehören auf jeden Fall in eine Bewerbung.

Aus- und Weiterbildungsnachweise: sorgfältig auswählen

Der Ausbildungsnachweis ist ein Muss.

Ausbildungsnachweise gehören unbedingt zu einer vollständigen Bewerbung. Berufsanfänger sollten alle Weiterbildungszertifikate beilegen. Wer schon fünf bis sechs Jahre im Beruf ist, braucht nicht mehr jeden Nachweis.

Bei Nachweisen oder Zertifikaten, die eine Weiterbildung (z. B. Sprachkurs, Marketingseminar) belegen, beschränken Sie sich auf die jeweils anspruchsvollste Qualifikation.

Bei Weiterbildungsnachweisen reicht ein Nachweis über die höchste Qualifikation.

Beispiel
Haben Sie zwei Französischkurse belegt, einen Grund- und einen Fortgeschrittenenkurs, dann fügen Sie Ihren Bewerbungsunterlagen lediglich den Nachweis über Letzteren bei. Haben Sie dagegen mehrere Sprachkurse auf ähnlichem Niveau, aber mit verschiedenen Inhalten belegt (z. B. »Englisch für Fortgeschrittene« und »Business-Englisch«), ist es sinnvoll, alle Zertifikate beizulegen.

Wichtig: Sinnvoll sind nur Nachweise über aktuelles Wissen. Was heute als veraltet gilt, können Sie guten Gewissens weglassen. Beispiel: Fügen Sie Nachweise über die Teilnahme an Computerkursen nur dann bei, wenn diese höchstens drei bis vier Jahre alt sind. Alles, was älter ist, gilt längst als überholt.

Referenzen: manchmal hilfreich

Falls Sie Referenzen vorweisen können, legen Sie sie Ihrer Bewerbung bei. Falls es sich um mündliche Referenzen handelt, weisen Sie im Anschreiben auf den Ansprechpartner (z. B. den ehemaligen Chef) hin. Messen Sie aber solchen Referenzen keine allzu große Bedeutung bei. Denn auch dem potenziellen Arbeitgeber ist klar, dass derjenige, den ein Bewerber als Referenzgeber benennt, in Bezug auf dessen Person nicht unbedingt einen objektiven Standpunkt vertritt.

Der Referenzgeber muss wissen, dass er als Ansprechpartner genannt wird.

Vorsicht Falle: Informieren Sie Ihre Referenzgeber vorher
Bei mündlichen Referenzen sollten Sie sich auf jeden Fall die Mühe machen, den Referenzgeber auch zu fragen bzw. zu informieren. Oft kommt es vor, dass Bewerber jemanden angeben, ohne dem Betreffenden Bescheid zu sagen. Peinlich ist es, wenn der Personalentscheider anruft und der Referenzgeber sagt: »Oh, davon weiß ich bisher ja gar nichts!« Das ist nicht gerade förderlich für eine Bewerbung.

Schlechte Zeugnisse nicht einfach weglassen

Arbeitszeugnisse: auch schlechte Beurteilungen beifügen

Was ist schlimmer – ein schlechtes Zeugnis oder ein fehlendes Arbeitszeugnis? Antwort: das fehlende Zeugnis. Gerade bei Arbeitszeugnissen machen viele Bewerber den Fehler, schlechtere Beurteilungen unter den Tisch fallen zu lassen. Doch Achtung: Aus einem fehlenden Arbeitszeugnis zieht ein erfahrener Personalverantwortlicher sofort seine Schlüsse:

- Das Zeugnis ist wirklich schlecht (und zwar sehr schlecht).
- Der Bewerber hat im Lebenslauf unzutreffende Angaben über Dauer, Art und Tätigkeitsgebiet bei der betreffenden Stelle gemacht (denn diese Punkte sind im Zeugnis aufgeführt)!
- (Im günstigsten Fall:) Das Zeugnis fehlt wegen besonderer Lebensumstände.

Fehlt Ihnen ein Arbeitszeugnis aus früherer Zeit? Zerbrechen Sie sich nicht den Kopf darüber! Machen Sie sich aber darauf gefasst, dass Sie im Vorstellungsgespräch danach gefragt werden.

Auch einfache Tätigkeitsnachweise können Berufserfahrungen belegen.

Tätigkeitsnachweise: bei Berufsanfängern wichtig

Haben Sie Leerlaufzeiten (z. B. die Monate zwischen Schulabschluss und Wehr- oder Zivildienst) mit Aushilfstätigkeiten verbracht? Dann legen Sie die Tätigkeitsnachweise Ihrer Bewerbung bei. Das gilt zumindest, wenn Sie sonst noch keine Berufserfahrung vorweisen können und einen Zeitraum von mehr als drei Monaten überbrückt haben. Gehen Sie dabei geschickt vor, können Sie selbst anhand von Aushilfstätigkeiten belegen, dass Sie etwas gelernt haben oder jedenfalls diesen Zeitabschnitt sinnvoll verbracht haben. Fehlt ein solcher Nachweis, ist das aber nicht weiter schlimm.

Praktikumsnachweise sind bei Berufs- und Quereinsteigern wichtig.

Praktikumsnachweise: sinnvoll, wenn sie Qualifikation und Erfahrung beweisen

Praktikumsnachweise sind nur bei Berufsanfängern unerlässlich. Sie belegen Ihre Qualifikation und zeigen, dass Sie erste berufliche Erfahrungen gesammelt haben. Wer schon länger im Berufsleben steht, kann auf Praktikumsnachweise verzichten. Es kann aber auch für Bewerber mit Berufserfahrung sinnvoll sein, sie in die Bewerbungsmappe einzuheften: nämlich dann, wenn der Praktikumsnachweis eine Qualifikation belegt, die aus der bisherigen beruflichen Tätigkeit nicht hervorgeht, aber für die angestrebte Stelle von Bedeutung ist.

Arbeitsproben werden meist in kreativen Berufen gefordert.

Arbeitsproben: nur mitschicken, wenn sie verlangt oder üblich sind

Arbeitsproben brauchen Sie nur mitzuschicken, wenn sie ausdrücklich in der Stellenausschreibung gefordert sind. Sind sie in der Branche üblich (in der Regel im Kreativbereich, z. B. bei Grafikdesignern, Werbefachleuten, Journalisten), sollten Sie sie aber beilegen. Sind sie weder verlangt noch üblich, dann bringen Sie eine Mappe von Arbeitsproben erst zum Vorstellungsgespräch mit.

Konvertieren Sie Bild- und Textdateien ins universal lesbare PDF-Format.

Arbeitsproben: Achten Sie auf kompatible Dateiformate

Wichtiger Hinweis: Bei Bewerbungen im Kreativbereich ist es durchaus üblich, Arbeitsproben mitzusenden. Hier gibt es aber eine Falle, in die Sie nicht stolpern sollten: Haben Ihre mitgeschickten Dateien das falsche Format, kann der Empfänger sie nicht öffnen. Deshalb konvertieren Sie Ihre Arbeitsproben am besten in eine PDF-Datei, die universell lesbar ist. Oder Sie erkundigen sich vorher beim Empfänger, welche Dateiformate er wünscht.

Das Arbeitszeugnis

Nicht hinter jedem Arbeitszeugnis, das gut klingt, steckt eine gute Beurteilung. Das liegt an der Rechtsprechung: Die Arbeitsgerichte fordern, dass ein Zeugnis wahr, aber zugleich auch wohlwollend ist. Ergebnis: Viele Zeugnisse enthalten Formulierungen, die nur Leute verstehen, die in die Zeugnissprache eingeweiht sind. Personalverantwortliche verstehen die versteckten Andeutungen in aller Regel – Sie als Bewerber haben diese Kenntnisse möglicherweise aber nicht.

Besonders Zeugnisse, die Sie neu ausgestellt bekommen haben, sollten Sie sofort und sorgfältig prüfen. Denn je schneller Sie Ihre Änderungswünsche anmelden, desto eher haben Sie eine Chance, dass sie berücksichtigt werden.

Achten Sie

- auf den richtigen Firmenbogen,
- auf Rechtschreibung und Grammatik,
- auf formale Richtigkeit und Vollständigkeit,
- darauf, dass weder fragwürdige Formulierungen noch nachträgliche Korrekturen im Zeugnis auftauchen.

Stimmen diese Voraussetzungen nicht, dann lässt das für den Personalentscheider zweierlei Rückschlüsse zu:

Erstens: Der Zeugnisschreiber hatte keine Ahnung vom Zeugniscode (was bei Kleinunternehmen durchaus vorkommt und worüber erfahrene Personalentscheider nachsichtig hinwegsehen).

Oder zweitens: Der Zeugnisschreiber kennt den Zeugniscode und deutet durch Abweichung an, dass er mit Ihnen nicht zufrieden war oder dass Ihr weiterer Werdegang ihm gleichgültig ist. Das sollten Sie nicht zulassen: Prüfen Sie Ihr Zeugnis auf alle oben genannten Punkte. (Das gilt besonders dann, wenn Sie bei großen Firmen beschäftigt waren, denn diese haben eine Personalabteilung, die sich bestens mit den Zeugnisgespflogenheiten auskennen sollte.)

Für Arbeitnehmer und Auszubildende gibt es gesetzlich geregelte Zeugnisansprüche.

Rechtsgrundlagen des Arbeitszeugnisses

Jeder Arbeitnehmer und Auszubildende hat Anspruch auf ein Arbeitszeugnis. Dieser umfassende Zeugnisanspruch wird durch gesetzliche, tarifliche oder auch einzelvertragliche Bestimmungen konkretisiert. Die wichtigsten gesetzlichen Bestimmungen sind

- § 630 Bürgerliches Gesetzbuch (BGB),
- § 109 Gewerbeordnung (GewO) und
- § 16 Berufsbildungsgesetz (BBiG),
- § 85 Bundesbeamtengesetz (BBG),

wenn es um den Anspruch auf ein Arbeitszeugnis geht.

- § 109 GewO regelt die Zeugnisansprüche der Arbeitnehmer.
- § 630 BGB erfasst die arbeitnehmerähnlich Beschäftigten, z. B. in Heimarbeit Beschäftigte und Handelsvertreter.
- § 16 BBiG regelt den Anspruch der Auszubildenden auf ein Ausbildungszeugnis.
- § 85 BBG regelt den Anspruch der Beamten auf ein Zeugnis.

Darüber hinaus gibt es viele Bestimmungen in zahlreichen Tarifverträgen, die Genaueres zum Zeugnisanspruch festlegen. Selbst wenn keine dieser Anspruchsgrundlagen greifen sollte, hat jeder Arbeitnehmer einen Anspruch auf ein Zeugnis, der aus der Fürsorgepflicht des Arbeitgebers resultiert.

Die wichtigsten gesetzlichen Regelungen

§ 630 BGB »Pflicht zur Zeugniserteilung«

Bei der Beendigung eines dauernden Dienstverhältnisses kann der Verpflichtete von dem anderen Teil ein schriftliches Zeugnis über das Dienstverhältnis und dessen Dauer fordern. Das Zeugnis ist auf Verlangen auf die Leistungen und die Führung im Dienst zu erstrecken. Die Erteilung des Zeugnisses in elektronischer Form ist ausgeschlossen. Wenn der Verpflichtete ein Arbeitnehmer ist, findet § 109 der Gewerbeordnung Anwendung.

§ 109 GewO »Zeugnis«

1) Der Arbeitnehmer hat bei Beendigung eines Arbeitsverhältnisses Anspruch auf ein schriftliches Zeugnis. Das Zeugnis muss mindestens Angaben zu Art und Dauer der Tätigkeit (einfaches Zeugnis) enthalten. Der Arbeitnehmer kann verlangen, dass sich die Angaben darüber hinaus auf Leistung und Verhalten im Arbeitsverhältnis (qualifiziertes Zeugnis) erstrecken.
2) Das Zeugnis muss klar und verständlich formuliert sein. Es darf keine Merkmale oder Formulierungen enthalten, die den Zweck haben, eine andere als aus der äußeren Form oder aus dem Wortlaut ersichtliche Aussage über den Arbeitnehmer zu treffen.
3) Die Erteilung des Zeugnisses in elektronischer Form ist ausgeschlossen.

§ 16 BBiG »Zeugnis«

1) Ausbildende haben den Auszubildenden bei Beendigung des Berufsausbildungsverhältnisses ein schriftliches Zeugnis auszustellen. Die elektronische Form ist ausgeschlossen. Haben Ausbildende die Berufsausbildung nicht selbst durchgeführt, so soll auch der Ausbilder oder die Ausbilderin das Zeugnis unterschreiben.
2) Das Zeugnis muss Angaben enthalten über Art, Dauer und Ziel der Berufsausbildung sowie über die erworbenen beruflichen Fertigkeiten, Kenntnisse und Fähigkeiten der Auszubildenden. Auf Verlangen Auszubildender sind auch Angaben über Verhalten und Leistung aufzunehmen.

Aufgrund dieser Vorschriften ergeben sich für das Arbeitszeugnis sechs Grundregeln:

1) Jeder Arbeitnehmer hat bei Beendigung eines Anstellungsverhältnisses Anspruch auf ein schriftliches Zeugnis.
2) Das Zeugnis muss zumindest Angaben zu Art und Dauer der Tätigkeit enthalten (einfaches Zeugnis).

3) Auf Verlangen des Arbeitnehmers muss das einfache Zeugnis um Angaben zu Leistung und Verhalten ergänzt werden (qualifiziertes Zeugnis).
4) Das Zeugnis muss klar und verständlich formuliert sein.
5) Das Zeugnis darf keine Merkmale oder Formulierungen enthalten, die eine andere Aussage über den Arbeitnehmer treffen sollen, als die, die sich aus dem Wortlaut oder der äußeren Form des Zeugnisses eigentlich ergibt. Das heißt: Es dürfen keine Geheimzeichen oder Geheimcodes verwendet werden.
6) Das Arbeitszeugnis darf nicht in elektronischer Form erteilt werden.

Wer hat Anspruch auf ein Arbeitszeugnis?

Arbeitnehmer und Auszubildende

Definition »Arbeitnehmer«
Arbeitnehmer ist jeder, der aufgrund eines Vertrags, der auch mündlich vereinbart werden kann, einem anderen für eine gewisse Dauer und gegen Entgelt zur Arbeitsleistung verpflichtet ist.

Da es im Hinblick auf das Zeugnis nicht auf den Umfang der Arbeitszeit ankommt, hat ausnahmslos jeder Arbeitnehmer einen Anspruch auf ein Zeugnis. Dazu gehören auch Teilzeitkräfte, nebenberuflich Tätige, geringfügig Beschäftigte, nicht sozialversicherungspflichtig Beschäftigte, Arbeitnehmer in einer Arbeitsbeschaffungsmaßnahme, Heimarbeiter, befristet Beschäftigte und so weiter. Ebenso haben leitende Angestellte einen Zeugnisanspruch, da auch sie Arbeitnehmer sind. Wer als Familienmitglied im Familienbetrieb wie ein Arbeitnehmer arbeitet, hat auch einen Zeugnisanspruch. Etwas anderes gilt nur dann, wenn das Familienmitglied nur aufgrund seiner familiären Verbundenheit mithilft.
Für die Auszubildenden regelt § 16 BBiG den Zeugnisanspruch. Von dieser Regelung werden alle drei Arten der Berufsbildung erfasst: die eigentliche Berufsausbildung, die berufliche Fortbildung und die berufliche Umschulung.

Arbeitnehmer in der Probezeit

Arbeitgeber können Mitarbeiter zunächst auf Probe einstellen, bevor sie eine feste Bindung eingehen. Auch für den Arbeitnehmer bietet das die Möglichkeit, seinen künftigen Arbeitsplatz auf »Herz und Nieren« zu prüfen, bevor er sich verpflichtet, längerfristig dort zu arbeiten. Diese Phase der Erprobung kann arbeitsrechtlich auf unterschiedliche Weise ausgestaltet sein:

- als unbefristetes Arbeitsverhältnis mit vorgeschalteter Probezeit oder
- als befristetes Arbeitsverhältnis zum Zwecke der Erprobung.

Im »Normalfall« Probezeitvereinbarung wird von vornherein ein unbefristetes Arbeitsverhältnis vereinbart und gleichzeitig eine Regelung für den Anfangszeitraum getroffen, der als Probezeit gelten soll.

In den häufigsten Fällen wird von vornherein ein unbefristeter Arbeitsvertrag geschlossen und vereinbart, dass ein bestimmter Zeitabschnitt als Probezeit gilt. Diese Vereinbarung hat ausschließlich Auswirkungen auf die Kündigungsfrist.

Diese Anfangsphase ist ein Bestandteil des Arbeitsverhältnisses, das nach erfolgreichem Abschluss der Probezeit einfach fortgesetzt wird. Wird dem Arbeitnehmer während der Probezeit nicht gekündigt, kann er nach Ablauf der Probezeit ein Zwischenzeugnis verlangen. Bei einem Probearbeitsverhältnis hingegen handelt es sich um ein befristetes Arbeitsverhältnis, das zunächst ausschließlich der Erprobung dient. Es endet zu einem bestimmten Zeitpunkt, wenn die Parteien es nicht fortsetzen oder zu einem bestimmten Zeitpunkt neue Vereinbarungen treffen. Es liegt also ein vollwertiges Arbeitsverhältnis vor, das lediglich für einen bestimmten Zeitraum vereinbart wurde. Mit dessen Beendigung hat der Arbeitnehmer einen Anspruch auf Zeugniserteilung nach § 109 GewO.

Definition »Probearbeitsverhältnis«
Ein Probearbeitsverhältnis ist ein eigenständiges, befristetes Arbeitsverhältnis zum Zwecke der Erprobung.

Für beide Varianten gilt: Verläuft die Probezeit beziehungsweise das befristete Probearbeitsverhältnis erfolgreich und das Arbeitsverhältnis wird fortgesetzt beziehungsweise es wird ein neuer Vertrag abgeschlossen, kann der Arbeitnehmer ein Zwischenzeugnis für diesen ersten Erprobungszeitraum verlangen.

Leiharbeitnehmer

Leiharbeitnehmer werden von ihren Arbeitgebern an Dritte ausgeliehen. Sie erbringen ihre Arbeitsleistung in einem fremden Betrieb, ihr Arbeitgeber bleibt aber das Verleihunternehmen – also die Zeitarbeitsfirma. Als Arbeitgeber ist diese auch zuständig für die Erstellung der Arbeitszeugnisse. Das wird aber in aller Regel nur dann gelingen, wenn der Entleiherbetrieb, also die tatsächliche Arbeitsstätte des Leiharbeiters, entsprechende Informationen an den Verleiher weiterreicht. Schließlich kann nur der Entleiher, also der Betrieb, in dem der Arbeitnehmer tatsächlich seine Leistung erbringt, aufgrund seiner Nähe zum Arbeitnehmer dessen Leistung und Führung beurteilen.

Der Entleiher ist aufgrund der vertraglichen Schutzwirkung zur Mitwirkung am Zeugnis des Leiharbeitnehmers verpflichtet.

Vertragliche Beziehungen haben im Dreiecksverhältnis der Leiharbeit nur der Verleiher bzw. das Leiharbeitsunternehmen mit dem Leiharbeitnehmer (Arbeitsvertrag) und der Entleiher mit dem Verleiher (Arbeitnehmerüberlassungsvertrag). Dieser Arbeitnehmerüberlassungsvertrag, den der Entleiher mit dem Verleiher abschließt, ist ein Vertrag mit Schutzwirkung zugunsten Dritter, nämlich zugunsten des jeweils überlassenen Arbeitnehmers.

Arbeitnehmerähnliche Personen und freie Mitarbeiter

Definition »arbeitnehmerähnliche Person«
Arbeitnehmerähnliche Personen sind selbstständig tätig, aber wirtschaftlich meistens von einem Auftraggeber abhängig.

Arbeitnehmerähnliche Personen sind nicht in den Betrieb des Auftraggebers eingegliedert. Sie schließen auch keinen Arbeitsvertrag ab, sondern erbringen ihre Leistungen aufgrund eines Dienst- oder Werkvertrags. Viele solcher Personen sind damit zwar selbstständig tätig, dennoch aber wirtschaftlich von einem Auftraggeber abhängig. Aufgrund dieser Abhängigkeit haben sie auch einen Anspruch auf ein Zeugnis nach § 630 BGB.

Für freie Mitarbeiter gilt dasselbe: Auch sie haben mittlerweile einen anerkannten Anspruch nach § 630 BGB auf Erteilung eines Zeugnisses. Der Begriff »freie Mitarbeit« ist gesetzlich nicht geregelt. Man versteht darunter eine unternehmerische Tätigkeit auf der Grundlage eines Dienst- oder Werkvertrags.

Beamte

Das Arbeitszeugnis der Beamten wird Dienstzeugnis genannt. Nach § 85 Bundesbeamtengesetz (BBG) kann der Beamte nach Beendigung des Beamtenverhältnisses ein qualifiziertes Dienstzeugnis verlangen. Für das Dienstzeugnis gilt dasselbe wie für ein Arbeitszeugnis, eine Ausnahme gibt es allerdings: Der Beamte kann seine Zeugnisansprüche nicht vor den Arbeitsgerichten geltend machen, sondern muss zunächst ein Widerspruchsverfahren durchlaufen und dann den Verwaltungsgerichtsweg beschreiten. Im Widerspruchsverfahren muss er bei der für ihn zuständigen Behörde einen Widerspruch einlegen, also zum Beispiel mitteilen, dass er eine Änderung des Zeugnisses erwartet und wie genau diese aussehen soll. Die Behörde überprüft dann zunächst sein Anliegen. Bleibt es bei der ursprünglichen Fassung des Zeugnisses, kann der Beamte eine Klage erheben und damit sein Anliegen beim Verwaltungsgericht klären lassen.

Praktikanten

Studenten, die nicht vorrangig zu Ausbildungszwecken arbeiten, gelten nicht als Praktikanten. Sie wollen Geld verdienen und sind deshalb Arbeitnehmer. Ihr Anspruch auf ein Zeugnis ergibt sich aus § 109 GewO.

Praktikanten, Volontäre und Werkstudenten haben ebenfalls einen Anspruch auf ein Zeugnis. Bei Praktikanten, die ein von der Hochschule vorgeschriebenes Praktikum absolvieren, muss der Arbeitgeber oft ein vorgefertigtes Formular ausfüllen und dem Praktikanten als Nachweis aushändigen. Wenn hier allerdings ein zusätzliches Arbeitszeugnis ausgestellt wird, hat das sowohl für den Praktikanten als auch für den Arbeitgeber Vorteile: Für den Praktikanten kann ein »richtiges« Zeugnis für den Einstieg ins Berufsleben sehr hilfreich sein. Der Arbeitgeber wiederum kann mit einem guten Zeugnis den Praktikanten im Rahmen seiner Nachwuchsrekrutierung motivieren und vielleicht längerfristig an sich binden.

Wer stellt ein Arbeitszeugnis aus?

Wenn ein Arbeitnehmer Prokura hat oder direkt der Geschäftsleitung unterstellt ist, muss mindestens ein Geschäftsführer das Zeugnis mitunterschreiben.

Juristisch gesehen ist der Arbeitgeber derjenige, der das Unternehmen vertritt. In einer Aktiengesellschaft ist das zum Beispiel der Vorstand, bei einem Einzelunternehmen der Inhaber. Damit ist der Arbeitgeber auch derjenige, der zur Zeugniserteilung verpflichtet ist. Das heißt aber nicht, dass beispielsweise jedes Arbeitszeugnis vom Vorstand der Aktiengesellschaft, vom Inhaber oder den Gesellschaftern und so weiter unterschrieben werden muss. Der Arbeitgeber kann auch einen Vertreter, der bei ihm beschäftigt ist, zu dieser Aufgabe bevollmächtigen. Das kann beispielsweise der Personalchef sein. Grundsätzlich gilt: Wer das Zeugnis erstellt, muss es auch unterschreiben. Beauftragt der Arbeitgeber einen Vertreter mit der Ausstellung und Unterzeichnung eines Zeugnisses, dann muss dieser Vertreter seine Funktion angeben.

Beispiel
Wenn ein Vertreter des Arbeitgebers das Zeugnis ausstellt, dann sind das Vertretungsverhältnis und die Funktion anzugeben, weil die Person und der Rang des Unterzeichnenden Aufschluss über die Wertschätzung des Arbeitnehmers und die Kompetenz des Ausstellers zur Beurteilung des Arbeitnehmers erlauben. Entspricht die Unterschrift nicht dem Aussteller, kann dies auch zu Irritationen führen, wie das Schriftbild selbst. So kann der Schriftzug ungeübt, nicht flüssig oder schülerhaft wirken und sich damit gegebenenfalls nicht mit der Position des vermeintlichen Unterzeichners vereinbaren lassen. Dies hatte der Arbeitgeber nicht beachtet, der das Zeugnis zwar von seinem Geschäftsführer ausstellen, aber anderweitig unterschreiben ließ. Der Arbeitgeber muss dafür sorgen, dass derjenige das Zeugnis persönlich unterschreibt, der als Aussteller ausdrücklich genannt wird (ArbG München, Beschluss vom 18.8.2010, 21 Ca 12890/09).

Außerdem muss derjenige, der das Zeugnis ausstellt und erteilt, ranghöher sein als der zu beurteilende Arbeitnehmer. Der höhere Rang dieser Person muss im Zeugnis für

Dritte erkennbar sein. Schon aus diesem Grund wird meistens die Funktionsbezeichnung mit genannt und neben oder unter die Unterschrift gesetzt.
Verstirbt der Arbeitgeber, müssen seine Erben den Zeugnisanspruch erfüllen. Diese müssen sich darum kümmern, die entsprechenden Informationen bezüglich Art, Dauer, Leistung und Führung des Arbeitnehmers in Erfahrung zu bringen.

Wie hat ein Arbeitszeugnis auszusehen?

Das Zeugnis ist schriftlich zu erteilen. Es darf nicht elektronisch – also zum Beispiel per E-Mail – ausgestellt werden (§ 109 Abs. 3 GewO, § 16 Abs. 1 Satz 2 BBiG). Die äußere Form muss einigen Anforderungen gerecht werden. Vor allem muss das Zeugnis

- maschinenschriftlich beziehungsweise per Computer erstellt werden,
- auf Geschäftspapier (Firmenbogen) ausgestellt sein, ohne dass das Anschriftenfeld ausgefüllt ist,
- außer Namen, Vornamen und akademischem Grad auf Wunsch des Arbeitnehmers auch sein Geburtsdatum nennen,
- das Vertretungsverhältnis, also die Kompetenzen, die der Unterzeichnende hat, beispielsweise mit den Zusätzen ppa. oder i. V. erkennen lassen,
- den Namen des Ausstellers auch maschinenschriftlich angeben, da die Unterschrift oft nur schwer zu entziffern ist,
- Ort und Datum der Zeugnisausstellung erkennen lassen,
- vom Arbeitgeber oder seinem Vertreter unterschrieben sein (Originalunterschrift, kein Faksimile-Stempel),
- ein ordentliches Schriftbild und eine fehlerfreie Formulierung aufweisen.

Tipp
Da man einen Knick im Papier in aller Regel sehen kann, sollte man ein Zeugnis besser nicht knicken.

Ein unsauberes Zeugnis mit Kaffeeflecken, Durchstreichungen und so weiter kann der Arbeitnehmer zurückweisen. Häufig wird die Ansicht vertreten, ein Zeugnis dürfe nicht geknickt werden, damit es in einen kleineren Umschlag passt. Das Bundesarbeitsgericht hat 1999 entschieden, dass das Zeugnis dann geknickt werden darf, wenn dies beim Kopieren des Originals nicht auffällt (Bundesarbeitsgericht, Urteil vom 21.9.1999; Az.: 9 AZR 893/98).

Wann wird ein Zeugnis erteilt?

Ein Zeugnisanspruch ist in dem Zeitpunkt fällig, zu dem der Arbeitnehmer mitteilt, dass er ein Zeugnis wünscht. Eine geregelte Frist, innerhalb derer dies erledigt sein muss, gibt es nicht. Auf ein einfaches Zeugnis sollte man aber nicht länger als ein paar Tage, auf ein qualifiziertes im Regelfall circa zwei Wochen warten müssen. Je nach Einzelfall können Umstände hinzutreten, die diese Zeiträume verlängern, weil zum Beispiel der zuständige Vorgesetzte im Urlaub oder krank ist oder Ähnliches.

Kündigung

Im Falle einer fristlosen Kündigung kann der Arbeitnehmer sein Zeugnis sofort verlangen. Es ist ihm dann innerhalb weniger Tage auszustellen.

Der Anspruch auf ein Arbeitszeugnis entsteht, wenn der Arbeitnehmer ein Zeugnis verlangt und das Arbeitsverhältnis endet.

Bei einer ordentlichen – also einer fristgerechten – Kündigung gilt die gesetzliche Regelung: § 109 GewO und § 16 BBiG sehen vor, dass der Anspruch auf Erteilung eines Arbeitszeugnisses mit Beendigung des Arbeitsverhältnisses entsteht. In der Literatur wird zum Teil die Auffassung vertreten, der Arbeitnehmer könne sein Zeugnis im Falle einer Kündigung mit Beginn der Kündigungsfrist verlangen, damit er sich besser und rechtzeitig bewerben kann.

Tipp
Das Zeugnis muss immer verlangt beziehungsweise beansprucht werden. Dies ist Voraussetzung für die Zeugniserteilung.

Kündigungsschutzklage

Wurde einem Arbeitnehmer gekündigt und er erhebt dagegen eine Kündigungsschutzklage, hat er trotzdem Anspruch auf ein Endzeugnis. Sein Anspruch beschränkt sich nicht auf ein Zwischenzeugnis, auch wenn noch nicht abschließend geklärt ist, ob das Arbeitsverhältnis tatsächlich enden wird. Im Laufe des Kündigungsschutzprozesses kann sich ergeben, dass das Arbeitsverhältnis zu einem anderen als dem im Zeugnis genannten Termin endet. In diesem Fall hat der Arbeitnehmer einen Anspruch darauf, dass ihm gegen Rückgabe des alten Zeugnisses ein neues mit dem richtigen Datum ausgestellt wird. Ausnahme: Wird ein Arbeitnehmer während des Kündigungsschutzprozesses vorläufig bei seinem Arbeitgeber weiterbeschäftigt, kann er kein Endzeugnis, sondern nur ein Zwischenzeugnis verlangen.

Befristete Arbeitsverhältnisse

Bei befristeten Arbeitsverhältnissen liegt die besondere Situation vor, dass sowohl Arbeitnehmer als auch Arbeitgeber wissen, dass das Arbeitsverhältnis zu einem bestimmten Zeitpunkt enden wird. Deshalb kann der Arbeitnehmer in diesem Fall auch ein Zeugnis verlangen, bevor das Arbeitsverhältnis endet. Diesen Anspruch kann er geltend machen, wenn die fiktive Kündigungsfrist zu laufen beginnt. Er muss also prüfen, welche Kündigungsfrist für sein Arbeitsverhältnis gelten würde, wäre es kein befristetes Arbeitsverhältnis, und kann dann mit Beginn dieser Frist beim Arbeitgeber das Zeugnis verlangen. Der Arbeitgeber ist nicht verpflichtet, ein Zeugnis unaufgefordert bei Beendigung des Arbeitsverhältnisses zu erstellen. Eine »automatische Erteilung« gibt es nicht, auch wenn dies in der betrieblichen Praxis häufig der Fall ist.

Definition »Arbeitszeugnis«
Ein Arbeitszeugnis ist die schriftliche Bescheinigung eines Arbeitgebers oder Ausbilders über die Dauer, den Inhalt und den Verlauf eines Arbeits- oder Ausbildungsverhältnisses.

Ein Arbeitszeugnis beschreibt den beruflichen Werdegang eines Arbeitnehmers und seine berufliche Qualifikation. Außerdem urteilt es über seine Eignung, sein Verhalten und seine Leistungen. Je nachdem, wofür ein Zeugnis benötigt wird und in welcher Intensität die Beurteilung erfolgen soll, muss man zwischen verschiedenen Zeugnisarten unterscheiden.

Formen des Arbeitszeugnisses

Auf die Erteilung einer Arbeitsbescheinigung hat der Arbeitnehmer einen vor dem Arbeitsgericht einklagbaren Anspruch.

Eine für die Arbeitsagentur ausgestellte Arbeitsbescheinigung ist kein Zeugnis. Mit der Arbeitsbescheinigung – die auf einem amtlichen Vordruck zu erstellen ist – soll die Arbeitsagentur informiert werden über

- die Art der Tätigkeit,
- Beginn und Ende des Arbeitsverhältnisses,
- die Höhe der Vergütung und
- den Grund für die Beendigung des Arbeitsverhältnisses.

Außerdem dient die Arbeitsbescheinigung nicht dem beruflichen Fortkommen des Arbeitnehmers und erfüllt schon deshalb nicht die Voraussetzungen für ein Zeugnis. Die Arbeitsbescheinigung ist dem Arbeitnehmer bei Beendigung des Arbeitsverhältnisses auszuhändigen.

Das einfache Zeugnis

In einem einfachen Zeugnis werden keine Aussagen über die Leistung und die Führung des Arbeitnehmers getroffen.

Mit einem einfachen Zeugnis erhält der Arbeitnehmer eine Bescheinigung darüber,

- welche Art von Arbeitsverhältnis vorgelegen hat und
- wie lange dieses angedauert hat.

Ein einfaches Zeugnis reicht also aus, wenn es sich um eine kurzfristige Tätigkeit oder eine sehr gering qualifizierte Tätigkeit handelt. Aber: Die Angabe der Berufsbezeichnung alleine reicht hierfür dennoch nicht aus. Der Tätigkeitsbereich muss vollständig und genau beschrieben werden. Bei der Dauer der Beschäftigung ist der rechtliche und nicht der tatsächliche Zeitraum zu berücksichtigen.

Das Beendigungsdatum muss also auf den Tag lauten, an dem das Arbeitsverhältnis endete, und nicht auf den Tag, an dem der Arbeitnehmer tatsächlich aufgehört hat zu arbeiten, weil er beispielsweise für die Dauer der Kündigungsfrist vorzeitig freigestellt wurde.

Checkliste: »Einfaches Zeugnis«

- ☐ Überschrift mit Bezeichnung des Zeugnisses
- ☐ Name, Vorname (bei verheirateten Personen ggf. der abweichende Geburtsname)
- ☐ Anschrift, Geburtsdatum und Geburtsort (nur auf Wunsch des Arbeitnehmers)
- ☐ Beruf, akademische Grade und öffentlich-rechtliche Titel
- ☐ Art des Beschäftigungsverhältnisses (genaue Angaben zum Aufgabengebiet)
- ☐ Dauer des Beschäftigungsverhältnisses (Beginn und Ende; Voll- oder Teilzeit)
- ☐ Grund des Ausscheidens (nur auf Wunsch des Arbeitnehmers)
- ☐ Ort, Datum, Unterschrift

Die Art der Beschäftigung ist in einem Arbeitszeugnis so genau und vollständig zu beschreiben, dass sich ein Dritter ein Bild davon machen kann.

Der Arbeitnehmer hat das Wahlrecht, ob er ein einfaches oder ein qualifiziertes Zeugnis haben möchte. In den meisten Fällen wird ein qualifiziertes Zeugnis verlangt. Es gibt jedoch Situationen, in denen ein einfaches Zeugnis die bessere Wahl sein kann. Beispielsweise im Falle einer Arbeitgeberkündigung während der Probezeit kann sich ein einfaches Zeugnis anbieten, wenn der Arbeitnehmer für die kurze Zeit keine Leistungsbeurteilung wünscht.

Das qualifizierte Zeugnis

Das qualifizierte Zeugnis ist ein einfaches Zeugnis, das um die Beschreibung und Beurteilung zu Führung und Leistung des Arbeitnehmers ergänzt ist. Das Zeugnis

Ein qualifiziertes Arbeitszeugnis darf nur auf Wunsch des Arbeitnehmers ausgestellt werden. Ein nicht verlangtes qualifiziertes Zeugnis kann der Arbeitnehmer zurückweisen.

muss alle wesentlichen Tatsachen und Bewertungen enthalten, die für die Gesamtbeurteilung des Arbeitnehmers von Bedeutung sind. Die Beurteilung muss sich auf die gesamte Dauer des Beschäftigungsverhältnisses erstrecken.
Bei der Gesamtbeurteilung des Arbeitnehmers geht es vor allem um

- die Beurteilung seiner Fähigkeiten,
- die Beurteilung der von ihm erbrachten Leistungen,
- seine Belastbarkeit, Initiative und das von ihm gezeigte Engagement,
- sein Verhalten gegenüber Vorgesetzten, Kollegen und Mitarbeitern und
- gegebenenfalls sein Führungsverhalten.

Das Zwischenzeugnis

Das Zwischenzeugnis entspricht dem Endzeugnis, allerdings besteht das Arbeitsverhältnis weiter fort. Ein Zwischenzeugnis kann ein einfaches Zeugnis sein, wenn es nur Art und Dauer der Beschäftigung nennt. Meistens werden aber auch hier Leistung und Führung bewertet, sodass es sich dann um ein qualifiziertes Zwischenzeugnis handelt.

Unterschiede zum Endzeugnis

Um es vom Endzeugnis unterscheiden zu können, trägt es in aller Regel die Überschrift »Zwischenzeugnis«. Das Zwischenzeugnis ist im Präsens abzufassen, da die Tätigkeit andauert und die Leistungen auch zum Zeitpunkt der Zeugnisausstellung weiterhin erbracht werden. Das Imperfekt wird im Zwischenzeugnis nur eingesetzt, wenn ein bereits abgeschlossener Vorgang beschrieben wird. Das kann dann der Fall sein, wenn ein Arbeitnehmer befördert wurde und im Zwischenzeugnis auch die frühere Tätigkeit beschrieben wird. Ein weiterer Unterschied zum Endzeugnis besteht darin, dass die Schlussformulierung im Zwischenzeugnis üblicherweise den Grund dafür nennt, warum ein Zwischenzeugnis erteilt wurde.

Wann besteht ein Anspruch auf ein Zwischenzeugnis?
Der Anspruch auf ein Zwischenzeugnis ist gesetzlich nicht geregelt. Hat der Arbeitnehmer aber einen triftigen und anzuerkennenden Grund, muss der Arbeitgeber aufgrund seiner Fürsorgepflicht ein Zwischenzeugnis ausstellen. Ein Zeugnis unterliegt anderen Kriterien als eine interne Beurteilung. Deshalb sollte sich der Arbeitnehmer, der einen triftigen Grund für ein Zwischenzeugnis hat, nicht auf eine interne Beurteilung verweisen lassen.

Triftige Gründe für einen Anspruch auf ein Zwischenzeugnis

- Der Arbeitgeber stellt die Kündigung in Aussicht.
- Der Arbeitnehmer wechselt die Stelle.
- Der Arbeitnehmer wird versetzt.
- Der Vorgesetzte des Arbeitnehmers wechselt die Stelle.
- Das Unternehmen gerät in die Insolvenz.
- Der Arbeitnehmer möchte das Unternehmen verlassen (Abkehrwille) und sich anderweitig bewerben.
- Das Probearbeitsverhältnis beziehungsweise die Probezeit enden.
- Eine angestrebte Fort- oder Weiterbildung verlangt die Vorlage eines Zwischenzeugnisses.
- Das Arbeitsverhältnis wird längere Zeit, z. B. aufgrund von Elternzeit, Wehr- oder Zivildienst, ruhen.
- Der Status des Arbeitnehmers ändert sich, weil er z. B. zum leitenden Angestellten befördert wurde.
- Das Zwischenzeugnis wird zur Vorlage bei Gerichten oder Behörden benötigt.
- Der Betrieb geht an einen Erwerber beziehungsweise neuen Arbeitgeber über.
- Der Arbeitnehmer benötigt für einen Kreditantrag zur Vorlage bei der Bank ein Zwischenzeugnis.
- Die Arbeitszeit ändert sich erheblich, weil beispielsweise von einer Vollzeit- in eine Teilzeitbeschäftigung gewechselt wird.

Tipp
Sollte der Arbeitnehmer einen triftigen Grund für ein Zwischenzeugnis haben, sollte er auch die Gunst der Stunde nutzen und ein solches vom Arbeitgeber verlangen.

Die Erfahrung zeigt, dass Zwischenzeugnisse in der Regel sehr viel besser ausfallen als Endzeugnisse, da viele Arbeitgeber mit besonders guten Zwischenzeugnissen ihre Arbeitnehmer motivieren bzw. sie an sich binden möchten. Hier besteht kein Anspruch: Der Arbeitnehmer hat keinen Anspruch auf ein Zwischenzeugnis, wenn er dieses als Beweismittel für eine Klage auf eine bessere Bezahlung oder eine Höhergruppierung benötigt. Auch der Wunsch nach einer Beurteilung der eigenen Leistung begründet noch keinen Anspruch auf ein Zwischenzeugnis.

Sind Zwischenzeugnisse bindend?

Tipp
Wer bereits ein gutes Zwischenzeugnis hat und wessen Arbeitsverhältnis nun mit einem Aufhebungsvertrag beendet wird, kann eine Regelung für den Aufhebungsvertrag aushandeln, nach der der Arbeitgeber an die Aussagen des Zwischenzeugnisses gebunden ist.

Ohne einen triftigen Grund sollte ein Arbeitnehmer besser nicht nach einem Zwischenzeugnis verlangen. Meistens wird der Arbeitgeber vermuten, dass er das Unternehmen verlassen will. Wer sichergehen will, dass er in bestimmten Abständen ein Zwischenzeugnis erhält, kann bereits im Arbeitsvertrag vereinbaren, dass ihm beispielsweise im Abstand von zwei Jahren ein Zwischenzeugnis erteilt wird. Der Arbeitnehmer hat keinen Anspruch darauf, dass bei einem späteren Endzeugnis exakt die gleichen Formulierungen wie im Zwischenzeugnis verwendet werden. Mit dem Zwischenzeugnis entsteht aber trotzdem für den Arbeitgeber hinsichtlich des beurteilten Zeitraumes eine gewisse Bindungswirkung.
Der Arbeitgeber kann bei gleicher Beurteilungslage seine im Zwischenzeugnis zum Ausdruck gekommenen Bewertungen im Endzeugnis nicht so einfach ändern. Wird ein Zwischenzeugnis in zeitlicher Nähe zum Endzeugnis ausgestellt oder betrifft es den weitaus größten Teil des Arbeitsverhältnisses, kann der Arbeitgeber von der Beurteilung im Zwischenzeugnis nur dann abweichen, wenn es dafür einen triftigen Grund gibt, den er auch nachweisen muss. Ansonsten muss er davon ausgehen, dass sich die Beurteilungslage nicht geändert hat, und er ist dann an seine Aussagen im Zwischenzeugnis gebunden. Würde der Arbeitgeber seine Bewertung gern ändern, weil sich beispielsweise die Leistungen nach Erteilung des

Die Bindungswirkung besteht nicht nur hinsichtlich der Beurteilung. Auch bezüglich der Tätigkeitsbeschreibung entsteht eine Bindung, beispielsweise für die Bescheinigung einer selbstständigen Arbeitsweise.

Beispiel
Eine gesetzliche Regelung, aus der sich ergibt, wann eine Beurteilungslage noch gleich ist und wann sie sich verändert hat, gibt es nicht. Bei einem fünfjährigen Anstellungsverhältnis geht das Landesarbeitsgericht Köln beispielsweise davon aus, dass die Beurteilungslage gleich geblieben ist, wenn das Endzeugnis nur zehn Monate nach dem Zwischenzeugnis verfasst wurde (Landesarbeitsgericht Köln, Urteil vom 22.8.1997; Az.: 11 Sa 235/97 = NZA 1999, S. 771).

Zwischenzeugnisses verschlechtert haben, dann muss er prüfen, ob sich die Beurteilungslage tatsächlich geändert hat. Hat sich die Leistung in einem Zeitraum verändert, der nur einen Bruchteil des gesamten Arbeitsverhältnisses ausmacht, wird er die schlechteren Leistungen nicht erwähnen dürfen. Diese gelten dann als einmalige Angelegenheiten, die nicht im Zeugnis erwähnt werden, weil sie das Arbeitsverhältnis nicht geprägt haben. Hier muss jeder Einzelfall genau geprüft werden, da es keine Fristen oder Ähnliches gibt.

Tipp
Ein Verweis auf bereits existierende Zwischenzeugnisse sollte zwischen Arbeitgeber und Arbeitnehmer abgestimmt werden. Dabei ist festzulegen, ob es Verweise geben soll oder ob man beispielsweise weit zurückliegende Abschnitte nur kurz darstellt, damit das Zeugnis nicht den Rahmen sprengt.

Kann auf ein Zwischenzeugnis verwiesen werden?

Gibt es einen Anspruch auf ein Zwischenzeugnis, so soll darin eigentlich das gesamte bisherige Arbeitsverhältnis dargestellt werden. Bei einer sehr langen Beschäftigungsdauer und wechselnden Aufgaben kann ein Zeugnis deshalb sehr umfangreich ausfallen. Häufig wird in solchen Fällen in einem späteren Zwischen- oder Endzeugnis auf bereits existierende Zwischenzeugnisse verwiesen. Diese Vorgehensweise hat aber Nachteile. Zum einen kann sich ein potenzieller Arbeitgeber nicht anhand von einem Zeugnis ein Bild über die Beschäftigung des Bewerbers machen, sondern er muss mehrere Zeugnisse zur Hand nehmen und lesen. Zum anderen sind sehr umfangreiche Zeugnisse in Bewerbungsmappen nicht besonders werbewirksam. Wie man die Frage letztlich löst, ist derzeit noch Vereinbarungssache zwischen Arbeitgeber und Arbeitnehmer, da die Gerichte einen solchen Fall noch nicht entschieden haben.

Muster Anschreiben »Bitte um ein Zwischenzeugnis«

Leonie Pfeiffer
Winsstr. 60
10405 Berlin
Tel.: 030 123456789
E-Mail: pfeiffer@webmail.de

Deubner Cosmetics GmbH
Frau Sara Velten
Personalabteilung
Gustav-Adolf-Str. 117–123
13086 Berlin

1.2.2016

Bitte um ein Zwischenzeugnis

Sehr geehrte Frau Velten,

da mein Vorgesetzter, Herr Jakob Sebastian, unser Unternehmen zum 1. März 2016 verlässt, bitte ich um ein qualifiziertes Zwischenzeugnis.

Mit freundlichen Grüßen

Leonie Pfeiffer

Anforderungen an Arbeitszeugnisse

Das Zeugnis muss wahr sein

Der gesamte Wortlaut des Arbeitszeugnisses steht im Ermessen des Arbeitgebers. Aber: Bei der Erstellung eines Arbeitszeugnisses darf der Arbeitgeber nicht willkürlich vorgehen. Der Inhalt des Arbeitszeugnisses hat vor allem zwei Geboten gerecht zu werden:

- Es muss der Wahrheit entsprechen und
- der Arbeitgeber muss wohlwollend beurteilen.

Wer ein Zeugnis ausstellt, schafft ein Dokument, das für lange Zeit seine Wirkung behält und auf dessen Inhalte sich andere Personen verlassen.

Ein wesentlicher Grundsatz bei der Zeugniserstellung ist die Wahrheitspflicht. Deshalb dürfen in einem Zeugnis nur Tatsachen beschrieben werden. Behauptungen, Vermutungen, Annahmen oder Verdachtsmomente haben in einem Zeugnis nichts zu suchen. Der Arbeitnehmer und auch potenzielle zukünftige Arbeitgeber sollen anhand des Zeugnisses die Möglichkeit haben, sich einen richtigen, den Tatsachen entsprechenden Eindruck bezüglich der Aufgaben und der Leistungen zu machen.

Wann ein Zeugnis der Wahrheitspflicht entspricht

Damit ein Zeugnis der Wahrheitspflicht genügt, bedarf es folgender Voraussetzungen:

1) Die Individualität des Einzelnen ist im Zeugnis hinreichend zu berücksichtigen. Das heißt: Der Arbeitgeber muss unterscheiden und darf nicht jedem Arbeitnehmer ohne Rücksicht auf dessen individuelle Aufgaben und Leistungen ein vorgefertigtes Musterzeugnis erteilen, in dem nur die persönlichen Daten ausgewechselt werden.
2) Ein Zeugnis entspricht der Wahrheitspflicht, wenn der Arbeitnehmer erkennen kann, wie seine Leistung und seine Führung beurteilt werden. Der Arbeitgeber muss sich also im Zeugnis klar und deutlich ausdrücken, sodass keine Zweifel über die getroffenen Aussagen entstehen können.

Der Zeugnisaussteller kennt nur den Arbeitnehmer, nicht aber die weiteren potenziellen Empfänger seiner Botschaft. Er muss deshalb für seine Aussagen eine verständliche Sprache wählen, die von einem breiten Publikum verstanden werden kann.

Wann ein Zeugnis der Wahrheitspflicht entspricht (Fortsetzung)

3) Das Zeugnis muss so formuliert sein, dass auch andere Personen, wie zum Beispiel potenzielle Arbeitgeber, erkennen können, wie der Arbeitnehmer beurteilt wurde. Die Aussagen müssen also auch für Dritte klar und unmissverständlich sein.

Das Zeugnis muss wohlwollend sein

Das Zeugnis erfüllt eine Doppelfunktion: Zum einen ist es ein Informationsmittel, das wahr und objektiv sein muss, zum anderen ist es aber auch ein Werbemittel, das der Arbeitnehmer in seinen Bewerbungsphasen einsetzt. Deshalb ist der Arbeitgeber aufgrund seiner Fürsorgepflicht gehalten, bei der Zeugniserteilung den wohlwollenden Maßstab eines verständigen Arbeitgebers zugrunde zu legen. Er darf dem Arbeitnehmer das Fortkommen auf dem Arbeitsmarkt nicht dauerhaft und unnötig erschweren. Die Pflicht, wohlwollend vorgehen zu müssen, bedeutet aber nicht, dass der Arbeitgeber nur noch positive Dinge über den Arbeitnehmer in das Zeugnis aufnehmen darf. Da die Wahrheitspflicht den Vorrang hat, ist die Verpflichtung zur Ausstellung eines wohlwollenden Zeugnisses begrenzt. In der Praxis sieht es aber oft umgekehrt aus, hier überwiegt häufig das Wohlwollen.

Ein Zeugnis verfolgt zwei Ziele: Beurteilung des Arbeitnehmers und Information dritter Personen.

Das Zeugnis soll einerseits dem Arbeitnehmer als Unterlage für eine neue Bewerbung dienen; seine Interessen sind gefährdet, wenn er unterbewertet wird. Andererseits soll das Zeugnis der Unterrichtung eines Dritten dienen, der die Einstellung des Arbeitnehmers in Erwägung zieht; dessen Interessen sind gefährdet, wenn der Arbeitnehmer überbewertet wird.

Das Zeugnis muss vollständig sein

Da das Zeugnis wahr sein muss, muss es auch alle wesentlichen Tatsachen und Bewertungen enthalten, die für die Gesamtbeurteilung des Arbeitnehmers von Bedeutung sind. Vor allem dürfen keine einmaligen Vorfälle oder Umstände, die für den Arbeitnehmer, seine Arbeit, Leistung, Führung nicht typisch sind, ins Zeugnis aufgenommen werden. Zu erwartende positive Hervorhebungen dürfen nicht fehlen.

Beispiel
Eine Auslassung kann eine bestimmte Aussage mit sich bringen, wenn an entsprechender Stelle etwas nicht erwähnt wird. Das kann dann der Fall sein, wenn eine bestimmte, für Zeugnisse übliche Komponente einfach weggelassen wird. Der Zeugnisleser erwartet beispielsweise, dass sowohl eine (positive) Aussage über das Verhältnis des Arbeitnehmers zu seinen Vorgesetzten als auch zu den Kollegen im Zeugnis enthalten ist. Werden die Vorgesetzten nun einfach nicht genannt, lässt das für den Leser den Rückschluss zu, dass man zu diesem Verhältnis aus gutem Grund nichts sagen möchte.

So wird der Zeugnisanspruch erfüllt

Der Arbeitnehmer hat ein umfassendes Wahlrecht, ob er ein einfaches oder ein qualifiziertes Arbeitszeugnis beansprucht. Der Arbeitgeber darf von den Wünschen des Arbeitnehmers diesbezüglich nicht abweichen.
Wenn der Arbeitnehmer dieses Wahlrecht ausübt, ist er daran nicht für alle Zeiten gebunden. Wer beispielsweise zunächst ein einfaches Zeugnis verlangt, sich dann aber kurze Zeit später doch für ein qualifiziertes Zeugnis entscheidet, kann vom Arbeitgeber nicht zurückgewiesen werden. Ihm muss auch das qualifizierte Zeugnis noch ausgestellt werden. Umgekehrt gilt das Gleiche. Wer zunächst ein qualifiziertes Zeugnis erhalten hat und nun noch ein einfaches bekommt, muss das qualifizierte nicht zurückgeben. Dasselbe gilt, wenn die Zeugnisse in umgekehrter Reihenfolge ausgehändigt wurden.

Tipp
Um von vornherein Auseinandersetzungen zu vermeiden, sollte der Arbeitnehmer deutlich zum Ausdruck bringen, welche Art von Zeugnis er wünscht.

Da sich der Arbeitnehmer im Rahmen seines Wahlrechts entscheiden muss, kann er nicht beide Zeugnisarten gleichzeitig verlangen.

Das Zeugnis muss abgeholt werden

Grundsätzlich gilt, dass der Anspruch auf das Arbeitszeugnis eine Holschuld ist. Das bedeutet: Der Arbeitnehmer verlangt ein Arbeitszeugnis, der Arbeitgeber stellt es

aus und hält es in seinen Räumen zur Abholung durch den Arbeitnehmer bereit.
Davon gibt es allerdings Ausnahmen: Unter bestimmten Voraussetzungen kann sich die Holschuld in eine Schickschuld wandeln. In diesen Fällen ist der Arbeitgeber ausnahmsweise zur Übersendung des Zeugnisses an den Arbeitnehmer verpflichtet. Das ist beispielsweise der Fall, wenn

Der Arbeitnehmer ist verpflichtet, das Arbeitszeugnis bei seinem Arbeitgeber abzuholen. Eine Verpflichtung des Arbeitgebers, dem Arbeitnehmer das Zeugnis zuzusenden, besteht grundsätzlich nicht.

- die Abholung des Zeugnisses für den Arbeitnehmer mit unverhältnismäßig hohen Kosten oder besonderen Mühen verbunden ist (Bundesarbeitsgericht, Urteil vom 8.3.1995; Az.: 5 AZR 848/93), weil der Arbeitnehmer beispielsweise in der Zwischenzeit an einen entfernten Ort umgezogen ist und zuvor um Übersendung des Zeugnisses gebeten hatte (Arbeitsgericht Wetzlar, Urteil vom 21.7.1971; Az.: Ga 3/71);
- der Arbeitgeber in Verzug ist, weil der Arbeitnehmer die Erteilung des Zeugnisses zwar rechtzeitig vor Beendigung des Arbeitsverhältnisses verlangt hat, der Arbeitgeber es aber bis zur Beendigung nicht bereitliegen hat (Hessisches Landesarbeitsgericht, Urteil vom 1.3.1984; Az.: 10 Sa 858/83);
- der Arbeitgeber nach einer fristlosen Kündigung dem Arbeitnehmer Hausverbot erteilt hat, sodass der Arbeitnehmer seine Holschuld gar nicht ausüben kann.

Die Aufzählung ist nicht abschließend. Andere Konstellationen, in denen der Arbeitgeber ein Zeugnis »bringen« muss, sind durchaus denkbar.

Der Arbeitgeber hat kein Zurückbehaltungsrecht

Der Arbeitgeber darf nicht wegen Ansprüchen, die er noch gegenüber dem Arbeitnehmer hat, das Zeugnis zurückbehalten.

Für alle Zeugnisarten gilt: Der Arbeitgeber darf das Zeugnis nicht zurückbehalten, gleich aus welchem Grund. Für alle Arten von Arbeitspapieren (z. B. Lohnsteuerkarte, Zeugnisse, Sozialversicherungsausweis oder Arbeitsbescheinigung) gilt, dass der Arbeitgeber diese nicht zurückbehalten darf.
Ganz gleich, was der Arbeitgeber hier vorzutragen hat: Anspruch auf Rückzahlung von Weihnachtsgeld nach einer Arbeitnehmerkündigung, Herausgabeansprüche auf Ar-

beitsgeräte, Kleidung oder Dienstfahrzeuge, die Eigentum des Arbeitgebers sind, oder noch nicht zurückgezahlte Gehaltsvorschüsse – nichts dergleichen berechtigt ihn zur Zurückbehaltung, da der Arbeitnehmer Eigentümer der Arbeitspapiere und damit auch seiner Zeugnisse ist. Durch die Zurückbehaltung des Zeugnisses könnte der Arbeitgeber womöglich einen Schaden beim Arbeitnehmer anrichten, der in keinem Verhältnis zu den Arbeitgeberansprüchen steht. Gegenansprüche des Arbeitgebers würden diesem Fürsorgegedanken widersprechen. Schon deshalb ist das Zurückbehaltungsrecht des Arbeitgebers ausgeschlossen.

Der Zeugnisanspruch kann verjähren

Sie bräuchten für Ihre neue Bewerbung noch ein Zeugnis zu einer Beschäftigung, die schon Jahre zurückliegt? Möglicherweise werden Sie Pech haben: Kein Arbeitgeber ist verpflichtet, Ihnen noch Jahre nach Ihrem Weggang ein Arbeitszeugnis auszustellen. Und viele können es auch gar nicht mehr. Weil sich schlicht niemand mehr an Sie erinnert. Der Anspruch auf Ausstellung oder Berichtigung des Arbeitszeugnisses richtet sich nach §195 BGB und §199 BGB und kann somit drei Jahre geltend gemacht werden.

§195 Regelmäßige Verjährungsfrist

Die regelmäßige Verjährungsfrist beträgt drei Jahre.

§199 Beginn der regelmäßigen Verjährungsfrist

1) Die regelmäßige Verjährungsfrist beginnt mit dem Schluss des Jahres, in dem
   1. der Anspruch entstanden ist und
   2. der Gläubiger von den den Anspruch begründenden Umständen und der Person des Schuldners Kenntnis erlangt oder ohne grobe Fahrlässigkeit erlangen müsste.

   …

Der Anspruch auf Ausstellung oder Berichtigung eines Zeugnisses verjährt gemäß § 195 BGB nach Ablauf des dritten Kalenderjahres.

Die Verjährungsfrist auf ein Zeugnis beziehungsweise auf Berichtigung eines Zeugnisses beginnt mit dem Schluss des Jahres, in dem der Anspruch entstanden ist.

Beispiel
Der Arbeitnehmer A hat eine Kündigungsfrist von drei Monaten. Er kündigt sein Arbeitsverhältnis am 24.07.2016, das somit am 31.10.2016 endet. Noch im Jahr 2016 verwirklicht A seinen Traum vom Auswandern nach Kalifornien, wo er auch bis zum Frühjahr 2020 bleibt. Als er dann aber zurückkehrt, schreibt er seinen ehemaligen Arbeitgeber an und bittet um ein Zeugnis. Dort kann man sich an ihn nicht erinnern und verweist ihn – zu Recht – darauf, dass sein Anspruch auf Ausstellung eines Arbeitszeugnisses (und zwar am 1.1.2020) verjährt ist.

Tipp **Verträge prüfen**

Arbeitnehmer sollten immer noch einmal einen Blick in den Arbeits- oder Tarifvertrag werfen, der für ihr Arbeitsverhältnis gilt, denn in diesen Verträgen können kürzere Verjährungsfristen für den Zeugnisanspruch vereinbart beziehungsweise festgelegt sein.

Definition »Verwirkung«
Von einer Verwirkung des Anspruches auf ein Zeugnis spricht man, wenn der Anspruch zwar noch erfüllt werden kann – also noch nicht verjährt ist –, er aber rechtlich nicht mehr durchgesetzt werden kann.

Der Zeugnisanspruch kann verwirken

Noch bevor die dreijährige Verjährungsfrist abgelaufen ist, kann ein Anspruch auf Ausstellung oder Berichtigung eines Arbeitszeugnisses verwirken.

Tipp **Nicht unnötig aufschieben**

Jeder Arbeitnehmer sollte seinen Anspruch auf ein Arbeitszeugnis zeitnah geltend machen und sich keinesfalls auf die dreijährige Verjährungsfrist verlassen, denn das Recht auf ein Arbeitszeugnis kann unter Umständen schon nach wenigen Monaten verwirkt sein.

Das Bundesarbeitsgericht hat sehr strenge Voraussetzungen formuliert, die erfüllt sein müssen, wenn ein Arbeitgeber sich auf die Verwirkung des Zeugnisanspruches berufen will und deshalb verweigert, ein Zeugnis auszustellen oder zu berichtigen:

1) Der anspruchsberechtigte Arbeitnehmer hat seinen Zeugnisanspruch längere Zeit nicht ausgeübt.
2) Dadurch ist der Arbeitgeber zu der Überzeugung gekommen, er werde diesen Anspruch auch nicht mehr geltend machen.
3) Darauf hat sich der Arbeitgeber eingerichtet.
4) Die Zeugnisausstellung ist dem Arbeitgeber nach den Grundsätzen von Treu und Glauben nun nicht mehr zumutbar.

Zeitlicher Rahmen

Die zeitliche Komponente ist dann erfüllt, wenn der Arbeitnehmer untätig bleibt und seinen Anspruch längere Zeit nicht geltend macht.

Bei der Beurteilung, ob ein Anspruch auf ein Zeugnis beziehungsweise auf die Berichtigung eines Zeugnisses noch besteht, spielen die Umstände des Einzelfalls sowie die zeitliche Komponente eine große Rolle. Eine feste zeitliche Grenze gibt es für die Verwirkung des Anspruchs nämlich nicht.

Die wichtigsten Urteile zur zeitlichen Komponente der Verwirkung

Das Bundesarbeitsgericht hat z. B. entschieden, dass bereits ein Zeitraum von zehn Monaten ausreicht, um die zeitliche Komponente zu erfüllen.	Bundesarbeitsgericht, Urteil vom 17.2.1988; Az.: 5 AZR 638/86
Nach Auffassung des Landesarbeitsgerichts in Köln ist der Arbeitnehmer nach zwölf Monaten zu lange untätig geblieben und erfüllt damit die zeitliche Komponente.	Landesarbeitsgericht Köln, Urteil vom 8.2.2000; Az.: 13 Sa 1050/99
Das Landesarbeitsgericht Düsseldorf hat einen Berichtigungsanspruch als verwirkt angesehen, weil der Arbeitnehmer elf Monate lang seinen Anspruch nicht weiterverfolgt hatte.	Landesarbeitsgericht Düsseldorf, Urteil vom 11.11.1994 = DB 1995, S. 1135
Wartet ein Arbeitnehmer 15 Monate zu, um einen Anspruch auf Zeugnisberichtigung geltend zu machen, ist der Anspruch auf Abänderung des Zeugnisses als verwirkt anzusehen, entschied das Landesarbeitsgericht Hamm.	Landesarbeitsgericht Hamm, Urteil vom 3.7.2002; Az.: 3 Sa 248/02

Die wichtigsten Urteile zur zeitlichen Komponente der Verwirkung (Fortsetzung)	
In einem älteren Urteil hat das Bundesarbeitsgericht sogar entschieden, dass bereits nach einem fünfmonatigen Zuwarten das Zeitmoment erfüllt war.	Bundesarbeitsgericht, Urteil vom 17.10.1972 = AP § 630 BGB Nr. 8

Die Grundsätze zur Verwirkung des Anspruches auf Erteilung beziehungsweise Berichtigung eines Arbeitszeugnisses gelten auch für Zwischenzeugnisse.

Umstandsmoment

Ist diese zeitliche Komponente erfüllt und der Arbeitnehmer ist zu lange untätig geblieben, muss auch noch das Umstandsmoment erfüllt sein, damit tatsächlich die Verwirkung eintritt. Das bedeutet, dass der Arbeitgeber noch immer in Anspruch genommen werden kann, selbst wenn der Arbeitnehmer längere Zeit nichts unternommen hat, um sein Zeugnis zu bekommen. Der Arbeitnehmer muss untätig bleiben und darüber hinaus über einen längeren Zeitraum den Eindruck erweckt haben, dass er gar kein Zeugnis mehr beanspruchen will. Ein solcher Eindruck kann vor allem dann entstehen, wenn der Arbeitnehmer zunächst seinen Anspruch mit Nachdruck geltend macht und häufig nachhakt, dann allerdings untätig bleibt, obwohl er noch kein Zeugnis erhalten hat.

Tipp **Der Anspruch auf Berichtigung**

Nicht nur der Anspruch auf Erteilung eines Zeugnisses kann verwirken, sondern auch der Anspruch auf eine Berichtigung. Wenn der Arbeitnehmer aber nur deshalb nicht frühzeitig eine Korrektur verlangt hat, weil ihm die vom Arbeitgeber eingesetzten Geheimfloskeln oder -zeichen gar nicht bekannt waren, muss er eine Verwirkung nicht befürchten. Es kann passieren, dass der Arbeitnehmer diese »Urteile« im Zeugnis erst Jahre später aufdeckt, weil z. B. in einem Vorstellungsgespräch kritische Fragen gestellt wurden. Selbst wenn der ehemalige Arbeitgeber sich an die Inhalte des Arbeitsverhältnisses nicht mehr erinnert, so können doch zumindest statt der Geheimfloskeln unkritische Beurteilungen formuliert werden.

So hat das Bundesarbeitsgericht in einem Fall entschieden, in dem der Arbeitnehmer eine Zeugnisberichtigung verlangte, der Arbeitgeber dieser aber nicht nachkam. Dann blieb der Arbeitnehmer zehn Monate untätig und erhob anschließend Klage. Dieser Klage wurde abgewiesen, weil sein Anspruch auf Erteilung eines Zeugnisses verwirkt war (Bundesarbeitsgericht, Urteil vom 17.2.1988; Az.: 5 AZR 638/86).

Unzumutbarkeit

Ist der Arbeitnehmer längere Zeit untätig geblieben und der Arbeitgeber hat sich darauf eingestellt, muss noch eine weitere Voraussetzung erfüllt sein, damit die Verwirkung tatsächlich eintritt und der Arbeitnehmer keinen Anspruch mehr auf ein Zeugnis hat: Dem Arbeitgeber muss es unter Berücksichtigung aller Umstände des konkreten Einzelfalls unzumutbar sein, den Zeugnisanspruch zu erfüllen. Es stellt sich also die Frage, was unter »unzumutbar« zu verstehen ist. Dabei muss man zunächst zwischen einfachem und qualifiziertem Zeugnis unterscheiden. Das einfache Zeugnis lässt sich meistens leicht anhand der Personalakte erstellen, da nur die Stelle beschrieben werden muss und die Dauer des Arbeitsverhältnisses anzugeben ist. In aller Regel werden Personalakten auch für viele Jahre im Betrieb aufbewahrt. Schwierig kann es allerdings werden, wenn eine Stelle beschrieben werden soll, die es so im Betrieb gar nicht mehr gibt. In diesem Fall kann es für den Arbeitgeber unzumutbar sein, ein einfaches Zeugnis auszustellen.

Der Anspruch auf ein qualifiziertes Zeugnis ist in aller Regel schneller verwirkt als der Anspruch auf ein einfaches Zeugnis.

Wenn es um den Anspruch auf ein qualifiziertes Arbeitszeugnis geht, kann die Verwirkung viel schneller eintreten. Hier muss der Arbeitgeber zusätzlich Angaben zu Leistung, Verhalten und gegebenenfalls zur Führung machen, was die Ausgangssituation für ihn erschwert. In diesen Fällen kommt es zum Beispiel darauf an, wie lange das Arbeitsverhältnis bestanden hat, ob Beurteilungen oder sonstige zeugnisspezifische Inhalte in der Personalakte abgelegt wurden oder ob ehemalige Vorgesetzte oder

Kollegen noch im Unternehmen tätig sind. Je mehr Zeit verstrichen ist, umso schwieriger kann die Rekonstruktion eines qualifizierten Zeugnisses werden und somit eher unzumutbar sein, als dies beim einfachen Zeugnis der Fall ist.

Tipp
Reagiert der Arbeitgeber nicht auf die Aufforderung, ein Zeugnis auszustellen, sollte der Arbeitnehmer ihn erneut auffordern und eine Frist von circa 14 Tagen setzen.

Nach der ersten 14-Tage-Frist sollte der Arbeitnehmer mit einer Klage drohen für den Fall, dass das Zeugnis nicht erteilt wird. Bleibt der Arbeitgeber auch hierauf untätig, sollte sofort Klage erhoben werden. Der Vorteil einer solchen Vorgehensweise ist, dass das Risiko der Verwirkung minimiert beziehungsweise ganz ausgeschlossen wird. Dabei ist darauf zu achten, dass der Anspruch sofort bei Beendigung des Arbeitsverhältnisses geltend gemacht wird und ab dann bis zur Klageerhebung nicht mehr als circa sechs Monate vergehen.

Der Zeugnisanspruch kann einer Ausschlussfrist unterliegen

Definition »Ausschlussfristen«
Ausschlussfristen sorgen dafür, dass Ansprüche erlöschen, wenn sie nicht innerhalb der vereinbarten Frist – meistens zwischen ein und sechs Monate nach Entstehen des Anspruchs – gegenüber dem Vertragspartner geltend gemacht werden.

Ein besonderes Augenmerk sollte der Arbeitnehmer immer auf die Ausschlussfristen – auch Verfalls- oder Verwirkungsklauseln genannt – legen. Auch der Anspruch auf das Arbeitszeugnis kann unter solche Klauseln fallen.
Eine Ausschlussfrist kann im Arbeitsvertrag, im Tarifvertrag und sogar in Betriebsvereinbarungen festgelegt sein und die Verjährungsfrist von drei Jahren erheblich verkürzen. Mit einer solchen Ausschlussfrist kann also das Minimum aus dem Gesetz, nämlich die Verjährungsfrist von drei Jahren, abgekürzt werden. Ausschlussfristen haben den Vorteil, dass relativ schnell nach Beendigung des Arbeitsverhältnisses Rechtsfrieden eintritt, da keine der Vertragsparteien mehr einen Anspruch gegenüber der anderen geltend machen kann.

Die Grundregeln des Bundesarbeitsgerichts in Sachen Ausschlussfristen

Das Bundesarbeitsgericht hat folgende Grundregeln für Ausschlussfristen festgelegt:

- Einseitige Ausschlussfristen in Formulararbeitsverträgen, die nur für den Arbeitnehmer zum Anspruchsverlust führen, widersprechen einer ausgewogenen Vertragsgestaltung und sind deshalb unwirksam. Also: Die Ausschlussfrist muss immer für die Ansprüche beider Seiten gelten.
- Eine Ausschlussfrist, die verlangt, dass die Ansprüche innerhalb von weniger als drei Monaten ab Fälligkeit schriftlich geltend gemacht werden müssen, ist unwirksam.
- Bei zweistufigen Ausschlussfristen ist der Anspruch zunächst schriftlich geltend zu machen (erste Stufe). Werden sich die Parteien nicht einig, schreibt eine zweite Stufe vor, dass innerhalb einer weiteren Frist Klage zu erheben ist, wenn der Anspruchsteller seinen Anspruch weiter verfolgen möchte.
- Die Mindestfrist für diese gerichtliche Geltendmachung der Ansprüche beträgt auch drei Monate, genauso wie die Frist, innerhalb derer die Ansprüche schriftlich geltend gemacht werden müssen.

Ausschlussfristen dürfen nicht alles ausschließen. Eine ganze Reihe besonders wichtiger Ansprüche kann nicht durch Ausschlussfristen ausgeschlossen werden, wie zum Beispiel Ansprüche auf Urlaub und Urlaubsabgeltung oder Ansprüche auf Herausgabe des Eigentums. Der Anspruch auf das Arbeitszeugnis gehört allerdings nicht dazu und kann somit sehr wohl von der Ausschlussfrist erfasst werden.

Ausschlussfrist des öffentlichen Dienstes
Die tarifvertragliche Regelung für die Ausschlussfrist im öffentlichen Dienst lautet wie folgt:

»§ 37 Ausschlussfrist
1) Ansprüche aus dem Arbeitsverhältnis verfallen, wenn sie nicht innerhalb einer Ausschlussfrist von sechs Monaten nach Fälligkeit von der/dem Beschäftigten oder vom Arbeitgeber schriftlich geltend gemacht werden. Für denselben Sachverhalt reicht die einmalige Geltendmachung des Anspruchs auch für später fällige Leistungen aus.

2) Absatz 1 gilt nicht für Ansprüche aus einem Sozialplan.«

Ob die Zeugnisansprüche von einer Ausschlussklausel überhaupt erfasst werden, kann nicht allgemeingültig beantwortet werden. Dies hängt vom Einzelfall und vor allem vom Wortlaut der Regelung für die Ausschlussfrist ab, die doch in Nuancen sehr individuell formuliert werden kann. Manche Ausschlussklauseln sind missverständlich formuliert und müssen zunächst ausgelegt werden, damit man herausbekommt, was gewollt ist. In einem solchen Fall kann es passieren, dass zum Beispiel keiner der Ansprüche erfasst wird, die erst mit Beendigung des Arbeitsverhältnisses entstehen, sondern nur solche, die bereits vorher entstanden sind. Der Anspruch auf ein Arbeitszeugnis entsteht mit der Beendigung und würde in diesem Fall dann auch nicht unter die Ausschlussklausel fallen.

Die Gerichte entscheiden unterschiedlich

Eine Ausschlussfrist im Arbeitsvertrag, die die Geltendmachung aller Ansprüche aus dem Arbeitsverhältnis in einer Frist von weniger als drei Monaten ab Fälligkeit des Anspruchs verlangt, ist unwirksam.

Die Gerichte entscheiden ganz unterschiedlich bezüglich der Frage, ob ein Zeugnisanspruch von einer Ausschlussklausel erfasst wird.
Bei einer unwirksamen Ausschlussfrist hat der Arbeitnehmer seinen Anspruch auf ein Zeugnis noch nicht verloren, auch wenn er die unwirksam vereinbarte Frist zur Geltendmachung verpasst hat.

- Das Bundesarbeitsgericht hat bezüglich der Ausschlussfrist im Tarifvertrag für den öffentlichen Dienst entschieden, dass die Zeugnisansprüche auf Erteilung und Berichtigung auch hierunter fallen (Bundesarbeitsgericht, Urteil vom 23.2.1983 = BB 1983, S. 1859).

- Das Landesarbeitsgericht Hamm hat entschieden, dass eine Ausschlussklausel, die sich auf alle Ansprüche bezieht, die sich aus dem Arbeitsverhältnis ergeben, auch den Anspruch auf Berichtigung eines Zeugnisses erfasst (Landesarbeitsgericht Hamm, Urteil vom 10.4.2002 = NZA-RR 2003, S. 463).
- Nach Auffassung des Arbeitsgerichts Hamburg werden Zeugnisansprüche von tariflichen Ausschlussfristen gar nicht erfasst (Arbeitsgericht Hamburg, Urteil vom 5.3.1997 = BB 1997, S. 1212).

Diese Gerichte sind also jeweils zu unterschiedlichen Ergebnissen gekommen. Das zeigt, dass es auf den Einzelfall ankommt, wenn es um die Frage geht, ob der Zeugnisanspruch von einer Ausschlussfrist erfasst wird.

Ist in einer Ausschlussfrist die schriftliche Geltendmachung des Anspruchs verlangt, dann reicht dafür die Kündigungsschutzklage nicht aus. Mit einer Kündigungsschutzklage wird ja gerade bestritten, dass das Arbeitsverhältnis beendet wurde.

Tipp **Schriftlich reagieren**

Schon aus Beweisgründen empfiehlt sich die schriftliche Geltendmachung des Anspruchs auf ein Arbeitszeugnis: Wer seinen Anspruch schriftlich geltend macht, kann einerseits zunächst zweifelsfrei festhalten, welche Art von Zeugnis er wünscht. Außerdem kann er mit der schriftlichen Geltendmachung beweisen, dass er seinen Anspruch innerhalb der Ausschlussfrist geltend gemacht hat.

Wenn eine wirksam vereinbarte Ausschlussfrist, die auch die Zeugnisansprüche umfasst, vorsieht, dass der Anspruch schriftlich geltend gemacht werden muss, dann gilt das auch für den Zeugnisanspruch. Die Ausschlussfrist für den Anspruch auf ein Endzeugnis beginnt mit der tatsächlichen Beendigung des Arbeitsverhältnisses. Für die Geltendmachung eines Berichtigungsanspruchs beginnt die Frist zu laufen, sobald der Arbeitnehmer das Zeugnis erhalten hat, mit dem er nicht zufrieden ist.

Der Verzicht auf ein Zeugnis

... während des laufenden Arbeitsverhältnisses

Ein Arbeitnehmer kann nicht wirksam auf den Zeugnisanspruch verzichten, solange sein Arbeitsverhältnis noch andauert. Eine solche Verzichtserklärung oder ein sonstiges Vertragswerk, das diesen Inhalt hat, ist unwirksam. Der Arbeitnehmer, der eine solche Vereinbarung unterschreibt, verzichtet damit also nicht auf seinen Zeugnisanspruch. Er kann – vorausgesetzt der Anspruch ist nicht verwirkt oder verjährt – zum Beispiel bei Beendigung des Arbeitsverhältnisses sein Endzeugnis verlangen. Dasselbe gilt für das Zwischenzeugnis, das er – wenn er dafür einen entsprechenden Grund hat – im laufenden Arbeitsverhältnis verlangen kann.

... nach Beendigung des Arbeitsverhältnisses

Es ist umstritten, ob nach Beendigung des Arbeitsverhältnisses auf ein Zeugnis verzichtet werden kann. Das Bundesarbeitsgericht hat diese Frage nicht abschließend beantwortet. Nur wenn der Arbeitnehmer sich über die Tragweite seines Verzichts bewusst ist und dem Zeugnis auch keine besondere Bedeutung für den künftigen Berufsweg zukommt, könnte ein Verzicht wirksam sein.

Definition »Ausgleichsquittung« Als Ausgleichsquittung wird eine vom Arbeitgeber vorbereitete und vom Arbeitnehmer unterzeichnete schriftliche Bestätigung bezeichnet, mit der der Arbeitnehmer erklärt, die Arbeitspapiere erhalten und keine weiteren Ansprüche gegenüber dem Arbeitgeber zu haben.

... aufgrund einer Ausgleichsquittung

Der Arbeitgeber hat ein gesteigertes Interesse daran, ein beendetes Arbeitsverhältnis auch tatsächlich abzuwickeln. Deshalb werden Arbeitnehmern häufig sogenannte Ausgleichsquittungen zur Unterzeichnung vorgelegt. Ausgleichsklauseln können auch Bestandteil eines Aufhebungsvertrags sein.
In dieser Quittung bestätigt der Arbeitnehmer außer dem Empfang der Arbeitspapiere, der Restzahlung und so weiter, dass er keine weiteren Ansprüche gegenüber dem Arbeitgeber mehr hat.
Der Arbeitnehmer ist nicht verpflichtet, eine solche Ausgleichsquittung zu unterschreiben. Dem Arbeitgeber ist

es umgekehrt nicht verboten, eine solche zur Unterschrift vorzulegen. Das Bundesarbeitsgericht hat aber entschieden, dass jedenfalls allgemein gehaltene Ausgleichsklauseln nicht ohne Weiteres so verstanden werden können, dass sie auch einen Verzicht auf ein qualifiziertes Zeugnis enthalten. Unter »allgemein gehalten« versteht das Bundesarbeitsgericht zum Beispiel Klauseln wie diese: »Damit sind sämtliche Ansprüche aus dem Arbeitsverhältnis erledigt.« Solche tauchen häufiger in Vergleichen, die einen Kündigungsprozess beenden, oder in Aufhebungsverträgen auf.

Was bei Verlust oder Beschädigung gilt

Der Arbeitgeber, dem die Ausstellung eines Ersatzzeugnisses zugemutet werden kann, muss dies als Originalzeugnis erstellen.

Geht das Zeugnis verloren oder wird es beschädigt, muss der Arbeitgeber ein neues Zeugnis ausstellen. Das ergibt sich aus seiner Fürsorgepflicht, die auch über das Vertragsende hinaus wirkt. Dabei kommt es nicht darauf an, wer das Zeugnis beschädigt hat oder ob der Arbeitnehmer den Verlust zu vertreten hat. Entscheidend ist allein die Frage, ob dem Arbeitgeber zugemutet werden kann, ein neues Zeugnis auszustellen. In aller Regel stellt ein Ersatzzeugnis für ihn kein Problem dar, da Zeugniskopien meistens abgelegt und aufbewahrt werden. Je mehr Zeit allerdings vergangen ist, seit der Arbeitnehmer das Unternehmen verlassen hat, desto unzumutbarer wird die erneute Zeugnisausstellung für den Arbeitgeber.

Für Arbeitszeugnisse gibt es keine gesetzlich geregelte Aufbewahrungspflicht und auch keine Aufbewahrungsfrist. Deshalb muss der Arbeitgeber auch keine Nachforschungen bezüglich des ehemaligen Arbeitnehmers für ein Ersatzzeugnis anstellen, wenn keine Unterlagen mehr vorhanden sind.

Das Ersatzzeugnis ist als Originalzeugnis ohne Vermerke wie »Zweitausfertigung« oder »Ersatzausfertigung« zu erstellen. Ebenso darf keine Kopie des alten Zeugnisses gemacht werden, die dann mit einem Beglaubigungsvermerk versehen wird. Mit der Originalausstellung ist gemeint, dass der Arbeitgeber möglichst so verfährt, als würde er das Zeugnis jetzt zum ersten Mal ausstellen; allerdings muss er ein Datum aus der Vergangenheit verwenden. Wichtig ist dabei, dass es bei Ersatzausstellung nie um Neuformulierungen, sondern nur um eine Neuerteilung geht. Eine Abschrift des vorhandenen, vielleicht

Ein Hinweis auf Auseinandersetzungen wegen des Zeugnisses hat im Zeugnis nichts zu suchen.

beschädigten Zeugnisses reicht dazu ebenso aus wie die Rekonstruktion aus dem Gedächtnis.

In einem neu ausgestellten Zeugnis darf kein Hinweis darauf erfolgen, dass es einen Streit darüber gegeben hat, dass das Zeugnis neu auszustellen war. Vor allem darf nicht auf ein Urteil oder einen Vergleich, nach dem der Arbeitgeber gehalten war, das Zeugnis neu zu fassen, Bezug genommen werden.

Falls der Arbeitgeber tatsächlich seiner Pflicht zur Erteilung eines Arbeitszeugnisses nicht nachkommt, sollte sich der Arbeitnehmer zunächst außergerichtlich darum bemühen, zu seinem Zeugnis zu kommen.

Der Arbeitnehmer ist zwar gesetzlich nicht dazu verpflichtet, er verbessert aber seine Situation in einem womöglich folgenden Gerichtsprozess. Fordert er seinen Arbeitgeber schriftlich zur Zeugniserteilung auf, kann er mit diesem Aufforderungsschreiben später belegen, dass er zunächst um eine außergerichtliche Lösung bemüht war.

Wenn der Arbeitgeber den Anspruch auf ein Arbeitszeugnis nicht, nicht richtig oder nicht vollständig erfüllt, kann der Arbeitnehmer die Ausstellung oder Korrektur des Arbeitszeugnisses klageweise vor dem Arbeitsgericht geltend machen. In diesem Fall sind bestimmte Formalien einzuhalten.

Muster Anschreiben »Herausgabe des Arbeitszeugnisses«

Mira Wegner
Am Eichwäldchen 2
76229 Karlsruhe
Tel.: 0721 123456789
E-Mail: mwegner@bspweb.de

Signata pro AG
Jennifer Jahn
Personalabteilung
Schwarzwaldstraße 98
79098 Freiburg im Breisgau

1.11.2016

Bitte um ein Arbeitszeugnis

Sehr geehrte Frau Jahn,

am ... endete mein Arbeitsverhältnis in Ihrem Hause. Bereits am ... habe ich Sie aufgefordert, mir an meinem letzten Arbeitstag, dem ... mein qualifiziertes Arbeitszeugnis zu übergeben. Dem sind Sie nicht nachgekommen. Leider haben Sie sich auch nicht an die Verabredung gehalten, mir das Zeugnis bis zum ... per Post zuzusenden.

Deshalb habe ich Sie erneut am ... in Ihrer Firma aufgesucht und mein Zeugnis herausverlangt. Leider erfolglos.

Ich fordere Sie hiermit letztmalig auf, mir bis spätestens ... *(Frist circa 14 Tage)* mein Zeugnis auszustellen, das ich am ... in Ihrer Firma abholen werde. Sollten Sie diese Frist abermals verstreichen lassen, werde ich ohne weitere Ankündigung gerichtliche Schritte einleiten und klageweise meinen Anspruch auf Erteilung eines qualifizierten Arbeitszeugnisses geltend machen.

Mit freundlichen Grüßen

Mira Wegner

Die Zeugnissprache ist Deutsch, sofern zwischen Arbeitnehmer und Arbeitgeber nichts anderes vereinbart wurde. Ein Zeugnis wird in der Vergangenheitsform abgefasst, wenn es sich um ein Endzeugnis handelt. Das Zwischenzeugnis hingegen wird im Präsens geschrieben, da das Arbeitsverhältnis ja noch andauert. In der Praxis hat sich mittlerweile eine spezielle Sprache für Arbeitszeugnisse etabliert. Verschiedene Zeugnistechniken werden eingesetzt, um bestimmte Aussagen zu treffen. Darüber hinaus gibt es auch immer noch Geheimzeichen und unzulässige Codierungen. Viele Arbeitnehmer beherrschen diese Zeugnissprache nicht. Das führt immer dann zu Problemen, wenn sie glauben, ein gutes Zeugnis erhalten zu haben, dies aber tatsächlich nicht der Fall ist. Die in der Praxis mittlerweile üblich gewordene Zeugnissprache ist gerade für den Arbeitnehmer von Nachteil, da Missdeutungen oft nicht ausbleiben. Solange die Zeugnissprache aber so etabliert bleibt, wie sie es derzeit ist, sollte man das eigene Zeugnis immer genauestens überprüfen und mit den üblichen Formulierungen vergleichen.

Häufige Fehler im Zusammenhang mit Arbeitszeugnissen

Tipp
Als Arbeitnehmer sollte man darauf achten, dass in regelmäßigen Abständen Beurteilungsgespräche geführt und protokolliert werden.

Das Arbeitszeugnis soll eine schriftlich zusammengefasste Beurteilung eines Arbeitnehmers sein, die auf einer objektiven Beurteilung beruht, der Wahrheit entspricht und wohlwollend ist. Gerade bei der objektiven Beurteilung werden aber immer wieder Fehler gemacht. Zunächst ist es mitunter schwierig, die richtigen Informationen zu sammeln, die für die Beurteilung wichtig sind. Das hängt zum einen damit zusammen, dass vieles in Vergessenheit gerät, zum anderen aber auch damit, dass das persönliche Verhältnis zum Mitarbeiter die Beurteilung beeinflusst. Dem Vergessen kann dadurch entgegengewirkt werden, dass regelmäßig Mitarbeitergespräche geführt und dokumentiert werden. Verlässt ein langjähriger Mitarbeiter

dann das Unternehmen, können sowohl der Arbeitgeber als auch der Arbeitnehmer in den Protokollen die Leistungen und Erfolge, aber auch die Kritikpunkte nachlesen, die zur Beurteilung im Zeugnis geführt haben. Selbstverständlich lassen sich damit auch Fehleinschätzungen und falsche Beurteilungen aufdecken, wenn die Gesprächsprotokolle ein anderes Bild wiedergeben, als das Arbeitszeugnis es tut.
Bei einem sehr geschätzten Mitarbeiter werden die schlechten Leistungen oder bestimmtes Fehlverhalten viel leichter übersehen. Gibt es persönliche Probleme zwischen Mitarbeiter und Zeugnisaussteller, kann dies den Zeugnisaussteller dahingehend beeinflussen, dass die guten Leistungen oder Erfolge übersehen beziehungsweise nicht hinreichend berücksichtigt werden. Sicher kommt es auch vor, dass auf eine Kündigung, die der Arbeitgeber ungern sieht, ein nicht mehr ganz so objektives Zeugnis folgt.

Objektive Beurteilung sicherstellen

Eine objektive Beurteilung sollte jedem Vorgesetzten möglich sein. Wer jedoch Zweifel hat, sollte diese mit den folgenden Maßnahmen sicherstellen:

1) Protokolle von Beurteilungs- oder Kritikgesprächen sollten mit dem Inhalt des Zeugnisses abgeglichen werden.
2) Beim Abgleich ist vor allem darauf zu achten, dass im Zeugnis keine einmaligen »Ausrutscher«, weder im guten noch im schlechten Sinne, erwähnt werden.
3) Das Zeugnis sollte mit einer dritten Person besprochen werden. In diesem Gespräch kann der Beurteilende seine Entscheidungen begründen. Bei den Beurteilungspunkten, bei denen das nicht ganz einfach möglich ist, muss vielleicht nachgebessert werden.

So sollte ein Zeugnis aufgebaut sein

In der Praxis hat sich ein ganz bestimmter Aufbau für ein qualifiziertes Arbeitszeugnis durchgesetzt. Das Landesarbeitsgericht Hamm hat diesen Aufbau bestätigt und geht davon aus, dass die folgenden Grundelemente des Aufbaus im Zeugnis zu berücksichtigen sind.

Aufbau eines qualifizierten Arbeitszeugnisses	
Überschrift	■ Zeugnis/Arbeitszeugnis/Zwischenzeugnis/Ausbildungszeugnis/Praktikumszeugnis/…
Einleitungsteil	■ Persönliche Daten des Arbeitnehmers ■ Beschreibung des Betriebs/Unternehmens ■ Tätigkeitsbezeichnung ■ Beginn und Ende des Beschäftigungsverhältnisses
Tätigkeits-, Positions-, Aufgabenbeschreibung	■ Beruflicher Werdegang ■ Hierarchieebene ■ Kompetenzen und Vollmachten (z. B. Prokura)
Beurteilung von Leistung und Erfolg	■ Arbeitsweise, Fachwissen usw. ■ Konkrete herausragende Erfolge ■ Zusammenfassende Leistungsbeurteilung
Beurteilung der Führungsleistung bei Führungskräften	■ Führungsumstände ■ Führungsleistung ■ Führungserfolg
Sozialverhalten, persönliches Verhalten	■ Internes Verhalten ■ Externes Verhalten ■ Zusammenfassende Führungsbeurteilung
Schlussformulierung	■ Beendigungsinitiative ■ Beendigungsgrund ■ Dankesformel ■ Bedauernsformel ■ Zukunftswünsche ■ Wiederbewerbungsangebot
Ort, Datum, Unterschriften	■ Name des Zeugnisausstellers ■ Funktion des Zeugnisausstellers ■ Rechtsstellung des Zeugnisausstellers

Überschrift

Ein Zeugnis muss in der Überschrift als solches gekennzeichnet sein, also die Überschrift »Zeugnis«, »Arbeitszeugnis«, »Zwischenzeugnis«, »Ausbildungszeugnis«, »Praktikumszeugnis« tragen. Wenn ein Zeugnis in der Überschrift »Arbeitsbescheinigung« oder »Beurteilung« genannt wird, dann sind die Anforderungen an ein ordnungsgemäßes Zeugnis nicht erfüllt. Der Arbeitgeber müsste dies entsprechend ändern.

Einleitungsteil

Wichtig
Akademische Grade sind zumindest bei der ersten Nennung im Zeugnis zu erwähnen (z. B. Diplom-Ingenieur) – und zwar in korrekter, ausgeschriebener Form. Der Doktortitel wird wie ein Namensbestandteil geführt, also jedes Mal angegeben.

Nach der Überschrift folgen in der Einleitung die persönlichen Daten des Arbeitnehmers. Üblicherweise lautet der Einleitungssatz: *Herr/Frau ... geboren am ... in ... wohnhaft ... war vom ... bis ... in unserem Betrieb in ... in der Abteilung ... als ... tätig.*

Es werden also Name, Geburtsdatum, Geburtsort und derzeitiger Wohnort genannt. Das wird meistens so gemacht, allerdings dürfen Geburtsdatum und Geburtsort nur mit Einverständnis des Arbeitnehmers ins Zeugnis aufgenommen werden. Damit soll vermieden werden, dass Benachteiligungen entstehen, da das Alter erkennbar ist und der Geburtsort vielleicht Rückschlüsse auf die ethnische Herkunft oder Religion zulässt.

Wenn in einem Zeugnis nur die Dauer der Beschäftigung ohne Daten angegeben wird, reicht dies nicht aus.

Auch die aktuelle Wohnanschrift sollte nur mit Zustimmung des Arbeitnehmers genannt werden. Ein Dritter sollte über die Adressangabe nicht auf eine »schlechte Gegend« schließen können. Ganz sicher überflüssig ist die Wohnortangabe, wenn der Wohnortwechsel als Beendigungsgrund für das Arbeitsverhältnis angegeben wird. Gelegentlich ist es sinnvoll, den Geburtsnamen zu nennen, wenn zum Beispiel auf ein Zwischenzeugnis verwiesen wird, in dem noch ein anderer, nämlich der Geburtsname steht. Es müssen sowohl das Eintritts- als auch das Austrittsdatum konkret genannt werden.

Es darf im Einleitungssatz erwähnt werden, dass es sich um eine Arbeitsbeschaffungsmaßnahme handelte.

Bei Teilzeitarbeitnehmern wird bereits im Einleitungssatz der Umfang der Tätigkeit genannt, damit ein korrekter Eindruck bezüglich der Berufserfahrung entsteht. Das Gleiche gilt für die Angabe, dass es sich um ein befristetes Arbeitsverhältnis handelte.

Worauf in der Einleitung zu achten ist

Arbeitnehmer sollten darauf achten, dass der Einleitungssatz nicht zu passiv formuliert ist. ... *war als ... tätig* ... erlaubt den Gedanken an einen aktiven Arbeitnehmer. Wird im Einleitungssatz hingegen bestätigt, dass jemand ... *von ... bis ... als ... beschäftigt wurde* ..., macht das einen eher inaktiven Eindruck.

aktive Formulierung	passive Formulierung
Er erledigte ...	Er hatte ... zu erledigen.
Er bearbeitete ...	Er hatte ... zu bearbeiten.
Er arbeitete als ...	Er wurde als ... beschäftigt.
Er war als ... tätig	Er wurde als ... eingesetzt.

Wenn bereits im Einleitungssatz beim Austrittsdatum ein »krummes« Datum angegeben ist, kann der kundige Zeugnisleser darin eine fristlose Kündigung vermuten. Ungewöhnliche Daten beim Austritt kommen in aller Regel nur über fristlose Kündigungen zustande, da Arbeitsverhältnisse fristgerecht zum 15. eines Monats oder zum Ende eines Monats enden.

Tätigkeits-, Aufgaben- und Positionsbeschreibung

In diesem Teil sollen genannt werden:

- Unternehmen
- Branche
- Aufgabengebiet
- Hierarchische Position
- Kompetenzen und Verantwortung
- Art der Tätigkeit
- Berufsbild
- Berufsbezeichnung
- Berufliche Entwicklung im Unternehmen

Der künftige Arbeitgeber soll sich ein Bild vom Aufgabenbereich des Arbeitnehmers machen können.

Die Tätigkeiten, die ein Arbeitnehmer während eines Arbeitsverhältnisses ausgeübt hat, sollen mit den typischen Merkmalen möglichst vollständig und genau beschrieben werden. Dazu gehört auch die berufliche Entwicklung, also die einzelnen Stationen im Laufe eines Arbeitsverhältnisses. Tätigkeiten, die für einen Dritten kaum von Interesse sind, weil sie eher unbedeutend waren, sollen gar nicht erst erwähnt werden.

Worauf in der Tätigkeitsbeschreibung zu achten ist

1) Gerade weil die Tätigkeitsbeschreibung viel leichter objektiv zu formulieren ist, wird sie oft in die Länge gezogen, während die Leistungsbeurteilung eher knapp ausfällt. Deshalb sollte der Arbeitnehmer darauf achten, dass in seinem Zeugnis der Tätigkeitsbeschreibung keine zu große Bedeutung zukommt.
2) Besteht das Zeugnis zu zwei Dritteln aus der Tätigkeitsbeschreibung, handelt es sich nicht mehr um ein ausgewogenes Verhältnis. Tätigkeitsbeschreibung und Leistungsbeurteilung sollten jeweils circa die Hälfte des Zeugnisses ausmachen. Bei häufig wechselnden Tätigkeiten muss das Verhältnis anders aussehen.
   Es ist darauf zu achten, dass nichts Überflüssiges oder Selbstverständliches genannt wird. Eine Sekretärin kann selbstverständlich faxen, telefonieren und den Kopierer bedienen. Wenn das in ihrer Aufgabenbeschreibung dennoch explizit auftaucht, wirkt das wie eine Herabsetzung ihrer Qualifikation.
   Die Tätigkeitsbeschreibung sollte auch für einen Branchenfremden verständlich sein.

Beurteilung von Leistung und Erfolg

In der Leistungsbeschreibung sind die Fähigkeiten und Kenntnisse eines Arbeitnehmers sowie seine Arbeitsweise und seine Erfolge zu nennen. Das Landesarbeitsgericht Hamm hat sich intensiv mit den Fragen des Arbeitszeugnisrechts beschäftigt und seine Urteile nehmen eine gewisse Leitfunktion ein. Das Gericht geht beispielsweise in einer seiner Entscheidungen (Landesarbeitsgericht Hamm, Urteil vom 1.12.1994; Az.: 4 Sa 1631/94) davon aus, dass die folgenden Punkte in der Leistungsbeurteilung enthalten sein müssen:

- Arbeitsbefähigung (Können)
- Arbeitsweise (Einsatz)
- Arbeitsbereitschaft (Wollen)
- Arbeitsergebnis (Erfolg)
- Arbeitsvermögen (Ausdauer)
- Arbeitserwartung (Potenzial)
- Herausragende Erfolge oder Ergebnisse
- Zusammenfassende Leistungsbeurteilung

In einem guten Zeugnis sollte keiner dieser Aspekte fehlen. In der betrieblichen Praxis kommen in diesem Bereich so gut wie nie negative Formulierungen vor. Vielmehr werden die Aussagen zu den einzelnen Kriterien so getroffen, dass auch eine schlechte Beurteilung nur eine abgestufte positive Formulierung ist. Negative Bewertungen werden durch Auslassungen zum Ausdruck gebracht. Ganz besonders wird dies bei der zusammenfassenden Leistungsbeurteilung deutlich.

Beispiel »Abgestufte positive Formulierung«
Eine besonders gute Beurteilung lautet:

»Er hat die ihm übertragenen Aufgaben stets zu unserer vollsten Zufriedenheit erfüllt.«

Eine immer noch positive, aber deutlich abgestufte Beurteilung lautet:

»Mit seinen Leistungen waren wir zufrieden.«

Das klingt zunächst auch positiv, ist aber so weit abgestuft in der Zeugnissprache, dass es sich dabei nur um eine ausreichende Leistung handelt. Nach dem Schulnotensystem ausgedrückt ist dies nur eine »Vier«, während es sich oben um eine »Eins« handelt. Trotz alledem ist auch die zweite Formulierung positiv und keinesfalls negativ.

Die folgende Tabelle nennt die Kriterien der einzelnen Leistungsaspekte; sie ist aber keinesfalls abschließend oder gar als vorgegeben zu betrachten. Die einzelnen Leistungsaspekte können – müssen aber nicht – anhand der Kriterien beschrieben werden. Hier dürfen auch andere Kriterien angesprochen werden, die beispielsweise die Befähigung oder den Erfolg wiedergeben.

Die sieben Bestandteile einer Leistungsbeurteilung	
Arbeitsbefähigung	Die Arbeitsbefähigung betrifft das Können und damit die Leistungsfähigkeit des Beurteilten. Hier werden üblicherweise Kriterien genannt wie: ■ Intelligenz ■ Logische, analytische und konzeptionelle Fähigkeiten ■ Kreativität ■ Fachwissen ■ Berufserfahrung ■ Vielseitigkeit ■ Flexibilität Zum Fachwissen und seiner praktischen Anwendung sollte jedes Zeugnis eine Aussage treffen. Zum einen sollte das Fachwissen beschrieben und zum anderen der Nutzen für das Unternehmen benannt werden.
Arbeitsweise	Die Arbeitsweise beschreibt den Arbeitseinsatz, also den Arbeitsstil und die Arbeitsmethodik. Die Arbeitsweise ist das Ergebnis der Umsetzung von Arbeitsbereitschaft und Können des einzelnen Arbeitnehmers. Die Arbeitsweise wird üblicherweise mit den folgenden Kriterien beschrieben: ■ Planung ■ Methodik ■ Systematik ■ Zuverlässigkeit, Verlässlichkeit ■ Selbstständigkeit ■ Gewissenhaftigkeit ■ Sorgfalt ■ Eigenverantwortlichkeit ■ Schnelligkeit ■ Sicherheit

Die sieben Bestandteile einer Leistungsbeurteilung (Fortsetzung)	
Arbeitsbereitschaft	Die Arbeitsbereitschaft betrifft das Wollen, also die Leistungsbereitschaft und den Leistungswillen. Die Motivation des Arbeitnehmers soll in diesem Punkt bewertet werden. Dabei werden meistens die folgenden Kriterien erwähnt: ■ Engagement ■ Initiative ■ Einsatzbereitschaft ■ Fleiß ■ Zielstrebigkeit ■ Interesse ■ Eigeninitiative ■ Bereitschaft zur Fort- und Weiterbildung
Arbeitsergebnis	Hier geht es vor allem um den (wirtschaftlichen) Erfolg, den ein Arbeitnehmer hatte, da nicht nur seine Befähigung beurteilt werden soll. Der Erfolg wird in aller Regel gemessen an den Kriterien: ■ Produktivität ■ Umsatz ■ Rendite ■ Quantität der Arbeit ■ Qualität der Arbeit ■ Schnelligkeit ■ Termintreue ■ Verwertbarkeit der Arbeitsergebnisse ■ Arbeitspensum ■ Zielerreichung Wichtig: Bei der Beurteilung des Arbeitserfolgs sollte auf die Tätigkeitsbeschreibung geachtet werden. Wird dort beispielsweise erwähnt, dass der Filialleiter einer Bank für das Bilanzvolumen im Wertpapiergeschäft verantwortlich war, sollte beim Arbeitserfolg erwähnt werden, inwieweit ihm da Erfolge gelungen sind, also z. B. der Umsatz gesteigert wurde.
Arbeitsvermögen	Hier geht es vor allem um die Ausdauer, die ein Arbeitnehmer mitbringt. Typische Kriterien sind: ■ Belastbarkeit ■ Ausdauer ■ Stressresistenz ■ Konzentrationsvermögen ■ Organisationsfähigkeiten

Die sieben Bestandteile einer Leistungsbeurteilung (Fortsetzung)	
Arbeitserwartung	Hier geht es um das Potenzial, das ein Arbeitnehmer einbrachte. Typischerweise wird dies mit den folgenden Begriffen beschrieben: ■ Auffassungsgabe ■ Auffassungsvermögen ■ Verhandlungsgeschick ■ Urteilsvermögen
Herausragende Erfolge oder Ergebnisse	Nach Abschluss der sechs Leistungskriterien sollten noch die besonderen Ergebnisse beziehungsweise Erfolge genannt werden, sofern es solche gab. Das können beispielsweise sein: ■ Besondere Umsatzsteigerungen ■ Überdurchschnittliche Neukundengewinnung ■ Optimieren von Abläufen ■ Erfolgreiche Projektabschlüsse ■ Verbesserungsvorschläge ■ Markteinführung neuer Produkte ■ Erreichen eines Verkaufsrekords ■ Aufbau eines neuen Vertriebswegs ■ Minimieren von Ausschussquoten ■ Veröffentlichungen in Fachzeitschriften ■ Gewinnung eines Großkunden ■ Effizienzsteigerung trotz Personalabbaus Wichtig: Nicht jede Verbesserung ist ein solch erwähnenswerter Erfolg. Hier sollten tatsächlich nur die herausragenden Ergebnisse genannt werden.

Tipp
Eine zusammenfassende Leistungsbeurteilung sollte in jedem Zeugnis enthalten sein, da der kundige Zeugnisleser nach ihr sucht.

Abschluss oder Einleitung der Leistungsbeurteilung bildet die zusammenfassende Leistungsbeurteilung, die in einem Satz die Zufriedenheit des Arbeitgebers widerspiegelt.
Diese Beurteilung richtet sich nach einem Schulnotensystem, das sich in der Praxis durchgesetzt hat und im Personalwesen so eingesetzt wird. Die Abstufung erfolgt durch den Zeitfaktor (z. B. immer, stets) und den Grad der Zufriedenheit (z. B. vollste, außerordentlich).

Zusammenfassende Leistungsbeurteilung	
Note	**Musterformulierungen**
Sehr gut	■ Er hat seine Aufgaben immer zu unserer vollsten Zufriedenheit erfüllt. ■ Wir waren mit ihren Leistungen stets außerordentlich zufrieden.
Gut	■ Er hat seine Aufgaben stets zu unserer Zufriedenheit erledigt.
Befriedigend	■ Er hat seine Aufgaben zu unserer vollen Zufriedenheit erledigt.
Ausreichend	■ Er hat die ihm übertragenen Aufgaben zu unserer Zufriedenheit erledigt. ■ Mit ihren Leistungen waren wir zufrieden.
Mangelhaft	■ Er hat unseren Erwartungen weitestgehend entsprochen. ■ Sie hat die ihr übertragenen Aufgaben im Großen und Ganzen zu unserer Zufriedenheit erledigt.
Ungenügend	■ Er war an seinen Aufgaben sehr interessiert. ■ Sie war stets bemüht, die Aufgaben zu unserer Zufriedenheit zu erledigen.

Beurteilung der Führungsleistung

Tipp
Die Anzahl der geführten Mitarbeiter sollte unbedingt angegeben sein.

Bei den Zeugnissen für Führungskräfte muss über die bisher beschriebenen Beurteilungen hinaus auch eine Beurteilung zum Führungsverhalten getroffen werden. Dieses Kriterium unterscheidet Führungskräfte von den anderen Arbeitnehmern. Es bietet sich hier an, sowohl zum Führungsstil als auch zum Führungsergebnis Beurteilungen zu treffen. Der Führungsstil sollte »kooperativ«, »kollegial« oder »straff« sein. Andere Führungsstile wie beispielsweise »Laisser-faire« oder »autoritär« sind wenig populär und hinterlassen im Zeugnis der Führungskraft einen eher negativen Eindruck. Bei der Führungsleistung geht es vor allem um die Qualität der Mitarbeiterführung eines Vorgesetzten. Neben der Eigenleistung muss das Ergebnis der Mitarbeiterführung beurteilt werden. Mit den folgenden typischen Begriffen und Aussagen wird die Führungsleistung in einem Arbeitszeugnis üblicherweise beschrieben. Allerdings ist auch diese Liste keinesfalls vollständig:

- Führungsebene
- Anzahl der unterstellten Mitarbeiter
- Führungsstil
- Kompetenz zum selbstständigen Einstellen und Kündigen
- Qualifikation der Mitarbeiter
- Aufbau eines Stellvertreters
- Senkung der Fluktuationsrate
- Art, Mittel und Erfolg der Mitarbeitermotivation
- Art, Mittel und Erfolg der eingesetzten Führungsinstrumente
- Abteilungsergebnis, Gruppenergebnis
- Art und Mittel der Mitarbeiterinformation
- Förderung der Mitarbeiter
- Integrationsfähigkeit
- Konfliktfähigkeit
- Überzeugungskraft
- Verhandlungsgeschick

Von besonderer Bedeutung ist, dass im Zeugnis einer Führungskraft zum einen eine Aussage dazu getroffen wird, wie sich die Führung auf die Mitarbeiterleistung auswirkte (Arbeitsergebnis, Gruppenergebnis). Zum anderen muss aber auch dazu Stellung genommen werden, wie sich die Führung auf die Mitarbeiter auswirkte (Klima in der Gruppe, Zufriedenheit der Mitarbeiter usw.).

Sozialverhalten

Beim Sozialverhalten werden vor allem Aussagen über das persönliche Verhalten des Arbeitnehmers getroffen. Unter Sozialverhalten versteht man den Umgang mit Vorgesetzten, Kollegen, Mitarbeitern und Dritten (z. B. Lieferanten, Kunden, Geschäftspartnern). Dabei kommt es allein auf das Verhalten während der Arbeit an. Außerbetriebliches Verhalten muss eigentlich unerwähnt bleiben.

Außerdienstliches Verhalten
Außerdienstliches Verhalten kann die Führungsbeurteilung eines Mitarbeiters ausnahmsweise beeinflussen. Beispiel: Ein Manager nutzt alkoholisiert und fahruntüchtig unbefugt ein Dienstfahrzeug des Arbeitgebers zu einer Privatfahrt. Deswegen wird er strafrechtlich verurteilt. Nach diesem Vorfall kann er von seinem Arbeitgeber im qualifizierten Arbeitszeugnis nicht die Aussage verlangen, seine Führung sei »einwandfrei« gewesen. Ein solches Zeugnis würde nicht dem Wahrheitsgebot entsprechen.

Fazit
Auch wenn das Fehlverhalten selbst im Zeugnis selbstverständlich nicht geschildert werden darf, kann das außerdienstliche Fehlverhalten in einem solchen Fall trotzdem Einfluss auf das Arbeitszeugnis nehmen. Allerdings dürfen Ereignisse im Privatleben, die nicht in Bezug zur beruflichen Tätigkeit stehen, nicht in ein Zeugnis einfließen.

Aussagen zum Sozialverhalten sind wesentliche Bestandteile eines vollständigen Arbeitszeugnisses.
Der Gesetzgeber verlangt, dass im qualifizierten Zeugnis Aussagen über die dienstliche Führung des Arbeitnehmers getroffen werden. Ähnlich wie bei der zusammenfassenden Leistungsbeurteilung gibt es auch hierbei ein abgestuftes System an positiven Formulierungen, um auffällige negative Aussagen zu vermeiden.

Beurteilung des Sozialverhaltens nach dem Schulnotensystem	
Sehr gut	Sein persönliches Verhalten war stets einwandfrei und vorbildlich. Bei Vorgesetzten, Geschäftspartnern und Kollegen war er außerordentlich geschätzt.
Gut	Sein persönliches Verhalten war stets einwandfrei. Bei Vorgesetzten, Geschäftspartnern und Kollegen war er geschätzt.
Befriedigend	Sein persönliches Verhalten gegenüber Vorgesetzten, Kunden und Kollegen war einwandfrei.
Ausreichend	Er war höflich und korrekt. Sein persönliches Verhalten war angemessen.
Mangelhaft	Sein persönliches Verhalten war im Wesentlichen einwandfrei.
Ungenügend	Das persönliche Verhalten war nicht einwandfrei.

Tipp

Beim Sozialverhalten sollte der Arbeitnehmer vor allem darauf achten, dass die gebotene Reihenfolge eingehalten wird, in der die Personen genannt werden, mit denen er Umgang hatte:
1) Vorgesetzte
2) Kollegen
3) Kunden/Geschäftspartner
Werden hier die Kollegen zuerst genannt, deutet dies auf Probleme mit Vorgesetzten beziehungsweise auf Mängel im Verhalten gegenüber Vorgesetzten hin.

Schlussformulierung

Die Schlussformulierung besteht in aller Regel aus
1) der Beendigungsformel bei Endzeugnissen,
2) dem Ausstellungsgrund bei Zwischenzeugnissen,
3) dem Ausdruck von Dank und Bedauern und
4) den Zukunftswünschen.

Die Floskel »auf eigenen Wunsch« wird häufig auch dann eingesetzt, wenn der Arbeitgeber der Initiator für die Beendigung des Arbeitsverhältnisses war.

Die Beendigungsformel gehört allerdings nur dann in das Zeugnis, wenn der Arbeitnehmer dies wünscht. Entscheidet der Arbeitgeber dagegen eigenmächtig und nennt den Beendigungsgrund, die Beendigungsart (z. B. fristgerecht, fristlos, durch Aufhebungsvertrag) oder den Initiator der Beendigung, hat der Arbeitnehmer einen Anspruch darauf, dass diese Angaben aus dem Zeugnis herausgenommen werden. Der Arbeitgeber darf eine arbeitsgerichtliche Auseinandersetzung nicht im Zeugnis erwähnen.

»Beiderseitiges Einvernehmen«
Ein Arbeitnehmer, der eine fristlose Kündigung erhalten hat, erhebt Kündigungsschutzklage. Bei Gericht einigt man sich darauf, dass das Arbeitsverhältnis zum angegebenen Termin endet und dass der Arbeitnehmer eine Abfindung erhält. In diesem Fall kann der Arbeitnehmer verlangen, dass in sein Zeugnis aufgenommen wird, dass das Arbeitsverhältnis »in beiderseitigem Einvernehmen« beendet wurde. (Landesarbeitsgericht Baden-Württemberg, Urteil vom 9.5.1968; DB 1969, S. 1319)

Tipp
Auf keinen Fall darf in der Beendigungsformel gegen den Willen des Arbeitnehmers angegeben werden, dass die Kündigung auf der Arbeitsunfähigkeit wegen Krankheit beruht.

Wenn die Beendigung des Arbeitsverhältnisses auf eine betriebsbedingte Kündigung zurückzuführen ist, dann kann der Arbeitnehmer verlangen, dass dies so im Zeugnis benannt wird. Die Betriebsbedingtheit muss dann unter genauer Angabe des Grundes, wie zum Beispiel Rationalisierung, Betriebsstilllegung oder Umsatzeinbruch, beschrieben werden.
Der Arbeitnehmer hat keinen Anspruch darauf, dass eine Schlussformel verwendet wird, in der ihm Dank, Bedauern oder Zukunftswünsche ausgesprochen werden.
Das Bundesarbeitsgericht geht davon aus, dass der Arbeitgeber frei gestalten kann, ob er das Zeugnis um einen Schlusssatz ergänzt oder nicht (Bundesarbeitsgericht, Urteil vom 20.2.2001; Az.: 9 AZR 44/00). Jedenfalls gehört der Schlusssatz nicht zu den gesetzlich geschuldeten Zeugnisinhalten.

Das Fehlen einer Schlussformel ist kein Geheimzeichen oder geheimer Zeugniscode.

Tipp **Auf Widersprüche achten**

Wenn im Zeugnis eine Schlussformel mit Dank, Bedauern oder Zukunftswünschen enthalten ist, darf diese den Zeugnisbeurteilungen nicht widersprechen. Detaillierte Schlussformeln, die ein Bedauern des Ausscheidens aussprechen und mit Dank und guten Wünschen für die berufliche wie private Zukunft versehen sind, werten insbesondere die Leistungs- und Verhaltensbeurteilung erheblich auf. Wer also eine sehr gute oder gute Leistungsbeurteilung im Zeugnis bekommen hat und wenn dieser Beurteilung eine knappe und lieblose Schlussformel folgt, kann verlangen, dass die Schlussformel geändert wird. Keine oder zu kurze Schlussformeln mindern den Wert vorhergehender positiver Beurteilungen. In der Praxis gehört die Schlussformel mit Dank, Bedauern und Zukunftswünschen auf jeden Fall zu einem sehr guten oder guten Zeugnis dazu. Fehlt eine Schlussformel, lässt es sich gerichtlich allerdings nur schwer durchsetzen, dass eine solche ins Zeugnis aufgenommen werden muss.

Datum und Unterschrift

Jedes Zeugnis muss ein Ausstellungsdatum tragen. In der Praxis wird dafür in aller Regel das Datum der Beendigung des Anstellungsverhältnisses eingesetzt, auch wenn das Endzeugnis vor- oder nachher erteilt wurde. Ein »krummes« Datum, das nicht auf das Monatsende beziehungsweise die Monatsmitte lautet, lässt den Rückschluss auf eine fristlose Kündigung zu. Um den Zeugnisleser damit nicht in die Irre zu führen, nennt man als Ausstellungsdatum besser das Beendigungsdatum.

Tipp **Aufs Datum achten**

Nach einer gerichtlichen Auseinandersetzung müssen Zeugnisse oftmals nachträglich geändert werden. Arbeitnehmer sollten darauf achten, dass auch das berichtigte Zeugnis wieder das Datum des ursprünglichen Zeugnisses trägt. So vermeidet man, dass ein Zeugnisleser anhand des Datums einen Prozess vermutet.

Tipp
Ist ein Zeugnis nicht unterzeichnet, ist es formal unvollständig. Der Arbeitnehmer kann die Ergänzung um eine ordnungsgemäße Unterschrift gerichtlich durchsetzen. Er kann aber nicht die Unterschriftsleistung einer bestimmten Person verlangen.

Zeugnisse müssen unterschrieben werden. Dabei kommt es nicht darauf an, ob eine, zwei oder mehr Unterschriften auf dem Zeugnis stehen. Wesentlich ist, dass der Aussteller erkennbar ist. Das Zeugnis wird deshalb vom Arbeitgeber ausgestellt und ist von ihm oder einer in Personalangelegenheiten vertretungsberechtigten Person zu unterschreiben. Dabei kommt es darauf an, dass der Unterschreibende in der betrieblichen Hierarchie über dem Zeugnisempfänger steht, also ranghöher ist.
Die bloße Unterschrift kann man häufig nicht entziffern. Deshalb muss der Aussteller des Zeugnisses seinen Namen auch maschinenschriftlich angeben. Das Vertretungsverhältnis, die Vollmachten beziehungsweise Kompetenzen müssen im Arbeitszeugnis auch kenntlich gemacht werden, beispielsweise mit dem Zusatz ppa. oder i. V. Diese Angaben sind für die Darstellung der Kompetenzen und der Verantwortung des Arbeitnehmers wichtig. Sie las-

sen Rückschlüsse auf seine Stellung im Betrieb und seine hierarchische Position zu.

Handelsrechtliche Vollmachten
Bei der Darstellung der handelsrechtlichen Vollmachten geht es in erster Linie darum, ob ein Arbeitnehmer Generalvollmacht, Abschlussvollmacht, Handlungsvollmacht oder Prokura hatte. Beschränkungen der handelsrechtlichen Vollmachten wie beispielsweise Gesamtprokura oder Filialprokura müssen auch im Zeugnis angegeben werden.

Mit diesen Techniken werden Zeugnisse erstellt

Über die sogenannten Geheimcodes beziehungsweise Zeugniscodes wurde schon viel geschrieben. Da mittlerweile die meisten Formulierungen aber bekannt sind, kann keine Rede mehr von »geheim« sein. Die Formulierungen in Zeugnissen unterliegen wohl eher sogenannten Verschlüsselungstechniken. Mit diesen Techniken kann der Aussteller eines Zeugnisses eine negative Aussage so positionieren, dass dies für den Zeugnisempfänger, der die Verschlüsselungstechniken nicht beherrscht, nur schwer oder gar nicht erkennbar ist.

Die Positiv-Skala-Technik

Die Positiv-Skala-Technik sorgt dafür, dass auch mangelhafte Beurteilungen noch scheinbar Positives enthalten. Es wird abgestuft formuliert, aber auch in der untersten Stufe schwingt noch Zufriedenheit des Arbeitgebers mit. Da es sich tatsächlich um eine schlechte Beurteilung handelt, sollte der Arbeitnehmer solche verdeckten Urteile im Zeugnis ausfindig machen. Die Positiv-Skala-Technik wird vor allem bei der zusammenfassenden Leistungsbeurteilung eingesetzt. Bei den schlechteren Noten sind die Aussagen entsprechend abgeschwächt:

Beispiel Positiv-Skala-Technik

Beurteilung	Er/Sie erledigte alle Aufgaben ...			
Sehr gut	**stets**	zu unserer	**vollsten**	Zufriedenheit.
Gut	**stets**	zu unserer	**vollen**	Zufriedenheit.
Befriedigend		zu unserer	**vollen**	Zufriedenheit.
Ausreichend		zu unserer		Zufriedenheit.
Mangelhaft	**im Großen und Ganzen**	zu unserer		Zufriedenheit.

Bei einer guten Beurteilung tauchen Begriffe auf wie zum Beispiel:

- immer,
- stets,
- in jeder Hinsicht,
- jederzeit,
- während der gesamten Beschäftigungsdauer.

Bei einer schlechten Beurteilung tauchen Begriffe auf wie zum Beispiel:

- teilweise,
- im Wesentlichen,
- im Großen und Ganzen,
- in etwa.

Die Leerstellentechnik

Die Leerstellentechnik wird auch »beredtes Schweigen« genannt.

Die Leerstellentechnik arbeitet mit Auslassungen von Punkten, die als Zeugnisbestandteil erwartet werden. Statt einer negativen Aussage wird lieber gar keine Aussage gemacht. Beispiel: In der Stellenbeschreibung wird von Kundenkontakten des Zeugnisempfängers gesprochen. In diesem Fall wird der kundige Zeugnisleser erwarten, dass in der Beurteilung des Sozialverhaltens etwas zum Verhalten gegenüber Kunden ausgedrückt wird. Fehlt eine solche Aussage im Arbeitszeugnis, darf der Zeugnisleser davon ausgehen, dass mit dem Verhalten gegenüber Kunden oder in der Kundenkommunikation etwas nicht gestimmt hat.

Beispiele »Leerstellentechnik«
In einem Ausbildungszeugnis wird keine Aussage über das Bestehen der Abschlussprüfung getroffen. → Die Vermutung, dass der Auszubildende an der Prüfung gescheitert ist, liegt nahe.

»Sein Verhalten gegenüber Kollegen und Kunden war stets einwandfrei.« → Da hier der / die Vorgesetzte fehlt, war das Verhalten ihm oder ihr gegenüber wohl problematisch.

Im Zeugnis einer Führungskraft gibt es keine Aussage zur Loyalität. → Hier wird beim Leser der Eindruck entstehen, dass der Arbeitnehmer nicht loyal war.

Die Reihenfolgetechnik

Tipp
Als Arbeitnehmer sollte man hier genau aufpassen und alle Aussagen prüfen. Fehlen wirklich wichtige Dinge, dann sollte das Zeugnis reklamiert werden.

Bei der Reihenfolgetechnik werden unwichtige Dinge vor den wichtigen erwähnt, was einer Abwertung gleichkommt. Das kann zum Beispiel bei der Auflistung der Tätigkeiten eingesetzt werden: Wenn die eher untergeordneten Aspekte zuerst genannt werden, wertet dies die Bedeutung der Stelle ab. Wer im Zeugnis unwichtige Aufgaben zuerst auflistet, kann damit auch den Eindruck erwecken, dass der Beurteilte mit höherwertigen Tätigkeiten überfordert war. Gleiches gilt, wenn die Beschreibung von Details sehr umfangreich und überdimensional ausfällt, die wichtigen Punkte aber nur am Rande erwähnt werden.

Beispiel »Reihenfolgetechnik«
Im Zeugnis einer Sekretärin sollte beispielsweise nicht als erste Aufgabe der Tätigkeitsbeschreibung genannt werden, dass sie für die Bestellung des Büromaterials zuständig war, und erst einige Punkte später erwähnt werden, dass sie die Protokolle der Vorstandssitzungen selbstständig führte. Das wäre eine die Arbeitsstelle insgesamt abwertende Reihenfolge.

Die Ausweichtechnik

Bei der Ausweichtechnik wird Unwichtiges, weniger Wichtiges oder Selbstverständliches anstelle von wichtigen Aspekten besonders hervorgehoben und betont. Dies wertet die Tätigkeit des Arbeitnehmers ebenfalls ab.

Beispiel »Ausweichtechnik«
Im Zeugnis eines Vertriebsmitarbeiters gibt es keine Aussagen zu Umsatz, Gewinn, Neukundengewinnung oder Rendite. Stattdessen werden sein gepflegtes Äußeres und der ordentliche und gepflegte Dienstwagen besonders hervorgehoben. → Hier liegt der Rückschluss nahe, dass der Vertriebsmitarbeiter in seiner eigentlichen Kernaufgabe eher erfolglos war.

Die Einschränkungstechnik

Mit der Einschränkungstechnik werden einmal im Zeugnis getroffene Aussagen sehr subtil wieder eingeschränkt. Letztendlich ist diese Technik ein wenig verlogen, denn vordergründig wird ein Sachverhalt gelobt, gemeint ist aber das Gegenteil.

Beispiel »Einschränkungstechnik«

- Wenn beispielsweise in einem Zeugnis ein Satz mit »*Wir bescheinigen Herrn/Frau ..., dass ...*«, dann klingt das nicht, als wäre es eine freiwillige Angelegenheit. → Diese Formulierung deutet an, dass nur bescheinigt wird, weil der Arbeitnehmer es verlangt.
- »*Er war im Allgemeinen zuverlässig.*« → Im Allgemeinen ja, leider war er aber nicht immer zuverlässig.
- Ein Zeugnisaussteller erwähnt etwas »*ohne Bedenken*« im Zeugnis. → Er hat zwar keine Bedenken, aus Überzeugung handelt er aber nicht.
- »*Sie kümmerte sich auch um die Warenbestandskontrolle im Lager B.*« → Die Aufgabe wurde nur halbherzig erledigt.
- *Er erledigte alle seine Hauptaufgaben stets zu unserer Zufriedenheit.*« → Leider erledigte er nicht die Nebenaufgaben.

Die Andeutungstechnik
Bei der Andeutungstechnik werden zweideutige Wörter, aber auch Worthülsen verwendet, die beim versierten Leser eindeutige Assoziationen an unangemessenes Verhalten oder ungenügende Leistung hervorrufen. Wenn ein Zeugnis nur aus Passiv-Formulierungen besteht, dann spricht man ebenfalls von der Andeutungstechnik, da dem Leser offensichtlich mitgeteilt werden soll, dass es sich um einen passiven Arbeitnehmer handelt. Ein bekanntes Beispiel der Andeutungstechnik ist: »Er war stets bemüht ...« Diesem Satz entnimmt jeder, dass es sich wohl um ein Scheitern handelte.

Beispiele »Andeutungstechnik«
- Die Formulierung *»anspruchsvoller und kritischer Mitarbeiter«* lässt den Rückschluss auf einen Nörgler oder Querulanten zu.
- *»Er setzte sich im Rahmen seiner Fähigkeiten ein.«* → Diese waren nicht allzu umfangreich.

Die Knappheitstechnik
Mit der Knappheitstechnik werden der Arbeitnehmer beziehungsweise seine Leistung abgewertet, indem das Zeugnis zu kurz ausfällt. Ein bis zwei DIN-A4-Seiten sind bei einem qualifizierten Zeugnis üblich. Sehr knapp gehaltene Zeugnisse erwecken den Eindruck, dass etwas verheimlicht werden soll – das gilt vor allem bei Zeugnissen für Führungskräfte.

Die Widerspruchstechnik
Bei der Widerspruchstechnik werden Aussagen in sich widersprüchlich formuliert oder einzelne Aussagen widersprechen einer anderen im Zeugnis oder dem gesamten Zeugniskontext. Das Landesarbeitsgericht Hamm hat in seinem Urteil vom 17.12.1998 (BB 2000, S. 1090) entschieden, dass widersprüchliche, verschlüsselte beziehungsweise doppelbödige Formulierungen ersatzlos zu streichen sind.

Beispiel »Widerspruchstechnik«
»Er arbeitete nach vorgegebenen Richtlinien selbstständig.«
→ Ein durchweg positiver Eindruck kann durch auffällige Widersprüchlichkeiten aufgehoben werden. Das ist vor allem auch dann der Fall, wenn keine Dankes- beziehungsweise Bedauernsformel auf eine sehr gute oder gute Leistungs- und Verhaltensbeurteilung folgt.

Tipp
Arbeitnehmer sollten immer auf die Formulierungen im Zusammenhang achten. Klingen einzelne Sätze oder Aussagen merkwürdig, sollte das persönliche Gespräch mit dem Arbeitgeber gesucht werden.

Immer wieder gibt es Zeugnisse, die keine Schlussformulierung enthalten, also kein Bedauern und keinen Dank aussprechen. Ist das Zeugnis ansonsten gut oder gar sehr gut, widerspricht dieser fehlende Schlusssatz der Bewertung des Zeugnisses. Hierbei handelt es sich auch um einen Fall der Widerspruchstechnik.

Was im Arbeitszeugnis nichts zu suchen hat

Viele Punkte, die in einem Zeugnis eigentlich nicht erwähnt werden dürfen, finden sich verklausuliert doch untergebracht. Einige Punkte allerdings dürfen keinesfalls in einem Zeugnis genannt werden. So dürfen beispielsweise Krankheiten nicht im Zeugnis erwähnt werden, auch wenn sie der tatsächliche Kündigungsgrund waren und der Arbeitnehmer mehr als eineinhalb Jahre vor der Kündigung ununterbrochen krank war. Außerdem sind negative Beobachtungen und Einzelfälle positiver und negativer Art im Arbeitszeugnis unzulässig. Die folgenden Themen sind in einem Arbeitszeugnis tabu:

- Gehalt
- Kündigungsgründe (Die Umstände, unter denen das Anstellungsverhältnis beendet wurde, sind nur auf Wunsch des Mitarbeiters in das Zeugnis aufzunehmen.)
- Vorstrafen und Straftaten (Weder Vorstrafen noch Straftaten gehören in ein Arbeitszeugnis. Ausnahme: Eine im Dienst begangene Straftat, für die der Arbeitnehmer rechtskräftig verurteilt wurde und die zur Kündigung geführt hat, kann erwähnt werden.)

- Abmahnungen
- Krankheiten
- Fehlzeiten (Krankheitsbedingte Fehlzeiten dürfen nur dann Erwähnung finden, wenn sie die Dauer der tatsächlichen Arbeitsleistung erheblich reduzieren. Das ist dann der Fall, wenn sie etwa die Hälfte der gesamten Beschäftigungszeit ausmachen – Landesarbeitsgericht Chemnitz, Urteil vom 30.1.1996; Az.: 5 Sa 996/95; NZA-RR 1997, S. 47.)
- Leistungsabfall
- Alkoholabhängigkeit und Alkoholkonsum (Alkoholkonsum darf nicht im Arbeitszeugnis erwähnt werden, wenn nur der private Bereich betroffen ist. Ob Alkoholmissbrauch während der Arbeit erwähnt werden kann oder muss, ist umstritten. Jedenfalls sollte die Alkoholabhängigkeit eines Berufskraftfahrers schon deshalb erwähnt werden, um Schadensersatzansprüche eines Folgearbeitgebers zu vermeiden.)
- Behinderungen
- Betriebsratstätigkeit (Diese darf grundsätzlich nur auf Wunsch des Arbeitnehmers genannt werden. Eine Ausnahme gibt es dann, wenn der Arbeitnehmer vor seinem Ausscheiden lange Zeit ausschließlich für den Betriebsrat tätig war und der Arbeitgeber infolgedessen überhaupt nicht mehr in der Lage ist, dessen Leistungen und Führung verantwortlich zu beurteilen – Hessisches Landesarbeitsgericht, Urteil vom 10.3.1977; Az.: 6 Sa 779/76.)
- Gewerkschaftsengagement
- Parteizugehörigkeit
- Religiöses Engagement
- Nebentätigkeiten
- Ehrenämter
- Arbeitslosigkeit, die dem Arbeitsverhältnis vorausging

Geheimzeichen und Geheimcodes

Ein immer wiederkehrendes und umstrittenes Schlagwort beim Thema Arbeitszeugnis sind die sogenannten Geheimcodes und Geheimzeichen. Mit ihnen kann der Arbeitgeber oder Vorgesetzte bestimmte Schwächen eines Bewerbers signalisieren, ohne sie direkt anzusprechen. So deutet zum Beispiel die Aussage *Mit seiner Geselligkeit trug er zur Verbesserung des Betriebsklimas bei* auf Alkoholkonsum während der Arbeitszeit hin. Den Geheimzeichen dagegen kommt heute allerdings nicht mehr allzu große Bedeutung zu, da allgemein bekannt ist, dass diese unzulässig sind.

Geheimzeichen

Nach § 109 Abs. 2 der Gewerbeordnung sind Geheimzeichen verboten, da ein Zeugnis keine Merkmale enthalten darf, die den Zweck haben, eine andere als aus der äußeren Form oder aus dem Wortlaut ersichtliche Aussage über den Arbeitnehmer zu treffen. Einige Zeichen, die aber äußerst selten eingesetzt werden, sind bekannt:

Geheimzeichen

Zeichen	Bedeutung
Senkrechter Strich mit dem Kugelschreiber links von der Unterschrift	Mitglied der Gewerkschaft
Häkchen nach rechts neben der Unterschrift	Mitglied einer Partei im rechten politischen Spektrum
Häkchen nach links neben der Unterschrift	Mitglied einer Partei im linken politischen Spektrum
Doppelhäkchen neben der Unterschrift	Mitglied einer verfassungsfeindlichen Organisation
Unterstrichene Telefonnummer	signalisiert, dass bei einem Anruf weitere Details über den Bewerber zu erfahren sind
Ausrufungszeichen, Anführungszeichen und Unterstreichungen	können mit dem Ziel eingesetzt sein, die wörtliche Aussage in ihr Gegenteil zu verkehren

Im gesamten Zeugnis sind Ausrufezeichen oder Fragezeichen unzulässig. Bei Anführungszeichen ist Vorsicht geboten, wenn beispielsweise die Bewertung »voll zufrieden« in Anführungszeichen steht. Das könnte wirken, als wolle der Zeugnisaussteller seine Benotung relativieren oder abwerten. Sehr willkürliche Textlücken sollten auch besser hinterfragt werden.

Geheimcodes

Ein richtiger Geheimcode hat in einem Zeugnis nichts zu suchen. Allerdings darf man diese sehr selten auftretenden Formulierungen nicht mit den zulässigen Verschlüsselungstechniken verwechseln. Problematisch werden die Geheimcodes dann, wenn sie zunächst unentdeckt bleiben. Deshalb sollte jeder Arbeitnehmer prüfen, ob sein Zeugnis »sauber« ist.

Tipp
Wer einen Geheimcode entdeckt, hat einen gerichtlich durchsetzbaren Anspruch auf Entfernung aus dem Arbeitszeugnis.

Wirklich geheim sind die sogenannten Geheimcodes allerdings nicht; im Gegenteil, sie haben einen durchaus hohen Bekanntheitsgrad. Überdies sind die Formulierungen nicht zwingend abschätzig. Es kommt immer auf den Zusammenhang an, in dem sie verwendet werden. Kritisch wird es erst, wenn sie isoliert eingesetzt und nicht erläutert werden.

Kleinigkeiten entscheiden über den Sinn der Aussage
In einem Zeugnis heißt es: *Der Arbeitnehmer war sehr interessiert und mit großem Fleiß bei der Sache.* So allein stehend bedeutet dieser Satz, dass der Arbeitnehmer zwar eifrig und fleißig war, allerdings keine guten Ergebnisse erzielte. Die Bedeutung ist allerdings ganz anders, wenn das Zeugnis so lautet: *Der Arbeitnehmer war sehr interessiert und mit großem Fleiß bei der Sache, was zur Verdopplung der Stammkundenzahl führte.* Erst mit diesem Nebensatz wird daraus eine positive Aussage, die nicht verschlüsselt ist. Gerade beim Einsatz des Begriffes »Fleiß« sollte darauf geachtet werden, dass dieser Fleiß auch erläutert wird und die Ergebnisse des Fleißes beschrieben werden.

Geheimcodes

Formulierung	Bedeutung
Für die Belange der Belegschaft bewies er immer Einfühlungsvermögen.	Er suchte sexuelle Kontakte im Kollegenkreis.
Für die Belange der Belegschaft bewies er immer umfassendes Einfühlungsvermögen.	Er suchte sexuelle Kontakte im Kollegenkreis.
Sie war tüchtig und wusste sich gut zu verkaufen.	Eine unangenehme Mitarbeiterin, der es an Kooperationsbereitschaft mangelt.
Mit seinen Vorgesetzten ist er gut zurechtgekommen.	Ein Mitläufer und Ja-Sager, der sich gut verkaufen kann.
Er verfügt über Fachwissen und hat ein gesundes Selbstvertrauen.	Er überspielt mit Arroganz sein mangelndes Fachwissen.
Er zeigte stets Engagement für Arbeitnehmerinteressen außerhalb der Firma.	Er hat an Streiks teilgenommen.
Er hat mit seiner geselligen Art zur Verbesserung des Betriebsklimas beigetragen.	Er hat Alkoholprobleme.
Er trat engagiert für die Interessen der Kollegen ein.	Er war Mitglied des Betriebsrats.
Er trat sowohl innerhalb als auch außerhalb unseres Unternehmens engagiert für die Interessen der Arbeitnehmer ein.	Er war gewerkschaftlich aktiv.
Er machte sich mit großem Eifer an die ihm übertragenen Aufgaben.	Trotz Fleiß hatte er keinen Erfolg.
Er zeigte Verständnis für seine Arbeit.	Er brachte keine Leistung.
Er erledigte alle Aufgaben pflichtbewusst und ordnungsgemäß.	Er war ein Bürokrat ohne Eigeninitiative.
Sie verstand es, alle Aufgaben mit Erfolg zu delegieren.	Sie drückte sich vor der Arbeit.
Er war seinen Mitarbeitern jederzeit ein verständnisvoller Vorgesetzter.	Er besaß keine Durchsetzungsstärke und wurde nicht respektiert.
Er koordinierte die Arbeit seiner Mitarbeiter und gab klare Anweisungen.	Er beschränkte sich auf das Anweisen und Delegieren.

Geheimcodes (Fortsetzung)	
Sie hat alle Aufgaben in ihrem und im Firmeninteresse gelöst.	Sie hat Firmeneigentum gestohlen.
Im Umgang mit Kollegen und Vorgesetzten zeigte er durchweg eine erfrischende Offenheit.	Er war sehr vorlaut.
Ihre umfangreiche Bildung machte sie zu einer gesuchten Gesprächspartnerin.	Sie führte lange Privatgespräche.
Seine Auffassungen wusste er intensiv zu vertreten.	Er hatte ein übersteigertes Selbstbewusstsein.
Er zeichnete sich insbesondere dadurch aus, dass er viele Verbesserungsvorschläge zur Arbeitserleichterung machte.	... die aber nicht umgesetzt werden konnten.
Wir bestätigen gern, dass er mit Fleiß, Ehrlichkeit und Pünktlichkeit an seine Aufgaben herangegangen ist.	Ihm fehlte die fachliche Qualifikation.
Vorgesetzten und Kollegen war er durch seine aufrichtige und anständige Gesinnung ein angenehmer Mitarbeiter.	Ihm mangelte es an Tüchtigkeit.
Die ihm gemäßen Aufgaben ...	Die anspruchslosen Aufgaben ...
Er arbeitete sehr genau und erledigte seine Aufgaben ordnungsgemäß.	Er arbeitete uneffektiv und bürokratisch.
Er war mit Interesse bei der Sache.	... aber ohne Erfolg.
Er zeigte reges Interesse an seiner Arbeit.	Er hatte keinen Erfolg.
Er hatte Gelegenheit, die ihm übertragenen Aufgaben zu erledigen.	... aber es gelang ihm nicht.
Wegen seiner Pünktlichkeit war er stets ein gutes Beispiel.	... aber nicht wegen seiner Leistung.
Sie war tüchtig und in der Lage, ihre Meinung zu vertreten.	Sie hatte eine hohe Meinung von sich und vertrug keine Kritik.
Er arbeitete sehr nach eigener Planung.	... aber nicht nach der Planung des Arbeitgebers.

Geheimcodes (Fortsetzung)	
Das Produktionsniveau konnte durch ihre Leistung gehalten werden.	Sie erreichte keine Verbesserung.
Ihm wurde die Gelegenheit zu Fortbildungsmaßnahmen geboten.	... die er nicht genutzt hat.
Er war Neuem gegenüber aufgeschlossen.	... aber nicht, um es zu verarbeiten.
Er hatte auch brauchbare Vorschläge gemacht.	Sie wurden aber nicht übernommen.
Sie gab viele Anregungen, die geprüft wurden.	Sie wurden aber nicht übernommen.
Seine Standpunkte stellte er in selbstbewusster Art vor.	Er war arrogant und anmaßend.
Er ist ein anspruchsvoller und kritischer Mitarbeiter.	Er ist egozentrisch und nörgelt gern.
Er war kontaktbereit.	... aber nicht kontaktfähig.
Bei Kunden war er schnell beliebt.	Er machte viele Zugeständnisse, besaß keine Verhandlungsstärke.
Er praktizierte einen kooperativen Führungsstil und war deshalb bei seinen Mitarbeitern sehr geschätzt.	Er konnte sich nicht durchsetzen.
Sie führte mit fester Hand.	autoritärer Führungsstil
Er führte konsequent.	autoritärer Führungsstil
Er führte straff demokratisch.	autoritärer Führungsstil
Er scheidet aus, um in einem anderen Unternehmen eine höherwertige Tätigkeit zu übernehmen.	... die wir ihm nicht zutrauten beziehungsweise anbieten wollten.
Er schied aus, um sich finanziell zu verbessern.	Wir waren nicht bereit, ihm mehr zu bieten.
Er schied im beiderseitigen Einvernehmen aus.	Kündigung durch den Arbeitgeber – eine wirklich einvernehmliche Aufhebung wird umschrieben mit »im besten beiderseitigen Einvernehmen«

Geheimcodes (Fortsetzung)	
Wir haben uns einvernehmlich getrennt.	Auf Initiative des Arbeitgebers erfolgte eine Eigenkündigung des Arbeitnehmers oder der Abschluss eines Aufhebungsvertrages.
Das Arbeitsverhältnis endet am ... (krummes Datum)	fristlose Kündigung oder Vertragsbruch, üblich ist der 30./31. eines Monats als Datum für das Ausscheiden
Unsere besten Wünsche begleiten ihn.	Ironie, wenn der Arbeitgeber gekündigt hat
Seine Mitarbeiter schätzten ihn als umgänglichen Vorgesetzten.	Er achtete zu wenig auf deren Leistung.
Wir lernten sie als umgängliche Kollegin kennen.	Sie war unbeliebt.
Wir wünschen ihm für die Zukunft alles nur erdenklich Gute.	Ironie
Wir wünschen alles Gute, insbesondere auch Erfolg.	... den er bei uns nicht hatte.

Wichtig: Bei diesen oder ähnlichen Formulierungen in einem Zeugnis sollte man immer auch bedenken, dass der Zeugnisaussteller vielleicht keine böse Absicht hatte, sondern einfach ungeschickt war.

Das Anschreiben zur Bewerbung: Form und äußere Gestaltung

Der Kern des Anschreibens: Ihre Qualifikationen

Anschreiben und Lebenslauf sind die zentralen Dokumente in Ihrer Bewerbung. Es sind die einzigen Mittel, mit denen Sie einen potenziellen Arbeitgeber davon überzeugen können, Sie zum Vorstellungsgespräch einzuladen. Denken Sie daher nicht, dass Ihre Unterlagen für sich sprechen. Setzen Sie Ihre Qualifikationen und Stärken gekonnt in Szene – und zwar im Hinblick auf die Stelle, auf die Sie sich bewerben.

Halten Sie sich an die gängigen Korrespondenzempfehlungen.

Schon die formale Gestaltung des Anschreibens wirft viele Fragen auf. Bei nicht kaufmännischen Berufen brauchen Sie nicht zu befürchten, dass Ihre Bewerbung aussortiert wird, weil das Anschreiben die gängigen Standards nicht erfüllt. Bei kaufmännischen Berufen, bei denen es auf den Korrespondenzstil ankommt, ist die formale Gestaltung des Anschreibens aber sehr wohl ein Auswahlkriterium für den Personalverantwortlichen. Hier die wichtigsten Formvorschriften:

Die DIN-Norm für Briefe

DIN 5008 (Schreib- und Gestaltungsregeln für die Textverarbeitung) dient als Orientierung.

Einheitliche Layout-Vorschriften gibt es nicht, sondern lediglich Empfehlungen. Die wichtigste ist DIN 5008, eine Vorschrift für die Textverarbeitung. DIN steht für »Deutsches Institut für Normung«.

Keine Sorge: Sie brauchen sich nicht sklavisch an irgendwelche Positionsangaben zu halten. Gerade die DIN-Vorschrift mit ihren auf den zehntel Millimeter genauen Vorschriften ist in Zeiten moderner Textverarbeitung am PC wenig benutzerfreundlich. Außerdem geht es bei einer Bewerbung weniger um millimetergenaue Exaktheit als vielmehr um ansprechendes Aussehen.

Aber bei so mancher Frage bietet die DIN-Vorschrift eine Orientierungshilfe (z. B. bei der Gestaltung der Adresse, der Schreibweise des Datums oder der Gliederung von Telefonnummern).

Schritt für Schritt zum formal richtigen Aufbau

Welche Schrift ist sinnvoll?

Grundsätzlich haben Sie die freie Wahl zwischen den Schriften; nur Schmuck- oder Schreibschriften sind für Bewerbungen tabu. Wählen Sie eine in der Geschäftskorrespondenz gängige Schrift, zum Beispiel: Times New Roman (12 Punkt), Helvetica, Arial oder Calibri (11 Punkt). Beachten Sie: Mappenbewerbung und elektronische Bewerbung erfordern unterschiedliche Schriften! Für die Mappenbewerbung sind vor allem Serifenschriften geeignet (Serifen sind die kleinen »Füßchen« an den Buchstaben. Sie erleichtern dem Auge, die Zeile zu halten). Am Bildschirm jedoch sind Serifenschriften mitunter schlecht zu lesen, weil die zarten Linien der Serifen »verfransen«. Wählen Sie für die Mappenbewerbung also zum Beispiel Times New Roman und für die elektronische Bewerbung Helvetica oder Arial. Denkbar sind aber auch neuere Schriften wie etwa Calibri, die einen optimalen Kompromiss darstellen: Sie sind sowohl auf Papier als auch am Bildschirm gut lesbar.

Seitenränder

Stellen Sie den linken Seitenrand auf 24 mm ein, den rechten auf 20 mm. Üblich ist beim Anschreiben der linksbündige Flattersatz – und kein Blocksatz.

Absenderangabe

Absenderangabe unbedingt auf dem Anschreiben platzieren

Zuoberst auf dem Briefkopf geben Sie Ihren Namen und Ihre Adresse an. Wählen Sie die Position so, dass der untere Rand der Absenderangabe maximal 3,8 cm vom oberen Blattrand entfernt ist – sonst bekommen Sie bei Fensterumschlägen Platzprobleme.
Normalerweise steht die Absenderanschrift links oben. Als Gestaltungsmittel und bei Platznot kann es hilfreich sein, sie

- nicht bündig am linken, sondern am rechten Rand zu positionieren,

- zu zentrieren und auf ein bis zwei Zeilen zu verteilen,
- in einer Kopfzeile unterzubringen (auch auf Deckblatt und Lebenslauf – das wirkt sehr professionell).

Soll die Absenderangabe im Fensterumschlag sichtbar sein, so platzieren Sie sie zwei bis drei Zeilen über der Empfängeranschrift in Schriftgröße 7 oder 8 Punkt.
Bei der Absenderangabe ist es – wie auch bei der Anschrift – nicht üblich, vor der Zeile mit Postleitzahl und Ort eine Leerzeile einzufügen. Geben Sie auf jeden Fall Ihre Telefonnummer und Ihre E-Mail-Adresse an. Es kann gut sein, dass die Einladung zum Vorstellungsgespräch nicht traditionell per Brief kommt, sondern per Anruf oder E-Mail. Die Telefonnummer gliedern Sie zweckmäßigerweise, wie es die DIN 5008 vorgibt: mit einem Leerzeichen zwischen Ländervorwahl, Vorwahl und Hauptrufnummer. Die Durchwahl wird mit einem Bindestrich angefügt. Beispiele:

Telefonnummern ohne Klammern und Bindestriche gliedern

- +49 228 123456 (internationale Schreibweise mit Ländervorwahl für Deutschland)
- 0228 123456 (Rufnummer im Festnetz)
- 0172 123456 (Mobilfunknummer)
- 0228 1234-56 (Durchwahlanschluss)

Anschrift des Empfängers

Zur Position der Anschrift: Nach DIN-Norm steht die erste Anschriftenzeile mit 50,8 mm Abstand unterhalb der oberen Blattkante oder in der platzsparenderen Variante 33,9 mm unterhalb der oberen Blattkante.

Achten Sie darauf, dass die Empfängeranschrift im Fenster des Umschlags zu sehen ist.

Probieren Sie lieber selbst aus, wohin die Empfängeradresse rutscht, wenn Sie das Anschreiben mitsamt der dicken Bewerbungsmappe in einen Fensterumschlag stecken. Entsprechend fügen Sie über der Adresse mehr oder weniger Leerzeilen ein, oder Sie verschieben das ganze Textfeld mit der Adressangabe.

Der Zusatz »zu Händen«, abgekürzt »z. H.« oder »z. Hd.« ist nicht mehr üblich.

Zum Aufbau der Adresse: »An / zu Händen« ist nicht mehr üblich. Das Wort »An« ist bei Behörden (z. B. »An das Bürgermeisteramt ...«) aber erlaubt. Richten Sie Ihre Bewerbung an eine bestimmte Person, dann kommt deren Name nach der Firma, Behörde oder Organisation, bei der Sie sich bewerben.
Die Abkürzung »z. H.« oder »z. Hd.« für »zu Händen« entfällt. Dennoch bleibt es beim Akkusativ: Es heißt also »Herrn« statt »Herr« (Ausnahme: bei Briefen in die Schweiz). Eine Leerzeile vor dem Ort ist heute nach DIN nicht mehr vorgesehen.

Beispiele
Markegroth GmbH
Herrn Robin Lenz
Am Elbufer 12
01236 Dresden

Stadtverwaltung Celle
Personalreferat
Kirchweg 11
29227 Celle

ABC-Werbeagentur
Dr. Max Kragemann
Am Park 30
58455 Witten

Vor der Postleitzahl steht kein Länderkürzel.

Nicht mehr üblich (und auch nicht zu empfehlen) ist es, die Länderkennung (z. B. »D« für »Deutschland«, »CH« für die Schweiz) vor die Postleitzahl zu stellen. Wichtig bei internationalen Adressen ist, dass Sie den Empfängerort in der Landessprache angeben, das Zielland aber auf Deutsch. Beides schreiben Sie am besten in Großbuchstaben.

Beispiel
World Health Organization
Avenue Appia 20
1211 GENEVE
SCHWEIZ

Verschiedene Möglichkeiten

Welche Schreibweise ist für das Datum empfehlenswert?

Für das Datum haben Sie mehrere Möglichkeiten:

- 5.1.2018 (ohne oder mit Leerzeichen, Jahreszahl vierstellig)
- Frankfurt, 5.1.2018
- 5. Januar 2018 (nach DIN nur im Fließtext empfohlen)
- Frankfurt, 5. Januar 2018 (nach DIN ebenfalls nur im Fließtext empfohlen)
- 2018-01-05 (internationale Schreibweise, im deutschsprachigen Raum missverständlich)

Seit 2011 empfiehlt die DIN 5008 bei allen Datumsschreibweisen, die Jahreszahl vierstellig anzugeben. Sie können die Ortsangabe voranstellen. Das Wort »den« ist heute beim Briefdatum nicht mehr üblich. Entscheiden Sie sich für die alphanumerische Schreibweise, können Sie lange Monatsnamen abkürzen, z. B. 10. Dez. 2018. Üblich ist die rechtsbündige Positionierung.

Betreffzeile fett oder kursiv hervorheben

Betreffzeile ohne das Wort »Betreff«

Eine Betreffzeile sollte im Anschreiben einer Bewerbung nicht fehlen. Sie steht unter dem Datum nach zwei Leerzeilen. Das Wort »Betreff« wird heute nicht mehr geschrieben. Die Betreffzeile wird durch Fett- oder Kursivstellung kenntlich gemacht. Der Betreff darf sich über zwei Zeilen erstrecken. Am Ende steht kein Punkt.

Im Betreff sollte stehen, auf welche Stelle Sie sich bewerben oder – falls Sie sich auf keine Stellenanzeige berufen – dass es sich um eine Initiativbewerbung handelt. Haben Sie vorher mit dem Personalverantwortlichen telefoniert, dann sollten Sie schon in der Betreffzeile, spätestens aber im Brieftext Bezug darauf nehmen.

Fünf Beispiele für die Betreffzeile

- Bewerbung als Assistenzarzt im Praktikum, Ihre Stellenanzeige vom 17.1.2016 in der ZEIT
- Initiativbewerbung als Grafikerin
- Bewerbung als Assistentin der Geschäftsführung / Unser Telefonat vom 22.1.2016
- Bewerbung als Arzt im Bereich Kinderheilkunde
- Initiativbewerbung in Anlehnung an Ihr Stellenangebot vom 17.1.2016

Anrede

Wenn möglich, persönliche Anrede gebrauchen

Ist in der Stellenanzeige der Ansprechpartner genannt, an den Sie die Bewerbung schicken sollen? Dann schreiben Sie nicht »Sehr geehrte Damen und Herren«. Verwenden Sie auf jeden Fall die persönliche Anrede, zum Beispiel »Sehr geehrte Frau Jung«. Gleiches gilt, wenn der Personalverantwortliche zwar in der Anzeige nicht aufgeführt ist, aber zum Beispiel auf der Firmenwebsite leicht herauszufinden ist.

Tipp **Namensrecherche am Telefon**

Fragen Sie nach der korrekten Schreibung

Lassen Sie sich am Telefon den Namen buchstabieren. Geben Sie auf keinen Fall eine Schreibweise vor, wie Sie sie verstanden haben, sondern bitten Sie Ihren Gesprächspartner, ihn zur Sicherheit zu buchstabieren. Also nicht: »Habe ich Sie richtig verstanden – Völkelt wie V-Ö-L-K-E-L-T?«, sondern: »Wie buchstabiert man den Namen genau?«

Nur wenn Sie den Namen nicht über die Stellenanzeige oder die Website des potenziellen Arbeitgebers herausfinden und nicht per Telefon danach recherchieren wollen, bleiben Sie bei der allgemeinen Anrede:

Sehr geehrte Damen und Herren

Sehr geehrte Damen, sehr geehrte Herren

Bei Namen besonders auf korrekte Schreibung achten

Gerade bei Namen sind Fehler verheerend. Ist der Empfängername falsch geschrieben, wird die Bewerbung fast immer sofort aussortiert. Übertragen Sie Namen, die in der Stellenanzeige oder auf der Firmenwebsite auftauchen, sorgfältig. Das gilt nicht nur für den Namen der Firma oder Organisation, bei der Sie sich bewerben, sondern auch und gerade für den Ansprechpartner, an den Sie Ihre Bewerbung schicken. Handelt es sich um eine größere Firma oder Organisation, dann können Sie versuchen, den Namen des zuständigen Personalverantwortlichen durch ein kurzes Telefonat mit der Zentrale oder Rezeption herauszufinden.

Fließtext

Lange Textblöcke ohne Absätze sind schwer zu lesen.

Für den Fließtext ist Lesbarkeit die oberste Maxime. Gliedern Sie Ihr Schreiben in Absätze. Ein Absatz ist im Idealfall höchstens sieben Zeilen lang; die absolute Schmerzgrenze liegt bei neun Zeilen. Trennen Sie die einzelnen Absätze mithilfe von Leerzeilen, dann brauchen Sie die erste Zeile jedes neuen Absatzes nicht zusätzlich einzurücken; dann ist es auch leserfreundlich und übersichtlich. Achten Sie darauf, dass Ihr Anschreiben auf eine Seite passt. Damit zeigen Sie, dass Sie Wichtiges von Unwichtigem unterscheiden können und dazu fähig sind, sich auf das Wesentliche zu beschränken.

Grußformel

Standardgrußformel: »Mit freundlichen Grüßen«

Nach dem Fließtext kommt eine Leerzeile, dann folgt die Grußformel. Sie lautet standardmäßig »Mit freundlichen Grüßen«. Sie können aber nach Belieben variieren, zum Beispiel:

- Freundliche Grüße
- Beste Grüße
- Mit freundlichen Grüßen aus Wetzlar
- Viele Grüße aus dem Rheinland

- Herzliche Grüße von der Schwäbischen Alb
- Freundliche Grüße nach Bremen

Wichtig: Nach der Grußformel steht kein Komma!
Es ist aber auch kein Problem, den Gruß auf mehrere Zeilen zu verteilen.

Beispiel

Ich bin gespannt, von Ihnen zu hören, freue mich, wenn Sie mich zu einem Vorstellungsgespräch einladen, und verbleibe mit freundlichem Gruß

Benno Seligmann

Ein Unterschriftenscan nur bei einer elektronischen Bewerbung.

Unterschrift

Unterschreiben Sie von Hand, am besten mit blauer Tinte. Eine eingescannte Unterschrift sollte eine gute Auflösung aufweisen und empfiehlt sich nur bei einer elektronischen Bewerbung. Es ist nicht üblich, den Namen noch einmal in gedruckter Form unter Ihren handschriftlichen Namenszug zu setzen. Schließlich geht Ihr Name schon eindeutig aus der Absenderangabe hervor. Übrigens reicht bei digitalen Bewerbungen auch Ihr Name in getippter Form.

Ist ein Anlagenvermerk nötig?

Die DIN-Vorschrift empfiehlt den Vermerk »Anlagen« linksbündig mit mindestens drei Leerzeilen Abstand zur Grußformel. Wenn Sie sich nicht gerade auf eine Sekretärinnenstelle bewerben, dann können Sie den Anlagenvermerk weglassen. Denn Sie verweisen schon im Text darauf, dass es sich bei Ihrem Schreiben um eine Bewerbung handelt.

Inhalt des Anschreibens

Be-Werbung

Mit einer Be-Werbung rühren Sie die Werbetrommel für sich selbst.

In dem Begriff »Bewerbung« steckt das Wort »Werbung«. Tatsächlich hat das Anschreiben einer Bewerbung viel mit einem Werbebrief gemeinsam. Was die Inhalte angeht, gelten fast dieselben Regeln – auch wenn es bei einer Bewerbung weniger auf Kreativität und Auffälligkeit ankommt als im Werbebrief.

Rücken Sie Ihre Qualifikationen ins rechte Licht

Die eigenen Stärken hervorheben

Bescheidenheit ist bei einer Bewerbung nicht angebracht. Sie müssen den Empfänger auf Ihre Qualifikationen und Stärken aufmerksam machen. Das ist kein Aufruf zum Angeben, sondern ein Plädoyer dafür, dass Sie sich Ihre Stärken bewusst machen und den Fokus Ihrer Bewerbung darauf richten – und nicht auf Ihre Schwächen. Nur wer sich seiner Fähigkeiten, Vorlieben und Stärken bewusst ist, kann einen potenziellen Arbeitgeber von sich überzeugen. Ein Personalverantwortlicher muss den richtigen Bewerber auswählen – oftmals aus einem ganzen Stapel von Bewerbungen. Deshalb ist es wichtig, dass Sie sich in seine Lage versetzen. Stellen Sie sich zur Orientierung folgende Fragen:

- Welche Anforderungen sind für die ausgeschriebene Stelle unerlässlich?
- Was kann ich?
- Was (davon) mache ich gern?
- Passen diese Stärken zum Stellenangebot?

Eine Fremdeinschätzung fördert oft Stärken zutage, an die man selbst gar nicht denkt.

Fragen Sie auch andere nach deren Einschätzung, um Ihr Selbstbild zu überprüfen oder zu korrigieren. Das hat noch einen weiteren Vorteil: Auf diese Weise entgeht Ihnen keine Ihrer Fähigkeiten, nur weil Sie sie für selbstverständlich und nicht erwähnenswert halten. Erst wenn Sie Ihre Stärken klar benennen können und diese im Wesentlichen zu der Stelle passen, die Sie anstreben, lohnt sich eine Bewerbung.

Schreiben Sie aus der Sicht des Arbeitgebers

Ein Werbebrief ist nur dann gelungen, wenn er die Vorzüge eines Produkts aus der Sicht des Kunden beschreibt. Ähnliches gilt für das Anschreiben einer Bewerbung: Sie bieten Ihre Qualifikationen auf einem Markt, nämlich dem Arbeitsmarkt, an. Ihr »Kunde« ist derjenige, der Ihre Bewerbung liest und eine Personalentscheidung treffen muss. Wenn Sie Ihre Vorzüge aus seiner Sicht beschreiben, haben Sie die größten Chancen. Eine kleine Hilfe, wie Sie sich in die Sicht des potenziellen Arbeitgebers hineinversetzen, gibt Ihnen die folgende Übersicht:

Beschreiben Sie Ihre Vorzüge aus der Sicht des potenziellen Arbeitgebers

So nicht: **Sichtweise des Bewerbers**	**Sondern so:** **Sichtweise des Arbeitgebers**
Ihr Stellenangebot beschreibt meinen Traumberuf. *Oder* Ich interessiere mich für Ihre Stelle.	Meine Qualifikationen passen zu der ausgeschriebenen Stelle. *Oder* Sie suchen ... – ich biete ...
Hiermit bewerbe ich mich auf Ihr Stellenangebot vom ... in der Frankfurter Allgemeinen Zeitung.	Sie legen größten Wert auf Vertriebsstärke, schreiben Sie in Ihrem Stellenangebot in der FAZ vom ... Dann bin ich womöglich die richtige Frau für Sie.

Vorteile für den potenziellen Arbeitgeber darstellen

Ihre Unterlagen sprechen nicht für sich. Sie selbst müssen im Anschreiben schon formulieren, warum Sie der geeignete Kandidat für die angestrebte Stelle sind. Dabei brauchen Sie nicht in allen Einzelheiten auf einzelne Stationen in Ihrem Leben einzugehen – dafür nutzen Sie lieber den Lebenslauf. Dennoch muss Ihr Anschreiben diese beiden Fragen unbedingt beantworten:

- Was haben Sie dem Arbeitgeber im Hinblick auf die ausgeschriebene Stelle zu bieten?
- Welchen Vorteil hat er davon, dass er Sie einstellt?

Die Bausteine des Anschreibens

Yannik Soltau
Breitkopfstraße 16
04317 Leipzig
Tel.: 0179 11223344
E-Mail: Yasoltau@webmail.de

Wow! AG
Bastian Walter
Personalabteilung
Lessingstraße 192
04109 Leipzig

6.11.2016

Bewerbung als Eventmanager
Ihre Stellenausschreibung auf Stepstone, Kennziffer I G/3

Sehr geehrter Herr Walter,

Briefbaustein A = Bezug zum Stellenangebot

gerade fand ich auf www.stepstone.de Ihre Stellenausschreibung vom 5. November 2016, mit der Sie einen Eventmanager suchen. Auf diese Stelle will ich mich sofort bewerben!

Briefbaustein B = Interesse wecken

Seit meinem Studium hege ich den Wunsch, als Eventmanager bei der Wow! AG zu arbeiten: Die Vielfalt, das Niveau und die Kreativität der Veranstaltungen, die Sie organisieren, imponieren mir sehr!

Briefbaustein C = Vorstellung der eigenen Person

Briefbaustein D = Fähigkeiten und Eignung

Ich bin 32 Jahre alt und arbeite seit 2013 bei der Eventing GmbH hier in Leipzig. Meine Aufgaben umfassen die selbstständige Konzeption, Planung und Durchführung von Kongressen, Konferenzen und Incentives für bis zu 1500 Gäste, die Überwachung der Budgets sowie die Koordination der Projektteams, die Organisation vor Ort und die Kommunikation an der Schnittstelle zwischen Kunden, Agenturen und Dienstleistern.

Briefbaustein E = Organisatorisches

Mein derzeitiges Gehalt beträgt ... €. Zum 1. April 2017 könnte ich bei Ihnen anfangen.

Briefbaustein F = Aufforderung zum Handeln, Grußformel

Über die Gelegenheit zu einem persönlichen Gespräch ~~würde ich mich sehr freuen~~ freue ich mich sehr!

Mit freundlichen Grüßen

Yannik Soltau

Die einzelnen Bausteine im Detail

Natürlich kann man die einzelnen Briefbausteine nicht wie Bauklötzchen aufeinandersetzen. Manchmal müssen Sie die Reihenfolge verändern oder Füllwörter und -sätze einfügen, damit das Schreiben gut klingt. Die oben gezeigte Übersicht soll Ihnen aber doch helfen, Ihr Anschreiben zu strukturieren.

Briefbaustein A = Bezug zum Stellenangebot

Wie haben Sie von der offenen Stelle erfahren?

Die Information, woher Sie von der Stelle wissen, bildet den Anfang des Anschreibens. Darauf gehen Sie allerdings nicht ausführlich ein, sondern nur in aller Kürze. Falls diese Information schon im Betreff auftaucht, brauchen Sie sie im Fließtext nicht unbedingt noch einmal aufzugreifen. Haben Sie im Vorfeld ein Telefongespräch mit dem Adressaten geführt? Dann danken Sie für das informative Gespräch. Die Einleitung Ihres Schreibens enthält also folgende Informationen:

- Wie Sie von der Stelle erfahren haben (bei Initiativbewerbungen: was Sie bewogen hat, sich beim betreffenden Arbeitgeber zu bewerben)
- (Ggf.) Dank für das vorangegangene Telefongespräch

Briefbaustein B = Interesse wecken

Finden Sie Anknüpfungspunkte zum potenziellen Arbeitgeber.

Es gehört mit zur Einleitung, gleich Interesse zu wecken. Das tun Sie nicht, indem Sie sofort von sich selbst reden – jedenfalls nicht, wenn Sie nur das tun. Besser und zweckmäßiger ist es, wenn Sie Anknüpfungspunkte aufführen. Sagen Sie,

- warum die Stelle Ihnen interessant erscheint und
- was Sie an dem Unternehmen reizt, bei dem Sie sich beworben haben.

Zum letzten Punkt: Haben Sie keine Scheu, die Firma zu loben, bei der Sie sich bewerben. Im Gegenteil: Das zeigt, dass Sie gut informiert sind und wirklich Interesse haben. Je konkreter Ihr Lob, desto besser (z. B. *Ich finde Ihre Produkte gut. Ich habe schon viel Lob über Ihre unternehmensinterne Ausbildung gehört.*). Zur Not weichen Sie auf die Branche, das Geschäftsfeld oder den Bereich aus, in der bzw. dem der potenzielle Arbeitgeber tätig ist (z. B. *Entwicklungshilfe professionell zu organisieren, darin sind Sie und Ihre Partnerorganisationen Spezialisten. Genau in diesem Bereich möchte ich Sie unterstützen.*).

Briefbaustein C = Vorstellung der eigenen Person

Eckdaten zu Ihrer Person

Jetzt müssen Sie sich selbst vorstellen. Hierzu gehören:
- Alter
- Ausbildung, Abschluss oder derzeitige Tätigkeit

Briefbaustein D = Fähigkeiten und Eignung

Ausführlich die eigenen Qualifikationen und Stärken beleuchten

Manchmal liegen Baustein C und D eng beieinander. Ein Industriemechaniker, der sich als Leiter im Bereich Maschinenwartung bewirbt – das passt zusammen. Anders sieht es aus, wenn Ihre ursprüngliche Ausbildung oder Ihr Universitätsabschluss nicht zu der Stelle passt, auf die Sie sich bewerben. Als fachfremder Bewerber müssen Sie mit Ihren Fähigkeiten und Kenntnissen – und wenn möglich auch mit Ihrer Erfahrung – überzeugen:
- Warum halten Sie sich für geeignet?
- Welche Qualifikationen belegen Ihre Eignung?
- Welche Vorteile sprechen sonst noch für Sie?

Briefbaustein E = Organisatorisches

Nicht vernachlässigen: die organisatorischen Fragen

Unterschätzen Sie die Wichtigkeit organisatorischer Angaben nicht. Gegen Ende des Briefs müssen Sie auf diese wichtigen Anforderungen eingehen. Achten Sie auf alles, was in der Stellenanzeige gefordert ist. Das sind zum Beispiel:
- Gehaltswunsch
- Frühestmöglicher Eintrittstermin
- Umzugsbereitschaft

Wird nach den Gehaltsvorstellungen gefragt, müssen Sie sich dazu äußern.

Wird Ihr Gehaltswunsch in der Stellenanzeige verlangt, dann müssen Sie sich dazu äußern. Üblich ist es, das Jahres- und nicht das Monatsgehalt anzugeben. Achtung: Vertrösten Sie den potenziellen Arbeitgeber keinesfalls auf das Vorstellungsgespräch!

Wenn Sie Ihre Gehaltsvorstellung im Anschreiben nicht angeben, dann ist das ein Kriterium, das Sie zumindest als A-Kandidaten disqualifiziert. Ihre Bewerbung landet allenfalls auf dem B-Stapel (Ersatzkandidaten).
Sie haben drei Möglichkeiten:

- Sie haben genau die Qualifikationen zu bieten, die gesucht sind: Dann sagen Sie offen, was Sie verdienen möchten.
- Sie recherchieren (z. B. im Internet), was üblicherweise in der Branche / für Ihre Tätigkeit gezahlt wird (siehe unten).
- Sie geben Ihr aktuelles oder letztes Gehalt an. Der Personalverantwortliche rechnet dann mit einem Aufschlag von 10 bis 20 %.

Es bringt nichts, sich als Billigheimer anzubieten.

Signalisieren Sie beim Gehalt keine allzu große Kompromissbereitschaft. Ein erfahrener Personaler weiß: Wer beim Gehalt Abstriche macht, der nutzt eine nach seiner Ansicht unterbezahlte Stelle allenfalls als Sprungbrett und kündigt, sobald der Arbeitsmarkt wieder besser aussieht. Sie können aber durchaus klarmachen, dass Ihnen die mit der Stelle angebotene Ausbildung einen vorläufigen Verzicht auf Ihr gewohntes Gehalt wert ist.

Im Internet finden Sie zahlreiche Gehaltsvergleiche.

Das Internet ist das ideale Medium für Gehaltsrecherchen. Viele Onlinemedien veröffentlichen von Zeit zu Zeit Gehaltsvergleiche. Auch auf Stellenportalen finden Sie Hilfe in dieser Frage. Weil sich die betreffenden Webadressen ständig ändern, sollten Sie sich weniger an konkrete Links halten als an Suchen, mit denen Sie schnell fündig werden: Geben Sie in eine Suchmaschine einen der folgenden Begriffe oder Sätze ein:

- Gehaltscheck (oder Gehalts-Check)
- Gehaltstest (oder Gehalts-Test)
- Gehaltsanalyse (oder Gehalts-Analyse)
- Gehaltsdatenbank (oder Gehalts-Datenbank)
- »Verdienen Sie genug?« (mit Anführungszeichen eingeben)
- »Sind Sie mit Ihrem Gehalt zufrieden?« (unbedingt mit Anführungszeichen eingeben)

Wann können Sie beim neuen Arbeitgeber anfangen?

Ihr frühestmöglicher Eintrittstermin ist wichtig für Ihren potenziellen Arbeitgeber. Nur mit dieser Angabe kann er planen. Bewerben Sie sich aus einer ungekündigten Stellung heraus, dann achten Sie auf Ihre Kündigungsfrist. Bedenken Sie aber auch: Oft ist eine vorzeitige, einvernehmliche Trennung möglich. Ihr jetziger Arbeitgeber weiß wahrscheinlich, dass es keinen Sinn hat, Sie gegen Ihren Willen länger festzuhalten. Sie haben gute Chancen, einen Aufhebungsvertrag zu bekommen. Seien Sie im Anschreiben aber ehrlich.

Musterformulierung zum Eintrittstermin

Ich bewerbe mich aus ungekündigter Stellung, deshalb kann ich erst zum 1. Juli bei Ihnen anfangen. Wenn Sie mich zu einem früheren Termin einstellen wollen, so sollte das möglich sein.

Signalisieren Sie, dass ein Umzug kein Problem wäre.

Es gibt Stellen, bei denen es unerlässlich ist, dass der Arbeitnehmer nicht weit vom Arbeitgeber entfernt wohnt. So muss zum Beispiel ein Arzt, der nachts und am Wochenende für Bereitschaftsdienste eingesetzt wird, in der Nähe seines Krankenhauses wohnen. Deshalb ist in solchen Fällen die Angabe unerlässlich, dass Sie

- in der Nähe wohnen oder
- zum Umzug bereit sind, wenn es mit der Stelle klappt.

Abgesehen von der Residenzpflicht: Es kann auch in anderen Fällen sinnvoll sein, Umzugsbereitschaft zu signalisieren. Wenn Sie zum Beispiel in Süddeutschland wohnen und sich weit weg im Norden oder Osten Deutschlands bewerben. Ein Arbeitgeber hat durchaus Anlass zu der Befürchtung, dass ein gefragter Kandidat sich testweise auf viele Stellen bewirbt, um seinen Marktwert auszuloten. Machen Sie bei Bewerbungen quer durch die Republik klar, dass ein Umzug für Sie kein Hindernis ist. Damit signalisieren Sie echtes Interesse an der ausgeschriebenen Stelle.

Schließen Sie mit der Bitte um eine Einladung zum Vorstellungsgespräch.

Briefbaustein F = Aufforderung zum Handeln
Psychologisch geschickt ist es, das Anschreiben nicht einfach mit der Grußformel zu beenden, sondern den Empfänger zum Handeln aufzufordern. Was läge da näher, als ein Gespräch vorzuschlagen? Die gängigste Variante ist der Satz *Über eine Einladung zum Vorstellungsgespräch würde ich mich freuen.* Er enthält aber noch keine Aufforderung zum Handeln. Besser ist es, Sie schlagen dem Personalverantwortlichen vor, Sie einzuladen, zum Beispiel indem Sie gleich noch die Telefonnummer angeben, unter der Sie in der Regel erreichbar sind.

Textbausteine für Ihre Bewerbung

Tipps zur Formulierung

In den Musterbriefen finden Sie jede Menge Formulierungen für Ihr Anschreiben, die Sie nach Belieben abwandeln können. Wenn Sie Ihr Anschreiben aber lieber Satz für Satz selbst entwickeln wollen, dann finden Sie hier Textbausteine, die Ihnen bei den Standardsätzen einer Bewerbung helfen können.

Textbausteine für das Anschreiben

Standardsatz	Variation
Baustein A = Bezug zum Stellenangebot	
Ich bewerbe mich auf Ihre Anzeige vom 13.10.2016 in der Frankfurter Allgemeinen Zeitung.	Mit Interesse habe ich Ihr Stellenangebot in der FAZ vom 13.10.2016 gelesen. Auf diese Stelle bewerbe ich mich.
Ich bewerbe mich als ... in Ihrem Hause.	Sie suchen eine/-n ... Da ich die nötigen Kenntnisse mitbringe, erhalten Sie hiermit meine Bewerbung.
Die ausgeschriebene Stelle interessiert mich sehr.	Die Stelle, die Sie ausgeschrieben haben, reizt mich ungemein. Ich denke, dass Sie von meinen Kenntnissen profitieren können.
Baustein B = Interesse wecken	
Ich habe großes Interesse, bei Ihnen zu arbeiten.	Über Ihre Firma habe ich schon viel Gutes gehört. Deshalb interessiere ich mich für eine Stelle in Ihrem Unternehmen.
Ihre ausgeschriebene Stelle hat mich sehr angesprochen.	Die ausgeschriebene Stelle trifft genau meine Interessen und Fähigkeiten.

Textbausteine für das Anschreiben (Fortsetzung)	
Standardsatz	**Variation**
Baustein C = Interesse wecken	
Ich habe Anglistik und Germanistik studiert.	Ich habe den Master in den Fächern Anglistik und Germanistik.
Ich habe Geologie studiert.	Ich bin Geologe, M. Sc.
Ich stehe kurz vor Abschluss der Lehre als Bürokauffrau.	Im Sommer bin ich mit der Lehre als Bürokauffrau fertig – und zu neuen Herausforderungen bereit.
Baustein D = Fähigkeiten und Eignung	
Seit fünf Jahren bin ich als ... tätig.	Im Bereich ... habe ich fünf Jahre Erfahrung.
Zurzeit arbeite ich als ... in der ...-Abteilung der Firma ...	... und ... – das kann ich. Denn auf meiner derzeitigen Stelle als ... kümmere ich mich tagtäglich um diese Dinge.
Die Stationen meiner Ausbildung waren vielfältig.	Produktion, Organisation, Vertrieb – all das habe ich in meiner Ausbildung kennengelernt.
Baustein E = Organisatorisches	
Meine Gehaltsvorstellungen liegen bei ... € pro Jahr.	Als Gehalt stelle ich mir ... € jährlich vor.
Mein bisheriges/letztes Gehalt lag bei ... € pro Jahr.	Mein bisheriges/letztes Gehalt lag bei ... Ich rechne mit einer Verbesserung.
Mein frühester Eintrittstermin wäre der 1. Januar.	Ich kann ab 1. Januar bei Ihnen anfangen.
Ein Umzug ist für mich kein Problem.	Für diese Stelle ziehe ich gern nach ...
Baustein F = Aufforderung zum Handeln	
Ich freue mich, wenn Sie mich bald zu einem Vorstellungsgespräch einladen.	Von meiner Eignung möchte ich Sie gern in einem persönlichen Gespräch überzeugen. Wann darf ich mich bei Ihnen vorstellen?
Über eine Einladung zum Vorstellungsgespräch würde ich mich freuen.	Interessiert? Dann laden Sie mich zum Vorstellungsgespräch ein!

Wie schafft man es, das Anschreiben kurz und knapp zu halten?

Fassen Sie sich kurz.

Nur eine Seite haben Sie für das Anschreiben. An diese Längenbeschränkung müssen Sie sich halten. Wer es nicht schafft, seine Eignung für die Stelle auf einer Seite auf den Punkt zu bringen, dem wird leicht unterstellt, das Wichtige nicht vom Unwichtigen unterscheiden zu können. Doch wie schafft man es, das Anschreiben kurz und knapp zu halten? Dazu einige Tipps:

- Vermeiden Sie weitschweifige Formulierungen und Bürokratensprache.
- Verzichten Sie im Anschreiben auf Details aus Ihrem Berufsleben (sie gehören in den Lebenslauf).
- Stellen Sie Ihre derzeitige Tätigkeit nicht zu ausführlich dar.

Wichtig: Meistens wird das Anschreiben überfrachtet, weil der Bewerber die momentane Situation oder einzelne Stationen im Lebenslauf zu ausführlich darstellt. Belassen Sie es bei wenigen Kernaussagen zu Ihrer Eignung. Ziehen Sie lediglich das Fazit Ihrer Tätigkeiten – nämlich die Erfahrungen und Kenntnisse, die Sie gewonnen haben. Den Rest erwähnen Sie im Lebenslauf – dort gibt es keine Platzbeschränkung, die Sie zwingend einhalten müssen.

Die elf häufigsten Fehler im Anschreiben

Elf Fehler, die Sie vermeiden sollten.

Fragt man Personalverantwortliche nach typischen Fehlern beim Bewerbungsanschreiben, tauchen einige Antworten immer wieder auf:

- Fehler 1: das gleiche Anschreiben für alle Bewerbungen
- Fehler 2: vergessene Änderungen
- Fehler 3: Qualifikation im Anschreiben nicht genannt
- Fehler 4: übertriebene Selbstsicherheit
- Fehler 5: zu wenig Selbstbewusstsein
- Fehler 6: Ignorieren wichtiger Bedingungen

- Fehler 7: veraltete Höflichkeitsformeln (zu viel »hätte«, »würde«, »könnte«)
- Fehler 8: Ich-ich-ich-Syndrom (= »Mich interessiert gar nicht, was Sie wollen«)
- Fehler 9: Überbetonung der momentanen Situation
- Fehler 10: Rechtschreib- und Grammatikfehler
- Fehler 11: fehlende Unterschriften

Fehler 1: das gleiche Anschreiben für alle Bewerbungen

Formulieren Sie jede Bewerbung individuell.

Für alle Bewerbungen das gleiche Anschreiben zu verwenden, ist zwar die leichteste Variante der Bewerbung, aber zugleich diejenige, die am wenigsten Erfolg verspricht. Einfach Firmennamen und Anrede auszutauschen – damit ist es nicht getan. Zwar sieht der Empfänger nicht, dass Sie das gleiche Anschreiben auch noch an 20 andere potenzielle Arbeitgeber geschickt haben. Aber er kann sehr wohl einschätzen, ob Sie darin individuell auf die Stelle eingehen, die er anbietet. Bei Initiativbewerbungen ist ein solches Vorgehen erst recht nicht effektiv. Denn der Empfänger, der gar keine Stelle ausgeschrieben hat, muss sich nicht mit Ihrer Bewerbung auseinandersetzen. Er kann sie genauso gut gleich wieder zurückschicken.

Tipp | **Individuell bewerben!**

Ideal sind Aussagen darüber, warum Sie sich ausgerechnet beim jeweiligen Empfänger bewerben.

Gehen Sie in jedem Anschreiben individuell auf die Stelle und den potenziellen Arbeitgeber ein, bei dem Sie sich bewerben.
Ein Personalentscheider langweilt sich nicht, wenn er in Ihrem Anschreiben etwas über seine Firma, Behörde oder Organisation liest. Im Gegenteil: Er sieht dann, dass Sie sich Gedanken gemacht haben und Ihre Bewerbungen nicht willkürlich an alle möglichen Empfänger schicken.

Beispiel
In der Anschrift steht »Mustermann AG, Herrn Otto Meier, Musterstr. 1, 12345 Musterstadt«. In der Anrede heißt es dann aber: »Sehr geehrter Herr Oberer«.

Fehler 2: vergessene Änderungen
So wenig ratsam es ist, das gleiche Anschreiben für alle Bewerbungen zu verwenden – eines ist klar: Sie brauchen das Rad auch nicht jedes Mal neu zu erfinden. Der Computer ermöglicht es ohne Weiteres, Textbausteine zu erstellen und bei Bedarf zu verwenden. Bei Stellen, bei denen ein ähnliches Profil gefordert ist, können Sie auf vorformulierte Sätze zurückgreifen. Passen Sie sie bei Bedarf einfach ein wenig an, damit sie genau zur ausgeschriebenen Stelle passen.

Tipp **Arbeiten Sie mit Markierungen!**

Markieren Sie in der Vorlage, was geändert werden muss.

Erstellen Sie für jeden Brief ein neues Dokument. Kopieren Sie die einzelnen Bausteine aus einem alten Brief hinein und ändern Sie jeden einzelnen sofort nach dem Kopieren. Variante: Sie können auch eine Briefvorlage verwenden und anpassen. Dann sollten Sie aber alles, was auf jeden Fall geändert werden muss, zunächst rot markieren. Wenn Sie ein neues Anschreiben brauchen, dann speichern Sie in einem ersten Schritt die Vorlage unter einem anderen Dateinamen ab und ändern Sie Schritt für Schritt alles, was rot markiert ist. Nach jeder Änderung wandeln Sie die rote Markierung in schwarze Standardschrift um.

Hüten Sie sich aber davor, einen vorhandenen Brief einfach zu ändern und zu überschreiben. Denn es passiert schnell, dass der Firmenname einer früheren Bewerbung irgendwo im Text stehen bleibt. Auch wenn sich Personalverantwortliche keine Illusionen machen und wissen, dass Sie sich noch auf andere Stellen bewerben: Eine solche Nachlässigkeit führt in aller Regel zu einer Absage.

Checkliste: Haben Sie alles Nötige geändert?

Prüfen Sie die folgenden Punkte in Ihrem Anschreiben besonders gründlich:

Name des potenziellen Arbeitgebers geändert?

- ☐ im Adressfeld?
- ☐ im Fließtext?

Adresse des potenziellen Arbeitgebers geändert?

- ☐ im Adressfeld?
- ☐ keine falschen Ortsangaben im Fließtext (z. B.: »Ein Umzug nach Hamburg wäre kein Problem«, wenn es um eine Stelle in München geht)?

Name des Ansprechpartners geändert?

- ☐ im Adressfeld?
- ☐ in der Anrede?
- ☐ im Fließtext?
- ☐ Datum aktualisiert?
- ☐ Stellenbezeichnung korrekt?

Die eigenen Qualifikationen belegen

Fehler 3: Qualifikation im Anschreiben nicht genannt

Ich interessiere mich für die Stelle und glaube, dass ich dafür geeignet bin. Immerhin glaubt der Bewerber selbst an seine Eignung. Für den Personalentscheider unerlässlich ist aber die Auskunft, warum der Bewerber sich für qualifiziert hält. Es reicht nicht, wenn er im Anschreiben nur Interesse an der Stelle bekundet. Zählen Sie Ihre Eigenschaften, Kenntnisse und Fähigkeiten auf, die zur ausgeschriebenen Stelle passen. Den Beleg für diese Qualifikationen wird der Personalverantwortliche zunächst im Lebenslauf suchen. Ideal ist es natürlich, wenn Sie schon im Anschreiben darauf eingehen – vorausgesetzt, der Platz reicht dafür.

Eigenlob stinkt!

Fehler 4: übertriebene Selbstsicherheit

Übertriebene Selbstsicherheit kommt bei den wenigsten Personalverantwortlichen gut an. Ein Anschreiben der Marke »Hoppla, jetzt komm ich!« bringt Minuspunkte ein.

Dabei gibt es zwei Hauptfehler:
- Unbewiesene oder unplausible Behauptungen
- Eigenlob

Bei routinierten Personalentscheidern sind unbewiesene oder unplausible Behauptungen besonders unbeliebt. Denn sofort drängt sich der Eindruck auf: »Große Klappe, nichts dahinter.« Wer zum Beispiel frisch von der Ausbildung oder Universität kommt und behauptet, über Führungseigenschaften zu verfügen, macht einen Personalentscheider stutzig. Wann soll ein so unerfahrener Bewerber jemals eine Führungsposition innegehabt haben? Führt ein Bewerber aber an, dass er jahrelang als Übungsleiter in einem Sportverein tätig war, nimmt man ihm seine Behauptung eher ab.

Selbstsichere Eigendarstellung ohne Arroganz und Überheblichkeit

Tipp **Selbstbewusstsein ja, Überheblichkeit nein**

Zugegeben – es ist nicht ganz einfach, die Grenze zwischen selbstbewusstem Auftreten und übertriebener Selbstsicherheit zu finden. Selbstbewusstsein ist ein Muss, übertriebenes Selbstbewusstsein ein Ausschlusskriterium. Stehen Sie zu Ihren Qualifikationen. Aber behaupten Sie nichts, was Sie nicht belegen können, z. B. durch frühere Tätigkeiten, Ausbildungsnachweise oder Hobbys. Achten Sie auf Schlüssigkeit und verzichten Sie auf jede Eigenbewertung.

Unangebracht ist auch Eigenlob, also eine positive Kommentierung der eigenen Fähigkeiten. Wer Personal auswählt, empfindet das als Bevormundung. Schließlich ist es seine Aufgabe, die Qualifikation eines Bewerbers zu bewerten.

Fehler 5: zu wenig Selbstbewusstsein

Konzentrieren Sie sich auf Ihre Stärken – und nicht auf die Schwächen.

So schädlich übertriebenes Selbstbewusstsein ist – es ist besser als gar keines. Wer sich bewirbt, muss sich selbstbewusst zeigen. Erst mit Selbstvertrauen kann er einen potenziellen Arbeitgeber von seiner Eignung überzeugen. Die Erfahrung zeigt, dass die meisten Bewerber sich ihrer Schwächen viel mehr bewusst sind als ihrer Stärken. Das gilt besonders für Arbeitslose.

Tipp **Vergessen Sie Ihre Stärken nicht!**

Kopf hoch! Sie haben Qualifikationen, von denen andere nur träumen können. Machen Sie sich klar, was Sie können und was Sie gern tun. Lassen Sie sich das von Freunden und Familienmitgliedern bestätigen. Betrachten Sie Ihre Stärken nicht als selbstverständlich, sondern erwähnen Sie sie explizit im Anschreiben. Gerade Ihre »weichen« Eigenschaften – also diejenigen, die außerhalb von Ausbildung und erworbenen Kenntnissen liegen, sollten Sie nicht unterbewerten, sondern in der Bewerbung hervorheben.

Auf Vorgaben im Stellenangebot sollten Sie explizit eingehen.

Fehler 6: Ignorieren wichtiger Bedingungen

Als Bewerber können Sie sich viel Mühe sparen, wenn Sie die Stellenanzeige genau studieren. Denn oft sind Bedingungen genannt, die Ihnen selbst nebensächlich scheinen, die für den potenziellen Arbeitgeber aber von zentraler Bedeutung sind. Zwei Beispiele:

- »Unser Betrieb liegt in Böblingen. Sie sollten für die Anfahrt nicht länger als 30 Minuten brauchen.«
- »Die Stelle ist wegen Mutterschaftsvertretung zum 1. Juli zu besetzen.«

Es ist ein Fehler, auf solche scheinbar unwichtigen Bedingungen im Anschreiben nicht einzugehen. Nehmen wir den ersten Fall: Der Arbeitgeber sucht einen Industriemechaniker, der sich im Störfall um die Reparatur von Maschinen kümmert. Hat dieser Mann eine lange Anfahrtszeit, dann stehen die Maschinen (auch die in der Produktion nachgelagerten) unnötig lange still. Das verursacht hohe Kosten. Für eine Bewerbung heißt das: Wohnt

der Bewerber nicht in der Nähe des Betriebs, kommt er nicht infrage, selbst wenn sein Profil noch so gut zur angebotenen Stelle passt.
Das Gleiche gilt im zweiten oben genannten Fall, wenn eine Bewerberin – zum Beispiel wegen der Kündigungsfrist ihrer bisherigen Arbeitsstelle – die neue Stelle nicht zum genannten Termin antreten kann.

Tipp **Auf wichtige Bedingungen eingehen!**

Gehen Sie schon im Anschreiben auf wichtige Bedingungen der Stellenausschreibung ein, zum Beispiel mit den Sätzen:
Ein Umzug nach Böblingen ist für mich kein Problem.
Ich bin ab dem 1. Juli 2016 frei, die Stelle anzutreten.
Erfüllen Sie die geforderten Kriterien nicht, dann sollten Sie sich vorher erkundigen, ob Ihre Bewerbung überhaupt sinnvoll ist.

Prüfen Sie, ob Ihre Konjunktivformulierungen nötig sind. Sätze im Indikativ klingen direkter, selbstbewusster und weniger verzagt.

Fehler 7: veraltete Höflichkeitsformeln

Eng verwandt mit Fehler 5 ist ein übertrieben höfliches und demütiges Auftreten. Gerade die Wörter »hätte«, »würde«, »dürfte« oder »könnte« sind zu veralteten Höflichkeitsfloskeln erstarrt. Wer sie im Anschreiben zu häufig benutzt,

- wirkt unterwürfig (eine Eigenschaft, die sich z. B. mit Verantwortungsbewusstsein und Führungsstärke beißt),
- dokumentiert kein großes Vertrauen in den eigenen Auftritt und die eigenen Fähigkeiten,
- wird leicht als antiquiert und unmodern wahrgenommen.

Einige Beispiele, wie Sie typische Konjunktivsätze umformulieren, zeigt die folgende Tabelle:

Griffig formulieren: besser ohne Konjunktiv

Nicht	Sondern
In diesem Bereich würde ich gern arbeiten.	Dieser Bereich passt genau zu meinen Qualifikationen.
An der von Ihnen ausgeschriebenen Stelle hätte ich großes Interesse.	Die Stelle, die Sie anbieten, interessiert mich.
Deshalb würde ich mich gern bewerben.	Deshalb erhalten Sie meine Bewerbung. *Oder:* Deshalb bewerbe ich mich bei Ihnen.
Ich glaube, dass ich für diese Stelle der geeignete Kandidat wäre.	Für diese Stelle bin ich der geeignete Kandidat. Warum ich das behaupte? Weil ...
Ich könnte die Stelle zum ... antreten.	Mein frühestmöglicher Eintrittstermin ist der ...
Ich würde gern ... Euro pro Jahr verdienen.	Meine Gehaltsvorstellungen liegen bei ... Euro pro Jahr. *Oder:* Bisher verdiene ich ... Euro pro Jahr. Ich rechne mit einer Verbesserung.
Ich würde mich freuen, wenn Sie mich zu einem Vorstellungsgespräch einladen würden.	Ich freue mich, wenn Sie mich zu einem Vorstellungsgespräch einladen. *Oder:* Auf ein persönliches Gespräch mit Ihnen freue ich mich.

Ihr Anschreiben wirkt überzeugender, wenn Sie die Perspektive wechseln.

Fehler 8: Ich-ich-ich-Syndrom

In Ihrer Bewerbung stehen Ihre Person und Ihre Fähigkeiten im Mittelpunkt. Das ist klar. Vermeiden Sie es dennoch, nur von sich selbst zu reden. Denn es wirkt sehr ichbezogen. Sie vermitteln damit den Eindruck, dass Sie sich gar nicht für das interessieren, was dem potenziellen Arbeitgeber wichtig ist (»Mich interessiert gar nicht, was Sie wollen.«).

Es ist besser, Sie gehen auf jeden einzelnen Wunsch des potenziellen Arbeitgebers mit einem Satz ein. Denn nicht Ihre Sichtweise ist entscheidend, sondern die Frage, ob Ihre Fähigkeiten und Qualifikationen den Vorstellungen Ihres potenziellen Arbeitgebers entsprechen. Flechten Sie immer wieder ein, dass Sie sich mit seinen Wünschen beschäftigt haben. Das zeigt, dass Sie sich in seine Lage hineinversetzen können und erfasst haben, was er braucht. Einige Beispiele zeigt die folgende Tabelle:

In den Arbeitgeber hineinversetzen: Passende Formulierungen

Sichtweise des Bewerbers – nicht allzu oft anwenden –	**Sichtweise des Empfängers – häufiger einstreuen –**
Ich interessiere mich für Ihr Stellenangebot.	Ihr Stellenangebot passt zu meinen Qualifikationen.
Ich möchte gern in diesem Bereich arbeiten.	Sie schreiben, dass diese Arbeit anspruchsvoll ist. Dieser Herausforderung stelle ich mich gern.
Ich bin ... Ich kann ... Diese Aufgabe reizt mich.	Sie suchen ... – ich biete ... Überzeugen Sie sich selbst, dass ich dieser Aufgabe gewachsen bin: ...

Es zählt nicht nur das, was Sie aktuell tun.

Fehler 9: Überbetonung der momentanen Situation

Eine ideale Bewerbung spiegelt das wider, was ein Bewerber für eine bestimmte Stelle zu bieten hat. Genau das ist nicht einfach. Das Hauptproblem besteht darin, die Spreu vom Weizen zu trennen. Die »Spreu« ist in vielen Fällen die momentane Situation des Bewerbers. Der »Weizen«, das sind die Fähigkeiten, die er mitbringt – das ist es, was eigentlich von Belang ist. Viele Bewerber machen den Fehler, die momentane Situation überzubetonen und dabei Qualifikationen zu vernachlässigen, die im Hinblick auf die angestrebte Stelle genauso wichtig oder sogar noch wichtiger sind.

Beispiel
Thorsten Raabe will sich als Mitarbeiter der Pressestelle bei einem Bauernverband bewerben. Momentan nimmt er an einem Traineeprogramm bei einem Fachverlag teil. Da dies die erste Arbeitsstelle nach dem Studium ist, beschreibt er in seinem Bewerbungsbrief ausführlich,

- welche Stationen er dabei durchlaufen hat,
- an welchen Lehrgängen er teilgenommen hat,
- welche Lerninhalte vermittelt worden sind,
- für welches Magazin er geschrieben hat.

Viel besser wäre es, er führte (gleichberechtigt) alle Fakten aus seinem Leben auf, die ihn für die ausgeschriebene Stelle besonders qualifizieren. Das sind, wie sich mit Blick auf seinen Lebenslauf herausstellt, eine ganze Menge:

- Er stammt von einem Bauernhof.
- Er ist Biologe, M. Sc.
- Er absolvierte ein Praktikum im Landwirtschaftsministerium.
- Er macht ein Volontariat bei einem Landwirtschaftsverlag (das Thema Landwirtschaft mit allen Facetten ist ihm also geläufig).

Beispiel Fehler 9: Überbetonung der momentanen Situation

(Absenderadresse)

Bauernverband
Bauernstraße 77
77777 Bauernstadt

Datum

Bewerbung um Mitarbeit in Ihrer Pressestelle

Sehr geehrte Damen und Herren,

...

Ich habe Biologie studiert und arbeite jetzt als Trainee beim LWS-Verlag. Dabei habe ich schon verschiedene Stationen durchlaufen: Drei Monate war ich bei der Konzeption einer neuen Informationsschrift für Landwirte tätig, dann wurde ich für weitere drei Monate in der Abteilung Fachbücher eingesetzt. Danach wechselte ich in die Redaktion der Zeitschrift „Landwirtschaft heute". Dort habe ich gelernt, Fachartikel verständlich und zugleich fachgerecht aufzubereiten.

Außerdem besuchte ich im Rahmen des verlagseigenen Ausbildungsprogramms Seminare zum Thema EU-Fördermaßnahmen, landwirtschaftliche Buchführung, Controlling für Landwirte, Verlagswesen, Herstellung, Satz und Druck, journalistisches Schreiben.

...

Der Bewerber ist Biologe, hat ein Praktikum im Landwirtschaftsministerium gemacht und stammt von einem Bauernhof – das sollte er schreiben.

Hier werden zu viele Details der momentanen Stelle genannt, die für die angestrebte Stelle unwichtig sind.

Diese Seminare nutzen ihm für die angestrebte Stelle nur zum Teil.

Beispiel Fehler 9 korrigiert

(Absenderadresse)

Bauernverband
Bauernstraße 77
77777 Bauernstadt

Datum

Bewerbung um Mitarbeit in Ihrer Pressestelle

Sehr geehrte Damen und Herren,

...

Der Bewerber beweist, dass er sich in die geforderten Aufgaben hineinversetzt hat.

Der Master ist unbedingt zu nennen.

Ich stamme von einem Bauernhof in Niederbayern – das bedeutet, ich kenne die Denkweise Ihrer Verbandsmitglieder aus eigener Anschauung. Als Biologe (M. Sc.) mit Schwerpunkt Landwirtschaft habe ich aber nicht nur von der Praxis, sondern auch von der grauen Theorie mehr als nur eine Ahnung. Überdies habe ich schon erste Erfahrungen in Sachen Landwirtschaftspolitik, denn während meines Studiums absolvierte ich ein sechswöchiges Praktikum im bayerischen Landwirtschaftsministerium. Ich bin sicher, diese Kontakte können auch für Sie nützlich sein; schließlich ist die Lobbyarbeit für Ihre Mitglieder einer der Schwerpunkte Ihrer Arbeit.

Der Bewerber weist zu Recht auf seinen Nutzen für den Arbeitgeber hin.

Mittlerweile bin ich Trainee im LWS-Verlag. Bei dieser Stelle geht es nicht nur um theoretisches Wissen, sondern vielmehr um die verständliche Aufbereitung aller Themen, die für Landwirte und Gärtner von Belang sind. Die publizistische Erfahrung, die ich dabei erworben habe, rundet mein Profil ab.

...

Ziehen Sie das Fazit aus Ihrem gesamten bisherigen Werdegang.

Tipp **Berücksichtigen Sie alle Stationen, die wichtig sind!**

Betrachten Sie Ihr gesamtes Leben: Welche Ausbildungs- und Berufsstationen haben Sie schon durchlaufen? Was haben Sie schon erlebt? Gehen Sie gedanklich ein paar Jahre zurück: Was war das Wesentliche bei früheren Stationen? Wie lassen sie sich zusammenfassen? Genau diese Betrachtungsweise müssen Sie auch auf Ihre gegenwärtige Situation anwenden. Wenn Sie fähig sind, sie genauso kurz zusammenzufassen wie alle bisherigen Stationen in Ihrem Leben, dann liegen Sie mit der Gewichtung richtig.

Fehler 10: Rechtschreib- und Grammatikfehler
Sie meinen, Ihr Anschreiben sei versandfertig? Dann darf es keinen Rechtschreib- oder Grammatikfehler enthalten. Denn gerade diese formalen Fehler sind vielen Personalverantwortlichen ein Dorn im Auge.

Tipp **Ausdrucken und Korrektur lesen (lassen)!**

Vier Augen sehen mehr als zwei: Bitten Sie eine weitere Person, Ihre Bewerbung gegenzulesen.

Drucken Sie Ihr Anschreiben aus und lesen Sie es auf Papier noch einmal durch. Bitten Sie auch eine weitere Person, es mit einem Rotstift zu korrigieren, und übertragen Sie die Korrekturen sorgfältig. Bei der Bewerbung für die Produktion zum Beispiel sind Rechtschreibfehler nicht unbedingt ein K.-o.-Kriterium, im kaufmännischen Bereich dagegen schon. Denn hiermit demonstrieren Sie, dass Sie im Schriftverkehr nicht die nötige Sorgfalt walten lassen. Besonders schlimm: Falsche Schreibweise der Firma, Organisation oder Behörde, bei der Sie sich bewerben, oder des Ansprechpartners, zu dessen Händen Sie Ihre Bewerbung geschickt haben.

Unterschrift auf Anschreiben und Lebenslauf nicht vergessen!

Fehler 11: fehlende Unterschriften

Anschreiben mit fehlender Unterschrift kommen häufiger vor, als man denkt. Sie zeugen aber zumindest von Nachlässigkeit. Manche Personalverantwortliche ziehen aus dem Fehlen der Unterschrift sogar den Schluss, dass ein Bewerber nicht zu dem steht, was er geschrieben hat.

Tipp **Vor dem Senden prüfen!**

Bevor Sie die Bewerbung versenden, prüfen Sie sie noch einmal sorgfältig. Nicht nur das Anschreiben, sondern auch der Lebenslauf muss unterschrieben sein, bei postalischen Bewerbungen am besten mit blauer Tinte. Eine eingescannte Unterschrift ist nur bei elektronischen Bewerbungen zu empfehlen.

Muster Anschreiben

Auf den folgenden Seiten haben wir eine Reihe von beispielhaften Anschreiben zusammengestellt, an denen Sie sich orientieren können. Aber beachten Sie: Sie sind einzigartig, und einzigartig sollte auch Ihre Bewerbung sein. Schreiben Sie also nicht einfach ein Anschreiben ab, sondern anverwandeln Sie es sich allenfalls, und zwar so, dass es tatsächlich Ihre Persönlichkeit widerspiegelt. Bedienen Sie sich dazu nicht nur der Formulierungen aus Anschreiben, die für Ihr Berufsgebiet gelten, sondern schauen Sie auch, ob nicht in einem der anderen Anschreiben wertvolle Anregungen stecken.

Muster Anschreiben »Ausbildungsplatz Bürokauffrau«

Anna Neumann Gartenstraße 3 81234 München Tel.: 089 1234567
E-Mail: aneumann@mail.de

Wohnwelten GmbH
Herrn Patrick Meier
Industriestraße 15
84321 München

19. Januar 2016

Bewerbung um einen Ausbildungsplatz als Bürokauffrau
Ihre Anzeige auf der Online-Jobbörse der Arbeitsagentur

Sehr geehrter Herr Meier,

mit großem Interesse habe ich Ihre Anzeige im Internet gelesen. Meine Eltern haben Ihr Haus erst kürzlich gelobt, als sie sich dort eine neue Wohnwand gekauft haben und sehr gut beraten wurden. Gern möchte ich bei Ihnen meine Lehre zur Bürokauffrau machen.

Zurzeit besuche ich die Staatliche Realschule in Neubiberg, die ich im Juli mit dem Realschulabschluss abschließen werde. Meine Lieblingsfächer sind Französisch und Mathematik. Daneben gehe ich gern in die Computer-AG, wo ich mir Kenntnisse in Microsoft Office mit allen gängigen Anwendungen aneignen konnte.

Erste berufliche Erfahrungen habe ich während meines vierwöchigen Betriebspraktikums bei der Firma Müller Consult in Höhenkirchen gesammelt. Dort half ich bei der Pflege der Kundendatei und durfte bei der Kursorganisation und Reiseplanung mitwirken. Besonders gefallen hat mir die Zusammenarbeit im Team.

Ich freue mich, wenn ich Sie in einem persönlichen Gespräch von mir und meinen Qualifikationen überzeugen darf.

Mit freundlichen Grüßen

Anna Neumann

Anlagen

Muster Anschreiben »Ausbildungsplatz IT-Systemelektroniker«

Felix Müller
Amalienstraße 35
65432 Mainz
Tel.: 06131 43210
fmueller@mail.de

IT-Systems GmbH
Herrn Dr. Ulf Bender
Marienstraße 118–120
65432 Mainz

Mainz, 15.2.2016

Bewerbung als Auszubildender zum IT-Systemelektroniker
Ausschreibung auf Ihrer Website

Sehr geehrter Herr Dr. Bender,

die Ausschreibung auf Ihrer Firmenwebsite begeistert mich. In Ihrem international ausgerichteten Unternehmen eine Ausbildung zum IT-Systemelektroniker zu absolvieren, reizt mich sehr.

Zurzeit besuche ich das Kurfürst-Gymnasium hier in Mainz, das ich im Juni mit dem Abitur abschließen werde. Meine Freizeit verbringe ich schon seit einigen Jahren gern am Computer und im Internet. Für meinen Vater habe ich bereits ein kleineres Kalkulationsprogramm für die Angebotserstellung geschrieben. Außerdem bin ich einer der Systemadministratoren unserer Schulhomepage (www.kurfuerstgymnasium-mainz.de). Auf fachlichem Gebiet konnte ich bereits viel von meinem Bruder lernen, der als Systemadministrator arbeitet.

Im Sommer letzten Jahres habe ich ein dreiwöchiges Praktikum bei der Firma Müller & Schöne EDV in Wiesbaden gemacht. Dabei gehörte die Installation von neuer Software ebenso zu meinen Aufgaben wie das Programmieren von kleineren Datenbank-Anwendungen.

In meiner Freizeit helfe ich gern Freunden dabei, ihre Computerprobleme zu beheben. Da ich regelmäßig die Fachpresse verfolge, kenne ich auch viele der neuesten Entwicklungen im Bereich Hard- und Software. Gern komme ich persönlich bei Ihnen vorbei, um mich vorzustellen.

Mit freundlichen Grüßen

Felix Müller

Anlagen

Muster Anschreiben »Stelle als Trainee«

Ayshen Özelek
Friedenstr. 21 · 89231 Neu-Ulm · Deutschland
Tel.: +49 731 12345678 · Mobil: +49 153 123456789
E-Mail: oezelek@musterweb.de

Gutmann Food GmbH
Herrn Andreas Kramer
Gewerbestraße 25
70565 Stuttgart

10.2.2016

Bewerbung auf eine Traineestelle Health Care und Life Sciences
Ihr Stellenangebot auf der Online-Jobbörse www.monster.de

Sehr geehrter Herr Kramer,

vielen Dank für das freundliche Telefongespräch und die Informationen über die Traineestelle im Bereich Health Care und Life Sciences. Die beschriebenen Aufgaben reizen mich sehr. Gern möchte ich für ein renommiertes und weltweit bekanntes Unternehmen wie Ihres arbeiten und zum Unternehmenserfolg beitragen.

Ich bin 28 Jahre alt und stehe kurz vor dem Abschluss meines Masterstudiums der Ernährungswissenschaften. Besonders interessiert mich das Gebiet der „Health Food“. Meine Abschlussarbeit habe ich über Vermarktungsstrategien in diesem Bereich geschrieben. Auch in quantitativen Forschungsmethoden kenne ich mich gut aus – in einem Laborpraktikum bei einem Nahrungsmittelkonzern in Kanada habe ich entsprechende Kenntnisse erworben. Zugleich konnte ich unter anderem dort meine Teamfähigkeit und meine Eigeninitiative beweisen.

Ich bin deutsche Staatsbürgerin. Deutsch und Türkisch sind meine Muttersprachen, Englisch und Französisch spreche ich fließend. Können Sie sich vorstellen, mich als Trainee in Ihrem Unternehmen einzusetzen? Über eine Einladung zum persönlichen Gespräch freue ich mich sehr.

Beste Grüße nach Stuttgart

Ayshen Özelek

Muster Anschreiben »Wissenschaftlicher Mitarbeiter«

Fabian Probst
Altmark-Allee 311
39104 Magdeburg
Tel.: 0391 33221100
Mobil: 0171 1223334444
E-Mail: f.probst@mailweb.de

Fraunhofer-Institut für Solare Energiesysteme
Dr. Nicole Brunner
Sollingstraße 5
37085 Göttingen

28.1.2016

Bewerbung als wissenschaftlicher Mitarbeiter
Ihre Ausschreibung auf der Website www.ipm.fhg.de

Sehr geehrte Frau Dr. Brunner,

schon seit Längerem verfolge ich in der Fachpresse das Projekt „Systemforschung Elektromobilität", nun finde ich auf der Website der Fraunhofer-Gesellschaft die Ausschreibung einer Stelle für einen wissenschaftlichen Mitarbeiter in diesem Bereich. Auf diese Position bewerbe ich mich.

Zu meinem Profil: Ich bin Student der Elektrotechnik an der Otto-von-Guericke-Universität in Magdeburg, kurz vor dem Abschluss zum Master of Science. Meine Abschlussarbeit beschäftigt sich mit „Potenzialen der Fotovoltaik in der Stadt- und Regionalplanung". Ein Teilaspekt davon ist der Einsatz von Solarstrom bei städtischen Verkehrsbetrieben – insofern fühle ich mich für die weitere Forschung auf dem Gebiet der Elektromobilität bestens gerüstet.

Sehr gern forsche ich im Labor, vor allem an der Entwicklung innovativer Lösungen. Ich schätze es, im Team zu arbeiten, gehe aber auch meinen individuellen Aufgaben selbstständig und engagiert nach. Mir liegt eher die angewandte Forschung als die Grundlagenforschung – aus diesem Grund erscheint mir die Arbeit bei einem Fraunhofer-Institut besonders attraktiv.

Gern stelle ich mich Ihnen persönlich vor. Ich freue mich auf Ihre Antwort.

Mit besten Grüßen nach Göttingen

Fabian Probst

Muster Anschreiben »Erzieherin«

Maike Renningsen
Obere Beeke 25
26130 Oldenburg
Tel.: 0441 223334444
E-Mail: M.Renningsen@bspweb.de

Gemeindeverwaltung Wiesmoor
Referat Personal
Frau Neele Claaß
Gärtnereiweg 8
26639 Wiesmoor

Oldenburg, 9. Mai 2016

Bewerbung als Erzieherin im kommunalen Kindergarten Wiesmoor

Sehr geehrte Frau Claaß,

im Stellenportal der „Nordwest-Zeitung" wurde ich auf Ihre Stellenausschreibung aufmerksam. Sie suchen eine Erzieherin für die zweite Gruppe des kommunalen Kindergartens. Diese Tätigkeit sagt mir sehr zu, deshalb bewerbe ich mich hiermit darauf.

Zu meiner Person: Ich bin 23 Jahre alt und von Beruf Erzieherin. Seit fast drei Jahren leite ich die dritte Gruppe des städtischen Kindergartens in Delmenhorst.

Dass ich als Erzieherin gut mit Kindern zurechtkomme, ist selbstverständlich. Darüber hinaus bin ich kreativ und einfallsreich. Gerade bei anstehenden Festen, an Weihnachten und Ostern, zu Kindergeburtstagen und Gemeindefesten, habe ich immer Ideen, mit welchen Aktionen man die Kinder zum Mitmachen motivieren kann. Außerdem bin ich praktisch veranlagt: Mit kleineren Katastrophen (Verletzungen, Streitereien zwischen den Kindern etc.), wie sie im Kindergartenalltag eben hin und wieder vorkommen, kann ich gut umgehen. Meist finde ich schnell eine Lösung, sodass es nicht zur großen Katastrophe kommt.

Ich könnte kurzfristig am 1. Juni bei Ihnen anfangen, denn mein derzeitiger Arbeitsvertrag läuft aufgrund einer Befristung diesen Monat aus. Sie wollen mich kennenlernen? Dann freue ich mich, wenn Sie mich zum Vorstellungsgespräch einladen. Ich bin telefonisch unter der Rufnummer: 0441 223334444 (AB) erreichbar.

Mit freundlichen Grüßen nach Ostfriesland

Maike Renningsen

Muster Anschreiben »Assistentin des Geschäftsführers«

Antje Plessar
Am Fuchsgrund 11
06246 Delitzsch
Tel.: 0351 111222333
E-Mail: a.plessar@webprovider.de

Ravensteiner Handelsgesellschaft mbH
Frau Elisabeth Wurzer
Pirnaer Str. 95
01235 Dresden

29.1.2016

Bewerbung als Assistentin des Geschäftsführers
Ihr Onlinestellenangebot auf www.stepstone.de

Sehr geehrte Frau Wurzer,

die Tätigkeiten, die Sie in Ihrem Stellenangebot beschreiben, entsprechen genau meiner Ausbildung und Erfahrung. Speziell weil Sie Handelsbeziehungen nach Osteuropa unterhalten, denke ich, dass meine Qualifikationen für Sie interessant sind.

Ich bin 46 Jahre alt und habe im Bereich Assistenz und Sekretariat jahrelange Erfahrung. Meine Ausbildung zur Facharbeiterin für Schreibtechnik absolvierte ich noch zu DDR-Zeiten. Danach war ich bei verschiedenen Industrieunternehmen als Sekretärin im Export tätig. Zuletzt war ich Exportsachbearbeiterin bei der Cowatco KG, einer Maschinenbaufirma in Leipzig. Aufgrund einer Standortverlagerung fiel mein Arbeitsplatz zum 31.8.2015 weg. Nach einer viermonatigen Auszeit, in der ich Vietnam bereiste, suche ich aktiv eine neue berufliche Aufgabe. Parallel habe ich meine Computerkenntnisse aufgefrischt und erweitert.

Warum Sie mich als Assistentin des Geschäftsführers einstellen sollten? Weil meine Stärken in der Organisation und Kommunikation liegen. Ich beherrsche die russische Sprache fließend in Wort und Schrift und bringe zudem gute Polnischkenntnisse mit. Auch in turbulenten Zeiten bewahre ich den Blick fürs Wesentliche.

Ich könnte Ihnen sofort zur Verfügung stehen. An der Assistentinnenstelle bin ich besonders interessiert. Sollten Sie aber einen anderen Einsatzbereich für mich haben, dann komme ich auch dafür gern zu einem Gespräch!

Freundliche Grüße aus Delitzsch

Antje Plessar

Muster Anschreiben »Projekt-Einkäufer«

Daniel Knappe, Baumstraße 4, 80469 München
Tel.: 089 1234567, E-Mail: daniel.knappe@net.com

Motorenteile Haupt GmbH
Herrn André Michel
Industriestraße 27
81245 München

17.1.2016

Zuverlässiger, erfahrener Projekt-Einkäufer für Ihr Unternehmen
Ihre Stellenanzeige in der Süddeutschen Zeitung vom 14.1.2016

Sehr geehrter Herr Michel,

vielen Dank für das freundliche Telefongespräch und Ihr Interesse an meinen Bewerbungsunterlagen. Ihre Stellenanzeige hat mich angesprochen, da mir die Motorenteile Haupt GmbH durch Artikel im Wirtschaftsteil meiner Tageszeitung als erfolgreicher Produzent von Elektronikbauteilen für Motoren und als Top-Arbeitgeber in der Region bekannt ist.

Ich bin 36 Jahre alt, gelernter Industriekaufmann und Fachkaufmann Einkauf/Materialwirtschaft (IHK). In meiner jetzigen Tätigkeit verantworte ich den Einkauf von Elektronikbauteilen bis zu einem Volumen von 3 Mio. €. Ich habe fundierte Kenntnisse in der Beschaffungsmarktanalyse, Erfahrungen in Kostenoptimierung und Verhandlungsgeschick. Den asiatischen Beschaffungsmarkt kenne ich gut. Englisch spreche ich fließend, meine Kenntnisse in SAP ERP sowie MS Office sind fundiert. Ich arbeite selbstständig, zuverlässig und genau. Die Bereitschaft zu Dienstreisen bringe ich mit.

Mein heutiger Arbeitgeber muss sich marktbedingt drastisch verkleinern. Dadurch fällt mein Arbeitsplatz zum 30.6.2016 weg. Deshalb könnte ich Ihnen auch kurzfristig zur Verfügung stehen. Meine Gehaltsvorstellungen liegen bei ... € pro Jahr.

Habe ich Ihr Interesse geweckt? Weitere Fragen beantworte ich Ihnen gern in einem persönlichen Gespräch. Ich freue mich auf Ihre Antwort.

Mit freundlichen Grüßen

Daniel Knappe

Muster Anschreiben »Verkaufsberater Telekommunikation«

Arne Kräftig, Bienwaldstr. 16, 67658 Kaiserslautern
Tel.: 0631 1234567, E-Mail: AK@beispielnet.com

TeleMarketCom Internetdienstleistungen
Frau Sophie Lück
Alte Zeche 155
66112 Saarbrücken

Kaiserslautern, 30.10.2016

Bewerbung als Verkaufsberater Telekommunikation
Ihr Stellenangebot auf www.monster.de

Sehr geehrte Frau Lück,

haben Sie vielen Dank für Ihre Informationen am Telefon. Wie versprochen reiche ich meine Bewerbung als Verkaufsberater für Telekommunikationsdienstleistungen ein.

Ihr Unternehmen ist mir als einer der besten Anbieter von Internetdienstleistungen in Deutschland bekannt. Gern möchte ich mit meinem verkäuferischen Talent zum Erfolg Ihres Unternehmens beitragen.

Ich bringe langjährige Erfahrung als Außendienstmitarbeiter für einen Versicherungsanbieter und als Vertriebsmitarbeiter in der Pharmabranche mit. Verkauf und Vertrieb liegen mir im Blut. Es macht mir Spaß, Menschen zu beraten. Dabei gehe ich zielstrebig und abschlussorientiert vor. Ich kann mich gut organisieren, arbeite motiviert und zuverlässig.

Aufgrund einer Umstrukturierung ist mein Arbeitsplatz zum 31. Juli 2016 weggefallen. Deshalb könnte ich Ihnen auch kurzfristig zur Verfügung stehen. Meine Gehaltsvorstellungen mit Fixum und Provision bespreche ich gern in einem persönlichen Gespräch mit Ihnen.

Sie wollen mich kennenlernen, um sich selbst ein Bild von mir und meinen Fähigkeiten zu machen? Mobil bin ich jederzeit erreichbar unter 0170 11223344. Ich freue mich auf Ihren Anruf!

Freundliche Grüße ins benachbarte Saarland

Arne Kräftig

Muster Anschreiben »Leiter der Personalabteilung«

Benjamin Lehmann, Lindenallee 3, 20100 Hamburg
Tel.: 040 1234567
E-Mail: lehmann@net.com

Trachtenzauber Bernauer AG
Frau Anette Bernauer
Karlsplatz 19–21
80998 München

10.1.2016

Bewerbung als Leiter der Personalabteilung
Ihr Stellenangebot in der Süddeutschen Zeitung vom 7. Januar 2016

Sehr geehrte Frau Bernauer,

da ich eine neue berufliche Herausforderung suche und aus persönlichen Gründen gern nach München ziehen möchte, bewerbe ich mich auf Ihr Stellenangebot.

Ich bin 45 Jahre alt und Diplom-Kaufmann. Seit über 15 Jahren arbeite ich im Personalwesen in den verschiedensten Branchen: Medien, Industrie, Dienstleistung und Handel; seit 2001 in leitender Funktion. Am besten bin ich mit dem Einzelhandel vertraut: Seit fast zehn Jahren bin ich stellvertretender Personalchef einer großen Einzelhandelskette.

Die Herausforderungen des Einzelhandels sind mir gut bekannt: Es ist nicht leicht, qualifizierte Mitarbeiter zu finden und zu motivieren. Dafür ist in erster Linie der Personalchef verantwortlich. Gleichzeitig muss er Kosten senken und die Produktivität steigern. An Ihrem Haus gefällt mir, wie Sie mit Ihren Mitarbeitern umgehen: Sie vermeiden betriebsbedingte Kündigungen und machen Einschnitte nur bei kurzfristigen Aushilfskräften. Das ist eine Personalpolitik, die ich gern fortführen möchte. Mit Personalauswahl, Einsatzoptimierung, Aus- und Weiterbildung kenne ich mich ebenso gut aus wie mit den Themen Mitarbeitervergütung, Steuern und Sozialversicherungen.

Gern komme ich zu einem Kennenlerngespräch. Ich freue mich, von Ihnen zu hören!

Beste Grüße nach München

Benjamin Lehmann

Muster Anschreiben »Projektmanagerin«

Leonie Pfeiffer · Winsstr. 60 · 10405 Berlin
Tel.: 030 123456789 · Mobil: 0176 123456789 · E-Mail: pfeiffer@webmail.de

Life-Cosmetics GmbH
Frau Annabella Gary
Invalidenstr. 54
10115 Berlin

6.8.2016

Bewerbung als Projektmanagerin
Ihre Stellenanzeige auf Xing vom 04.08.2016

Sehr geehrte Frau Gary,

Ihr Stellenangebot hat mich sofort angesprochen, da ich über mehrjährige Berufserfahrung im Projektmanagement für eine Herren-Kosmetikmarke verfüge und mir Ihr Unternehmen als renommierter Kosmetikhersteller bekannt ist. Daher sende ich Ihnen meine Bewerbung.

Ich bin 37 Jahre alt und habe nach dem ersten Staatsexamen in Jura meine berufliche Laufbahn als Trainee der Randorff AG in Mannheim begonnen. Meine Stärken liegen in den Bereichen Marketing und Projektmanagement. Zuletzt war ich als Projektmanagerin der Deubner Cosmetics GmbH für die Einführung neuer Kosmetikmarken verantwortlich. Ich arbeite zielstrebig, selbstständig und zuverlässig. Englisch spreche ich fließend, Französisch gut. Meine Fähigkeiten in MS Office, MS Project und SAP CRM sind fundiert.

Im Mai 2013 kam meine Tochter Anna Maria zur Welt. Nach dreijähriger Elternzeit möchte ich jetzt beruflich wieder einsteigen. Die Versorgung meiner Tochter ist sichergestellt, sodass ich Vollzeit flexibel einsatzbereit bin.

Meine Gehaltsvorstellungen liegen zwischen ... € und ... € Jahresgehalt. Ich könnte Ihnen zum gewünschten Eintrittsdatum am 1.10.2016 zur Verfügung stehen.

Habe ich Sie mit meiner Bewerbung von meinen Qualifikationen überzeugt? Ich freue mich auf eine Einladung zum Vorstellungsgespräch.

Mit freundlichen Grüßen

Leonie Pfeiffer

Muster Anschreiben »Investment Consultant«

Luan Wang
Turmstraße 30
60385 Frankfurt am Main
Tel.: 069 12233445
E-Mail: lwang@net.de

Bankhaus Meyer International
Capital Markets
Herrn Michael Rast
Westendstraße 20
60325 Frankfurt am Main

Frankfurt am Main, 24.4.2016

Bewerbung als Investment Consultant

Sehr geehrter Herr Rast,

im Karriereportal Ihrer Website schreiben Sie die Stelle eines Investment Consultants aus. Die Qualifikationen und die Aufgaben, mit denen Sie die Position beschreiben, passen sehr gut zu mir, meiner Ausbildung und meiner Berufserfahrung. Daher bewerbe ich mich bei Ihnen.

Ich bin 1982 in China geboren, wo ich ein Studium zum Bachelor of Arts of Finance absolviert habe. Seit Juni 2004 lebe ich in Deutschland. Hier habe ich 2007 meinen Master in Internationaler Ökonomie und Wirtschaftspolitik an der Goethe-Universität Frankfurt erlangt. Seither arbeite ich für die China Construction Bank Corporation, Niederlassung Frankfurt, mit regelmäßigen Dienstreisen nach Peking und Wuhan.

Meine Stärken liegen im Finanzmanagement und der Ökonometrie. Ich bin vertraut mit den EDV-Programmen MS Office, Eviews, TSP, Stata, Matlab und SAS. Chinesisch ist meine Muttersprache, Deutsch und Englisch beherrsche ich verhandlungssicher. Ich arbeite zuverlässig, motiviert und gern im Team. Eine Aufenthalts- und Arbeitserlaubnis für Deutschland habe ich.

Ich kann Ihnen zum 1. Juli 2016 zur Verfügung stehen. Meine Gehaltsvorstellungen liegen bei … € pro Jahr. In einem persönlichen Gespräch überzeuge ich Sie gern von meinem Potenzial. Ich freue mich auf Ihre Antwort.

Mit freundlichen Grüßen

Luan Wang

Muster Anschreiben »Juniorproduktmanager«

Carsten Bergach
Eichenweg 23
59423 Unna
Tel.: 0171 1234567
E-Mail: carsten.bergach@net-online.de

BUSSO Business Software Solutions AG
Herrn Tim Schulze-Althoff
Kanalweg 47
44149 Dortmund

Unna, 3.11.2016

Ihr Stellenangebot vom 25.10.2016
Bewerbung als Juniorproduktmanager

Sehr geehrter Herr Schulze-Althoff,

Ihr Stellenangebot vom 25.10.2016 auf der Internetplattform www.waz-jobs.de interessiert mich sehr. Sie beschreiben darin einen Arbeitsbereich, mit dem ich im Rahmen meiner Masterarbeit schon intensiv in Berührung gekommen bin. Aus diesem Grund bewerbe ich mich um die Position eines Juniorproduktmanagers in Ihrem Unternehmen.

Sie suchen einen Mitarbeiter, der bei Softwaredesign und -programmierung ein Gespür für die jeweilige Zielgruppe hat. Zugleich muss er wissen, welche Wünsche technisch realisierbar sind und welche nicht. Diese Anforderungen erfülle ich. Ich bin 26 Jahre alt und habe gerade mein Studium der Wirtschaftsinformatik abgeschlossen. In meiner Bachelorarbeit habe ich mich mit der Schnittstelle von Softwaredesign und Vermarktung beschäftigt. Dabei ging es um spezialisierte Kassensoftware im Getränkeeinzelhandel.

Während eines Praktikums habe ich erste berufliche Erfahrungen in einem IT-Unternehmen gesammelt.

Habe ich Ihr Interesse geweckt? Dann rufen Sie mich an, um einen Termin für ein Vorstellungsgespräch zu vereinbaren!

Mit freundlichem Gruß aus Unna

Carsten Bergach

Muster Anschreiben »Sachbearbeiterin Logistik«

Lisa Bredow
Industriestr. 1
17036 Neubrandenburg
Tel.: 0395 55667788
bredow.lisa@webnet.com

FCF-Folien GmbH
Personalabteilung
Darßstr. 22
18119 Rostock

5. Februar 2016

Bewerbung als Sachbearbeiterin, Website-Ausschreibung

Sehr geehrte Damen, sehr geehrte Herren,

auf Ihrer Website suchen Sie eine Sachbearbeiterin für Versand und Logistik. Das ist genau der Bereich, der mir während meiner Ausbildung am besten gelegen hat. Hiermit bewerbe ich mich um diese Stelle.

Ich bin 20 Jahre alt und habe 2014 meine Ausbildung zur Industriekauffrau bei Weinmann Stanz- und Umformtechnik GmbH abgeschlossen. In der Abwicklung des Warenein- und -ausgangs lag der Schwerpunkt meiner Tätigkeit. Diese Aufgabe reizt mich auch weiterhin. In Ihrem Unternehmen, das international tätig ist, sehe ich die Chance, meine Kenntnisse zu vertiefen und zu Ihrem Vorteil anzuwenden.

Das kann ich Ihnen bieten: Ich bin gewissenhaft und effizient – gerade bei der Erstellung von Frachtpapieren und der Überwachung ausgehender Sendungen. Ich arbeite gern im Team, packe schwierige Aufgaben aber auch ohne Weiteres allein an. Wenn es – was im Versand ja häufiger passiert – zu Lieferverzögerungen und Transportpannen kommt, bin ich stark in der Organisation: Notfallpläne erstellen, Ersatz finden, wenn ein Spediteur ausfällt – all das sind Aufgaben, die ich auch schon früher gelöst habe.

Sie möchten Referenzen haben? Dann rufen Sie Herrn Julian Belzer von der Firma Weinmann in Neubrandenburg an (Tel.: 0395 443322-11). Er gibt Ihnen gern Auskunft über meine Ausbildungszeit. Selbstverständlich weiß ich, dass auch damit noch nicht all Ihre Fragen beantwortet sind. Deshalb stehe ich Ihnen gern für ein persönliches Gespräch zur Verfügung. Ich freue mich auf Ihre Antwort.

Mit freundlichen Grüßen

Lisa Bredow

Muster Anschreiben »Bürokraft (abgebrochene Ausbildung)«

Nina von Lauffe
Neue Kölner Str. 3
51465 Bergisch Gladbach
Tel.: 02202 122333
E-Mail: VonLauffe@cologneweb.de
LinkedIn: Nina von Lauffe

Rechtsanwälte
Dr. Carolin Rainer und Paul Ugaroff
Lindenallee 15
90429 Nürnberg

Bergisch Gladbach, 9. Februar 2016

Bewerbung als Bürokraft (Teilzeit)

Sehr geehrte Frau Dr. Rainer, sehr geehrter Herr Ugaroff,

unter www.jobjob.net stieß ich auf Ihre Stellenanzeige vom 2.2.2016. Die darin beschriebenen Aufgaben reizen mich sehr, daher bewerbe ich mich als Allround-Bürokraft in Ihrer Kanzlei.

Sie suchen jemanden, der mit lebhaftem Kundenbetrieb umgehen kann? Ich habe Freude am Umgang mit Menschen und verfüge sowohl über gute Kommunikationsfähigkeiten als auch über gute Umgangsformen. Sie brauchen eine Kraft, die Büroarbeiten zuverlässig und schnell erledigt? Ich bin gewissenhaft und arbeite – auch am Computer – effizient! Sie erwarten jemanden, der nach Diktat oder Stichworten fehlerfrei schreibt? Ich beherrsche die deutsche Sprache sehr gut (schon zu Schulzeiten war ich als „Duden-Ersatz" gefragt). Sie brauchen jemanden mit Stressresistenz? Mit Stress kann ich umgehen. Schließlich verbinde ich die Berufstätigkeit mit meiner Aufgabe als alleinerziehende Mutter einer mittlerweile siebenjährigen Tochter (Versorgung ist sichergestellt).

Meine Gehaltsvorstellungen liegen bei ... brutto/Monat. Da ich mich aktuell in einer beruflichen Veränderungssituation befinde, könnte ich auch kurzfristig bei Ihnen anfangen.

Interessiert? Dann lassen Sie uns den Termin für ein Vorstellungsgespräch vereinbaren.

Aus dem Bergischen Land grüßt Sie freundlich

Nina von Lauffe

Muster Anschreiben »Verkäuferin im Einzelhandel«

Jana Föhr
Schauinslandweg 18
79256 Buchenbach
Tel.: 0172 2345678
E-Mail: j.foehr@fr.web.net

Betten-Gratwohl
Frau Kathrin Gratwohl
Kirchzartener Talweg 14
79104 Freiburg im Breisgau

19.2.2016

Bewerbung als Verkäuferin im Einzelhandel
Ihr Stellenangebot auf www.meinestadt.de

Sehr geehrte Frau Gratwohl,

danke für das freundliche und informative Telefonat gestern! Hier kommt wie angekündigt meine Bewerbung. Gern möchte ich in Ihrem Freiburger Geschäft als Verkäuferin arbeiten.

Ich bin 26 Jahre alt und gelernte Kauffrau im Einzelhandel. Meine Ausbildung habe ich im ABC-Kaufhaus in Freiburg absolviert, wo ich anschließend noch sieben Jahre arbeitete, v. a. im Bereich der Damenoberbekleidung.

Was mich auszeichnet? Ein freundlicher, kompetenter Umgang mit Menschen. Auch (fast) alle anspruchsvollen, schwierigen Kunden sind mit meiner Beratung zufrieden. Stilsicher bin ich nicht nur in Sachen Bekleidung, sondern auch im Bereich Heimtextilien – zu Hause dekoriere ich mit viel Freude immer wieder um. Erfahrungen im Bedienen von Kassensystemen, POS- und Retail-Software bringe ich auch mit. Bisher waren das Systeme von SAP, aber auch in andere Systeme und Programme arbeite ich mich sicher schnell ein.

Sie fragen nach Führungsverantwortung, weil in ein, zwei Jahren bei Ihnen die Stelle einer Teamleitung vakant sein wird. Ich kann mir diese Aufgabe gut vorstellen! Zwar habe ich darin noch keine berufliche Erfahrung, aber ich bin ehrenamtliche Leiterin eines regionalen Flüchtlingshilfevereins und koordiniere die Zusammenarbeit der vier Teams. Die dort erworbenen Fähigkeiten werden mir sicher bei der Bewältigung der Aufgaben einer Führungskraft weiterhelfen.

Habe ich Ihr Interesse geweckt? Dann freue ich mich über eine Einladung zum Vorstellungsgespräch.

Mit freundlichen Grüßen

Jana Föhr

Muster Anschreiben »Vermögensberater«

Dominik Wiehlert
Universitätsstr. 11, 40215 Düsseldorf, Tel.: 0211 11223344
E-Mail: wiehlert@netwebservices.de

InvestBankCenter
Personalabteilung
Bilker Str. 110
40213 Düsseldorf

7.3.2016

Bewerbung als Vermögensberater
Ihre Onlineanzeige vom 2.3.2016 im Karriereportal der Rheinischen Post

Sehr geehrte Damen, sehr geehrte Herren,

anbei erhalten Sie meine Bewerbung, weil die beschriebene Tätigkeit als Vermögensberater für mich nach einer willkommenen Herausforderung klingt.

Ich bin 32 Jahre alt, Bankkaufmann und seit knapp vier Jahren als Anlageberater tätig. Bisher habe ich vor allem Anlagestrategien für Privatkunden entwickelt. Dank fundierter Bankausbildung und Berufserfahrung bin ich fit, was Aktien, Rentenpapiere, Fonds, Derivate und (Aktien-, Renten- oder Options-)Anleihen betrifft. Inzwischen ist mir das Erarbeiten von Standardlösungen für ein breiteres Publikum zur Routine geworden; insofern suche ich nach einer neuen Herausforderung.

Meine spezifischen Kenntnisse des Kapitalmarkts möchte ich nun bei der individuellen Betreuung vermögender Privatkunden einsetzen. Ihr Schwerpunkt ist die persönliche – und gute! – Beratung, genau dort fühle auch ich mich zu Hause. Wenn Sie einen Berater suchen, der ein Gespür für die Wünsche der Kunden hat, dann bin ich der Richtige für Sie. Komplizierte Sachverhalte kann ich verständlich erklären, darüber hinaus habe ich ein „Händchen" bei der Akquise von Neukunden und beim Ausbau vorhandener Kundenbeziehungen.

Mein Gehaltswunsch liegt bei ... € pro Jahr. Sie wollen mehr über mich erfahren? Dann laden Sie mich zu einem Gespräch ein. Ich freue mich darauf!

Freundliche Grüße

Dominik Wiehlert

Muster Anschreiben »Abteilungssekretärin«

Lea Steiner
Bergstr. 15, 90610 Nürnberg, Tel.: 0161 22334455
E-Mail: leasteiner@webnet.de

Max-Planck-Institut
für Physikalische Chemie
Herrn Prof. Dr. Justus Steinbrech
Alter Treidelweg 15
90765 Fürth

Nürnberg, 21.1.2016

Bewerbung als Abteilungssekretärin

Sehr geehrter Herr Professor Steinbrech,

auf www.haz-job.de habe ich Ihr Stellenangebot vom 8. Januar gelesen. Als ungekündigte Teamsekretärin in einem mittelständischen Betrieb der chemischen Industrie suche ich die Chance auf eine verantwortungsvolle Position. Daher bewerbe ich mich bei Ihnen.

Sie brauchen jemanden, der
1. speziell für die Organisation und Administration in Ihrer Abteilung sorgt,
2. den Schriftverkehr und sonstige Aufgaben pünktlich und zuverlässig erledigt und
3. wissenschaftliche Manuskripte und Abbildungen am Rechner bearbeiten kann.

Ad 1: Organisation und Administration habe ich im Griff. Diese Fähigkeit braucht man als Sekretärin ständig. Ich habe auch ein Faible für Ordnung und für ein tadelloses Büro, wo man sofort findet, was man sucht.
Ad 2: Der Schriftverkehr ist für mich kein Problem; Englisch beherrsche ich fließend – nicht nur mündlich, sondern auch schriftlich.
Ad 3: Selbstverständlich kann ich mit den gängigen Office- und Internetanwendungen umgehen. Digitale Bildbearbeitung habe ich noch nie gemacht, aber ich sehe kein Hindernis darin, mich einzuarbeiten.

Wenn Sie darüber hinaus Wert auf Freundlichkeit legen, dann passen wir sehr gut zusammen.
Ich freue mich, wenn Sie mich zu einem Vorstellungsgespräch einladen,
und verbleibe mit freundlichem Gruß

Lea Steiner

Muster Anschreiben »Schweißer«

Noah Bender
Eichenweg 23
06132 Halle (Saale)
Tel.: 0345 123456
E-Mail: noah.bender@bspweb.de

Raabe Anlagenbau
Herrn Michael Großkamp
Dieselstraße 15
06112 Halle (Saale)

31.1.2016

Bewerbung als Schweißer
Ihr Stellenangebot auf www.monster.de vom 17.1.2016

Sehr geehrter Herr Großkamp,

vor zwei Wochen habe ich meine Zusatzausbildung zum Schweißer (40 Unterrichtseinheiten) abgeschlossen, und jetzt suche ich nach einer neuen Herausforderung. Die Stelle, die Sie ausschreiben, klingt ganz danach, und ich bewerbe mich darauf.

Ich bin 27 Jahre alt, ausgebildeter Industriemechaniker und war zunächst einige Jahre bei Strehle Stanz- und Umformtechnik im Werkzeugbau tätig. Bohren, Fräsen und gelegentliches Schweißen gehörten dort zu meinem Alltag. Als die Firma Insolvenz anmelden musste, war mir bewusst, dass es schwer sein würde, ohne eine gefragte Zusatzqualifikation in der Umgebung eine neue Stelle zu finden. Daher absolvierte ich die Zusatzausbildung zum Schweißer.

Die gewünschte Schweißerfahrung (WIG/MAG) Wolfram-Inertgasschweißen und Metallaktivgasschweißen bringe ich mit. Ebenso bin ich gewohnt, technische Zeichnungen zu lesen und umzusetzen.

Ganz offen gebe ich allerdings zu: Mehrjährige Erfahrung im Schweißen bringe ich nicht mit. Aber ich lerne schnell und galt in meinem bisherigen Betrieb als sehr offen für Neues. Dass ich überdies ebenso sorgfältig wie schnell arbeite, wurde mir im Arbeitszeugnis bescheinigt.

Gern komme ich zu einem Vorstellungsgespräch, wenn meine Bewerbung für Sie von Interesse ist. Über eine Einladung würde ich mich freuen!

Mit freundlichen Grüßen

Noah Bender

Muster Anschreiben »Leiter Qualitätssicherung«

Dipl.-Ing. Tobias Schmied
Alte Poststr. 180
50767 Hamburg
Tel.: 0151 1987654
E-Mail: tschmied@bspweb.de

Althoff Antriebstechnik GmbH
Herrn Max Hoffmann
Industriestr. 119
58091 Hagen

20.1.2016

Ihre Anzeige auf Xing vom 7.1.2016 – Bewerbung als Leiter Qualitätssicherung

Sehr geehrter Herr Hoffmann,

bei Xing stieß ich auf Ihre Anzeige, mit der Sie einen Leiter der Qualitätssicherung suchen. Althoff Antriebstechnik hat in der Branche einen guten Namen – das motiviert mich zu meiner Bewerbung.

Ich bin Diplom-Ingenieur (Elektrotechnik) und habe Jahre Erfahrung in der Qualitätssicherung; aktuell arbeite ich im Qualitätsmanagement eines Automobilzulieferers (Schwerpunkt elektrische Kleinmotoren). Für die Zukunft strebe ich eine Führungsposition an. Die Leitung kleiner Projektteams gehört schon jetzt zu meinem Alltag: Mit einem vier- bis sechsköpfigen Team bereite ich regelmäßig die QS-Audits vor.

Zu meinen Qualifikationen: Mit der DIN ISO EN 9001 bin ich bestens vertraut. Im Zentrum meiner Tätigkeiten stehen die Lieferantenqualifizierung und das Beschwerdemanagement. Recht gut kenne ich mich mit SAP SCL und ERP Navision aus. Seit knapp zwei Jahren bin ich außerdem in der Prozessoptimierung tätig. Produktionsprozesse und Arbeitsabläufe zu verbessern, das macht mir besonders viel Freude.

Die Bereitschaft zum Reisen bringe ich mit. Meine Englischkenntnisse sind gut, aber noch ausbaufähig; deshalb besuche ich momentan einen Sprachkurs „Business English".

Frühestens zum 1. Juli 2016 könnte ich bei Ihnen anfangen. Ich bewerbe mich aus ungekündigter Stellung und bitte Sie daher, diese Bewerbung vertraulich zu behandeln. Über eine Einladung zum Vorstellungsgespräch freue ich mich.

Mit freundlichen Grüßen

Tobias Schmied

Die Initiativbewerbung

Wenn keine genau passende Stelle ausgeschrieben ist – bewerben Sie sich auf Verdacht.

Sie finden jede Menge Stellen, doch leider keine, die zu Ihnen passt? Und wenn Sie auf ein Stellenangebot stoßen, an dem Sie wirklich Interesse haben, dann werden erfahrene Fachkräfte gesucht und keine Anfänger? Das ist schade, aber noch lange kein Grund, aufzugeben. Versuchen Sie es in diesem Fall mit einer Initiativbewerbung. Darunter versteht man eine Bewerbung, die sich nicht direkt auf eine ausgeschriebene Stelle bezieht. Auch wenn die Initiativbewerbung keine Wunderwaffe ist: Wer genügend Zeit und Flexibilität mitbringt, kann damit Erfolg haben.

Bei Initiativbewerbungen haben Sie weniger Konkurrenz.

Ein großer Vorteil der Initiativbewerbung liegt darin, dass Sie oft der einzige Bewerber oder die einzige Bewerberin sind. Das heißt, Ihre Mappe landet nicht auf dem riesigen Stapel der Konkurrenzbewerbungen, sondern wird exklusiv geprüft. Das ist zumindest dann der Fall, wenn Sie sich nicht gerade in einem sehr gefragten Bereich (Medien, Werbeagenturen) bewerben.

Eine Initiativbewerbung hat aber auch Nachteile:

- Sie wissen nicht, ob für Ihre Qualifikationen überhaupt Bedarf besteht.
- Sie erwischen nicht unbedingt den richtigen Zeitpunkt, zum Beispiel wenn die gewünschte Ausbildungsstelle erst in einem Jahr frei wird.
- Ihre Bewerbung landet nicht zwangsläufig beim richtigen Ansprechpartner.

Schaffen Sie es, diese Nachteile auszuschalten, dann steigen Ihre Chancen beträchtlich.

Vier Möglichkeiten, eine Initiativbewerbung zu platzieren

Bevor Sie eine Initiativbewerbung versenden, sind einige Recherchen nötig.

Es gehört schon sehr viel Glück dazu, mit einer Initiativbewerbung einen Treffer zu landen, weil Sie nicht wissen, ob überhaupt ein Bedarf besteht. Daher ist es auf jeden Fall sinnvoll, sich zu erkundigen, bevor Sie eine Initiativbewerbung losschicken. Dazu haben Sie vier Möglichkeiten:

1) Sie konzentrieren sich auf Arbeitgeber, die im angestrebten Berufsfeld tätig sind.
2) Sie erkundigen sich vorher, ob Ihre Qualifikationen gefragt sind.
3) Sie bewerben sich, wenn Sie von einer offenen Stelle hören.
4) Sie bewerben sich in Anlehnung an eine ausgeschriebene Stelle.

Bewerben Sie sich bei Unternehmen Ihrer Wunschbranche.

1) Sie konzentrieren sich auf Arbeitgeber, die im angestrebten Berufsfeld tätig sind

Sie wissen schon genau, in welcher Branche Sie Ihr Geld verdienen wollen? Dann konzentrieren Sie sich ganz darauf. Bewerben Sie sich gezielt, indem Sie nur Arbeitgeber suchen, die in dieser Branche tätig sind und die (auch) Stellen im angestrebten Berufsfeld anzubieten haben. Dabei hilft Ihnen nicht nur die Onlinerecherche, sondern auch die Auswertung von Zeitungen. Vergessen Sie nicht, dass gerade der Stellenmarkt brauchbare Informationen liefert. Dort erfahren Sie Einzelheiten über die Tätigkeitsbereiche, Produkte und Einsatzgebiete großer Firmen und Organisationen. Damit können Sie sich schon ein Bild

Bei großen Firmen oder Organisationen erst prüfen, ob die gewünschte Stelle nicht regulär ausgeschrieben ist

Zuerst auf ausgeschriebene Stellen bewerben!
Auch wenn Sie sich bei Ihrer Stellensuche mehr auf Unternehmen konzentrieren als auf ausgeschriebene Stellen, sollten Sie doch Folgendes beachten: Bei großen, bekannten Konzernen, Verbänden und Organisationen sind Initiativbewerbungen keine Seltenheit. Diese landen in einer zentralen Datenbank, auf die die einzelnen Abteilungen bei Bedarf Zugriff haben. Das bedeutet aber auch: Initiativbewerbungen werden nur angesehen, sofern die Personalverantwortlichen nicht schon mit der Besetzung regulär ausgeschriebener offener Stellen mehr als genug zu tun haben.
In diesen Fällen sollten Sie die Bewerbung auf ausgeschriebene Stellen vorziehen. Eine Ausnahme bildet die Werbebranche: Hier ist es nicht üblich, jede Stelle auszuschreiben. Bedarf gibt es fast immer, denn die Fluktuation ist hoch. Hier sind Initiativbewerbungen also Standard.

über deren genauen Bedarf machen. Schneiden Sie Stellenanzeigen von Arbeitgebern aus, die Ihnen interessant scheinen. Recherchieren Sie gezielt nach weiteren Informationen. Erst dann sollten Sie sich initiativ bewerben.

2) Sie erkundigen sich vorher, ob Ihre Qualifikationen gefragt sind

Wenden Sie sich möglichst an einen Bereich oder eine Abteilung, bei dem bzw. der Ihre Kenntnisse und Fähigkeiten gesucht sein könnten.

Sie haben eine Traumfirma ins Auge gefasst, zum Beispiel weil Ihnen die Produkte oder der Tätigkeitsbereich gefallen? Das heißt leider noch nicht zwangsläufig, dass Sie dort Chancen haben. Falls Sie unsicher sind, ob Sie die richtigen Qualifikationen mitbringen, versuchen Sie, das vorab herauszufinden: Informieren Sie sich, was genau der angestrebte Arbeitgeber macht. Recherchieren Sie auf seiner Website, ob es Bereiche oder Abteilungen gibt, zu denen Ihre spezifischen Kenntnisse passen. Telefonieren Sie mit der Personalabteilung – falls Sie sich ein souveränes Gespräch zutrauen und sehr genau wissen, was Sie wollen. Besuchen Sie auch Jobmessen. Wenn Sie Ihre Bewerbung schließlich losschicken, dann sollte aus Ihrem Anschreiben hervorgehen, dass Sie Bescheid wissen.

3) Sie bewerben sich, wenn Sie von einer offenen Stelle hören

Wenn Sie unter der Hand von einer offenen Stelle erfahren, bewerben Sie sich rasch.

Längst nicht alle offenen Stellen werden ausgeschrieben. Viele Arbeitgeber besetzen Stellen unter der Hand mit Arbeitskräften aus dem Umfeld ihrer Belegschaft. Lassen Sie sich durch diese Tatsache nicht frustrieren. Das bedeutet nicht, dass Sie als Initiativbewerber keine Chance haben – im Gegenteil!

Begreifen Sie die informellen Wege der Stellenvergabe als Chance. Hören Sie sich in Ihrem Bekanntenkreis um. Auch so kann man von offenen Stellen erfahren. Reagieren Sie auch auf Insider-Informationen, Zeitungsmeldungen, Gerüchte und Klatsch. Sobald Sie von einer Firma hören, die im angestrebten Tätigkeitsfeld Leute sucht, schicken Sie eine Initiativbewerbung hin.

Mit einer Initiativbewerbung erreichen Sie in diesem Fall einiges
Falls der betreffende Arbeitgeber noch unschlüssig ist, ob er tatsächlich eine neue Stelle einrichten soll, entscheidet er sich möglicherweise dafür, wenn Sie ihm eine überzeugende Bewerbung präsentieren. Dann haben Sie beste Chancen, gleich zum Vorstellungsgespräch eingeladen zu werden. Falls von vornherein schon klar ist, dass es eine offene Stelle gibt, haben Sie mit einer Initiativbewerbung einen Zeitvorsprung: Sie kommen einer Ausschreibung zuvor. Vielleicht bekommen Sie die Stelle, ohne dass sie überhaupt je ausgeschrieben wird.

4) Sie bewerben sich in Anlehnung an eine ausgeschriebene Stelle

Bewerben Sie sich z. B. als Junior-Produktmanager, wenn eigentlich ein Senior gesucht wird, oder als Azubi, wenn eine fertig ausgebildete Kraft eingestellt werden soll.

Eine Stelle interessiert Sie, aber Sie bringen (noch) nicht die nötige Erfahrung oder Ausbildung dafür mit? Dann bewerben Sie sich initiativ, verweisen Sie aber auf die Zeitungsanzeige, in der die gewünschte Stelle ausgeschrieben ist. Zeigen Sie die Bereitschaft, sich für die Stelle ausbilden zu lassen oder bis zur vollständigen Einarbeitung ein niedrigeres Gehalt zu beziehen.

Beispiel
Fiona Forster hat gerade ihren Schulabschluss gemacht. Ihr Traumberuf: medizinische Fachangestellte. Leider hat sie bislang noch keine Ausbildungsstelle bekommen. Im Stellenmarkt der Lokalzeitung liest sie aber immer wieder Inserate, in denen medizinische Fachangestellte gesucht werden: »Zur Verstärkung unseres Teams suchen wir eine medizinische Fachangestellte in Vollzeit.« Hier ist eine Initiativbewerbung um einen Ausbildungsplatz durchaus chancenreich. Vielleicht lässt sich ja ein Arbeitgeber davon überzeugen, einen Ausbildungsplatz für Sie einzurichten.

Beziehen Sie sich ruhig auf das Stellenangebot.

Nehmen Sie in Ihrer Bewerbung Bezug auf die ausgeschriebene Stelle. Machen Sie aber klar, dass Sie sich nur in Anlehnung darauf bewerben. Signalisieren Sie bereits im Anschreiben Ihre Bereitschaft, sich zunächst betriebsintern auf die gewünschte Tätigkeit weiterzubilden

(z. B. durch ein Traineeprogramm oder eine Ausbildung). Wenn Sie mit einer – zunächst niedriger bezahlten – Einarbeitungszeit einverstanden sind, weisen Sie darauf ausdrücklich hin.

Der richtige Zeitpunkt für eine Initiativbewerbung

Selbst wenn die Bewerbung grundsätzlich auf Bedarf trifft, kommt sie vielleicht nicht zur rechten Zeit.

Den richtigen Zeitpunkt für eine Initiativbewerbung gibt es nur, wenn Sie von einer offenen Stelle wissen. Dann gilt: Je schneller Sie handeln, desto wahrscheinlicher sind Sie erfolgreich. Bei Initiativbewerbungen, die Sie nach Recherchen erstellen, sind Sie an einen zeitlichen Rahmen gebunden, sofern Sie vorher beim potenziellen Arbeitgeber nachgefragt haben (z. B. per Telefon). Beziehen Sie sich in diesem Fall im Anschreiben auf Ihre Nachfrage und schicken Sie Ihre Bewerbung innerhalb einer Woche los.

Lassen Sie sich eine verbindliche Zusage geben und überbrücken Sie Wartezeiten

So wenig sich über den idealen Zeitpunkt sagen lässt, so wichtig ist das Wissen, dass zeitliche Flexibilität bei der Initiativbewerbung eine entscheidende Rolle spielt. Das hat folgenden Hintergrund:

Viele Arbeitgeber honorieren die Mühe, die sich ein guter Bewerber mit einer Initiativbewerbung gemacht hat. Das heißt, sie laden den Kandidaten zum Vorstellungsgespräch ein, auch wenn sie ihm aktuell gar keine Stelle anbieten können.

Stellt sich dabei heraus, dass er sich wirklich für eine Mitarbeit eignen würde, ist der Eintrittszeitpunkt meist das entscheidende Problem. Nicht immer steht die entsprechende Stelle im Unternehmen sofort zur Verfügung. Gerade eine Ausbildungs- oder Traineestelle wird erst neu besetzt, wenn der Vorgänger auf dieser Stelle seine Ausbildungszeit beendet hat. Als Bewerber erhöhen Sie Ihre Chancen beträchtlich, wenn Sie Ihre Wartebereitschaft signalisieren. Können Sie dadurch Ihre Traumstelle bekommen, lohnt sich das Warten allemal.

Fordern Sie eine verbindliche Zusage ein und geben Sie diese auch selbst. Ein schriftlicher Vorvertrag schafft Sicherheit für beide Seiten.

Was Sie bei Wartezeiten beachten sollten
Verlassen Sie sich aber nicht auf eine mündliche Zusage, z. B.: »Wir würden Sie gern im Januar nächsten Jahres einstellen.« Sonst warten Sie unter Umständen vergeblich. Bitten Sie darum, den Arbeitsvertrag gleich abzuschließen. Damit ist nicht nur Ihnen gedient. Auch der Arbeitgeber kann sich dann auf Ihr Kommen verlassen.

Wenn Sie keinen Arbeitsvertrag bekommen, z. B. weil Ihre Einstellung noch von irgendwelchen Bedingungen abhängt (der Höhe eines bestimmten Budgets, der wirtschaftlichen Situation zum Einstellungstermin etc.), lassen Sie sich nicht entmutigen: Bitten Sie um einen Vorvertrag, der Ihnen die Einstellung zum vereinbarten Zeitpunkt zusichert, falls eine bestimmte Bedingung eintritt. Falls auch das abgelehnt wird, dann klären Sie das weitere Vorgehen: wann Sie sich wieder melden oder wann Ihr Ansprechpartner auf Sie zukommt. Finden Sie heraus, ob sich das Warten wirklich lohnt. Ist die Zusage nicht ernst gemeint, vergeuden Sie sonst wertvolle Zeit.

Der richtige Ansprechpartner für eine Initiativbewerbung

Initiativbewerbungen nicht einfach an irgendjemanden schicken

Schicken Sie Ihre Initiativbewerbung nicht an eine Firma oder Organisation, ohne den richtigen Ansprechpartner zu kennen. Finden Sie zuerst heraus, wer für Bewerbungen oder für Ihren Fachbereich zuständig ist. Im Zweifelsfall schicken Sie die Unterlagen an die Personalabteilung oder an den Mitarbeiter, der für die Personalauswahl zuständig ist. Bei größeren Firmen kann es aber auch sinnvoll sein, sich gleich an die Fachabteilung zu wenden, in der Sie gern arbeiten möchten. Wenn Sie sich aufgrund persönlicher Empfehlungen bewerben, schicken Sie Ihre Bewerbung an den dort genannten Ansprechpartner. Im Anschreiben verweisen Sie auf denjenigen, der Ihnen zu dieser Bewerbung geraten hat.

Das Anschreiben bei einer Initiativbewerbung

Sie müssen den Anlass Ihrer Bewerbung näher erläutern – ansonsten ähnelt der Aufbau des Anschreibens dem einer normalen Bewerbung.

Im Aufbau unterscheidet sich das Anschreiben einer Initiativbewerbung wenig von dem einer konventionellen Bewerbung. Lediglich Betreff und Einleitung sind bei der Initiativbewerbung etwas anders: Während Sie bei einer Bewerbung auf eine ausgeschriebene Stelle einfach angeben, wo Sie das Stellenangebot gelesen haben, müssen Sie bei der Initiativbewerbung eventuell etwas mehr erklären. Am Ende des Anschreibens können Sie darauf verweisen, dass der Empfänger Ihre Unterlagen gern länger behalten darf (Baustein E: Organisatorisches, siehe unten).

Betreff

Schreiben Sie möglichst das Wort »Initiativbewerbung« schon in den Betreff.

Aus dem Betreff sollte hervorgehen, dass es sich um eine Initiativbewerbung handelt (z. B. »Initiativbewerbung als Tischlermeister«). Wenn Sie die genaue Berufsbezeichnung nicht angeben können, dann sagen Sie im Betreff wenigstens, für welchen Bereich Sie sich interessieren (z. B. »Organisation, Vertrieb, Logistik – Führungskraft sucht neue Herausforderung«).
Bewerben Sie sich in Anlehnung an eine ausgeschriebene Stelle, für die Sie noch nicht genügend Erfahrung mitbringen, dann machen Sie das ebenfalls im Betreff deutlich (z. B. »Bewerbung in Anlehnung an Ihr Stellenangebot vom 15.11.2016 auf www. fazjob.net«).

Baustein A: Erklärung, warum Sie sich bewerben

Wie kommen Sie dazu, sich ausgerechnet beim Empfänger zu bewerben?

Anders als bei der regulären Bewerbung haben Sie bei einer Initiativbewerbung keine Stellenausschreibung, auf die Sie sich beziehen können. Trotzdem sollten Sie im Anschreiben kurz erklären, warum Sie sich bewerben.
Erläutern Sie, wie Sie dazu kommen, sich ausgerechnet beim betreffenden Arbeitgeber zu bewerben, zum Beispiel

- aufgrund der persönlichen Empfehlung eines Bekannten oder Freundes,

- weil Sie gehört haben, dass dort eine passende Stelle frei ist,
- weil Sie den Arbeitgeber (seine Produkte oder sein Tätigkeitsgebiet) schätzen.

Baustein E: Organisatorisches

Bieten Sie dem Empfänger von sich aus an, Ihre Bewerbung zu behalten. Dann kann er darauf zurückgreifen, wenn eine entsprechende Stelle frei wird.

Eine Besonderheit kommt bei Initiativbewerbungen beim Briefbaustein E (Organisatorisches) hinzu: Selbst wenn Sie die richtigen Qualifikationen bieten, können Sie nicht damit rechnen, dass Ihnen sofort eine passende Stelle angeboten wird. Sinnvoll ist es daher, dem Personalverantwortlichen zu erlauben, die Bewerbung zu behalten und zu einem späteren Zeitpunkt wieder darauf zurückzugreifen.

Musterformulierungen Organisatorisches

- Die Unterlagen sind zum Verbleib in Ihrer Firma gedacht.
- Sie können meine Bewerbung gern behalten, um zu einem späteren Zeitpunkt darauf zurückzukommen.
- Gern können Sie meine Unterlagen behalten für den Fall, dass sich zu einem späteren Zeitpunkt Bedarf an einem Mitarbeiter mit meinem Profil ergibt.

Muster Anschreiben für die Initiativbewerbung

Im Folgenden finden Sie Muster für Anschreiben zur Initiativbewerbung. Auch hier gilt: Schreiben Sie nicht einfach ein Anschreiben ab, sondern anverwandeln Sie es sich allenfalls, und zwar so, dass es tatsächlich Ihre Persönlichkeit widerspiegelt.

Muster Anschreiben »Ausbildungsplatz Industriemechaniker«

Lukas Müller
Radenhoffgasse 19, 34130 Kassel
Tel.: 0561 22233344, lukas.mueller@pronet.de

Livotech Drehteile GmbH & Co. KG
Herrn Leon Livertz
Kurhessenstr. 12–16
34135 Kassel

Kassel, 18. März 2016

Initiativbewerbung um einen Ausbildungsplatz als Industriemechaniker

Sehr geehrter Herr Livertz,

in einem Artikel der „Hessischen Allgemeinen" vom 14. März 2016 habe ich gelesen, dass Sie in Ihrem Betrieb Industriemechaniker ausbilden. Da ich den Beruf des Maschinenschlossers sehr spannend finde, bewerbe ich mich bei Ihnen um einen Ausbildungsplatz.

Ich bin in der 10. Klasse und stehe kurz vor dem Realschulabschluss. An Maschinen und Geräten tüftle ich schon immer gern. Außerdem repariere ich Nähmaschinen, Gangschaltungen oder Fahrräder – alles, womit meine Eltern, Geschwister und Freunde zu mir kommen, wenn es nicht funktioniert. Dass ich in solchen Dingen geschickt bin, können auch alle bestätigen. Außerdem habe ich Spaß am Umgang mit Computern.

Bitte lassen Sie sich durch meine Zeugnisse nicht abschrecken – die Theorie liegt mir nicht sehr. Aber dafür bin ich gut in der Praxis. Gern komme ich in den Osterferien für ein paar Tage zur Probearbeit! Ich freue mich, wenn Sie mich zum Vorstellungsgespräch einladen.

Mit freundlichen Grüßen

Lukas Müller

Anlagen Lebenslauf
Zwischenzeugnis der Klasse 10
Praktikumsbescheinigung

Muster Anschreiben »Bankkaufmann«

Luca Mahler
Allacher Weg 11
81818 München
Tel.: 089 123456
E-Mail: luca.mahler@webmail.de

Bayerische Genossenschaftsbank
Abteilung Human Resources
Erdinger Str. 100
81828 München

28.11.2016

Initiativbewerbung zur Mitarbeit bei Ihrer Onlineoffensive

Sehr geehrte Damen, sehr geehrte Herren,

letzte Woche stieß ich bei Singer News auf einen Artikel aus der „Süddeutschen Zeitung" über Ihre Bank. Darin steht unter anderem, dass Sie an einer Onlineoffensive arbeiten. Vielleicht sind Sie auf der Suche nach geeigneten Mitarbeitern, die sich speziell um Ihren Internet-Auftritt kümmern? Dann haben Sie möglicherweise auch Interesse an meiner Bewerbung.

Ich bin gelernter Bankkaufmann und 20 Jahre alt. Meine Ausbildung habe ich vor zwei Monaten abgeschlossen. Neben meinem Interesse für alle Bankangelegenheiten bin ich leidenschaftlicher Internet-User und -Kenner.

Bei meinem bisherigen Arbeitgeber, einer Privatbank im Süden Münchens, war ich im letzten Jahr zuständig für die neue Website. Zwar habe ich die Seiten nicht programmiert, aber ich war dafür verantwortlich, dass die Inhalte vollständig und schnell online gingen. Bei der Weiterentwicklung des Onlinebankings war es meine Aufgabe, den Dienstleistern die heutigen Kundenanforderungen und die zuvor evaluierten Maßgaben zur intuitiven Nutzerführung (Usability) zu vermitteln.

Das Bankgeschäft einerseits und das Medium Internet andererseits – darin liegen meine Kernkompetenzen. Wenn Sie einen Mitarbeiter brauchen, der von beidem etwas versteht, dann freue ich mich auf Ihre Einladung zu einem Vorstellungsgespräch und auf Ihre Fragen.

Freundliche Grüße

Luca Mahler

Muster Anschreiben »Rechtsanwältin«

Svenja Koch · Hirschbergweg 11 · 44388 Dortmund
Tel.: 0231 111222333 · Mobil: 0171 123456789 · E-Mail: s.koch@webmail.de

Kanzlei Söhnke, Scherbaum & Partner
Herrn Dr. Christoph Söhnke
Darmstädter Straße 95
60311 Frankfurt

6.8.2016

Initiativbewerbung als Rechtsanwältin in Ihrer Kanzlei

Sehr geehrter Herr Dr. Söhnke,

in der Frankfurter Rundschau vom 21.7.2016 stieß ich auf einen Bericht über Ihre Kanzlei, der erwähnte, dass Sie aktuell Nachwuchsanwälte suchen. Die Kanzlei Söhnke, Scherbaum & Partner ist mir als international erfolgreiche Großkanzlei bekannt, in der ich gern meine berufliche Laufbahn fortsetzen möchte.

Ich bin Rechtsassessorin, 31 Jahre alt und habe soeben mein Referendariat in Nordrhein-Westfalen abgeschlossen. Meine Studienzeit begann in Frankfurt, führte mich nach New York, wo ich den Titel Master of Law (LL. M.) sowie die amerikanische Anwaltszulassung erwarb, und schließlich nach Berlin. Während des Referendariats arbeitete ich in meiner Wahlstation Müller, Dietrichs & Schaudt, einer auf internationales Handelsrecht spezialisierten Großkanzlei in Köln, vor allem im Bereich des Marken- und Wettbewerbsrechts. Hier reifte auch mein Entschluss, später ebenfalls für eine Großkanzlei zu arbeiten und mich auf das Wettbewerbsrecht zu spezialisieren.

Neben meinen fachlichen Qualifikationen schätzen meine bisherigen Ausbildungsleiter und -leiterinnen vor allem meine Teamfähigkeit, meine Verlässlichkeit und mein Organisationstalent. Mit dem Stress und Druck in einer internationalen Großkanzlei kann ich gut umgehen.

Habe ich Sie mit meiner Bewerbung von meinen Qualifikationen überzeugt? Ich freue mich über eine Einladung zum Vorstellungsgespräch.

Mit freundlichen Grüßen

Svenja Koch

Muster Anschreiben »IT-Systemkauffrau«

Hanna Hagen
Bahnhofstraße 4 · 88662 Überlingen · Deutschland
Tel.: +49 7551 12345678 · Mobil: +49 153 987654321
E-Mail: hanna.hagen@musterweb.de

Cosinus-IT AG
Herrn Simon Schafferer
Adelbodener Landstraße 175
3012 BERN
SCHWEIZ

10.1.2016

Initiativbewerbung als IT-Systemkauffrau

Sehr geehrter Herr Schafferer,

die Cosinus-IT AG ist mir durch ihren Internetauftritt als erfolgreicher und weltweit tätiger Softwarehersteller bekannt. Deshalb wende ich mich mit großem Interesse an einer Mitarbeit in Ihrem Unternehmen initiativ an Sie.

Ich bin 23 Jahre alt und habe vor vier Monaten meine Ausbildung zur IT-Systemkauffrau vor der Deutschen Industrie- und Handelskammer erfolgreich abgeschlossen. An der Arbeit in einem innovativen IT-Umfeld reizt mich besonders die Herausforderung, kundenspezifische Systemlösungen der IT-Technik zu konzipieren und zu realisieren. Durch meine Ausbildung habe ich bereits erste praktische Erfahrungen in der Beratung von Kunden, der Angebotserstellung und der Auftragsabwicklung. Mit MS-Office und SAP ERP kenne ich mich gut aus. Ich arbeite zuverlässig, selbstständig und gewissenhaft, bin motiviert und flexibel.

Ich bin deutsche Staatsbürgerin und habe mich bereits über eine Arbeitserlaubnis für die Schweiz informiert. Können Sie sich vorstellen, mich als Berufseinsteigerin in Ihrem Unternehmen einzusetzen? Über eine Einladung zum persönlichen Gespräch freue ich mich sehr.

Beste Grüße in die Schweiz

Hanna Hagen

Muster Anschreiben »Assistentin der Geschäftsführung«

Julika Wiesinger
Breite Str. 20 · 86150 Augsburg
Mobil: 0171 12344444 · Tel.: 0821 112233446
E-Mail: wiesinger@bspweb.de

Terrapro Solar AG
Herrn Dr. Marius Ebner
Ingolstädter Str. 134
80635 München

6.7.2016

Initiativbewerbung als Assistentin der Geschäftsführung

Sehr geehrter Herr Dr. Ebner,

über den Bundesverband Sekretariat und Büromanagement (bSb) habe ich erfahren, dass Sie eine neue Assistentin suchen. Weil ich schon viel Positives über Ihr Unternehmen gehört habe und seit vielen Jahren ehrenamtlich im Umweltschutz engagiert bin, sende ich Ihnen heute diese Initiativbewerbung.

Aufgrund meiner langjährigen Erfahrung als Vorstandsassistentin beherrsche ich alle Sekretariatsaufgaben wie Korrespondenz, Reisemanagement, Vorbereitung von Meetings, Erstellung von Präsentationen, Ablage- und Dokumentenmanagement.

In meiner jüngsten Anstellung bin ich für vielfältige administrative und organisatorische Aufgaben verantwortlich, und außerdem stehe ich bei verschiedenen Projekten als Ansprechpartnerin für internationale Kunden und Geschäftspartner zur Verfügung.

Ich arbeite selbstständig, strukturiert und orientiere mich an Prioritäten. Meine Vorgesetzten schätzen vor allem meine Fähigkeit, alle Abläufe im Sekretariat straff zu organisieren, und meine Motivation, mich Herausforderungen zu stellen und schnell in neue Prozesse einzufinden. Entsprechende Referenzen finden Sie in meinem Lebenslauf.

Habe ich Sie mit dieser Bewerbung von meinen Qualifikationen überzeugt? Ich freue mich sehr, Sie bei einem Vorstellungsgespräch persönlich kennenzulernen. Einem Umzug nach München steht von meiner Seite nichts im Wege.

Mit freundlichen Grüßen

Julika Wiesinger

Muster Anschreiben »Produktionsleiter«

Dr. Mark Westerkamp
Gutleutstraße 56
45359 Essen
Tel.: 0164 111222333
E-Mail: mwes@webmail.de

Lenofix GmbH
Frau Irina Schröter
Gerhard-Mercator-Ring 263
47279 Duisburg

20.9.2016

Initiativbewerbung als Produktionsleiter

Sehr geehrte Frau Schröter,

von Ihrem Mitarbeiter Jens Faller erfuhr ich, dass Sie für verschiedene Standorte in Asien nach einem Produktionsleiter suchen. Vielleicht kommt meine Bewerbung auf eine solche Position gerade zur rechten Zeit.

Seit zwei Jahren bin ich stellvertretender Produktionsleiter bei der Wessling AG am Standort Essen. Dort werden mit insgesamt 100 Mitarbeitern vor allem Metalliclacke für die Automobilindustrie hergestellt. Ich bin zusammen mit meinem direkten Vorgesetzten verantwortlich für Prozessoptimierung und Mitarbeiterführung. Da mein Vorgesetzter oft auf Reisen ist, bin ich es gewohnt, selbstständig zu arbeiten und größere Entscheidungen allein zu treffen.

Meine berufliche Karriere begann mit einer Promotion bei der BASF AG im Bereich der Beschichtungsstoff- und Pigmenttechnik. Danach arbeitete ich als Betriebsassistent bei verschiedenen chemischen Unternehmen, davon fünf Jahre in den USA und zwei Jahre in Mexiko. Ich spreche fließend Englisch und Spanisch.

An Ihrer Stelle reizt mich (als Single) besonders die Aussicht auf eine weitere Auslandstätigkeit. Sehr gern möchte ich für einen Standort in China oder Korea allein verantwortlich sein. Dass dies auch das Einfühlen in eine neue Kultur und die Personalverantwortung für Hunderte von Mitarbeitern mit sich bringt, betrachte ich als Herausforderung, der ich mich gern stelle.

Ich freue mich, Sie in einem persönlichen Gespräch von meiner Eignung zu überzeugen.

Mit freundlichen Grüßen nach Duisburg

Mark Westerkamp

Muster Anschreiben »EDV-Trainerin«

Silke Tausch
Stadtweg 5 | 90453 Nürnberg | Tel.: 0911 12233344445
Mobil: 0175 123456789 | E-Mail: s.tausch@mailbsp.de

Schulungszentrum Kraus
Frau Michaela Wagner
Waldstraße 1
91054 Erlangen

8.2.2016

Initiativbewerbung als EDV-Trainerin

Sehr geehrte Frau Wagner,

das Schulungszentrum Kraus ist mir durch die Berichterstattung in Print- und Onlinemedien bekannt. Deshalb wende ich mich mit großem Interesse an einer Mitarbeit als Trainerin an Sie.

Ich bin 43 Jahre alt und Diplom-Informatikerin. Nach langjähriger Berufstätigkeit im IT-Management verschiedener Unternehmen plane ich eine berufliche Neuausrichtung. Zukünftig möchte ich mein umfangreiches EDV-Fachwissen und meine Fähigkeiten im Management von IT-Projekten gern weitergeben.

Erfahrungen in der Wissensvermittlung konnte ich in zahlreichen Inhouse-Schulungen sammeln, die ich für Mitarbeiter und Führungskräfte konzipiert und durchgeführt habe. Meine Vorgesetzten und Kollegen schätzen an mir, dass ich komplexe Sachverhalte einfach und verständlich erklären kann. Ich arbeite ruhig, zuverlässig und gewissenhaft.

Aktuell bin ich in ungekündigter Stellung als IT-Koordinatorin tätig. Ich bitte Sie deshalb um eine diskrete Behandlung meiner Bewerbung. Unter Berücksichtigung meiner Kündigungsfrist könnte ich Ihnen zum 1. Juli 2016 zur Verfügung stehen.

Habe ich Ihr Interesse geweckt? Für weitere Fragen erreichen Sie mich am besten ab 18.00 Uhr auf meinem Handy bzw. per E-Mail. Ich freue mich auf Ihre Antwort.

Mit freundlichen Grüßen

Silke Tausch

Muster Anschreiben »Trainee Marketing«

Britta Novotny
Schönbuchweg 38
70563 Stuttgart
Tel.: 0171 77665544
E-Mail: b.novotny@laendle-web.de

Dekamaxx Labortechnik AG
Herrn Samuel Neubert
Am Feldrain 26
72766 Reutlingen

Stuttgart, 25.11.2016

Initiativbewerbung als Trainee im Marketing
in Anlehnung an die ausgeschriebene Stelle auf Ihrer Website

Sehr geehrter Herr Neubert,

mit Interesse habe ich Ihre Stellenanzeige vom 12.11.2016 auf Ihrer Website gelesen. Sie suchen einen erfahrenen Mitarbeiter im Bereich Marketing und Sales-Administration. Zwar habe ich in diesem Bereich nicht allzu viel Erfahrung, dennoch bewerbe ich mich bei Ihnen als Trainee in Anlehnung an die Stelle, die Sie ausschreiben.

Ich bin 28 Jahre alt und habe gerade mein Studium der Anglistik und Geografie abgeschlossen. Meine Stärken sind Kommunikation und Organisation. Seit Anfang meines Studiums hege ich den Berufswunsch, Messeauftritte, Seminare und Verkaufstrainings zu organisieren. Daneben traue ich mir zu, gutes Schulungs- und Prospektmaterial sowie verkaufsstarke Werbebriefe zu entwerfen. Können Sie sich vorstellen, mich als Trainee einzustellen?

Mit meiner praktischen Art, Organisatorisches zu bewältigen (ich habe in den Semesterferien immer wieder als Sekretärin bei der Messe Stuttgart gejobbt) und zu verkaufen (ich habe auch im Einzelhandel gearbeitet), kann ich gleich vom ersten Tag an eine wertvolle Mitarbeiterin für Sie sein.

Ich bin sicher: Alles, was man über diese Kenntnisse und Fähigkeiten hinaus über Marketing wissen muss, kann ich mir schnell aneignen. Über eine Einladung zum persönlichen Gespräch freue ich mich sehr.

Freundliche Grüße aus Stuttgart

Britta Novotny

Muster Anschreiben »Assistenzärztin«

Dr. Johanna Middelhoff
Langer Weg 43, 76533 Baden-Baden, Tel.: 07221 654321
E-Mail: middelhoff@netline.de

Privatklinik St. Nikolaus
Station für Kinderheilkunde
Dr. Leo Dorssig
Buchenbacher Str. 28
78104 Freiburg im Breisgau

Baden-Baden, 14. August 2016

Initiativbewerbung als Assistenzärztin, Fachrichtung Kinderheilkunde

Sehr geehrter Herr Dr. Dorssig,

ein Kollege hat mich auf die Kinderstation Ihrer Klinik aufmerksam gemacht. Ich möchte sehr gern ab meinem zweiten Jahr als Assistenzärztin bei Ihnen arbeiten und nebenbei die Facharztausbildung im Bereich Kinderheilkunde angehen.

Mir gefällt der ganzheitliche Ansatz, mit dem die Privatklinik St. Nikolaus immer wieder von sich reden macht. Ihre Heilerfolge sind – außer auf die hervorragende medizinische Versorgung – mit Sicherheit auf das positive Klima zurückzuführen. Selbst schwerstkranken Kindern vermitteln Sie ein Gefühl der Hoffnung und Geborgenheit.

Zu meiner Person: Ich bin Ärztin mit Leib und Seele. Zu Kindern und jungen Erwachsenen finde ich mühelos Zugang, das hat sich bei meinen Famulaturen und in meinem praktischen Jahr als junge Ärztin an der Universitätsklinik Freiburg recht schnell gezeigt. Außerdem bin ich belastbar und flexibel.

Ich könnte am 1. Januar 2017 bei Ihnen anfangen. Wenn Sie die Möglichkeit sehen, mich in absehbarer Zeit in Ihrer Klinik zu beschäftigen, dann melden Sie sich bitte bei mir, damit wir uns kennenlernen können. Falls Sie noch Zeit für die Entscheidung brauchen, können Sie meine Bewerbung gern behalten. Ich freue mich, von Ihnen zu hören!

Mit freundlichen Grüßen

Johanna Middelhoff

Muster Anschreiben »Junior-Beraterin PR«

Carmen Wissoll
Bergblick 14
82481 Mittenwald
Tel.: 08823 12345
E-Mail: carmen-wissoll@webnet.de

„Let's talk about you"
PR-Agentur
Herrn Carsten Meindl
Ludwig-Braille-Platz 15
81377 München

25.11.2016

Be-Werbung in eigener Sache

Sehr geehrter Herr Meindl,

mit Interesse habe ich in der Zeitschrift „Inside PR" den Artikel über Ihre junge Agentur gelesen – und dass Sie neue Mitarbeiter suchen. Wie wär's mit mir als Junior-PR-Beraterin?

Ich bin ausgebildete Redakteurin mit geisteswissenschaftlichem Hintergrund (Germanistik, Anglistik, Romanistik). Mein Volontariat habe ich beim „Südkurier" absolviert. Mein Schwerpunkt war der Lokalteil.

Gerade das Schreiben für den Lokalteil betrachte ich – im Hinblick auf eine künftige Tätigkeit als PR-Beraterin – als wesentlich. Über die großen politischen Ereignisse informative Artikel zu verfassen, das ist nicht schwer. Wie aber sieht es mit der letzten Sitzung des Sportvereins aus? Mit dem prämierten Zuchtkaninchen der Kleintierzüchter? Oder dem Seniorenausflug der Landfrauen? Vermutlich kennen Sie als PR-Profi das Problem, auch unspektakuläre Informationen Ihrer Kunden in die Presse zu bringen. Genau dabei bin ich die richtige Mitarbeiterin für Sie, da ich über eine starke Ausdrucksweise und ein gutes Gespür für originelle Aufmacher verfüge.

Interessiert? Dann freue ich mich über Ihre Einladung zum Vorstellungsgespräch.

Es grüßt Sie freundlich aus den bayerischen Alpen

Carmen Wissoll

Muster Anschreiben »Fertigungsleiter«

Lennart Landauer
Sauerlandallee 75
59757 Arnsberg
E-Mail: l.landauer@mustermail.de

Can Plus GmbH & Co. KG
Frau Sina Mohrhoff
Industriestr. 16
45127 Essen

12.1.2016

Initiativbewerbung als Fertigungsleiter der Produktionslinie Druckgasdosen

Sehr geehrte Frau Mohrhoff,

durch Zufall erfuhr ich, dass Ihr Unternehmen den Aufbau einer neuen Produktionslinie für Druckgasdosen plant. Falls Sie noch einen Fertigungsleiter dieser Produktionslinie suchen: Ich bewerbe mich auf diese Stelle.

Ich habe einen Bachelor im Fach Produktionstechnik und bin seit vier Jahren stellvertretender Fertigungsleiter bei der XYZ-Verpackungssysteme AG. Dort verantworte ich zusammen mit meinem Chef die Herstellung von Deckeldosen aus Weißblech für die Nahrungsmittelindustrie. 70 Mitarbeiter gehören zu meinem Bereich, und ich nehme die Führungsverantwortung ebenso ernst wie die technischen Herausforderungen.

Zuvor war ich bei der ABC International GmbH mitverantwortlich für den Aufbau der Produktionslinie für Lackstifte. Da der Fertigungsleiter häufig im Ausland war, wurde ich oft zu Führungsaufgaben herangezogen. Zuletzt war ich zuständig für ein Rationalisierungsprojekt in der Produktion, durch das 100 000 € pro Jahr eingespart werden konnten.

Da ich mich aus ungekündigter Stellung bewerbe, bitte ich Sie, meine Bewerbung vertraulich zu behandeln. Ich kann am 1. Juli bei Ihnen anfangen. Gern ziehe ich für diese Position ins Ruhrgebiet. Über die Gelegenheit, mich persönlich bei Ihnen vorzustellen, würde ich mich sehr freuen. Sie erreichen mich am besten per E-Mail.

Mit freundlichen Grüßen nach Essen

Lennart Landauer

Ein Deckblatt: ja oder nein?

Kein Muss, aber sehr dekorativ: das Deckblatt

Bei der postalischen Bewerbung gilt: Zuoberst auf der Bewerbung – außerhalb der Bewerbungsmappe – liegt das Anschreiben. Alle anderen Unterlagen sind sauber in die Mappe eingeheftet. Für ein Deckblatt spricht:

- Ihre Bewerbung hebt sich optisch von den anderen Bewerbungen ab und wirkt professionell.
- Der Empfänger sieht, Sie haben die Bewerbung individuell erstellt und ihm keine Massensendung geschickt.
- Sie vermeiden Platzmangel im Lebenslauf, indem Sie das Foto auf dem Deckblatt unterbringen.
- Ihr Bewerbungsfoto kommt besser zur Geltung.

Bei E-Mail-Bewerbungen sollten sie allerdings auf ein Deckblatt verzichten, weil der Empfänger damit weiter nach unten scrollen muss, um an die wesentlichen Informationen (Lebenslauf, Nachweise) zu kommen.

So sieht ein Deckblatt aus

Auf dem Deckblatt kommt Ihr Foto besser zur Geltung als auf dem Lebenslauf.

Das Deckblatt dient vor allem der optischen Gestaltung der Bewerbung. Seien Sie daher sparsam mit Text. Folgendes gehört auf ein Deckblatt:

- Ihr Name (samt Titel, Ausbildung und/oder Position)
- Ihre komplette Anschrift inklusive Telefonnummer und E-Mail-Adresse
- Ihr Bewerbungsfoto (als Abzug und nicht als Ausdruck)
- Die Bezeichnung der angestrebten Stelle
- (Falls in der Stellenanzeige angegeben:) das Aktenzeichen oder die Kennziffer
- Die Anschrift des potenziellen Arbeitgebers
- Der Empfänger, an den Sie Ihre Bewerbung richten (Personalverantwortlicher, Chef, Inhaber etc.)
- (Nicht obligatorisch:) eine Auflistung aller Anlagen (Lebenslauf, Nachweise, Zeugnisse, Arbeitsproben)

Muster Deckblatt

Bewerbungsunterlagen

für die Position als Luftfahrtingenieur
Kennziffer: 1574

für
Frau Irina Thorben
Gräffe & Partner GmbH & Co. KG
Holsteiner Allee 30
21029 Hamburg

eingereicht von

David Brenner
Diplom-Physiker
Quellgasse 9
53177 Bonn
Tel.: 0228 123455
E-Mail: brenner@webnet.com

Muster Deckblatt

Bewerbung als Referentin für Umweltrecht

Herrn
Sebastian Pauli
Industrie- und Handelskammer München
Ismaninger Str. 13
80998 München

Anja Schneider-Bergdorff
Am Olympiapark 12
80978 München
Tel.: 089 11223344
Mobil: 0171 11223344
E-Mail: bergdorff@netservice.de

Anlagen
Lebenslauf
Zeugnisse
Arbeitsproben

Muster Deckblatt

Frau
Franziska Kettner
Ontologie AG
Freiberger Str. 102
01159 Dresden

Bewerbung

Kennziffer: 1024

Kevin Meißner
Eschenstr. 15
01097 Dresden
Tel.: 0351 782993
E-Mail: Kmeissner@web.com

Der Lebenslauf

Viele Empfänger lesen den Lebenslauf vor dem Anschreiben.

Der Lebenslauf ist neben dem Anschreiben das zentrale Dokument Ihrer Bewerbung. Viele erfahrene Personalverantwortliche prüfen ihn, bevor sie das Anschreiben lesen. Denn anhand des Lebenslaufs können sie sich sofort einen Eindruck verschaffen, ob ein Bewerber die nötige Erfahrung und die erforderlichen Qualifikationen für eine Stelle mitbringt. Deshalb sollten Sie auf die Gestaltung des Lebenslaufs mindestens so viel Sorgfalt verwenden wie auf die Formulierung des Anschreibens.

Der Lebenslauf liefert einen Überblick über Ihren bisherigen Werdegang und lässt idealerweise Rückschlüsse auf Ihre Qualifikationen zu.

Ein Lebenslauf sollte vor allem eines sein: übersichtlich. Dieses Ziel sollten Sie beim Aufbau berücksichtigen. Grundsätzlich haben Sie die Wahl zwischen einem tabellarischen oder einem ausformulierten Lebenslauf. Auch in der Reihenfolge der Lebensdaten gibt es zwei Varianten: chronologisch (auf- oder absteigend) oder thematisch.

Tipp **Bei internationalen Bewerbungen der Europass-Lebenslauf**

Falls Sie sich mit Ihrer Bewerbung an eine internationale Firma oder Institution richten, können Sie den standardisierten europäischen Lebenslauf »Europass« verwenden. Eingeführt wurde das Dokument durch eine Entscheidung des Europäischen Rates und des Europäischen Parlaments mit dem Ziel, die Qualifikationen europäischer Bewerber international vergleichbar zu machen. Mehr Informationen und eine Vorlage finden Sie im Internet unter der Adresse: http://europass.cedefop.europa.eu/de/home.

Der Lebenslauf ist untergliedert in:

- Kopf
- Hauptteil
- Evtl. thematischen Anhang (Kenntnisse, Fortbildungen, Hobbys)
- Schluss mit Datum und Unterschrift

Der Aufbau des Lebenslaufs

Hauptüberschrift „Lebenslauf“

Kopf: persönliche Daten

Name, (evtl.) Anschrift
Geburtsdatum und -ort, (evtl.) Staatsangehörigkeit
Familienstand und ggf. Anzahl der Kinder
Foto (rechts oben, falls nicht auf gesondertem Deckblatt)

Hauptteil: schulischer und beruflicher Werdegang (die wesentlichen Stationen mit Zeugnissen belegen)

Schulbildung
Höchster allgemeinbildender Schulabschluss
Weiterführende Schulbesuche
Wehr- oder Zivildienst
Berufsausbildung oder Studium (Abschluss)
Praktika
Berufstätigkeit

Thematischer Anhang: Zusatzinformationen

Zusatzqualifikationen
Fortbildungen
Sprach-, EDV- und sonstige Kenntnisse
Hobbys (nur sinnvoll, wenn sie auf bestimmte Fähigkeiten schließen lassen)

Schluss

Datum
Eigenhändige Unterschrift

Der Kopf des Lebenslaufs: persönliche Daten
Unter der Überschrift »Lebenslauf« bringen Sie alle relevanten persönlichen Daten. Das Bewerbungsfoto platzieren Sie rechts oben auf die erste Seite, falls Sie kein Deckblatt mit Foto verwenden.

Ihren schulischen und beruflichen Werdegang sollten Sie mit passenden Zeugnissen belegen.

Hauptteil
Im Hauptteil bringen Sie alle Stationen Ihres Lebens mit Angabe des Anfangs- und Enddatums unter. Wichtig: Die wesentlichen Stationen Ihres Lebens sollten Sie mit Schul-, Studien- und Arbeitszeugnissen sowie Tätigkeitsbescheinigungen belegen.

Nicht jeder Lehrgang muss in den chronologisch aufgebauten Hauptteil eingeordnet werden.

Thematischer Anhang
Lehrgänge und Fortbildungskurse brauchen Sie nicht unbedingt chronologisch einzuordnen. Versehen Sie sie mit Datum und setzen Sie sie an den Schluss des Lebenslaufs. Hier verweisen Sie auch auf Zusatzqualifikationen, Sprachkenntnisse und Hobbys.

EDV-Wissen veraltet schnell. Geben Sie nur Kenntnisse an, die noch aktuell sind.

Computerkenntnisse
EDV-Kurse sollten Sie nur aufführen, wenn sie noch aktuell sind; Kurse, die länger als ein Jahr her sind, brauchen Sie nicht mehr aufzuführen.
Ausnahme: Bei Spezialprogrammen (z. B. Grafik- oder Layout-Software) können Sie eine Ausnahme machen. Stellen Sie heraus, dass Sie auf dem neuesten Stand sind oder ihn sich zumindest leicht aneignen können. Oft ist es besser, die Kenntnisse darzustellen als die Teilnahme an einem Kurs.
Aussagekräftiger als das Schulnotensystem (bei dem Sie sich sozusagen selbst die Note erteilen) ist es, wenn Sie darstellen, wie geschult Sie in der Anwendung der einzelnen Software sind, zum Beispiel:

- Ständige Anwendung
- Regelmäßige Anwendung
- Gelegentliche Anwendung
- Einwöchige Schulung (10/2016)
- Grundkenntnisse

Liefern Sie eine Einschätzung, wie gut Sie die betreffende Sprache beherrschen.

Sprachkenntnisse

Bei der Einschätzung Ihrer Sprachkenntnisse können Sie das Schulnotensystem (von »sehr gut« bis »ausreichend«) benutzen. Mehr und mehr üblich ist aber folgende Bewertungsskala:

- Muttersprachler
- Verhandlungssicher
- Fließend
- Gute Kenntnisse
- Ausgebaute Grundkenntnisse
- Grundkenntnisse

Hobbys können Auskunft geben über Charaktereigenschaften und Soft Skills.

Hobbys

Ihre Hobbys müssen Sie nicht unbedingt nennen. Sie können das aber ohne Weiteres tun, zum Beispiel wenn sie positive Rückschlüsse auf Ihre Persönlichkeit zulassen bzw. dokumentieren, dass Sie für die angestrebte Stelle geeignet sein könnten. Hobbys können einiges über Ihre »weichen« Fähigkeiten aussagen, zum Beispiel über Organisationstalent, Führungsqualitäten oder Risikobereitschaft.

Auch auf den Lebenslauf gehört eine eigenhändige Unterschrift.

Schluss: Datum und Unterschrift nicht vergessen

Zu einem vollständigen Lebenslauf gehören das Datum und Ihre eigenhändige Unterschrift. Vergessen Sie nicht, das Datum zu ändern, falls Sie Ihren Lebenslauf auf dem Rechner aktualisieren. Auf die eigenhändige Unterschrift legen die meisten Personalentscheider größten Wert. Scannen Sie für Ihre Onlinebewerbung Ihre Unterschrift ein und platzieren Sie sie dort, wo Sie sonst handschriftlich unterschrieben hätten. Sie dokumentiert, dass ein Bewerber auch zu seiner Vita steht.

Was nicht (mehr) in den Lebenslauf gehört

Es gibt ein paar Punkte, die früher zu einem vollständigen Lebenslauf dazugehörten, heute aber nicht mehr üblich sind. Die folgende Tabelle gibt Ihnen einen Überblick:

Welche Punkte nicht mehr in einen Lebenslauf gehören

	Begründung	Ausnahme
Eltern	Für den Bewerber spricht nach heutigem Verständnis allein seine Person, nicht seine Herkunft.	Bei Bewerbungen auf eine Ausbildungsstelle gleich nach dem Haupt- oder Realschulabschluss können die Eltern erwähnt werden (kein Muss).
Religionszugehörigkeit	Die persönliche Glaubensüberzeugung ist Privatsache.	Bei Bewerbungen auf konfessionell gebundene Stellen, sofern eine bestimmte Religionszugehörigkeit Voraussetzung ist
Kompletter schulischer Werdegang	Es zählt nur noch der höchste allgemeinbildende Abschluss.	Bei der ersten Bewerbung direkt nach dem Schulabschluss

Die Gliederung des Lebenslaufs

Tabellarisch oder ausformuliert?

Ausformulierte Lebensläufe sind nicht mehr zeitgemäß.

Der Lebenslauf ist heute in tabellarischer Form üblich. Wenn die Daten sauber untereinanderstehen, sieht er sehr ansprechend und übersichtlich aus. Personalentscheider sehen dadurch sehr schnell, ob Ihre Bewerbung von Interesse ist.

Chronologisch oder thematisch?

Ein chronologischer Lebenslauf zeigt den eigenen Werdegang ohne Lücken.

Fragt man Personalverantwortliche, ob sie einen chronologischen oder einen thematischen Lebenslauf besser finden, ist die Antwort eindeutig: Der chronologische Lebenslauf wird bevorzugt. Das ist kein Wunder: Schließlich sind die ersten Handlungen bei der Sichtung von Bewerbungen

- die Suche nach Lücken im Lebenslauf,
- der Abgleich der aufgeführten Qualifikationen und Erfahrungen mit den Anforderungen der zu besetzenden Stelle,
- der Abgleich der aufgeführten Daten mit den Zeugnissen und Nachweisen, die der Bewerbung beiliegen.

Das bedeutet: Machen Sie es demjenigen, der die Bewerberauswahl trifft, leicht. Ordnen Sie die Stationen in Ihrem Leben nicht nach einzelnen Themenbereichen (Schulbildung, Ausbildung, Studium, Praktika, berufliche Praxis, Fortbildung). Denn wer auf eine korrekte zeitliche Reihenfolge verzichtet, weckt eventuell den Verdacht, unproduktive Zeiten absichtlich zu unterschlagen. Dieser Versuchung sollten Sie widerstehen.

Chronologisch auf- oder absteigend? Eine Frage des Geschmacks!

Ordnen Sie Ihre Lebensdaten chronologisch auf- oder absteigend.

Bei der Frage, ob im Lebenslauf die Daten absteigend (beginnend mit der aktuellen Situation) oder aufsteigend (beginnend mit der Schulbildung) geordnet werden sollten, sind die Ansichten verschieden. Traditionalisten bevorzugen den chronologisch aufsteigenden Lebenslauf, bei anderen kommt ein chronologisch absteigender Lebenslauf (nach angloamerikanischem Vorbild) besser an. Entscheiden Sie unter diesen Aspekten, welche Form für die einzelne Bewerbung besser sein dürfte.

Traditionell: der chronologisch aufsteigende Lebenslauf

Den meisten älteren Chefs und Personalverantwortlichen ist ein chronologisch aufsteigender Lebenslauf lieber, weil sie es so gewohnt sind.

Die meisten Chefs und Personalverantwortlichen kleiner und mittelständischer Unternehmen bevorzugen die traditionelle Form, den chronologisch aufsteigenden Lebenslauf. Sein Aufbau ist von der Dramaturgie her geschickter, denn ein Personalentscheider kann die Entwicklung verfolgen, die ein Bewerber durchgemacht hat. Bei erfahrenen, älteren Personalchefs kommt noch hinzu: Der zeitlich aufsteigende Lebenslauf ist die Variante, an die sie sich längst gewöhnt haben, der also zu ihren Lesegewohnheiten passt und den sie am schnellsten erfassen.
Das heißt, Sie beginnen mit der Schulbildung (Geburtsdatum und -ort stehen im Kopf des Lebenslaufs) und enden mit der aktuellen Situation (also z. B. mit Ihrer augenblicklichen Stelle oder dem Hinweis, dass Sie momentan arbeitssuchend sind).

Internationale Firmen, Headhunter und Personalberatungsfirmen bevorzugen meist die chronologisch absteigende Variante.

Für 45-plus-Bewerber ist der chronologisch absteigende Lebenslauf ebenfalls die zu bevorzugende Form.

Modern: der chronologisch absteigende Lebenslauf

Bewerben Sie sich außerhalb Deutschlands oder bei einer Firma, die international agiert, dann ist ein chronologisch absteigender Lebenslauf richtig. International ist er längst Usus. Auch Akademikern, die sich auf Topstellen bewerben, wird er häufig empfohlen, ebenso Hochschulabgängern im Vorfeld von Jobmessen.
Für 45-plus-Bewerber mit viel Berufserfahrung hat ein chronologisch absteigender Lebenslauf außerdem Vorteile. Auf diese Weise stehen die jüngsten Aufgabenbereiche ganz oben – im Idealfall die Station, aus der Ihre Hauptqualifikation am besten hervorgeht. So fällt dem Personalverantwortlichen sofort Ihre aktuelle Qualifikation ins Auge und nicht die Stationen Ihrer beruflichen Aufbauphase vor 25 oder 30 Jahren, die für ihn nur noch von untergeordneter Bedeutung sind.
Wenn Sie (bei Stellen im Inland) unsicher sind, welche Form des Lebenslaufs die richtige ist, dann bleiben Sie lieber bei der traditionellen, chronologisch aufsteigenden. Damit machen Sie nichts falsch.

Tipp **Halten Sie sich an die Reihenfolge!**

Springen Sie nicht hin und her zwischen thematischer und chronologischer Darstellung. Halten Sie sich streng an die zeitliche Reihenfolge. Versehen Sie die einzelnen Abschnitte nur dann mit thematischen Überschriften (z. B. »Ausbildung«, »Berufserfahrung«), wenn sie zur zeitlichen Abfolge passen. Das ist dann der Fall, wenn in Ihrem Leben wirklich
- erst die Schulzeit,
- dann die Ausbildung oder das Studium,
- dann die Berufserfahrung

aufeinander folgen.

Kürzere Episoden wie Weiterbildungen können Sie in einem thematischen Anhang ausgliedern.

Fortbildungen und Weiterbildungskurse dagegen können Sie unter der entsprechenden Überschrift gesondert am

Ende aufführen, ebenso Ihre Kenntnisse und Hobbys. Denn es ist meist zu unübersichtlich, sie chronologisch einzuordnen.
Passen die einzelnen Stationen thematisch nicht in die chronologische Reihenfolge, beispielsweise, weil Sie nach einigen Jahren Berufstätigkeit ein Zweitstudium aufgenommen haben, dann können Sie jeder einzelnen Station eine eigene thematische Überschrift geben.

Formalkriterien des Lebenslaufs

Die Länge: am besten ein bis drei Seiten

Bei der Länge gibt es keine festen Regeln. Ein bis zwei Seiten entsprechen den Gepflogenheiten.

Empfehlenswert ist es, beim Lebenslauf die Länge von zwei Seiten nicht zu überschreiten. Diese Empfehlung ist aber kein Muss. Anders als beim Anschreiben kommt es beim Lebenslauf vorrangig auf Vollständigkeit an – und auf die Betonung der (für die Stelle) wichtigen Stationen. Wenn eine ausführliche Darstellung Ihren Lebenslauf verständlicher macht und Ihre Person besser beleuchtet, dann ist es nicht weiter schlimm, wenn er sich auf drei Seiten ausdehnt.

Trotzdem ist es sinnvoll, sich auf das Wichtigste zu beschränken

Je mehr Berufserfahrung Sie haben, desto weniger detailliert brauchen Sie Ihre Schul- und Ausbildung zu beschreiben.

Versuchen Sie trotzdem, sich am Richtwert von zwei Seiten zu orientieren. Damit zwingen Sie sich, nur die wesentlichen Dinge aufzuführen und nicht jede Station Ihres Lebens unnötig detailreich aufzublähen. Wesentlich ist, was Sie für die Stelle qualifiziert.

Zeitangaben: am besten auf den Monat genau

Bei Datumsangaben genügen der Monat und das Jahr.

Die Daten in einem Lebenslauf brauchen Sie nicht auf den Tag genau anzugeben – das wäre zu aufwendig. Aber eine Zeitangabe in Monaten ist empfehlenswert, weil sie am ehrlichsten wirkt. Damit dokumentieren Sie lückenlose Anschlüsse (wobei ein- bis zweimonatige Pausen akzeptabel sind). Häufiger sieht man auch Lebensläufe, die nur eine

Jahresangabe enthalten. Das ist nicht ratsam, denn man kann zwischen zwei aufeinanderfolgenden Jahresangaben fast zwei Jahre Pause verbergen. Personalverantwortliche, die Erfahrung mit der Interpretation von Lebensläufen haben, wissen das – und werden misstrauisch.

Beispiel
Im Lebenslauf von Steffen Schmitz finden sich folgende Angaben:

2007 bis 2011
Möbelschreiner, »Das Kästchen«, Schreinerwerkstatt, Hameln

2012 bis heute
Verkaufsberater, Möbelhaus »The Furnisher«, Bad Lippspringe

Der Personalverantwortliche prüft die Anschlusszeiten anhand der Arbeitszeugnisse nach. Dabei kommt heraus, dass Steffen Schmitz nur bis Ende Februar 2011 als Möbelschreiner in Hameln tätig war. Anfang Dezember 2012 hat er die neue Arbeitsstelle angetreten. Volle 21 Monate (Arbeitslosigkeit? Untätigkeit? Krankheit? Aufenthalt im Strafvollzug?) hat er unterschlagen.

Verstecken Sie Zeiten der Arbeitslosigkeit oder Unproduktivität nicht.

Führen Sie daher auch wenig produktive Zeiten im Lebenslauf auf und erklären Sie die Hintergründe.

Die Zeitangaben im Lebenslauf sollten einheitlich sein. Nennen Sie beispielsweise immer den Monat und das Jahr.

Zeitangaben formal einheitlich

Halten Sie den Aufbau des Lebenslaufs unbedingt stringent durch. Vermeiden Sie im Hauptteil einen Wechsel zwischen verschiedenen Zeitangaben (z. B. einmal auf den Tag, einmal auf den Monat und einmal nur auf das Jahr genau). Lediglich bei berufsbegleitenden Weiterbildungskursen im thematischen Anhang genügt die Angabe des Jahres, in dem diese stattfand.

Der Inhalt des Lebenslaufs

Gewichten Sie die einzelnen Stationen passend zu der Stelle, auf die Sie sich bewerben.

»Beim Lebenslauf sind die Fakten durch den Verlauf vorgegeben«, denken Sie vielleicht, »da gibt es nicht viel Freiheit bei der Formulierung.« Irrtum! Gerade beim Lebenslauf ist es wichtig, dass Sie nicht einfach die Stationen Ihres Lebens ohne Erklärungen und Kommentare hintereinander auflisten.

Auf Stringenz und Gewichtung kommt es an

Aus einem gut aufgebauten Lebenslauf geht hervor, was Ihre Befähigung für die angestrebte Stelle begründet. Personalverantwortliche schauen besonders auf einen stringenten Handlungsverlauf – auch wenn sie keine Probleme damit haben, dass fast jeder Mensch Brüche in seiner Vita aufzuweisen hat. Ein Lebenslauf soll zeigen,

- was Sie wollen,
- was Sie können,
- wer Sie sind.

Gute Chancen haben Sie, wenn Ihr Lebenslauf in diesen drei Punkten zur ausgeschriebenen Stelle passt. Damit ist nicht gemeint, dass er so wirken soll, als hätten Sie Ihr ganzes Leben lang nur ein Ziel gehabt, nämlich die betreffende Anstellung. Sie brauchen auch nicht so zu tun, als hätten Sie während Ihrer Ausbildung, Ihres Studiums und/oder Berufslebens einzig und allein auf diese Position hingearbeitet. Ein solcher Lebenslauf wäre unrealistisch und unglaubwürdig. Lassen Sie Brüche im Lebenslauf ebenso zu wie die Tatsache, dass Ihr Leben nicht immer geradlinig verlaufen ist. Das ist normal. Einen roten Faden kann Ihr Lebenslauf trotzdem haben.

Geben Sie Ihrem Lebenslauf einen roten Faden, indem Sie Gemeinsamkeiten oder Überschneidungen bei einzelnen Stationen Ihres Lebens hervorheben.

Der rote Faden im Lebenslauf

Suchen Sie nach Anknüpfungspunkten und Gemeinsamkeiten mit der angestrebten Stelle. Nach Möglichkeit sollten Sie einen zusammenhängenden Handlungsstrang erkennbar machen.

Anknüpfungspunkte zur angestrebten Stelle herausstellen!

Listen Sie all Ihre Stationen auf. In einem zweiten Schritt überlegen Sie, welche Stationen, Tätigkeiten oder Hobbys in Ihrem bisherigen Leben zusammenpassen. Gab es Tätigkeiten, die Überschneidungen mit der angestrebten Stelle aufweisen? Wenn Sie sich für eine bestimmte Stelle interessieren, dann wird das wahrscheinlich der Fall sein. Beispiele:

- Die Lieblingsfächer in der Schule stimmen mit dem gefragten Know-how überein.
- Sie haben eine Ausbildung in dem betreffenden Gebiet gemacht.
- Sie haben ein verwandtes Fach studiert.
- Sie waren schon in einer ähnlichen Branche berufstätig.
- Sie haben vergleichbare Aufgaben ausgeführt.
- Sie haben Hobbys, die ähnliche Qualifikationen erfordern wie die ausgeschriebene Stelle.

Solche Gemeinsamkeiten gilt es im Lebenslauf herauszustellen. Dann sind Sie wegen eventueller Brüche, die Ihr bisheriges Leben vielleicht aufweist, nicht angreifbar.

Gewichten Sie das stärker, was zur angestrebten Stelle passt

Setzen Sie die Schwerpunkte gemäß den geforderten Fähigkeiten.

Auch bei der Gewichtung Ihrer Tätigkeiten haben Sie Spielräume. Je nachdem, auf was für eine Stelle Sie sich bewerben, heben Sie einzelne Stationen oder Aufgaben stärker hervor und behandeln Sie sie ausführlicher.

Beispiel
Ein Praktikum, das am Rande mit Öffentlichkeitsarbeit zu tun hatte, kann als Praktikum im Bereich Öffentlichkeitsarbeit beschrieben werden.

Aber nicht übertreiben!

Einzelne Bestandteile des Lebenslaufs im Hinblick auf die gewünschte Stelle ausführlicher, andere knapper darzustellen, ist legitim. Aber dieses Vorgehen hat auch Grenzen: Das Ganze muss plausibel erscheinen. Es ist nicht möglich, ein zweiwöchiges Praktikum als gewichtiger darzustellen als eine fünfjährige Berufstätigkeit.

Schummelei ist nicht ratsam

Machen Sie wahrheitsgemäße Angaben. Wer schummelt, tut sich keinen Gefallen.

Einen stringenten Lebenslauf müssen Sie nicht erdichten. Wer schummelt, hat auf Dauer nichts davon. Denn meist kommt das schon beim Blick auf die Daten in den beigelegten Nachweisen heraus. Auch im Vorstellungsgespräch fliegen Schummeleien häufiger auf – weil ein Bewerber sich in Widersprüche verstrickt oder nicht mehr genau weiß, was er im Lebenslauf geschrieben hat. Wer aufgrund von falschen Angaben eine Stelle bekommt, wird damit wahrscheinlich nicht glücklich. Wesentliche Erfahrungen und Fertigkeiten bringt er nicht mit, muss aber so tun als ob, weil er sie im Lebenslauf angegeben hat. Wenn der Schwindel auffliegt und der Arbeitgeber erfährt, dass er bei der Bewerbung getäuscht wurde, ist das ein Kündigungsgrund.

Erklärungen erwünscht: Setzen Sie nichts als bekannt voraus

Kommentieren Sie die einzelnen Stationen in Ihrem Leben, sodass sie für Fremde verständlich werden.

Niemand versteht den Verlauf Ihres Lebens so gut wie Sie selbst. Vielleicht ist es deshalb so schwierig, einen verständlichen Lebenslauf zu schreiben. Beachten Sie besonders: Bei den meisten Stationen eines Lebens reicht die bloße Auflistung nicht, sondern sie müssen erklärt werden. Das betrifft vor allem

- Studien- und Ausbildungsgänge (sofern Sie sich fachfremd bewerben),
- Positionen und Tätigkeiten (sofern die Bezeichnung nicht allgemein verständlich ist),
- Firmen und andere Arbeitgeber (sofern diese nicht allgemein bekannt sind).

Bewerben Sie sich fachfremd, sollten Sie bedenken, dass nicht jeder den Inhalt Ihrer Ausbildung kennt.

Studien- und Ausbildungsgänge erklären

Besonders wenn Sie sich fachfremd bewerben, sollten Sie sich in die Lage desjenigen hineinversetzen, der Ihren Lebenslauf lesen und auswerten muss. Reicht es, wenn Sie nur den Ausbildungsberuf oder das Studienfach nennen? Kann sich wirklich jeder vorstellen, was Sie dabei gelernt haben? Wenn nicht, dann fügen Sie eine kurze Erklärung hinzu. Bedenken Sie auch, dass bestimmte Bezeichnungen zwar Assoziationen hervorrufen – aber leider nicht unbedingt die richtigen. Auch hier ist eine Erklärung hilfreich. Drei Beispiele finden Sie in der folgenden Tabelle:

Erklärungsbedürftige Ausbildungs- und Studiengänge

Ausbildungs-/ Studiengang	Assoziation	Erklärung
Ausbildung zum Metallbildner	irgendetwas mit Metall ...	Ausbildungsinhalte: Anfertigung von Möbelbeschlägen, Toren, Geländern und Ziergegenständen aus Metall
Hydrologie	irgendetwas mit Wasser ...	Lerninhalte: Einschätzung von Wasserangebot und -qualität, Wassernutzung und -bereitstellung, Konzeption wasserwirtschaftlicher Anlagen
Forstwirtschaft	Jagd, Wald, Dackel, Lodenmantel, Flinte	Lerninhalte: ökologische Grundlagen, Recht, Wirtschaft, Technik, Arbeitslehre

Eine Berufsbezeichnung wird verständlicher, wenn Sie Aufgaben und Ziele im Lebenslauf angeben.

Position und Tätigkeit erklären

Positionsbezeichnungen sind oft nichtssagend. Es genügt also nicht, einfach die Stellenbezeichnung aufzuführen. Schreiben Sie konkret, welche Aufgaben und Tätigkeiten sich dahinter verbergen. Bei Führungskräften ist es zudem sinnvoll, zwischen den Aufgaben und den Zielen einer Position zu unterscheiden und das Ziel ebenfalls anzugeben. Außerdem müssen Sie angeben, für wie viele Mitarbeiter Sie Personalverantwortung hatten.

Drei Beispiele für eine erklärungsbedürftige Position

Position	Aufgaben/Tätigkeiten	Ziel der Position
Einkäufer	Suche nach Lieferanten Verhandeln über Preise und Bedingungen Bildung von Einkaufsgemeinschaften Planung des Materialeinsatzes	Sicherstellung der Materialversorgung zu einem angemessenen Preis
Vorstandssekretärin	Erledigung der Korrespondenz und Telefonate Empfang und Bewirtung von Gästen Terminplanung Organisation von Veranstaltungen	Entlastung des Vorstands in allen organisatorischen Dingen
Außendienstmitarbeiter einer Versicherung	Kundenberatung Abschluss von Verkäufen Abwicklung von Schadensfällen	Kunden so betreuen, dass sie zufrieden sind, Verträge abschließen und wiederkommen

Firma oder sonstigen Arbeitgeber erklären

Liefern Sie bei jeder Arbeitsstelle eine kurze Einordnung des Arbeitgebers (Branche, Größe).

Was frühere Arbeitgeber angeht, gibt es einigen Erklärungsbedarf: Bei unbekannten Firmen, Organisationen oder öffentlich-rechtlichen Arbeitgebern, deren Namen keine Assoziation wecken, sollten Sie zumindest kurz erwähnen,

- in welchem Bereich er tätig ist,
- wie viele Mitarbeiter dort beschäftigt sind (ungefähre Zahl genügt).

Beispiel
Die Deutsche Telekom kennt praktisch jeder. Die meisten können sich vorstellen, in welchen Bereichen das Unternehmen tätig ist. Ein kleineres Unternehmen ist dagegen höchstens in der näheren Umgebung oder in der eigenen Branche bekannt. Rechnen Sie also damit, dass der Name allein kaum etwas aussagt. Schreiben Sie daher eine kurze Erklärung dazu. Dasselbe gilt für Verbände, Behörden, Stiftungen, Kommunen und Organisationen, die nicht allgemein bekannt sind. Drei Beispiele:

- »Bartelt GmbH« (Hersteller von Brandschutztüren, ca. 300 Mitarbeiter)
- »Großenberg KG« (Großhändler für Sanitärbedarf, 16 Mitarbeiter)
- »Landwirtschaftskammer Rheinland« (öffentlich-rechtliche Selbstverwaltung der regionalen Landwirtschaft, ca. 200 Mitarbeiter)

Längere Tätigkeiten bei einem Arbeitgeber aufschlüsseln

Längere Stationen aufschlüsseln

Manche Punkte im Lebenslauf wirken unscheinbarer – und damit nachteiliger –, als sie sind. Wenn zum Beispiel ein Mitarbeiter seit vielen Jahren bei ein und demselben Arbeitgeber tätig war, wirkt das ohne weitere Aufschlüsselung im Lebenslauf nicht besonders spektakulär. Ein kritischer Personalentscheider, der diesen Punkt liest, bekommt sofort den Eindruck: »Der Bewerber hat sich während der ganzen Zeit überhaupt nicht weiterentwickelt.« Deshalb ist es für Sie als Bewerber günstiger, wenn Sie langen Stationen in Ihrem Lebenslauf mehr als nur eine einzige Zeile widmen. Sie sollten stattdessen bei allen wichtigen Ausbildungs- oder Arbeitszeiten Ihres Lebens

- Erfahrungen und Lerninhalte angeben,
- Abteilungen oder Zuständigkeitsbereiche aufschlüsseln,
- Ihre Tätigkeiten und Aufgaben aufführen,
- (Bei Führungspositionen) schreiben, wie viele Mitarbeiter Sie hatten.

Ideal ist der Nachweis, immer mehr Verantwortung übernommen zu haben.

Ideal ist es, wenn Sie dokumentieren können, dass Sie im Laufe der Zeit innerhalb desselben Unternehmens einen wachsenden Verantwortungsbereich übernommen haben.

Beispiel
Ein Bankangestellter war fast acht Jahre lang bei derselben Bank angestellt. Ursprünglich sieht die Darstellung dieses Zeitraums in seinem Lebenslauf so aus:

08/2007 bis 06/2015
Angestellter bei der Norddeutschen Bankgesellschaft mbH

Besonders aussagekräftig ist dieser Punkt nicht. Wesentlich anschaulicher ist es, wenn er sein Dasein als Bankangestellter in einzelne Phasen aufteilt und zu jeder erklärt, was er getan hat und wofür er zuständig war:

08/2007 bis 06/2015
Angestellter bei der Norddeutschen Bankgesellschaft mbH

08/2007 bis 07/2009
Ausbildung zum Bankkaufmann

08/2009 bis 11/2011
Mitarbeit in der Kreditabteilung
(Prüfung von Anträgen, Kreditvergabe)

12/2011 bis 06/2014
Stellvertretende Leitung der Firmenkundenabteilung
(Erstellung von Finanzierungskonzepten, Bilanzanalyse)

07/2014 bis 06/2015
Leitung der Firmenkundenabteilung
(Führung von zehn Mitarbeitern)

Lücken nicht vertuschen – denn das fällt erfahrenen Personalverantwortlichen auf

Mut zur Lücke(nlosigkeit)

Lücken dürfen nicht im Lebenslauf auftauchen. Zeiten des Leerlaufs oder der Arbeitslosigkeit kommentarlos unter den Tisch fallen zu lassen, ist ein Fehler, der einen Bewerber in aller Regel schon in der ersten Auswahlrunde – also noch vor dem Vorstellungsgespräch – disqualifiziert. Wer Lebensläufe prüft, der achtet sehr genau darauf, dass jeder Monat dokumentiert ist.

Ein erfahrener Personalverantwortlicher entdeckt sofort, wenn jemand Teile seines Lebens unterschlägt.

Wer häufig Personal auswählt, kennt alle Tricks, Lücken verschwinden zu lassen

Glauben Sie nicht, dass Sie Leerzeiten geschickt verstecken können. Wer Personal auswählt, kennt alle Tricks, mit denen Bewerber unliebsame Zeiträume verschwinden lassen. Es bringt keine Vorteile,

- den Lebenslauf nach Themen zu ordnen statt chronologisch (da vermutet ein erfahrener Personalverantwortlicher Unstimmigkeiten),
- unproduktive Phasen einfach wegzulassen (meist unterstellt ein Personalentscheider dann Schlimmeres als den wirklichen Grund),
- Arbeitszeiten über die wirkliche Dauer hinaus zu verlängern (der Schwindel fliegt auf: Beginn und Ende jeder Tätigkeit sind genau im Arbeitszeugnis aufgeführt),
- Zeiten einer Anstellung oder eines Praktikums zu erfinden (das fehlende Zeugnis oder der fehlende Tätigkeitsnachweis macht misstrauisch).

Stehen Sie zu den Lücken und Brüchen in Ihrem Leben.

Keine Sorge wegen unproduktiver Zeiten!

Eine Lücke im Lebenslauf entsteht nur dann, wenn ein Bewerber beschließt, einen bestimmten Zeitraum zu verschweigen. Haben Sie selbst auch solche unproduktiven Zeiträume, die Sie am liebsten gar nicht aufführen möchten?

Dann hilft der Gedanke, dass ein glatter Lebenslauf ohne Krisen, Auszeiten, Krankheiten und Arbeitslosigkeit einfach nicht normal ist. Das weiß jeder, der Personal auswählt. Ein allzu geradliniger Lebenslauf wirkt wesentlich verdächtiger als einer, der das Leben so widerspiegelt, wie es ist – mit Erholungsphasen, unproduktiven Zeiten und dem einen oder anderen Richtungswechsel.

Beispiel
Saskia Engel hat eine schlimme Zeit hinter sich. Bei ihrem früheren Arbeitgeber wurde sie gemobbt, bis sie sich schließlich entschloss zu kündigen. Zugleich ging eine Beziehung in die Brüche. Sie bekam Depressionen und war für ein gutes Jahr nicht arbeitsfähig. Erst langsam schaffte sie es, die Krise in ihrem Leben zu bewältigen. Sie beschloss, künftig keine Vollzeitstelle mehr anzunehmen, sondern allenfalls eine Stelle mit 30 Arbeitsstunden pro Woche. Im Lebenslauf führte sie die zwölf Erholungsmonate als »Sabbatjahr« (ohne weiteren Kommentar) an. Bei einem Vorstellungsgespräch fragte der potenzielle Arbeitgeber nach, was genau sie während dieser Zeit gemacht habe. Die Erklärung, sie habe sich eine Auszeit genommen, um sich beruflich neu zu orientieren, akzeptierte er, zumal sie gegen Ende ihrer Auszeit einige zusätzliche Qualifikationen erworben hatte, die zur gewünschten Tätigkeit passten. Saskia Engel bekam die Stelle.

Plausible Erklärungen abgeben

Leerzeiten sollten Sie erklären.

Überlegen Sie: Was steckt hinter Ihren Leerzeiten? Arbeitslosigkeit? Krankheit? Phasen der Umorientierung? Urlaub? Das alles lässt sich als plausible Begründung anführen – wobei Sie manches vielleicht beschönigen, aber nichts verfälschen müssen. Manchmal (besonders bei Leerzeiten, die länger als ein halbes Jahr dauern) ist eine kurze Kommentierung im Lebenslauf sinnvoll. Übrigens sollten Sie auch bei Nachfragen im Vorstellungsgespräch nicht lange nach passenden Argumenten suchen müssen. Die folgende Übersicht zeigt einige Beispiele, wie Sie lange Zeiten der Krankheit, des Nichtstuns oder der Arbeitslosigkeit begründen können.

Plausible Erklärungen für Leerzeiten

Leerzeit	Erklärung
Längere Arbeitslosigkeit	■ Arbeitssuchend ■ Auf der Suche nach einer geeigneten Stelle
Längerer Urlaub (geeignet, um Zeiten bis zu drei Monaten zu erklären)	■ Erholungsurlaub ■ Erholungsphase ■ Auszeit
Arbeitsunfähigkeit aufgrund von Depressionen	■ Zeit der Neuorientierung und Neuausrichtung ■ Mein Leben – und auch meine berufliche Tätigkeit – liefen in eine andere Richtung, als ich wollte. Deshalb zog ich einen Schlussstrich und nahm mir eine Auszeit, um herauszufinden, was ich wirklich kann und was ich will.
Babypause	■ Erziehungsurlaub ■ Kindererziehungszeit
Erholungszeit	■ Das Sabbatjahr war nötig, um zu entscheiden, wie es mit meinem Berufsleben weitergehen soll. ■ Neuorientierung ■ Orientierungsphase ■ Auszeit zur neuen Weichenstellung
Familiäre Verpflichtungen	■ Meine Mutter wurde krank, und ich habe mich ein volles Jahr um ihre Pflege gekümmert.
Sporadische Aushilfsjobs	■ Aushilfsjobs, um die Abhängigkeit von staatlicher Hilfe zu vermeiden

Schwächen, Mängel und Defizite

Erklärungsbedürftige Punkte selbst erkennen und potenzielle Einwände entkräften

Der Lebenslauf ist nicht der Ort, an dem Sie Ihre (vermeintlichen oder tatsächlichen) Schwächen ausführlich behandeln sollten. Schließlich sind Ihre Stärken gefragt. Dennoch hilft bei offenkundigen Schwächen ein Hinweis, dass Sie sich Ihrer Schwächen bewusst sind – schon allein um deutlich zu machen, dass Sie sich eingehend mit dem Anforderungsprofil der ausgeschriebenen Stelle auseinandergesetzt haben.

Der englischsprachige Lebenslauf

Einen englischsprachigen Lebenslauf bauen Sie im Prinzip genauso auf wie einen Lebenslauf in deutscher Sprache. Möglich ist ein ausführlicher Lebenslauf (Curriculum Vitae, kurz CV), der mehrere Seiten umfassen darf. Durchaus üblich ist aber auch der Kurzlebenslauf (Résumé/Resume), in dem auf höchstens zwei Seiten das Wichtigste für die gewünschte Stelle zusammengefasst wird. Die Überschrift »Curriculum Vitae« oder »Résumé/Resume« wird nicht verwendet.
Englischsprachige Lebensläufe sind meist chronologisch absteigend geordnet und enthalten folgende Kategorien:

- Persönliche Informationen: Name, Adresse, Telefonnummer und E-Mail-Adresse stehen ohne Überschrift zentriert ganz oben. Geburtsdatum und -ort, Familienstand, Anzahl der Kinder sowie Nationalität anzugeben, ist nicht üblich. Die Privatsphäre gilt als hohes Gut.
- Eventuell eine kurze Angabe des Berufsziels (»Objective« oder »Job Target«.
- Eventuell eine kurze Zusammenfassung Ihres Profils (»Profile«) und Ihrer Erfolge in Ihrer Vergangenheit (»Achievements«).
- Berufliche Tätigkeiten (»Experience«, »Work Experience« oder, bei langjähriger Erfahrung »Employment History«).
- Studium (»Education«); der schulische Werdegang wird meist nicht erwähnt.
- Thematischer Anhang, z. B. »Internships« (= Praktika), »Hobbies« (Achtung: Der englische Plural schreibt sich, anders als der deutsche, mit *-ies* am Ende), »Foreign Languages« (= Fremdsprachen), »Personal

Skills«/ »Personal Competences« (persönliche Eigenschaften/Fähigkeiten) sowie »Voluntary Services« (= ehrenamtliche/freiwillige Einsätze).

Beachten Sie: Auf einen englischsprachigen Lebenslauf gehören weder Datum noch eigenhändige Unterschrift noch Bewerbungsfoto.

Muster Lebensläufe

Auf den folgenden Seiten haben wir eine Reihe von beispielhaften Lebensläufen zusammengestellt, an deren Aufbau Sie sich orientieren können. Aber beachten Sie auch hier: Sie sind einzigartig, und einzigartig sollte auch Ihre Bewerbung sein. Stimmen Sie die Form Ihres Lebenslaufs so individuell wie möglich auf Ihre Persönlichkeit und die Anforderungen des potenziellen Arbeitgebers ab.

Muster Lebenslauf »Ausbildungsplatz Bürokauffrau«

Lebenslauf

Persönliche Daten
Name: Anna Neumann
Geburtsdatum: 8. März 2000
Geburtsort: Karlsruhe
Anschrift: Gartenstraße 3, 81234 München
Tel.: 089 1234567
E-Mail: aneumann@mail.de
Eltern: Christian Neumann, Dipl.-Ing.
Carola Neumann, geb. Schmitt,
Reiseverkehrskauffrau

Schulbildung

August 2006 – Juli 2010:	Grundschule in Ottobrunn
seit September 2010:	Staatliche Realschule in Neubiberg
angestrebter Abschluss:	Realschulabschluss im Juli 2016
Lieblingsfächer:	Französisch (sehr gut), Mathematik (gut)

Besondere Kenntnisse

Sprachen:	dreiwöchiger Französischsprachkurs in Paris
Computer:	Microsoft Office (Word, Excel, PowerPoint)

Praktische Erfahrung

August 2014:	vierwöchiges Praktikum im Bereich Veranstaltungsorganisation bei der Firma Müller Consult in Höhenkirchen

Hobbys
Klettern, Lesen, Tennis

München, 19. Januar 2016

Anna Neumann

Muster Lebenslauf »Wissenschaftlicher Mitarbeiter«

Lebenslauf

Fabian Probst	Altmark-Allee 311 39104 Magdeburg	Tel.: 0391 33221100 Mobil: 0171 1223334444 E-Mail: f.probst@mailweb.de

Geburtsdatum:	8.4.1990
Geburtsort:	Coburg
Staatsangehörigkeit:	deutsch
Familienstand:	nicht verheiratet, keine Kinder

Schule

09/2000 – 07/2009	Arnold-Gymnasium, Neustadt bei Coburg Schwerpunktfächer Mathematik und Physik Abitur-Note: 2,1

Zivildienst

11/2009 – 08/2010	Naturschutzbund Deutschland e. V., Coburg Zivildienst (Landschaftspflege)

Studium

seit 10/2010	Otto-von-Guericke-Universität Magdeburg Studium der Elektrotechnik Schwerpunkt erneuerbare Energieen – Bachelor-Thesis: „Nutzung von erneuerbaren Energien" – Bachelor-Abschlussnote 1,9 – Masterthesis: „Potenziale der Fotovoltaik in der Stadt- und Regionalplanung" – Abschluss Master of Science im März 2016

Praxissemester

10/2012 – 03/2013	Solar-Solution GmbH, Kulmbach (Hersteller von Fotovoltaikanlagen, ca. 150 Mitarbeiter) Praxissemester I: Bereich Forschung und Entwicklung
04/2015 – 09/2015	Städtische Verkehrsbetriebe, Coburg Praxissemester II: Bereich Einsatz von Fotovoltaik

Lebenslauf

Fabian Probst	Altmark-Allee 311 39104 Magdeburg	Tel.: 0391 33221100 Mobil: 0171 1223334444 E-Mail: f.probst@mailweb.de

Sprachen
Englisch: fließend
Französisch: gut

EDV-Kenntnisse
Programmierung in C, C++, C#, ADA, Matlab, Lartech
Microsoft Office: Word, Excel, Outlook, PowerPoint, Access
Anwenderkenntnisse in ETechpro, Signal, FoMa, MSCX

Hobbys
Paragliding
Flugmodellentwicklung und -bau
Elektromobilität (aktives Mitglied im Bundesverband E-Mobilität e.V.)

Persönliche Eigenschaften
Verantwortungsbewusstsein, Gewissenhaftigkeit, Zuverlässigkeit
Analytisch-kreativer Forschergeist

Magdeburg, 28.1.2016

Fabian Probst

Muster Lebenslauf »Erzieherin«

Lebenslauf

Maike Renningsen, Erzieherin
Obere Beeke 25
26130 Oldenburg
Tel.: 0441 223334444
E-Mail: M.Renningsen@bspweb.de

Geburtsdatum:	28.4.1993
Geburtsort:	Bremen
Staatsangehörigkeit:	deutsch
Familienstand:	ledig, keine Kinder

Schule

09/2003 – 07/2009	Wilhelm-Olbers-Realschule in Bremen Mittlere Reife, Note: 1,9

Ausbildung

09/2009 – 08/2010	Kindertagesstätte St. Margarete in Bremen Vorbereitungsjahr zur Ausbildung als Erzieherin
09/2010 – 08/2012	Fachschule für Sozialpädagogik in Bremen 2-jährige Fachschulausbildung zur Erzieherin
09/2012 – 08/2013	Städtischer Kindergarten in Delmenhorst Anerkennungsjahr als staatlich geprüfte Erzieherin

Berufliche Erfahrung

09/2013 – heute	Städtischer Kindergarten Delmenhorst (acht Gruppen mit je ca. 20 Kindern) **Gruppenleiterin** – Betreuung, Erziehung, Bildung und Pflege der Kinder – Organisieren von Freizeitaktivitäten – Zusammenarbeit mit Eltern

Besondere Kenntnisse

Englisch (gute Grundkenntnisse), MS Office (Word, Excel, PowerPoint)
Großer Erste-Hilfe-Kurs (Malteser, 2009 und 2013)

Hobbys

Theater, Handarbeiten, mit Freunden treffen

Oldenburg, 9. Mai 2016

Maike Renningsen

Muster Lebenslauf »Assistentin des Geschäftsführers«

Lebenslauf

Persönliche Daten

Name	Antje Plessar
Anschrift	Am Fuchsgrund 11 06246 Delitzsch Tel.: 0351 111222333 E-Mail: a.plessar@webprovider.de
Geburtsdatum	27. März 1969
Geburtsort	Görlitz
Staatsangehörigkeit	deutsch
Familienstand	verheiratet, keine Kinder

Ausbildung und beruflicher Werdegang

08/1975 – 06/1985	Polytechnische Oberschule, Görlitz **Abschluss der 10. Klasse (mittlere Reife)**
08/1985 – 07/1987	VEB Nachrichtentechnik und Berufsschule, Dresden **Ausbildung zur Facharbeiterin für Schreibtechnik**
08/1987 – 12/1990	VEB Nachrichtentechnik, Dresden **Sekretärin** Schreibarbeiten, Korrespondenz
01/1991 – 03/1993	Halbleiterwerk, Görlitz **Sekretärin** Schreibarbeiten, Büroorganisation
04/1993 – 12/1993	arbeitssuchend nach Insolvenz des Werks
01/1994 – 12/1995	Weiterbildung zur Fremdsprachensekretärin Schwerpunkt: Russisch Nebenfach: Polnisch
01/1996 – 03/1996	arbeitssuchend

Lebenslauf Antje Plessar

Beruflicher Werdegang

04/1996 – 08/2015	Cowatco KG, Leipzig (Hersteller von Hobelmaschinen, ca. 150 Mitarbeiter) **Praktikantin in wechselnden Abteilungen** (2 Monate) **Teamassistentin in der Auslandsabteilung** Büroorganisation Buchung von Geschäftsreisen Erledigung der Korrespondenz mit Osteuropa Anfertigung von Übersetzungen Erstellung von Präsentationen
seit 09/2015	Auslandsreise nach Vietnam (vier Monate) arbeitssuchend Computerkurse (MS Office)

Weiterbildungen

02/1996	IHK-Seminar: „Durch flexible Organisation den Chef entlasten“
03/1999	„Basics der Geschäftsreiseplanung“
02/2006	Vertiefungskurs PowerPoint
04/2010	Crashkurs englische Korrespondenz

Kenntnisse und Fertigkeiten

Sprachen

Russisch	fließend in Wort und Schrift
Polnisch	gute Kenntnisse
Englisch	ausbaufähige Grundkenntnisse

EDV-Kenntnisse

Microsoft Office	alle gängigen Anwendungen

Delitzsch, 29.1.2016

Antje Plessar

Muster Lebenslauf »Projekt-Einkäufer«

Lebenslauf

Daniel Knappe
Baumstraße 4
80469 München
Tel.: 089 1234567
E-Mail: daniel.knappe@net.com

geboren am 7.10.1979 in München
verheiratet, drei Kinder (12, 9, 7)

Berufliche Erfahrung

04/2014 – heute	Elektroteile Münzer GmbH in München (Automobilzulieferer mit ca. 460 Mitarbeitern) **Gruppenleiter Einkauf und Projekt-Einkäufer** – Einkaufsvolumen bis 3 Mio. €, Teamleitung – Aufbau, Pflege, Bewertung, Auditierung von Lieferanten – Strategieausrichtung nach Südostasien – Erstellen von Projektrahmenverträgen – Preisverhandlungen, Reklamationsbearbeitung
08/2007 – 03/2014	Maschinenbau Mayer AG in Augsburg (Anlagenbauer mit ca. 300 Mitarbeitern) **Einkäufer** – Einkaufsvolumen bis 2,5 Mio € – Beschaffungsmarktanalyse (Elektronikbauteile) – Vergabeverhandlungen und Vertragsausarbeitung
04/2004 – 06/2007	Bauer Steuerungstechnik GmbH in Augsburg (Schaltschrankbauer mit ca. 240 Mitarbeitern) **Junioreinkäufer** – Beschaffungsmarktanalyse (Elektronikbauteile) – Aufbau, Pflege und Bewertung von Lieferanten
09/1999 – 03/2004	Industrieanlagenbau Huber GmbH in München (Apparatebauer mit ca. 180 Mitarbeitern) **Sachbearbeiter Einkauf** – kaufmännische Sachbearbeitung und Disposition

Lebenslauf Daniel Knappe

Fortbildung

01/2002 – 02/2004	Industrie- und Handelskammer, München berufsbegleitende Fortbildung zum Fachkaufmann Einkauf/Materialwirtschaft (IHK) Abschlussnote 2,1

Ausbildung

08/1996 – 07/1999	Industrieanlagenbau Huber GmbH in München Ausbildung zum Industriekaufmann (IHK) Abschlussnote 2,0

Schule

09/1990 – 07/1996	Adalbert-Stifter-Realschule in München Abschlussnote 2,5 (mittlere Reife)

Sprachen
Englisch: fließend (weltweiter Einkauf in englischer Sprache)

EDV-Kenntnisse
Microsoft Office: Word, Excel, Outlook, PowerPoint, SAP ERP

Ehrenamt
Kassenwart im Jugendsportverein

Hobbys
Bergwandern, Living History

München, 17.1.2016

Daniel Knappe

Muster Lebenslauf »Verkaufsberater Telekommunikation«

Lebenslauf

Zu meiner Person

Name:	Arne Kräftig
Anschrift:	Bienwaldstr. 16 67658 Kaiserslautern Tel.: 0631 1234567 E-Mail: AK@beispielnet.com
Geburtsdatum:	21. August 1978
Geburtsort:	Pirmasens
Staatsangehörigkeit:	deutsch
Familienstand:	verheiratet, ein Kind
angestrebte Position:	Verkaufsberater Telekommunikation

Schule, Zivildienst, Studium

…ität Trier**

…eb

…el Theorie, zu wenig Praxis)

…ador

…a – Europa

…n Handel

…ahlen

Formales Aufbau Anschreiben
- linker Seitenrand 24 mm
rechter " 20 mm
- linksbündig
- Absenderangabe links oben
bei Platzmangel Kopfzeile wirkt sehr professionell

Lebenslauf Arne Kräftig

Beruflicher Werdegang

08/2002 – 06/2008	**Vertriebsmitarbeiter, RGDF-Pharma AG, Neu-Ulm**
	Trainee im Vertriebswesen, wechselnde Stationen
	– Lehrgang „Grundlagen im Verkauf/Vertrieb" (2 Monate)
	– Marktforschungsabteilung (4 Monate)
	– Außendienst in Begleitung eines Bezirksverkaufsleiters (6 Monate)
	Bezirksverkaufsleiter für den Bezirk südliches Rheinland
	– Betreuung Bestandskunden (Ärzte, Apotheker)
	– Aufbau neuer Kundenbeziehungen
	– Einarbeitung neuer Mitarbeiter
07/2008 – 12/2008	arbeitssuchend
01/2009 – 07/2016	**Versicherungsberater, All-Secure-Versicherung, Berlin**
	Bezirksleiter im Außendienst für den Bezirk Kaiserslautern
	– Beratung von Kunden
	– Erstellung von Analysen über den individuellen Versicherungsbedarf
	– Verkauf von Policen
	– Abwicklung von Schadensmeldungen
seit 08/2016	arbeitssuchend

Aktivitäten und Mitgliedschaften

seit 03/2009	Mitgliedschaft im Radsportclub Kaiserslautern
seit 01/2010	Leitung einer Jugendmannschaft

Sprachkenntnisse

Englisch	gute Kenntnisse
Spanisch	fließend

Sonstige Interessen

Radsport, Computer- und Telekommunikationstechnik

Kaiserslautern, 30.10.2016

Arne Kräftig

Muster Lebenslauf »Leiter der Personalabteilung«

Benjamin Lehmann, Lindenallee 3, 20100 Hamburg, Tel.: 040 1234567,
E-Mail: lehmann@net.com

Lebenslauf

Persönliche Daten	
Name	Benjamin Lehmann
Geburtsdatum/-ort	13. August 1970, Bad Tölz
Familienstand	verwitwet, drei Kinder (16, 18 und 19 Jahre alt)

Stellvertretender Personalleiter im Einzelhandel

10/2006 bis heute	Stellvertretender Personalleiter Sports and Adventure AG (Sportartikel-Einzelhändler, 600 Mitarbeiter), Hamburg Ziel der Position: Personalkosten sparen, Qualitätsstandards wahren Aufgaben: Personalauswahl, Konzeption von Weiterbildungsmaßnahmen, Verhandlungen mit dem Betriebsrat, Beratung der Geschäftsführung in personalrechtlichen Fragen, Frauenförderung, Erarbeitung von Sozialplänen und Outplacement-Maßnahmen, Pflege der Firmenstammdaten, Überwachung der Lohnabrechnungen

Personalleiter bei einem Dienstleister

07/2004 bis 09/2006	Personalleiter WPG Steuerberatung – Wirtschaftsprüfung – Unternehmensberatung (250 Mitarbeiter), Düsseldorf Ziel der Position: Auswahl geeigneter Mitarbeiter, Motivation, Bindungs- und Qualifikationsmaßnahmen Aufgaben: Personalauswahl, Qualifikationsanalyse, Konzeption von Weiterbildungsmaßnahmen, Beratung der Geschäftsführung bei Personalrecht und -einsatz

Neuorientierung

01/2004 bis 06/2004	Phase der Neuorientierung und Bewerbung

Personalleiter in der Industrie

01/2001 bis 12/2003	Stellvertretender Personalleiter Mercke & Söhne GmbH (Hersteller von Klimaanlagen, 2000 Mitarbeiter), Darmstadt Ziel der Position: optimale Auslastung der Maschinen, reibungsloser Produktionsablauf bei kostensparendem Personaleinsatz Aufgaben: Erstellung von Personalbedarfsanalysen, Überwachung der Lohn- und Gehaltsabrechnung (2 Mitarbeiter), Kontakt zu den Betriebsräten der Niederlassungen, Beratung der Geschäftsführung In personalrechtlichen Fragen

Lebenslauf Benjamin Lehmann

Einstiegsposition Personalbereich in einem Verlagshaus

12/1999 bis 12/2000	Mitarbeiter in der Personalabteilung Verlagsgruppe Recke & Goldberg (Fachverlag für Finanzberichterstattung, ca. 350 Mitarbeiter), Frankfurt Ziel der Position: einwandfreie und kostensparende Personalbuchführung Aufgaben: Erstellung der monatlichen Gehaltsabrechnungen, Vorbereitung von Betriebsprüfungen durch die Sozialversicherung

Studium

10/1994 bis 09/1999	Studium der Betriebswirtschaft Schwerpunkt Personal und Organisation Ludwig-Maximilians-Universität, München Abschluss: Diplom-Kaufmann

Ausbildungszeit und Gesellenjahr

08/1990 bis 07/1994	Bäckerlehre und Arbeit als Bäckergeselle Bäckerei Moshammer, Bad Tölz Abschluss: Gesellenbrief

Schulbildung

09/1976 bis 07/1990	Grundschule und Gymnasium, Bad Tölz Abschluss: Abitur

Weitere Qualifikationen

Sprachkenntnisse	Italienisch (verhandlungssicher), Englisch (gut)
EDV-Kenntnisse	MS Office, SAP ERP

Hamburg, 10.1.2016

Benjamin Lehmann

Muster Lebenslauf »Produktmanagerin«

Lebenslauf

Persönliche Daten	
Name	Leonie Pfeiffer
Kontakt	Winsstr. 60 10405 Berlin Tel.: 030 123456789, 0176 123456789 E-Mail: pfeiffer@webmail.de Xing: Leonie Pfeiffer 2
Geburtsdatum/-ort	12. September 1978, Hannover
Staatsangehörigkeit	deutsch
Familienstand	verheiratet, eine Tochter (3 Jahre)
Beruflich	
05/2013 – 08/2016	Elternzeit
10/2005 – 04/2013	Deubner Cosmetics GmbH, Berlin (ca. 600 Angestellte) Projektmanagerin, verantwortlich für die Einführung der Herren-Kosmetikmarke „Markant" Aufgaben: – Marktforschung und Bedarfsermittlung – Konzeption des Produktauftritts – Organisation und Betreuung der Werbemaßnahmen – Anleitung externer Dienstleister
08/2004 – 09/2005	Trainee, Randorff AG, Mannheim (Waschmittel- und Seifenhersteller, ca. 280 Mitarbeiter) Stationen: Forschung, Produktion, Marketing und Vertrieb Abschlussarbeit: Relaunch der Damen-Shampoomarke „Wave"
Praktika	
08/2002 – 09/2002	Redussa GmbH, Dortmund (Reifenhersteller, ca. 150 Angestellte) Aufgaben: – Mitarbeit in der Marketingabteilung – Marktforschung – Produkttests – Auswertung der Kundenzufriedenheit
02/2002	IHK Hannover Aufgaben: – Beratung angeschlossener Unternehmen – Erstellung einer Infobroschüre über Markenrecht und Markenschutz

Lebenslauf Leonie Pfeiffer

Studium

10/1999 – 06/2004	Georg-August-Universität in Göttingen Studium der Rechtswissenschaften Abschluss: erstes Staatsexamen (2,5)
04/2001 – 03/2004	Stipendiatin der Studienstiftung des deutschen Volkes – Ferienakademie (Thema: Industriestaaten im Umbruch, neue Lösungskonzepte für die Einwanderungsgesellschaft) – Seminar „Rhetorik und Selbstpräsentation" – Sprachkurs Spanisch in Sevilla, Spanien
08/2003	studienbegleitender vierwöchiger BWL-Kurs

Auslandsjahr

08/1998 – 07/1999	ein Jahr Neuseeland mit Sprachkurs und Reisen

Schule

08/1989 – 07/1998	Droste-Hülshoff-Gymnasium, Hannover Abschluss: Abitur (1,6)

Weitere Kenntnisse

Sprachkenntnisse:	Englisch fließend Französisch gute Kenntnisse Spanisch Grundkenntnisse
Computerkenntnisse:	sicherer Umgang mit MS Office, MS Project und SAP CRM

Interessen

Modeblogging unter www.leoniesoutfit.de
Sport (Volleyball)
Städtereisen

Berlin, 6.8.2016

Leonie Pfeiffer

Muster Lebenslauf »Investment Consultant«

Luan Wang
Turmstraße 30
60385 Frankfurt am Main
Tel.: 069 12233445
E-Mail: lwang@net.de

Lebenslauf

Persönliche Daten

Vorname, Name:	Luan Wang
Geburtsdatum:	23.12.1982
Geburtsort:	Wuhan, VR China
Staatsangehörigkeit:	chinesisch Aufenthalts- und Arbeitserlaubnis für Deutschland liegen vor
Familienstand:	verheiratet mit Robert Adam, keine Kinder

Berufserfahrung

09/2007 bis heute	Projektmanagerin im Bereich Finanzmanagement China Construction Bank Corporation, Niederlassung Frankfurt (international tätige Bank mit Hauptsitz in Peking) Aufgaben: Customer-Relationship-Management, Ansprechpartnerin für Banken im In- und Ausland, Verwaltung der Cash-Pool-Dokumentation, Unterstützung in den Bereichen Electronic Banking und Treasury-Systeme, Cash-Reporting an das Management, Optimierung von Prozessen, Übernahme von Sonderprojekten im Bereich Cashflow, Dienstreisen nach Peking und Wuhan

Studium

10/2005 – 06/2007	Studium International Economics and Economic Policy Goethe-Universität Frankfurt Schwerpunkt Finanzmanagement und Ökonometrie Praktikum: China Construction Bank Corporation, Wuhan Masterarbeit: „Informed Trading and Market Efficiency" Abschluss: Master of Science
06/2005 – 09/2005	Intensivsprachkurs Deutsch als Fremdsprache Goethe-Universität Frankfurt

Lebenslauf Luan Wang

Studium in China	
07/2004 – 05/2005	Intensivsprachkurs Deutsch als Fremdsprache Universität Wuhan, China; Institut für Germanistik
09/2000 – 06/2004	Studium der Finanzwirtschaft Universität Wuhan, China Abschluss: Bachelor of Arts of Finance
Schule in China	
09/1992 – 07/2000	Nr. 11 Oberschule in Wuhan, China Abschluss: Gao Kao (entspricht dem deutschen Abitur)
Besondere Kenntnisse	
Sprachen	Deutsch verhandlungssicher in Wort und Schrift Englisch verhandlungssicher in Wort und Schrift Chinesisch Muttersprache
EDV	MS Office (Word, Excel, PowerPoint, Outlook) Eviews, TSP (Ökonometrie-Software) Stata, Matlab, SAS (Statistik- und Datenanalyse-Software)
Mitgliedschaften	Chinesische Handelskammer Frankfurt (seit 04/2008)

Frankfurt am Main, 24.4.2016

Luan Wang

Muster Lebenslauf »Juniorproduktmanager«

Lebenslauf

Persönliche Daten:

Name:	Carsten Bergach
Adresse:	Eichenweg 23, 59423 Unna
Geburtsdatum:	9. April 1989
Geburtsort:	Berlin
Familienstand:	ledig

Werdegang:

07/95 bis 07/07	Grundschule Unna-Lünern
Schule	Pestalozzi-Gymnasium, Unna
	Abschluss: Abitur, Note 1,5
08/07 bis 07/08	Grundwehrdienst
Wehrdienst	Instandsetzungsbataillon Dülmen
07/08 bis 03/09	Überbrückungstätigkeit: Programmierung von Internetseiten
Aushilfsjob	New Media Design (PR-Agentur, 30 Mitarbeiter), Dortmund
04/09 bis 02/12	Bachelorstudium der Wirtschaftsinformatik
Studium	Fachhochschule Braunschweig
	Abschluss: B. Sc., Note 2,1
03/12 bis 08/12	zehnwöchiges Industriepraktikum bei SAP AG, Walldorf
Praktikum	Konzeption und teilweise Programmierung von individualisierbarer Kassensoftware
10/12 bis 09/14	Masterstudium Wirtschaftsinformatik
Studienabschluss	Technische Universität Braunschweig
	Masterarbeit: „Technische Lösungen zur Implementierung spezialisierter Kassensoftware im Getränkeeinzelhandel"
	Abschluss: Wirtschaftsinformatiker M. Sc., Note 1,3

Weitere Qualifikationen:

Sprachkenntnisse: Englisch (gut), Französisch (befriedigend)

Interessen und Hobbys:

Architekturgeschichte, zeitgenössische Architektur
Wandern, Bergsteigen, Klettern

Unna, 3. November 2015

Carsten Bergach

Muster Lebenslauf »Trainee Marketing«

Lebenslauf

Persönliche Daten
Britta Novotny
Schönbuchweg 38
70563 Stuttgart
Tel.: 0171 77665544
E-Mail: b.novotny@laendle-web.de
* 17. Oktober 1988
ledig, keine Kinder

Schulbildung

08/95 – 07/99	Grundschule Kirchheim unter Teck
08/99 – 07/08	Droste-Hülshoff-Gymnasium Kirchheim unter Teck Abschluss: Abitur (Note: 2,7)

Studium

09/08 – 03/11	Englisch, Geografie Eberhard-Karls-Universität Tübingen Abschluss: Bachelor of Arts (B. A.)
04/11 – 03/12	Auslandsjahr Boston University, Massachusetts, USA
04/12 – 07/16	Englisch, Geografie Eberhard-Karls-Universität Tübingen, Abschluss: Master of Arts (M. A., Note 2,3) Masterarbeit: „Kooperationsmöglichkeiten im Stadtmarketing bei internationalen Städtepartnerschaften“

Praktische Tätigkeiten

08/08 – 06/09	Verkäuferin Modehaus Scherff, Esslingen – Verkauf und Beratung in der Abteilung „Junge Mode“ – Einsatz bei Sonderverkäufen – Aushilfe bei der Dekoration
07/09 – 08/09	Verkäuferin „Connemara – Der irische Laden“, Tübingen – Verkauf – Eventorganisation (Whiskeyproben, Saint Patrick’s Day, – Konzert „Dublin Pride“, Ausstellung „Gaelic Art“)

Lebenslauf Britta Novotny

03/10 – 09/15	Aushilfssekretärin (während der Semesterferien) Messe Stuttgart – Mithilfe bei der Organisation von Messen (z. B. Invest, Camping & Freizeit, Leistungsschau Baden-Württemberg) – Akquise neuer Aussteller – Betreuung von Altkunden – Betreuung des Infostands während einzelner Messen

Praktikum

06/13 – 12/13	Praktikantin Marketing-Abteilung, Kaufhaus Brenninger, Stuttgart – Erstellung von Werbekonzepten (Weihnachten, Frühjahr) – inhaltliche Abstimmung mit Werbe- und PR-Agenturen – Rohentwurf von Prospekten, Handzetteln und Mailings (z. B. für die „Aktion Kundenkarte“)

Weitere Qualifikationen

Sprachen	Englisch: fließend in Wort und Schrift Spanisch: gut Französisch: Grundkenntnisse
Computer	MS Office (Schwerpunkt Word und Excel)

Hobbys

Leitung des freien Theaters „Kaleidoskop“, Esslingen (Stückauswahl, Regie, Organisation, PR)
Musik (Gitarre- und Klavierspielen)
Suchmaschinenoptimierung für befreundete Künstler

Stuttgart, 25.11.2016

Britta Novotny

Falls nötig: eine Erklärungsseite

Manche Bewerber fügen eine Zusatzseite ein, um mehr über sich mitzuteilen.

Normalerweise genügen Anschreiben, Lebenslauf und die üblichen Nachweise für eine vollständige Bewerbungsmappe. Daraus sollte zur Genüge hervorgehen, dass Sie sich für die betreffende Stelle eignen. Manche Bewerber meinen, eine zusätzliche Seite neben Anschreiben und Lebenslauf sei nötig, um auf weitere Qualitäten hinzuweisen. »Warum ich?« oder »Was Sie sonst noch über mich wissen müssen« lautet der Titel oft. In der Tat gibt es einige Gründe, die für eine solche Seite sprechen. Aber es gibt auch so manches, was dagegen spricht.

Wann eine Zusatzseite eher auf Ablehnung stößt

Nicht alle Personalverantwortlichen betrachten eine zusätzliche Seite mit Wohlwollen. Grund ist, dass sie Bewerbungen mit einer Zusatzseite bekommen, die keine neuen Erkenntnisse liefert. Manch ein Bewerber nutzt diese Plattform für ausufernde Selbstdarstellungen oder nichtssagende, aber schön klingende Phrasen. Ein Personalverantwortlicher betrachtet dann das Lesen dieser Seite als reine Zeitverschwendung.

Kein unnötiger Ballast

Für allgemeine Aussagen zu Ihrem Lebensmotto, Ihrer Motivation oder Arbeitsweise brauchen Sie keine extra Erklärungsseite.

Grundregel: Eine zusätzliche Erklärungsseite ist nur angebracht, wenn Sie als Bewerber wirklich Wichtiges zu sagen haben. Dabei sollten Sie die Bedürfnisse – oder auch offene Fragen – des Arbeitgebers im Auge behalten. Eine Erklärungsseite, auf der ein Bewerber ausschließlich um die eigene Person kreist, kommt selten gut an. In diesem Zusammenhang sei besonders gewarnt vor unnötigem Ballast wie

- Leitsprüchen oder Devisen (z. B. »Mein Lebensmotto lautet …«),
- Gemeinplätzen, die wohl jeder Bewerber über sich sagen könnte (z. B. »Ich arbeite hoch motiviert«, »Meine Stärken liegen im konzeptionellen Arbeiten«, »Meine Arbeitsweise ist verantwortungsbewusst«),

- leeren Phrasen (z. B. »Mein Arbeitsstil orientiert sich an bestimmten Leitideen. Trotzdem verliere ich nie den Blick fürs Machbare«, »Für mich ist es selbstverständlich, aus Fehlern zu lernen, aber auch meine Schwächen zu akzeptieren«).

Nur bei Aspekten, die erklärungsbedürftig sind

Wenn bestimmte Aspekte erklärungsbedürftig sind und den Rahmen des Anschreibens sprengen würden, ist eine Erklärungsseite ideal.

Es gibt aber durchaus Situationen, in denen eine zusätzliche Seite tatsächlich hilfreich ist und vom Empfänger gern akzeptiert wird. Das ist dann der Fall, wenn es einen Aspekt in Ihrem Leben oder Werdegang gibt, der erklärungsbedürftig ist. Nimmt diese Erklärung so viel Raum ein, dass sie Anschreiben oder Lebenslauf überfrachten würde, dann kann es klug sein, diesen Aspekt auszulagern und auf einer Zusatzseite gesondert zu behandeln. Beispiele:

- Sie bewerben sich trotz falscher oder fehlender Ausbildung auf eine Stelle – dann erklären Sie, warum Sie sich trotzdem für geeignet halten.
- Sie haben eine Behinderung, möchten dies aber nicht schon im Anschreiben offenbaren – dann legen Sie jetzt offen, ob und inwiefern die Behinderung Ihre Arbeit beeinträchtigt.
- Ihre Bewerbung lässt noch wichtige Fragen offen – dann liefern Sie gleich die passenden Antworten und entkräften Sie mögliche Einwände.

Beispiel

Eine junge Frau bewirbt sich auf eine Ausbildungsstelle zur Forstwirtin (Waldarbeiterin). Dann ist es sinnvoll, auf einer Erklärungsseite klarzustellen, dass sie auch für schwere Waldarbeit über die nötige Körperkraft verfügt.

Sie wissen, dass Ihr Beruf oder Abschluss mit Vorurteilen behaftet ist – dann nutzen Sie die Zusatzseite, um das Bild des Empfängers zu korrigieren.

Auf der Erklärungsseite nicht die eigenen Schwächen ausbreiten

Aber Vorsicht: Eine solche Zusatzseite ist nicht das Forum, auf dem Sie sich lang und breit über Ihre Schwächen auslassen sollten. Fazit sollte vielmehr sein, dass Sie sich für die Stelle eignen.

Muster Erklärungsseite »Körperbehinderung«

Sina Leber
Goethestr. 48
27576 Bremen
sinaleber@bspweb.de

Was Sie sonst noch über mich wissen sollten

Bei Behinderungen oder körperlichen Einschränkungen können Sie auf der Erklärungsseite erläutern, inwiefern Ihre Arbeit davon beeinträchtigt ist.

Eine wichtige Sache sollten Sie noch wissen: Ich bin von Geburt an schwerhörig und trotz bester Hörgeräte darauf angewiesen, vom Mund abzulesen. Ich bin zu 100 Prozent als Schwerbehinderte anerkannt.

Meine Hörbehinderung bedeutet: Ich kann meinen jeweiligen Gesprächspartner nur verstehen, wenn er mir beim Sprechen das Gesicht zuwendet. Bei Sitzungen habe ich ein Hilfsgerät, ein kleines Mikrofon, das herumgereicht werden muss. Damit bin ich in der Lage, Nebengeräusche auszublenden. Ich kann telefonieren, brauche dafür aber ein Spezialtelefon mit Induktionsspule, um dessen Beschaffung und Finanzierung ich mich gern kümmere.

Bei meiner bisherigen Arbeitsstelle gab es keine großen Probleme mit meiner Hörbehinderung: Sowohl meine Vorgesetzte als auch die Kollegen und Kunden kamen gut damit zurecht, dass sie mit mir mit besonders deutlichen Mundbewegungen sprechen mussten. Ich gehe davon aus, dass es auch auf der von Ihnen angebotenen Stelle keine Schwierigkeiten geben wird.

Die endgültige Einschätzung müssen aber Sie treffen. Ich weiß nicht, inwiefern Sie meine Hörbehinderung als Hindernis ansehen. Ich lade Sie aber herzlich ein, sich in einem persönlichen Gespräch einen Eindruck von mir zu machen.

Bremen, 14. Juli 2016

Sina Leber

Muster Erklärungsseite »fehlende Ausbildung«

Thorsten Schröer
Wilhelm-Kipp-Str. 18
42897 Remscheid
TSDesign@TSDesign.de
www.tsdesign.de

Wenn Ihr Werdegang nicht ganz zum Anforderungsprofil passt, schafft die Erklärungsseite Abhilfe.

Warum sollten Sie einen Hobbykarikaturisten als Grafiker einstellen?

Sie brauchen meinen Lebenslauf nicht noch einmal durchzublättern: Sie suchen vergeblich nach einer Ausbildung zum Grafiker oder einem Grafikdesign-Studium.

Was Sie aber nicht vergeblich suchen, ist zeichnerische Begabung. Schon in meiner Kindheit war ich nie ohne Zeichenstift unterwegs. Meine Zeichnungen waren zunächst meist Karikaturen oder Strichmännchen.

Mein Hobby ist mir geblieben, aber ich konnte es zunächst nicht zum Beruf machen: Meine Eltern wollten, „dass der Bub was Gescheites lernt". Also absolvierte ich zunächst eine kaufmännische Lehre. Den väterlichen Betrieb habe ich danach aber nicht übernommen – inzwischen hat mein Vater mir das verziehen, einen Nachfolger gefunden und endgültig akzeptiert, dass meine Welt die der Zeichnungen ist. So entwarf ich für seine Speditionsfirma ein neues Logo und entwickelte danach Logos und Werbeflyer für Geschäftsleute.

Seit nunmehr drei Jahren verdiene ich mein Geld freiberuflich mit Zeichnungen. Geblieben sind die Kreativität und die Freude am Entwerfen. Wenn Sie jemanden suchen, bei dem die Ideen nur so sprudeln und der mit der Umsetzung von Kundenwünschen keine Schwierigkeiten hat, dann bin ich – auch ohne Ausbildung – der Richtige für Sie.

Thorsten Schröer

Die Bewerbung per E-Mail

Bewerben Sie sich nur dann per E-Mail, wenn dies ausdrücklich erwünscht oder erlaubt ist.

Eine Bewerbung per E-Mail ist empfehlenswert, wenn der potenzielle Arbeitgeber dies ausdrücklich wünscht oder zumindest auf diese Möglichkeit hinweist.
Auch die E-Mail-Adresse des Personalverantwortlichen selbst (z. B. vorname.name@musterfirma.com) können Sie als Indiz werten, dass eine E-Mail-Bewerbung willkommen ist.

Wann ist die Bewerbung per E-Mail angebracht?

Nicht jeder, der eine E-Mail-Adresse angibt, wünscht sich elektronische Bewerbungen.

Schwieriger wird es, wenn nicht explizit in der Stellenanzeige steht, dass E-Mail-Bewerbungen erwünscht sind und wenn dort nur eine allgemeine E-Mail-Adresse angegeben ist (z. B. info@musterfirma.com). In einem solchen Fall können Sie – zumindest bei kleineren Firmen, Behörden oder Organisationen – nicht davon ausgehen, dass E-Mail-Bewerbungen akzeptiert werden.

E-Mail-Bewerbungen sind in bestimmten Branchen Standard.

Dennoch entwickelt sich die E-Mail-Bewerbung mehr und mehr zum Standard, vor allem

- bei Firmen mit technischer Ausrichtung,
- bei Firmen, die im IT-Bereich tätig sind,
- bei Werbe- und PR-Agenturen,
- in der Medienbranche.

Hier ist es wahrscheinlich, dass eine E-Mail-Bewerbung gleichbehandelt und gleichermaßen berücksichtigt wird wie eine Bewerbungsmappe, die per Post kommt.
Aber aufgepasst: Die Veröffentlichung einer Stellenanzeige im Internet ist keine Garantie dafür, dass Sie mit einer E-Mail-Bewerbung automatisch richtigliegen. Gerade auf Onlinestellenportalen sind viele Stellenanzeigen aus Printmedien übernommen.

Bietet ein Arbeitgeber ein Onlineformular auf seiner Website an, sollten Sie sich an diesen Bewerbungsweg halten.

E-Mail oder Onlineformular?

Ist die elektronische Bewerbung grundsätzlich erwünscht, dann heißt auch das noch nicht, dass Sie die Unterlagen gleich per E-Mail schicken sollen. Einige Arbeitgeber haben das Verfahren standardisiert, zum Beispiel, indem sie auf ihrer Website ein Formular anbieten, auf dem Sie sich eintragen können. Sollte dies der Fall sein, halten Sie sich besser an die vorgegebene Form. In diesem Fall bewerben Sie sich, indem Sie das Formular ausfüllen und alle Fragen beantworten, statt eine individuelle E-Mail-Bewerbung loszuschicken.

Wenn Sie unsicher sind – nachfragen!

Fragen Sie im Zweifel nach, ob der Empfänger eine E-Mail-Bewerbung akzeptiert.

Falls Sie es eilig haben und unsicher sind, ob der anvisierte Arbeitgeber E-Mail-Bewerbungen akzeptiert, dann fragen Sie vorher nach. Das können Sie per Telefon tun, wenn Sie genügend Souveränität mitbringen. Genauso akzeptabel ist aber auch eine Nachfrage per E-Mail. Hier müssen Sie aber die E-Mail-Adresse der Personalabteilung oder des Personalverantwortlichen haben. Unter einer allgemeinen Kontaktadresse wie info@musterfirma.com kommen Sie wahrscheinlich nicht zur gewünschten Auskunft.

Musterformulierung der Frage, ob E-Mail-Bewerbungen erwünscht sind
(Betreff:) Akzeptieren Sie eine E-Mail-Bewerbung?

Sehr geehrter Herr ... / sehr geehrte Frau ...,

im Onlineportal »Musterjobbörse« habe ich Ihr Stellenangebot gefunden. Sie suchen eine/-n ... – diese Stelle interessiert mich sehr. Ich möchte Ihnen daher schnellstmöglich meine Bewerbungsunterlagen zusenden. Akzeptieren Sie eine E-Mail-Bewerbung, oder ist Ihnen grundsätzlich die klassische Bewerbung auf dem Postweg lieber? Für eine schnelle Antwort bin ich Ihnen sehr dankbar.

Freundliche Grüße

...

Die meisten E-Mail-Bewerbungen sind nachlässiger gestaltet als postalisch versandte Bewerbungsmappen. Das sollte aber nicht so sein!

Zeitersparnis durch E-Mail-Bewerbung?

Wer glaubt, mit einer E-Mail-Bewerbung Zeit zu sparen, hat nur bedingt recht: Was die Laufzeiten betrifft, braucht eine Bewerbung natürlich auf dem Postweg länger als auf elektronischem Weg. Was aber die Vorbereitung der Unterlagen angeht, müssen Sie die Dokumente für eine E-Mail-Bewerbung genauso sorgfältig und gründlich formulieren und zusammenstellen wie für eine Bewerbungsmappe. Also kommt eine E-Mail-Bewerbung hauptsächlich infrage, wenn Ihre Unterlagen wirklich in dieser Form erwartet werden (z. B. bei IT-Firmen). Außerdem kann sie sinnvoll sein, wenn Sie eine Stellenanzeige so spät entdecken, dass Sie durch die normalen Postlaufzeiten die Bewerbungsfrist von zwei Wochen nach Veröffentlichung nicht mehr einhalten können.

Achten Sie auf gute Erreichbarkeit per Telefon und E-Mail.

Rechnen Sie mit einer schnellen Reaktion

Eines müssen Sie sich aber klarmachen: Die Reaktion auf Ihre Bewerbung kann sehr schnell kommen. Es kann gut sein, dass der Personalverantwortliche schon am gleichen oder nächsten Tag anruft und Sie zum Vorstellungsgespräch einlädt. Auf ein solches Telefonat sollten Sie vorbereitet sein. Möglich ist auch, dass er eine Vorauswahl am Telefon trifft. Das bedeutet, Sie sollten sich schon auf der Website des Arbeitgebers informiert haben.

Finden Sie die E-Mail-Adresse der Person heraus, die Personalentscheidungen trifft.

Wie eine E-Mail-Bewerbung aussieht

Auch für die E-Mail-Bewerbung gilt: Sie müssen den Adressaten eindeutig identifizieren. Eine Bewerbung an info@musterfirma.com ist heikel. Finden Sie heraus, an welche genaue Adresse Sie Ihre Bewerbungsdateien schicken sollen und wer der richtige Ansprechpartner ist. Sie sollten das Anschreiben – ganz wie im Bewerbungsbrief – mit einer persönlichen Anrede beginnen.

Ihre E-Mail-Adresse muss seriös klingen.

Vorab prüfen: Ist Ihre eigene E-Mail-Adresse geeignet?

Der erste Eindruck ist oft entscheidend. Das Erste, was der Empfänger Ihrer E-Mail-Bewerbung sieht, ist Ihre E-Mail-

Adresse als Absenderangabe. Diese Adresse sollte vorzeigbar sein. »Vorzeigbar« bedeutet: Verzichten Sie auf die Nutzung Ihrer beruflichen E-Mail-Adresse und verwenden Sie keine E-Mail-Adresse, die offenkundig nur für Freunde gedacht ist.

Keine Firmen-E-Mail-Adresse

Wer sich aus einer Festanstellung heraus bewirbt, sollte als Kontakt nicht ausgerechnet die E-Mail-Adresse bei seinem Nocharbeitgeber angeben.

Bewerben Sie sich aus einer Festanstellung heraus, dann sollten Sie keinesfalls Ihre Firmen-E-Mail-Adresse verwenden. Sonst schöpft der potenzielle neue Arbeitgeber sofort den Verdacht, dass Sie

- während der Arbeitszeit nicht arbeiten, sondern Bewerbungen schreiben,
- den Internetanschluss des bisherigen Arbeitgebers für private Zwecke missbrauchen.

Keine E-Mail-Adresse, die offenkundig privat ist

Ebenfalls nicht ratsam: E-Mail-Adressen mit Kosenamen

Aber auch eine E-Mail-Adresse, die offenkundig privater Natur ist, eignet sich nicht für eine Bewerbung. Ungeeignet ist eine Adresse, in der

- ein Spitz- oder Kosename vorkommt (z. B. »mucki@webnet.de«),
- Ihr Nachname fehlt (z. B. »lena@webnet.de«).

Geeignet dagegen ist eine Adresse, die Vor- und Nachname oder nur den Nachnamen enthält (z. B. »Leon.Meisner@webnet.de« oder »Meisner@webnet.de«).

Betreff: Genauen Bezug zur ausgeschriebenen Stelle herstellen!

Je pfiffiger der Betreff, desto größer die Aufmerksamkeit für Ihre E-Mail!

Wichtig bei einer E-Mail-Bewerbung ist es, schon mit einer gut formulierten Betreffzeile auszudrücken, worum es geht. Konzentrieren Sie sich dabei auf das Wichtigste: Nicht wann und wo die Anzeige geschaltet wurde, ist im Betreff wichtig, sondern auf welche Stelle Sie sich bewerben. Wer einen pfiffigen Betreff formuliert, hat außerdem die Möglichkeit, sich von der Masse abzuheben:

Betreffzeile einer E-Mail-Bewerbung

Standardtext	Aussagekräftigere Variation
Ihr Stellenangebot vom 17.1.2016	IT-Berater gesucht? – IT-Berater gefunden!
Bewerbung als Produktmanager	Ich möchte gern bei Ihnen als Produktmanager arbeiten
Bewerbung als Vertriebsleiter	Vertriebsleiter sucht neue Herausforderung

Das Anschreiben sollten Sie nicht direkt in die E-Mail tippen.

Das Anschreiben: formal korrekt in den Anhang

Integrieren Sie das Anschreiben besser in ein PDF-Dokument im Anhang. Entsprechend sorgfältig sollten Sie den Text formulieren. Fassen Sie Ihre Stärken in maximal fünf Absätzen mit vier bis fünf Zeilen zusammen.
Im E-Mail-Text selbst weisen Sie kurz und freundlich auf die Bewerbung im Anhang hin. Verzichten Sie dabei innerhalb eines Absatzes auf Zeilenumbrüche mit der Returntaste. Lediglich den Beginn eines neuen Absatzes markieren Sie, indem Sie eine Leerzeile vorschalten. Als Signatur zum E-Mail-Text sollten Sie Ihre komplette Adresse (nicht nur die E-Mail-Adresse) nennen.
Am besten ist es, den ganzen Anhang als eine einzige PDF-Datei mitzuschicken. In die E-Mail selbst kommt dann nur der kurze Verweis auf die angehängte Bewerbung, zum Beispiel:

Musterformulierungen für die Bewerbungs-E-Mail

Sehr geehrter Herr ... /sehr geehrte Frau ...,

die von Ihnen ausgeschriebene Stelle als ... interessiert mich sehr und entspricht weitestgehend meinen Qualifikationen. Im Anhang habe ich meine Bewerbungsunterlagen für Sie zusammengestellt.

Sehr geehrter Herr Müller,

mit Interesse habe ich Ihre Stellenausschreibung auf FAZjob.net gelesen. Gern möchte ich bei Ihnen als ... arbeiten. Bitte berücksichtigen Sie meine Bewerbung im Anhang dieser Mail. Ich freue mich, von Ihnen zu hören.

> Sehr geehrte Frau Brenner,
>
> Ihre Stellenanzeige beim Bewerbungsportal www.stepstone.de hat mein Interesse geweckt. Mit dem Dokument im Anhang zu dieser E-Mail bewerbe ich mich auf diese Stelle. Ich würde mich freuen, von Ihnen zu hören.

Verzichten Sie auf ausgefallene Formatierungen, auf Hintergrundbilder oder Zierschriften.

Eine E-Mail-Bewerbung muss schlicht sein. Es kommt vor allem auf den Inhalt an. Gehen Sie nicht davon aus, dass der Empfänger die Mail im gleichen Format liest, in dem Sie sie geschrieben haben; das kommt auf die Einstellungen seines Mailprogramms an. Für Ihren Text bedeutet das, dass Sie keinen Fettdruck, keine Kursivschrift und keine zweite Schrift verwenden sollten. Auch eine allzu ungewöhnliche Gestaltung ist nicht gefragt: Hintergrundbilder, Farben oder Logos werden meist sowieso nicht übermittelt und blähen eine Mail nur unnötig auf. Bleiben Sie im einfachen Textformat.

Der **Inhalt des Anschreibens** unterscheidet sich nicht von dem Anschreiben für eine Bewerbungsmappe. Führen Sie aus,

- auf welches Stellenangebot Sie sich beziehen,
- wer Sie sind,
- warum Sie sich für die angebotene Stelle interessieren,
- welche Erfahrungen und Eigenschaften Sie dafür qualifizieren,
- warum Sie gerade bei diesem Arbeitgeber arbeiten möchten.

Die gängigen Standards zur korrekten Rechtschreibung auch bei einer E-Mail-Bewerbung einhalten

Auch wenn es im elektronischen Schriftverkehr oft weniger formell zugeht als bei Briefen, sollten Sie bei einer E-Mail-Bewerbung auf korrekte **Rechtschreibung und Grammatik** achten. Verzichten Sie auf durchgängige Kleinschreibung, Ansprache mit »Du« und formulieren Sie vollständige Sätze. Hier kommt es darauf an, einen professionellen Eindruck zu machen: Wenn Sie möchten, dass der Inhalt Ihrer Bewerbung überhaupt zur Kenntnis genommen wird, dann achten Sie darauf, dass auch die Form stimmt.

Statt der eigenhändigen Unterschrift tippen Sie Ihren Namen unter das Anschreiben. Auch ein Unterschriftenscan ist erlaubt.

Es reicht, Ihren Namen in getippter Form unter dem Anschreiben anzufügen. Sie können aber auch Ihre eingescannte **Unterschrift** verwenden. Das ist aber kein Muss und empfiehlt sich nicht, wenn die Datei dadurch unnötig groß wird.

Packen Sie am besten die ganze Bewerbung in eine einzige PDF-Datei.

Dateianhang: sinnvoller Dateiname wichtig

Wer eine E-Mail-Bewerbung erhält, möchte nicht mit etlichen Dokumenten im Anhang konfrontiert werden, die er alle einzeln öffnen muss. Viele Personalverantwortliche drucken eine E-Mail-Bewerbung immer noch aus. Das macht bei mehreren Dokumenten aber sehr viel Mühe, die Sie keinem Personalverantwortlichen zumuten sollten. Besser packen Sie die gesamte Bewerbung in ein einziges PDF-Dokument, das Sie im Anhang Ihrer E-Mail versenden.

Verwenden Sie einen aussagekräftigen Dateinamen.

Geben Sie der angehängten Datei einen aussagekräftigen Namen. Da manche Rechner längere Dateinamen automatisch kürzen, sollten Sie die wichtigste Information – Ihren Namen – am besten an den Anfang des Dateinamens stellen. Nennen Sie das Dokument dann beispielsweise »Leon-Meisner-Bewerbung.doc«.
Wenn Sie Ihren Namen (zur Not abgekürzt und ohne Vornamen) nach vorn setzen, sind Ihre Unterlagen auch nach dem Speichern auf der Festplatte zweifelsfrei Ihrer Person zuzuordnen.

Testen Sie vorher, ob die E-Mail in akzeptablem Zustand ankommt

Senden Sie die elektronische Bewerbung zu Testzwecken zunächst an sich selbst.

Es ist unbedingt zu empfehlen, die Bewerbung vorher testweise an sich selbst zu schicken. Dann sehen Sie, ob

- die Bewerbung vollständig ist,
- es im E-Mail-Text ein Problem mit Sonderzeichen und Zeilenumbrüchen gibt.

Fünf Fehler, die Sie unbedingt vermeiden sollten

Vermeiden Sie folgende fünf Fehler bei einer E-Mail-Bewerbung:

1. Fehler: unspezifische Stellenauswahl
2. Fehler: nachlässige und lieblose Gestaltung
3. Fehler: zu große Datenmengen im Anhang
4. Fehler: unlesbare Dateiformate und zu viele Dateien im Anhang
5. Fehler: schlechte Scans

1. Fehler: unspezifische Stellenauswahl

Der Massenversand gleicher E-Mail-Bewerbungen führt selten zum Erfolg.

Arbeitgeber, die E-Mail-Bewerbungen ausdrücklich zulassen, bekommen meist eine Datenflut. Denn eine Bewerbung auf elektronischem Weg scheint leicht (Dateien zusammenstellen und mit einem Mausklick wegschicken). Weil das so einfach ist, machen sich viele Bewerber nicht mehr die Mühe,

- nur diejenigen Stellen auszuwählen, die zu ihrem Profil passen,
- sich auf die Firmen, Behörden oder Organisationen zu konzentrieren, an denen sie wirklich Interesse haben,
- die Bewerbung inhaltlich auf die angestrebte Stelle auszurichten.

Es ist aber ein Irrtum zu glauben, eine Serien-E-Mail führe zum Erfolg. Dieses Konzept ging schon bei Bewerbungen auf dem Postweg nicht auf – umso weniger funktioniert es mit E-Mails, zumal ebenfalls nur zwei Mausklicks nötig sind, eine offensichtlich schlecht gemachte Bewerbung zu löschen und eine vorformulierte Standardabsage zu verschicken.

Grober Fehler: Serien-E-Mail an viele Adressen
Ein besonders grober Fehler sind Bewerbungen per Serien-E-Mail, denen der Empfänger sogar noch die E-Mail-Adressen der anderen (konkurrierenden) Adressaten entnehmen kann, z. B. weil der Bewerber sie alle in das Feld »An« oder »Cc« (und nicht ins Feld für Blindkopien »Bcc«) eingetragen hat.

2. Fehler: nachlässige und lieblose Gestaltung

Eine E-Mail-Bewerbung muss genauso sorgfältig erstellt werden wie eine postalische Bewerbung.

Bei einer E-Mail-Bewerbung kommt es nicht weniger auf Korrektheit und eine sorgfältige Gestaltung an als bei einer Bewerbungsmappe, die Sie per Post versenden. Rechtschreib- und Grammatikfehler oder lässige Ausdrucksweise in Anschreiben und Lebenslauf führen sofort zu einer Absage. Wer auf

- persönliche Anrede,
- individuellen Zuschnitt,
- konkreten Bezug zur angebotenen Stelle oder zum anvisierten Unternehmen,
- korrekte Formulierung von Anschreiben und Lebenslauf

verzichtet, macht sich der Serienbewerbung verdächtig. Damit vertut er die Chance, im weiteren Auswahlverfahren berücksichtigt zu werden, denn letztlich signalisiert eine nachlässige und lieblose Bewerbung dem Empfänger: »Sie sind mir nicht wichtig.«

3. Fehler: zu große Datenmengen im Anhang

Beschränken Sie sich auf eine Datenmenge von zwei bis drei Megabyte.

Auch die Technik kann der Onlinebewerbung einen Strich durch die Rechnung machen. So spielt zum Beispiel die Größe der zu versendenden Dokumente eine entscheidende Rolle. Zu große Dateien machen dem Empfänger beim Herunterladen oder Öffnen Probleme. Achten Sie darauf, dass Ihre Dateien höchstens zwei bis drei Megabyte (MB) groß sind. Die absolute Obergrenze liegt bei fünf Megabyte: Viele Firmen setzen Filter ein, die größere Dateien überhaupt nicht durchlassen.

Sobald Ihre Bewerbungsdateien die gerade noch akzeptable Grenze von drei Megabyte überschreiten, sollten Sie sie komprimieren, zum Beispiel mit dem Programm »WinZip«, das Sie kostenlos aus dem Internet herunterladen können. Wenn Sie auch so nicht zu einer akzeptablen Dateigröße kommen, dann sollten Sie prüfen, ob Sie die Auflösung Ihrer Fotos noch verringern können, ob Sie auf Unterschriftenscans oder gar auf ganze Seiten – etwa Arbeitsproben oder Nachweise – möglicherweise nicht besser verzichten.

Die Programme auf Ihrem Rechner müssen noch lange nicht Standard sein. Vorsicht daher mit TIF-, PPT- oder JPG-Dateien im Anhang.

4. Fehler: unlesbare Dateiformate und zu viele Dateien
Oft scheitert eine E-Mail-Bewerbung auch an den technischen Tücken eines ungewöhnlichen Dateiformats. Dabei definiert jeder Empfänger die Eigenschaft »ungewöhnlich« durchaus unterschiedlich – abhängig von den Programmen, die ihm zum Öffnen zur Verfügung stehen: Hüten Sie sich davor, Ihre eigene Softwareausstattung als Standard zu definieren. Gerade wenn Sie sich bei kleinen Firmen, Behörden und Organisationen bewerben, sollten Sie besser nicht davon ausgehen, dass diese über all die Programme verfügen, die Sie als selbstverständlich voraussetzen. So manche Bewerbung scheitert daran, dass die angehängten Dateien in Formaten abgespeichert sind, die der Empfänger nicht lesen kann. Typisch (aber ungeeignet) als Anhang sind zum Beispiel

- mehrere Dateien unterschiedlichster Formate, etwa das Bewerbungsbild als TIF-Datei, diverse eingescannte Nachweise als BMP-, JPG- oder PSD-Dateien,
- ganze PowerPoint-Präsentationen.

Zu viele Dateien im Anhang wirken regelrecht abschreckend.

Manchmal ist eine E-Mail-Bewerbung aber auch zu umständlich zu handhaben. Schwierig wird es, wenn jeder Nachweis in einer einzelnen Datei abgespeichert ist. Selbst wenn es keine unleserlichen Dateiformate sind – so muss doch jede angehängte Datei einzeln geöffnet und gelesen werden. Diese Mühe macht sich längst nicht jeder Arbeitgeber.

Sonderfall Werbeagenturen
Auch wenn sie computertechnisch meist bestens gerüstet sind, haben Werbeagenturen oft die größten Probleme mit unleserlichen Dateiformaten im E-Mail-Anhang. Denn dort sind nicht Windows-, sondern Mac-Rechner Standard – mit deren spezifischer Programmausstattung. Fragen Sie daher vorher nach, welche Dateiformate gelesen werden können. Falls Sie die geforderten Dateiformate nicht bieten können, bleibt Ihnen nur die klassische Bewerbung auf dem Postweg.

Ideal für eine E-Mail-Bewerbung ist eine einzige Datei im PDF-Format. Es ist für die Empfänger einfach viel zu mühselig, mehrere Dokumente einzeln zu öffnen, und längst nicht alle können Dateiformate wie PPT, TIF oder BMP überhaupt verarbeiten.

Allgemein anerkannt und auf den meisten Rechnern lesbar sind PDF-Dokumente. Die Abkürzung »PDF« steht für »Portable Document Format« und bedeutet übersetzt »Übertragbares Dokumentenformat«. PDF-Dokumente sind ideal, da sie unabhängig vom Ausgabegerät mit der entsprechenden Software gut lesbar sind und immer einheitlich dargestellt werden. So hat der Empfänger keine Probleme, sie zu öffnen und zu lesen. Den nötigen Adobe Reader können Sie als Standard voraussetzen, zumal er kostenlos online heruntergeladen werden kann.

Falls Sie kein Profiprogramm für die Umwandlung Ihrer Dokumente ins PDF-Format (z. B. Adobe Acrobat Professionell) besitzen, helfen einfachere, kostenlose Programme, zum Beispiel »PDF-Creator« oder »Free PDF«. Sie finden Sie, wenn Sie in Ihre Suchmaschine Begriffe wie die folgenden eingeben:

- »create PDF online«
- »create your own PDF«
- »kostenlose Umwandlung in PDF«
- »Umwandlung in PDF«
- »PDF-Konverter«.

Machen Sie sich die Mühe und nutzen Sie diese Programme, es lohnt sich!

Wenn Sie Ihre einzelnen Dokumente umgewandelt haben, dann fassen Sie sie zu einem einzigen zusammen: Anschreiben, Lebenslauf, Zeugnisse – einfach alles! Erst dann ist Ihre Bewerbung wirklich leicht zu handhaben.

5. Fehler: schlechte Scans

Einige Dokumente wie Zeugnisse müssen Sie für die Onlinebewerbung einscannen. Achten Sie dabei unbedingt darauf, dass Sie saubere und ansprechende Ergebnisse erzielen. Mit schief oder gar kopfstehend eingescannten Dokumenten, mit Scans von zu geringer Auflösung oder mit »schlierigen« Scans machen Sie einen denkbar schlechten Eindruck.

Um zu guten Scans zu kommen, gibt es zwei Möglichkeiten: Wenn Sie es sich zutrauen, können Sie die Scans selbst machen. Mit entsprechender Sorgfalt und ein bisschen technischem Verständnis sollte Ihnen das gelingen. Sie können Ihre Scans aber auch von Profis erstellen lassen. Das ist nicht teuer. Nehmen Sie Ihre Originale und einen Speicherstick mit, lassen Sie sie einscannen und auf den Stick speichern – ein unkomplizierter und für viele sicher bevorzugter Weg.

Wenn Sie über einen Scanner verfügen, können Sie das Einscannen auch selbst erledigen. Dazu müssen Sie allerdings einige Punkte beachten:

- Wählen Sie als Auflösung 72 bis 150 dpi. Das mag Ihnen wenig erscheinen, reicht aber für Zeugnisse und andere Dokumente, um am Bildschirm gut lesbar zu sein. Eine Auflösung von 150 dpi reicht außerdem, um das Dokument auch in ausgedruckter Form noch lesbar zu halten.
- Wenn Sie die Datei zunächst gesondert abspeichern, wählen Sie 150 dpi. Dann können Sie diese besser bearbeiten, etwa die Ränder wegschneiden. Erst die bearbeitete Endfassung speichern Sie dann mit einer Auflösung von 72 dpi. Ausschnitte aus Tageszeitungen brauchen eine höhere Auflösung von bis zu 300 dpi, um lesbar zu sein.
- Wollen Sie ein Dokument oder Foto vergrößern, rechnen Sie mit einem Vergrößerungsfaktor. Wenn Sie ein Bild verdoppeln möchten, rechnen Sie mit dem Vergrößerungsfaktor 2, also: 2 × 72 dpi = 144 dpi.

- Speichern Sie Fotos zum Einbinden in andere Dokumente am besten als JPG-Datei, alles andere als PDF-Datei.
- Bei der Farbtiefe ist für Schwarz-Weiß-Fotos die Einstellung »8-Bit« empfehlenswert, damit auch die verschiedenen Graustufen im Scan richtig abgebildet werden. Handelt es sich um reine Textdateien, kann eine »1-Bit«-Einstellung jedoch genügen. Sie braucht wesentlich weniger Speicherplatz, weil sie lediglich die Farben Schwarz und Weiß kennt (keine Graustufen). Hier sollten Sie einfach testen, welche Einstellung Ihnen eine ausreichende Qualität liefert – auch für den Fall, dass Ihre Bewerbung ausgedruckt und dem verantwortlichen Chef oder der verantwortlichen Führungskraft auf Papier vorgelegt wird.
- Speicherplatz lässt sich außerdem sparen, indem Sie beim Einscannen farbiger Bilder und Dokumente ebenfalls die Farbtiefe reduzieren. Die können Sie bei den Einstellungen im Treiberprogramm zu Ihrem Scanner ändern. 24 Bit genügen in der Regel völlig.

Schauen Sie sich jeden einzelnen Scan an, wenn er fertiggestellt ist. Achten Sie darauf, dass etwa die Ränder nicht abgeschnitten sind und dass das gescannte Dokument gerade und nicht etwa schief abgebildet wird oder auf dem Kopf steht. Es wäre ärgerlich, wenn einzelne Anlagen verkehrt herum an ihr Bewerbungsdokument angehängt würden, ohne dass Sie es merken. Wiederholen Sie notfalls einen Scan, um die einwandfreie Wiedergabe des Dokuments zu gewährleisten.

Onlineformulare werden Ihnen häufig begegnen, wenn Sie gerade in einer Bewerbungsphase sind: Viele Firmen bieten die Möglichkeit, sich über ein Onlineformular zu bewerben. Auch Stellen- und Karriereportale im Internet bieten Bewerbern die Chance, sich online ein eigenes Bewerberprofil anzulegen, auf das potenzielle Arbeitgeber, Personalverantwortliche und Headhunter dann Zugriff haben.
Zunächst sollten Sie sich fragen, in welchen Fällen eine Bewerbung per Onlineformular überhaupt für Sie sinnvoll ist und wann Sie diesen Bewerbungsweg besser nicht wählen.

Die Bewerbung per Onlineformular

Erst prüfen: Gibt es ein Onlineformular?

Wenn Sie auf das Stellenangebot eines möglichen Arbeitgebers stoßen, das Sie zur Bewerbung über das Onlineformular auf der Firmenwebsite auffordert, haben Sie faktisch keine andere Wahl. Sie müssen diesen Bewerbungsweg einhalten. Postalische oder E-Mail-Bewerbungen werden von solchen Arbeitgebern in der Regel nicht mehr gern gesehen, denn sie haben sich bewusst für diese Form der Bewerbungsverwaltung und -auswahl entschieden. Sie haben viel Geld in die Programmierung der Formulare mitsamt der zugehörigen Datenbank investiert. Daher sind sie oft nicht mehr bereit, zusätzlichen Aufwand für andere Formen der Bewerbung – etwa E-Mail- oder postalische Bewerbungen – zu betreiben. Ein Bewerber, der den ausdrücklichen Wunsch nach einer Bewerbung über die Website ignoriert, zeigt: Er hält sich nicht an die vorgegebenen Prozesse und Richtlinien. Das hinterlässt keinen guten Eindruck!

Onlineformulare eignen sich vorrangig für ausgeschriebene Stellen.

Falls der potenzielle Arbeitgeber Ihnen die freie Wahl lässt: Die Formularbewerbung auf Firmen- und Behördenwebsites lohnt sich vor allem bei ausgeschriebenen Stellen. Hier können Sie davon ausgehen, dass sich jemand zeitnah mit Ihrer Bewerbung beschäftigen wird. Sind mehrere Stellen gleicher Art ausgeschrieben, müssen Sie allerdings mit längeren Wartezeiten rechnen. Angenommen, ein

Technologiekonzern sucht laufend Elektroingenieure und Sie bewerben sich per Onlineformular auf eine solche Stelle – dann kann die Wartezeit durchaus mehrere Wochen bis zu einem halben Jahr dauern. Das ist bei solchen Bewerbungsverfahren üblich.

Auf Initiativbewerbungen per E-Mail hinweisen

Tipp **Besonderheiten der Initiativbewerbung**

Mit einer Initiativbewerbung, die Sie in das Onlineformular einer Firma eingeben, haben Sie es oft schwer. Zwar haben in großen Firmen theoretisch viele Menschen mit Personalverantwortung Zugriff auf alle in der Datenbank gespeicherten Bewerbungsprofile. De facto wird dieses Angebot meist aber firmenintern doch nicht so rege genutzt, wie dies vielleicht möglich und wünschenswert wäre. Die Bereichs- und Abteilungsleiter mit Personalverantwortung haben einfach zu viel zu tun, um aufs Geratewohl in der E-Recruiting-Datenbank nach interessanten Bewerbern zu suchen. Und die Personalabteilung wird häufig nur dann auf Ihre Bewerbung reagieren, wenn tatsächlich eine Stellenausschreibung im gewünschten Bereich vorhanden ist, und nicht schon »auf Vorrat« nach interessanten Kandidaten suchen.
Bei Initiativbewerbungen besteht also die Gefahr, dass Sie in einem Onlineformular nur eine Karteileiche produzieren, die nicht weiter beachtet wird. Wenn Sie sich initiativ bewerben, machen Sie zugleich potenzielle Interessenten innerhalb der Firma telefonisch oder per E-Mail auf Ihre Bewerbung aufmerksam. Das ist unter Umständen nicht die Personal- oder Recruitingabteilung, die sich nur um bereits ausgeschriebene, von der Unternehmensleitung genehmigte Stellen kümmert, sondern manchmal auch die Bereichsleitung. Dort nämlich kann durch Ihre Bewerbung erst der Wunsch entstehen, eine entsprechende Stelle einzurichten. Bitten Sie die Person, an die Sie sich wenden, Ihr Bewerberprofil im E-Recruiting-System ihres Unternehmens oder ihrer Institution abzurufen.

Im Folgenden einige Hinweise darauf, was Sie beachten müssen, wenn Sie vorhaben, Ihr Bewerberprofil in das Onlineformular eines potenziellen Arbeitgebers oder Onlinestellenportals einzutragen.

Erst prüfen: Was geschieht mit Ihren Daten?

Tipp **Achtung Datensicherheit!**

Tragen Sie Ihre persönlichen Bewerberdaten nicht in ein Onlineformular ein, ohne zuvor zu prüfen, ob Sie dem Anbieter in Sachen Datenschutz vertrauen können. Nicht immer ist gewährleistet, ob etwa ein Stellenportal im Internet die Daten hinreichend verschlüsselt, sodass Unbefugte keinen Zugriff darauf haben.
Auch bei Unternehmen und Behörden sollten Sie vorher prüfen, was mit den Daten geschieht, die Sie eingeben. Folgende Leitfragen helfen Ihnen zu beurteilen, ob Sie dem Anbieter in Sachen Datensicherheit trauen können oder eher nicht:

- Macht der Anbieter Angaben dazu, wer auf Ihre Bewerberdaten zugreifen darf und wer nicht?
- Erfahren Sie im Vorfeld, was mit Ihren Daten geschieht, wie lange sie gespeichert werden, wie sie ausgewertet werden und wann sie gelöscht werden?
- Haben Sie selbst die Chance, Ihre Einträge zu einem späteren Zeitpunkt anzusehen, zu ändern oder zu löschen?
- Können Sie als Bewerber Sperrvermerke eingeben, um beispielsweise zu verhindern, dass Ihr momentaner Arbeitgeber Ihren Eintrag findet und von Ihrer Bewerbung erfährt?
- Ist sichergestellt, dass sich Ihr Profil nicht einfach über eine Suchmaschine finden lässt, wenn jemand dort Ihren Namen eingibt?
- Falls Sie erhebliche Zweifel daran haben, dass diese Sicherheitsstandards gewährleistet sind, sollten Sie von einem Eintrag in einem Onlinebewerbungsformular absehen.

E-Recruiting-Systeme

Warum immer mehr Firmen auf E-Recruiting-Systeme umsteigen

Wenn Sie sich bei größeren Firmen und Institutionen bewerben, werden Sie häufig aufgefordert, Ihre Bewerbung online in ein Formular einzugeben bzw. sie dort hochzuladen. Standardisierte Eingabeformulare sind die Regel beim E-Recruiting, einer computergestützten Bewerberauswahl, die vor allem aus Sicht der potenziellen Arbeitgeber große Vorteile hat. Solche E-Recruiting-Systeme helfen Arbeitgebern bei der automatisierten Vorauswahl. Über die Stichwortsuche können sie die Bewerbungen geeigneter Kandidaten aus der Vielzahl der Einträge herausfiltern. Eine Bearbeitung durch die Personalabteilungen, den Betriebsrat und die jeweilige Fachabteilung ist direkt online möglich. Jeder, der die Berechtigung dazu hat, kann sich eine dort eingestellte Bewerbung ansehen und sie auch kommentieren. Beim Einsatz solcher E-Recruiting-Systeme entfällt außerdem die teure und oft lästige Aufbewahrung und Rücksendung von abgelehnten Bewerbungsmappen. Zwischenbescheide werden automatisch versandt, was den Arbeitsaufwand, den eine Bewerbung verursacht, ebenfalls reduziert.

Onlineformulare sind recht unterschiedlich.

Die Formulare, die die verschiedenen Firmen, Behörden und Institutionen ihren Bewerbern im Internet anbieten, sind alles andere als einheitlich. Im Folgenden kann es deshalb nur darum gehen, Ihnen eine grobe Orientierung über das zu geben, was Sie dabei üblicherweise erwartet und mit welchen Fragen Sie rechnen müssen.

Vermeiden Sie Nachlässigkeiten auch bei Onlineformularen.

Eines vorab: Eine Bewerbung per Onlineformular macht meist nicht weniger Arbeit als eine E-Mail-Bewerbung, sondern eher mehr. Denn zum einen sind Ihre Einträge im Formular selbst gefragt. Zum anderen verzichten die potenziellen Arbeitgeber in aller Regel trotzdem nicht auf die gängigen Bestandteile einer Bewerbung – das heißt, nicht selten müssen Sie ein Anschreiben und einen Lebenslauf und die wichtigsten Zeugnisse und Weiterbildungsnachweise auf den betreffenden Server hochladen. Wenn Sie also eine fertige E-Mail-Bewerbung respektive Masterdatei haben, sind Sie für die Bewerbung per Onlineformular besser gerüstet als ohne.

Persönliche Daten

Adresse und Kontaktdaten eingeben

Zu Beginn werden Sie aufgefordert, Ihre persönlichen Daten einzugeben: Name, Adresse, Geburtsdatum und -ort, Telefonnummern und E-Mail-Adresse. Achten Sie auch hier darauf, eine seriöse Adresse und nicht etwa eine offensichtlich nur für gute Freunde gedachte Adresse anzugeben. Auch die E-Mail-Adresse bei Ihrem derzeitigen Arbeitgeber sollten Sie nicht verwenden. Legen Sie sich lieber eine neutrale Adresse bei einem Freemailanbieter zu. Felder, in denen Sie nach Ihrer geschäftlichen Telefonnummer oder einer alternativen E-Mail-Adresse gefragt werden, können Sie getrost freilassen. Geben Sie nur die Kontaktdaten heraus, unter denen Sie selbst auch für das betreffende Unternehmen erreichbar sein möchten. Ansonsten halten Sie sich lieber bedeckt. Ob Sie diese Felder vollständig ausfüllen oder nicht, entscheidet später nicht über die Vergabe der gewünschten Stelle. Angaben, die Sie vergessen, die aber unerlässlich sind, wird das System ohnehin per Fehlermeldung von Ihnen einfordern.

Website angeben? Das ist nicht immer sinnvoll.

Nicht selten wird nach Ihrer persönlichen Website gefragt. Die Angabe kann jedoch heikel sein, vor allem, wenn Sie eine Website ausschließlich für private Zwecke betreiben. Verzichten Sie in diesem Fall auf die Angabe der entsprechenden Internetadresse oder sorgen Sie für eine Verschlüsselung. Was Sie dort etwa an privaten Bildern oder an persönlichen Blogs und Texten veröffentlichen, geht keinen Arbeitgeber etwas an.
Sind Sie aber in dem Bereich, in dem Sie sich bewerben, momentan selbstständig tätig, spricht nichts dagegen, Ihre Internetadresse anzugeben. Damit können Sie Ihre Eignung für die gewünschte Stelle unterstreichen.

Fragen zu Ihren Qualifikationen

Fragen vollständig und ausführlich beantworten

Bei allen inhaltlichen Fragen sollten Sie größten Wert auf eine vollständige Beantwortung legen. Meist haben Sie zunächst die Möglichkeit, einzugeben, auf welche Stelle Sie sich bewerben oder in welchem Unternehmensbereich und an welchem Standort Sie gerne tätig werden würden.

Dann werden Sie Frage für Frage durch das Onlineformular geleitet. Die Antworten können Sie teilweise aus einem Klappmenü auswählen, beispielsweise, wenn Sie nach Ihren Sprachkenntnissen gefragt werden. Von »perfekt« über »verhandlungssicher« bis hinunter zu »Grundkenntnisse« können Sie dann auswählen, was auf Sie zutrifft.
Es gibt aber auch Fragen, die eine Freitexteingabe vorsehen, so üblicherweise die nach Ihren Kenntnissen, Erfahrungen und Fähigkeiten. Oft sind explizit Stichwörter gefragt, dann sollten Sie keine langen Sätze schreiben.

Auf Rechtschreibung und Grammatik achten

Wenn Sie einen Text formulieren, achten Sie darauf, dass er hinsichtlich Rechtschreibung und Grammatik korrekt ist. Zur Überprüfung formulieren Sie einen Text erst in Ihrem Textverarbeitungsprogramm und schalten die automatische Rechtschreibhilfe ein, bevor Sie ihn markieren, kopieren und ins entsprechende Eingabefeld des Onlineformulars einfügen.

Welche Qualifikationen haben Sie im Hinblick auf die gewünschte Stelle?

Entscheidend ist, nicht all Ihre Kenntnisse, Erfahrungen und Fähigkeiten aufzuzählen, sondern vorwiegend diejenigen, die im Hinblick auf die gewünschte Stelle von Belang sind. Empfehlenswert ist außerdem eine kurze Erklärung oder ein Nachweis zu der entsprechenden Angabe:
Wenn Sie etwa eine Führungsposition anstreben, sollten Sie entsprechende Führungsqualitäten anführen und möglichst mit Führungserfahrung aus vergangenen Tätigkeiten auch belegen.

Musterformulierungen
Führungsstärke: Bei meiner letzten Tätigkeit als Abteilungsleiterin bei ... trug ich Verantwortung für 15 Mitarbeiter.

In meinem Team führte ich bis zu zehn Mitarbeiter.

Wenn Sie sich auf eine Vertriebsposition bewerben, sollten Sie Ihre kommunikativen Fähigkeiten erwähnen.

Musterformulierung
Kontaktfreude und Kommunikationsstärke: Ich knüpfe spielend neue Kontakte und komme schnell mit Menschen ins Gespräch. Das kam mir schon bei meiner bisherigen Tätigkeit als Versicherungsmakler zugute.

Schlüsselwörter verwenden

Nicht besonders außergewöhnliche Formulierungen sind gefragt, sondern die richtigen Schlüsselwörter (»Keywords«), nach denen jeder im Netz oder in einer Datenbank suchen würde. Denn der größte Vorteil solcher Onlineformulare ist, dass jeder, der passende Bewerberprofile sucht, sich diese durch die Eingabe weniger Schlüsselwörter auf den eigenen Rechner rufen kann.

Gängige Schlüsselwörter verwenden

Gebrauchen Sie daher bewusst gängige Schlüsselwörter für Ihre Fähigkeiten, Kenntnisse und Erfahrungen, bevor Sie zu einer genaueren Erklärung ansetzen. Vermeiden Sie ungewöhnliche Begriffe, nach denen keiner suchen würde. Statt »Es fällt mir nicht schwer, mit anderen zusammenzuarbeiten« verwenden Sie lieber »Teamfähigkeit«, weil es sich besser als Suchbegriff eignet. Im Zweifelsfall schlagen Sie in einem Synonymwörterbuch nach oder schauen Sie sich gezielt Stellenangebote aus Ihrem Bereich an. Die Aufschlüsselung gesuchter Qualifikationen und künftiger Tätigkeiten hilft Ihnen dabei, die richtigen Schlüsselwörter zu finden.

Spezialkenntnisse richtig verschlagworten

Wichtig: Zu diesen Schlüsselwörtern gehören auch Spezialkenntnisse. Unbedingt eingeben sollten Sie daher Ihre Kenntnisse über

- spezielle Software,
- gängige Verfahren,
- spezielle Methoden oder Techniken sowie die üblichen Standards und Normen.

Umschreiben Sie diese Kenntnisse nicht, sondern nennen Sie sie beim Namen (auch mit Abkürzungen, falls in Ihrer Branche oder Ihrem Tätigkeitsfeld üblich).

Beispiel
ERP-Software (Enterprise Resource Planning) ist ein komplexes Computerprogramm, mit dem sich sämtliche Prozesse in einem Unternehmen – vom Einkauf über den Warenfluss bis zur Abrechnung und zum Controlling – abbilden lassen. Reden Sie hier nicht lange um den heißen Brei herum, sondern benennen Sie die Software genau, mit der Sie sich auskennen. Ist sie in der Branche nicht allzu gängig, können Sie eine Erklärung anfügen. Ansonsten erübrigt sich das. Jeder Personaler oder Headhunter in der Industrie wird beispielsweise wissen, was es mit SAP SLC auf sich hat, einem ERP-Modul, das speziell auf das Lieferantenmanagement zugeschnitten ist.

Fragen zu Ihrem Werdegang

Werdegang: Orientieren Sie sich an Ihrem Lebenslauf.

Die meisten Unternehmen werden Sie nach Ihren beruflichen Erfahrungen fragen: Halten Sie sich bei Format und Beschreibung so eng wie möglich an die üblichen Bewerbungsstandards. Tragen Sie in das Eingabefeld also das ein, was Sie auch in Ihren Lebenslauf schreiben.
Listen Sie Ihre bisherigen Tätigkeiten Zeile für Zeile auf, geben Sie dabei auch die Zeitspanne auf Monat und Jahr genau an. Ihre Funktionen ergänzen Sie idealerweise um Erläuterungen zu Ihren Aufgabengebieten.

Musterformulierung
Vorstandsassistent, verantwortlich für die inhaltliche und technische Gestaltung der Präsentationen vor internem Aufsichtsrat und externen Kapitalgebern

Fragen zu Ihrer Motivation

Motivation: Was reizt Sie an Tätigkeit und Arbeitgeber?

Inhaltlich sind Onlinebewerbungen den Bewerbungen per Post oder per E-Mail sehr ähnlich. Gehen Sie die gewünschten Anforderungen und die Tätigkeitsbeschreibung Punkt für Punkt durch. Nehmen Sie Stellung zu den einzelnen Punkten. Schreiben Sie, was Sie an der beschriebenen Tätigkeit reizt und welche Aufgaben Sie besonders gern übernehmen würden. Wenn Sie sich auf einen Ausbil-

dungsplatz bewerben, sollten Sie gut begründen, warum Sie sich ausgerechnet für den entsprechenden Beruf entschieden haben.
Rechnen Sie ebenso mit Fragen, warum Sie sich bei der betreffenden Firma, Institution oder Behörde bewerben. Hier lohnt sich eine kleine Recherche im Vorfeld: Worauf ist der Arbeitgeber stolz, wofür ist er bekannt? Vielleicht ist es ein besonders innovatives Unternehmen? Vielleicht bürgen seine Markenprodukte für eine besondere Qualität? Wenn Sie solche Punkte aufgreifen, zeigen Sie, dass Sie sich intensiv mit dem potenziellen Arbeitgeber beschäftigt haben.

- **Fragen zu Freizeitbeschäftigungen und Hobbys**

Hobbys können Sie ruhig aufführen.

Viele Hobbys lassen Rückschlüsse auf bestimmte Fähigkeiten zu. Rechnen Sie also auch mit Fragen zu Ihrer Freizeit. Wer als Fußballtrainer in seinem Verein tätig ist, besitzt nicht selten Führungsqualitäten. Wer Briefmarken sammelt, arbeitet oft besonders genau. Wer gern Gäste bewirtet, ist jedenfalls nicht kontaktscheu. Solche aussagekräftigen Hobbys können Sie ruhig aufführen.

- **Uploads**

Anschreiben, Lebenslauf und Nachweise hochladen

Viele Onlineformulare verlangen, dass Sie bestimmte Dokumente hochladen, vor allem Ihre Zeugnisse und sonstigen Qualifikationsnachweise, aber oft auch ein Anschreiben sowie den Lebenslauf. Deren Gestaltung entspricht der von Bewerbungen per E-Mail. Allerdings müssen Sie diese Dokumente oft getrennt voneinander in mehreren PDFs hochladen. Haben Sie keine Sorge, wenn sich dort einiges wiederholt, was Sie schon in die Eingabefelder des Onlineformulars geschrieben haben. Das wirkt sich nicht nachteilig aus.

Uploads im PDF-Format

Es gibt keine technischen Standards für Uploads. Manche Onlineformulare lassen nur eine Datei zu, andere bis zu zehn. Manche akzeptieren nur PDF als Dateiformat, andere lassen auch andere Dateiformate zu. Manche beschränken die Datenmenge jedes einzelnen Uploads, andere verzichten auf diese Begrenzung. Wenn nichts anderes verlangt ist, laden Sie Ihre Onlinebewerbung in Form einer einzigen PDF-Bewerbungsdatei hoch. Sind die einzelnen Felder für den Upload sachlich getrennt – etwa: »Laden Sie hier Ihren Lebenslauf hoch« –, speichern Sie die einzelnen Dateien im PDF-Format ab und laden Sie sie einzeln hoch.

Einheitliches Dateiformat ist ratsam.

Tipp **Vermeiden Sie unterschiedliche Dateiformate**

Ungern sehen Personalverantwortliche und Recruiter ein Wirrwarr von verschiedenen Dateiformaten. Wer sein Anschreiben und seinen Lebenslauf im Microsoft-Word-Dateiformat (.docx), sein Bewerbungsfoto als Bitmap (.bmp) und seine gescannten Nachweise im Format JPEG hochlädt, tut sich damit keinen Gefallen. Das wirkt unbeholfen und umständlich. Besser verwenden Sie einen einheitlichen Standard. Wenn das E-Recruiting-System nichts anderes verlangt, liegen Sie mit PDF-Dateien immer richtig.

Verlangt das Unternehmen Textverarbeitungsdateien, speichern Sie diese im RTF-Format ab. Solche »Rich-Text-Dateien« sind frei von Makros und Viren. Kontrollieren Sie nach dem Speichern das Aussehen Ihres RTF-Dokuments, indem Sie es schließen und gleich wieder öffnen. Einzelne Zeilenumbrüche können gegenüber der vorigen Version verschoben sein.

Datenmengen sind oft begrenzt.

Üblich ist eine Beschränkung der Datenmenge pro Upload auf zwei bis drei Megabyte (MB). An diese Grenze sollten Sie sich halten, um keine Fehlermeldung und keinen Rauswurf aus dem System zu riskieren. Alternativ können Sie sich mit einer komprimierten ZIP-Datei behelfen, um die maximal erlaubte Datenmenge nicht zu überschreiten. Auch die Tipps im Kapitel »Die Bewerbung per E-Mail« zum richtigen Einscannen und zur Verkleinerung von PDF-Dateien helfen Ihnen dabei, diese Vorgabe einzuhalten.

Aussagekräftige Dateinamen verwenden

Verwenden Sie für Ihre Uploads möglichst konkrete, kurze Dateinamen. Auch hier gilt: Die früher übliche Beschränkung auf maximal acht Zeichen im Dateinamen ist heute nicht mehr nötig. Aus dem Dateinamen muss allerdings klar hervorgehen, worum es sich handelt. Beispiele:

- Anschreiben_richard_holzer.pdf
- Lebenslauf_richard_holzer.pdf
- Arbeitszeugnisse_richard_holzer.pdf

Bewerbung zwischenspeichern und abschicken

Zwischenspeicherung verhindert Datenverluste

Wenn ein Onlineformular Ihnen die Möglichkeit der Zwischenspeicherung gibt, sollten Sie dies auch nutzen. Denn nicht selten ist bei solchen Formularen ein Server-Timeout eingebaut. Die Daten werden also gelöscht, wenn Sie auf der Formularseite längere Zeit keine Einträge oder Änderungen mehr vornehmen und auch nicht auf die Eingabeseite klicken. Im schlimmsten Fall müssen Sie mit Ihrer Dateneingabe wieder von vorn beginnen, wenn das passiert.

Einträge sichern

Speichern Sie Ihre laufenden Eingaben.

Wenn im Onlineformular keine Zwischenspeicherung vorgesehen ist, empfiehlt es sich, selbst sicherzustellen, dass keine Einträge durch ein Server-Time-out verloren gehen. Das Vorgehen ist etwas mühevoll, aber es lohnt sich, wenn Sie vermeiden wollen, bereits vorgenommene Einträge womöglich später wieder zu verlieren, oder im Vorstellungsgespräch nicht mehr genau zu wissen, was Sie damals bei der Bewerbung ins E-Recruiting-System eingegeben haben.

Kopieren Sie Ihre Eingaben Feld für Feld in eine Textdatei.

Bevor Sie die Angaben im Onlineformular speichern oder auf »Weiter« klicken, markieren Sie Feld für Feld den ganzen eingegebenen Text. Kopieren Sie ihn durch gleichzeitiges Drücken der Tasten »Strg« – auf manchen Tastaturen »Ctrl« – und »C«. Öffnen Sie dann ein leeres Dokument in Ihrem Textverarbeitungsprogramm und fügen Sie den kopierten Text dort ein. Dafür nutzen Sie entweder die Menübefehle »Bearbeiten« – »Einfügen« oder die Tastenkombination »Strg« und »V« bzw. »Ctrl« und »V«. Speichern Sie die Datei unter einem geeigneten Namen als Bewerbung bei der betreffenden Firma ab und notieren Sie sich außerdem das Datum.

Vorsicht beim Kopieren zuvor erstellter Textbausteine

Wenn Sie umgekehrt Texte aus einem eigenen Textverarbeitungsdokument in das Eingabefeld des Onlineformulars kopieren möchten, haben Sie manchmal ein Problem: Formatierungen lassen sich nicht einfach löschen, oder Sonderzeichen wie etwa Anführungszeichen oder Gedankenstriche werden im Onlineformular falsch dargestellt.

Mit Nur-Text-Dateien vermeiden Sie Fehler beim Gebrauch der Funktion »Copy and Paste«.

Solche Probleme vermeiden Sie, indem Sie die Datei als »Nur-Text-Datei« abspeichern. Dazu gehen Sie beispielsweise in Word auf »Datei« – »Speichern unter«. Unter dem Feld »Dateiname« finden Sie das Feld »Dateityp«. Dort wählen Sie die Option »Nur Text (*txt)« aus. Schließen Sie das Dokument und öffnen Sie es dann aus dem Dateimanager heraus. Wenn Sie jetzt den Text markieren und kopieren, sind die Formatierungen gelöscht und Sie können den Text problemlos ins Onlineformular übernehmen.

Bevor Sie Ihre Bewerbung absenden, prüfen Sie Ihre Eingaben noch einmal sorgfältig auf Rechtschreib- und Grammatikfehler.

Kopie abspeichern oder ausdrucken

Sie bekommen meist eine Kopie Ihrer Bewerbung, sobald Sie Ihre Daten vollständig eingegeben und auf »Senden«, »Abschicken« oder »Bewerbung hochladen« geklickt haben. Sie sehen dann am Bildschirm noch einmal Ihre gesamten Eingaben. Drucken Sie diese aus oder – noch besser – speichern Sie sie vollständig elektronisch ab. Alternativ erhalten Sie bei manchen Onlinebewerbungssystemen eine Bestätigungs-E-Mail, die ebenfalls eine Zusammenfassung Ihrer Eingaben enthält oder einen Link, der auf Ihr Bewerberprofil führt.

Wichtig: Zugangsdaten aufheben

Zugangsdaten zu Ihrem Bewerberprofil aufschreiben

Merken Sie sich unbedingt die Zugangsdaten zu Ihrem Bewerberprofil, mit denen Sie sich eingeloggt haben. Nur damit können Sie später noch auf Ihre Bewerbung zugreifen und – falls diese Möglichkeit überhaupt vorgesehen ist – Änderungen vornehmen oder die Bewerbung löschen.

Ihre Daten im Internet

Das Internet speichert unendliche Datenmengen – auch von Ihrer Person. Alles, was einmal aufgetaucht ist, hat eine erstaunlich lange Haltbarkeit. Die meisten Personalverantwortlichen, Recruiter und Headhunter machen sich diesen Umstand zunutze. Sie geben die Namen infrage kommender Bewerber in eine Suchmaschine ein, auch wenn sie sich damit manchmal in einer rechtlichen Grauzone bewegen. Finden sie dann Nachteiliges – etwa Bilder einer feuchtfröhlichen Feier –, ziehen sie womöglich einen Kandidaten nicht mehr in die engere Wahl.

Was liefert Google auf die Eingabe Ihres Namens?

Googeln Sie zunächst Ihren Namen. Loggen Sie sich dafür aus Ihrem Google-Account aus, weil die Suchergebnisse von Ihren persönlichen Präferenzen und vorherigen Suchen beeinflusst werden könnten. Schon sehen Sie, was auch der Personalverantwortliche, Recruiter oder Headhunter sieht und was den Erfolg einer Bewerbung verhindern könnte. So wird etwa kein Bewerber für eine Ausbildungsstelle in die engere Wahl gezogen, von dem auf Facebook zum Beispiel Bilder in betrunkenem Zustand zu finden sind.

Tipp **Kontrollieren Sie Ihre Einträge**

Achten Sie genau darauf, was Sie selbst bei Facebook, Twitter, Google+ etc. über sich veröffentlichen. Aber auch wenn jemand anders, z. B. ein Vereinskamerad, Bilder von Ihnen einstellt, sollten Sie diese Veröffentlichungen auf Unbedenklichkeit prüfen.

Suchergebnisse entfernen lassen: die aktuelle Rechtslage

EuGH erkennt Recht auf Löschung an

Im Mai 2014 entschied der Europäische Gerichtshof, dass Suchmaschinen im Internet bei Namenssuchen nicht zwingend alle Treffer im Suchergebnis anzeigen dürfen, sondern unliebsame »Altlasten« auf Antrag der Betroffenen löschen müssen. Das gibt Ihnen die Möglichkeit, die

Löschung zu erwirken. Derzeit müssen Sie sich vorrangig um die Einträge bei Google kümmern. Inwiefern andere Suchmaschinen diese Möglichkeit anbieten werden, ist noch unklar. Es empfiehlt sich daher in einer Bewerbungsphase, die aktuelle Rechtslage zu prüfen.
Auch was über Sie in sozialen Netzwerken und auf Twitter kursiert, sollten Sie kontrollieren und bei Bedarf den Zugriff darauf beschränken. Eine Löschung Ihres Profils ist meist nicht notwendig, wenn Sie bei der Nutzung sozialer Medien Achtsamkeit walten lassen.
Im Folgenden erhalten Sie Tipps, die Ihnen helfen zu verhindern, dass unliebsame Spuren im Netz den Erfolg Ihrer Bewerbung gefährden.

Einträge bei Google löschen lassen

Löschungsantrag stellen

Google bietet online ein Formular an, mit dem Sie die Löschung unliebsamer Einträge beantragen können. Ob diese tatsächlich gelöscht werden, hängt aber davon ab, ob die Inhalte wirklich rechtswidrig angezeigt werden, also gegen das geltende Persönlichkeits- oder Datenschutzrecht verstoßen. Das Formular und die Anleitungen diverser Onlinepublikationen zum Löschungsantrag finden Sie, wenn Sie den Begriff »Antrag auf Entfernung aus den Suchergebnissen« in eine Suchmaschine (z. B. Google oder Bing) eingeben.
In unklaren Fällen müssen Sie erläutern, inwiefern die verlinkte Seite sich auf Sie bezieht. Das kann etwa bei Fotos nötig sein, auf denen Sie zu sehen, die aber nicht mit Ihrem Namen versehen sind. Begründen Sie, weshalb die jeweilige URL in den Suchergebnissen irrelevant, veraltet oder anderweitig unangemessen ist.

Löschung durch Anschreiben an den Seitenbetreiber

Oft erfolgreicher: Löschung direkt beim Seitenbetreiber

Sie sind nicht unbedingt auf die Mithilfe von Google angewiesen, um unliebsame Suchergebnisse löschen zu lassen. Sie können auch die Betreiber von Websites selbst auffordern, Informationen über Sie zu löschen. Rechtsgrundlage ist das Bundesdatenschutzgesetz (BDSG, § 35).

Bei Inhalten, die Ihnen schaden könnten, ist dieses Vorgehen ratsam. Google kann zwar den Eintrag in seinen Suchergebnissen löschen, nicht aber die Website, auf der die fraglichen Inhalte veröffentlicht wurden.
Hier hält der Gesetzgeber fest: Die Daten müssen gelöscht werden, wenn sie für den Betreiber der Seiten nicht mehr erforderlich sind. Fordern Sie daher in einem Schreiben, dass der Betreiber die Daten auf seiner Seite unwiderruflich löscht. Bitten Sie außerdem darum, dass der Empfänger des Schreibens den Eingang und die Bearbeitung bestätigt.

Einträge in sozialen Medien kontrollieren

Soziale Medien offenbaren viel Persönliches.

Auch unangemessene Beiträge in sozialen Medien wie Facebook, Google+ und Stayfriends sowie beim Kurznachrichtendienst Twitter können im Bewerbungsverfahren verhängnisvoll sein. Fotos von Partys, Sportveranstaltungen und ähnlichen Gelegenheiten stellen für Personaler kostenfreie, leicht zugängliche Auskünfte über Ihr Privatleben dar. Wollen Sie dieses Risiko ganz ausschließen, müssen Sie sich bei jedem Anbieter einzeln austragen und bei Bedarf ein Schreiben dazu aufsetzen, das sich wiederum auf § 35 BDSG bezieht. Allerdings sitzen die Anbieter in den meisten Fällen im Ausland. Daher ist es meist die praktikablere Lösung sicherzustellen, dass nicht jeder Nutzer durch Eingabe Ihres Namens in ein Suchfeld alles findet, was Sie je in diesen Medien veröffentlicht haben.
In der Regel genügt es, den Zugriff einzuschränken. Fast jeder Anbieter – ob Facebook, Stayfriends, Twitter oder Google+ – bietet Optionen an, um die Zugriffsrechte auf Ihre Inhalte zu regeln. Sie haben demnach zwei Möglichkeiten:

- Ihre Einträge vor den Suchmaschinen (z. B. Google oder Bing) zu verbergen und somit zu verhindern, dass diese als Suchergebnisse angezeigt werden oder
- bei der internen Suche (z. B. durch ein Facebook-Mitglied) den Kreis der Personen zu beschränken, die Ihre Einträge sehen können.

Anleitungen dazu finden Sie, wenn Sie in eine Suchmaschine den Begriff »Twitter«, »Facebook«, »Stayfriends« oder »Google Plus« eingeben und zusätzlich das Wort »Privatsphäre«. Hilfreiche Informationen finden Sie außerdem auf der Internetseite des Bundesamts für Sicherheit in der Informationstechnik (www.bsi-fuer-buerger.de). Nutzen Sie die dortige Suchfunktion mit den oben genannten Suchbegriffen, um unerwünschte Einblicke in Ihr Privatleben zu verhindern.

Persönlich überzeugen

Das Telefoninterview

Das Telefon klingelt. Eine freundliche Stimme stellt sich kurz vor und fragt, ob Sie einen Moment Zeit hätten und ungestört sprechen könnten. Bei einem solchem Szenario ist die Wahrscheinlichkeit groß, dass ein Headhunter auf Sie aufmerksam geworden ist oder dass Sie sich auf eine offene Stelle beworben haben und nun gebeten werden, für ein erstes Telefoninterview zur Verfügung zu stehen. Ganz gleich, welche Variante zutrifft, es gilt, sich am Telefon souverän zu präsentieren und Ihrem Gesprächspartner das Gefühl zu vermitteln, dass Sie ein interessanter Kandidat für die zu besetzende Position sind.

Telefoninterviews werden immer häufiger eingesetzt.

Immer häufiger müssen Sie im Rahmen des Bewerbungsprozesses mit einem Telefoninterview rechnen. Während Headhunter schon seit Langem mithilfe des Telefons auf mögliche Kandidaten zugehen, nutzen mittlerweile auch immer mehr Unternehmen die Möglichkeit des telefonischen Kontakts mit Bewerbern. So bestätigt Christoph Haucke, Geschäftsführer der Deutschen Gesellschaft für Personalführung (DGFP), dass über 80 Prozent der mehr als 2 000 Mitgliedsunternehmen Telefoninterviews bei der Rekrutierung neuer Mitarbeiter durchführen.
Unternehmen versuchen, ihr Risiko und ihren Aufwand bei der Gewinnung neuer Mitarbeiter möglichst gering zu halten. Gehen wir vom klassischen Bewerbungsprozess aus, so liegt dem Unternehmen zunächst eine Vielzahl schriftlicher bzw. elektronischer Bewerbungsunterlagen von Kandidaten vor. Leider ist immer wieder festzustellen, dass deren Aussagegehalt begrenzt ist.

Bewerbungsunterlagen sind wenig aussagekräftig.

»Hat der Kandidat wirklich die praktische Erfahrung, die gefordert wird?« »Kann er sich klar und verständlich ausdrücken?« »Wo liegen seine persönlichen Stärken?« Um Fragen wie diese beantworten zu können, reicht es in der Praxis nicht aus, sich anhand der vorliegenden Unterlagen ein Bild zu machen. Personalverantwortliche erleben viel zu oft, dass der Eindruck aus den Unterlagen sehr stark von demjenigen aus dem persönlichen Vorstellungsgespräch abweicht. Unter Kosten- und Effizienzgesichtspunkten ist es jedoch nicht möglich, alle Bewerber zu einem Gespräch einzuladen. Daher haben sich Telefoninterviews als sinnvolles und hilfreiches Auswahlinstrument in der Praxis etabliert.

Ziele des Telefoninterviews

Unternehmen verfolgen mit Telefoninterviews im Wesentlichen drei Ziele:

Kandidatenbild festigen

- **Vertiefung und Festigung des aus den Unterlagen gewonnenen Bildes eines Kandidaten**
  Oft geben Bewerber in ihren Unterlagen nur sehr vage an, was sie in ihrer bisherigen beruflichen Laufbahn gemacht oder welche Erfahrungen sie gesammelt haben. Hier helfen Telefoninterviews dabei, solche Themen zu vertiefen und zu konkretisieren: In welcher »Liga« spielte der Kandidat bisher? Hatte er eine Budgetverantwortung im vierstelligen oder sechsstelligen Bereich? Verfügt er über vertiefte Fachkenntnisse in einem speziellen Bereich? Hat er Projekte bereits eigenständig und erfolgreich geleitet?

Zusätzliche Informationen einholen

- **Gewinnung zusätzlicher Informationen, insbesondere im Hinblick auf die Soft Skills und die kommunikativen Fähigkeiten**
  Gerade in den überfachlichen Kompetenzbereichen ist der Aussagegehalt von Bewerbungsunterlagen nur sehr gering. Im Rahmen des Telefoninterviews können hier gezielt Erkenntnisse gewonnen werden: Kann sich der Bewerber klar ausdrücken und kommt schnell auf den Punkt? Hat er eine gewinnende Art insbesondere im Hinblick auf zukünftige Kundenkontakte? Verfügt er über die notwendigen analytischen Fähigkeiten, um auch komplexe Sachverhalte zu durchdringen? Insbesondere, wenn die zu besetzende Stelle intensive Telefonkontakte beinhaltet, zum Beispiel in einem Callcenter oder im Backoffice eines Unternehmens, stellt das

Telefoninterview eine direkte Arbeitsprobe des Kandidaten dar.

Offene Fragen klären

- **Klärung offener Fragen**
  Oft finden sich in Bewerbungsunterlagen Lücken oder Widersprüche, die im Rahmen des Telefoninterviews geklärt werden können. Aber auch zusätzliche Informationen gilt es einzuholen, bevor die Entscheidung, einen Kandidaten zum persönlichen Vorstellungsgespräch einzuladen, fundiert getroffen werden kann: Wo liegt der angestrebte Vergütungsrahmen? Besteht die Bereitschaft zu längeren Dienstreisen? Warum weichen die Angaben im Zeugnis und im Lebenslauf voneinander ab?

Monika Langmann, MRC GmbH (www.mrc.de), beschreibt die Ziele, die sie mit Telefoninterviews verfolgt:
»Für uns stellt das Telefoninterview in erster Linie ein Instrument der Vorauswahl von Bewerbern dar. Da wir als Dienstleister ein professionelles Management der gesamten Marktforschungsaktivitäten unserer internationalen Kunden betreiben, legen wir auf sehr gute Englischkenntnisse besonders Wert.
Das Telefoninterview dient dazu, von einem Bewerber einen direkten Eindruck seines Ausdrucksvermögens in Englisch zu erhalten.
Ferner nutzen wir das Telefoninterview, um offene Fragen, die sich aus den Bewerbungsunterlagen ergeben, zu klären. Hier stehen insbesondere der gehaltliche Rahmen als auch die Flexibilität des Einsatzorts der Kandidaten im Mittelpunkt. Telefoninterviews haben sich vor diesem Hintergrund als aussagekräftiges und praktisches Instrument bewährt.«

Entscheidungsbasis erweitern

Letztendlich dient das Telefoninterview immer dazu, eine sichere Entscheidungsbasis zu erhalten, ob es sinnvoll ist, einen Bewerber zum persönlichen Vorstellungsgespräch einzuladen. Da ein persönliches Treffen für beide Seiten – Bewerber und Unternehmen – mit einem hohen Aufwand verbunden ist, sollte die Wahrscheinlichkeit, dass eine Passgenauigkeit vorliegt, möglichst groß sein. Schließlich ist es für Sie als Bewerber ebenso wie für das Unternehmen wenig erstrebenswert, bereits nach fünf Minuten feststellen zu müssen, dass Sie sich das Vorstellungsgespräch hätten sparen können.

Erstkontakt mit Headhuntern

Begriffsklärung Headhunter

Sie gelten als die grauen Eminenzen am Arbeitsmarkt und die meisten Menschen fühlen sich durchaus geehrt, wenn ein Headhunter anruft. Dies zeigt, dass man am Markt wahrgenommen wird. Headhunter stellen eine Untergruppe der Personalberater dar. Der Begriff des Personalberaters umfasst ein breites Tätigkeitsfeld, das von konzeptionellen Themen wie der Entwicklung eines Mitarbeiterbeurteilungssystems über die anzeigengestützte Suche von Bewerbern bis hin zu Trainingsmaßnahmen reichen kann. Dagegen hat sich der Headhunter auf die gezielte Direktansprache von Kandidaten zum Zwecke der Personalvermittlung spezialisiert.

Wer ist der Auftraggeber?

Auftraggeber sind dabei immer die suchenden Unternehmen. Seriöse Headhunter verfügen über ein fundiertes Branchenwissen und pflegen langjährige, intensive Kontakte in die von ihnen betreuten Bereiche. Leider tummeln sich auf diesem Markt aber auch viele schwarze Schafe. Die Berufsbezeichnung Headhunter ist nicht geschützt, sodass jeder unter diesem Begriff firmieren kann.

Wenn der Headhunter anruft

Erstkontakte im Büro sind zulässig.

In der Regel wird der Headhunter Sie im Büro telefonisch ansprechen. Dies ist nach der aktuellen Rechtslage zulässig, solange das Gespräch nur dazu dient, ein grundsätzliches Interesse zu erfragen und einen Termin außerhalb der Arbeitsumgebung zu vereinbaren. Sofern Sie einen Stellenwechsel nicht prinzipiell ausschließen, sollten Sie die Gelegenheit durchaus ergreifen und das Gespräch mit dem Headhunter nutzen. Selbst wenn die konkret angebotene Position nicht passend ist, so bietet der Kontakt doch auch mittelfristig die Chance, für interessante Positionen ins Gespräch gebracht zu werden.

Angesprochener des Anrufs sind immer Sie.

Die Form, in der der Headhunter Sie anspricht, kann sehr unterschiedlich sein. Einige Berater gehen sehr offensiv ins Rennen und starten direkt mit der Frage, ob Interesse an einer abwechslungsreichen, neuen Position besteht. Andere nehmen eher den Umweg und sagen, dass sie derzeit eine attraktive Stelle zu besetzen hätten und Sie fragen wollten, ob Sie gegebenenfalls einen passenden Kandidaten wüssten. Wie auch immer die Vorgehensweise ist, letztendlich sind immer Sie zunächst als potenzieller Kandidat angesprochen.

Tipps für den Erstkontakt mit einem Headhunter

Beim Erstkontakt mit Headhuntern sollten Sie auf folgende Punkte achten:

- Reagieren Sie gelassen, das zeigt Souveränität.
- Fragen Sie, von welcher Beratungsfirma der Anruf kommt, sofern der Gesprächspartner dies nicht von sich aus erwähnt.
- Lassen Sie sich vom Anrufer kurz schildern, worum es bei der zu besetzenden Position geht.
- Eine grobe Größenordnung des finanziellen Rahmens, wie die Position dotiert ist, hilft zu erkennen, ob es sich um die passende »Liga« handelt.
- Machen Sie nicht vorschnell detaillierte Angaben zu Ihren Gehaltsvorstellungen. Vertagen Sie dies lieber auf das ausführlichere Telefonat.
- Versuchen Sie möglichst schnell, das Telefonat auf einen Termin außerhalb des Büros zu verlegen.
- Vereinbaren Sie einen Termin, am besten zu Hause, zu dem Sie ungestört sprechen können.
- Lassen Sie sich auf jeden Fall den Namen und die Telefonnummer des Anrufers geben.
- Sofern Sie den Eindruck gewinnen, dass der Berater möglicherweise nicht seriös ist, nennen Sie ihm Ihre Privat- oder Mobiltelefonnummer nicht, sondern vereinbaren Sie, dass Sie sich bei ihm auf seiner Bürotelefonnummer wieder melden. So können Sie überprüfen, woher der Anruf tatsächlich kommt.

Tipp **Das sollten Sie nicht sofort fragen**

Fragen Sie nicht als Erstes danach, wie der Headhunter auf Sie gestoßen ist. Denn das zeugt eher von einem geringen Selbstbewusstsein. Wer gut ist, weiß, dass er sich in der Szene einen Namen gemacht hat und dass ein Headhunter auf ihn stoßen könnte. In der Regel wird der Headhunter seine Quelle auch nicht preisgeben.

Oft ist ein Researcher der erste Ansprechpartner.

Erstkontakt häufig mit dem Researcher

Nicht immer findet der erste telefonische Kontakt direkt mit dem Headhunter selbst statt. Häufig ist zunächst der sogenannte Researcher am anderen Ende der Leitung. Dieser ist darauf spezialisiert, im Auftrag des Headhunters potenzielle Kandidaten zu identifizieren und den Erstkontakt mit ihnen herzustellen. Schließlich ist es nicht immer einfach, einen Kandidaten direkt ans Telefon zu bekommen und Hürden wie Telefonzentralen oder Sekretariate zu überwinden. Teilweise greift aber auch der Headhunter selbst bereits beim Erstkontakt zum Hörer, vor allem dann, wenn es um sehr hoch dotierte Positionen geht.

Ablauf der Direktansprache

Wenn Sie im Rahmen der Direktansprache telefonisch kontaktiert werden, stellt sich der Prozess in der Regel wie folgt dar:

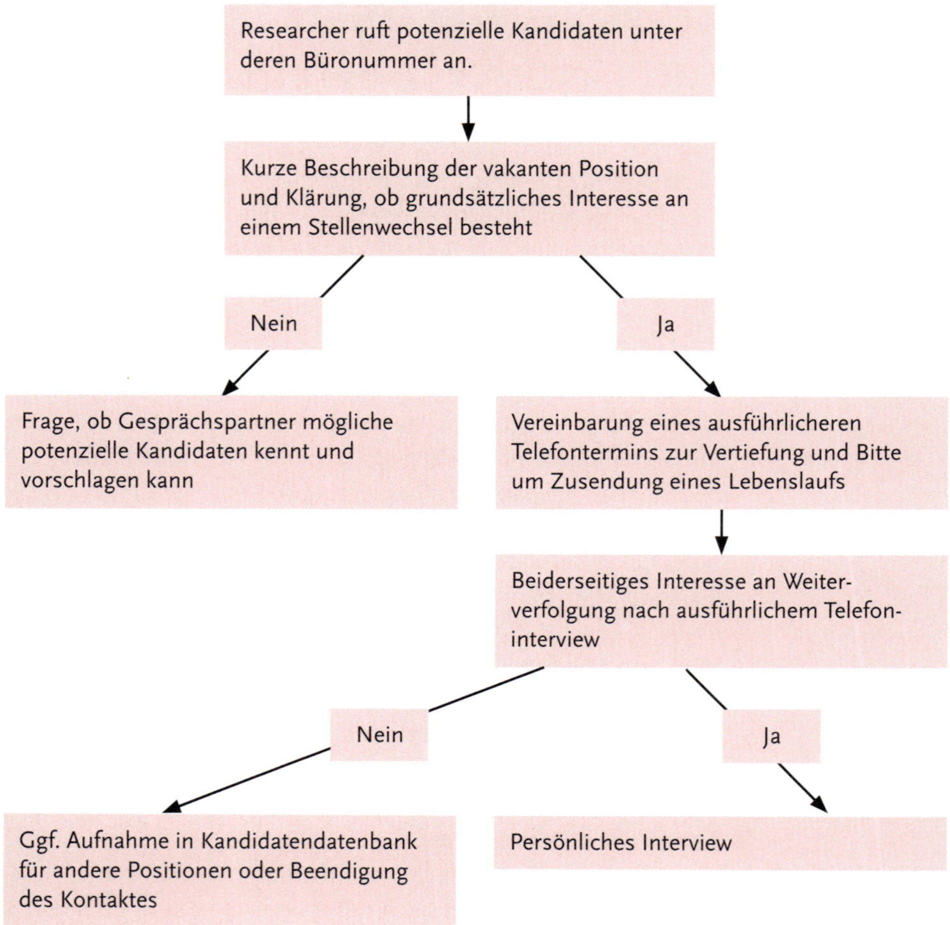

Die telefonische Vorabinformation

»Rufen Sie einfach an«

Rufen Sie nicht unüberlegt an.

Teilweise findet sich in Stellenanzeigen von Personalberatern die Aufforderung, einfach mal anzurufen.

Thomas Briol, Vorstand der Baumann Unternehmensberatung, beschreibt das Konzept, das hinter den Stellenanzeigen mit dem Telefonhörer steckt:

+49 (0) 69 90 43 30

Erst informieren! Auch Samstag/Sonntag von 17.00 bis 19.00 Uhr

»Seit über 30 Jahren erreichen wir mit unserer Telefonhöreranzeige Persönlichkeiten, die beruflich grundsätzlich in einer zufriedenstellenden Position sind und zu diesem Zeitpunkt auf keinen Fall aktiv als Bewerber auftreten wollen. An Informationen, die ihre berufliche Weiterentwicklung betreffen, sind sie jedoch immer interessiert. Allerdings wollen sie diese Informationen so unkompliziert und diskret wie möglich bekommen. Hier setzen wir an, indem wir auf das Verhalten und die Wünsche dieser Personen konsequent eingehen. Wir wissen, dass der Stellenteil als Ergänzung zum Wirtschaftsteil gelesen wird. Dabei weckt unser Markenzeichen sofort das Interesse. Dieses wird gesteigert, da der Telefonhörer signalisiert, dass man die Chance hat, sich erst einmal unkompliziert und diskret zu informieren. Und dies an sieben Tagen in der Woche, insbesondere im privaten Umfeld am Wochenende. Zusätzlich erfüllen wir die hohen Erwartungen der Anrufer an die Kompetenz des Gesprächspartners, da sie immer mit dem zuständigen Berater sprechen. Im Telefonat geht es darum, die ersten Fragen auszutauschen und die Passgenauigkeit für die Position herauszuarbeiten. Dabei ist festzustellen, dass »gute« Persönlichkeiten auch »gute« Fragen stellen. Neben relevanten Fakten erhalten wir einen ersten Eindruck vom Gesprächspartner. Insgesamt gehen die gewonnenen Informationen weit über den Inhalt einer normalen Bewerbungsunterlage hinaus und helfen, den Auswahlprozess sehr effizient zu gestalten. Am Ende des Telefonats bekommt der Anrufer, sehr individuell, eine klare Empfehlung, ob und wie er sich bewerben soll. Dadurch erspart er sich viel Aufwand für das eventuell unnötige Verschicken von Bewerbungsunterlagen. In diesem Zusammenhang bestätigen unsere Auswertungen, dass wir mit unserer Telefonhörer-Anzeige, die wir sowohl in Print- als auch in Onlinemedien einsetzen, das richtige Konzept anbieten: Rund 70 Prozent der Stellenbesetzungen erfolgen mit Persönlichkeiten, die vorab mit uns in telefonischen Kontakt getreten sind.«

Meistens Ansprechpartner aus dem Personalbereich

Seien Sie sich bewusst, dass dieses erste Telefonat und das Angebot, sich zu informieren, auch dazu dienen, von Ihnen als möglichem Kandidaten einen Eindruck zu bekommen. Sie sollten daher nicht spontan und unüberlegt anrufen, sondern das Gespräch solide vorbereiten. Hierzu zählt, dass Sie sich mit den Anforderungen der Stelle, die in der Anzeige genannt werden, vertraut gemacht haben. Sofern Sie wissen, welches Unternehmen den Auftrag gegeben hat, sollten Sie sich auch über dieses informiert haben.

Präsentieren Sie Ihre Qualifikation.

Von entscheidender Bedeutung ist, dass Sie über sich und Ihre Qualifikationen in Bezug auf die Anforderungen der Stelle Auskunft geben können, nach dem Motto: »Das bringe ich mit«. Damit machen Sie dem Gesprächspartner Appetit darauf, mehr über Sie zu erfahren.

Der Kontakt zu Unternehmen

Der Kontakt läuft meist über die Personalabteilung.

Auch Unternehmen bieten Bewerbern verstärkt die Möglichkeit eines Vorabtelefonats an. In der Regel ist als Ansprechpartner ein Mitarbeiter aus dem Personalbereich angegeben. Dieser wird in erster Linie organisatorische Fragen, zum Beispiel zur Eingliederung der Stelle, beantworten können, jedoch nicht in der Lage sein, fachliche Details zu klären. Hierzu ist ein direkter Kontakt zu einem Vertreter aus dem Fachbereich hilfreich. Jedoch wird in den Stellenanzeigen nur sehr selten ein Ansprechpartner aus den jeweiligen Abteilungen genannt. Und auch über die Mitarbeiter aus den Personalbereichen gelingt es meist nicht, den direkten telefonischen Kontakt zum Fachbereich herzustellen. Der Personalreferent wird im Telefonat nochmals auf das Anforderungsprofil der Stelle hinweisen und bei hoher Übereinstimmung in der Regel die Empfehlung aussprechen, sich zunächst zu bewerben. Um dennoch einen Ansprechpartner aus der betreffenden Abteilung in Erfahrung zu bringen, ist etwas Recherche nötig. Ansatzpunkte können die Firmenwebsite, die Telefonzentrale, bestehende Kontakte in das Unternehmen, Suchmaschinen im Internet oder auch soziale Netzwerke wie Xing (www.xing.de) sein.

Telefonischer Vorabkontakt

Frau Weber: »Guten Tag, Alto AG, Personalbereich, mein Name ist Lilli Weber.«

Herr Mustermann: »Guten Tag, Frau Weber, schön, dass ich Sie direkt erreiche. Es geht um die von Ihnen ausgeschriebene Stelle als Leiter Finanz- und Rechnungswesen, Ihre Kennnummer 3712. Sie hatten angeboten, dass Sie vorab für weitere Informationen zur Verfügung stehen. Kann ich Sie hierzu kurz sprechen?«

Frau Weber: »Ja bitte, was kann ich für Sie tun?«

Herr Mustermann: »Die genannten Kriterien wie BWL-Studium, Erfahrung im Finanz- und Rechnungswesen, fundierte SAP-Kenntnisse und verhandlungssicheres Englisch bringe ich alle mit. Für mich wäre interessant, im Vorfeld zu erfahren, wie die Stelle organisatorisch eingebunden ist.«

Frau Weber: »Das hört sich schon sehr gut an, was Sie an Qualifikationen mitbringen. Der Stelleninhaber berichtet an den Vorstand Finance. Wir haben eine Matrixorganisation, sodass die Leiter Finanz- und Rechnungswesen unserer Tochtergesellschaften disziplinarisch dem jeweiligen Länderchef zugeordnet sind, fachlich aber an Sie berichten würden. Haben Sie denn Erfahrung im internationalen Kontext?«

Herr Mustermann: »Ja, ich habe drei Jahre in den USA den Bereich Finanz- und Rechnungswesen einer Tochtergesellschaft meines derzeitigen Arbeitgebers verantwortet. Ich bin also mit der dortigen Rechnungslegung sehr gut vertraut.«

Frau Weber: »Sehr schön, haben Sie noch weitere Fragen?«

Herr Mustermann: »Ihre Stellenausschreibung ist ja recht detailliert, sodass ich mir bereits ein gutes Bild machen konnte und mich darin sehr gut wiederfinde. Darf ich Ihnen meine Bewerbung direkt zusenden?«

Frau Weber: »Ich wäre Ihnen sehr dankbar, wenn Sie uns Ihre Bewerbung bitte über unser Bewerberportal auf der Homepage zukommen lassen. Sie können sich in dem Textfeld gern auf unser Gespräch beziehen.«

Herr Mustermann: »Das werde ich gern tun. Haben Sie besten Dank für das freundliche und informative Telefonat. Ich freue mich darauf, wieder von Ihnen zu hören.«

Frau Weber: »Besten Dank für Ihren Anruf!«

Herr Mustermann: »Auf Wiederhören!«

Die Vorbereitung des Telefoninterviews

Der richtige Ort

Telefonieren Sie an einem ruhigen Ort.

Wählen Sie für das Telefoninterview einen Platz aus, an dem Sie sich besonders wohlfühlen und der Ihnen die Möglichkeit bietet, ungestört zu sprechen. Wenn Sie das Telefoninterview zu Hause führen, kann es sinnvoll sein, ein »Nicht-stören«-Schild an die Tür zu machen, damit Familienmitglieder erst gar nicht in Versuchung kommen, hereinzuspazieren.

Gute Lichtverhältnisse, ein bequemes Sitzmöbel mit entsprechender Schreibgelegenheit sowie eine Ablagefläche für Unterlagen sind sehr hilfreich. Achten Sie auch auf eine angenehme Raumtemperatur. Sofern Sie das Telefoninterview auf einer Dienstreise führen müssen, stellen Sie sicher, dass Sie vor Ort einen entsprechenden Funkempfang haben.

Sprechen Sie mit Ihrem Spiegelbild

Probieren Sie im Vorfeld aus, ob es Ihnen hilft, wenn Sie sich beim Telefonieren in einem Spiegel selbst sehen können und damit ein Gegenüber haben. Viele Menschen berichten, dass sie dies als sehr hilfreich empfunden haben. Andere Menschen wiederum fühlen sich dadurch eher abgelenkt.

Der richtige Zeitpunkt

Planen Sie genügend Zeit ein.

Berücksichtigen Sie bei der Vereinbarung des Termins für ein Telefoninterview sowohl Ihren persönlichen Biorhythmus als auch Ihre zeitliche Verfügbarkeit. In der Regel werden Sie für das Telefoninterview nicht die nötige Konzentration und Ruhe finden, wenn Sie es zwischen zwei Meetings einschieben.

Häufig schlägt Ihnen Ihr Gesprächspartner einen konkreten Termin vor. Sofern Sie diesen Termin nicht direkt zusagen können, bitten Sie gegebenenfalls um einen Alternativtermin und vereinbaren Sie, dass Sie sich nochmals melden. Das macht einen besseren Eindruck, als wenn Sie einen vorschnell zugesagten Termin dann wieder absagen müssen. Sofern Sie frühmorgens einen Interviewtermin vereinbaren, sollten Sie sicherstellen, dass das Telefoninterview nicht das erste Gespräch an diesem Tag für Sie ist. Sorgen Sie dafür, dass Ihre Stimme nicht rau und »ungeschmiert« klingt. Ein Getränk, Sprechübungen oder das Singen eines Liedes, das Sie auch in eine gute Stimmung bringt, können hier hilfreich sein.

Tipp **Klären Sie die Gesprächsdauer**

Stimmen Sie bei der Terminvereinbarung auch ab, welchen zeitlichen Rahmen Sie einplanen sollen, wie lange das Telefoninterview also ungefähr dauern wird. So stellen Sie sicher, dass Sie ausreichend Zeitreserven schaffen können und nicht in Zeitdruck geraten.

Mobil oder Festnetz?

Wie wollen Sie telefonieren?

Ob Sie ein Mobiltelefon oder einen Festnetzanschluss bevorzugen, hat sicherlich auch mit den persönlichen Präferenzen zu tun. Das Festnetz bietet in der Regel eine bessere Leitungsqualität. Sofern Sie also beide Varianten zur Verfügung haben, ist diese Alternative zu empfehlen. Sollten Sie das Telefonat auf einer Dienstreise in einem Hotel führen, können Sie Ihrem Gesprächspartner auch die Durchwahlnummer Ihres Zimmers nennen, damit dieser Sie darüber kontaktieren kann.
Vermeiden Sie es auf jeden Fall, das Telefoninterview zu führen, während Sie unterwegs sind. Es ist äußerst unangenehm, wenn Funklöcher das Gespräch immer wieder unterbrechen.

Business-Atmosphäre schaffen

Schlafanzug oder Business-Outfit?
Eigentlich ganz gemütlich, so ein Telefoninterview im Pyjama auf der Couch zu führen, oder? Dies schafft zwar eine für Sie lockere Atmosphäre und Ihr Gesprächspartner kann Sie ja nicht sehen. Dennoch empfiehlt es sich, dem Gespräch – dem Business-Charakter des Anlasses entsprechend – einen passenden Rahmen zu geben. Die meisten Menschen empfinden es dabei als hilfreich, sich auch entsprechend zu kleiden. So können sie sich besser in eine professionelle Gesprächssituation hineinfühlen. Probieren Sie es einfach im Vorfeld aus, inwieweit es für Sie einen Unterschied macht, wenn Sie sich korrekt kleiden und das Gefühl haben, gut und gepflegt auszusehen. In jedem Fall sollten Sie unterschiedliche Sitz- und Sprechpositionen bewusst testen. In der Regel wirkt Ihre Stimme klarer und kräftiger, wenn Sie im Stehen telefonieren.

Denken Sie auch an eigene Fragen.

Unterlagen
Legen Sie sich für das Telefoninterview in jedem Fall Schreibzeug und Papier zurecht, um sich entsprechende Notizen machen zu können. Ihren Lebenslauf bzw. ein Qualifikationsprofil und – falls vorhanden – das Anforderungsprofil der vakanten Position sollten Sie griffbereit vor sich liegen haben.
Es empfiehlt sich in jedem Fall, auch eigene Fragen, die Sie im Rahmen des Telefoninterviews stellen möchten, vorab zu notieren.

Der Gesprächspartner im Telefoninterview

Die Intensität und die fachliche Tiefe des Telefoninterviews hängen sehr stark davon ab, wer Ihr Gesprächspartner ist. Dies sollten Sie bei Ihrer Vorbereitung berücksichtigen. Im Wesentlichen lassen sich Ihre Gesprächspartner in vier Gruppen einteilen:

Externer Profi prüft die grundsätzliche Passgenauigkeit.

Der Personalberater

Als externer Rekrutierungsprofi besteht seine Aufgabe darin, mittels des Telefoninterviews festzustellen, ob ein Kandidat dem auftraggebenden Unternehmen vorgestellt werden soll. Hierzu ist die grundsätzliche Passgenauigkeit zu prüfen. In der Regel werden drei bis maximal fünf Kandidaten dem Unternehmen präsentiert.

Der Personalberater erhält meist ein mündliches Briefing durch den zuständigen Mitarbeiter in der Personalabteilung, das durch ein Stellenprofil ergänzt wird. Meist kennt der Personalberater jedoch den potenziellen Fachvorgesetzten, der die abschließende Auswahlentscheidung treffen wird, nicht persönlich. Ein guter Personalberater sollte zwar mit der Branche und den spezifischen Anforderungen in dem Umfeld vertraut sein, er ist jedoch kein Experte, wenn es um die konkreten fachlichen Anforderungen der Stelle geht.

Liefern Sie dem Berater Argumente.

Versuchen Sie, anschaulich Ihre Qualifikation zu beschreiben, um damit dem Personalberater Argumente an die Hand zu geben, mit denen er Sie bei seinem Kunden gut präsentieren kann. Gehen Sie auf die Schlüsselbegriffe ein, die für das Anforderungsprofil besonders relevant sind. Vermeiden Sie aber eine zu starke fachliche Tiefe, da der Gesprächspartner in der Regel keinen entsprechenden Hintergrund hat.

Personalreferent trifft die Vorauswahl.

Der Mitarbeiter aus der Personalabteilung

Als interner Ansprechpartner für das Thema Personalrekrutierung hat der Personalreferent die Aufgabe, eine erste Vorauswahl zu treffen und Kandidaten hinsichtlich ihrer grundsätzlichen Passgenauigkeit für das Unternehmen und die Stelle zu interviewen.

In der Regel kennt der Personalreferent den Fachvorgesetzten und kann daher auch dessen persönliche Präferenzen beim Interview berücksichtigen. Daher wird er Fragen, die in diese Richtung zielen, in das Telefoninterview einbauen. Fachspezifische Details sind auch in diesem Gespräch eher unüblich, es geht häufig darum, offene

Punkte aus den Bewerbungsunterlagen nochmals zu hinterfragen und einen Gesamteindruck von einem Bewerber zu gewinnen.

Heben Sie die Passgenauigkeit zu Unternehmen und Stelle hervor.

Machen Sie deutlich, was Sie mit dem Unternehmen und der zu besetzenden Stelle verbindet und wo Ihre spezifischen Vorzüge liegen. Sofern es Unstimmigkeiten oder Lücken in Ihrem Lebenslauf gibt, sollten Sie auf Fragen zu diesen Punkten vorbereitet sein.

Der Experte

Experte prüft, ob die fachlichen Voraussetzungen stimmen.

Insbesondere im IT-Bereich oder in stark fachbezogenen Funktionen wird häufig ein Experte als Interviewer im Telefoninterview eingesetzt. Das Telefoninterview soll sicherstellen, dass der Kandidat die relevanten fachlichen Voraussetzungen wirklich mitbringt.

Hier geht es oftmals um spezifische Fragestellungen, teilweise auch mit konkreten Aufgaben, die zu lösen sind. Neben Faktenwissen ist vor allem wichtig, welcher Lösungsansatz gewählt wird. Bei dem Experten kann es sich um einen internen Mitarbeiter aus dem Fachbereich, aber auch um einen externen Fachberater handeln.

Gehen Sie in die Tiefe.

Argumentieren Sie klar und sachlich. Hier dürfen Sie auch in die Tiefe gehen und Ihre fachlichen Kenntnisse und Ihr Methodenwissen ausspielen.

Der Callcenter-Interviewer

Callcenter-Interviewer arbeitet einen streng strukturierten Fragenkatalog ab.

Der Callcenteragent als Interviewer ist leicht daran zu erkennen, dass er nach einem streng strukturierten Interviewleitfaden durch das Gespräch führt.

Während bei den drei zuerst genannten Interviewergruppen auch der persönliche Eindruck vom Kandidaten eine wichtige Rolle spielt, geht es hier nur darum, standardisierte Fragen zu stellen und die inhaltlichen Antworten aufzunehmen. Informationen zu den konkreten Gehaltsvorstellungen, Sprachkenntnissen und zur Mobilität, aber auch zu Schwerpunkten in der bisherigen Arbeit sind Gegenstand des Interviews. Der Callcenteragent dokumentiert die Aussagen für alle Interviewkandidaten und stellt diese seinen Auftraggebern als erweiterte Entscheidungsgrundlage zur Verfügung.

Geben Sie eindeutige Antworten.

Geben Sie eindeutige Antworten, da der Interviewpartner keinen Interpretationsspielraum hat, sondern nur die gemachten Angaben festhält.

Tipp **Informieren Sie sich über Ihren Interviewpartner**

Versuchen Sie, im Vorfeld des Telefoninterviews den Namen und die Funktion Ihres Interviewpartners in Erfahrung zu bringen und ihn über soziale Netzwerke oder über Suchmaschinen im Netz zu finden. Je mehr Sie über die Biografie dieser Person in Erfahrung bringen können (vielleicht sogar ein Foto recherchieren), umso besser können Sie sich im wahrsten Sinne des Wortes ein Bild machen und spezifisch auf seine Bedürfnisse und Vorkenntnisse hin argumentieren.

Mittelständische Unternehmen setzen Telefoninterviews verstärkt ein.

Gerade mittelständische Unternehmen nutzen die Möglichkeit, mit einem externen Telefoninterviewer die Kandidatenvorauswahl zu beschleunigen, wie der nachfolgende Beitrag verdeutlicht:

Hans-Jürgen Raiß, früher Geschäftsführer der Thetakom. Telekommunikationssysteme (www.thetakom.de):
»Telefoninterviews stellen für uns ein hilfreiches Instrument dar, um im Rahmen des Rekrutierungsprozesses den zeitlichen Aufwand zu reduzieren und gleichzeitig eine fundierte und zielgerichtete Personalauswahl zu treffen. Als Geschäftsführer eines mittelständischen Unternehmens habe ich nur begrenzt Zeit, um mit Kandidaten Vorstellungsgespräche zu führen. Daher hat es sich für uns bewährt, mit einer professionellen externen Beraterin zusammenzuarbeiten, die im Rahmen von Telefoninterviews eine Vorselektion der Kandidaten vornimmt. So kann ich sicher sein, dass ich nur mit Bewerbern ein Vorstellungsgespräch führe, die grundsätzlich zu unserem Unternehmen und dem Anforderungsprofil der Stelle passen, da die Beraterin damit sehr gut vertraut ist.«

Die Beschäftigung mit den unterschiedlichen Interviewpartnern führt automatisch zu den inhaltlichen Aspekten der Vorbereitung eines Telefoninterviews.

Inhaltliche Aspekte des Telefoninterviews

Wenn das Unternehmen nicht bekannt ist

Recherchieren Sie im Vorfeld.

Je detaillierter Sie über die Anforderungen der zu besetzenden Stelle Bescheid wissen, umso zielgerichteter kann Ihre Argumentation erfolgen. Daher sollten Sie so viel wie möglich im Vorfeld hierzu recherchieren. Wenn Sie das Telefoninterview mit einem Headhunter führen, wird Ihnen zu diesem Zeitpunkt der Name des auftraggebenden Unternehmens noch nicht bekannt sein. Häufig jedoch können Insider aus den Angaben der Region, der Branche, der Größe, der Produkte oder der Marktpositionierung entsprechende Rückschlüsse ziehen. Eine diesbezügliche Recherche auf der Grundlage der Informationen und die damit verbundene Eingrenzung der möglichen Unternehmen ist durchaus sinnvoll. Damit signalisieren Sie dem Berater, dass Sie sich im Markt auskennen, und erzielen so eine positive Wirkung.

Studieren Sie das Anforderungsprofil der Stelle.

Auf jeden Fall sollten Sie sich im Vorfeld des Telefoninterviews das Anforderungsprofil der Stelle schicken lassen.

Wenn das Unternehmen bekannt ist

Sofern Ihnen der Name des suchenden Unternehmens bekannt ist, ist der Besuch der Website unbedingt empfehlenswert. Es ist auf jeden Fall auch sinnvoll, Informationsquellen heranzuziehen, die nicht von dem Unternehmen selbst stammen. Die Recherche mittels Suchmaschinen im Internet, Kontaktpersonen aus der Branche, aber auch Internetforen oder Plattformen wie www.kununu.de, bei denen Unternehmen als Arbeitgeber bewertet werden, können das Bild abrunden.
Welche Informationen Sie im Vorfeld in Erfahrung bringen sollten, hängt sehr stark auch von der Position ab, um die

es geht. Ein Leiter Finance sollte die Bilanzzahlen etwas detaillierter angesehen haben als ein Entwicklungsingenieur. Letzterer ist dagegen gut beraten, wenn er sich mit aktuellen Produktentwicklungen und Technologien des Unternehmens näher beschäftigt.

Die wichtigsten Fragen für die Vorbereitung auf ein Telefoninterview

Die wichtigsten Informationen

Nachfolgend finden Sie eine Checkliste der wichtigsten Informationen, die bei der Vorbereitung eines Telefoninterviews hilfreich sind.
Sofern Sie im Vorfeld keine Informationen zum Unternehmen bzw. zur Position erhalten haben, sollten Sie auf jeden Fall bei den genannten Aspekten im Rahmen des Telefoninterviews genauer nachfragen.

Checkliste: Wichtige Informationen

- Branche des Unternehmens
- Gesellschaftsform
- Produktsegmente
- Unternehmensgröße
- Mitarbeiterzahl
- Marktpositionierung
- Wichtigste Mitbewerber
- Wirtschaftliche Situation
- Unternehmensstruktur
- Stellenbeschreibung
- Zentrale Anforderungskriterien
- Organisatorische Einbindung der Stelle
- Kompetenzen und Verantwortung
- Standort
- Angestrebter Zeitpunkt der Stellenbesetzung
- Bestehende oder neu zu schaffende Stelle

Sich auf Fragen vorbereiten

Unterlagen stellen die Grundlage für Fragen dar.

Ein Telefoninterview findet in der Regel dann statt, wenn zumindest Ihr Lebenslauf oder bereits Ihre komplette Bewerbung dem Personalberater bzw. dem Unternehmensvertreter vorliegt. Grundlage für die Fragen sind daher häufig Ansatzpunkte, die sich aus Ihren Unterlagen ergeben, bzw. Punkte, die Ihre Unterlagen offengelassen haben und die zu klären sind.
Eine gute Vorbereitung ist die halbe Miete im Telefoninterview. Hierzu gehört insbesondere eine solide Vorbereitung auf gängige Fragen. Die Fragen lassen sich im Wesentlichen in die nachfolgenden Kategorien einteilen.

Biografische Fragen

Bisheriger Werdegang

Bei den biografischen Fragen geht es um Ihren bisherigen Werdegang darum, was Sie beruflich gemacht haben und wie es zu bestimmten Entscheidungen kam. Insbesondere die inhaltlichen Schwerpunkte, aber auch Gründe für Wechsel stehen hier im Mittelpunkt. Sofern Ihr Lebenslauf Lücken aufweist, sollten Sie auf diesbezügliche Fragen vorbereitet sein.
Nachfolgend einige konkrete Fragen, mit denen Sie rechnen und auf die Sie sich daher vorbereiten sollten:

Gängige Fragen zur Biografie

- Welche Motive hatten Sie für Ihre Berufswahl? Schildern Sie bitte Ihre Überlegungen in der Situation, als Sie sich für Ihren heutigen Beruf entschieden haben.
- Wie zufrieden sind Sie heute mit Ihrer Wahl? Was würden Sie heute anders machen?
- Welche Beweggründe hatten Sie für Ihren Wechsel von der Stelle x auf die Stelle y?
- Worin sehen Sie den Hauptgrund für Ihr bisheriges berufliches Vorwärtskommen?
- Welche Fremdsprachenkenntnisse besitzen Sie? Wie würden Sie diese einstufen?
- Wie steht es um Ihre EDV-Kenntnisse?
- Über welche methodischen Kenntnisse verfügen Sie? Haben Sie z. B. Erfahrung in Projektarbeit?
- Wo lagen bislang Ihre Aufgabenschwerpunkte?

- Welche Funktion übten Sie aus?
- Konnten Sie Spezialwissen erwerben?
- Wurden Ihnen bestimmte Vollmachten übertragen?
- Wem waren Sie zuletzt unterstellt (Funktion)?
- Haben Sie in Ihrer derzeitigen Funktion Mitarbeiterverantwortung?
- Wie sieht gegenwärtig ein typischer Arbeitstag / eine typische Arbeitswoche bei Ihnen aus?
- Mussten Sie schon besondere Herausforderungen meistern (z. B. Sonderaufgaben, »Aufbauarbeit«, Projektarbeit)?
- Was war Ihr bislang größter beruflicher Erfolg?
- Mit welchen Rückschlägen mussten Sie schon fertigwerden?
- An welchen Kriterien messen Sie die Attraktivität eines Arbeitsplatzes?
- Aus Ihrem Lebenslauf geht nicht hervor, was Sie im Zeitraum xyz gemacht haben. Können Sie uns hierzu noch Informationen geben?
- Sie haben Ihr Studium/Ihre Ausbildung abgebrochen. Können Sie uns dies näher erläutern?
- Was, glauben Sie, sind die Gründe, warum Sie bereits acht Monate arbeitslos sind?

Stellenbezogene Fragen

Motivation und Bezug zur Stelle aufzeigen

Bei den stellenbezogenen Fragen möchte der Interviewer mehr über Ihre Motivation für und Ihre Erwartungen an die vakante Position wissen. Sofern Ihnen zum Zeitpunkt des Telefoninterviews bereits eine detaillierte Stellenbeschreibung vorliegt, wird dieser Frageteil einen breiteren Raum einnehmen, als wenn Sie erst im Telefoninterview nähere Informationen zu der Position erhalten.

- Warum wollen Sie sich beruflich verändern?
- Aus welchen Gründen haben Sie sich gerade um diese Stelle beworben?
- Was hat Ihr Interesse für unser Unternehmen geweckt?
- Was reizt Sie besonders an einer Mitarbeit in unserem Hause?

- Was wissen Sie bisher über unser Unternehmen?
- Welche Produkte kennen Sie von uns?
- Wer sind unsere wesentlichen Mitbewerber am Markt?
- Welche Vorstellung haben Sie von der Position, auf die Sie sich beworben haben?
- Welche der geschilderten Aufgaben erledigen Sie bereits heute in Ihrer derzeitigen Position?
- Mit wie viel Einarbeitungszeit rechnen Sie?
- Bei welcher Aufgabe rechnen Sie für sich mit dem größten Einarbeitungsbedarf?
- Bei welcher Aufgabe sehen Sie die größten Schwierigkeiten auf sich zukommen?
- Welche Dinge entscheiden Ihrer Meinung nach über Erfolg und Misserfolg bei der Stelle?
- Was sind Antriebskräfte bzw. Rahmenbedingungen, die sich auf Ihre Arbeit in dieser Position positiv auswirken? Wodurch können Sie motiviert werden?
- Wie wird/sollte sich die Stelle in den nächsten Jahren entwickeln?
- Warum glauben Sie für die Position besonders geeignet zu sein?
- Worin sehen Sie die größte Herausforderung für sich in dieser Position?
- Mit der Übernahme der Position wäre für Sie ein Standortwechsel verbunden. Stellt diese Tatsache ein Problem für Sie dar?
- In Ihrer Bewerbung haben Sie xy Kenntnisse aufgeführt. Beinhalten diese auch vertiefte Kenntnisse in zz?
- Haben Sie grundsätzliche Fragen zu der Position?

Fragen zur Zusammenarbeit mit Kollegen und Vorgesetzten

Bisherige Teamerfahrung

In der Regel werden Sie nicht völlig losgelöst, sondern in einem Team arbeiten. Welche Erfahrungen Sie diesbezüglich gemacht haben und welche Vorstellungen Sie im Hinblick auf die zukünftige Zusammenarbeit haben, hat einen wichtigen Einfluss auf ein gutes Arbeitsklima. Daher können Fragen zur Teamarbeit ebenfalls Gegenstand des Telefoninterviews sein.

- Haben Sie bisher bereits im Team gearbeitet?
- Wir groß war das Team?
- Was ist Ihnen bei der Zusammenarbeit mit Kollegen wichtig?
- Welche Eigenschaften besaß der Kollege, mit dem Sie bislang am besten/schlechtesten ausgekommen sind?
- Wie wurde beispielsweise die Urlaubsvertretung in Ihrem bisherigen Team gehandhabt?
- Können Sie eine Situation nennen, in der Sie einen Kollegen unterstützt haben?
- Wie kann Ihr Vorgesetzter Sie am besten unterstützen, damit Sie auf der möglichen zukünftigen Position erfolgreich sind?
- Sie haben in einer wichtigen Sache eine Fehlentscheidung getroffen. In welcher Form sollte aus Ihrer Sicht der Vorgesetzte informiert werden?
- Waren Sie schon einmal anderer Meinung als Ihr Vorgesetzter? Was haben Sie unternommen, um den Konflikt beizulegen?
- Haben Sie in Ihrer derzeitigen Position schon einmal Verbesserungsvorschläge gemacht? Nennen Sie Ihre »beste Idee«.
- Wie gehen Sie vor, um zu Ihrem Vorgesetzten ein Vertrauensverhältnis aufzubauen?
- Welcher Vorgesetztentyp entspricht eher Ihren Vorstellungen: ein Vorgesetzter, der Sie eng führt oder der Ihnen viel Freiraum lässt?
- Welche Eigenschaften besaß Ihr bislang bester/schlechtester Vorgesetzter?

Fragen zur Zusammenarbeit mit Kunden

Bisherige Erfahrung im Umgang mit Kunden

Insbesondere in Vertriebspositionen spielen Fragen zur Zusammenarbeit mit Kunden eine wichtige Rolle.

- Was bedeutet für Sie Kundenorientierung bezogen auf die Position, über die wir uns unterhalten?

- Wie gehen Sie vor, um ein Vertrauensverhältnis zu einem Kunden (intern/extern) aufzubauen?
- Mit welchem Kundentyp haben/hatten Sie Schwierigkeiten?
- Verfügen Sie über einen festen Kundenstamm, den Sie auch in die neue Position mitbringen können?
- Was tun Sie, um eine langfristige Kundenbeziehung aufzubauen?
- Was macht Ihrer Meinung nach einen guten Verkäufer aus?
- Wie gehen Sie bei der Neukundenakquise vor?

Fragen zur Persönlichkeit

Bild der Persönlichkeit

Mit Fragen zu Ihrer Persönlichkeit möchte der Interviewer mehr über Ihren Charakter erfahren. Persönliche Eigenschaften und Verhaltensweisen lassen sich nur sehr schwer verändern. Daher ist es für den Interviewer wichtig, ein Bild von Ihrer Persönlichkeit zu erhalten, um abschätzen zu können, ob sich diese gut in die vorhandene Arbeitsumgebung integrieren lässt.

- Wo sehen Sie Ihre persönlichen Stärken?
- Woran wollen Sie bei sich noch arbeiten?
- Wie verhalten Sie sich gewöhnlich, wenn Sie im Beruf mit unliebsamen Situationen konfrontiert werden?
- Wie gehen Sie mit Stress und Zeitdruck um?
- Sind Sie ehrgeizig?
- Wie belastbar sind Sie?
- Welche Argumente sprechen für Sie als Bewerber?
- Wie gehen Sie mit Niederlagen bzw. Rückschlägen um?
- Welche persönlichen Ziele haben Sie sich mittelfristig gesetzt?
- Was motiviert Sie besonders?
- Was würde Ihr jetziger Chef über Sie als Persönlichkeit sagen?
- Was würde Ihr bester Freund über Sie sagen?
- Wo sehen Sie sich in fünf Jahren?

Fragen zur Vergütung und zu den Rahmenbedingungen
Insbesondere der Themenbereich rund um das Vergütungspaket ist Gegenstand des Telefoninterviews, vor allem, wenn hierzu in den Bewerbungsunterlagen keine Aussagen gemacht wurden. Schließlich gilt es zu prüfen, ob die gegenseitigen Vorstellungen eine Grundlage für weitergehende Gespräche bieten.

Vergütungspaket

- Wo liegen Ihre Gehaltsvorstellungen?
- Haben Sie derzeit einen variablen Vergütungsanteil?
- Wie hoch ist Ihr erfolgsabhängiger Vergütungsanteil?
- Wann ist Ihr frühester möglicher Eintrittstermin?
- Haben Sie eine Wettbewerbsklausel in Ihrem derzeitigen Arbeitsvertrag?
- Haben Sie derzeit einen Firmenwagen?
- Wie sieht Ihr derzeitiges Vergütungspaket aus, welche Nebenleistungen erhalten Sie?
- Verfolgen Sie aktuell noch weitere Bewerbungen?

Die Passgenauigkeit

Ziel des Telefoninterviews ist es, ein möglichst genaues Bild davon zu bekommen, ob die vakante Position und das Qualifikationsprofil eines Kandidaten zusammenpassen. Dabei ist auch von »Matching« die Rede.

Das Qualifikationsprofil

Zeigen Sie die Passgenauigkeit zur Stelle auf.

Nicht nur für das Unternehmen, sondern auch für Sie als Bewerber ist von entscheidender Bedeutung, dass eine möglichst hohe Passgenauigkeit erzielt werden kann. Schließlich möchten auch Sie Ihre Fähigkeiten optimal zum Einsatz bringen. Um dies beurteilen zu können, sollten Sie zunächst Ihr Qualifikationsprofil erstellen.
Das Qualifikationsprofil enthält zum einen Ihre Kenntnisse und Fähigkeiten, aber auch Ihre Erfahrungen sowie die wesentlichen Aspekte Ihrer Persönlichkeit.
Nachfolgend sehen Sie ein Beispiel für ein Qualifikationsprofil:

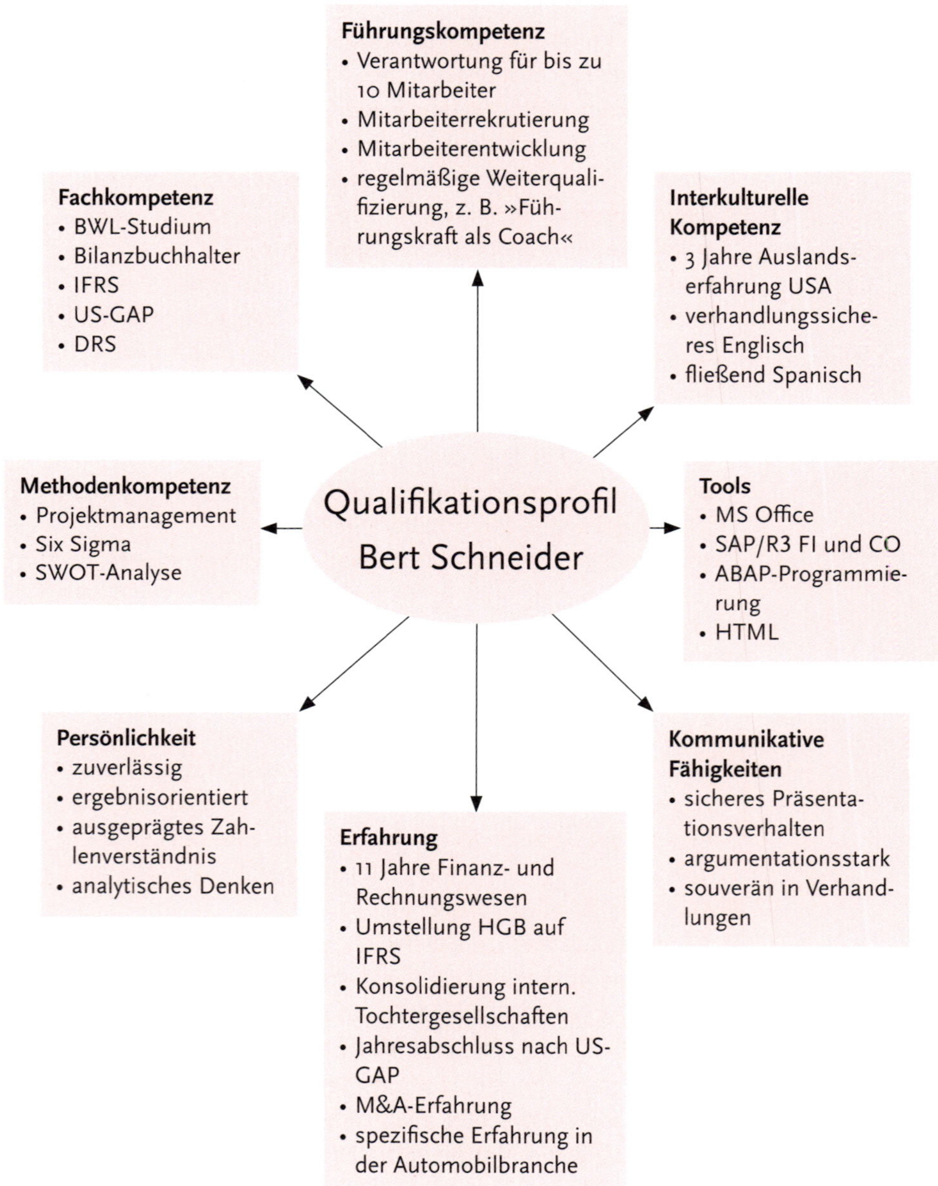
Qualifikationsprofil
Bert Schneider
Führungskompetenz
• Verantwortung für bis zu 10 Mitarbeiter
• Mitarbeiterrekrutierung
• Mitarbeiterentwicklung
• regelmäßige Weiterqualifizierung, z. B. »Führungskraft als Coach«
Fachkompetenz
• BWL-Studium
• Bilanzbuchhalter
• IFRS
• US-GAP
• DRS
Interkulturelle Kompetenz
• 3 Jahre Auslandserfahrung USA
• verhandlungssicheres Englisch
• fließend Spanisch
Methodenkompetenz
• Projektmanagement
• Six Sigma
• SWOT-Analyse
Tools
• MS Office
• SAP/R3 FI und CO
• ABAP-Programmierung
• HTML
Persönlichkeit
• zuverlässig
• ergebnisorientiert
• ausgeprägtes Zahlenverständnis
• analytisches Denken
Kommunikative Fähigkeiten
• sicheres Präsentationsverhalten
• argumentationsstark
• souverän in Verhandlungen
Erfahrung
• 11 Jahre Finanz- und Rechnungswesen
• Umstellung HGB auf IFRS
• Konsolidierung intern. Tochtergesellschaften
• Jahresabschluss nach US-GAP
• M&A-Erfahrung
• spezifische Erfahrung in der Automobilbranche

Neben der fachlichen Qualifikation spielen eine Vielzahl weiterer Kompetenzen, wie Erfahrung, methodische Kompetenzen, kommunikative Fähigkeiten oder auch die Persönlichkeit, eine wichtige Rolle. Versuchen Sie Ihr individuelles Qualifikationsprofil zusammenzustellen und die einzelnen Aspekte möglichst detailliert zu beschreiben. Besonders hilfreich ist es, wenn Sie die Qualifikationen anhand praktischer Beispiele belegen können. Die Beispiele sollten so aufgebaut sein, dass Sie eine konkrete Situation, Ihr Verhalten in der Situation sowie das erzielte Ergebnis kurz beschreiben.

Erstellen Sie Ihr individuelles Qualifikationsprofil

- **Vergleich mit den Anforderungen der Stelle**
Nun gilt es, das Qualifikationsprofil mit den Anforderungen der Stelle zu vergleichen. Welche Kenntnisse, Erfahrungen und Qualifikationen sind in diesem Zusammenhang besonders wertvoll? Womit können Sie belegen, dass Sie den gestellten Anforderungen gerecht werden können? Woraus ergeben sich spezifische Ansatzpunkte? Diese können zum Beispiel in einem speziellen Branchenbezug oder in der Zusammenarbeit mit einem bestimmten Land liegen.
Erstellen Sie daraus Ihr stellenspezifisches Qualifikationsprofil und unterlegen Sie es mit Beispielen. Auf der Grundlage dieser Ausarbeitung sind Sie nun in der Lage, Ihre spezifische Eignung für die Stelle deutlich zu machen.

Erarbeiten Sie ein stellenspezifisches Qualifikationsprofil.

- **Die 1-Minuten-Präsentation**
Häufig beginnt ein Telefoninterview damit, dass Sie sich kurz selbst vorstellen sollen: »Erzählen Sie bitte etwas über sich.« Was steht nun hinter dieser sehr allgemein gehaltenen Formulierung? Letztendlich möchte Ihr Interviewpartner all das über Sie erfahren, was im Hinblick auf die Besetzung der offenen Position von Bedeutung ist. »Geben Sie mir Argumente, warum ich Sie in die engere Wahl für diese Stelle nehmen soll!«, ist die Aufforderung. Diesem Wunsch werden Sie am besten gerecht, indem Sie Ihrem Interviewpartner Ihr stellenbezogenes Qualifikati-

Bereiten Sie Ihre 1-Minuten-Präsentation vor.

onsprofil präsentieren. Die 1-Minuten-Präsentation ist eine exzellente Übung, um sich auf das Wesentliche zu fokussieren und das eigene Qualifikationsprofil kurz und prägnant vorzustellen. Sie werden selbst überrascht sein, wie viel Sie mit einer Fokussierung auf das Wesentliche in nur einer Minute über sich sagen können.

Liefern Sie Anknüpfungspunkte für ein weiteres Interview.

Die 1-Minuten-Präsentation bietet Ihrem Interviewpartner die Möglichkeit, einen ersten Überblick zu erhalten und Anknüpfungspunkte für das weitere Interview zu finden. Letztendlich ist die 1-Minuten-Präsentation wie das Auswerfen einer Angelrute mit einem Köder: Sie hat das Ziel, dass Ihr Gesprächspartner »anbeißt« und Appetit auf mehr bekommt.

1-Minuten-Präsentation
»Ich verfüge über mehr als 10 Jahre Erfahrung im Finanz- und Rechnungswesen eines international ausgerichteten Konzerns. Ich komme aus der Automobilbranche, bin also mit branchenspezifischen Fragestellungen der Kalkulation und Rechnungslegung, die bei der von Ihnen zu besetzenden Stelle gefordert sind, sehr gut vertraut. Da ich eine hohe Zahlen- und IT-Affinität habe, waren Projekte wie die Umstellung auf SAP/R3 oder Effizienzprogramme eine willkommene Herausforderung, die ich erfolgreich meistern konnte. Es trifft sich gut, dass Sie Tochtergesellschaften in den USA haben, da ich dort drei Jahre als Leiter Rechnungswesen unserer Tochtergesellschaft tätig war. Neben verhandlungssicheren Englischkenntnissen bin ich mit der amerikanischen Mentalität gut vertraut und kann auch Abschlüsse nach US-GAP durchführen. Als Führungskraft praktiziere ich einen kooperativen Führungsstil, der den Mitarbeitern Freiräume lässt, um eigenverantwortlich arbeiten zu können. Was macht mich als Mensch aus? Meine Frau sagt immer: ›Gut ist dir nicht gut genug.‹ Ich denke, da hat sie recht, denn es reizt mich, Dinge nicht einfach hinzunehmen, sondern Themen aufzugreifen und zu optimieren.«

Trainieren Sie die 1-Minuten-Präsentation vorab.

Üben Sie die 1-Minuten-Präsentation sowohl vor dem Spiegel als auch mit Freunden oder Bekannten. Wichtig ist, dass Sie möglichst frei und lebendig sprechen, dass der Text also nicht wie abgelesen wirkt.

Neben der 1-Minuten-Präsentation können Sie auch eine etwas ausführlichere Variante vorbereiten, bei der Sie noch stärker Beispiele einbinden.

Die richtige Einstellung

Gute Vorbereitung hilft.

Neben einer soliden Vorbereitung des Telefoninterviews ist es vor allem wichtig, dass Sie das Gespräch mit der richtigen Einstellung beginnen.

Viele Bewerber gehen mit großen Bedenken in das Telefoninterview. Das liegt oft daran, dass sie nicht ausreichend vorbereitet sind und nicht richtig einschätzen können, was auf sie zukommen könnte. Das Telefoninterview wird einer Verhörsituation gleichgestellt, nach dem Motto: »Vorsicht, nur keine Fehler machen, alles kann gegen mich verwendet werden!«

Positives Bild bestätigen und vertiefen

Die Tatsache, dass Sie die Möglichkeit erhalten, ein Telefoninterview zu führen, heißt zunächst einmal, dass man an Ihnen und Ihrer Qualifikation interessiert ist. Was man bisher über Sie erfahren hat, hat die Hoffnung geweckt, eine passende Person für die vakante Position entdeckt zu haben. Daher besteht Ihre Aufgabe im Telefoninterview einzig und allein darin, bei Ihrem Gesprächspartner das positive Bild, das er von Ihnen besitzt, zu bestätigen und weiter zu vertiefen.

Selbst Informationen gewinnen

Ferner bietet das Telefoninterview auch Ihnen als Kandidat die Möglichkeit, Ihre Vorstellung von der offenen Stelle zu konkretisieren und Fragen zu stellen.

Passgenauigkeit ist gefragt.

Gehen Sie also offen und positiv in diese Gesprächssituation und verstehen Sie sich als Interviewpartner auf Augenhöhe! Schließlich haben beide Seiten ein gemeinsames Interesse: Kandidatenprofil und die Anforderungen der Stelle sollten möglichst gut zusammenpassen. Nur dann kann sich ein für beide Seiten zufriedenstellendes und dauerhaftes Arbeitsverhältnis entwickeln.

Wenn Sie all die Punkte, die wir in diesem Kapitel angesprochen haben, berücksichtigen, werden Sie gut präpariert sein, um die Chance nutzen zu können, sich als interessanten Kandidaten für den weiteren Auswahlprozess zu positionieren.

Die Durchführung des Telefoninterviews

Am Telefon richtig kommunizieren

Ein Telefoninterview ist oft das Nadelöhr auf dem Weg zum Vorstellungsgespräch. Ziel ist, Ihren Gesprächspartner bei diesem Telefonat davon zu überzeugen, dass Sie ein interessanter Kandidat sind und dass es sich lohnt, Sie zu einem persönlichen Gespräch einzuladen.
In zahlreichen Studien wurde belegt, dass es nicht nur auf die inhaltliche Argumentation ankommt, sondern auch andere Aspekte, etwa die Stimme, dabei eine entscheidende Rolle spielen.

Die Stimme

Lächeln Sie beim Telefonieren.

Da im Telefoninterview Gestik und Mimik entfallen, kommt der Stimme eine ganz besondere Bedeutung bei. Wie heißt es so schön in Stellenanzeigen für Mitarbeiter in Callcentern: »Sie müssen mit der Stimme lächeln können!« In der Tat lassen sich Emotionen auch über die Stimme übertragen. Dies gelingt in der Regel leichter, wenn Sie versuchen, sich Ihren Gesprächspartner vorzustellen oder sogar ein Bild vor sich haben. Dabei kann es sinnvoll sein, einen Spiegel zu Hilfe zu nehmen. Versuchen Sie, beim Gespräch auch immer wieder zu lächeln, das schafft Lockerheit. Moderatoren im Radio lächeln oft beim Reden, damit die Stimme freundlich, entspannt und engagiert klingt.

Testen Sie den Klang Ihrer Stimme.

Wissen Sie, wie Ihre Stimme am Telefon klingt? Dann machen Sie doch einfach mal die Probe aufs Exempel, indem Sie auf Ihrem Anrufbeantworter eine Nachricht hinterlassen und diese abhören. Sie wären nicht der Erste, der ziemlich überrascht ist, welcher Eindruck dabei entsteht. Insbesondere, wenn Sie mit einer Freisprecheinrichtung telefonieren, kann es passieren, dass Sie beim Gesprächspartner zu laut oder zu schrill ankommen, damit Unwohlsein verursachen und nicht für sich punkten können.

Das Interview am Telefon – wie Radioprofis damit umgehen

Für Moderatoren im Radio ist das Interview per Telefon Alltag. Sie wissen, wie man Gesprächspartner am Telefon »führt«. Norbert Linke ist Journalist und Radiotrainer. Er coacht Moderatoren und Radioredakteure in der Kunst des Interviews (www.news-n-cast.de) und trainiert Manager und Pressesprecher, Interviews am Telefon erfolgreich zu bestehen (www.ffhacademy.de).

Für Telefoninterviews hat der Radiotrainer Norbert Linke folgende Tipps:

»Der Unterschied des TIs (wie Radioleute gewohnt salopp zum Telefoninterview sagen) zum Gespräch Face to Face ist: Beim Telefongespräch redet stets nur einer, der andere hört zu. Das hat schon technische Gründe. Wenn Sie mit dem Handy telefonieren, merken Sie es: Sobald Sie Ihren Gesprächspartner unterbrechen, können Sie ihn nicht mehr hören. Denn das Signal wird immer nur in eine Richtung transportiert. Das kann Probleme bereiten. Sie zögern vielleicht, brechen Ihren Satz ab, Konfusion entsteht. Das heißt: Ausreden lassen ist erste Telefoninterview-Pflicht.

Anders gesagt: Die Kommunikation am Telefon geht immer abschnittsweise abwechselnd und nie gleichzeitig in beide Richtungen. Das bedeutet auch: Sie bekommen Feedback immer erst, wenn Sie geendet haben, nicht schon während des Sprechens. Dumm ist nur: Wenn Sie sich vergaloppieren, merken Sie das im Telefoninterview meist erst spät und nicht schon wie im Gespräch vis-à-vis am skeptischen Blick und Stirnrunzeln des Gegenübers.

Der Stellenwert des gesprochenen Wortes ist höher.

Am Telefon haben Sie ›nur‹ die Stimme, um Ihre Botschaft zu transportieren. Mimik, Gestik und Körpersprache als Interpretationsstützen und Kontextlieferanten fehlen. Der Stellenwert dessen, was Sie sagen und wie Sie es formulieren, ist damit ungleich höher als im direkten Kontakt.

Akzente setzten

Sprechen Sie lebhaft und engagiert. Sie wollen überzeugen? Dann nutzen Sie Ausdruck und Akzente!

Achten Sie darauf, dass sich Ihre Stimme nicht unkontrolliert in die Höhe schraubt. Stress macht ›den Hals eng‹, die Stimme wird dann hoch und dünn. Wenn Sie also einen Satz beginnen, setzen Sie die Stimme betont tief an.

Atmung kontrollieren

Kontrollieren Sie Ihre Atmung! Atmen Sie mehrmals tief aus, bevor Sie loslegen und zum Hörer greifen. Wenn Sie sprechen, atmen Sie nicht zu tief ein. Pumpen Sie sich nicht mit Luft auf wie einen Ballon, sonst fühlen Sie sich auch so! Atmen Sie immer nur so viel ein, wie Sie für einen Satzabschnitt brauchen; so sprechen wir auch im Alltag. Diese Natürlichkeit spürt Ihr Gesprächspartner. Ihre Sicherheit überträgt sich! Ihr Partner wird das Gefühl haben, ein angenehmes Gespräch geführt zu haben. Man wird Sie persönlich kennenlernen wollen!
Eine Handvoll wichtiger Tipps, wie Sie Telefoninterviews meistern:

Sprechen Sie frei.

- Sprechen Sie frei! Lesen Sie nicht ab, was Sie sich zuvor an Notizen bereitgelegt haben! Reporter notieren sich oft nur Stichwörter, an denen ›entlang‹ sie bei einer Reportage frei sprechen. Daran sollten Sie sich ein Beispiel nehmen! Denn sobald Sie ablesen, wirken Sie unglaubwürdig und gelten nicht als ernst zu nehmender Bewerber.

Kommen Sie direkt zur Sache.

- Bringen Sie den ersten Satz jeder Antwort wie in Stein gemeißelt rüber (›Ich bin dieser Aufgabe gewachsen, weil ich Projekte dieser Größenordnung bereits mehrfach mit Erfolg gemeistert habe.‹)! Vermeiden Sie wachsweiche Einstiege à la ›Ich denke mal‹, ›Wenn Sie mich so fragen‹, ›Was soll ich sagen‹ und vieles mehr.

Formulieren Sie im Stil gesprochener Sprache.

- Sprechen Sie im Stil der Mündlichkeit! Hauptsätze, Hauptsätze, Hauptsätze. Jeder Satz trägt eine vollständige neue Information, nicht mehr. Wenn Nebensätze, dann nach dem Hauptsatz (das ist leichter zu verstehen). Sagen Sie nicht: ›Weil ich schon viele Jahre Budgetverantwortung habe, bin ich jetzt …‹ So argumentieren wir schriftlich. In der freien Rede klingt das anders: ›Seit acht Jahren habe ich Budgetverantwortung. Deshalb bin ich überzeugt ...‹ Die Logik ist: Erst der Fakt, dann, was er bedeutet.

Greifen Sie zu einfachen Satzkonstruktionen.

- Sprechen Sie (gehoben) umgangssprachlich, also im positiven Sinne schlichtes, aber gutes und grammatisch sauberes Deutsch. Im Telefoninterview sollen Sie keine wasserdicht formulierte Abhandlung zu Papier bringen, sondern kommunizieren. Verzichten Sie auf komplizierte Satzkonstruktionen, Satzeinschübe, gekünstelte Versatzstücke (›Unter Berücksichtigung all dessen können wir nun mit Blick auf die kommenden Herausforderungen davon ausgehen ...‹).

Wählen Sie eindeutige Formulierungen.

- Kommunizieren Sie eindeutig und ausdrücklich! Was Sie an den Mann oder die Frau bringen wollen, muss deutlich ausgesprochen werden, nicht einfach mitklingen. Die Annahme, der Gesprächspartner wisse schon, was man meint, ist falsch. Zwischen-den-Zeilen-Sprechen hat im Telefoninterview nichts zu suchen. Ironie sollten Sie ganz unterlassen, denn sie wird (weil unterstützende und einordnende Mimik und Gestik fehlen) nicht verstanden.

Sprechen Sie flüssig.

- Sprechen Sie flüssig! Aber überschütten Sie Ihr Gegenüber nicht mit Fakten. Achten Sie auf Versuche Ihres Gesprächspartners, nachzufragen oder zu intervenieren.

Fragen Sie nach.

- Scheuen Sie sich Ihrerseits nicht, nachzufragen: ›Habe ich Sie richtig verstanden ...?‹

Stimme vorbereiten

- Bereiten Sie Ihre Stimme auf das Interview vor (wenn es möglich war, einen Termin zu vereinbaren): Lockern Sie die Stimme durch leises Summen, vor allem in tieferen Tonlagen. Husten Sie behutsam ab, wenn Heiserkeit droht. Halten Sie etwas (stilles) Mineralwasser bereit. Trinken Sie vor dem Gespräch nicht zu viel Kaffee, denn dieser trocknet die Stimmbänder aus. Verzichten Sie ebenso auf trockenen Kuchen, Kekse und Nüsse, davon bleibt immer etwas tief im Rachen hängen und so besteht die Gefahr, sich zu verschlucken.

Headset benutzen

- Zu guter Letzt ein Techniktipp: Telefonieren Sie mit einem Headset, also einem Kopfhörer für beide Ohren mit angebautem Mikrofon. Bei vielen Mobiltelefonen gehört ein einfaches Headset zum Lieferumfang. Für Festnetztelefone bietet der Zubehörhandel Lösungen, die sich einfach anschließen lassen, aber nicht ganz billig sind. Der Vorteil ist in jedem Fall: Sie hören mehr und besser. Und Sie haben die Hände frei! Das ist bequem und gibt Sicherheit.«

So weit die Anmerkungen von Radiotrainer Norbert Linke für die Durchführung von Telefoninterviews.

Phasen des Telefoninterviews

Auch Bewerber können Telefoninterview mit steuern.

Telefoninterviews dauern in der Regel zwischen 15 und 45 Minuten. Das ist eine lange Zeit, wenn das Gespräch stockend verläuft und der Interviewer Ihnen jedes Wort mühsam entlocken muss. Die Zeit kann aber auch wie im Fluge vergehen, wenn sich ein angenehmer Gesprächsfluss ergibt.
Sicherlich ist es zunächst Aufgabe des Interviewers, das Gespräch zu steuern. Seien Sie sich als Bewerber jedoch bewusst, dass auch Sie in den einzelnen Phasen des Telefoninterviews viel zu einer positiven Atmosphäre beitragen können und dieses mit steuern können. Das Telefoninterview lässt sich im Wesentlichen in drei Phasen einteilen:

Begrüßung und Einstieg

Zunächst wird eine angenehme Gesprächsatmosphäre geschaffen.

Wie bei einem persönlichen Einstellungsinterview wird auch Ihr Gesprächspartner im Telefoninterview zunächst versuchen, eine entspannte Gesprächsatmosphäre zu schaffen und einen kurzen »Fahrplan« für das Gespräch zu geben.
Vermitteln auch Sie dem Interviewer, dass Sie eine positive Einstellung zu dem Telefoninterview haben.

Beispiel Begrüßung und Einstieg
Andrea Weber: »Guten Tag, Frau Schmitt. Mein Name ist Andrea Weber. Ich bin Personalreferentin bei der Sigema GmbH. Wir hatten ja für heute ein Telefoninterview vereinbart. Schön, dass der Termin geklappt hat. Können Sie im Moment ungestört sprechen?«
Kerstin Schmitt: »Guten Tag, Frau Weber. Danke für Ihren Anruf. Ja, ich habe mir den Telefontermin mit Ihnen eingeplant und freue mich auf unser Gespräch.«
Andrea Weber: »Sehr schön, wie angekündigt wird das Gespräch ungefähr 30 Minuten dauern. Wir haben Ihre Bewerbung aufmerksam gelesen und einige sehr interessante Ansatzpunkte im Hinblick auf die zu besetzende Position gefunden. Diese Punkte möchte ich gern im Telefonat etwas vertiefen. Selbstverständlich haben auch Sie die Möglichkeit, eigene Fragen zu stellen. Wollen wir starten?«
Kerstin Schmitt: »Ja, sehr gern.«

Fragenteil

Setzen Sie Ihr Qualifikationsprofil ein.

Der eigentliche Kern des Telefoninterviews ist der Fragenteil. Hierbei gilt es nun, eine möglichst hohe Passgenauigkeit des eigenen Qualifikationsprofils mit den Anforderungen der Stelle herauszustellen.
Der Interviewer wird hierzu unterschiedliche Fragetechniken einsetzen, auf die wir im nächsten Kapitel näher eingehen werden. Wichtig ist, dass Sie möglichst entspannt und authentisch bleiben und ein gesundes Maß bei der Ausführlichkeit Ihrer Antworten finden. Vermeiden Sie es, ständig nur einsilbige Antworten zu geben, da dies das Gespräch sehr ins Stocken bringen kann. Aber auch ausschweifende »Romane« sind eher unpassend.

Greifen Sie gezielt Punkte auf.

Durch das Aufgreifen von Punkten des Interviewpartners vermitteln Sie Aufmerksamkeit und tragen dazu bei, dass das Telefoninterview nicht zu einer Einbahnstraße wird. Hierzu ist es notwendig, dass Sie dem Interviewer sehr aufmerksam zuhören.

Hören Sie aufmerksam zu.

Machen Sie sich Notizen im Verlauf des Gesprächs, wenn Ihr Gesprächspartner ein Thema anspricht, auf das Sie gern näher eingehen möchten, da Sie damit für sich punkten können. Indem Sie dieses Thema aufgreifen, tragen Sie zu einer angenehmen Gesprächsatmosphäre bei, bei der beide Seiten sich im flüssigen Dialog die Bälle zuspielen können.

Ein flüssiger wechselseitiger Sprachfluss ist anzustreben.

Je geschmeidiger dieses Zusammenspiel funktioniert, umso mehr werden Sie den Eindruck gewinnen, dass die Gesprächszeit wie im Flug vergeht. Dieses Gefühl hat bei beiden Beteiligten einen wichtigen Einfluss auf den Gesamteindruck des Gesprächs. Ihr Gesprächspartner wird darüber hinaus dankbar sein, wenn Sie ihm von sich aus Argumente liefern, die Ihre Passgenauigkeit für die vakante Position unterstreichen und belegen.

Argumente liefern

Schließlich muss er im Anschluss die Entscheidung treffen, welche Kandidaten für den weiteren Bewerbungsprozess berücksichtigt werden sollen.

Beispiel Fragenteil

Andrea Weber: »Wir haben Niederlassungen in ganz Deutschland, wollen aber verstärkt auch den Internethandel ausbauen.«

Kerstin Schmitt: »Das passt sehr gut, ich habe bei meinem derzeitigen Arbeitgeber den Internethandel quasi von der ersten Stunde mit aufgebaut. Dieser ist nun ein wichtiges Vertriebsstandbein geworden.«

Andrea Weber: »Sehr schön, können Sie mir kurz beschreiben, wie Sie da vorgegangen sind?«

Kerstin Schmitt: »Sehr gern. Ich habe zunächst die verschiedenen Vertriebskanäle im Internet analysiert, also Portale wie Amazon oder Ebay, aber auch firmeneigene Plattformen. Ein zweiter wichtiger Aspekt war, ein effizientes Zahlungs- und Logistikkonzept zu entwickeln, das den Anforderungen des Internethandels gerecht wurde. Die Programmierung und eine Testphase stellten neben der Schulung unserer Mitarbeiter wichtige Teilprojekte dar. Heute wickeln wir rund 30 Prozent unseres Geschäfts über das Internet ab und konnten die Margen deutlich verbessern.«

Fragen Sie nach dem weiteren Vorgehen.

Gesprächsabschluss

Beim Abschluss des Gesprächs sollte klar vereinbart werden, wie sich der weitere Auswahlprozess gestaltet und wer sich bis wann bei wem wieder meldet.

Beispiel Gesprächsabschluss

Andrea Weber: »Frau Schmitt, ich denke, wir haben die wesentlichen Punkte besprochen. Haben Sie noch Fragen?«

Kerstin Schmitt: »Vielen Dank, Frau Weber, dass Sie auch mir Gelegenheit geboten haben, eigene Fragen zu stellen, um so mein Bild von der Stelle und den damit verbundenen Aufgaben noch klarer werden zu lassen.«

Andrea Weber: »Gut, dann möchte ich mich auch bei Ihnen für das Gespräch bedanken. Wir werden uns dann wieder bei Ihnen melden.«

Kerstin Schmitt: »Können Sie mir sagen, wie sich der weitere Prozess gestalten wird und welchen zeitlichen Rahmen dieser umfassen wird?«

Andrea Weber: »Wir werden nach den Telefoninterviews eine sogenannte Shortlist mit den Kandidaten erstellen, die wir im nächsten Schritt zu einem persönlichen Vorstellungsgespräch einladen möchten. Diese Gespräche sollen in der übernächsten Woche dann stattfinden.«

Kerstin Schmitt: »Vielen Dank. Dann freue ich mich, wieder von Ihnen zu hören.«

Andrea Weber: »Ja, Ihnen noch einen schönen Tag.«

Kerstin Schmitt: »Das wünsche ich Ihnen auch.«

Gesprächstechniken fürs Telefoninterview

Bestimmte Frageformen und -techniken kommen zum Einsatz.

Die knapp bemessene Zeit, die im Rahmen des Telefoninterviews zur Verfügung steht, möchte Ihr Interviewpartner so intensiv wie möglich nutzen. Hierzu setzt er bestimmte Frageformen und Interviewtechniken ein.

Offene und geschlossene Fragen

Die wohl gebräuchlichste Frageform ist das zielgerichtete Stellen von offenen und geschlossenen Fragen.

Offene Fragen

Offene Fragen sind »W-Fragen«.

Eine offene Frage ist dadurch gekennzeichnet, dass sie sich nicht mit »Ja« oder »Nein« beantworten lässt. Offene Fragen werden auch »W-Fragen« genannt, da sie mit den Fragewörtern »wie«, »warum«, »weshalb« ... beginnen. Beispiele für offene Fragen sind:

- Worauf führen Sie Ihre bisherigen beruflichen Erfolge zurück?
- Wie würden Sie die geschilderte Aufgabenstellung lösen?
- Warum haben Sie die Firma Müller verlassen?

Interviewer möchte mehr über Bewerber erfahren.

Offene Fragen kommen dann zum Einsatz, wenn der Interviewer mehr über Sie als Kandidaten erfahren möchte, indem Sie Entscheidungen oder Verhaltensweisen begründen sollen. Sie werden mit einer offenen Frage aufgefordert, Zusammenhänge zu erläutern und Sachverhalte zu erklären. Damit liefern Sie wichtige Informationen und geben Ihrem Gesprächspartner die Möglichkeit, Hintergründe zu bestimmten Fakten zu erfahren, aber auch Beweggründe zu verstehen. Mittels offener Fragen versucht der Interviewer auch, einen Eindruck von der Ausdrucksfähigkeit, dem logischen Denken und der Argumentationsstärke des Bewerbers zu bekommen. Offene Fragen dienen also dazu, den Gesprächsfluss zu erhöhen und Ihren Redeanteil als Bewerber zu steigern.

Geschlossene Fragen

Geschlossene Fragen verlangen ein »Ja« oder »Nein«.

Bei geschlossenen Fragen handelt es sich im Gegenzug um Fragen, die kurz und prägnant mit »Ja« oder »Nein« oder einem Faktum beantwortet werden können. Beispiele für geschlossene Fragen sind:

- Sind Sie mobil?
- Trauen Sie sich eine Führungsaufgabe zu?
- Wann haben Sie das erste Mal in einer Projektstruktur gearbeitet?

Legen Sie sich fest.

Geschlossene Fragen werden immer dann gestellt, wenn Sie als Bewerber einen Sachverhalt auf den Punkt bringen und sich festlegen sollen. Geschlossene Fragen haben

häufig einen Entscheidungscharakter. Sie fordern dazu auf, nicht um einen bestimmten Sachverhalt herumzureden, sondern Farbe zu bekennen.
Es ist wenig sinnvoll, bei geschlossenen Fragen nur ausweichend oder zögerlich zu antworten. Besser ist es, wenn Sie Ihre Antwort an bestimmte Rahmenbedingungen knüpfen und diese damit erläutern.

Beispiel Antwort auf eine geschlossene Frage
Interviewer: »Trauen Sie sich eine Führungsaufgabe zu?«
Bewerber: »Ja, ich habe bereits als Jugendleiter erste Erfahrung in der Führung von Gruppen sammeln können. Wichtig wäre mir zu erfahren, ob Sie mich als Unternehmen z. B. durch Schulungen bei der Übernahme von Führungsaufgaben unterstützen?«

Sofern die Frage für Sie nicht eindeutig ist, klären Sie dies im Vorfeld, bevor Sie vorschnell eine Antwort geben. Das Telefoninterview sollte mit Ihrem Gesprächspartner bildlich gesprochen auf Augenhöhe erfolgen. Dies bedeutet, dass Sie Unklarheiten auch kommunizieren und sich nicht einschüchtern lassen.

Beispiel Verständnisfrage
Interviewer: »Sind Sie mobil?«
Bewerber: »Was verstehen Sie unter mobil? Dass ich einen Führerschein habe oder in welchem Umfang ich zu Dienstreisen bzw. Auswärtseinsätzen bereit bin?«

Stressinterview

Druck verspüren heißt noch nicht, dass ein Stressinterview stattfindet.

Der Begriff des Stressinterviews kursiert häufig in Bewerberkreisen und löst viele Ängste aus. Die Tatsache, dass Sie sich als Bewerber »unter Druck« fühlen, ist für sich genommen noch kein klares Indiz für ein Stressinterview. So mag die Frage nach sehr häufigen Stellenwechseln in kurzer Zeit für Sie mit Stress verbunden sein. Für den Interviewer verbirgt sich jedoch hinter dieser Frage ein tatsächliches Interesse, die Hintergründe oder Ursachen zu erfahren. Letztendlich geht es für ihn darum, abschätzen

zu können, ob diese Tatsachen ein Risiko im Hinblick auf die Stellenbesetzung für ihn bedeuten können. Bei häufigen Stellenwechseln in der Vergangenheit muss er möglicherweise damit rechnen, dass Sie auch sein Unternehmen schnell wieder verlassen werden. Ihre Aufgabe ist es daher, die Bedenken inhaltlich auszuräumen und deutlich zu machen, worin die Unterschiede zur aktuellen Situation bestehen.
Beschäftigen Sie sich im Vorfeld des Telefoninterviews besonders intensiv mit Ihren »schwarzen Flecken« im Lebenslauf und legen Sie sich eine Argumentation zurecht, die nachvollziehbar ist, aber nicht in eine endlose Rechtfertigung ausufert. So nehmen Sie sich die Angst vor der Frage und reduzieren Ihr Stressgefühl.

Beispiel Antwort auf eine schwierige Frage
Interviewer: »Sie wollen jetzt innerhalb von vier Jahren zum dritten Mal die Stelle wechseln. Können Sie mir dies bitte erläutern?«
Bewerber: »Ja, es ist für mich nachvollziehbar, dass Sie auf diesen Punkt in meinem Lebenslauf näher eingehen möchten, da Sie darin ein mögliches Risiko für die Besetzung Ihrer Stelle sehen. Vor vier Jahren wurde aufgrund von Insolvenz mein über zehnjähriges Arbeitsverhältnis mit der Weber GmbH beendet. Ich hatte mich sehr zügig um eine neue Stelle bemüht, die Firma Huber bot mir auch einen Arbeitsplatz an, allerdings erst zum 1.7., da sich bei der Eröffnung des neuen Standorts Terminverzögerungen ergaben. Um nicht in der Zwischenzeit arbeitslos zu sein, habe ich eine befristete Aushilfsstelle für die Übergangszeit angenommen. Sie können hierzu gern mit Herrn Winkler sprechen, der Ihnen das bestätigen kann. Da sich die Druckbranche wirtschaftlich immer schwieriger gestaltet, strebe ich jetzt ganz bewusst einen Branchenwechsel an. Ich mache dies aus einem unbefristeten Arbeitsverhältnis heraus, um eine für mich wirklich passende Stelle zu finden und nicht zeitlich unter Druck zu stehen. Ich kann Ihnen versichern, dass ich wieder an einem längerfristigen Arbeitsverhältnis interessiert bin.«

Sie werden als Bewerber bewusst unter Druck gesetzt.

Unter einem echten Stressinterview versteht man eine Interviewform, bei der Sie als Bewerber ganz bewusst unter Druck gesetzt werden, um Ihre Belastbarkeit und Ihre Stressresistenz zu testen. Hierzu werden kritisch formulierte Fragen teilweise auch zügig hintereinander gestellt. Dabei geht es nicht in erster Linie um die inhaltliche Beantwortung der Frage, sondern darum, wie Sie mit der Frage umgehen.

Beispiel Stressfragen und Antworten

Interviewer: »Ihr Lebenslauf gibt mir keine Anhaltspunkte, dass Sie Situationen, wie sie in der von uns zu besetzenden Position auf Sie zukommen werden, jemals gemeistert haben. Was gibt Ihnen die Sicherheit, dass Sie diesen Aufgaben gewachsen sind?«

Bewerber: »Ich habe es bei meinen bisherigen Positionen immer geschafft, neue Herausforderungen auch erfolgreich zu meistern. So gelang es mir in meiner derzeitigen Stelle, ein komplett neues Produktsegment erfolgreich zu etablieren. Ein gewisser Kick muss für mich schon dabei sein, sonst könnte ich auf meiner bisherigen Stelle ja bleiben.«

Interviewer: »Denken Sie nicht, dass die Position noch eine Nummer zu groß für Sie ist?«

Bewerber: »Nein, sonst hätte ich mich nicht auf die Stelle beworben.«

Interviewer: »Ihr Argument konnte mich nicht wirklich überzeugen. Haben Sie nicht etwas mehr zu bieten?«

Bewerber: »Gern kann ich Ihnen noch weitere Argumente liefern. Welche Aspekte wären denn für Sie dabei besonders hilfreich?«

Stressinterviews sind eher selten.

Zunächst sollten Sie als Bewerber wissen, dass die Form des Stressinterviews weniger häufig anzutreffen ist, als dies in der Bewerberliteratur zum Teil geschildert wird. Sollten Sie dennoch Stressfragen gestellt bekommen, gilt eine Devise: Ruhe bewahren! Tief durchatmen! Gelassen reagieren!

Schweigen als Technik

Gerade am Telefon kann das Schweigen Ihres Gegenübers eine schwer einzuschätzende Situation für Sie als Bewerber darstellen. Insbesondere bei Themen, die eher kritische Aspekte Ihrer Qualifikation beinhalten, setzen Interviewer das Schweigen ganz bewusst ein, um Sie zu weiteren Aussagen zu veranlassen.

Tipp **Lassen Sie sich nicht irritieren**

Überlegen Sie sich im Vorfeld des Telefoninterviews sehr genau, welche Aussagen Sie machen möchten und welche nicht.
Das Schweigen Ihres Gegenübers darf kein Auslöser für Sie sein, mehr Aussagen zu machen, als Sie ursprünglich gewollt haben.

Fragen Sie aktiv nach.

Da Sie im Telefoninterview nicht die Möglichkeit der Gestik oder Mimik zur Verfügung haben, sollten Sie das Schweigen aktiv durch eine Frage aufgreifen: »Herr Müller, ich höre Sie nicht mehr, können Sie mich noch verstehen? Soll ich meine letzte Antwort wiederholen?«

Die Abfrage realen Verhaltens

Schildern Sie konkrete Situationen aus der Vergangenheit.

Ihr Gesprächspartner möchte mit seinen Fragen einen möglichst fundierten Eindruck von Ihren Verhaltensweisen bekommen. Konjunktivfragen nach dem Muster: »Wie würden Sie sich in einer bestimmten Situation verhalten?« sind dafür nicht besonders geeignet. So können Sie als Bewerber zwar eine bestimmte Verhaltensweise beschreiben, es besteht für Ihren Gesprächspartner jedoch keine Sicherheit, dass Sie die beschriebene Verhaltensweise in der Realität auch tatsächlich praktizieren werden.
Vor diesem Hintergrund wurde die sogenannte Interviewtechnik entwickelt, die auf dem Ansatz beruht, dass real gezeigtes Verhalten aus der Vergangenheit mit einer hohen Wahrscheinlichkeit auch in der Zukunft wieder

praktiziert werden wird. Damit soll zukünftiges Verhalten prognostizierbar werden.
Die Interviewtechnik arbeitet mit der Frageform: »Können Sie mir bitte eine Situation aus der Vergangenheit schildern, in der Sie ... gezeigt haben?«

Es geht um Ihr eigenes Verhalten.

Im Rahmen der Interviewmethode beziehen sich die Fragen deshalb auf reale Situationen aus Ihrer Vergangenheit. Sie werden gebeten, eine *Ausgangssituation* zu beschreiben, anschließend soll das *eigene Verhalten* in dieser Situation erläutert werden und zum Schluss wird das Fragedreieck durch die Angaben zur bewirkten Veränderung komplettiert. Dies wird im Dreieck als *Ergebnis* dargestellt.

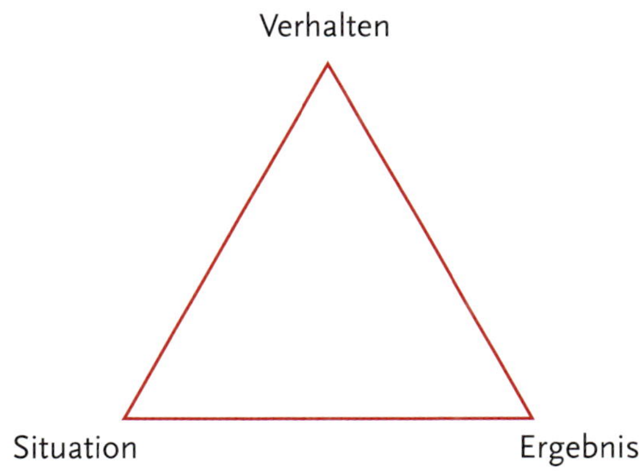

Überlegen Sie sich schon im Vorfeld Situationen.

Achten Sie darauf, dass Ihr Beispiel eine ganz konkrete Situation und das damit verbundene Verhalten beschreibt, und machen Sie sich im Vorfeld des Telefoninterviews schon entsprechende Gedanken zu den wichtigsten Anforderungskriterien.
Allgemeine Beschreibungen wie »Ich mache immer ...«, »Man sollte ...«, »Es ist gut, wenn ...« sind hier unpassend und nicht zielführend. Versuchen Sie, möglichst aktive Aussagen wie »Ich habe ...« oder »Mir ist es gelungen, ...« zu formulieren.

Beispielfragen zur Überzeugungskraft
Interviewer: »Ist es Ihnen in der Vergangenheit einmal gelungen, andere Personen von der von Ihnen vorgeschlagenen Vorgehensweise zu überzeugen? Können Sie mir hierzu bitte ein Beispiel nennen?«
Bewerber: »Ja, da fällt mir folgendes Beispiel ein: Ich war letzte Woche in einer Projektgruppe und wir sollten die Gestaltung des Messestandes unseres Unternehmens für das kommende Jahr ausarbeiten. Jeder Projektmanager wollte zunächst sein Produkt ganz zentral positioniert haben. Die Diskussion ging hin und her, doch beharrte jeder auf seinem Standpunkt. Ich habe dann vorgeschlagen, dass wir den Messestand mal auf einem großen Plakat aufzeichnen und verschiedene alternative Gestaltungen, die grundsätzlich denkbar sind, einfach sammeln und uns ansehen. Da dies die festgefahrene Situation entkrampfte und auch körperliche Bewegung brachte, waren alle dazu bereit. Dadurch haben wir sehr kreative Ansätze gewonnen. Schließlich konnten sich alle auf eine sternförmige Gestaltung einigen, bei der jedes Produkt von der Standmitte aus zentral ein Segment erhielt.«

Die wichtigsten Fragen im Telefoninterview

Umgang mit kritischen Fragen

Erfahrungsgemäß haben Bewerber die meisten Bedenken beim Umgang mit kritischen Fragen. Lassen Sie uns deshalb auf typische Fragen im Einzelnen näher eingehen:

Frage nach Rückschlägen

»Mit welchen Rückschlägen mussten Sie bisher fertigwerden?«

Was haben Sie aus der Situation gelernt?

Kein Mensch erwartet von Ihnen, dass Sie nur Erfolge erlebt haben. Rückschläge können sogar sehr hilfreich sein, da sie uns zum Nachdenken veranlassen, Verhaltensänderungen bewirken und damit einen Lerneffekt haben. Wenn Sie über Rückschläge sprechen, sollten Sie den Fokus darauf richten, was Sie aus dieser Situation gelernt haben und wie Sie die Erkenntnisse hilfreich in Ihr zukünftiges Handeln einfließen lassen konnten.

Stehen Sie zu Ihrem Verhalten.

- Lücken im Lebenslauf
»Aus Ihrem Lebenslauf geht nicht hervor, was Sie im Zeitraum xyz gemacht haben. Können Sie uns hierzu noch Informationen geben?«
Versuchen Sie nicht, Dinge zu vertuschen! Wenn Sie zum Beispiel nach dem Studium auf eine längere Auslandsreise gegangen sind, beschreiben Sie die Erfahrungen, die Sie gemacht haben und inwiefern diese Zeit Sie geprägt hat. Entscheidend ist, dass Sie zu Ihrem Verhalten stehen und nicht versuchen, sich zu rechtfertigen.

Begründen Sie Ihre Entscheidung, rechtfertigen Sie sich aber nicht.

- Frage nach einem Abbruch des Studiums oder der Ausbildung
»Sie haben Ihr Studium / Ihre Ausbildung abgebrochen, können Sie uns dies näher erläutern?«
Wichtig ist, wie Sie heute selbst zu dieser Entscheidung stehen. Je besser Sie dieses – in der Regel negative – Erlebnis verarbeitet haben, umso souveräner werden Sie mit der Frage umgehen können. Stehen Sie zu Ihrer damaligen Entscheidung, erklären Sie die Beweggründe kurz, aber verfallen Sie nicht in die Rolle dessen, der sich rechtfertigen muss. Halten Sie sich immer vor Augen: Trotz der Tatsache, dass Sie Ihr Studium oder Ihre Ausbildung abgebrochen haben, wurden Sie für ein Telefoninterview ausgewählt. Das heißt, dass man unter Berücksichtigung dieser Tatsache an Ihnen interessiert ist. Wenn der Abbruch ein K.-o.-Kriterium wäre, würde man Ihnen nicht die Zeit des Interviews widmen. Mit der Frage bringt ein Arbeitgeber nur seine Sorge zum Ausdruck, Sie könnten auch bei ihm schnell das Handtuch werfen. Geben Sie mit Ihrer Argumentation Ihrem Gesprächspartner die Sicherheit, dass diese Sorge unbegründet ist. Dies gelingt Ihnen durch Beispiele, mit denen Sie Durchhaltevermögen und Ausdauer bewiesen haben.

Frage nach Kündigungen
»Warum haben Sie Ihr bisheriges Arbeitsverhältnis selbst gekündigt?«
Diese Frage wird häufig dann gestellt, wenn aus den Unterlagen eine Eigenkündigung hervorgeht und Sie sich dennoch aus der Arbeitslosigkeit heraus bewerben. Der Arbeitgeber vermutet, dass letztendlich doch eine arbeitgeberseitige Kündigung zugrunde liegt, die Sie nur vertuschen möchten.

Erläutern Sie wertungsfrei unterschiedliche Vorstellungen.

In einem solchen Fall ist es wichtig, abschätzen zu können, wie der ehemalige Arbeitgeber auf eine mögliche Nachfrage hin reagieren wird. Häufig ist eine Kündigung das Ergebnis eines Prozesses, bei dem beide Seiten feststellen, dass die Zusammenarbeit nicht mehr funktioniert. Versuchen Sie, emotionslos und wertungsfrei darzustellen, dass die jeweiligen Vorstellungen hinsichtlich der Zusammenarbeit unterschiedlich waren und es daher für Sie keinen Sinn mehr ergab, das Arbeitsverhältnis fortzuführen.
Wenn Sie tatsächlich selbst gekündigt haben und nun arbeitslos geworden sind, gehen Sie möglichst offensiv damit um. Wenn Sie zum Ausdruck bringen, dass Sie gewohnt sind, selbst Entscheidungen zu treffen, und sich ganz bewusst die Zeit nehmen, um sich aktiv eine für Sie passende Stelle zu suchen, kann das durchaus von Souveränität zeugen.

Frage nach Arbeitslosigkeit
»Welche Gründe hat es Ihrer Meinung nach, dass Sie bereits xxx Monate arbeitslos sind?«

Machen Sie die gezielte Suche deutlich.

Auch bei diesen Fragen gilt es, Ruhe zu bewahren. Sicherlich kommt bei Ihnen insbesondere bei dieser Frage schnell das Gefühl auf, dass Sie angegriffen werden, weil der Interviewer in eine offene Wunde trifft. Machen Sie sich jedoch bewusst, dass sich hinter dieser Frage häufig die Sorge Ihres Gesprächspartners verbirgt, dass Sie möglicherweise Defizite haben, die er bisher noch nicht erkannt hat, oder dass Sie einfach nicht ernsthaft eine

Neuanstellung suchen. »Warum findet der Bewerber keinen Job?« ist damit keine Stressfrage, sondern zeigt den ernsthaften Wunsch, eine gute Wahl zu treffen. Machen Sie deutlich, dass Sie sich nur sehr zielgerichtet bewerben und Ihre Bewerbungen gründlich vorbereiten. Stellen Sie auch heraus – wenn dies der Fall war –, dass Sie sich Zeit für eine Standortbestimmung genommen haben, um für sich klar herauszuarbeiten, wohin die weitere berufliche Reise gehen soll. Insbesondere die Bereitschaft von ehemaligen Arbeitgebern, als Referenz für Ihre erfolgreiche Arbeit zur Verfügung zu stehen, kann hier sehr hilfreich sein und Bedenken abbauen.

- Frage nach beruflicher Veränderung
  »Warum wollen Sie sich beruflich verändern?«
  Stellen Sie Ihre positive Wechselmotivation heraus.
  Es ist immer vorteilhaft, eine positive Motivation zu haben und nicht nach dem Motto »Hauptsache weg vom bisherigen Arbeitgeber« zu argumentieren. Stellen Sie Ihre Erwartungen heraus, die Sie mit der neuen Stelle verbinden, und verdeutlichen Sie, warum gerade dieser Arbeitgeber aus Ihrer Sicht ein passender Partner ist.

- Frage nach absehbaren Schwierigkeiten
  »Bei welcher Aufgabe sehen Sie die größten Schwierigkeiten auf sich zukommen?«
  Benennen Sie reizvolle Herausforderungen.
  Sprechen Sie am besten nicht von »Schwierigkeiten«, sondern betonen Sie, dass es für Sie ja gerade einen Anreiz darstellt, in der zukünftigen Stelle auch mit neuen beruflichen Herausforderungen konfrontiert zu werden. Es ist wenig ratsam, einfach so zu tun, als ob Sie alle Aufgabenstellungen der vakanten Position aus dem Effeff beherrschen, wenn Ihnen offensichtlich diesbezügliche Erfahrungen fehlen. Indem Sie konkret aufzeigen, wie Sie in der Vergangenheit bereits erfolgreich mit solchen Situationen umgegangen sind und welche Fähigkeiten und Erfahrungen Ihnen dabei jetzt helfen können, wird auch Ihr Gesprächspartner Ihnen zutrauen, dass Sie den Job meistern.

Der Chef sollte früh und umfassend informiert werden.

- Frage nach Fehlentscheidungen
  »Sie haben in einer wichtigen Sache eine Fehlentscheidung getroffen. In welcher Form sollte aus Ihrer Sicht der Vorgesetzte informiert werden?«
  Solche Fragen werden immer dann gestellt, wenn ein Vorgesetzter schon schlechte Erfahrungen machen musste. Es gibt nichts Schlimmeres für einen Chef, als von dritter Seite von Fehlern oder Defiziten in seinem Bereich zu erfahren. Daher muss die klare Strategie lauten, den Chef so früh wie möglich und direkt zu informieren, damit dieser entsprechende Maßnahmen zur Schadensbegrenzung ergreifen kann und auf mögliche Angriffe von Dritten vorbereitet ist. Indem Sie ferner aufzeigen, was Sie bereits unternommen haben, um die Sache so schnell wie möglich wieder in den Griff zu bekommen, zeigen Sie Initiative und Verantwortungsbereitschaft.

Ziehen Sie Frage nicht ins Lächerliche.

- Frage nach persönlicher Entwicklung
  »In welchen Bereichen wollen Sie noch an sich arbeiten?«
  Diese Formulierung ist eine nette Umschreibung und ist eigentlich eine Frage nach Ihren Schwächen. Es ist nicht zu empfehlen, sich als perfekt darzustellen und jegliche Schwächen von sich zu weisen. Auch der Ansatz, die Frage ins Lächerliche zu ziehen – etwa durch Antworten wie »An meiner Schwäche für schöne Frauen oder schnelle Autos« –, wirkt weder professionell noch der Situation angepasst. Bedenken Sie, dass Sie im Gegensatz zu einem persönlichen Gespräch Ihre Antwort nicht noch zumindest mit einem Schmunzeln begleiten können. Ihre Schwächen sollten nicht im absoluten Gegensatz zum Anforderungsprofil stehen, also wenn Sie zum Beispiel als Architekt ein schlechtes räumliches Vorstellungsvermögen nennen. Ansonsten ist es hilfreich, aufzuzeigen, in welchen Bereichen Sie in der Vergangenheit eine Schwäche hatten und wie Sie bereits erfolgreich daran gearbeitet haben. Zeigen Sie Lernbereitschaft und belegen Sie diese anhand eines Beispiels.

Gehen Sie offensiv mit eindeutigen Schwächen um.

Sofern Sie offensichtliche Schwächen haben, die auch dem Interviewpartner bereits im Telefonat auffallen, zum Beispiel wenn Sie sehr schüchtern sind, kann es auch eine sinnvolle Strategie sein, diese Schwäche direkt anzusprechen. Machen Sie deutlich, wie Sie gelernt haben, im Alltag damit umzugehen. Letztendlich geht es darum, dem Interviewer das Gefühl zu geben, dass Sie keine Defizite besitzen, die für Ihre Mitarbeit im Unternehmen ein großes Problem oder ein K.-o.-Kriterium darstellen.

Tipp **Punkten Sie mit Ihren Stärken**

Halten Sie Ihre Ausführungen zu den Defiziten möglichst kurz und verlieren Sie sich nicht in endlosen Erklärungen, warum Sie die genannte Schwäche haben. Letztendlich können Sie nur über Stärken und Fähigkeiten punkten.

Frage nach mittelfristigen Plänen
»Wo sehen Sie sich in fünf Jahren?«

Nennen Sie Ihre Vorstellungen.

Sofern Sie bereits klare Vorstellungen haben, können Sie diese durchaus nennen. Etwas Vorsicht ist geboten, wenn Sie ganz konkrete Positionen im Unternehmen im Auge haben. Ohne wirklich mit den internen Firmenstrukturen vertraut zu sein, ist es oft schwierig, hier eine realistische Aussage zu machen.
Sofern Sie bezüglich Ihrer weiteren beruflichen Zukunft noch nicht genau wissen, welche Ziele Sie mittelfristig haben, versuchen Sie nicht, etwas vorzuspielen nach dem Motto: »Wenn ich als guter Kandidat wahrgenommen werden möchte, muss ich eine Führungsposition anstreben.« Ein wichtiger Aspekt wird zunächst sein, die neue Position sicher auszufüllen und dann offen zu sein für Entwicklungsmöglichkeiten, die sich im Unternehmen bieten werden. In der Regel wird es auch aus Sicht des Unternehmens keine verbindlichen Aussagen geben können, wie sich die Situation in fünf Jahren darstellen wird. Zeigen Sie

Ihre Bereitschaft zu Engagement und zur Übernahme von Verantwortung, das sind wichtige Pfeiler. Auch hier gilt es wieder, die Angaben durch entsprechende Beispiele aus der Vergangenheit zu untermauern.

Frage nach dem Eintrittstermin

»Wann ist Ihr frühester Eintrittstermin?«

Haben Sie den eigenen Kündigungstermin im Kopf.

Sofern Sie sich aus einem bestehenden Arbeitsverhältnis heraus bewerben, sollten Sie im Vorfeld des Telefoninterviews Ihre vertragliche Kündigungsfrist prüfen. Es macht einen denkbar schlechten Eindruck, wenn Sie hierzu keine Aussage machen können. Sofern mit Ihrem derzeitigen Arbeitgeber eine vorzeitige Aufhebungsvereinbarung denkbar ist, können Sie dies andeuten. Vermeiden Sie jedoch verbindliche Aussagen, solange noch nichts wirklich fixiert ist. Wenn Ihr Arbeitsverhältnis noch besteht, jedoch bereits zu einem bestimmten Termin gekündigt ist, bestehen verschiedene Möglichkeiten.

Sofern Sie bereits in Ihrer Bewerbung die Beendigung des Arbeitsverhältnisses offen angesprochen haben, sollten Sie auch den tatsächlichen Beendigungstermin nennen. Haben Sie in Ihrer Bewerbung das bestehende Arbeitsverhältnis genannt und sind nicht darauf eingegangen, dass es bereits gekündigt ist, empfiehlt es sich, bei der Frage nach der Kündigungsfrist zunächst die Regelungen in Ihrem Arbeitsvertrag zugrunde zu legen.

Nennen Sie als Basis die Fristen aus Ihrem Arbeitsvertrag.

Die Option eines früheren Eintrittstermins kann nach Rücksprache mit dem Arbeitgeber in Aussicht gestellt werden. Wenn Sie sich aus der Arbeitslosigkeit heraus bewerben, sollten Sie den 1. bzw. den 15. des nächsten Monats nennen. Die Aussage »sofort« wirkt immer leicht panisch.

Frage nach weiteren Bewerbungen

»Sind Sie noch mit weiteren Unternehmen im Gespräch?«

Nennen Sie keine Firmennamen.

Sofern Sie sich aktiv bewerben, können Sie diese Frage ruhig wahrheitsgemäß mit »Ja« beantworten. Wer sich aus der Arbeitslosigkeit heraus oder nach dem Studienabschluss nur bei einem Unternehmen bewirbt, wirkt eher naiv. Gleichzeitig belebt Konkurrenz das Geschäft, Sie werden als Kandidat also dadurch attraktiver, wenn Sie mehrere Eisen im Feuer haben. Bei der Nennung von Namen anderer Unternehmen, bei denen Sie sich beworben haben, sollten Sie allerdings eher zurückhaltend sein. Ihr Gesprächspartner wird Ihnen auch nicht Ihre Mitbewerber nennen.

Fremdsprachenkenntnisse

Beschreiben Sie Ihre Fremdsprachenkenntnisse realistisch.

»May we talk English?« Wenn eine Position Fremdsprachenkenntnisse erfordert, sollten Sie damit rechnen, dass bereits im Telefoninterview Ihre Sprachkenntnisse getestet werden.
Seien Sie deshalb bereits bei der Beschreibung Ihrer Fremdsprachenkenntnisse in den Bewerbungsunterlagen realistisch. Wer zum Beispiel von »fließendem Englisch« spricht, sollte dies auch in einem Telefoninterview abrufen können. Sofern Sie also damit rechnen müssen, dass Ihre Sprachkenntnisse auf den Prüfstand kommen, ist es auf jeden Fall empfehlenswert, diese in den Tagen vor dem Interview wieder aufzufrischen. Dies kann mittels Sprach-CDs, fremdsprachiger Fernsehprogramme oder durch die aktive Anwendung der Kenntnisse in Gesprächen leicht umgesetzt werden.

Tipp **Recherchieren Sie typische Fachbegriffe**

Überlegen Sie sich insbesondere, wie typische Fachbegriffe aus Ihrem beruflichen Umfeld in der Fremdsprache heißen.

Gehaltsvorstellung

Kennen Sie Ihren Marktwert?

Sofern Sie in Ihren Bewerbungsunterlagen keine Angaben zu Ihren Gehaltsvorstellungen gemacht haben, wird dieses Thema mit hoher Wahrscheinlichkeit im Rahmen des Telefoninterviews zur Sprache kommen.

Um auch auf die Frage »Wo liegen denn Ihre Gehaltsvorstellungen?« gut vorbereitet zu sein, sollten Sie im Vorfeld Ihren Marktwert möglichst gut einschätzen. Dieser wird durch eine Vielzahl von Faktoren bestimmt. Die folgenden Kriterien haben dabei Einfluss auf Ihren Marktwert:

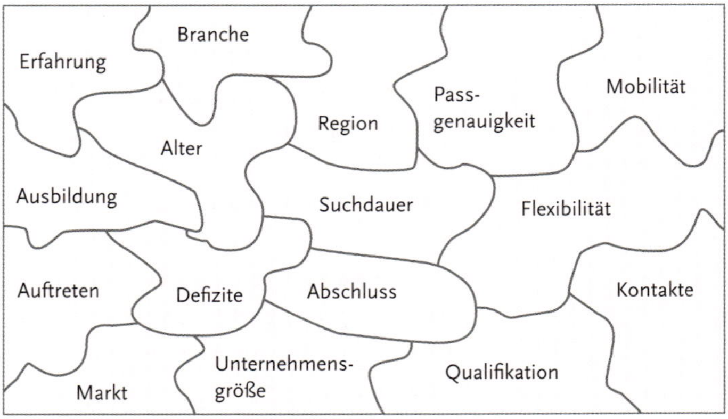

Die Faktoren, die den persönlichen Marktwert beeinflussen

Informationsmöglichkeiten zur Orientierung bieten zum Beispiel Tarifverträge oder Gehaltsvergleiche, wie sie etwa bei www.monster.de regelmäßig veröffentlicht werden. Berufsverbände (z. B. VDI für Ingenieure oder GDCh für Chemiker) führen auch regelmäßig Erhebungen für ihre Berufsgruppen zum Thema Gehalt durch. Als Berufsstarter bieten sich ferner spezielle Portale wie zum Beispiel www.staufenbiel.de oder www.absolventa.de an.
Aber auch Gespräche mit Freunden in ähnlichen Positionen und der Kontakt zu Personaldienstleistern und Personalberatern, die den Markt aktiv verfolgen, helfen bei der Einschätzung.

Fragen Sie den Gesprächspartner nach dem Gehaltsrahmen.

Eine mögliche Strategie auf die Frage nach den Gehaltsvorstellungen kann darin bestehen, dass Sie den Interviewer bitten, einen Gehaltsrahmen für die Position zu nennen. Geht er darauf ein, haben Sie einen guten Orientierungswert, an den Sie Ihre Aussage anpassen können.

Sprechen Sie das Vergütungspaket an.

Besteht der Interviewer darauf, dass Sie Ihrerseits zunächst eine konkrete Zahl nennen, können Sie zum

einen direkt darauf antworten. Zum anderen bietet sich an, zunächst nachzufragen, wie sich das Vergütungspaket gestaltet und welche Nebenleistungen eingeschlossen sind. Dies können zum Beispiel erfolgsabhängige Vergütungsanteile, vermögenswirksame Leistungen, Firmenrenten, Firmenwagen, ein Jobticket für den öffentlichen Nahverkehr oder auch Kinderbetreuungskosten sein. So haben Sie eine solidere Basis, um eigene Aussagen zu Ihren Gehaltsvorstellungen zu machen. Sicherlich hängen diese nicht zuletzt davon ab, wie dringend Sie eine neue Stelle suchen.
Befinden Sie sich in einer ungekündigten Position, mit der Sie grundsätzlich zufrieden sind, und werden Sie von einem Headhunter angesprochen, sollte der finanzielle Anreiz höher sein, als wenn Sie arbeitssuchend sind und kurzfristig einen neuen Arbeitsplatz benötigen.
Im Rahmen des Telefoninterviews wird es in der Regel nur darum gehen, einen Gehaltsrahmen abzustecken. Dass hier die gegenseitigen Vorstellungen zumindest grob zusammenpassen, ist jedoch eine wichtige Voraussetzung, damit es zu einem persönlichen Vorstellungsgespräch kommt.

Umgang mit unzulässigen Fragen

Nicht alle Fragen sind zulässig.

Nicht alle Fragen, deren Antworten Ihren Interviewer interessieren würden, sind rechtlich gesehen zulässig. Unter anderem das Allgemeine Gleichbehandlungsgesetz (AGG) setzt hier Grenzen und klärt, welche Themenbereiche für einen Arbeitgeber tabu sind. Als Bewerber sollten Sie deshalb zunächst wissen, welche Fragen nicht gestellt werden dürfen.

Die Fragen nach diesen Inhalten dürfen nicht gestellt werden:

- Konfession (außer bei Tendenzbetrieben, etwa Kirchen)
- Homosexualität
- Schwangerschaft

- Krankheiten, sofern sie nicht unmittelbar im Zusammenhang mit den Aufgaben stehen (die Frage nach Farbenblindheit bei einer visuellen Prüftätigkeit wäre zulässig)
- Intimitäten (z. B. Sexualverhalten, konkrete Familienplanung)
- Gewerkschaftszugehörigkeit (außer bei Tendenzbetrieben wie Gewerkschaften)
- Parteizugehörigkeit (außer bei Tendenzbetrieben wie Parteien)
- Hobbys, Freizeitgestaltung
- Abstammung, Ethnie
- Vermögensverhältnisse (außer bei Positionen mit umfangreichem Geldverkehr)

Reaktionsmöglichkeiten

Sie können wahrheitswidrig antworten.

Sollten Ihnen dennoch solche unzulässigen Fragen gestellt werden, können Sie diese wahrheitswidrig beantworten, ohne dass Ihnen daraus ein Nachteil entstehen kann. Wenn Sie nicht lügen möchten, bietet sich auch die Strategie an, den Interviewer zu fragen, inwieweit diese Frage mit den Anforderungen des Jobs zu tun hat. Denn nur solche Fragen dürfen als Auswahlkriterium herangezogen werden. Die Strategie, den Interviewer darauf aufmerksam zu machen, dass er eine unzulässige Frage stellt, ist eher weniger empfehlenswert, da dies direkt eine Konfliktsituation provoziert. Sollten Sie unzulässige Fragen gestellt bekommen und eine Absage erhalten, haben Sie die Möglichkeit, eine entsprechende Diskriminierungsklage einzureichen.

Eigene Fragen stellen

Eigene Fragen sind ein Gradmesser für die Bewerberqualität.

Eigene Fragen zu stellen, dient natürlich zum einen dazu, mehr Informationen über die zu besetzende Position zu erhalten und sich damit ein klareres Bild machen zu können. Zum andern sind für viele Interviewer die eigenen

Fragen eines Bewerbers auch Gradmesser, um seine Eignung einschätzen zu können. Gute Kandidaten stellen in der Regel auch gute Fragen. Daher sollten Sie sich im Vorfeld hierzu einige Gedanken machen.

- **Informationen über das Unternehmen und die Stelle**
  Wenn Sie mit einem Personalberater das Telefoninterview führen und das ausschreibende Unternehmen noch nicht bekannt ist, sollten Sie nicht insistieren, den Namen zu erfahren. Teilweise gibt es klare Vorgaben an den Personalberater, dass erst bei der Einladung zu einem persönlichen Gespräch der potenzielle Arbeitgeber genannt werden darf. Dennoch können Sie über Fragen eine Eingrenzung zum Beispiel nach der Region, der Branche oder der Marktpositionierung vornehmen.
  Nachfolgend einige Fragen, die hilfreich sein können:
  - Wie ist die organisatorische Einbindung der Stelle?
  - Wer ist der disziplinarische Vorgesetzte?
  - Wird die Stelle neu geschaffen oder existiert sie bereits?
  - Warum wird die Stelle neu besetzt?
  - Wo liegen die Aufgabenschwerpunkte?
  - Zu welchen internen Bereichen gibt es Schnittstellen?
  - Wer sind die wichtigsten externen Ansprechpartner?
  - In welchem Umfang bewegt sich die Reisetätigkeit?
  - Welche Erwartungen bestehen an den zukünftigen Stelleninhaber?
  - Beinhaltet die Stelle Budgetverantwortung?

Tipp **Vermeiden Sie Dopplungen**

Sofern Sie sich auf eine ausgeschriebene Stelle bewerben, achten Sie darauf, dass sich die Antworten auf Ihre Fragen nicht bereits direkt aus dem vorliegenden Ausschreibungstext entnehmen lassen.

Berufen Sie sich auf Unternehmensinformationen.

Gute Vorbereitung signalisieren

Lassen Sie durch Ihre Fragen erkennen, dass Sie sich bereits vorab informiert haben. »Auf Ihrer Website habe ich gelesen, dass Sie eine weitere Expansion planen. Können Sie mir sagen, welche Regionen Sie dabei besonders im Auge haben?«

Fragen zur Arbeitszeit, Urlaubsanspruch oder Nebenleistungen sollten am besten im Zusammenhang mit der Gehaltsfrage und dem damit verbundenen Vergütungspaket gestellt werden.

Sofern am Ende des Telefoninterviews die weitere Vorgehensweise noch nicht klar vereinbart ist, sollten Sie auch diesbezüglich fragen.

- Wie sieht der weitere Auswahlprozess aus?
- Bis wann werden Sie sich voraussichtlich wieder bei mir melden?
- Wird als Nächstes ein persönliches Vorstellungsgespräch stattfinden?
- Wer werden die weiteren Gesprächspartner sein?

Kritische Punkte klarstellen

Themen nochmals aufgreifen

Sollten Sie gegen Ende des Gesprächs das Gefühl haben, bei einem Themenbereich nicht wirklich überzeugend argumentiert zu haben, kann es sinnvoll sein, diesen Punkt gegen Ende des Gesprächs nochmals aufzugreifen. Dies ist besonders dann sinnvoll, wenn Ihnen diesbezüglich noch ein Beispiel oder ein Argument eingefallen ist, bei dem Sie davon ausgehen können, dass es für Ihren Gesprächspartner besonders wichtig und nachvollziehbar ist. Aber Vorsicht! Achten Sie darauf, dass Sie nicht in eine Rechtfertigung abgleiten, sondern Ihre Argumente positiv platzieren. Nachfolgend ein positives Beispiel:

Beispiel Klarstellung
Jens Weber: »Herr Müller, ich würde gern nochmals kurz auf das von Ihnen angesprochene Thema Prozessanalyse eingehen.«
Peter Müller: »Ja, gern! Ich hatte ja betont, dass dies für uns ein sehr wichtiges Arbeitsfeld ist.«
Jens Weber: »Während meines Projekteinsatzes bei der Firma Schmiedel und Co. sollten die Abläufe in der Fertigungssteuerung optimiert werden. Ich war innerhalb des Projektteams für die Ist-Analyse zuständig und habe eigenständig die zu diesem Zeitpunkt bestehenden Abläufe beschrieben und analysiert. Dazu habe ich auch entsprechende Ablaufdiagramme erstellt. Auf dieser Grundlage konnten wir im Projektteam dann unterschiedliche Alternativen entwickeln und bewerten. Die Lösung, die dann realisiert wurde, erbrachte eine Kosteneinsparung von 21 %.«
Peter Müller: »Das ist ja interessant, gut, dass wir darauf noch zu sprechen gekommen sind. Was war denn Ihrer Meinung nach das Wichtigste, um die Abläufe tatsächlich realistisch erfassen zu können?«
Jens Weber: »Ich habe die Erfahrung gemacht, dass es sehr wichtig ist, mit den am Prozess beteiligten Personen zu sprechen und sehr genau zuzuhören. Oftmals ist eine gewisse Hemmung oder sogar auch Angst zu spüren. Denn die betroffenen Mitarbeiter haben Sorge, man würde ihnen den Arbeitsplatz wegnehmen wollen. Indem wir möglichst offen und anschaulich erklärt haben, welche Ziele unser Projekt verfolgt und wie wir vorgehen, konnten wir die bestehenden Widerstände deutlich abbauen.«
Peter Müller: »Sehr schön, Herr Weber, da haben Sie ja doch schon in dieser Richtung einige Erfahrungen sammeln können.«

Unmittelbar im Anschluss an das Telefoninterview sollten Sie sich über dessen Verlauf Notizen machen und wesentliche Informationen festhalten.

Die Nachbereitung des Telefoninterviews

Machen Sie sich Notizen.

Eckpunkte festhalten

In Ihren Notizen sollten Sie sowohl Aussagen, die Sie selbst gemacht haben, als auch Äußerungen Ihres Interviewpartners festhalten. Das gilt besonders für Eckpunkte wie Gehaltsrahmen, mögliche Eintrittstermine oder auch Umfang der Budgetverantwortung, die mit der Position verbunden ist. Notieren Sie sich auch, mit wem Sie das Telefoninterview geführt haben.

Optimierungsmöglichkeiten überlegen

Ein zentraler Aspekt der Nachbereitung ist die kritische Analyse des Telefoninterviews. Dies ist im Hinblick auf die Optimierung der eigenen Gesprächsführung und Argumentation besonders wichtig. Nehmen Sie sich also unmittelbar nach dem Telefoninterview circa 15 Minuten Zeit und stellen Sie sich die folgenden Fragen:

Gespräch reflektieren

- Auf welche Fragen war ich gut vorbereitet?
- Welche Fragen haben mich ins Trudeln gebracht?
- Für welche Eigenschaften und Fähigkeiten fehlen mir noch anschauliche Beispiele?
- Bei welchen Fragen konnte ich nicht überzeugend argumentieren?
- Wo habe ich noch Lücken?
- Ist es mir gelungen, zu einem flüssigen Gesprächsverlauf beizutragen? Was kann ich diesbezüglich noch verbessern?
- Worauf hätte ich von mir aus noch gezielt eingehen sollen?
- Mit welchen Themenbereichen sollte ich mich im Hinblick auf den weiteren Auswahlprozess noch speziell beschäftigen?
- Wo sollte ich meine Bewerbungsunterlagen noch überarbeiten, um Irritationen auszuschließen?
- Was sollte ich an den räumlichen Rahmenbedingungen ändern, damit ich das Gespräch noch entspannter führen kann?

Jedes Telefoninterview sollte eine willkommene Gelegenheit für Sie sein, um Routine und Souveränität in der Gesprächsführung zu gewinnen. Übung macht bekanntlich den Meister.

Übung und Sicherheit gewinnen

Eine wertvolle Hilfe kann auch darin bestehen, dass Sie das Gespräch aufzeichnen und es sich im Anschluss nochmals anhören. Sie werden feststellen, dass Sie das Gespräch ganz anders wahrnehmen, wenn Sie es als Zuhörer entspannt verfolgen und nicht in der Gesprächssituation gefordert sind.

Optimierungsmöglichkeiten überlegen

Die Nachbereitung sollte auch eine kritische Betrachtung beinhalten, auf welche Fragen Sie gut vorbereitet waren und wo Sie für sich noch Lücken oder Argumentationsschwächen feststellen mussten. Diese gilt es, für den weiteren Verlauf des Auswahlverfahrens zu schließen und geeignete Beispiele zu finden, mit denen Sie überzeugend Ihre Aussagen belegen können.

Das Telefoninterview stellt zusammen mit den Bewerbungsunterlagen die Grundlage für den weiteren Auswahlprozess dar. Seien Sie sich bewusst, dass Sie mit dem Telefoninterview eine wichtige Hürde auf dem Weg zum neuen Job gemeistert haben.

Einladung zum Vorstellungsgespräch

Der nächste Schritt ist das Vorstellungsgespräch.

Als nächster Schritt wird in der Regel ein persönliches Vorstellungsgespräch folgen. Sofern die Stelle über einen Personalberater besetzt wird, kann dieses Gespräch zunächst allein mit dem Personalberater stattfinden. Teilweise wird das Vorstellungsgespräch auch direkt gemeinsam mit dem Personalberater und den Unternehmensvertretern geführt. Eher unüblich ist es, dass Sie direkt zu einem Gespräch in das Unternehmen eingeladen werden und der Personalberater Sie zuvor nicht persönlich kennengelernt hat. Seien Sie auch darauf vorbereitet, dass Sie möglicherweise nach Referenzgebern gefragt werden. Dies sollten Menschen sein, die mit Ihnen zusammengearbeitet haben, zum Beispiel ehemalige Vorgesetzte oder Kunden, und die bereit sind, über Sie Auskunft zu geben.

Assessment-Center und Persönlichkeitstests

Assessment-Center oder Persönlichkeitstests

Weitere Elemente im Rahmen des Auswahlprozesses können Assessment-Center oder ein Persönlichkeitstest sein. Während sogenannte Online-Assessments von Ihnen zu Hause am PC durchgeführt werden, findet ein Assessment-Center als Präsenzveranstaltung statt. Ziel ist es, anhand berufsrelevanter Aufgabenstellungen Ihr Verhalten in entsprechenden Situationen zu beobachten und zu bewerten. Persönlichkeitstests, bei denen charakteristische Eigenschaften wie Durchsetzungsvermögen, Leistungsorientierung oder Belastbarkeit näher hinterfragt werden, können entweder in elektronischer Form, online oder in Papierform durchgeführt werden.

Stimmigkeit sicherstellen

Im Hinblick auf alle weiteren Auswahlschritte ist es wichtig, dass Sie während des gesamten Prozesses ein möglichst in sich stimmiges und glaubwürdiges Bild von sich vermitteln. Man redet dabei auch von Authentizität.

Authentisches Erscheinungsbild über den gesamten Prozess

Daher ist es hilfreich, wenn sowohl Ihre Bewerbungsunterlagen als auch Ihre Aussagen in Telefoninterviews zu diesem Gesamtbild positiv beitragen. Gleiches gilt für Ihre Einträge in sozialen Netzwerken, die allgemein zugänglich sind und zunehmend von Arbeitgebern auch gezielt recherchiert werden. Der Gesetzgeber hat in diesem Zusammenhang nur eine rechtliche Einschränkung im Hinblick auf soziale Netzwerke vorgenommen, die in erster Linie der Kommunikation dienen, zum Beispiel Facebook.

Auch soziale Netzwerke einbeziehen

Nutzen darf der Arbeitgeber jedoch soziale Netzwerke, die zur Darstellung der beruflichen Qualifikation ihrer Mitglieder bestimmt sind (z. B. Xing, LinkedIn). Wer glaubt, mit dem erfolgreich bewältigten Schul-, Ausbildungs- oder Studienabschluss sei die Zeit der Prüfungen vorbei, irrt.

Der Einstellungstest

Einstellungstests sind keine Frage der Unternehmensgröße.

Vor dem Eintritt ins Berufsleben und bei jedem Wechsel zu einem neuen Arbeitgeber sind häufig neue, wenn auch anders gestaltete Prüfungen zu absolvieren: die Einstellungstests. Etwa ein Viertel bis ein Drittel aller Unternehmen in Deutschland führen laut verschiedenen Studien bei ihren Bewerbern Einstellungstests durch.
Dabei spielt, anders als man meinen könnte, die Unternehmensgröße keine entscheidende Rolle. Nur sehr kleine Unternehmen mit weniger als 10 Mitarbeitern unterziehen ihre Bewerber sehr selten speziellen Einstellungstests. Dort ist eher die Einladung zu einem ein- bis fünftägigen Probearbeiten üblich. Die Probearbeit kann daher als spezielle Form eines praktischen Tests gelten. Die Studien besagen auch, dass Unternehmen mit mehr als 5 000 Mitarbeitern ebenfalls vergleichsweise selten Einstellungstests durchführen, wohingegen bei Unternehmen mit 11 bis 5 000 Mitarbeitern der Anteil bei 25 bis 35 Prozent liegt. Insgesamt scheint der Anteil der Unternehmen, die verstärkt auf Einstellungstests als Mittel der Bewerberauswahl setzen, zuzunehmen.

Einstellungstests gibt es für alle Arten von Positionen.

Noch vor wenigen Jahrzehnten waren Einstellungstests vorwiegend für die Auswahl von Auszubildenden und bei der Einstellung von Führungs- und Nachwuchsführungskräften üblich. Heute werden neben diesen Bewerbergruppen auch Bewerberinnen und Bewerber für »ganz normale« Stellen im Verkauf, in der Sachbearbeitung, im Kundenservice oder in der Montage getestet. Dazu kommen Institutionen wie Bundeswehr (für die Offiziersanwärter), Polizei oder Auswärtiges Amt, die aus einer sehr großen Anzahl von Bewerbern wählen können und müssen und schon seit Jahrzehnten dabei auf spezielle Tests setzen.

Je mehr Bewerber, desto eher müssen Sie mit einem Einstellungstest rechnen

Wo es viele Bewerber gibt, wird mehr getestet.

Grundsätzlich gilt: Je mehr Kandidaten sich um eine oder mehrere offene Stellen bewerben und je spezieller die gewünschten Fähigkeiten und Kenntnisse sind, desto eher müssen sie mit Einstellungstests als Mittel der Personalauswahl rechnen. Die aus der Sicht des Arbeitgebers besten Bewerberinnen und Bewerber sollen beim Einstellungstest ihre Eignung für die Stelle unter Beweis stellen. Je nach der Art der Stelle und der mit ihr verbundenen Aufgaben, Belastungen und Verantwortlichkeiten sind allerdings unterschiedliche Fähigkeiten und Eigenschaften der Stelleninhaber gefragt. Daher gibt es ein sehr breites Spektrum an Tests, mit denen Bewerber konfrontiert werden können.

Ein breites Spektrum

Es gibt viele verschiedene Arten von Tests ...

Häufig kombinieren die Unternehmen verschiedene Tests, um ein aussagekräftigeres Bild des jeweiligen Bewerbers zu bekommen. »Der Einstellungstest« besteht in der Regel aus vielfältigen Testbausteinen, die verschiedene Fähigkeiten, Kenntnisse, Verhaltensweisen und Persönlichkeitseigenschaften bewerten sollen. Werden mit einer Gruppe von Bewerbern mehrere verschiedene Tests an einem oder zwei Tagen durchgehend absolviert, spricht man von einem Assessment-Center.

... von denen Bewerber manchmal gar nichts erfahren ...

Es gibt auch Einstellungstests, die Unternehmen nur anhand der Bewerbungsunterlagen durchführen, ohne dies den Bewerbern ausdrücklich mitzuteilen. So setzen manche Unternehmen auf grafologische Gutachten (= die Auswertung der Handschrift durch einen speziell geschulten Psychologen) zur Persönlichkeitsbeurteilung. Damit müssen Bewerber rechnen, wenn sie im Rahmen der Bewerbung zur Abgabe eines von Hand geschriebenen Textes aufgefordert werden. Wieder andere werten anhand der Bewerbungsfotos die Gesichter der Kandidaten nach speziellen Kriterien aus, aus denen sie auf Persönlichkeit und Eigenschaften der Porträtierten schließen wollen. Diese »Psychophysiognomie« wird von privaten Anbietern offensiv vermarktet, obwohl es keine wissenschaftlichen Belege für ihre Aussagekraft gibt. Hinter vorgehaltener Hand berichten Personalberater sogar von Unternehmen, die Bewerber nach Horoskopen oder mithilfe des »Auspendelns« ihrer Bewerbungsunterlagen auswählen.

... und die nicht alle wissenschaftlich fundiert sind.

Seriöse Unternehmen werden nur solche Tests durchführen, die aktuellen wissenschaftlichen Standards entsprechen und ihre Bewerber vorab entsprechend informieren.

Formen von Einstellungstests

Wenn die Aufgaben, die mit einer bestimmten Stelle verbunden sind, bestimmte Fähigkeiten und Kenntnisse erfordern, ist es selbstverständlich sinnvoll, zu prüfen, ob diese Fähigkeiten und Kenntnisse vorhanden sind.

Was getestet wird, hängt vor allem von der Art der Arbeitsaufgabe ab.

Unternehmen, die sich Einstellungstests überlegen, werden ihre Testbausteine diesen Anforderungen entsprechend zusammensetzen. Bewerber, die sich vorab ihre Gedanken machen, können daher in etwa abschätzen, was sie erwartet.

Oft wird gleichzeitig die Belastbarkeit getestet.

Viele Unternehmen legen auch Wert darauf, dass ihre Mitarbeiter belastbar und Stresssituationen gewachsen sind. Deshalb legen sie die Tests bewusst so an, dass die Kandidaten sie unter Zeitdruck bearbeiten müssen. Oder sie geben von vornherein eine so große Anzahl von Testaufgaben vor, die in einer so kurzen Zeitspanne zu bearbeiten sind, dass kein noch so fähiger Bewerber das schaffen kann.

Leistungs- und Fähigkeitstests

Schnell muss nicht immer gut sein.

Der eigentliche Test erstreckt sich dann darauf, wie die Kandidaten mit dem Anforderungsdruck umgehen. Welches Ergebnis dabei als gut bewertet wird, kann wiederum je nach Art der Arbeitsaufgabe unterschiedlich sein: Für manche Stellen (z. B. in der Qualitätssicherung oder bei gefährlichen Arbeiten) kommt es besonders darauf an, auch unter Druck sorgfältig und korrekt zu arbeiten, auch wenn das langsamer vonstattengeht. Für andere ist es wichtiger, schnell viel zu schaffen, auch wenn das Ergebnis im Detail nicht immer genau stimmt.

Persönlichkeitstests

Fach- und Allgemeinwissen, analytische Intelligenz und Gedächtnis sind für viele Berufe wichtig und tatsächlich vergleichsweise einfach zu testen. Sie allein genügen aber nicht, um sehr qualifizierte Stellen und insbesondere Führungspositionen erfolgreich auszufüllen. Für solche Aufgaben brauchen die Bewerber bestimmte Persönlichkeitseigenschaften. Diese sollen im Rahmen von Persönlichkeitstests geprüft werden.

Wann Persönlichkeitstests seriös sind

Was genau »Persönlichkeit« eigentlich ist, wie man sie messen kann und welche Eigenschaften in welcher Ausprägung beruflichen Erfolg bedingen, ist nicht eindeutig geklärt. Neben einigen Tests, die dem aktuellen Wissensstand der Psychologie entsprechen und wissenschaftlichen Standards genügen, gibt es in der Praxis eine große Grauzone mit mehr oder weniger umstrittenen Tests.

Bewerber sollten wissen, was auf sie zukommt.

Seriöse Unternehmen informieren ihre Bewerberinnen und Bewerber vorab darüber, welche Persönlichkeitstests sie durchführen und was sie damit messen wollen. Die Durchführung sollte möglichst in der Hand erfahrener Psychologen liegen.

DIN-Norm für Persönlichkeitstests

Unternehmen, die sich ihrer Verantwortung besonders bewusst sind, richten sich sogar nach eigens entwickelten Normen für eignungsdiagnostische Verfahren. Die DIN 33 430, die auf Anregung des Berufsverbandes Deutscher Psychologinnen und Psychologen (BDP) entwickelt wurde, beschreibt, was heute im deutschsprachigen Raum State of the Art ist; für den internationalen Markt gibt es die ISO-Norm 10667. Bewerber können sich vorab bei den Unternehmen informieren, ob die eingesetzten Verfahren diesen Normen entsprechen.

Nicht alle Persönlichkeitstests sind seriös

Nicht alle Unternehmen haben ausreichend qualifiziertes Personal für die Auswahl und Durchführung wissenschaftlich anerkannter psychologischer Eignungstests, und manche vertrauen diese Leistung externen Beratern an, deren

Qualifikation nicht nachgewiesen ist. Manche Unternehmen arbeiten mit Tests, die nicht den aktuellen wissenschaftlichen Standards entsprechen, andere adaptieren Tests, die eigentlich ganz anderen Zwecken dienen.

Vorsicht bei frei interpretierbaren Bildern

So gibt es beispielsweise sogenannte projektive Verfahren, bei denen Probanden zu Bildern, Farben oder Texten freie Assoziationen bilden sollen. Ein bekannter Vertreter dieser Verfahren ist der Rorschachtest, bei dem »Klecksbilder« gedeutet werden sollen. Diese Verfahren werden heute noch ab und zu in der klinischen Psychologie zur Hypothesenbildung über nicht eindeutige Krankheitsbilder eingesetzt. Es gibt aber auch Personalberatungen und andere Unternehmen, die sie im Rahmen von Einstellungstests nutzen. Für diesen Einsatzzweck wurden sie nicht entwickelt und sind daher nicht dafür geeignet, außerdem lassen sie keine objektiv mess- und interpretierbaren Ergebnisse zu. Entsprechend wenig Aussagekraft haben diese Tests. Aufgeklärte Bewerberinnen und Bewerber werden daher überlegen, ob sie sich einem solchen Test im Rahmen eines Einstellungsverfahrens überhaupt unterziehen wollen.

Skepsis ist bei Typologien angebracht.

Weit verbreitet sind Persönlichkeitstests, als deren Ergebnis der Bewerber einem bestimmten Persönlichkeitstyp zugeordnet werden kann. Das »Herrmann Brain Dominance Instrument« (HBDI) beispielsweise unterteilt je nach dem bevorzugten Denkstil in analytische, intuitive, strukturelle und strategische Denker. Das ebenfalls sehr bekannte DISG-Persönlichkeitsprofil sortiert Kandidaten dagegen nach den Verhaltensstilen dominant, initiativ, stetig und gewissenhaft. Diese Verfahren sind auch deswegen so beliebt, weil sie sehr anschaulich sind und die Kandidaten sich zumindest gefühlsmäßig wiedererkennen. Wissenschaftlich sind sie umstritten, weil es keine gesicherten Nachweise dafür gibt, dass diese Typen so existieren und der »Typ« tatsächlich messbaren Einfluss auf das Verhalten hat bzw. Prognosen über zukünftiges Verhalten erlaubt.

Welche Rechte Bewerber im Zusammenhang mit Persönlichkeitstests haben

Persönlichkeitstests haben den Zweck, die Persönlichkeit eines Kandidaten näher zu beleuchten und daraus auf den zukünftigen beruflichen Erfolg zu schließen. Damit erforschen sie einen sehr privaten Bereich; die Arbeitgeber erhalten einen tiefen Einblick in die Persönlichkeit der Bewerberinnen und Bewerber. Seriöse Arbeitgeber gehen mit den Tests und den sensiblen Daten entsprechend sorgfältig um.

Fünf wesentliche Rechte der Bewerber

1) Das einstellende Unternehmen muss Ihnen rechtzeitig mitteilen, ob im Rahmen des Bewerbungsverfahrens psychologische Testverfahren eingesetzt werden, und wenn ja, welche das sind.
2) Psychologische Tests im Rahmen von Einstellungsverfahren dürfen nur Fragen bzw. Aufgaben enthalten, die für die ausgeschriebene berufliche Position relevant sind.
3) Fragen nach religiösen und politischen Einstellungen sind nicht erlaubt, auch nicht solche nach persönlichen moralischen Vorstellungen oder gar aus dem Intimbereich. Solche Fragen müssen Sie nicht bzw. nicht wahrheitsgemäß beantworten.
4) Sie haben ein Recht darauf, über die wichtigsten Testergebnisse informiert zu werden und sie erklärt zu bekommen. Die Testergebnisse selbst muss Ihnen der Arbeitgeber aber normalerweise nicht zeigen (es sei denn, Sie haben das vorher ausdrücklich mit ihm vereinbart).
5) Wenn Sie es verlangen, muss das Unternehmen die Original-Testunterlagen vernichten, wenn Sie die Stelle nicht bekommen. Selbst wenn Sie eingestellt werden, können Sie verlangen, dass die Testergebnisse nur in Ihre Personalakte aufgenommen und nach Ihrem Ausscheiden aus dem Unternehmen vernichtet werden.

Bekannte und wissenschaftlich anerkannte Persönlichkeitstests

Bei den wissenschaftlich unumstrittenen Persönlichkeitstests ist die Auswahl nicht ganz so groß. Dem aktuellen wissenschaftlichen Standard entsprechen beispielsweise:

Occupational Personality Questionnaire (OPQ32)

- **Occupational Personality Questionnaire (OPQ32):** Er erfragt Angaben zu Wissen, Fähigkeiten, Motivation und Persönlichkeitsmerkmalen der Kandidaten in 32 verschiedenen Skalen. Aus den Angaben wird ein Potenzialprofil erstellt und dieses dem Anforderungsprofil der Stelle gegenübergestellt. Der OPQ32 ist international sehr verbreitet.

Bochumer Inventar zur berufsbezogenen Persönlichkeitsbeschreibung (BIP)

- **Bochumer Inventar zur berufsbezogenen Persönlichkeitsbeschreibung (BIP):** Es stellt 210 Fragen aus 14 Dimensionen. Hauptbereiche des BIP sind die berufliche Orientierung, das Arbeitsverhalten, die sozialen Kompetenzen und die psychische Konstitution. Bei der beruflichen Orientierung geht es darum, wie stark jeweils die Leistungs-, Gestaltungs- und Führungsmotivation ausgeprägt sind. Beim Arbeitsverhalten beschäftigen sich drei Skalen mit Gewissenhaftigkeit, Flexibilität und Handlungsorientierung. Die soziale Kompetenz umfasst die fünf Skalen Sensitivität, Kontaktfähigkeit, Soziabilität, Teamorientierung und Durchsetzungsstärke und die psychische Konstitution die drei Skalen emotionale Stabilität, Belastbarkeit und Selbstbewusstsein. Das BIP gilt als besonders objektives Testverfahren.

Leistungsmotivationsinventar (LMI)

- **Leistungsmotivationsinventar (LMI):** Es enthält 17 verschiedene Verhaltensdimensionen, die für den Berufserfolg relevant sind. Diese »Leistungsdimensionen« werden mit jeweils zehn Items gemessen: Beharrlichkeit, Dominanz, Engagement, Erfolgszuversicht, Flexibilität, Flow, Furchtlosigkeit, Internalität, kompensatorische Anstrengung, Leistungsstolz, Lernbereitschaft, Schwierigkeitspräferenz, Selbstständigkeit, Selbstkontrolle, Statusorientierung, Wettbewerbsorientierung und Zielsetzung.

NEO-Fünf-Faktoren-Inventar (NEO-FFI)

- **NEO-Fünf-Faktoren-Inventar (NEO-FFI):** Es basiert auf der derzeit gängigsten Persönlichkeitstheorie, die »Big Five« genannte fünf Hauptdimensionen der Persönlichkeit annimmt. Diese fünf Dimensionen sind Neurotizismus, Extraversion, Offenheit für neue Erfahrungen (die Anfangsbuchstaben dieser Wörter ergeben zusammen das Akronym NEO) sowie Gewissenhaftigkeit und Verträglichkeit. Das NEO-FFI prüft diese Dimensionen mit 60 Items ab.

Seriöse Persönlichkeitstests sind transparent.

Die wissenschaftlichen Grundlagen dieser Tests sind öffentlich zugänglich und damit überprüfbar. Für Bewerberinnen und Bewerber sind sie als seriöse Verfahren empfehlenswert; die durch sie zu erhaltende Selbstauskunft kann auch wertvoll für weitere Bewerbungen bzw. die weitere Karriereplanung sein.
Bei den wenigsten Einstellungstests werden alle Bereiche abgefragt. Meistens wählen die Personalverantwortlichen bestimmte Bereiche aus, die sie für die Besetzung der ausgeschriebenen Stelle als wichtig erachten. Welche Anforderungen in den einzelnen Testbereichen auf den einzelnen Bewerber zukommen können und wie er sich am besten vorbereiten kann, wird im nächsten Kapitel ausführlich erläutert.

Die Vorbereitung auf Einstellungstests

Die Einladung zu einem Einstellungstest

So mancher Bewerber mag innerlich aufstöhnen, wenn er die Einladung zu einem Einstellungstest erhält, handelt es sich doch um eine weitere Hürde auf dem Weg zur neuen Arbeitsstelle. Das aber ist eine Frage der Betrachtungsweise: Diejenigen Bewerberinnen und Bewerber, die nach einem ersten Sichten der Unterlagen als für die ausgeschriebene Stelle ungeeignet eingeschätzt werden, erhalten schließlich sofort eine Absage. Zum Einstellungstest eingeladen werden nur diejenigen Kandidaten, die für den Arbeitgeber grundsätzlich infrage kommen. Die Einladung bedeutet also einen ersten Erfolg, eine Hürde, die bereits übersprungen wurde.

... ist bereits ein erster Erfolg bei der Stellensuche ...,

... der zu weiteren Anstrengungen anspornt.

Zur Beruhigung: Tausende haben es schon geschafft!

Wer die Einladung zu einem solchen Test in der Hand hält, kann daher aus gutem Grund selbstbewusst und positiv an die Sache herangehen. Der Test ist eine Chance, sich aus der Masse der Bewerber abzuheben, die eigenen Fähigkeiten und Kenntnisse zu demonstrieren und damit zu beweisen, dass man für genau diese Stelle hervorragend geeignet ist.
Eine gute Vorbereitung und die richtige innere Einstellung helfen dabei, den Einstellungstest souverän zu bestehen und sich damit die gewünschte Stelle zu sichern.
Einen Einstellungstest erfolgreich zu bestehen, ist kein Hexenwerk. Schließlich gibt es unzählige Arbeitnehmerinnen und Arbeitnehmer, die diese Herausforderung bereits erfolgreich gemeistert haben. Allerdings ist es ratsam, sich mit der Thematik »Einstellungstest« im Vorfeld der Bewerbung eingehender zu beschäftigen. Weil viele Bewerber im Rahmen Ihrer Stellensuche nicht mit einem Einstellungstest rechnen, werden Sie von der Ankündigung eines Einstellungstests erst einmal völlig überrascht.

Eine gute Vorbereitung auf den Einstellungstest erhöht die Erfolgschancen enorm.

Planen Sie hinreichend Vorbereitungszeit ein

Wenn die Einladung zum Einstellungstest im Briefkasten liegt, mischt sich dann die Freude über den ersten Erfolg auf dem Weg zur begehrten Stelle mit einer zunehmenden Nervosität im Hinblick auf das, was beim Test auf den Kandidaten zukommen könnte.
Meist sind dann nur noch wenige Tag Zeit, um sich auf die Testfragen vorzubereiten. Die Bewerberin oder der Bewerber geht mit dem Gefühl in den Test, sich nur ungenügend vorbereitet zu haben, und das wirkt sich nicht nur auf das Selbstvertrauen in der Testsituation selbst aus, sondern die Unsicherheit überträgt sich auch auf das womöglich gleich anschließende Bewerberinterview.

Frühzeitig mit der Vorbereitung beginnen

Die beste Strategie im Hinblick auf Einstellungstests besteht darin, sich eine ausreichende Vorbereitungszeit zu nehmen. Wer nicht sehr kurzfristig gekündigt hat oder wurde, verfügt in der Regel über mehrere Wochen Zeit, um sich auf einen Einstellungstest vorbereiten zu können. Diese Zeit sollte unbedingt genutzt werden.

Die Muster der Fragen erkennen

Denn viele Fragen in den verschiedenen Einstellungstests tauchen immer wieder auf oder verfolgen ein bestimmtes Muster, das sich wiederholt, auch wenn die Fragestellung nicht identisch ist. Wer einmal mehrere Einstellungstests geübt hat, wird zum Beispiel Fragen zum logischen Denken viel leichter richtig beantworten können als zu Beginn, weil er jetzt besser versteht, worauf diese Fragen abzielen. Je mehr Tests vorbereitend absolviert werden, desto wahrscheinlicher ist ein guter Erfolg beim eigentlichen Einstellungstest. Wer nach einer fundierten Vorbereitung zum Einstellungstest antritt, kann davon ausgehen, dass er – vor allem wenn viele Bewerber um die Stelle konkurrieren – gute Chancen hat, ganz vorn dabei zu sein.

Übung macht den Testmeister.

Kleine Lerneinheiten bilden

Ideale Vorbereitungszeit: 8 Wochen

Am besten ist es, sich in den Wochen der Vorbereitung jeden Tag ein bestimmtes Arbeitspensum vorzunehmen, zum Beispiel eine Trainingseinheit im Bereich Allgemeinwissen, am nächsten Tag eine Einheit im Bereich logisches Denken usw. Diese gründliche Vorbereitungszeit trägt dazu bei, dass die Lerninhalte gut im Gedächtnis haften bleiben. Derselbe Effekt ist mit nur wenigen Tagen Vorbereitung auf keinen Fall zu erreichen.

2 Stunden üben am Tag ist genug.

Dabei ist es nicht notwendig, acht Stunden am Tag zu lernen. Jeden Tag eine Trainingseinheit von ca. zwei Stunden ist vollkommen ausreichend. Auf diese Weise gelingt es, sich über einige Wochen hinweg – ohne übermäßige Anstrengung – das notwendige Wissen zu erarbeiten.

Stures Auswendiglernen bringt wenig.

Nur Auswendiglernen nutzt nichts

So mancher Bewerber glaubt, auf der sicheren Seite zu sein, wenn er die Lösungen zu bestimmten Aufgaben auswendig lernt. Das aber ist die falsche Strategie. Sicher wird im Test die eine oder andere Frage auftauchen, die bereits bekannt ist. In der Regel ähneln sich die Aufgaben lediglich in ihrer Art, sie sind aber nicht identisch, was die Fragestellung anbelangt.

Das heißt: Die Ansammlung von Wissen ist zwar wichtig, stures Einpauken von Lösungen, ohne den Sachverhalt zu verstehen, bringt dagegen in der Regel kein gutes Testergebnis. Ganz ohne zu lernen, gelingt die Vorbereitung auf einen Einstellungstest aber auch nicht. Insbesondere in den Testbereichen Allgemein- und Fachwissen werden solide Kenntnisse vorausgesetzt. Hier geht es nicht nur um das Abrufen von bisher Gelerntem, sondern auch darum, ob der Stoff verstanden und verinnerlicht wurde.

Im Internet gibt es zahlreiche Übungstests.

Weiter hinten in diesem Buch finden Sie eine Reihe von Testaufgaben, mit denen Sie sich auf Ihren Einstellungstest vorbereiten können. Sie finden hier vorwiegend Übungen zum Allgemeinwissen, Deutschlandwissen und für den Intelligenztest. Wenn Sie noch mehr üben wollen, bietet auch das Internet zahlreiche weitere Übungstests an, mit in der Regel etwas einfacheren Testaufgaben.

Den eigenen Lerntyp erkennen

Über den richtigen Sinneskanal Informationen besser behalten

Jeder Mensch nimmt Wissen über einen bevorzugten Kanal auf. Die einen lernen zum Beispiel leichter, wenn sie die Informationen, die sie aufnehmen sollen, hören. Die anderen brauchen eine möglichst bildhafte Darstellung eines Zusammenhangs, um ihn zu verstehen. Wer weiß, über welchen seiner Sinneskanäle er bevorzugt Informationen aufnehmen und behalten kann, lernt erheblich leichter.

Grundsätzlich unterscheidet man vier Lerntypen:

1) den auditiven Lerntyp,
2) den visuellen Lerntyp,
3) den kommunikativen Lerntyp,
4) den motorischen Lerntyp.

1) Auditiver Lerntyp

Menschen dieses Lerntyps behalten Lernstoff am besten, wenn sie ihn über ihr Gehör aufnehmen. Das heißt: Jede Art von Information, die in Form von Vorträgen, Gesprächen und Berichten in Radio und Fernsehen an sie herangetragen wird, können sie sich gut merken.

Lernempfehlung für den auditiven Lerntyp
Prägen Sie sich Ihren Lernstoff ein, indem Sie sich die Information zum Beispiel auf CD aufnehmen und immer wieder anhören. Sprechen Sie die Fragen und Antworten aus den Testübungen auf Ihre CD, die Sie im ersten Anlauf nicht beantworten konnten. Hören Sie sich Ihre CD mehrmals an, immer dann, wenn Sie gerade Ruhe haben und entspannen. Ebenso gut behalten Sie den Stoff, wenn Sie beim Lernen laut vor sich hin reden oder sich von einem anderen vorlesen lassen.

2) Visueller Lerntyp

Menschen dieses Lerntyps behalten Informationen am besten über schriftliche oder bildhafte Darstellungen im Gedächtnis. Sie lesen viel und gerne.

Informationsaufnahme über Bilder, Grafiken und Illustrationen

Lernempfehlung für den visuellen Lerntyp
Grundsätzlich lernen Sie als visueller Typ bereits beim Lesen. Noch besser können Sie den Stoff aufnehmen und behalten, wenn Sie ihn strukturieren, zum Beispiel mithilfe von Checklisten oder mit Zeichnungen oder Bildern. Farben, Buntstifte und Marker sind hervorragende Hilfsmittel, um wichtige Informationen hervorzuheben. Achten Sie immer darauf, dass Sie beim Lernen eine schöne und ordentliche Umgebung haben. Eine unstrukturierte Umgebung stört die Aufnahme über den Sinneskanal Augen.

Die bewährte Lernmethode für visuelle Lerntypen: Karteikarten

Als bewährtes Lernmittel für den visuellen Lerntyp haben sich Karteikarten erwiesen. Dabei wird auf die eine Seite der Karte stichwortartig die Frage notiert, zum Beispiel im Testbereich Allgemeinwissen: *Was ist der Tadsch Mahal.* Auf der Rückseite steht die Lösung: *Mausoleum in der indischen Stadt Agra*. Allein schon beim Notieren der Stichwörter tritt ein Lern- und Erinnerungseffekt ein.

Themen übersichtlich nach Farben sortieren

Für eine thematische Einteilung der Fragestellungen eignen sich Karteikarten in verschiedenen Farben. Stichwortfragen und -antworten zur Politik stehen dann zum Beispiel auf gelben Karteikarten, zur Geschichte auf grünen, zur Kunst auf orangefarbenen usw. Zum Wiederholen werden die Stichwortfragen Karte für Karte gelesen und beantwortet.

Mindmaps: kreativ lernen mit Bildern

Hervorragend geeignet für den visuellen Lerntyp sind sogenannte Mindmaps (Gedankenkarten). Bei dieser Methode werden die Informationen nicht checklistenartig untereinander oder auch nebeneinander notiert. Vielmehr wird der Lernstoff skizzenhaft als Bild dargestellt. In der Mitte eines Blattes oder auch einer Karteikarte steht der Hauptbegriff, um den es geht, also zum Beispiel ein bestimmter Begriff aus einer Frage der Testaufgaben: *Tadsch Mahal.* Alle dazu bekannten Informationen werden – mit Linien verbunden – als Schlüsselwörter netzartig um diesen Begriff herum gruppiert, zum Beispiel: Indien, Agra, indoislamische Architektur, Mausoleum, UNESCO, Weltkulturerbe, Großmogul Shah Jahan, Lieblingsfrau Mumtaz Mahal, Zwiebelkuppel, vier Minarette.

Beispiel Mindmap

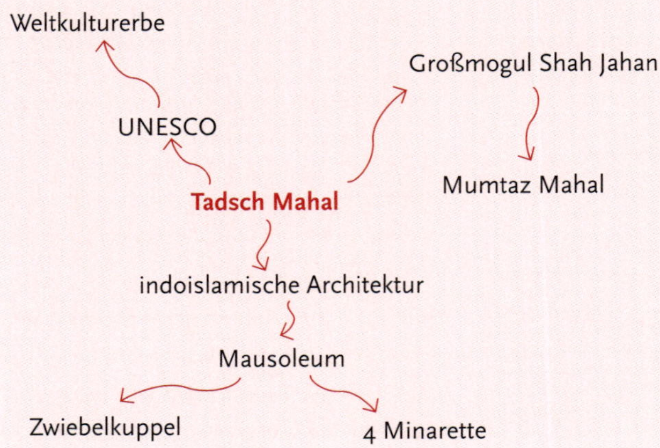

Ein Gesprächspartner erklärt das Thema. So kann der Lernende es verstehen und behalten.

3) Kommunikativer Lerntyp

Diskussionen und Gespräche sind für diese Menschen der geeignetste Weg, um Wissen aufzunehmen. Am liebsten lernen sie in der Gruppe und setzen sich im Dialog mit dem Lernstoff auseinander. Sie beleuchten das Für und Wider einer Sache oder eines Tatbestandes, stellen Fragen und finden Erklärungen. Auch Rollenspiele können dazu beitragen, den Lernstoff zu festigen.

Lernen durch gemeinsames Spiel und Gespräche

Lernempfehlung für den kommunikativen Lerntyp

Mehr Spaß macht das Wiederholen des Lernstoffs, wenn daraus ein Wissensspiel für mehrere wird. Auch hier notieren Sie jeweils eine Frage zum aktuellen Lernstoff, also eine Frage aus den Übungstests, auf eine Karteikarte. Die Spieler legen die Karten mit den Fragen nach unten auf den Tisch. Reihum decken die Mitspieler jeweils eine Frage auf, die sie beantworten müssen. Weiß der Spieler die richtige Antwort, bekommt er einen Punkt. Wenn nicht, darf der nächste Spieler die Antwort geben usw. Kann keiner die Frage richtig beantworten, wird die Karte beiseitegelegt, um die Lösung am Ende des Spiels gemeinsam nachzuschauen. Ob Antworten richtig oder falsch sind, steht in den Testübungen, aus denen auch die Fragen generiert wurden. Der Spieler mit den meisten richtigen Antworten hat das Spiel gewonnen.

4) Motorischer Lerntyp

Beim motorischen Lerntyp gilt das Motto: Lernen durch Bewegung. Das heißt: Für ihn ist eine Lernsituation dann ideal, wenn er direkt in einen Handlungsprozess integriert ist. Er praktiziert das berühmte Learning by Doing. Am Schreibtisch zu sitzen und Wissen aus Texten zu filtern, ist für ihn eine Qual. Er muss in Bewegung sein, damit sein Gehirn die volle Leistungsfähigkeit entfalten kann.

Hyperaktive Menschen sind häufig motorische Lerntypen.

Diese Menschen lernen im wahrsten Sinne des Wortes auch durch das »Be-greifen« von Dingen. Sie wollen die Welt spüren und ertasten. Sie lieben Experimente, aktivieren ihr räumliches Vorstellungsvermögen, indem sie Gegenstände so anordnen, dass sie ihre Beziehung zueinander verstehen können, und lösen mathematische Aufgaben, indem sie sich Material auslegen und Distanzen messen.

Das Lernen durch Bewegung, Handeln und Fühlen unterstützen

Lernempfehlung für den motorischen Lerntyp
Menschen dieses Lerntyps werden in ihrer Schulzeit in ihrer Lernentwicklung oft gehemmt, weil ihre motorische Aktivität den Unterricht stört. Beim Lernen im häuslichen Umfeld muss sich der motorische Lerntyp keine Fesseln anlegen: Am besten legen Sie sich Materialen bereit, die Sie beim Lernen unterstützen, probieren so viel wie möglich selbst aus und suchen sich Partner für Rollenspiele. Wenn Sie Lesestoff aufnehmen müssen, haben Sie zu Hause die Möglichkeit, beim Lernen von einer Zimmerecke zur anderen zu laufen. Auch das Wippen in einem Schaukelstuhl oder rhythmisches Laufen hilft oft bei der Aufnahme von Lernstoff.

Mischtypen sind die Regel

Kein Mensch nimmt Wissen nur über einen einzigen Sinneskanal auf.

Selten gibt es einen der vier Lerntypen in einer einseitigen, ganz extremen Ausprägung. Die meisten Menschen erfahren die Welt über alle ihre Sinne, das heißt, sie sind Mischtypen, was das Lernen anbelangt. Allerdings erhält bei vielen ein bestimmter Sinneskanal bei der Informationsaufnahme den Vorzug. Wer seinen bevorzugten Sinneskanal erkannt hat, sollte ihn bei der Vorbereitung auf einen Einstellungstest auch besonders bedienen, weil es ihm dadurch leichter fallen wird, den Lernstoff zu behalten.

Die Anforderungen von Einstellungstests

Einstellungstests haben hauptsächlich eine Auswahl aus folgenden Elementen zum Inhalt:

- Test zum Allgemeinwissen
- Test zum spezifischen Fachwissen
- Test zur deutschen Sprache
- Test zur englischen Sprache
- Test zum Deutschlandwissen
- Gedächtnistest
- Intelligenztest
- Mathematiktest
- Test zum logischen Denkvermögen
- Leistungs- und Konzentrationstest
- Persönlichkeitstest
- Fragen zum Unternehmen

Bei den wenigsten Einstellungstests werden alle diese Bereiche abgefragt. Meistens wählen die Personalverantwortlichen bestimmte Bereiche aus, die sie für die Besetzung der ausgeschriebenen Stelle als wichtig erachten.

Einstellungstest zur Allgemeinbildung: Anforderungen und Vorbereitung

Fast in allen Einstellungstests gibt es einen Frageblock zum Thema Allgemeinwissen. Er besteht meist nicht nur aus Fragen zur klassischen Schulbildung, sondern häufig auch zum aktuellen Tagesgeschehen. Manche Unternehmen testen die Allgemeinbildung ihrer Bewerber querbeet. Andere wiederum stellen nur Fragen zum Allgemeinwissen, die im Kontext zur angebotenen Stelle stehen, zum Beispiel geografisches Wissen bei Berufskraftfahrern oder Fragen zur Politik und Politikgeschichte, wenn zum Beispiel eine kaufmännische Mitarbeiterin bzw. ein kaufmän-

Bewerber als Chauffeur oder Kraftfahrer mit mangelnden geografischen Kenntnissen haben nur geringe Chancen.

nischer Mitarbeiter für eine politische Einrichtung gesucht wird. Die Personalverantwortlichen wollen so prüfen, ob die Grundlagen der Allgemeinbildung für die entsprechende Stelle ausreichend sind. Generell gilt ein gutes Allgemeinwissen als Hinweis auf Aufgeschlossenheit, Lernwilligkeit und ein gewisses persönliches Niveau der Bewerberin oder des Bewerbers.

Verschiedene Wissensgebiete werden abgefragt.

Üblicherweise erstrecken sich die Fragen auf die Wissensgebiete Politik, Erdkunde, Geschichte, manchmal auch Kunst und Literatur.

Beispiel
Wie viele Bundesländer umfasst die Bundesrepublik Deutschland?

- ☐ 12
- ☐ 16
- ☐ 20

Die Lösung lautet 16.

Je anspruchsvoller das Jobangebot, desto höher das Testniveau

Je höher eine Position in der Unternehmenshierarchie angesiedelt ist, desto mehr Allgemeinwissen wird vorausgesetzt. Vor allem Mitarbeiterinnen und Mitarbeiter mit häufigem Kundenkontakt oder repräsentativen Aufgaben, die immer wieder auch Small-Talk-Gesprächspartner sind, sollten mit einer anspruchsvollen Kundenklientel auf Augenhöhe kommunizieren können.

Zur Vorbereitung täglich Zeitung lesen

Dazu gehört, dass ein potenzieller Mitarbeiter sowohl über das aktuelle politische und gesellschaftliche Geschehen informiert ist als auch über wichtige geschichtliche Ereignisse, vor allem, was Deutschland anbelangt. Aber auch Kunst, Literatur, Religion, Musik, Mathematik und Geografie werden im Test zum Allgemeinwissen abgefragt.

Kein Mensch hat ein erschöpfendes Allgemeinwissen. Sie können also niemals alles wissen. Das erwarten die Personalverantwortlichen auch gar nicht. Wer allerdings schon an leichten Fragen zum Basiswissen scheitert und

Machen Sie vorab so viele Tests wie möglich.

zum Beispiel nicht beantworten kann, wie unser derzeitiger Bundespräsident heißt oder in welchem Land die Stadt St. Petersburg liegt, hat geringe Aussichten, einen Termin zum Vorstellungsgespräch zu bekommen.
Am besten absolvieren Sie mehrere Übungstests zum Allgemeinwissen. Dadurch eignen Sie sich zu Ihrem bereits vorhandenen noch zusätzliches Wissen an und gewinnen an Sicherheit. Die folgende Aufzählung der Bereiche aus dem großen Feld des Allgemeinwissens soll lediglich einen Überblick über mögliche Themen geben, die Sie im Testbereich zum Allgemeinwissen erwarten können. Häufig werden bei Einstellungstests lediglich Teilbereiche ausgewählt, die im Hinblick auf die Stelle relevant sein können.

Multiple-Choice-Test: Von mehreren Antwortmöglichkeiten ist eine richtig.

Eine Erleichterung für die Prüflinge bei den meisten Allgemeinwissentests besteht darin, dass sie im Multiple-Choice-Verfahren durchgeführt werden. Das heißt: Mehrere Antwortmöglichkeiten sind vorgegeben und der Kandidat muss sich entscheiden, welche davon er für die richtige Antwort hält. Der Vorteil: Er muss nicht frei Wissen aus seinem Gedächtnis abrufen und formulieren, sondern wird durch die bereits vorgegebenen Antworten mit Begriffen konfrontiert, die oft sogar noch tief im Unterbewusstsein vergrabenes Wissen an die Oberfläche bringen. Auch ein logisches Ausschlussverfahren der falschen Antworten kann bei bestimmten Fragen zum richtigen Ergebnis führen.

Einstellungstests zum Allgemeinwissen	
Bereiche	**Themen**
Geschichte	Wichtige Eckpfeiler der Weltgeschichte und der deutschen Geschichte, z. B. Römisches Reich, Entdeckung Amerikas, Französische Revolution, wichtigste Herrscher usw.
Politik	Weltkriege, insbesondere 2. Weltkrieg; Bündnisse, deutsche Politiker, Staatensysteme, Meilensteine der politischen Geschichte und Entwicklung im Ausland
Kunst	Kunststile, Epochen, Bauwerke, Architekturstile, bekannte Kunstwerke, Maler und Bildhauer, Weltkulturerbe usw.
Musik	Instrumente, bekannte Komponisten und ihre Hauptwerke, zeitgenössische Musiker, Sänger und ihre Musik
Literatur	Bekannte Dichter und Literaten und ihre wichtigsten Werke
Fremdwörter, Redensarten, Zitate	Gängige Fremdwörter, bekannte Redensarten und Zitate von berühmten Persönlichkeiten
Religion	Altes und Neues Testament, Grundlagen der Weltreligionen, griechische und römische Mythologie, geschichtliche Meilensteine der Weltreligionen
Erde und Weltraum	Geologie, Geografie, erdgeschichtliche Entwicklung, Sonnensystem
Physik und Chemie	Grundwissen der Physik und Chemie, bekannte Physiker und Chemiker und ihre Entdeckungen
Mathematik	Grundwissen Mathematik, bekannte Mathematiker und ihre mathematischen Entdeckungen
Flora und Fauna	Pflanzenwelt, Tierwelt und ihre wissenschaftliche Ordnung
Mensch und Medizin	Grundwissen der Medizin und der menschlichen Physiologie; berühmte Mediziner der Geschichte und ihre wissenschaftlichen Errungenschaften
Essen und Trinken	Ursprungsländer bekannter Getränke und Gerichte; Grundwissen über Nahrungsmittel
Sport	Geschichte des Sports, Olympische Spiele, Sportarten, berühmte Sportler
Medien und Film	Filmgeschichte, bekannte TV-Serien, Filmpreise, Regisseure, Schauspieler und Autoren, bekannte Zeitungen und Zeitschriften

Einstellungstest zum Fachwissen: Anforderungen und Vorbereitung

Im spezifischen Testteil zum Fachwissen müssen Bewerber Fragen beantworten, die auf ihre Qualifikation im Hinblick auf die ausgeschriebene Stelle abzielen. Je nach Unternehmensbranche, Berufs- und Ausbildungsinhalten sind dies Fragen zum theoretischen, aber auch zum praktischen Wissen des jeweiligen Berufes.

Fachfragen beziehen sich auf die Berufsinhalte des Bewerbers.

Bewerber oder Bewerberinnen für eine Stelle im Bankwesen müssen hier zum Beispiel Fragen zu den Themen Kontoführung, Kreditwesen, Zahlungsverkehr, Kapitalanlagen usw. beantworten. Während ein Jobkandidat, der sich als Schlosser bewirbt, zum Beispiel Fragen zur Metallkunde, zu den berufstypischen Fachbegriffen, zur Physik, Chemie und Mathematik erhält.

Beispiel

Verkäufer müssen gute sprachliche Fähigkeiten haben, rechnen können und mit Menschen umgehen. Ein Einstellungstest für angehende Verkäufer wird daher beispielsweise folgende Bausteine enthalten:

- Sprache/Textverständnis, etwa einen Text lesen und Fragen dazu beantworten,
- kaufmännisches Rechnen, etwa Aufgaben zu Dreisatz, Prozentrechnen, evtl. auch Zinsrechnen, und
- Kommunikation mit schwierigen Gesprächspartnern, etwa ein Rollenspiel mit einem reklamierenden Kunden.

Praxistests für handwerkliche Berufe sind üblich.

Gerade in handwerklichen Berufen ist praktisches Geschick eine wichtige Grundvoraussetzung, um den Beruf erfolgreich ausüben zu können. Bewerber, deren Beruf solche praktischen Fähigkeiten voraussetzt, sollten sich deshalb darauf einstellen, dass auch ihr technisches Verständnis und ihr räumliches Vorstellungsvermögen getestet werden. Womöglich werden sie auch dazu aufgefordert, einen Geschicklichkeitstest durchzuführen oder kleine Bastelarbeiten anzufertigen, um ihre handwerkliche Begabung unter Beweis zu stellen.

Fachspezifisches Allgemeinwissen ist wichtig.

Die meisten Tests zum Fachwissen enthalten auch Fragen zum Allgemeinwissen, die sich – wie bereits erwähnt –

speziell auf den ausgeübten Beruf beziehen. So müssen Bewerber für eine Stelle im Sekretariat vielleicht auch Fragen zu den betrieblichen Organisationsformen und zur Etikette beantworten, während Kandidaten für eine Stelle in einem Reisebüro gut in Geografie sein sollten.

Einstellungstest zur deutschen Sprache: Anforderungen und Vorbereitung

Fast in allen Berufen ist das Beherrschen der deutschen Sprache eine Grundvoraussetzung, um den Beruf gut ausüben zu können. Angebote und Rechnungen müssen geschrieben, Anfragen und Reklamationen beantwortet werden.

Die Korrespondenz ist für ein Unternehmen eines der wichtigsten Aushängeschilder.

Fehlerhafte und schlecht formulierte Korrespondenz kann sich kein Unternehmen leisten. Deshalb testen Personalverantwortliche die Rechtschreibkenntnisse von Bewerbern und ihre Fähigkeit, flüssig zu formulieren. Weil Unternehmen auf diesem Gebiet in den vergangenen Jahren zunehmend Defizite feststellen mussten, kommt ein Test in der deutschen Sprache in den meisten Auswahlverfahren vor, zum Beispiel mit einem Diktat und/oder einem oft fachspezifischen Aufsatz- oder Korrespondenzthema. Hier ist dann ein fachnahes Thema vorgegeben, das der Kandidat häufig im Stil einer Erörterung beleuchten und bei dem er Pro und Kontra darstellen sowie am Ende die eigene Meinung begründen soll.

Weitere mögliche Tests zu den sprachlichen Fähigkeiten eines Bewerbers

Auch mit den folgenden Testarten werden die sprachlichen Fähigkeiten gern geprüft:

- Multiple-Choice-Fragen zu einem Text beantworten (Sind bestimmte Aussagen zu den Inhalten des Textes richtig/falsch?)
- Satzzeichen in einen Text einsetzen
- Rechtschreibfehler in einem Text markieren und verbessern
- Fremdwörter mit eigenen Worten oder anhand von vorgegebenen Antwortmöglichkeiten erklären
- Gleichbedeutende Wörter (Synonyme) zu vorgegebenen Begriffen finden

Wer sich im Deutschen nicht ganz sicher fühlt, sollte im Vorfeld üben.

Wer den sprachlichen Testteil erfolgreich bestehen will, lässt sich zur Übung von Familienmitgliedern oder Freunden Texte diktieren, am besten aus fachspezifischen Büchern, die er dann fehlerfrei zu schreiben übt. So wird auch gleich die Rechtschreibung von wichtigen berufsspezifischen Fachbegriffen trainiert. Um flüssige Briefe zu üben, sind keine Trainingspartner notwendig. Es genügt, sich eine Situation vorzustellen, zum Beispiel einen Kunden, der sich in einem Brief über die nicht termingerechte Lieferung beschwert. Dazu schreibt der Bewerber jetzt seinen Entschuldigungsbrief mit Stellungnahme und Lösungsvorschlag. Um den Wortschatz zu erweitern, helfen Übungen mit Synonymen, zum Beispiel: Welche Synonyme gibt es für das Wort »schnell«? Antwort: unverzüglich, rasch, sofort, eilig, prompt …

Auch rhetorische Fähigkeiten sind im Blickfeld der Tester.

Die Formulierungsfähigkeit und rhetorische Begabung eines Kandidaten beobachten Personalverantwortliche während des gesamten Auswahlprozesses. Vor allem Mitarbeiter, die telefonisch und persönlich häufig Kundenkontakt haben, müssen sich flüssig und sprachlich sicher ausdrücken können.

Flüssige Formulierungen im Rollenspiel üben

Als Vorbereitung kann der Kandidat mit Gesprächspartnern im Rollenspiel ein Vorstellungsgespräch üben. Der Rollenpartner stellt Fragen, die im Einstellungsgespräch gestellt werden könnten, und der Bewerber trainiert, die Fragen flüssig und rhetorisch geschliffen zu beantworten.

Einstellungstest zur englischen Sprache: Anforderungen und Vorbereitung

Unternehmen testen Englischkenntnisse in Wort und Schrift.

Im Zuge der Globalisierung sind viele Unternehmen international tätig. Englisch ist die Geschäftssprache und deshalb steht in vielen Stellenanzeigen die zusätzliche Anforderung: Gute Englischkenntnisse in Wort und Schrift sind Voraussetzung. Wer diese Anforderung nicht einmal annähernd erfüllen kann, das heißt, wer im Englischen wenig oder kaum Kenntnisse besitzt, braucht sich auf eine derartige Anzeige generell nicht zu bewerben. Denn er kann sicher sein, dass er im Auswahlverfahren sehr schnell aussortiert wird.

Hier kommt es wiederum darauf an, welche Ansprüche die jeweilige Stelle an die Sprachkenntnisse des Mitarbeiters stellt. Wer im Rahmen der neuen Stelle in Zukunft Geschäftsverhandlungen in englischer Sprache führen soll, wird sich mit umfangreicheren und komplexeren Fragen und Aufgaben im Einstellungstest konfrontiert sehen als eine Mitarbeiterin im Textilverkauf, deren Englischkenntnisse sich auf einige fach- und verkaufsspezifische Formulierungen beschränken dürfen.

Im Zentrum des Tests: Vokabeln und Grammatik

Englische Vokabeln, Höflichkeitsfloskeln und Grammatik – zum Beispiel die Vergangenheitsformen – fragen Unternehmen häufig in Form eines Multiple-Choice-Tests ab. Als Übung bietet es sich an, den Schulstoff zu wiederholen oder Online-Englischtests zu üben. Ebenso förderlich ist es, Bücher, Zeitungen und Zeitschriften in englischer Sprache zu lesen.

Oft wird das Jobinterview auch auf Englisch geführt.

Je mehr Raum die englische Sprache im Aufgabengebiet einer Mitarbeiterin oder eines Mitarbeiters einnehmen soll, desto intensiver werden die Sprachkenntnisse im Einstellungstest und im Vorstellungsgespräch getestet. Wenn das Anforderungsprofil der Stelle vorsieht, dass der Mitarbeiter häufig Gespräche mit Kunden und Geschäftspartnern auf Englisch führen muss, wird der Interviewer spontan und unvorhergesehen in die englische Sprache wechseln. Der Bewerber sollte jetzt problemlos von Deutsch auf Englisch umschalten und das Gespräch fließend in englischer Sprache weiterführen. Wer hier mehr Sicherheit gewinnen will, kann sich entweder durch Gespräche mit englischsprachigen Gesprächspartnern oder mit einem englischsprachigen Konversationskurs darauf vorbereiten.

Einstellungstest zum Deutschlandwissen: Anforderungen und Vorbereitung

Einstellungstests zum Deutschlandwissen sind Tests zum Allgemeinwissen, die sich ausschließlich auf Deutschland beschränken. Häufig wird das Deutschlandwissen als Frageblock in den Test zum Allgemeinwissen eingebaut.

Hier geht es zum Beispiel um folgende Wissensgebiete in Bezug auf Deutschland:

- Geschichte
- Politik und Politiker
- Grundrechte
- Geografie
- Naturkatastrophen
- Gesellschaft
- Landwirtschaft, Anbaugebiete
- Essen und Trinken
- Flora und Fauna
- Architektur
- Literatur und Preisträger
- Wissenschaft und Preisträger
- Kunst
- Musik
- Redensarten, Zitate
- Sport

Einstellungstest Polizei: politische, wirtschaftliche und gesellschaftliche Grundlagen Deutschlands

Fragen zum Deutschlandwissen erhalten dann in einem Einstellungstest mehr Gewicht, wenn es sich zum Beispiel um ein Stellenangebot handelt, das ein fundiertes Wissen zu den geschichtlichen, politischen und gesellschaftlichen Hintergründen voraussetzt, zum Beispiel bei einer Einwanderungsbehörde, dem Grenzschutz oder der Polizei. Zur Übung eignen sich wiederum verschiedene Tests zum Deutschlandwissen.

Einstellungstest Gedächtnis: Anforderungen und Vorbereitung

Gedächtnistests gehören zu den Intelligenztests und prüfen, wie schnell ein Bewerber Informationen verarbeiten kann und wie ausgeprägt sein Kurzzeitgedächtnis ist.
Manche Unternehmen legen besonderen Wert auf die Merkfähigkeit und Konzentration ihrer Bewerber und führen deshalb spezielle Gedächtnistests durch.

In der Arbeitspraxis müssen sich Mitarbeiter Namen und Fakten schnell merken können.

Mit diesen Tests können Personalverantwortliche zum Beispiel herausfinden, ob sich Bewerber im Arbeitsalltag an

Personen, Namen, Telefonnummern, Produkteigenschaften usw. schnell und gut erinnern können.

Arten von Gedächtnistests

Der Bewerber betrachtet im Test zum Beispiel für eine kurze Zeit mehrere Figuren oder Zeichnungen und muss danach bestimmte Merkmale wiedergeben, die er sich gemerkt hat. Oder dem Kandidaten wird ein Ausschnitt aus einem Unternehmensszenario vorgelegt, in dem bestimmte Abteilungen, Mitarbeiter mit Namen und ihren Aufgaben beschrieben werden. Innerhalb einer bestimmten Zeit soll er sich so viele Informationen wie möglich aus dem Szenario merken und dann auswendig wiedergeben. Auch die folgenden Aufgabenvarianten sind denkbar. Zum Beispiel das Auswendiglernen von:

- 20 bis 30 Begriffen aus den unterschiedlichsten Themenbereichen,
- Buchstabenkombinationen, die keinen Sinn ergeben,
- einem längeren Gedicht,
- Personenbeschreibungen oder
- Wegbeschreibungen.

Meist wird eine Lernzeit vorgegeben, nach der der Kandidat das verlangte Wissen parat haben sollte. Manchmal müssen die Bewerber sogar noch ein oder zwei andere Aufgaben lösen, bevor das Wissen aus dem Gedächtnis abgefragt wird.

Eine gute Gedächtnisleistung kann man trainieren.

Nicht jeder hat die Gabe, Fakten mühelos und schnell behalten zu können. Das ist aber kein Grund, vor dem Gedächtnistest Angst zu haben. Denn die Gedächtnisleistung kann durch wirksame Übungen schnell gesteigert werden.

Trick für eine gute Gedächtnisleistung
Die wirksamste Art, sich eine Reihe von Fakten und deren Zusammenhänge zu merken, ist es, um die Informationen, die Sie behalten sollen, eine Geschichte herumzuranken, die Sie sich schnell ausdenken. Die Geschichte muss nicht logisch aufgebaut sein. Im Gegenteil: Je ungewöhnlicher diese Geschichte ist, desto besser bleiben die Zusammenhänge in Ihrem Gedächtnis haften.

Beispiel: Sie müssen folgende Fakten behalten:
Metall verarbeitendes Unternehmen, 365 Mitarbeiter: Sie sind dort zu einem Meeting mit der Abteilung Controlling eingeladen. Am Meeting nehmen 8 Teilnehmer teil. Der Chef der Controllingabteilung heißt Herr Cubare, seine Assistentin heißt Frau Windegg. Das Thema des Meetings: Die Produktionskosten sollen um 4% gesenkt werden.

Mit einer kleinen ungewöhnlichen Geschichte können Sie sich die Fakten schnell merken:
Sie wohnen in einem Haus aus Stahl (Metall verarbeitendes Unternehmen), das 3 Türen, 6 Fenster und 5 Schornsteine (365) hat. Mit Ihnen zusammen wohnen ganz viele andere Menschen (Mitarbeiter). Plötzlich wird durch eine Tür eine Kuh auf einer Bahre (Herr Cubare, Chef) hereingetragen, die einen Taschenrechner (Controllingabteilung) im Maul hat. Um Ihren Hals hängt ein großes Schild, auf dem Meeting steht (Meeting). Plötzlich fegt ein heftiger Windstoß (Wind) ums Eck (egg) des Hauses und schlägt die Tür zu. Eine Frau reißt erschrocken die Augen auf (Frau Windegg). Sie nimmt der Kuh den Taschenrechner aus dem Maul und schneidet alle 4 Ecken ab (Kosten um 4% senken). Den Taschenrechner gibt sie einem Roboter (Produktion) in seine bewegliche Metallhand.

Informationen lesen und Geschichten erfinden

Das Ausdenken von Geschichten zu einer Faktenreihe ist gut zu trainieren. Dazu nimmt man sich einen Textabschnitt, zum Beispiel aus einer Wirtschaftszeitung oder einem Fachbuch, vor, der viele Zahlen und Fakten enthält, und denkt sich seine individuelle Geschichte dazu aus. Anschließend werden die Fakten ohne nachzuschauen anhand dieser Geschichte rekonstruiert.

Einstellungstest Intelligenz: Anforderungen und Vorbereitung

Intelligenztests sollen vorrangig prüfen, wie gut das logische Denkvermögen ausgeprägt ist. Genau genommen prüfen sie damit nur einen Teil des vielschichtigen Phänomens Intelligenz, nämlich die sogenannte analytische Intelligenz. Zu den Intelligenztests gehören die eben genannten Gedächtnistests, Tests zum mathematischen Verständnis und zum logischen Denkvermögen.

Nicht der Intelligenzquotient, sondern die Begabung und Neigung ist entscheidend.

Es handelt sich dabei nicht um Intelligenztests, die herausfinden wollen, welchen IQ der Jobkandidat hat. Vielmehr geht es darum, herauszufinden, welche Schwerpunkte der Bewerber in seiner Denkstruktur aufweist und ob diese Art des Denkens für die infrage kommenden Aufgaben geeignet ist. So hat der eine Jobkandidat vielleicht gute Ergebnisse im kreativen Bereich des Denkens, während der andere im mathematisch-logischen Bereich punktet. Intelligenztests erfolgen nicht selten unter Zeitdruck, um gleichzeitig die Belastbarkeit der Kandidaten zu testen.

Intelligenztest: Zahlenfolgen, Wortentsprechungen und Analogien

Bewerberinnen und Bewerber erwarten beim Intelligenztest unter anderem Aufgaben, in denen sie logische Schlussfolgerungen ziehen, mathematische Textaufgaben lösen und Analogien herstellen müssen, zum Beispiel bei Begriffen oder Grafiken. Auch das assoziative Denken wird getestet, zum Beispiel mithilfe von Wortschlangen oder Symbolen.

Typische Bestandteile eines Intelligenztests

Typische Aufgabenstellungen sind:

- eine Reihe von Zahlen logisch fortzuführen,
- Figurenreihen logisch fortzusetzen,
- räumliches Vorstellungsvermögen zu zeigen, etwa durch Aufgaben mit Würfeln oder Würfelnetzen,
- Buchstabenfolgen logisch fortzuführen,
- eine Bilderserie in die logisch richtige Reihenfolge zu bringen,
- Buchstaben zu Wörtern zu ordnen,
- fehlende Buchstaben in Wörtern zu ergänzen,
- Wortpaare zu bilden, z. B. ein passendes Adjektiv zu einem Substantiv zu finden oder Gegensätze zu bilden.

Beispiele
Ergänzen Sie die fehlende Zahl: 3, 8, 11, 16, 19, __

Kreuzen Sie an, welches Wort nicht zu den anderen passt:
- ☐ Katze
- ☐ Kaninchen
- ☐ Kanarienvogel
- ☐ Kanalratte

Die Lösungen zu den Beispielaufgaben lauten: 24 (immer abwechselnd + 5 und + 3) und Kanalratte (sie ist als einziges der genannten Tiere kein Haustier) bzw. Kanarienvogel (er ist der einzige Zweibeiner). Gerade wenn Ihnen zwei Antworten plausibel scheinen, sollten Sie Ihre Wahl begründen.

Mögliche Tests zu mathematischen Fähigkeiten

In kaufmännischen oder technischen Berufen ist mathematisches Können gefragt. Mathematische Tests im Rahmen des Intelligenztests können zum Beispiel sein:
- Kopfrechnen
- Kettenrechnungen
- Prozentrechnen
- Dreisatz
- Formeln umstellen
- Bruch- und Dezimalrechnen
- Potenzieren und Wurzelziehen
- Rechnen mit Maßen und Gewichten
- Diagramme auswerten bzw. erstellen
- Wahrscheinlichkeiten berechnen

Auf den ersten Blick sind die Fragen im Rahmen des Intelligenztest für viele Kandidaten erst einmal verwirrend. Doch mit einiger Übung kann man schnell ein gewisses System in den Fragestellungen entdecken und die Tests fallen so wesentlich leichter. Der Tipp zur Vorbereitung auf Intelligenztests heißt also: möglichst viele Tests im Bereich Gehirntraining, logisches Denken und mathematische Denkaufgaben zur Übung absolvieren.

Einstellungstest Leistung und Konzentration: Anforderungen und Vorbereitung

Leistungs- und Konzentrationstests zielen auf die Belastbarkeit des Bewerbers ab.

Alle Aufgaben müssen unter hohem Zeitdruck bewältigt werden.

Beim Leistungs- und Konzentrationstest geht es meist um Rechen-, Sortier- oder Ergänzungsaufgaben.
Es sind keine intellektuell schwierigen Aufgaben. Sie stellen aber eine hohe Anforderung an die Stressresistenz der Teilnehmer, weil sie sehr viele Informationen unter Zeitdruck verarbeiten müssen. Die Testkandidaten sollen zum Beispiel fehlende Buchstaben in Wörter eintragen, so viele falsche Zahlen wie möglich aus einer endlos langen Zahlenreihe wegstreichen und Begriffe in ein Zahlencodierungssystem einordnen. Die Zeit für die jeweilige Aufgabenstellung ist so knapp bemessen, dass die Testkandidaten die Aufgabe mit hoher Wahrscheinlichkeit nicht in der vorgegebenen Zeit bewältigen können.

Auf die Motivation kommt es an.

Das aber erwarten die meisten Tester auch gar nicht. Es kommt vor allem darauf an, dass sich der Kandidat durch den Zeitdruck und die Menge, die es zu bewältigen gilt, nicht aus der Ruhe bringen lässt. Er soll zeigen, dass er trotz Druck seinen Leistungswillen nicht verliert und versucht, so viele Aufgaben wie möglich innerhalb der Zeitvorgabe zu bewältigen.
Auch Leistungs- und Konzentrationstests verlieren durch ausreichende Übung ihren Schrecken. Zum einen bereitet sich der Bewerber mit den Testübungen auf die Art der Aufgabenstellungen vor, zum anderen gewöhnt er sich an den Zeitdruck und geht in der tatsächlichen Testsituation dann ruhiger und gelassener an die Aufgaben heran.

Einstellungstest Persönlichkeit: Anforderungen und Vorbereitung

Immer mehr Unternehmen entscheiden sich dafür, im Rahmen ihrer Einstellungstests auch einen Persönlichkeitstest durchzuführen, um zu überprüfen, ob der Kandidat für die Stelle und ihre Anforderungen von seinem Persönlichkeitsprofil her geeignet ist.

Am tiefsten geht der psychologische Einstellungstest.

Psychologische Einstellungstests forschen intensiv in der Psyche der Kandidaten. Sie werden in der Regel nur dann

Psychologische Tests werden in der Regel von Psychologen durchgeführt.

Bewusst falsche Antworten werden meist schnell entlarvt.

Mit einem Persönlichkeitstest wollen die Interviewer Bewerber besser kennenlernen.

eingesetzt, wenn der Bewerber für die neue Stelle ganz bestimmte Persönlichkeitseigenschaften haben muss, um sie gut und verantwortlich auszufüllen. Das gilt zum Beispiel für Berufe bei der Polizei, Feuerwehr, beim Zoll, der Bundeswehr, der Justiz, in Hospizen und Einrichtungen für Kinder und Jugendliche.

Psychologische Tests finden in Form von mündlichen Interviews, Rollenspielen oder Gruppendiskussionen statt, die in der Regel von ausgebildeten Psychologen durchgeführt oder begleitet werden. Die Fragestellungen nehmen Bezug auf die speziellen Situationen, die bei der Ausübung der verschiedenen Aufgaben im Rahmen der ausgeschriebenen Stelle auftreten können, und untersuchen auch die Motivation des Bewerbers, genau diesen Beruf ausüben zu wollen. Von allgemeinen offenen Fragen wie zum Beispiel

- »Warum glauben Sie, für diesen Beruf besonders geeignet zu sein?« über
- Entweder-oder-Fragen wie »Welche Aussage trifft eher auf Sie zu? ›Erst denken, dann reden‹ oder ›Wenn andere noch diskutieren, arbeite ich schon an der Lösung‹?« bis hin zu
- »Welches Buch haben Sie zuletzt gelesen und was hat Sie daran besonders fasziniert?«

können in psychologischen Tests alle möglichen Fragen vorkommen. Eine detaillierte Vorbereitung darauf ist deshalb eher schwierig.

Daher gilt die Devise: Bewerberinnen und Bewerber sollten die Fragen so ehrlich wie möglich beantworten. Nur dann wirken sie selbstbewusst und authentisch und erhöhen ihre Chancen, die Stelle zu bekommen.

Die meisten Einstellungstests enthalten einen Persönlichkeitstest, in dem der Jobkandidat allgemeine Fragen zu seinen Gewohnheiten und zu seiner Lebens- und Arbeitseinstellung beantwortet und damit unter Umständen sehr viel von sich preisgibt. Denn Persönlichkeitstests fragen nicht nur nach Hobbys und Neigungen, sondern finden auch eine Menge über die Moralvorstellungen des Bewerbers, sein Verantwortungsgefühl, seinen augenblicklichen Gemütszustand und sein Selbstwertgefühl heraus. Auch im Hinblick auf den Persönlichkeitstest ist eine Vorbereitung eher schwierig. Die Antworten in den verschiedenen Fragebereichen sollten in der Gesamtauswertung ein homogenes Bild über den Bewerber abgeben.

In sich stimmige Testergebnisse geben ein rundes Bild über den Bewerber ab.

Wer versucht, bestimmte Fragen so zu beantworten, wie er glaubt, dass es erwartet wird, läuft Gefahr, die Gesamtauswertung zu verzerren und damit das Ergebnis eher zu gefährden, weil ein widersprüchliches Testergebnis in der Regel nicht so positiv bewertet wird. Auch hier ist also die möglichst ehrliche Beantwortung der Fragen empfehlenswert. Vor allem auch deshalb, weil einzelne Antworten des Bewerbers noch einmal im späteren Bewerbungsinterview aufgegriffen werden können.

Einstellungstest handwerkliche Fähigkeiten: Anforderungen und Vorbereitung

Für viele Berufe ist nicht nur das klassische Schulwissen wichtig, sondern auch und vor allem das handwerkliche Geschick. Arbeitgeber aus diesen Bereichen setzen deswegen Tests ein, die Fingerfertigkeit, Bewegungskoordination und Genauigkeit bei der Ausführung der Aufgaben prüfen.

Mögliche Tests zu handwerklichen Fähigkeiten

Typische Tests sind:

- Die Drahtbiegeprobe (DBP): Die Kandidaten sollen vorgegebene Formen mit einem biegsamen Draht nachformen, wobei manchmal noch der Maßstab zu verändern ist.
- Der Formlege-Test (FLT): Die Bewerberinnen und Bewerber sollen in einer bestimmten Zeit vorgegebene Formen mit einzelnen Pappteilen nachlegen.
- Flächen bzw. Körper sind symmetrisch zu ergänzen.
- Nach vorgegebenen Plänen sind Eintragungen in ein Koordinatensystem zu machen.
- Fragen zu physikalisch-technischen Zusammenhängen sind zu beantworten.
- Räumliches Vorstellungsvermögen ist anzuwenden (ähnlich wie im Logiktest).

Wer von vornherein kein handwerkliches Geschick oder ein sehr schlechtes räumliches Vorstellungsvermögen hat, wird im Wettbewerb mit anderen Kandidaten auf eine Stelle im Handwerk sehr wahrscheinlich verlieren. Da hilft es auch nicht viel, einige Wochen vorher Geschicklichkeitsübungen zu machen.
Handwerklich begabte Kandidaten dagegen brauchen sich in diesem Bereich nur wenig vorzubereiten. In der Regel haben sie sich in ihrem Leben bereits häufig mit handwerklichen Tätigkeiten befasst und bewerben sich deshalb auch auf eine Stelle im Handwerk.

Fragen zum Unternehmen: Anforderungen und Vorbereitung

Fragen zum Unternehmen sind in fast jedem Einstellungstest versteckt.

In nahezu jedem Auswahlverfahren kommt es vor, dass die Interviewer Fragen zu dem Unternehmen stellen, das die Stelle ausgeschrieben hat. Denn für die Personalverantwortlichen ist es sehr wichtig, zu wissen, ob der Jobkandidat hinter seiner Bewerbung steht. Und eine positive Einstellung zum Unternehmen spiegelt sich am besten darin wider, wie viele und welche Informationen ein Bewerber über seinen potenziellen Arbeitgeber gesammelt hat. Für jeden Jobkandidaten ist es deshalb besonders erfolgversprechend, wenn er glaubwürdig verkaufen kann, dass und warum er am liebsten genau für dieses Unternehmen arbeiten möchte.

Viele Hintergrundinformationen über das Unternehmen zu sammeln, bringt Pluspunkte.

Die Fragen zum Unternehmen können bereits als Testsequenz im Rahmen des schriftlichen Einstellungstests auftauchen oder aber im persönlichen Vorstellungsgespräch oder auch im Assessment-Center. Personaler wollen von einer Bewerberin oder einem Bewerber nicht nur erfahren, wie viele Mitarbeiter ihr Unternehmen hat, sondern auch etwas über die Gründungsgeschichte des Unternehmens und über seine wichtigsten Produkte.

Verschiedene Informationsquellen zum Unternehmen nutzen

Diese Informationsquellen eignen sich zur Recherche der Unternehmensinformationen:

- Die Website des Unternehmens
- Der Geschäftsbericht (häufig auf der Website zu finden)
- Die Imagebroschüre des Unternehmens (kann im Vorfeld beim Unternehmen angefordert werden)
- Aktuelle Pressemitteilungen und Berichte über das Unternehmen (über Internet recherchieren)
- Freunde und Bekannte, die im Unternehmen gearbeitet haben oder jemanden dort kennen
- Bracheninformationen (in Fachpublikationen und über Internetrecherche)
- Werbeprospekte, Messeunterlagen und Produktbeschreibungen des Unternehmens

Je mehr Sie über das Unternehmen wissen, desto besser.

Folgende Fakten können Sie über das Unternehmen recherchieren:

- Unternehmensform (GmbH, KG, AG, GmbH & Co. KG usw.)
- Geschäftsfelder (Bereiche, in denen das Unternehmen tätig ist)
- Bedeutende Personen im Unternehmen (Aufsichtsrat, Vorstand, Geschäftsführer)
- Hauptsitz und Niederlassungen
- Anzahl der Mitarbeiter
- Produktpalette bzw. Dienstleistungen
- Kundengruppen des Unternehmens
- Marktanteile des Unternehmens
- Image des Unternehmens in Presse, Funk und TV
- Wichtige Wettbewerber
- Aktuelle Umsatzzahlen
- Ziele und strategische Ausrichtung des Unternehmens
- Neue Entwicklungen und Projekte
- Entwicklungen in der Branche

Tipps und Tricks gegen die Prüfungsangst

Wer mit einem Einstellungstest konfrontiert wird, hat in der Regel – zumindest was sein Schulleben anbelangt – schon eine Reihe von Prüfungssituationen hinter sich gebracht. Einstellungstests und Assessment-Center haben aber für viele Jobkandidatinnen und -kandidaten noch einmal eine andere Qualität. Wer noch nie einen derartigen Test absolviert hat, betritt unbekanntes Terrain. Er weiß nicht genau, was auf ihn zukommt. Zudem schwirren in den einschlägigen Internetforen erschreckende Berichte über hochanspruchsvolle Testfragen herum und womöglich haben auch schon Freunde und Bekannte, die eine Testhürde nicht bewältigt haben, Schauergeschichten über die Schwierigkeiten des Auswahlverfahrens erzählt. Allerdings fließen in diese Berichte immer in hohem Maße auch persönliche Gefühle und Erfahrungen und die damit verbundene Bewertung einer Situation ein. Was für den einen gilt, kann sich für einen anderen in der gleichen Situation ganz anders darstellen. Deshalb ist es sicher richtig und interessant, sich die Berichte derjenigen anzuhören, die ein Auswahlverfahren mit Einstellungstest und/ oder Assessment-Center bereits absolviert haben. Dennoch ist es ratsam, die Emotionen und Bewertungen des Gegenübers möglichst aus dem Bericht herauszufiltern und sich auf die Fakten zu konzentrieren:

Wichtig: Emotionen von Fakten trennen

- Wie sah die Testsituation konkret aus?
- Welche Bereiche wurden abgefragt?
- Wie sieht eine beispielhafte Frage aus?
- Wie lange dauerte der Test?
- Wie viel Zeit hatten die Kandidaten zu Verfügung?

Nutzen Sie die sachlichen Informationen zur Vorbereitung.

Tipp **Filtern Sie!**

Filtern Sie die sachlichen Informationen aus den Erfahrungsberichten heraus und nutzen Sie sie, um sich optimal auf den Einstellungstest vorbereiten zu können. Lassen Sie sich von negativen Gefühlen und Bewertungen nicht beeinflussen.

Sicherheit mit dem Worst-Case-Szenario

Das Worst-Case-Szenario ist die schlimmste Situation, die für eine Person subjektiv eintreten könnte: die Situation, vor der man die größte Angst hat, die die schlimmste persönliche Niederlage bedeutet oder den größten Schrecken. Die Angst vor diesem Worst Case, dem schlimmsten Fall, der eintreten kann, ist bei manchen Menschen so groß, dass sie, hypnotisiert wie das Kaninchen vor der Schlange, immer nur diese schreckliche Situation vor Augen haben und sich kaum noch auf Strategien konzentrieren können, um diese zu verhindern. So ähnlich geht es auch Prüfungskandidaten, die große Angst vor dem Versagen in der Prüfung haben. Obwohl sie genügend Wissen haben, um alle Tests gut zu bewältigen, scheitern sie, weil ihre Angst sie völlig blockiert.

Stellen Sie sich vor, was mit Ihnen passiert, wenn der schlimmste Fall eintritt.

Stellen Sie sich das Schlimmste, was Ihnen persönlich im Auswahlprozess passieren kann, vor. Gehen Sie möglichst tief in diese Situation hinein. Malen Sie sich aus, was Sie fühlen würden, wenn Ihnen genau das passiert und was das für Sie bedeuten würde. Stellen Sie sich Ihrer Angst. Das Schlimmste, was Ihnen passieren kann, ist, dass Sie im Einstellungstest, im Assessment-Center oder im Vorstellungsgespräch scheitern, dass andere Sie vielleicht mitleidig anschauen oder über Sie lachen. Genau das ist aber schon Tausenden vor Ihnen passiert. Das Leben geht weiter und womöglich treffen Sie schon bald auf die nächste Chance, die Ihnen mehr Möglichkeiten beschert, als Sie je erahnt haben. Vielleicht werden Sie im Nachhinein sogar froh sein, dass Sie diese Stelle nicht bekommen haben und frei waren für die nächste für Sie viel geeignetere. Finden Sie sich damit ab, dass Sie scheitern könnten.

Sehen Sie dem »Worst Case« ins Auge. Wie würde Ihr Leben weitergehen?

Legen Sie sich ein Worst-Case-Szenario zurecht.

Legen Sie sich eine innere Einstellung und Maßnahmen zurecht, die dann greifen können, wenn die Absage tatsächlich im Briefkasten liegt. Eine Strategie für den schlimmsten Fall parat zu haben, vermittelt Sicherheit.

Zum Beispiel:

- Ich nutze die negative Testerfahrung für meine weiteren Bewerbungsgespräche.
- Ich bin stark genug, spöttische Bemerkungen von Konkurrenten oder Bekannten zu ertragen.
- Ich weiß, dass in jedem Scheitern eine Chance steckt, auch wenn ich Sie im Augenblick nicht erkenne.
- Ich lerne aus meinen Fehlern und werde es beim nächsten Mal besser machen.
- Ich bewerbe mich parallel weiter und habe so mehrere Eisen im Feuer.
- Ich versuche bei den Prüfern in Erfahrung zu bringen, woran ich gescheitert bin, um daraus lernen zu können.
- Ich habe noch mehrere Unternehmen auf meiner Liste, bei denen ich gerne arbeiten würde, und werde mich dort blind bewerben.
- Ich schalte bei meiner weiteren Jobsuche einen Personalberater ein.
- Ich überbrücke die Zeit der Arbeitslosigkeit mit einer Weiterbildung oder Umschulung.
- Ich nutze die Zeit der Arbeitslosigkeit, um meine Lebens- und Berufsplanung auf den Prüfstand zu stellen und mich ganz neu auszurichten.

Konzentrieren Sie sich jetzt nur noch auf das, was Sie gewinnen können.

Danach schieben Sie den Gedanken des Scheiterns wieder beiseite und konzentrieren sich darauf, Ihre Einstellungstests und -gespräche so gut wie möglich zu absolvieren. Passiert nichts, ist Ihr Szenario reif für die Schublade oder den Papierkorb. Tritt der ungünstigste Fall ein, bewahrt Sie Ihre Vorbereitung vor dem berühmten »schwarzen Loch«. Denn jetzt greift Ihre Strategie.

Programmieren Sie sich auf Erfolg.

Den Erfolg visualisieren

Wer sich intensiv vorstellt, sein Ziel bereits erreicht zu haben, programmiert sich selbst auf Erfolg. Durch diese Vorstellung verändert sich die Hirnchemie und dadurch auch die Körperchemie. Ressourcen entfalten sich im

Körper, die einen Menschen dazu befähigen, Höchstleistungen zu erbringen.

Das Unterbewusstsein arbeitet unmerklich in Richtung Zielerreichung.

Wichtig dabei ist, sich sein Ziel einmal täglich intensiv und möglichst bildhaft vorzustellen. Jeder hat eine andere Vorstellung von seinem Ziel, auch wenn es das gleiche ist. Das Ziel einer Bewerberin oder eines Bewerbers ist es, eine lukrative Stelle zu bekommen, die er gerne und mit Freude ausfüllt. Wer dieses Ziel fest genug in seinem Geist verankert hat, findet den Weg dorthin ganz automatisch. Er ist sozusagen darauf programmiert.

Zweifel haben keinen Platz.

Auch wenn während der Vorbereitung auf den Auswahlprozess hin und wieder Zweifel aufkommen, ob das Ziel erreicht werden kann oder nicht: Mit einer positiven Zielformulierung (Beispiel: *Am 1.3. bin ich Assistentin des Vorstands bei der XY AG*) und der konkreten Zukunftsvision, die die Zielerreichung bereits vorwegnimmt, haben Zweifel wenig Chancen.

Eine plakative Zielvision führt zum Erfolg.

Tipp | **Malen Sie Ihr Ziel**

Malen Sie sich Ihr Ziel als Bild oder kleben Sie sich Ihren »Zieltraum« aus vielen Fotos zusammen, zum Beispiel wie Sie als Assistentin des Vorstands glücklich in Ihrem repräsentativen Büro sitzen. Hängen Sie sich dieses Bild an einen Ort, den Sie oft im Blickfeld haben. Schauen Sie es vor allem dann intensiv an, wenn sich wieder einmal ein paar Zweifel melden.

Prüfungssituation realistisch nachahmen

Testsituation unter Zeitdruck simulieren

Eine wirksame Strategie gegen die Prüfungsangst ist, die Prüfungssituation im Vorfeld möglichst realitätsnah durchzuspielen. Dazu gehört in erster Linie die Übung der verschiedenen Tests, möglichst mit einer ausreichenden Vorbereitungszeit, damit sich das Gelernte im Gedächtnis verankern kann. Weil die Tests meist unter Zeitdruck beantwortet werden müssen, empfiehlt es sich, die Tests zu Hause ebenfalls innerhalb einer vorgegebenen Zeit zu

beantworten und die Zeitvorgaben schrittweise zu verringern. So kann sich der Bewerber auf die Stresssituation, Fragen unter Zeitdruck beantworten zu müssen, vorbereiten.
In der Regel absolvieren Testkandidaten den Einstellungstest in einem Raum mit weiteren Kandidaten und den anwesenden Prüfern. Auch diese Situation mit allen Ablenkungsmöglichkeiten kann man simulieren, indem man die Übungstests absolviert, wenn sich mehrere Personen im Raum befinden, oder sich mit dem Test auf eine Parkbank oder in ein Café setzt.

Rollenspiele mit Freunden stärken das Selbstvertrauen.

Neben den schriftlichen Einstellungstests gibt es zum Beispiel im Rahmen eines Assessment-Centers verschiedene Gesprächssituationen und Gruppendiskussionen, die vorab in Rollenspielen mit Freunden simuliert und geübt werden können. So lassen sich Kreativität und Rhetorik hervorragend trainieren und das sorgt in der realen Testsituation für Selbstvertrauen.

Eine gute Vorbereitung schafft ein sicheres Gefühl.

Wer sich nach seinen Testvorbereitungen sagen kann, dass er sein Bestes getan hat, um sich gut auf den Einstellungstest vorzubereiten, kann am Testtag mit einem zufriedenen Gefühl antreten.

Praktische Übungen gegen die Prüfungsangst

Am Tag der Einstellungstests und -gespräche kommen viele unbekannte und neue Situationen auf die Bewerberin oder den Bewerber zu. Es ist ganz natürlich, dass Jobkandidaten vor und während des Auswahlverfahrens nervös sind und Lampenfieber haben.
Daran sollten sich Bewerber immer wieder erinnern.

Nervosität und Angst haben auch positive Seiten.

Um die Nervosität nicht noch zu steigern, hilft es, ein wenig an der eignen Einstellung zu arbeiten, um nicht in die Spirale der Angst vor der Angst zu geraten: Nervosität und Angst haben eine wichtige Funktion vor entscheidenden Situationen. Sie bringen Körper und Geist auf Hochtouren, der Adrenalinspiegel im Körper erhöht sich und alle Sinne sind geschärft.

Viele Menschen erbringen insbesondere in diesem Zustand Höchstleistungen. Denn ein entspannter Organismus kann nicht alle ihm zur Verfügung stehenden Kräfte mobilisieren. Wer diese positive Seite von Angst und Nervosität annehmen kann, hat schon viel gewonnen. Und falls die Symptome von Nervosität und Angst doch überhandzunehmen drohen und störend wirken, dann helfen folgende Maßnahmen:

Wirksame Tipps gegen Nervosität

So gehen Sie mit Symptomen von Nervosität um	
Herzklopfen/Pulsrasen	Konzentrieren Sie sich nur auf Ihre Atemzüge, das entspannt. Versuchen Sie dabei ins Zwerchfell zu atmen.
Trockener Mund	Verzichten Sie am Testtag auf Salziges, Kaffee, Milch und süße Getränke.
Belegte Stimme	Gurgeln Sie vor den Testgesprächen mit Wasser.
Zittern in der Stimme	Sprechen Sie ganz bewusst etwas lauter.
Schweißausbrüche	Ziehen Sie Ihre Jacke / Ihr Sakko nicht aus bzw. wählen Sie eine dunkle Bluse / ein dunkles Hemd. Schweißflecken sind hier weniger sichtbar als bei hellen Farben.
Rotwerden	Ignorieren Sie es einfach und machen Sie weiter. Ihr Gegenüber empfindet dies als weit weniger schlimm als Sie selbst.
Selbstzweifel	Denken Sie intensiv an Ihre Zielvision, Ihren letzten Erfolg, an ein schönes Erlebnis oder an einen Menschen, der Ihnen sehr positiv gegenübersteht.

Entspannungsmethoden

Die folgenden beiden klassischen Entspannungsmethoden werden häufig von Ärzten und Psychologen empfohlen und erfordern etwas Übung. Wer unter starker Prüfungsangst leidet, kann sie im Zuge der Vorbereitung auf den Einstellungstest täglich üben.

Je öfter die Übungen wiederholt werden, desto schneller wirken sie in Stresssituationen.

Am besten ist es, sich für eine der folgenden Methoden zu entscheiden und sie im täglichen Leben regelmäßig anzuwenden. Sie können sie dann sehr gut auf dem Weg zum

Einstellungstest im Zug oder Flugzeug anwenden. Bis auf das autogene Training eignen sie sich aber auch für die Entspannung kurz vor dem Gespräch, zum Beispiel, wenn Sie im Unternehmen noch warten müssen. Anstatt alle möglichen Fragen noch einmal im Kopf zu wälzen oder sich gar auszumalen, was alles passieren könnte, konzentrieren Sie sich in diesen Momenten besser auf den eigenen Körper.

Wenden Sie diese Methoden nur an, wenn bei Ihnen keine psychische oder physische Erkrankung diagnostiziert wurde, die dem entgegensteht.

Autogenes Training
Nehmen Sie eine bequeme Sitzstellung ein. Ihre Beine stehen angewinkelt und parallel nebeneinander. Ihre Füße berühren den Boden. Ihre Arme legen Sie auf den Oberschenkeln oder Armlehnen ab. Schließen Sie Ihre Augen und richten Sie Ihre Aufmerksamkeit auf die Atmung.
Konzentrieren Sie sich dabei auf folgende Atemformel:
Die Atmung ist ruhig – und regelmäßig. Sagen Sie sich diesen Satz ganz langsam und ruhig innerlich 5- bis 7-mal immer wieder vor. Genießen Sie die einsetzende Entspannung, die sich mit jedem Atemzug immer mehr vertiefen kann, ohne dass Sie Ihre Atmung dabei aktiv zu beeinflussen brauchen.
Konzentrieren Sie sich dann auf folgende Ruheformel: *Ich bin ganz ruhig – Ruhe.* Sagen Sie sich diesen Satz innerlich wieder 5- bis 7-mal vor.
Wenn die Entspannung eingesetzt hat, aktivieren Sie sich wieder! Dehnen und strecken Sie Ihre Arme und Beine, atmen Sie tief durch und öffnen Sie die Augen wieder! Insgesamt brauchen Sie für diese Übung nur wenige Minuten, sind aber gleich wieder fit und konzentriert.

Das Gehirn überlisten mit Muskelentspannung

Progressive Muskelentspannung
Das Prinzip der progressiven Muskelentspannung ist einfach. Verschiedene Muskelpartien werden nacheinander angespannt und nach kurzer Zeit wieder losgelassen. Machen Sie erst mit der linken Hand eine Faust – dann wieder öffnen, spannen Sie jetzt den linken Arm an – wieder loslassen, ziehen Sie anschließend die linke Schulter nach oben – wieder sinken lassen. Ziehen Sie nun die Stirnmuskulatur nach oben – loslassen, kneifen Sie die Augen zusammen – wieder entspannen usw. Diese Anspannungs-Entspannungs-Übungen können Sie nacheinander mit möglichst vielen Muskelgruppen machen. Dadurch werden Entspannungssignale ans Gehirn gesendet.

Beruhigen Sie sich mit Entspannungsübungen.

Neben diesen grundsätzlichen vorbereitenden Maßnahmen gibt es noch einige Übungen mit Sofortwirkung:

Zur Beruhigung
Legen Sie den rechten und den linken Daumen aneinander. Bilden Sie mit den restlichen Fingern Fäuste und lassen Sie deren Fingergrundgelenke einander berühren. Halten Sie die Arme angewinkelt. Die Hände befinden sich auf Magenhöhe. Atmen Sie langsam durch die Nase tief ein und aus.
Zur Steigerung der Konzentration: Führen Sie beim Einatmen die Daumenspitzen und dann nacheinander die Fingernägel der restlichen Finger mit leichtem Druck zusammen.

Gegen Angst
Schütteln Sie beide Hände ca. 20-mal nach unten aus. Lassen Sie die Hände dann ruhig hängen, und konzentrieren Sie sich ganz auf das Pulsieren und Kribbeln in Ihren Händen. So lenken Sie Ihre Aufmerksamkeit sehr effektiv von Ihrer Angst ab. Je mehr Sie es schaffen, sich auf Ihre Hände zu konzentrieren, desto weniger können Sie sich gleichzeitig auch auf Ihre Angst konzentrieren.
Bei zitternder Stimme: Spannen Sie im Sitzen Ihre Bauchmuskeln kurz an und pressen Sie die Ellbogen an den Körper. Atmen Sie bei leicht geöffnetem Mund mit leisem »ssss« aus.

Personaler haben Verständnis dafür, wenn Sie nervös sind.

Es dürfte kaum einen Bewerber geben, der völlig gelassen in ein Vorstellungsgespräch geht. Eine gewisse Nervosität und Unsicherheit sind ganz normal. Das akzeptiert auch jeder Personalverantwortliche, ohne dies gleich als Charakterschwäche zu werten. Im Übrigen sind auch Unternehmensvertreter keine gefühllosen Auswahlmaschinen, sondern ganz normale Menschen wie alle anderen auch. Nimmt die Nervosität während des Gesprächs nicht ab, hilft häufig die Flucht nach vorne, um wieder etwas ruhiger zu werden. Sprechen Sie als Bewerber Ihre Nervosität dann am besten direkt an und würzen Sie Ihre Worte mit einer Prise Humor und einem Lächeln: »Tut mir leid, aber ich bin heute wirklich sehr nervös. Das kommt sicher daher, dass mir die von Ihnen beschriebene Aufgabe so besonders gut gefällt.«

Die folgende Einstellung beruhigt: Misserfolge sind eine Chance zu lernen.

Eine Niederlage ist kein Grund zum Verzweifeln

Auch die meisten wirklich erfolgreichen Menschen mussten auf ihrem Weg zum Erfolg Niederlagen einstecken. Nur dass im Augenblick des Erfolgs wenige von ihren Niederlagen und den teilweise verzweifelten Momenten, die sie durchlebt haben, berichten. Aber genau das ist ihre mentale Stärke: Sie bewerten Rückschläge und Niederlagen nicht als Katastrophe, sondern als das, was sie sind: eine Lehre, dass dieser Weg und die bisherige Strategie nicht richtig waren. Die Niederlage ist also eine Chance, es beim nächsten Mal anders oder besser zu machen.

Aus den Fehlern lernen heißt die Devise.

Also: Stellen Sie niemals Ihr gesamtes Können oder Ihre komplette Person infrage, wenn Sie nach einem Einstellungstest oder einem Assessment-Center nicht gleich als Mitarbeiter übernommen werden. Niederlagen gehören auf dem Weg zum Erfolg ganz selbstverständlich dazu. Appellieren Sie an Ihren Kampfgeist: »Jetzt erst recht!« Viel sportlicher, gesünder und letztendlich erfolgreicher ist die Einstellung: »Misserfolge gehören zum Leben und sind eine Lernaufgabe für mich. Ich versuche es so lange immer wieder, bis ich mein Ziel erreicht habe, und lasse mich von Niederlagen nicht unterkriegen.«

Das Assessment-Center

Werden mehrere Bewerber eingeladen, am selben Tag an einer Reihe unterschiedlicher Einstellungstests teilzunehmen, spricht man von einem Assessment-Center (engl. to assess = beurteilen, bewerten), kurz »AC« genannt. Die Tests werden idealerweise gemäß dem Anforderungsprofil der zu besetzenden Stelle ausgewählt und gestaltet. Vonseiten des Unternehmens sind mehrere Beurteiler im Einsatz, um eine größere Objektivität der Beobachtungen und Bewertungen zu ermöglichen. Ein gut konstruiertes Assessment-Center gilt als sehr aussagekräftiges Verfahren zur Bewerberbeurteilung und -auswahl.

Assessment-Center sind eine deutsche Erfindung.

Das »Beurteilungszentrum« ist zwar in den 70er-Jahren aus den USA nach Europa importiert worden, ursprünglich aber war es eine deutsche Erfindung: Die ersten derartigen Testkombinationen entwickelte die Deutsche Reichswehr nach dem Ersten Weltkrieg, um mithilfe des damals sogenannten heerespsychologischen Auswahlverfahrens aus der Schar der Bewerber die besten Kandidaten für die Offiziersanwärterlaufbahn auszuwählen.

Viele Varianten

Es gibt viele AC-Varianten.

Welche Tests zu durchlaufen sind, wie viele Bewerber daran teilnehmen und wie lange das Assessment-Center dauert – üblich sind ein halber bis zwei Tage –, ist je nach Unternehmen unterschiedlich. Für Top-Führungskräfte gibt es sogar Einzel-Assessments, bei denen nur jeweils ein Kandidat die Tests absolviert. Das ist geboten, wenn nach außen nicht bekannt werden soll, wer sich um die betreffende Position bewirbt.

Normalerweise ist es aber gerade der Sinn des Assessment-Centers, mehrere Bewerberinnen und Bewerber als Gruppe zu testen und so im direkten Vergleich herauszufinden, wer am besten für die jeweilige Stelle geeignet ist. Einige Übungen, insbesondere die Gruppendiskussion und die Fallstudie, zielen sogar darauf ab, die sozialen und kommunikativen Fähigkeiten der Kandidaten in einer Gruppe zu bewerten.

Assessment-Center nicht nur bei Bewerbungen

Viele Unternehmen nutzen Assessment-Center nicht nur zur Personalsuche bzw. Bewerberauswahl, sondern auch zur Personalentwicklung, um zum Beispiel potenzielle Führungskräfte aus dem Kreis der Mitarbeiter zu identifizieren.

Typische Elemente eines Assessment-Centers

Zwar sind ACs von Unternehmen zu Unternehmen verschieden, es gibt aber einige Standardelemente, die sehr häufig anzutreffen sind:

- Vorstellungsrunde
- Postkorbübung
- Gruppendiskussion
- Rollenspiel
- Präsentation
- Bearbeitung einer Fallstudie

Praxisbeispiel: Erfahrungsbericht einer Bewerberin
»Ich habe mich um eine Stelle im Vertriebsinnendienst eines kleineren Unternehmens beworben, das Textilien herstellt und als Automobilzulieferer einen internationalen Kundenkreis hat. Nach meiner Bewerbung wurde ich zu einem Assessment-Center eingeladen, das von 10 bis 14 Uhr dauern sollte. An diesem Kurz-AC nahmen fünf Bewerber teil.

Persönlichkeitstest im Rahmen des Assessment-Centers

Aus dem Unternehmen waren der Inhaber, der Personalleiter und der Fachvorgesetzte, nämlich der Vertriebschef, anwesend. Sie erklärten uns, dass es an diesem Tag vor allem darum gehe, festzustellen, ob wir von unserer Persönlichkeit her in das vorhandene Team passen und ob unsere Englischkenntnisse für den Kontakt mit internationalen Kunden ausreichend seien.

Im Assessment-Center gibt es häufig Vorstellungsrunden.

Nach der Begrüßung begannen wir mit einer Vorstellungsrunde, bei der jeder Bewerber in fünf bis zehn Minuten seinen bisherigen beruflichen Werdegang und seine Qualifikation schildern sollte.

Anschließend stellte der Personaleiter jedem von uns die Frage nach den persönlichen Stärken. Konkret fragte er: »Wenn Sie für sich Werbung machen sollten und dafür nur zwei Wörter verwenden dürften, welche wären das?«

Gruppenübungen mit Thesenvorgabe

Danach gab es eine Gruppenübung. Wir bekamen zwei Thesen vorgegeben. Eine lautete: »Ein Unternehmen sollte genau so viele Azubis einstellen, wie es später in ein festes Arbeitsverhältnis übernehmen will.« Die zweite These lautete: »Unternehmen sollten mehr Azubis einstellen, als sie übernehmen wollen.« Wir sollten jeweils sagen, welcher These wir zustimmen und warum, und uns dann in der Gruppe auf eine These einigen. Dafür waren 15 Minuten vorgesehen.

Englischtests im Rahmen von Gruppendiskussionen

Die zweite Gruppenübung mussten wir auf Englisch absolvieren. Wir bekamen eine Liste mit Eigenschaften und Fähigkeiten vorgelegt, die dem Anforderungsprofil für Azubis des Unternehmens entnommen waren. Wir sollten – alles auf Englisch – diskutieren, welche Punkte am wichtigsten seien und das jeweils begründen. Als Ergebnis sollten wir eine Rangliste der Anforderungen erstellen. Auch das war in etwa 15 Minuten zu erledigen.

Damit waren die Gruppenübungen abgeschlossen. Wir wurden anschließend gemeinsam durch den Betrieb geführt. Nach der Führung gab es einen kleinen Imbiss. Von dort wurden wir der Reihe nach einzeln zum Gespräch gebeten. Jeder bekam zehn Minuten vorher Ausdrucke eines E-Mail-Verkehrs ausgeteilt, bei dem es um eine Kundenreklamation ging. Wir sollten die E-Mails lesen und uns überlegen, wie wir das Problem mit dem Kunden lösen wollten.

In Rollenspielen souverän auftreten

Ich saß nun allein den drei Unternehmensvertretern gegenüber, die mir erklärten, dass als Nächstes ein Rollenspiel vorgesehen sei. Der Inhaber übernahm den Part des verärgerten Kunden und ich sollte ihn beschwichtigen und im Gespräch mit ihm eine Lösung entwickeln.

Nach dem Rollenspiel hatte ich die Gelegenheit, selbst Fragen zu stellen, die in der Runde nicht angesprochen worden waren. Natürlich fragte ich vor allem nach dem Gehalt und den Entwicklungsmöglichkeiten.

Drei Tage nach dem AC rief der Personalleiter mich an: Ich habe die Stelle bekommen.«

Auch hier gilt das Prinzip der Transparenz.

In einem gut geführten Assessment-Center erklären die Unternehmensvertreter bei jeder Aufgabe, was auf die Kandidaten zukommt und was dadurch getestet werden soll. Idealerweise bekommt jeder Teilnehmer anschließend eine Rückmeldung über sein Abschneiden im Assessment-Center und darüber, wo das Unternehmen seine Stärken und Schwächen sieht. Das macht selbst ein AC, das nicht zu einem Arbeitsvertrag führt, für Bewerberinnen und Bewerber zu einer wertvollen Erfahrung, bei der sie viel über sich lernen können, auch darüber, wie sie von anderen wahrgenommen werden.

Die Postkorbübung

Die Postkorbübung ist vor allem in längeren Assessment-Centern (ein Tag oder mehr) enthalten, die zur Besetzung von (Nachwuchs-)Führungspositionen durchgeführt werden. Zweck dieser Übung ist es, die analytischen und organisatorischen Fähigkeiten der Kandidaten zu testen, insbesondere ihre Fähigkeit zur Konzentration auf das Wesentliche.

Typische Einleitung einer Postkorbübung

Beispiel
Stellen Sie sich vor, Sie kommen nach einem Kundentermin ins Büro. Sie haben dort eine Stunde Zeit, bevor Sie zum Flughafen müssen, um eine dreitägige Geschäftsreise nach Kiew anzutreten. Auf Ihrem Schreibtisch liegen einige Dokumente, die Sie vor der Abreise bearbeiten müssen.

Das ist ein typischer Einstieg in eine Postkorbübung. Die Bewerberinnen und Bewerber finden sich in einer – fiktiven – Situation wieder, in der sie unter Zeitdruck eine ganze Reihe von Dokumenten und Nachrichtennotizen sichten und bearbeiten müssen, die sie auf ihrem Schreibtisch, gewissermaßen in ihrem Posteingangskörbchen, vorfinden (daher auch der Name dieses Tests). Für die Postkorbübung wird meist eine Bearbeitungszeit von 30 oder 60 Minuten gewährt, wobei manchmal in diesem Zeitraum zusätzliche Störungen und weitere Aufgaben durch Telefonanrufe oder hereingereichte Notizen eingebaut sind.

Es geht darum, das Wichtige vom Unwichtigen zu unterscheiden.

Das soll eine möglichst realitätsnahe Situation erzeugen, in der die Kandidaten beweisen sollen, dass sie auch unter Stress und Zeitdruck die Übersicht behalten und das Wichtige vom Unwichtigen unterscheiden können. In der Regel ist die Übung so konstruiert, dass es gar nicht möglich ist, alle auf dem Schreibtisch liegenden Aufgaben zu erledigen. Die Kandidaten müssen daher den Mut aufbringen, einiges bewusst unerledigt zu lassen. Dabei gibt es keine allgemeingültige Musterlösung, sondern jeder Kandidat muss für sich entscheiden, welche Aufgaben

- wichtig und dringend sind und deswegen von ihm sofort abgearbeitet werden müssen,
- zwar wichtig sind, aber nicht dringend und deswegen auf später verschoben werden können,
- zwar dringend, aber nicht sehr wichtig sind und deswegen delegiert werden können und
- weder dringend noch wichtig sind und deswegen gar nicht bearbeitet werden müssen bzw. zu einem späteren Zeitpunkt an eine andere Person delegiert werden können.

Wichtig sind gute Begründungen.

Die Postkorbübung bearbeiten Kandidaten in der Regel allein und schriftlich. Dabei sollen sie begründen, welche Aufgaben sie wie lösen, und jeweils den Zeitbedarf dafür angeben. Manchmal sollen sie nur die Rangfolge der Aufgaben aufschreiben und nach der Postkorbübung in einem Gespräch begründen, warum sie was für wichtig bzw. unwichtig gehalten haben. Dieses Nachgespräch kann auch kontrovers, als Kritikgespräch, gestaltet sein.

Beispielanforderungen

- Ihre Frau/Ihr Mann hat angerufen: Sie haben vergessen, die Hemden/Blusen in den Koffer zu packen.
  Ein Umweg über Ihr Zuhause, um sie zu holen, würde Sie 30 Minuten kosten.
- Die ukrainische Botschaft hat angerufen: Es gibt Unklarheiten wegen des Visums.
- Ihre Mutter lässt ausrichten, Sie sollen vor Ihrer Abreise noch den Tisch zur Geburtstagsfeier Ihres Vaters reservieren.
- Ein wichtiger Kunde möchte mit Ihnen sprechen, weil auf der letzten Rechnung nicht die ihm zugesicherten Konditionen standen; er droht mit einem Lieferantenwechsel.
- Ein Kollege bittet um Hintergrundinformationen zu einem Kunden, den Sie früher betreut haben.
- Ihr Bankberater ruft an: Ein Fonds, in den Sie viel investiert hatten, hat dramatisch an Wert verloren. Wollen Sie aussteigen, bevor die Verluste noch größer werden?
- Ihr Chef hat einen Zettel auf Ihren Schreibtisch gelegt: Sie sollen sich vor Ihrer Abreise unbedingt bei ihm melden.
- Ein Journalist hat eine E-Mail geschickt: Er möchte mit Ihnen heute oder morgen ein Interview für eine in Ihrer Branche wichtige Fachzeitschrift führen.

Tipps zur Bearbeitung der Postkorbübung

Nach dem Lesen der Dokumente bzw. der Aufgabenliste müssen die Bewerberinnen und Bewerber eine Rangordnung der einzelnen Aufgaben erstellen. Faustregeln:

- Zunächst sind die Aufgaben zu sichten und zu priorisieren.
- Berufliches hat dabei immer Vorrang vor Privatem.
- Jeder sollte nur das bearbeiten, was ihn tatsächlich betrifft und nicht delegiert werden kann.
- Für jede Aufgabe muss geprüft werden, welche Konsequenzen zu erwarten sind, wenn sie nicht oder nicht fristgerecht erledigt wird.
- Zusammenhänge sollten erkannt werden: Manchmal hängen Aufgaben inhaltlich zusammen: Wird eine nicht erledigt, kann auch eine andere – vielleicht wesentlich wichtigere – nicht bewältigt werden.
- Die Aufgaben- bzw. Delegationsliste ist mit einem Zeitplan zu versehen.
- Kreative Lösungen, sei es über ungewöhnliche Medien (Fax, SMS, Anrufbeantworter) oder inhaltlicher Art, sind erlaubt bzw. sogar erwünscht.

Entsprechend könnte eine Lösung für die oben geschilderten Aufgaben so aussehen:

Beispiellösungen

- Als Erstes rufen Sie die Botschaft an, um sicherzustellen, dass das Visum in Ordnung ist und die Reise wie geplant stattfinden kann. – **Grund: Ohne Visum kann die Reise nicht stattfinden. Zeitbedarf: ca. 15 Minuten**
- Sie rufen Ihren Kunden an, um ihn wegen der versehentlich falsch gestellten Rechnung zu beruhigen. Anschließend klären Sie mit den dafür zuständigen Kollegen, dass sofort eine berichtigte Rechnung ausgestellt wird. – **Grund: Die Zufriedenheit wichtiger Kunden hat immer Priorität. Zeitbedarf: ca. 15 Minuten**
- Sie rufen Ihren Chef an, um zu klären, was er von Ihnen möchte. – **Grund: Wenn der Chef Sie vor Ihrer Abreise noch sprechen will, muss er einen wichtigen Grund haben. Zeitbedarf: ca. 10 Minuten**

- Sie melden sich bei Ihrem Kollegen: Er bekommt die Hintergrundinformationen nach Ihrer Reise. – **Grund: Hintergrundinfos sind nicht dringend, drei Tage kann der Kollege warten. Zeitbedarf: 3 Minuten**
- Sie schicken dem Journalisten eine E-Mail: Sie sind grundsätzlich gern bereit zu einem Interview **(Grund: Das ist gut für das Image Ihres Unternehmens und für den Aufbau Ihres persönlichen Expertenstatus),** stehen aber erst nach Ihrer Reise zur Verfügung (Terminvorschlag machen!), da die Erledigung Ihrer eigentlichen Arbeit natürlich vorgeht. **Zeitbedarf: ca. 5 Minuten**
- Sie rufen Ihre Frau/Ihren Mann an, dass Sie das Hemden- bzw. Blusenproblem lösen werden **(Zeitbedarf: 1 Minute)** und fahren zehn Minuten früher als geplant zum Flughafen los, um dort noch schnell zwei Hemden/Blusen für die Reise zu kaufen und in Ihrem Koffer zu verstauen.
- Auf dem Weg zum Flughafen reservieren Sie telefonisch den Tisch für die Geburtstagsfeier Ihres Vaters und melden sich bei Ihrem Bankberater.

Das Rollenspiel

War die Postkorbübung noch allein zu bewältigen, läuft das Rollenspiel in der Regel als Zwiegespräch ab, bei dem zusätzlich ein oder zwei Beobachter anwesend sind.

Zweck des Rollenspiels

Die Bewerber werden dabei in eine Gesprächssituation eingeführt, die für die zu besetzende Stelle typisch ist. Zweck des Rollenspiels ist es, die sozialen und kommunikativen Fähigkeiten der Kandidaten zu prüfen, etwa ihr Einfühlungsvermögen und ihre Zielorientierung, die Argumentation und die Fähigkeit, trotz schwieriger Ausgangssituation eine für beide Seiten zufriedenstellende Lösung zu erarbeiten. Bevor das eigentliche Rollenspiel beginnt, stehen in der Regel fünf bis zehn Minuten zur Verfügung, um mithilfe von bereitgestellten Unterlagen die Vorgeschichte und konkrete Ausgangssituation des nun zu führenden Gespräches zu erfassen und sich entsprechende Notizen für die eigene Argumentation zu machen.

Typische Gesprächssituationen im Rahmen eines Rollenspiels

Ist eine Führungsposition zu besetzen, spielt der Unternehmensvertreter in der Regel einen Mitarbeiter, mit dem der Kandidat in der zukünftigen Rolle als Führungskraft

- ein Konfliktgespräch, etwa wegen nachlassender Arbeitsleistung des Mitarbeiters,
- ein Motivationsgespräch, etwa mit einem Mitarbeiter, der derzeit sehr überlastet ist, oder
- eine Verhandlung über ein schwieriges Thema, etwa eine Gehaltserhöhung oder eine Arbeitszeitänderung,

führen soll.

Handelt es sich um eine Stelle mit Kundenkontakt, könnte das Rollenspiel sich um

- Preisverhandlungen,
- eine Kundenreklamation,
- einen Besuch zur Neukundenakquise oder
- um ein Verkaufsgespräch

drehen.

Rollenspiele sind grundsätzlich schwierige Gespräche.

Das Gespräch verläuft absichtlich nicht reibungslos, sondern die Gesprächspartner verhalten sich in der Rolle des Mitarbeiters uneinsichtig, versuchen, die Schuld auf andere zu schieben oder sich anderweitig herauszureden. Kunden sind in Rollenspielen grundsätzlich sehr fordernd, oft auch verärgert. Manche Rollenspielpartner geben sich bewusst aggressiv.

Beispiel für ein Rollenspiel mit einem Mitarbeiter
Eine (Nachwuchs-)Führungskraft soll ein Kritikgespräch mit einem Mitarbeiter führen, dessen Leistungen sich im Laufe der letzten Monate deutlich verschlechtert haben. Kaum hat der Kandidat den »Mitarbeiter« (verkörpert durch einen Personalentscheider des Unternehmens) begrüßt und ihm das Thema des Gespräches mitgeteilt, wird dieser laut und greift Sie an: ...

Auch hier gibt es keine »Musterlösung«, wohl aber einige Verhaltensregeln, deren Beachtung zu einer positiven Beurteilung führt.

Tipps zum Verhalten im Mitarbeiter-Rollenspiel

- Sorgen Sie für eine positive Gesprächsatmosphäre, indem Sie den Gesprächspartner freundlich begrüßen, ihn anlächeln, ihm etwas zu trinken anbieten usw.
- Nennen Sie zu Beginn Thema und Ziel des Gesprächs.
- Lassen Sie sich von uneinsichtigem oder aggressivem Verhalten des Gesprächspartners nicht aus der Ruhe bringen.
- Lassen Sie sich nicht auf Ablenkungsversuche ein und rechtfertigen Sie sich nicht, wenn Sie Ihrerseits Angriffen ausgesetzt sind.
- Führen Sie das Gespräch immer wieder auf die Sachebene zurück und verlieren Sie dabei nicht Ihr Gesprächsziel aus den Augen.
- Stellen Sie gezielte Fragen, um die Ursachen des Mitarbeiterverhaltens zu ermitteln und den Betreffenden in eine mögliche Lösung einzubinden. Eine alte Verhandlungsweisheit lautet: Wer fragt, der führt.
- Am Ende des Gesprächs sollte in den wesentlichen Punkten Einigkeit bestehen; idealerweise vereinbaren die Teilnehmer konkrete Maßnahmen (mit Zeitplan), mit denen das Gesprächsziel tatsächlich erreicht werden kann.

Beispiel: Gespräch als Führungskraft
Führungskraft: »Herr Müller, Sie haben sich wahrscheinlich schon gedacht, warum ich Sie zu diesem Gespräch gebeten habe. Sie sind ja schon mehr als fünf Jahre bei uns und haben immer Ihre Verkaufsziele erfüllt oder sogar übertroffen, aber in den letzten acht Monaten ...«
Mitarbeiter: »Was soll das hier? Nur, weil ich den Auftrag XY nicht bekommen habe, wollen Sie mir was anhängen? Sie wissen genau, dass das nicht meine Schuld war, das haben die Kollegen aus dem Werk verbockt, reden Sie doch mit denen ...«
Führungskraft: »Herr Müller, es geht hier nicht um diesen einen Auftrag, sondern um Ihre Verkaufszahlen insgesamt, die sich in den letzten acht Monaten auffällig verschlechtert haben. Ich möchte gern wissen, woran das liegt.
Mitarbeiter: Das fragen Sie mich jetzt? Ich versuche schon seit Wochen, mit Ihnen zu sprechen, aber Sie haben ja nie Zeit!«
Führungskraft: »Es tut mir leid, wenn ich Gesprächssignale von Ihnen nicht bemerkt habe, aber Sie wissen doch, dass ich mir für wichtige Anliegen immer Zeit nehme. Wollten Sie mit mir denn über Ihre Verkaufszahlen sprechen?«
Mitarbeiter: »...«

Besonderheiten beim Rollenspiel mit einem Kunden

Wie beim Rollenspiel mit einem Mitarbeiter ist es in der fiktiven Gesprächssituation mit einem Kunden sehr wichtig, eine gute Gesprächsatmosphäre zu schaffen und die richtigen Fragen zu stellen, um eine Lösung zu entwickeln. Dabei kann sich der Kunde mehr Frei- und auch Frechheiten herausnehmen als ein Mitarbeiter. Die Herausforderung besteht dann darin, sich nicht provozieren zu lassen und den Kunden zu besänftigen bzw. zufriedenzustellen, ohne dabei die Interessen des Unternehmens hintanzustellen bzw. die eigenen Entscheidungskompetenzen zu überschreiten.

Die Präsentation

Ablauf und Zweck der Präsentation

Die Präsentation im Rahmen eines Bewerberauswahlverfahrens erinnert viele Teilnehmer an die Referate, die in der Schule zu halten waren, und ist ähnlich unbeliebt. Dabei sind sie eine gute Gelegenheit, nicht nur ein Thema, sondern auch sich selbst vorteilhaft darzustellen. In der Regel bekommen die Bewerberinnen und Bewerber ein Thema genannt, zu dem sie nach einer Vorbereitungszeit von 10 bis 15 Minuten einen etwa fünfminütigen Vortrag halten sollen. Zweck der Präsentation ist es, zu testen, inwieweit die Kandidaten in der Lage sind, ein Thema strukturiert anzugehen, es verständlich darzulegen und dabei selbstbewusst und rhetorisch geschickt vor einem interessierten bis kritischen Publikum aufzutreten.

Mögliche Themen

Die Präsentation kann sich auf eine große Bandbreite von Themen beziehen, beispielsweise sollen die Vortragenden sprechen über

- sich selbst bzw. ihre Vita,
- das Unternehmen, bei dem sie sich bewerben,
- ein Produkt bzw. eine Dienstleistung des Unternehmens,
- ein sehr allgemeines Thema wie »die Natur« oder »das Geld«,
- ein fachspezifisches Thema, das mit der Branche des Unternehmens bzw. der zukünftigen Aufgabenstellung zu tun hat,
- ein kontroverses Thema, etwa »die Nutzung der Atomenergie«, oder sogar
- ein völlig frei zu wählendes Thema. Letzteres bedeutet eine zusätzliche Herausforderung, ist doch nach sehr kurzer Bedenkzeit eines auszusuchen, das sich für einen packenden Kurzvortrag eignet.

Manchmal erhalten die Kandidaten Material zum Thema, das sie vorab durchlesen können, oder ein paar Stichpunkte, die sie in ihrer Argumentation aufgreifen sollen. Dieses Material ist unbedingt zu berücksichtigen.

Struktur und Sprache sind wichtiger als Inhalte.

Natürlich sollte der Inhalt der Präsentation nicht völlig aus der Luft gegriffen sein, aber im Wesentlichen kommt es den Beobachtern auf den Aufbau der Argumentation und die Art des Vortrags an. Manchmal werden auch Zwischenfragen gestellt, um die Flexibilität des Kandidaten und seine kommunikativen Fähigkeiten unter Stress zu testen. Andere Zuhörer signalisieren demonstrativ Desinteresse oder Abwehr, um den Vortragenden unter Druck zu setzen. Diese Methoden ähneln dem Stressinterview, sind aber glücklicherweise sehr selten anzutreffen.

Tipp **Die erfolgreiche Präsentation**

- Sammeln Sie Ideen zu Ihrem Thema, bauen Sie eine in sich logische Argumentation auf und erstellen Sie eine kurze Gliederung.
- Notieren Sie sich Stichpunkte, um den roten Faden während des Vortrags nicht zu verlieren.
- Sprechen Sie ansonsten frei.
- Achten Sie auf eine sichere Körpersprache (solider Stand, ruhige Atmung, Blickkontakt zum Publikum).
- Sprechen Sie langsam, klar und in ganzen Sätzen.
- Falls Zwischenfragen gestellt werden, bedanken Sie sich und greifen Sie sie auf: »Gut, dass Sie das ansprechen, das ist ein wichtiger Punkt …«
- Behalten Sie die Uhr im Blick, damit Sie den vorgegebenen Zeitrahmen einhalten. Weitschweifige Überziehungen machen keinen guten Eindruck bzw. vermitteln, dass Sie sich nicht aufs Wesentliche konzentrieren können. Manchmal wird der Vortragende nach fünf Minuten radikal unterbrochen, unabhängig davon, wie weit er mit seiner Argumentation fortgeschritten ist.

Die Gruppendiskussion

Im Rahmen eines Assessment-Centers können Bewerberinnen und Bewerber mit großer Wahrscheinlichkeit davon ausgehen, dass Sie sich in einer Gruppendiskussion beweisen müssen. Hier prüfen die Personalverantwortlichen, wie sich die jeweiligen Kandidaten innerhalb einer Gruppe darstellen und positionieren.

Diskussion mit mehreren Teilnehmern

In der Regel wählen die Unternehmensvertreter für eine Gruppendiskussion vier bis sechs Kandidaten aus. Eventuell nimmt zusätzlich ein Personalverantwortlicher als Moderator an der Gruppendiskussion teil. Die Diskussion soll meist in einem bestimmten Zeitrahmen stattfinden, der zwischen 15 und 45 Minuten liegt.

Beispiele für Vorgaben bei Gruppendiskussionen

Die Unternehmensvertreter

- geben ein bestimmtes Thema vor, das von der Teilnehmern der Gruppe diskutiert werden soll,
- geben zwei sich widersprechende Statements vor, wobei sich die Gruppenmitglieder für eine Seite entscheiden sollen, um dann die beiden verschiedenen Standpunkte miteinander zu diskutieren,
- machen eine Zielvorgabe und die Teilnehmer sollen darüber diskutieren, wie das Ziel schnell und effektiv erreicht werden kann,
- weisen die Gruppe an, sich selbst auf ein beliebiges Thema zu einigen, das sie dann diskutiert,
- geben einzelnen oder allen Gruppenmitgliedern einen bestimmten Standpunkt vor, den sie dann in der Diskussion überzeugend vertreten sollen. Dabei spielt es keine Rolle, ob der Teilnehmer davon überzeugt ist oder nicht.

Jeder Kandidat steht in direktem Wettbewerb zu den Mitbewerbern.

Die Gruppendiskussion ist bei vielen Teilnehmer eines Assessment-Centers gefürchtet, zum einen, weil die Diskussionsthemen in der Regel unbekannt sind und nicht vorbereitet werden können, zum anderen, weil jeder Bewerber gleichzeitig auf eine ganze Reihe von Fähigkeiten und Persönlichkeitseigenschaften hin geprüft wird. Allerdings kommt es nicht darauf an, dass jeder Bewerber alle Fähigkeiten, die geprüft werden, in Vollendung an den Tag legt. Sondern es ist vor allem wichtig, dass er in den Bereichen Kompetenz zeigt, die für die zu besetzende Stelle ausschlaggebend sind. Letztendlich kommt es dann bei jedem Einzelnen darauf an, wie er in diesen erforderlichen Kernkompetenzen im Vergleich zu den anderen abschneidet.

Denkbare Prüfkriterien in der Gruppendiskussion

Wie gut sind die analytischen Fähigkeiten des Bewerbers?

- Hat die Bewerberin oder der Bewerber verstanden, worum es bei dem vorgegebenen Thema tatsächlich geht?
- Kann der Kandidat eine klare und überzeugende Strategie entwickeln?
- Kann er mögliche Zusammenhänge herstellen oder Alternativen entwickeln, falls dies im Laufe des Diskussionshergangs erforderlich ist?

Wie gut sind die kommunikativen und sozialen Kompetenzen des Bewerbers?

- Ist er in der Lage, seinen Standpunkt gegenüber der anderen überzeugend zu vertreten? Kann er begeistern?
- Wählt er die richtigen Worte? Hat er eine ausgefeilte Rhetorik?
- Zeigt er, dass er auf die Argumente der anderen eingehen kann? Nimmt er Gedankengänge der anderen auf?
- Beweist er Verständnis für den Standpunkt der anderen?
- Ist er bereit, im Sinne des gemeinsamen Ziels vernünftige Kompromisse einzugehen, ohne seinen Standpunkt wider alle Vernunft auf Biegen und Brechen durchzusetzen?
- Kann er anderen zuhören? Lässt er sie ausreden?

Denkbare Prüfkriterien in der Gruppendiskussion (Fortsetzung)

- Ist er in der Lage, wieder souverän zur Sache zurückzukehren, wenn die Diskussion hitzig wird?
- Ist er bereit, ein Problem einvernehmlich mit den anderen zu lösen?
- Kann er mit Kritik umgehen?
- Ist seine Körpersprache überzeugend und selbstbewusst?
- Ist er fähig, seine Meinung gegenüber anderen durchzusetzen?
- Hat er ein gutes Selbstwertgefühl?
- Argumentiert er ziel- und ergebnisorientiert?
- Beweist er Engagement, Motivation und Begeisterung?
- Zeigt er Führungspotenzial (falls eine Führungsposition besetzt werden soll)?
- Kann er klare Entscheidungen treffen?

Wie engagiert und durchsetzungsstark ist der Kandidat?

Vorbereitung gibt Selbstvertrauen und Sicherheit in der Diskussion.

Auch wenn die Wahrscheinlichkeit gering ist, in der Gruppendiskussion auf ein Thema zu treffen, das der Bewerber sich im Vorfeld ausgedacht hat: Wenn bekannt ist, dass im Rahmen der Bewerberauswahl ein Assessment-Center stattfinden soll, ist es sicher sinnvoll, sich auf die Gruppendiskussion vorzubereiten und sich einige Themen auszudenken, die zum Beispiel einen Bezug zur speziellen Stelle oder zum Fachbereich haben. Immerhin besteht die Möglichkeit, dass die Gruppe das Diskussionsthema frei wählen darf. In dieser Situation ist es sehr nützlich, ein paar Themen in petto zu haben.

Diskutieren üben mit Familie und Freunden

Um Sicherheit in Diskussionsrunden zu gewinnen, gilt es, Familienmitglieder oder Freunde (am besten mit dem gleichen oder einem ähnlichen Ausbildungs- oder Berufshintergrund) zu bitten, gemeinsam mit dem Kandidaten eine Diskussionsrunde nachzustellen. Dazu geben die Teilnehmer – ähnlich wie in der Prüfungssituation auch –

ein fach- oder berufsspezifisches Diskussionsthema vor und jeder versucht, den anderen von seiner Idee oder seinem Standpunkt zu überzeugen. Im Fokus der Beobachtung steht der Bewerber, der hier die Chance hat, in entspannter Runde seine Argumentationstechniken, Rhetorik und Körpersprache zu trainieren.

Offen sein für Kritik in der Übungssituation

Die anderen Teilnehmer geben Feedback und zeigen Stärken und Schwächen des Kandidaten auf. So kann er sich sukzessive verbessern.

Tipp **Die Prüfungssituation Gruppendiskussion**

- Seien Sie immer höflich, respektvoll und rücksichtsvoll gegenüber anderen.
- Zeigen Sie, dass Sie die anderen ernst nehmen.
- Fallen Sie anderen nicht ins Wort.
- Beweisen Sie, dass Sie kompromissfähig sind.
- Treten Sie sicher und selbstbewusst, aber nicht großspurig auf.
- Sprechen Sie jeden Diskussionsteilnehmer mit seinem Namen an.
- Benutzen Sie die Wörter »bitte« und »danke«: »Können Sie bitte den letzten Satz noch einmal wiederholen?«, »Vielen Dank für die Erläuterung. Ich bin durchaus auch der Meinung ...«
- Sprechen Sie lieber etwas langsamer als zu schnell, deutlich und weder mit zu lauter noch zu leiser Stimme.
- Formulieren Sie verständliche, nicht zu lange Sätze. Lassen Sie nur Fremdwörter und Fachbegriffe einfließen, wenn Sie sicher sind, dass alle Anwesenden mit dieser Terminologie vertraut sind.
- Bleiben Sie ruhig, auch wenn Sie angegriffen werden.
- Nehmen Sie Kritik sachlich auf und prüfen Sie ruhig, wo der Verbesserungsvorschlag in der Sache liegt.

Tipp **Die Prüfungssituation Gruppendiskussion (Fortsetzung)**

- Stehen Sie zu Ihrer Meinung und wechseln Sie Ihren Standpunkt nicht beliebig. Bleiben Sie aber flexibel, wenn Sie erkennen müssen, dass Sie die Gruppenmeinung gegen sich haben.
- Nehmen Sie die Ideen der anderen konstruktiv an. Bestätigen Sie die Aspekte, die Ihnen richtig erscheinen, und kritisieren Sie die Teilbereiche in der Sache, bei denen Sie Bedenken haben oder anderer Meinung sind.
- Beweisen Sie Größe und loben Sie andere Kandidaten auch für ihre guten Beiträge und Ideen.
- Beziehen Sie andere Teilnehmer, die eher zurückhaltend sind, in die Diskussion ein und fragen Sie sie nach ihrer Meinung.
- Halten Sie keine Monologe, ohne andere zu Wort kommen zu lassen. Entwickeln Sie Ihren Standpunkt klar, knapp und präzise und bringen Sie sich immer wieder in die Diskussion ein.
- Fassen Sie Zwischenergebnisse zusammen und zeigen Sie, dass Sie in der Lage sind, auf dem Weg zum Ziel den roten Faden zu erkennen und in der Hand zu halten.
- Beweisen Sie, dass Sie erhitzte Gemüter beruhigen können, wenn die Diskussion zwischen einzelnen Teilnehmern zu emotional wird.
- Behalten Sie die Zeit im Auge. Erinnern Sie die Gruppe wenn nötig daran, dass es Zeit ist, zu einem gemeinsamen Ergebnis zu kommen.

Das Vorstellungsgespräch

Seit Beginn der 1980er-Jahre hat sich die Arbeitsmarktsituation in der Bundesrepublik Deutschland, in Österreich und, abgeschwächt, auch in der Schweiz stetig verschlechtert. Bewerber berichten im Zusammenhang mit ihrer Stellensuche oft von einem regelrechten Bewerbungsmarathon mit Hunderten von Bewerbungsschreiben und dementsprechend vielen Ablehnungen. Wer sich im Wettbewerb um die ansprechendste und auf das Anforderungsprofil am besten passende Bewerbung durchgesetzt hat und zu einem Vorstellungsgespräch eingeladen wird, hat schon den ersten wichtigen Schritt auf dem Weg zur begehrten Stelle getan.

Die nächste Runde im Bewerbungswettbewerb

Beweisen Sie, dass Sie die beste Besetzung sind.

Mit der Einladung zum Vorstellungsgespräch alleine ist jedoch noch nichts gewonnen. Jetzt beginnt der Wettbewerb von Neuem. Denn in der Regel werden mehrere potenzielle Kandidaten für die ausgeschriebene Stelle zum Vorstellungsgespräch eingeladen. Für jeden der geladenen Bewerber heißt es jetzt, im persönlichen Gespräch mit dem Personalverantwortlichen zu beweisen, dass er oder sie genau die richtige Person für die zu besetzende Position ist.

Unbedingt: Die Chemie muss stimmen.

Aber nicht nur der oder die Vertreter des ausschreibenden Unternehmens nutzen das Vorstellungsgespräch, um die Qualifikation des Bewerbers zu prüfen. Auch der Bewerber selbst hat in diesem persönlichen Gespräch die Gelegenheit auszuloten, ob das geforderte Anforderungsprofil und die vom Unternehmen angebotenen Perspektiven mit seinen beruflichen Vorstellungen übereinstimmen. Nicht zuletzt gilt es für beide Parteien festzustellen, ob das menschliche Miteinander passt, das heißt, ob die Chemie stimmt – eine grundlegende Voraussetzung für die erfolgreiche und konstruktive künftige Zusammenarbeit.
All dies sind gute Gründe, um jeden Schritt von der Einladung zum ersten Vorstellungsgespräch bis hin zur Unterschrift unter den Arbeitsvertrag genau zu überlegen und sich gründlich vorzubereiten.

Der Termin

Manche Unternehmen bevorzugen Onlinebewerbungen und die Kommunikation per E-Mail, weil sie die Auswahl der Bewerber sowie die Verwaltung der Bewerbungen mit sehr viel technischer Unterstützung leisten und innerhalb der elektronischen Welt bleiben wollen. Andere dagegen halten an der traditionellen Bewerbung fest, weil sie nur selten Stellen zu besetzen haben und sich die Anschaffung teurer E-Recruiting-Software nicht lohnen würde. Allen gemeinsam aber ist, dass sie die Einladung und den Termin für ein Vorstellungsgespräch nur noch selten per Brief auf dem Postweg senden.

Manche Personalverantwortliche wählen den kürzesten Weg der Kontaktaufnahme: Sie rufen die Bewerber an (oder lassen die Sekretärin anrufen) und sprechen die Einladung zum Vorstellungstermin am Telefon aus. Andere senden den Termin fürs Vorstellungsgespräch per E-Mail. Egal auf welchem Weg ein Bewerber die Einladung zu einem Vorstellungsgespräch erhält, er sollte auf jeden Fall schnell reagieren. Denn er befindet sich in der nächsten Testsituation nach seinem Bewerbungsschreiben: Er muss den Vorstellungstermin bestätigen.

Bestätigen Sie den Termin umgehend per Telefon oder E-Mail.

Der Personalfragebogen

Einige Unternehmen schicken mit der schriftlichen Einladung zum Vorstellungsgespräch gleich einen Personalfragebogen mit. Diesen Bogen füllen Sie sorgfältig und wahrheitsgetreu aus. Wahrheitswidrige Angaben können bei späterer Anstellung zur Anfechtung des Arbeitsvertrages wegen Irrtum oder arglistiger Täuschung führen. Der Personalfragebogen wird dem potenziellen Arbeitgeber in der Regel nicht vorab per Post zugestellt, sondern zum Vorstellungsgespräch mitgebracht.

Die telefonische Bestätigung

Im Rahmen von Onlinebewerbungen oder wenn es sich um enge Zeitrahmen handelt, wird das Telefon gelegentlich zum zusätzlichen Kommunikationsmittel zwischen Unternehmen und Bewerber. Deshalb ist es ratsam, sich mit dieser Situation gedanklich so früh wie möglich vertraut zu machen. Denn nichts ist peinlicher, als von einem Unternehmensvertreter mit einem Anruf überrumpelt zu werden und völlig unprofessionell zu reagieren.

In der Bewerbungsphase jederzeit mit einem Anruf rechnen

Bereiten Sie sich vor: Rechnen Sie jederzeit mit dem Anruf eines Unternehmensvertreters.

Wer sich in einer Bewerbungsphase befindet und eine Anzahl von Bewerbungsschreiben losgeschickt hat, muss zu jeder Tageszeit damit rechnen, dass ein interessierter Unternehmensvertreter am anderen Ende der Leitung ist, wenn das Telefon klingelt. Die Stimme und in welcher Form sich der Angerufene am Telefon meldet, vermittelt dem Anrufer einen ersten Eindruck von der Person. Ein unpersönliches »Ja« oder »Hallo« kommt ebenso wenig an wie ein ungeduldiges, gelangweiltes oder unfreundliches »Weber!«.

Der Anrufer sollte – im Gegenteil – ein positives Gefühl erleben, wenn er die Stimme seines potenziellen Mitarbeiters am Telefon hört. Denn er wird aufgrund seines ersten Eindrucks darauf schließen, wie sein Gesprächspartner auf Kunden und Geschäftspartner des Unternehmens und auch auf Kollegen wirken würde. Stimme und Stimmmodulation haben eine hohe Aussagekraft, besonders am Telefon, wenn der Gesprächspartner nur auf diese akustischen Signale angewiesen ist, um eine Person zu beurteilen. »Allzeit bereit« heißt deshalb die Devise, wenn die Bewerbungsschreiben abgesandt sind.

Die passende Stimmführung

Melden Sie sich frisch und freundlich am Telefon.

Und wenn das Telefon klingelt, wird der Anrufer am besten mit einer erwartungsvoll freudig gesprochenen und frischen Selbstvorstellung begrüßt, bei der die Stimmführung am Ende des Satzes fragend nach oben geht:

> »Leonie Weber, guten Tag?«
> »Leonie Weber, hallo?«
> »Guten Tag, hier spricht Leonie Weber?«
> »Guten Morgen, hier ist Leonie Weber?«

Damit Sie nicht lange suchen müssen: Legen Sie Stift und Terminkalender neben das Telefon.

Nichts spricht dagegen, seiner Freude Ausdruck zu verleihen, wenn der Gesprächspartner am anderen Ende der Leitung zum Vorstellungsgespräch einlädt: »Vielen Dank. Das freut mich sehr. Selbstverständlich komme ich gern.« Der Terminkalender und ein Stift sollten immer griffbereit neben dem Telefon liegen, damit die Terminabsprache ohne viel Zeitverlust vonstattengehen kann.

Alle wichtigen Daten und Fakten notieren

Wenn der Anrufer nicht von selbst darauf zu sprechen kommt, sind die Fragen nach dem Anfahrtsweg, dem genauen Ort, wo das Treffen stattfinden soll, und dem Namen des Gesprächspartners im Vorstellungsgespräch ein Muss. Weil dieser Name eine große Bedeutung für den Bewerber hat, ist es ratsam, sich diesen buchstabieren zu lassen, falls er nicht richtig verstanden wurde. Auch der Name des Anrufers, wenn es sich zum Beispiel um die Sekretärin des Personalverantwortlichen handelt, wird notiert und festgehalten. Ebenso wichtig ist die Frage, ob und welche Unterlagen zum Gespräch mitgebracht werden sollen. Am Ende des Gesprächs bedankt sich der Bewerber noch einmal für den Anruf und bringt seine Freude über die Einladung zum Ausdruck.

Hinterlassen Sie einen hervorragenden ersten Eindruck – auch am Telefon.

Beim Anruf gilt es auch, auf eine souveräne telefonische Selbstpräsentation zu achten. Diese beginnt schon mit der Vorstellung am Telefon: »Guten Tag, ich bin Leonie Weber« klingt besser als »Mein Name ist Leonie Weber«, »Weber hier« oder nur »Weber«. Je persönlicher, dynamischer und freundlicher der Bewerber am Telefon klingt, desto besser ist der erste Eindruck, den er bei seinem potenziellen neuen Arbeitgeber hinterlässt.

Beispiel für eine Terminbestätigung per Telefon
»Guten Tag, ich bin Leonie Weber. Es geht um meine Bewerbung als Assistentin des Bereichsleiters Controlling. Herzlichen Dank für Ihre Einladung zum Vorstellungsgespräch. Ich möchte den Termin bestätigen: Ich komme gern am Montag, dem 5.7. um 14:00 Uhr zu Ihnen in die Sandstraße. Möchten Sie, dass ich noch zusätzlich Unterlagen mitbringe, die für das Gespräch wichtig sind? ... Vielen Dank, ich freue mich auf das Gespräch mit Ihnen.«

Informationsaustausch, kein Small Talk!

Beweisen Sie Effizienz. Beschränken Sie sich am Telefon auf das Wichtigste.

Bei telefonischen Terminabsprachen besteht das Hauptziel darin, den Termin für das Vorstellungsgespräch festzulegen, den Anfahrtsweg zu besprechen und eventuell noch kurz zu klären, welche Unterlagen mitgebracht werden sollen. In der Regel hat der Unternehmensvertreter am Ende der Leitung wenig Zeit und will sich auf den Austausch dieser wichtigsten Daten beschränken. Deshalb ist ein ausführlicher Small Talk in dieser Telefonsituation meist nicht angebracht. Es sei denn, der Unternehmensvertreter gibt das deutliche Signal zum lockeren Gespräch. Generell passt sich der Bewerber – was den Austausch von Informationen anbelangt – am besten an den Gesprächspartner an. Auch detaillierte Fragen zur Position und zu den Aufgabeninhalten gehören nicht zu diesem ersten Telefonkontakt. Dafür ist im eigentlichen Vorstellungsgespräch ausreichend Raum.

Stellen Sie nicht gleich beim ersten Telefongespräch Fragen zum Geld.

Ob die Frage nach der Erstattung der Reisekosten gestellt wird, sollte vorher gut überlegt sein. Wenn der Weg zum Vorstellungsgespräch nicht zu weit und nicht mit hohen Flug- oder Bahnreisekosten verbunden ist, wird besser auf diese Frage verzichtet. Wer gleich beim ersten Kontakt finanzielle Forderungen an das neue Unternehmen stellt, könnte seinen ersten Eindruck sonst gleich erheblich trüben.

Die Bestätigung per E-Mail

Bei Onlinebewerbungen oder wenn das Unternehmen den Kontakt zum Bewerber per E-Mail aufnimmt, wird grundsätzlich auch erwartet, dass dieser Kommunikationsweg von beiden Seiten beibehalten wird.

Für die Terminbestätigung per E-Mail gelten die gleichen Grundsätze wie für einen Brief. Es wäre ein Missverständnis, zu meinen, dass in der E-Mail-Korrespondenz die üblichen Verhaltensregeln nicht gelten.

Betreff

Machen Sie Ihre E-Mail unverwechselbar.

Ein konkret formulierter Betreff zeigt dem Empfänger sofort, worum es geht. Die Formulierung könnte zum Beispiel lauten: *Ihre Einladung zum Vorstellungsgespräch am 5.7.2016, Bewerbung als Assistentin des Bereichsleiters Controlling*

Die Gefahr, dass die E-Mail in der Masse der anderen Eingänge untergeht, ist damit sehr viel geringer.

Die **korrekte Anrede** ist ein Grundsatz der Höflichkeit:
Sehr geehrter Herr Berger, ...

Hat der E-Mail-Partner einen akademischen Grad, zum Beispiel Doktor oder Professor, gehört dieser mit zur Anrede: *Sehr geehrter Herr Dr. Berger, ...*

Auch der erste schriftliche Eindruck bleibt: Schreiben Sie fehlerlos!

Fehlerlose **Rechtschreibung** und Grammatik sind ein Muss. Auch wenn E-Mails im privaten Bereich diesem Anspruch meist nicht gerecht werden – in der geschäftlichen Korrespondenz ist eine korrekte Rechtschreibung nicht nur ein Gebot der Höflichkeit, sondern der erste Beweis, dass der Bewerber professionell korrespondieren kann.

Abkürzungen wie MfG (Mit freundlichen Grüßen) oder zz. (zurzeit) sind in der elektronischen Bewerberkorrespondenz genauso unangebracht wie in der konventionellen.

Wer die Kommunikation per E-Mail wählt, schätzt die Schnelligkeit. E-Mails sollten möglichst noch am gleichen Tag beantwortet werden.

Beschränken Sie sich auf die Informationen, die für den Empfänger wichtig sind.

Umständliche Sätze und lange Erläuterungen gehören nicht in eine E-Mail. Der Verfasser beschränkt sich auf die wichtigsten Daten und Fakten und bringt sein Anliegen schnörkellos, aber höflich auf den Punkt.

Bei der **Anrede** gilt: lieber konservativ als locker. Anreden wie »Einen wunderschönen guten Morgen« oder kreative Grußformeln wie »Fröstelnde Grüße aus dem verschneiten München« sind in der Bewerberkorrespondenz nicht am Platz. Es sei denn, der Bewerber kommuniziert mit einem Unternehmen der Kreativwirtschaft und kennt die einschlägigen Gepflogenheiten sehr genau. Hier kann ein lockerer Umgangston durchaus an der Tagesordnung sein.
Auch ein klares Schriftbild besticht: Bilder, Emoticons, schnörkelige Schrift und farbliche Unterlegungen haben in einer sachlichen Geschäftskorrespondenz daher nichts zu suchen. Der E-Mail-Text sollte eine Länge von 80 Zeichen pro Zeile nicht überschreiten, denn nicht alle E-Mail-Programme brechen den Text automatisch um. Sinnvoll eingefügte Absätze helfen, die Übersichtlichkeit der Information zu steigern.

Nicht vergessen: korrekte Grußformel und E-Mail-Signatur.

Zu einer vollständigen E-Mail gehört wie beim Brief die korrekte **Grußformel** und selbstverständlich auch die vollständige **E-Mail-Signatur,** die den Namen, die Adresse, die Telefonnummer sowie die E-Mail-Adresse enthalten muss.
Auch die **E-Mail-Adresse** des Absenders vermittelt bereits einen ersten Eindruck von der Person, die dahintersteht. Deshalb eignen sich E-Mail-Adressen, die in Chatrooms verwendet werden, wie zum Beispiel häschen@hotmail.com, nicht für eine seriöse Korrespondenz. Besser sind neutrale Adressen wie leonie.weber@online.de oder sw@t-online.de.

Muster E-Mail »Terminbestätigung«

An:	MoritzBerger@Semantec.org
Cc:	
Bcc:	
Betreff:	Ihre Einladung zum Vorstellungsgespräch am 5.7.2016, Bewerbung als Assistentin des Bereichsleiters Controlling

Sehr geehrter Herr Berger,

vielen Dank für Ihre Einladung zum Vorstellungsgespräch am Montag, dem 5.7.2016, um 14:00 Uhr in Ihrer Unternehmenszentrale! Den Termin bestätige ich gern. Ich freue mich auf das Gespräch mit Ihnen.

Mit freundlichen Grüßen

Leonie Weber
Jostweg 5
12648 Berlin
Tel.: 030 1234567
E-Mail: LeonieWeber@provider.de

Termin verschieben

Termin nur im äußersten Notfall verschieben

Generell gilt: Der vom Unternehmen angebotene Termin sollte unbedingt vom Bewerber akzeptiert werden. Denn bereits bei der Terminabsprache beweist er damit, dass er flexibel ist und ein starkes Interesse hat, künftig für dieses Unternehmen zu arbeiten. Eine Bitte um Verschiebung, vor allem nachträglich, ist deshalb nur im Notfall erlaubt, zum Beispiel wenn der Bewerber schwerer erkrankt.

Nachvollziehbare Gründe nennen

Vorsicht: Eine Absage wegen Krankheit kann negativ auf Ihr Image abfärben.

Aber auch eine Absage wegen Krankheit kann unter Umständen einen Nachteil bedeuten. Hier kommt es auf die Art der Erkrankung und auf das Verständnis des Personalverantwortlichen an. Wenn der Termin glaubhaft wegen einer fieberhaften Grippeerkrankung verschoben wird, liegt das bei den meisten Unternehmen sicher noch im Toleranzbereich. Sagt der Bewerber ab, weil er wieder einmal einen Hexenschuss hat, läuft er Gefahr, dass mit dieser Aussage auf eine generell angeschlagene gesundheitliche Konstitution geschlossen wird.

Zeigen Sie, wie wichtig Ihnen der Vorstellungstermin ist: Opfern Sie einen Urlaubstag!

Arzttermine, kein Babysitter für das Kind oder bereits gekaufte Konzertkarten für den Lieblingssänger sind keine akzeptablen Gründe, um ein Bewerbungsgespräch zu verschieben. Hier zählt der potenzielle Arbeitgeber auf die Organisationsfähigkeiten des Kandidaten, die schließlich auch in den meisten Berufen ein Qualifikationsmerkmal sind, und darauf, dass der Bewerber auf ein Privatvergnügen wie einen Konzertbesuch auch einmal zugunsten seines Berufes verzichten kann.
Wer in der Bewerbungsphase noch Vollzeit tätig ist, sollte für das Vorstellungsgespräch einen Urlaubstag nehmen. Diese Opferbereitschaft für den begehrten Job erwartet das künftige Unternehmen mit Selbstverständlichkeit.

Überzeugend argumentieren

Sicher gibt es Situationen, die den Bewerber dazu zwingen, eine Bitte um Terminverschiebung vorzubringen. Zum Beispiel, weil er für das Unternehmen, für das er derzeit noch tätig ist, eine seit Langem geplante Geschäftsreise antre-

Nur wirklich triftige und glaubhafte Verschiebungsgründe angeben.

ten muss oder weil er sein Team bei einer entscheidenden Kundenpräsentation nicht im Stich lassen kann.
In diesen Fällen kommt es auf die Präsentation und die Argumentation an. Mit anderen Worten: Problematisch ist in aller Regel nicht die Bitte um einen anderen Termin, sondern allenfalls die Art und Weise, wie Sie sie vortragen. Wenn der Bewerber darlegt, dass er sich für das Team, seine Kollegen und für seine Aufgaben im jetzigen Unternehmen bis zum letzten Arbeitstag verantwortlich fühlt, wird ihm das beim neuen Arbeitgeber sicher nicht zum Nachteil gereichen.
Eine kleine Nuance aber kann schon vieles ändern: Falls der Eindruck entsteht, dass Ihre Bewerbung aus welchen Gründen auch immer nur halbherzig ist und Sie einen Arbeitsplatzwechsel nicht ernsthaft erwägen. Um dem vorzubeugen, sollten Sie auch zum Ausdruck bringen, dass Sie zwar eine Terminverschiebung bevorzugen, darauf aber nicht bestehen würden, falls sie für das einladende Unternehmen nur mit größeren Schwierigkeiten zu bewerkstelligen wäre. Wie auch immer Sie sich entscheiden und wie immer Sie Ihren Wunsch nach Terminverschiebung vortragen: Letztendlich kommt es also darauf an, wie glaubhaft und triftig die vorgebrachten Gründe sind.

Termin absagen

Auch das kommt vor: Der Bewerber entschließt sich, das Vorstellungsgespräch nicht wahrzunehmen, sei es, weil er Bedenken bekommen hat, ob das Unternehmen beziehungsweise die Aufgabe tatsächlich passend für ihn sind, sei es, weil er bereits bei einem anderen Unternehmen einen Arbeitsvertrag unterschrieben oder vielleicht auch weil ihm sein derzeitiger Arbeitgeber überraschend neue Perspektiven eröffnet hat.

Vielleicht eine Investition in die Zukunft: die stilsichere Absage

Auch wenn das einladende Unternehmen nicht mehr im Zentrum des Interesses steht, macht es einen sehr schlechten Eindruck, auf eine Termineinladung überhaupt

Halten Sie sich alle Optionen offen: Lassen Sie eine Einladung zum Vorstellungsgespräch nicht unbeantwortet.

nicht zu reagieren. Häufig bewegt man sich beruflich über Jahre hinweg in der gleichen Branche und die Wahrscheinlichkeit, einer Person ein zweites Mal zu begegnen oder erneut in Kontakt mit dem betreffenden Unternehmen zu kommen, ist nicht gering. Bewerber, die auf eine Einladung nicht reagiert haben oder die gar einen zugesagten Termin kommentarlos nicht wahrnehmen, bleiben lange Zeit in unangenehmer Erinnerung.
Dabei ist für den Bewerber selbst die Möglichkeit, auf das Unternehmen zweiter Wahl im Bedarfsfall zurückgreifen zu können, nicht von der Hand zu weisen. Es ist ja durchaus möglich, dass der Bewerber die bevorstehende Probezeit in der neuen Position nicht übersteht. Dann ist es immer von Vorteil, den ursprünglichen Kontakt wieder aufleben lassen zu können. Und das funktioniert nur, wenn diese Option nicht durch stilloses Verhalten voreilig zerstört wurde.

Wenn Sie absagen: Schreiben Sie eine höfliche Begründung.

Sicher, die schriftlichen Absagen von Unternehmen an Bewerber sind nicht immer schmeichelhaft und einfühlsam. Trotzdem ist es – aus den oben erwähnten Gründen – nicht empfehlenswert, sich eine kleine Rache zu gönnen und die Absage von oben herab zu formulieren, nach dem Motto: »Ich bin so begehrt, ich brauche euch nicht!« Professionalität und gutes Networking spiegeln sich auch in einer Absage an ein Unternehmen wider und zahlen sich womöglich mittel- und langfristig aus, weil der Bewerber dafür sorgt, dass er in guter Erinnerung bleibt.

Plausible Begründungen nennen

Deshalb heißt die grundsätzliche Regel beim Absagen: Nie ohne Begründung! Dabei ist allerdings die eine oder andere Notlüge erlaubt. Kaum ein Personalchef will die volle Wahrheit hören: »Ich habe mich für ein anderes Unternehmen entschieden, weil es ein besseres Image hat, ein höheres Gehalt bezahlt und bessere Aufstiegschancen verspricht.« Denn damit wird nicht nur das verschmähte Unternehmen abgewertet, sondern indirekt alle Mitarbeiter, die dort arbeiten, und damit auch der Ansprechpartner im Bewerbungsprozess.

Notlüge erlaubt: Nennen Sie nur akzeptable Gründe für Ihre Absage.

Am geschicktesten und höflichsten ist deshalb die Argumentation mit dem Zeitfaktor: »Ein anderes Unternehmen hat sich in der Zwischenzeit für mich entschieden.« Die Personalverantwortlichen wissen, dass die meisten Jobsuchenden mehrere Bewerbungen parallel abschicken und dass sie im Rennen um die besten Bewerber auch verlieren können. Trotzdem hören sie lieber, dass der Ablehnungsgrund das Timing war und nicht die Qualität des Unternehmens.

Familiäre Gründe eignen sich gut für eine Absage.

Weitere gute Gründe für eine Absage können nachvollziehbare familiäre Gründe sein, zum Beispiel:
Der Bewerber

- bevorzugt ein Unternehmen in einer anderen Stadt, weil dort sein Lebenspartner lebt;
- wählt das Unternehmen mit dem kürzeren täglichen Anfahrtsweg, damit er mehr Zeit mit seiner Familie verbringen kann;
- sagt dem anderen Unternehmen zu, weil es einen zusätzlichen Homeoffice-Arbeitsplatz anbietet, was ihm ermöglicht, seinen Partner bei der Kinderbetreuung zu unterstützen.

Das geeignete Medium

Warten Sie nicht zu lange: Sagen Sie unverzüglich ab.

Der Kommunikationsweg, den das Unternehmen bisher mit dem Bewerber gewählt hat, eignet sich auch für die Absage. Bestand bereits Telefonkontakt, empfiehlt sich das Medium Telefon auch für eine höfliche Absage mit Begründung, damit das Unternehmen schnell neu disponieren kann.

Ansonsten verschickt der Bewerber seine Absage unverzüglich per E-Mail oder Brief, je nachdem in welchem Medium er zuvor mit den Verantwortlichen kommuniziert hat. Unabhängig vom Kommunikationsweg und unabhängig davon, ob Sie mündlich oder schriftlich absagen: ein Ausdruck des Bedauerns und ein Dank für die Einladung zum Vorstellungsgespräch gehören unbedingt dazu.

Muster E-Mail »Absage Vorstellungsgespräch«

An:	MoritzBerger@Semantec.org
Cc:	
Bcc:	
Betreff:	Absage: Vorstellungsgespräch am 5.7.2016; Bewerbung als Assistentin des Bereichsleiters Controlling

Sehr geehrter Herr Berger,

ich bedaure es sehr, aber ich muss leider kurzfristig unseren Gesprächstermin am 5.7.2016, 14 Uhr, absagen und meine Bewerbung zurückziehen.

Mein Mann ist schwer erkrankt, und ich werde durch die absehbaren Belastungen, die das auch für mich mitbringt, in nächster Zukunft kaum die nötige Kraft und den erforderlichen Mut aufwenden können, die ein Stellenwechsel erfordert.

Die Entscheidung ist mir nicht leichtgefallen, aber ich habe sie auch mit Rücksicht auf die Belange Ihres Unternehmens getroffen. Ich bitte Sie aufrichtig um Ihr Verständnis.

Mit freundlichen Grüßen

Leonie Weber
Jostweg 5
12648 Berlin
Tel.: 030 1234567
LeonieWeber@provider.de

Muster E-Mail »Absage Vorstellungsgespräch«

An:	MoritzBerger@Semantec.org
Cc:	
Bcc:	
Betreff:	Absage: Vorstellungsgespräch am 5.7.2016; Bewerbung als Assistentin des Bereichsleiters Controlling

Sehr geehrter Herr Berger,

die von Ihnen beschriebene Position und die damit verbundene Aufgabenvielfalt sind sehr vielversprechend und haben mich besonders interessiert.

In der Zwischenzeit habe ich jedoch eine Zusage von einem anderen Unternehmen bekommen, dessen Stellenangebot wie maßgeschneidert zu meinem Qualifikationsprofil passt.
Ich musste mich schnell für eine Zusage entscheiden. Deshalb stehe ich für den Termin zum Vorstellungsgespräch am 5.7.2016 um 10:00 Uhr nicht mehr zur Verfügung.

Ich bedaure, Ihnen absagen zu müssen, hoffe aber auf Ihr Verständnis und vor allem bedanke ich mich noch einmal sehr herzlich für Ihre Einladung.

Mit freundlichen Grüßen

Caroline Krill
Richard-Wagner-Straße 58
10585 Berlin
Tel.: 030 5289375
E-Mail: Caroline-Krill@provider.de

Gesprächspartner identifizieren

Häufig steht schon in der Einladung, wer der Gesprächspartner im Vorstellungsgespräch sein wird. Manchmal werden allerdings nur Ort und Zeitpunkt bekannt gegeben. Mit wem das Gespräch stattfinden soll, steht nicht im Brief. Um schon vorab möglichst viele Informationen in der Hand zu haben und den Gesprächspartner besser einschätzen zu können, sollte der Bewerber den oder die Interviewpartner auf jeden Fall im Vorfeld identifizieren.

Direkt nachfragen

Notieren Sie unbedingt die Namen des/der Interviewpartner/-s.

Mit einem kurzen Anruf bei dem in der Korrespondenz genannten Ansprechpartner oder einer E-Mail klärt er diese Frage schnell. Die Frage nach dem Namen des Interviewpartners wird sicher nicht als Aufdringlichkeit oder Neugierde, sondern als Interesse und gute Vorbereitung gewertet. Für die Anfrage können zum Beispiel folgende Formulierungen gewählt werden:

- »Darf ich Sie fragen, wer meine Interviewpartner im Vorstellungsgespräch am 5.7. um 14:00 Uhr sein werden?«
- »Wird der für die Position zuständige Vorgesetzte das Gespräch führen oder spreche ich mit einem Vertreter der Personalabteilung?«
- »Darf ich Sie um den Namen und die Positionsbezeichnung meiner Gesprächspartner bitten? Ich möchte nicht neugierig erscheinen. Es geht mir nur darum, mich bestmöglich auf das Gespräch vorzubereiten.«

Das Wissen um Namen und Funktionen der Interviewpartner gibt Ihnen einen Informationsvorsprung.

Wichtig: Wenn Sie den Namen nicht gleich verstehen, fragen Sie lieber noch einmal nach oder lassen sich den Namen buchstabieren. Es ist einfach peinlich, den Namen eines wichtigen Gesprächspartners falsch auszusprechen oder zu schreiben. Das signalisiert sofort, dass nicht genügend Sorgfalt darauf verwandt wurde, den Namen gründlich zu identifizieren, und könnte damit später von dem Betreffenden als Nachlässigkeit oder Desinteresse interpretiert werden.

Haben Sie den Namen und die Funktion des Gesprächspartners in Erfahrung gebracht, halten Sie bereits ein paar Informationen in der Hand, die Ihnen mehr Sicherheit für das Vorstellungsgespräch geben. Zum einen kommt es immer gut an, wenn ein Bewerber den Interviewpartner beim ersten Mal gleich freundlich und selbstsicher mit Namen begrüßen kann. Zum anderen kann er sich vorab bereits darauf einstellen, welche inhaltlichen Punkte dem Betreffenden besonders wichtig sein könnten, weil er sich jetzt besser in seine Position hineinversetzen kann.

Beachten Sie die Etiketteregeln: Ein höfliches Dankeschön gehört in jeder Situation dazu.

Nicht vergessen: Ein »Danke« gehört zu den unumstößlichen Grundregeln einer guten Kommunikation. Deshalb gilt für alle Situationen im Umgang mit Vertretern des einladenden Unternehmens: Für die Einladung, für jedes Gespräch und für alle Informationen, die der Bewerber erhält, bedankt er sich stilvoll:

- »Vielen Dank für das Gespräch. Es war sehr anregend und aufschlussreich für mich.«
- »Danke für die Informationen. Das war sehr hilfreich für mich.«
- »Danke, dass Sie sich so viel Zeit für mich genommen haben.«
- »Herzlichen Dank für die umfangreichen Unterlagen.«

Die Vorbereitung auf das Vorstellungsgespräch

Je besser vorbereitet ein Bewerber in das Vorstellungsgespräch geht, desto größer sind seine Chancen, die begehrte Stelle zu bekommen. Es kommt immer gut an, wenn ein Kandidat durch sorgfältige und gute Vorbereitung signalisiert, dass er sich für das Unternehmen interessiert und sich bereits ausführliche Gedanken über die künftige Position gemacht hat.

Informationen zum Interviewpartner sammeln

Namen und Position des Interviewpartners vor dem Vorstellungsgespräch zu identifizieren, hat nicht nur einen formalen, sondern auch einen inhaltlichen Hintergrund. Wenn bekannt ist, welche Position der Gesprächspartner im Unternehmen bekleidet, kann damit auch auf die Qualifikationsschwerpunkte geschlossen werden, auf die er beim künftigen Stelleninhaber Wert legt.

Die Position gibt Aufschluss

Die Position des Interviewers gibt Ihnen wichtige Hinweise für Ihre Argumentation.

Mit diesem Wissen hat der Bewerber bereits einen kleinen psychologischen Vorteil, den er geschickt ausnutzen kann. Handelt es sich beim Interviewpartner zum Beispiel um einen Vertriebschef, werden Auftreten und Kommunikationsfähigkeit eine große Rolle für ihn spielen und er wird beim Interview sein besonderes Augenmerk auf diese Fähigkeiten legen. Der Controller bevorzugt Genauigkeit und Zahlensicherheit, der Marketingchef ist empfänglich für Originalität und kreative Kommunikation, und der Vorstand hört gern strategische Überlegungen und visionäre Zielformulierungen.

Suchen Sie im Internet Informationen über den Interviewer.

Je höher die Interviewpartner in der Unternehmenshierarchie angesiedelt sind, desto wahrscheinlicher ist es, dass Hintergrundinformationen von ihnen auf der Unternehmenswebsite oder generell im Internet zu finden sind. Deshalb lohnt es sich immer, nach diesen Namen mit Suchmaschinen zu recherchieren. Oft findet man im Internet Auszüge aus Reden, Veröffentlichungen in Büchern oder Zeitschriften oder Interviewaussagen. Diese Informationen geben dem Jobkandidaten eine Menge Material in die Hand, das er für das Vorstellungsinterview auswerten kann. Schließlich ist er jetzt gut darüber informiert, welche Ziele sein Gesprächspartner hat, welche unternehmerischen Hürden er nehmen will, wie er sich in der Branche positioniert usw.

Ziehen Sie Ihr Gegenüber mit interessanten Themen in den Bann.

Im Gespräch wird der Bewerber dann die Fähigkeiten und Qualifikationen betonen, die den Vorstellungen des Interviewers entgegenkommen oder Themen anreißen, bei denen er sicher ist, dass sie sein Gegenüber besonders interessieren. Dass er dabei auf Informationen aus dem Internet zurückgreift, kann der Bewerber, muss er aber nicht unbedingt preisgeben.

Bleiben Sie authentisch: Sagen Sie nur das, was Sie auch wirklich meinen.

Wichtig: Selbstverständlich sollten Sie immer nah bei der Wahrheit bleiben. Fähigkeiten, Einstellungen und Qualifikationen vorzugaukeln, die tatsächlich gar nicht vorhanden sind, ist nicht sinnvoll, weil der Schuss spätestens in der Probezeit nach hinten losgeht. Letztendlich hat im Beruf nur derjenige wirklich langfristigen Erfolg, der authentisch ist und das, was er sagt, im beruflichen Alltag auch tatsächlich lebt.

Informationen über das Unternehmen finden

Nur wenn Sie sich detailliert über das Unternehmen informieren, haben Sie Aussicht auf Erfolg.

Personalverantwortliche kritisieren häufig, dass sich viele Bewerber vor dem Vorstellungsgespräch nicht ausreichend über das Unternehmen informieren. Aber gerade das erwarten die Unternehmensvertreter. Für sie ist es wichtig, dass nicht nur sie selbst eine genaue und kritische Auswahl treffen, sondern auch der Bewerber, um dann umso fundierter und sicherer entscheiden zu können.

Wissen über das Unternehmen wird vorausgesetzt

Das Ziel fast aller Unternehmen besteht darin, eine möglichst fruchtbare und langfristige Bindung zu seinen Mitarbeitern aufzubauen. Deshalb muss ein Jobkandidat zu dieser »Berufsehe« genauso sicher »Ja« sagen können wie die Personalverantwortlichen. Eine frühzeitige Kündigung ist nie im Interesse des Unternehmens, weil sowohl die Bewerberauswahl als auch die Einarbeitungszeit des Mitarbeiters mit hohen Kosten verbunden sind. Eine Wiederholung dieses Prozesses verursacht erneute Kosten. Das will jedes Unternehmen vermeiden. Deshalb legen Personaler keinen Wert auf schnelle, unüberlegte Zusagen von Bewerbern, die nach drei Monaten feststellen müssen, dass der Job überhaupt nicht zu ihnen passt. Wer sich also vor dem Gespräch möglichst viel Wissen über das Unternehmen aneignet, hat bereits einen nächsten Pluspunkt gesammelt.

Geeignete Informationsquellen für die Recherche

Die Website des Unternehmens bietet ergiebige Auskünfte.

1) Die Website des Unternehmens. Sie ist als erste Anlaufstelle am geeignetsten. Hier stellt sich die Organisation so dar, wie sie nach außen hin gesehen werden möchte. Der Leitsatz gibt Auskunft über die Ziele und das Handeln. Formaler und inhaltlicher Aufbau der Website spiegeln wider, ob das Unternehmen zum Beispiel eher konservativ oder eher progressiv aufgestellt ist. Der Besucher der Website erfährt etwas über Unternehmenslösungen, Services, Kunden und Standorte und kann aktuelle Presseberichte nachlesen.
2) Den Geschäftsbericht haben viele Unternehmen auf ihrer Website veröffentlicht. Bei großen und bekannten Unternehmen ist er häufig auf den Webseiten von einschlägigen Wirtschaftszeitungen wie zum Beispiel dem Handelsblatt zu finden. Auch über die Pressestelle eines Unternehmens ist der Geschäftsbericht erhältlich. Unter folgenden Internetadressen beispielsweise können Sie Geschäftsberichte recherchieren: www.ntv.de, www.sueddeutsche.de, www.handelsblatt.com. Ein Geschäftsbericht beinhaltet neben anderen Elementen den Unternehmensabschluss und den Unternehmenslagebericht.

   Im Lagebericht finden Sie Informationen über Geschäftsverlauf und künftige Entwicklung des Unternehmens.

   Für Sie als Bewerber enthält vor allem der Lagebericht verwertbare Informationen. Er berichtet über den Geschäftsverlauf, die Lage und die künftige Entwicklung des Unternehmens, die Risiken der künftigen Entwicklung sowie wesentliche Ereignisse nach dem Bilanzstichtag. Neben den Risiken wird hier auch über zukünftige Chancen sowie über Ziele und Strategien des Unternehmens berichtet.

Die Imagebroschüre ist die Visitenkarte eines Unternehmens.

3) In der Imagebroschüre finden Sie die Leitlinien und Ziele des Unternehmens. Die Imagebroschüre kann im Sekretariat der Geschäftsführung oder bei der Pressestelle angefordert werden. Hier erfährt der Bewerber – ähnlich wie auf der Website, nur noch plakativer –, wie sich das Unternehmen nach außen hin präsentieren möchte und wie es sich seinen Kunden gegenüber darstellt. Auch Informationen über seine strategische Ausrichtung sind häufig in der Imagebroschüre zu finden.

Kritische Berichte über das Unternehmen finden Sie in der Wirtschafts- oder Fachpresse.

4) Suchen Sie im Internet Berichte über das Unternehmen, die in den letzten Monaten in der Presse erschienen sind. Artikel, besonders in der Fachpresse, sind immer eine geeignete Recherchequelle. Im Internet sind Informationen über viele Unternehmen zu finden, wenn man den Unternehmensnamen in eine Suchmaschine eingibt. Hier kann der Jobkandidat auch kritische Berichte lesen und erfahren, mit welchen Problemen das Unternehmen aktuell kämpft.

5) Das eigene Netzwerk kann ebenfalls nützliche Informationen liefern. Vielleicht ist ein Freund oder Bekannter bereits bei dem betreffenden Unternehmen tätig oder hat geschäftlich damit zu tun. Diese Informationen sind zwar meist persönlich gefärbt, können aber für das Bewerbungsinterview eine große Hilfe sein, weil sie den Bewerber mit Insiderwissen versorgen.

Auch Brancheninformationen liefert das Internet.

6) Sammeln Sie Informationen aus der Branche. Branchenmagazine sollte der Bewerber vor allem dann vorher lesen, wenn er branchenfremd ist. So kann er sich in die Produktthematik einarbeiten und viele Hintergrundinformationen und branchenspezifische Probleme und Marktherausforderungen ermitteln. Auch über den potenziellen neuen Arbeitgeber gibt es hier

Beiträge und Berichte. Wer die Bezugsquelle nicht kennt, recherchiert im Internet, indem er den Branchennamen mit dem Zusatz Branchenmagazin sucht, zum Beispiel »Gastronomie Branchenmagazin«.

7) Werbeprospekte, Messeunterlagen und Produktbeschreibungen teilen ebenfalls Wissenswertes über das Unternehmen mit und eignen sich gut zum Einlesen in die Materie.

Lernen Sie eine Filiale des Unternehmens kennen.

Schnuppern Sie wenn möglich Unternehmensflair in Filialen des Unternehmens. Sie bieten sich für einen Besuch vorab an, wenn das Unternehmen seine Produkte oder Dienstleistungen dort anbietet. Hier kann der Bewerber bereits einen Live-Eindruck vom Unternehmen gewinnen und sich ein konkretes Bild über die Aktivitäten des Unternehmens machen.

Checkliste »Informationen zum Unternehmen«

- ☐ Unternehmensform (GmbH, KG, AG, GmbH & Co. KG usw.)
- ☐ Geschäftsfelder (Bereiche, in denen das Unternehmen tätig ist)
- ☐ Bedeutende Personen im Unternehmen (Aufsichtsrat, Vorstand, Geschäftsführer)
- ☐ Hauptsitz und Niederlassungen
- ☐ Anzahl der Mitarbeiter
- ☐ Produktpalette bzw. Dienstleistungen
- ☐ Kundengruppen des Unternehmens
- ☐ Marktanteile des Unternehmens
- ☐ Image des Unternehmens in Presse, Funk und TV
- ☐ Wichtige Wettbewerber
- ☐ Aktuelle Umsatzzahlen
- ☐ Ziele und strategische Ausrichtung des Unternehmens
- ☐ Neue Entwicklungen und Projekte
- ☐ Entwicklungen in der Branche

Mit intelligenten Fragen im Vorstellungsgespräch verkaufen Sie sich gut.

Wenn Sie nicht alle Informationen recherchieren konnten, bleibt immer noch das Vorstellungsgespräch, in dem Sie fragen können. Es macht in jedem Fall einen guten Eindruck, wenn ein Jobkandidat im Gespräch aktives Interesse zeigt und vertiefende Fragen stellt.

Gesprächsthema: Lücken im Lebenslauf

Wer Lücken im Lebenslauf vertuscht, hat wenig Chancen, eine Einladung zum Vorstellungsgespräch zu bekommen. Denn Personaler prüfen Lebensläufe wie Rechenaufgaben und decken Ungereimtheiten schnell auf. Aber auch mit gut getarnten Lücken läuft der Bewerber Gefahr, spätestens im Jobinterview aufzufliegen.

Auf Nachfragen gründlich vorbereiten

Ein exakt dokumentierter Lebenslauf schafft Vertrauen.

Und damit ist schon ein Vertrauensbruch entstanden, der die gesamte Bewerbung infrage stellt. Im Idealfall haben Sie eventuelle Lücken in Ihrer Berufsbiografie bereits im schriftlichen Lebenslauf in Ihren Bewerbungsunterlagen plausibel begründet. Im Vorstellungsgespräch erläutern Sie die Hintergründe dann ausführlicher.

Schwieriger wird es, wenn Sie leichtfertig Angaben gemacht haben, zu denen Ihnen spontan keine nachvollziehbare Erläuterung einfällt. Dann müssen Sie sich unbedingt intensiv auf Nachfragen vorbereiten.

Denn wer stellt schon einen Mitarbeiter ein, der zum Beispiel aufgrund psychischer oder körperlicher Erschöpfung seinen Job quittiert hat, um sich zu erholen? Die Praxis zeigt, dass es für die meisten Personalverantwortlichen keine Rolle spielt, ob der Patient nun völlig wiederhergestellt ist. Die Ausfallzeit wegen Überbelastung bleibt wie ein dauerhafter Makel am Bewerber haften. Der Interviewer will kein Risiko eingehen und entscheidet sich deshalb für einen Bewerber, der eine stabilere Konstitution verspricht.

Der Personalverantwortliche betrachtet Fehlzeiten zunächst neutral.

Der Personalverantwortliche sieht eine tatsächliche oder eine vermeintliche Lücke im Lebenslauf erst einmal neutral oder hat sich nicht an der kurzen Begründung im Bewerbungsschreiben gestoßen, sonst hätte er den Kandidaten erst gar nicht zum Gespräch eingeladen. Wenn er dem Bewerber persönlich gegenübersitzt, wird er gründlicher nachhaken und zum Beispiel fragen, warum dieser das Arbeitsverhältnis gekündigt hat, das der im Lebenslauf nicht dokumentierten Zeit vorausgegangen ist. Erst die Begründung des Bewerbers verleiht dieser Zeit eine positive oder negative Note.

Vermeiden Sie die einschlägigen Reizwörter in Ihrer Begründung.

Es gibt bestimmte Reizwörter, auf die Personalverantwortliche häufig negativ reagieren, wenn sie sie in diesem Zusammenhang hören. Dazu gehören zum Beispiel:

- Selbstfindung
- Trennungskrise
- Trauerphase nach dem Tod eines nahestehenden Angehörigen
- Psychische Probleme
- Weltreise

Mit diesen oder ähnlich negativ besetzten Themen sollten berufsbiografische Lücken weder im Lebenslauf noch anschließend im Vorstellungsgespräch begründet werden. Hier ist eine Beschönigung ein notwendiger Überlebensmechanismus, sonst klappt es mit keiner Bewerbung.

Tipp **Mut zur Lücke!**

Betonen Sie die positiven Aspekte im Hinblick auf Ihre persönliche und berufliche Entwicklung.

Lücken in Ihrer Berufsbiografie sollten Sie nicht vertuschen. Erfahrene Interviewer spüren sie sofort auf und fragen konkret nach. Erfolgversprechender ist es, alles korrekt im Lebenslauf zu dokumentieren, die positiven Aspekte von Lücken herauszufiltern und passend zum Anforderungsprofil der begehrten Stelle aufzubereiten. So ergibt sich möglicherweise sogar eine Chance zum Punkten.

Lücken im Lebenslauf gut begründen

Das Sabbatical

Sabbaticals finden bei Personalern noch am ehesten Akzeptanz.

Die Selbstfindungsphase, physische und psychische Überlastung und Trauerzeiten, aber auch die Weltreise können als Sabbatical dargestellt werden. Eine mehrmonatige Auszeit bis zu einem Jahr ist heute ein akzeptabler Grund, eine sonst lückenlose Erwerbstätigkeit zu unterbrechen. Sind im Zusammenhang mit der neuen Stelle auch internationale Kontakte vorgesehen, können Auslandsaufenthalte als interkultureller Kompetenzerwerb verkauft werden.

Weiterbildungen

Liefern Sie Nachweise für Ihre Weiterbildungen.

Die Lebenskrise nach der Trennung lässt sich auch als berufliche Neuorientierung beschreiben, besonders wenn in dieser Zeit Weiterbildungskurse belegt wurden. Als Bewerber müssen Sie damit rechnen, dass die Unternehmensvertreter um einen Nachweis der Weiterbildungen bitten. Außerdem sollten die Weiterbildungen einen Bezug zur neuen Stelle haben.

Pflege- oder Erziehungszeiten

Pflegezeiten, in denen Erwerbstätige eine Auszeit nehmen wollen oder müssen, um Angehörige zu betreuen, werden von Personalverantwortlichen in der Regel positiv vermerkt.

Kindererziehungszeiten sind kein Problem, sofern die Abwesenheit vom Berufsleben nicht über lange Jahre bestand und der Betreffende auch während der Kindererziehungszeiten Weiterbildungen nachweisen kann, mit denen er den Wiedereinstieg ins Berufsleben vorbereitet hat. Auch ehrenamtliches Engagement in dieser Zeit wird positiv gewertet.

Nicht dokumentierte Zeiten von ein paar Wochen oder auch Monaten nach der Schule und dem Wehr- oder Zivildienst sind die Regel, weil sich Ausbildungsverhältnisse oder ein Studium nicht nahtlos anschließen. Sie schlagen also nicht negativ zu Buche.

Entscheidend ist, wie nachvollziehbar Sie argumentieren.

Hauptsache was gelernt

Grundsätzlich gilt: Zeiten, in denen Sie weder in Ausbildung oder Studium noch in Arbeit waren, sind kein Makel in einer Bewerbung, sofern sie sich nicht als Regelmäßigkeit durch den Lebenslauf ziehen. Entscheidend ist immer, wie glaubhaft und nachvollziehbar für den Personalverantwortlichen eine vermeintliche Leerlaufzeit vom Bewerber begründet wird.

Ganz gleich, wie solche Zeiten formal begründet werden – von unschätzbarem Vorteil ist es, wenn Sie einen Lerneffekt daraus ableiten können. Ob Pflege von Angehörigen oder Kindererziehung – wenn Sie überzeugend darlegen können, dass Sie in jener Phase Ihres Lebens zum Beispiel das stringente Organisieren erlernen mussten, um den Alltag zu bewältigen, dann kann das vielleicht sogar ein echtes Plus sein.

Tipp **Nicht alle Lücken sind erwähnenswert**

Kurze Phasen müssen Sie nicht unbedingt offenlegen.

Lücken im Lebenslauf von ein bis zwei Monaten müssen nicht unbedingt explizit erwähnt werden. Wägen Sie hier ab, ob eine Erwähnung im Lebenslauf für Sie eher schädlich oder nützlich ist. Ein zweimonatiger Trip durch Australien nach dem Studium geht als Horizonterweiterung durch. Die gleiche Zeit als Erholungskur zwischen zwei Arbeitsverhältnissen wird als gesundheitliche oder nervliche Schwäche interpretiert. Vielleicht können Sie diese Phase aber als eine des Selbststudiums deklarieren, in der Sie sich Fachkompetenzen angeeignet haben, die im ersehnten Job gebraucht werden?

Als Jobhopper müssen Sie Ihre häufigen Wechsel gut begründen.

Jobhopping gut begründen

Übrigens: Jobhopper, die es in keinem Unternehmen länger als ein oder zwei Jahre aushalten, sind bei Personalentscheidern nicht beliebt, auch wenn sie zwischen den einzelnen Arbeitsverhältnissen kaum berufsbiografische Lücken aufweisen. Bei jungen Menschen wird Jobhopping noch nicht so negativ bewertet. Im Gegenteil, gut begründete häufigere Wechsel können auch als Experimentier- und Innovationsfreudigkeit verkauft werden. Ab ca. 30 Jahren sind ständige Jobwechsel jedoch ein echter Makel im Lebenslauf und müssen gut begründet werden, um die Vorbehalte der Personaler, der Bewerber beweise keine Beständigkeit, ausräumen zu können.

Denken Sie deshalb genau darüber nach, was Sie bewogen hat, immer wieder die Stellen zu wechseln – und wie Sie es gegenüber einem Personalverantwortlichen erklären. Selbstverständlich können Sie in Einzelfällen auch argumentieren, dass Sie sich auf einem Arbeitsplatz nicht wohlgefühlt haben. Sinnvoller aber dürfte es sein, auch als Jobhopper die jeweils erhofften und im besten Falle auch eingetretenen Lernerfolge hervorzuheben.

Gesprächsthema: Ihre fachlichen, methodischen und sozialen Kompetenzen

Welche Qualifikationen erwartet das Unternehmen von Ihnen als Bewerber?

Eine der wichtigsten Fragen des Interviewers wird sein, warum der Bewerber sich für die Position qualifiziert fühlt und glaubt, sie optimal ausfüllen zu können. Auf diese Frage muss jeder Bewerber eine gut vorbereitete und glaubhafte Antwort parat haben.

Denn sie hat eine hohe Bedeutung für den künftigen Arbeitgeber. Schauen Sie deshalb vor dem Vorstellungsgespräch noch mal intensiv in die Stellenanzeige. Hier finden Sie alle wichtigen Schlüsselwörter bezüglich des Anforderungsprofils und der Qualifikation, auf die das Unternehmen besonderen Wert legt.

Muster Stellenausschreibung: Schlüsselwörter identifizieren

Sekretär/-in der Geschäftsleitung

Aufgaben

Als Sekretär/-in der Geschäftsleitung und als Allrounder/-in unterstützen und entlasten Sie den Geschäftsführer unseres Kunden in allen administrativen Assistenzaufgaben. Dabei sind Sie eigenständig für die professionelle in- und externe Korrespondenz mit Kunden und Geschäftspartnern verantwortlich. Diese werden bei Besuchen im Hause von Ihnen herzlich in Empfang genommen und bewirtet. Des Weiteren koordinieren, vereinbaren und überwachen Sie sämtliche Termine, sind verantwortlich für die Planung und Organisation sowie den reibungslosen Ablauf von Geschäftsreisen und bearbeiten die Post. Außerdem organisieren Sie professionell Meetings, Besprechungen und Events. Darüber hinaus erstellen Sie gekonnt Dokumente, Präsentationen und Statistiken.

Ihr Profil

Sie besitzen eine abgeschlossene kaufmännische Berufsausbildung und/oder eine Sekretariatsausbildung. Sie verfügen bereits über einige Jahre Berufserfahrung im Bereich Sekretariat oder Assistenz. Sie gehen gekonnt mit den gängigen Microsoft-Office-Produkten um und sind mit dem Medium Internet bestens vertraut. Kommunikationsstärke, Freude am Kontakt mit Menschen und ein überzeugender Korrespondenzstil zeichnen Sie aus. Hierfür bringen Sie fundierte Kenntnisse in der englischen Sprache in Wort und Schrift mit. Zuverlässigkeit, Organisationstalent und eine sorgfältige Arbeitsweise runden Ihr Profil ab. Als erfahrene/-r Sekretär/-in sind Diskretion, Vertrauenswürdigkeit und Loyalität eine Selbstverständlichkeit für Sie.
Interessiert und motiviert? Dann überzeugen Sie uns.

Identifizieren Sie die Schlüsselanforderungen des Unternehmens.

Bringen Sie Struktur in das Anforderungsprofil der Stellenanzeige.

Im Beispiel sucht das ausschreibende Unternehmen eine professionelle und erfahrene Chefsekretärin bzw. einen Chefsekretär. Die markierten Textstellen bezeichnen Schlüsselanforderungen, die das Unternehmen mit der zu besetzenden Stelle verbindet.
Ordnen Sie die Schlüsselwörter in der Anzeige folgenden Bereichen zu: Fachkompetenz, Methodenkompetenz und Sozialkompetenz. Aus diesen drei Bereichen zusammen ergibt sich dann Ihre Handlungskompetenz. Sie stellt die ganzheitliche Qualifikation und Motivation eines Menschen dar.

- **Fachkompetenz**
  Unter Fachkompetenz versteht man alle erforderlichen fachlichen Fertigkeiten und Kenntnisse zur Bewältigung konkreter beruflicher Aufgaben, kurz: das Fachwissen. Dazu zählen Fähigkeiten, die in Studium und Aus- bzw. Weiterbildungen erworben wurden. Fachliche Kompetenzen können aber auch durch Berufserfahrung erarbeitet und erweitert werden.

- **Methodenkompetenz**
  Sie beschreibt die Fertigkeit eines Mitarbeiters, seine Kenntnisse in komplexen Arbeitsprozessen zielorientiert einzusetzen. Das heißt: Er weiß, welche Mittel er einsetzen und welchen Weg er gehen muss, um seine Ziele zu erreichen. Er ist fähig, sich aktiv Informationen zu beschaffen, diese entsprechend zu verarbeiten und im Arbeitsprozess sinnvoll einzusetzen. Und er entdeckt eigene Wege zur Problemlösung und Entscheidungsfindung.

- **Sozialkompetenz**
  Sie beschreibt die Fähigkeit eines Mitarbeiters, mit internen und externen Partnern zusammenzuarbeiten und durch angemessenes Verhalten ein gutes Betriebsklima zu erreichen. Unter Sozialkompetenz fasst man Begriffe wie Kommunikationsfähigkeit, Fairness, Einsatzbereitschaft, Kooperationsfähigkeit, Selbstständigkeit, Selbstbewusst-

sein, Mitgefühl, Menschenkenntnis und Kritikfähigkeit zusammen.
Das Beispielunternehmen erwartet von seiner zukünftigen Chefsekretärin folgende Kompetenzen:

Die erforderlichen Fachkompetenzen sind Bedingung, um die Tätigkeit auszuüben.

Fachkompetenzen

- Abgeschlossene kaufmännische Berufsausbildung und/oder Sekretariatsausbildung
- Professioneller Umgang mit PC und Internet
- Professionelle Korrespondenz
- Beherrschen von Microsoft Office einschließlich Excel und PowerPoint (Erstellen von Statistiken und Präsentationen)
- Geschäftsreisemanagement
- Eventmanagement
- Fundierte Kenntnisse der englischen Sprache in Wort und Schrift (fließende Konversation mit Geschäftspartnern und fehlerfreie Korrespondenz, nicht unbedingt Verhandlungssicherheit)
- Einige Jahre Berufserfahrung

Methodenkompetenzen

- Allrounder/-in, Generalist/-in
- Eigenständiges Arbeiten
- Fähigkeit zur Chefentlastung
- Terminkoordination und -kontrolle
- Organisationsfähigkeit
- Sorgfalt, Genauigkeit
- Motivation, Engagement

Die sozialen Kompetenzen werden von Unternehmen sehr hoch eingeschätzt.

Soziale Kompetenzen

- Offenheit, Verbindlichkeit, Herzlichkeit
- Kommunikationsfreude
- Kontaktfreude
- Zuverlässigkeit
- Diskretion, Vertrauenswürdigkeit
- Loyalität

Finden Sie zu jedem Schlüsselwort Ihre dazu passenden Kompetenzen.

Nachdem die Schlüsselwörter der Stellenanzeige strukturiert sind, ordnet der Bewerber ihnen seine entsprechenden Fähigkeiten, Fertigkeiten und Kenntnisse zu.
Beispiel: So könnte das Qualifikationsprofil einer passenden Bewerberin für die Stelle der Chefsekretärin aussehen:

Fachkompetenzen

- Ausbildung zur Bürokauffrau (IHK)
- Geprüfte internationale Managementassistentin, Bundesverband Sekretariat und Büromanagement (bSb)
- Business English Certificate (BEC) Vantage, Cambridge Institute
- Microsoft Office Specialist (MOS), Microsoft Office Master-Zertifikat (the campus)
- Erfahrungen im Eventmanagement
- Selbstständige Korrespondenz in der aktuellen Position

Methodenkompetenzen

- Flexibilität (Allrounderin, Generalistin) und Fähigkeit zur Terminkoordination und -organisation aufgrund der früheren Erfahrung, für zwei Chefs zu arbeiten
- Fähigkeit zum eigenständigen Arbeiten, bewiesen durch Organisation von Events und Projektarbeiten
- Lern- und Weiterbildungsbereitschaft als Indiz für Motivation
- Liebe zum Beruf der Sekretärin als Grundlage für Engagement

Soziale Kompetenzen

- Kommunikationsfreude, bewiesen in häufigen Kontakten mit Kunden und Geschäftspartnern in früheren Positionen
- Zuverlässiges Arbeiten in Zeugnissen mit »sehr gut« bewertet
- Loyalität im Zeugnis ausgewiesen

Erwähnen Sie die wichtigen Schlüsselwörter im Vorstellungsgespräch immer wieder.

Achtung: Die Schlüsselwörter, die in der Anzeige stehen, erwähnen Sie im Vorstellungsgespräch einmal oder sogar

mehrmals. Im folgenden, veranschaulichenden Beispiel sind einige Schlüsselwörter aus der Anzeige mit konkreten Beispielen belegt.
So lassen sich Personaler im Vorstellungsgespräch am leichtesten überzeugen:

- »Der sichere und professionelle Umgang mit allen aktuellen Microsoft-Office-Programmen inklusive Excel und PowerPoint ist für mich selbstverständlich. In meinen bisherigen Positionen habe ich regelmäßig Präsentationen für meinen Chef erstellt und die aktuelle Vertriebsstatistik mithilfe von Excel-Tabellen zusammengestellt. Selbstverständlich nutze ich auch das Internet für jede Art der beruflichen Recherche, sei es, um Zitate für Geburtstags- und Gratulationsschreiben zu finden oder um für meinen Chef Wettbewerbsbeobachtung zu betreiben.«

Betonen Sie, dass Sie gerne eigenverantwortlich arbeiten.

- »Bis auf wenige Ausnahmen habe ich die Korrespondenz immer selbstständig verfasst. Dabei richte ich mich formal nach DIN 5008 und achte natürlich auf eine korrekte Rechtschreibung und Zeichensetzung. Bei sehr wichtigen Korrespondenzvorgängen habe ich bisher immer im Team mit einer Kollegin gearbeitet. Wir haben die Briefe oder Unterlagen dann gegenseitig Korrektur gelesen. Zwei Augenpaare sehen in der Regel mehr als eines.«
- »Meinen größten Event habe ich im vergangenen Jahr organisiert. Das war die Vertriebstagung in London mit 400 Teilnehmern. Ich musste die Tagung teilweise vor Ort, teilweise aber auch von Berlin aus organisieren. Dabei konnte ich ausgiebig meine Kenntnisse der englischen Sprache unter Beweis stellen. Das Projekt hat mir riesigen Spaß gemacht, weil ich völlig eigenständig handeln konnte und – das sage ich auch mit etwas Stolz – es war ein voller Erfolg. Überhaupt liebe ich es, zu organisieren und zu koordinieren. Dabei ist es mir ein persönliches Anliegen, dass alles perfekt und reibungslos abläuft.«

Geben Sie mit Schlüsselwörtern den typischen »Stallgeruch« des Unternehmens wieder.

Der Vorteil: Je mehr Sie die Anforderungen des Unternehmens aus der Stellenausschreibung direkt oder auch in umschriebener Form im Vorstellungsgespräch einfließen lassen und damit betonen, dass Sie fachlich, methodisch und sozial dafür qualifiziert sind, desto höher steigen die Chancen, dass Sie letztendlich das Rennen machen. Denn mit den entsprechenden Schlüsselwörtern sprechen Sie die gleiche Sprache wie der oder die Unternehmensvertreter und stellen damit schnell eine Gemeinsamkeit her. Diese sprachliche Gemeinsamkeit spiegelt einen Teil der »Identität« eines Unternehmens wider und suggeriert den Interviewern, dass die Chemie zwischen Bewerber und Unternehmen stimmt.

Stärken-Schwächen-Analyse anfertigen

Vorsicht: Personalverantwortliche entlarven Schauspieler schnell!

Eine selbstbewusste innere Haltung im Vorstellungsgespräch ist die Grundvoraussetzung für den Erfolg. Dieses Selbstbewusstsein darf aber nicht aufgesetzt oder gespielt wirken, sondern sollte so authentisch wie möglich sein. Personaler können sehr gut unterscheiden, wer tatsächlich von sich selbst und seinen Fähigkeiten überzeugt ist und wer im Gegensatz dazu versucht, mehr zu scheinen als zu sein.

Was macht inneres Selbstbewusstsein eigentlich aus? Es entspringt dem Wissen darüber, wo die eigenen Stärken, aber auch die Schwächen liegen. Inneres Selbstbewusstsein hat also erst einmal nichts mit einem selbstbewussten Auftreten nach außen hin zu tun, obwohl das eine das andere häufig nach sich zieht.

Selbstbewusstsein entsteht durch das Wissen um die eigenen Stärken und Schwächen.

Um innerlich möglichst gefestigt in das Vorstellungsgespräch zu gehen, befasst sich der Bewerber deshalb im Vorfeld am besten ausführlich mit seinen persönlichen Stärken und Schwächen in Bezug auf die geforderten Qualifikationen, und zwar in allen drei Kompetenzbereichen, das heißt sowohl fachlich und methodisch als auch sozial.

Beispiel: Stärken-Schwäche-Analysen

Fachkompetenzen	
Stärken	**Schwächen**
Abschluss Bürokauffrau und eine zusätzliche Qualifikation im Bereich Sekretariat	kein Abitur, das bei Chefsekretärinnen mit Assistenzaufgaben oft vorausgesetzt wird
Sicherheit in allen Anwendungen von Microsoft Office	
Sehr gute mündliche Business-Englisch-Kenntnisse	keine Fehlerlosigkeit in der englischen Korrespondenz
Erfahrungen im Eventmanagement	wenig Erfahrungen im Geschäftsreisemanagement
Selbstständige Korrespondenz	Formulierungen noch nicht professionell und elegant genug

Methodenkompetenzen	
Stärken	**Schwächen**
Flexibel und belastbar	
Selbstständiges Arbeiten gewohnt	kommt schlecht mit starren Vorgaben und Bürokratie zurecht
Organisationsstark	
Lernbereit, liebt neue Herausforderungen	langweilt sich mit Routinetätigkeiten

Soziale Kompetenzen	
Stärken	**Schwächen**
Kommunikationsfreudig	manchmal zu wenig diplomatisch
Teamfähig	eher ungeduldig mit langsamen Mitarbeitern
Loyal und zuverlässig	
Ehrgeizig	kommt mit Misserfolgen schlecht klar
Professioneller Umgang mit Geschäftspartnern	

Referenzen als Eintrittskarte nutzen

Wählen Sie als Referenzgeber am besten ehemalige Vorgesetzte.

Ein oder zwei Referenzen können durchaus ein weiterer Pluspunkt für den Bewerber im Rennen um den begehrten Job sein. Die Referenzgeber sollten idealerweise ehemalige Vorgesetzte sein, für die der Bewerber längere Zeit als Mitarbeiter tätig war.

Vorab den gewünschten Referenzgeber ansprechen

Fragen Sie die Referenzgeber vorher, ob sie mit ihrer Nennung einverstanden sind.

Bevor der Bewerber die Betreffenden als Referenz angibt, ist es ratsam, diese persönlich oder telefonisch zu kontaktieren und sie zu fragen, ob sie mit ihrer Nennung überhaupt einverstanden sind. Wenn sie bejahen, besteht der nächste Schritt darin, zu besprechen, welche Aussagen der jeweilige Referenzgeber im Falle einer Anfrage über den Bewerber treffen wird. Behält er sich vor, auch einschränkende Aussagen zu machen, oder will er sich nicht in allen Belangen positiv äußern, ist es besser, auf diese Referenz zu verzichten.

Nennen Sie nur gut gesinnte Referenzgeber.

Nur wenn der Bewerber sichergehen kann, dass der Referenzgeber vorbehaltslos wohlwollend und positiv über ihn und seine Qualifikation sprechen wird, ist es sinnvoll, diesen als Referenz anzugeben. Es muss also unbedingt eine Person des Vertrauens sein. Die meisten Bewerber werden die Referenzpersonen mit Adresse und Telefonnummer bereits in ihren Bewerbungsunterlagen nennen. Der eine oder andere mag es vorziehen, den oder die Referenzgeber erst im Vorstellungsgespräch – sozusagen als weitere Trumpfkarte – zu nennen. Beide Vorgehensweisen sind in Ordnung.

Allerdings werden Personaler den Referenzen eines Bewerbers nicht immer so viel Bedeutung beimessen, wie er es sich vielleicht wünscht. Generell verlassen sich die Unternehmensvertreter auf ihre eigenen Informationsquellen und Netzwerke, weil sie annehmen, dass die angegebenen Referenzgeber mit dem Bewerber sympathisieren und ohnehin nur Gutes über ihn sagen werden. Es kann aber auch vorkommen, dass der betreffende Personaler die Referenzperson kennt und weiß, dass diese nichts beschönigen würde. Dann wiederum kann sich die Referenz – wenn ansonsten alle anderen Fakten passen – als Eintrittskarte für den begehrten Job erweisen.

Freunde oder Verwandte sind als Referenzgeber ungeeignet.

Achtung: Verwandte, Kollegen oder Geschäftspartner (z. B. aus einer ehemaligen Selbstständigkeit) brauchen Bewerber nicht zu nennen. Diese Referenzen werden von Personalentscheidern generell nicht akzeptiert, weil sie dem Bewerber zu nahe stehen. Ein Versuch, sich mit solchen Referenzen Vorteile zu verschaffen, wird höchstens als naiver Manipulationsversuch gesehen und negativ bewertet. Ebenso wenig zu empfehlen sind regelrechte Referenzlisten. Eine große Zahl von Referenzpersonen wird als unglaubwürdig eingestuft oder verleitet den Personalverantwortlichen zu der Annahme, der Bewerber hätte eine Profilneurose.

Eigene Fragen für das Vorstellungsgespräch überlegen

Mit durchdachten Fragen signalisieren Sie Interesse und Voraussicht.

Genauso wichtig, wie es ist, die Fragen des Interviewers souverän zu beantworten, ist es auch, diesem selbst die richtigen Fragen zu stellen. Bewerber, die durchdachte Fragen stellen, zeigen, dass sie sich vor dem Jobinterview ausführlich Gedanken gemacht haben. Jeder Bewerber kann also mit dem guten Gefühl in das Gespräch gehen, dass er nicht nur das Recht hat, Fragen zu stellen, sondern dass diese von der Unternehmensseite auch erwünscht sind.

Passende Fragen zeugen von ernsthaftem Interesse

Weniger gut kommt es an, wenn Sie einen ganzen Fragenkatalog der Reihe nach von Ihrem Notizblock ablesen.

Je nach Position sind die Interessen und Fragen des Bewerbers natürlich ganz unterschiedlich ausgerichtet. In jedem Fall muss er sie im Vorfeld genau ausarbeiten und notieren. Die vorbereiteten Notizen nimmt er in das Gespräch mit. Wirft er dann in der Interviewsituation das eine oder andere Mal einen Blick auf seine Notizen, um keine wichtige Frage zu vergessen, wird ihm der Interviewer dies sicher nicht negativ auslegen, sondern vielmehr den Eindruck gewinnen, dass der Bewerber gut organisiert ist und gründlich arbeitet.

Fragen dienen dazu, Interesse zu signalisieren oder neue Informationen zu erhalten.

Durch Fragen kann der Bewerber nicht nur sein Interesse und Engagement beweisen, sondern das Gespräch auch geschickt in eine bestimmte Richtung lenken, die für seine Selbstpräsentation vorteilhaft ist. Fragt der Kandidat zum Beispiel nach einem bestimmten Aufgabenschwerpunkt im Rahmen der Stelle, dann kann er gleich auch seine besondere Qualifikation oder Erfahrung für diese Tätigkeit in den Vordergrund stellen.

Beispiel

Bewerber: »Ich denke, dass im Rahmen dieser Assistenztätigkeit speziell auch Präsentationen professionell aufbereitet werden müssen. Liege ich da richtig?«

Wenn die Personalverantwortlichen bejahen, betonen Sie Ihre genau dafür passenden Qualifikationen.

Bewerber: »Ich habe mich in mehreren Fortbildungen im Bereich PowerPoint immer weiter qualifiziert. Das können Sie auch aus meinen Unterlagen ersehen. Für meinen jetzigen Vorgesetzten erstelle ich regelmäßig seine kompletten Präsentationen, z. B. für seine Vorträge auf Kongressen aber auch für die Berichterstattung in der Aufsichtsratssitzung. Mittlerweile lässt er mir diesbezüglich völlig freie Hand. Er gibt lediglich die Eckdaten oder ein Gerüst für seinen Vortrag vor und ich setze diese Vorgaben für seine Präsentation um. Das läuft reibungslos, und er hat mir immer wieder bestätigt, dass er sehr zufrieden mit meiner Präsentationsvorbereitung ist.«

Die Fragen des Bewerbers im Jobinterview sind für die Personalverantwortlichen ein wichtiger Hinweis darauf, was für den Kandidaten besonders wichtig ist, das heißt, was ihn motiviert und welche Ansprüche er an die Position und das Unternehmen hat. Die Erfahrungen von Personalern zeigen jedoch, dass ungefähr ein Drittel aller Kandidaten im Jobinterview überhaupt keine Fragen stellt.

Sie verpassen eine Chance, wenn Sie keine Fragen stellen. Im Jobinterview können Sie viel über das Unternehmen erfahren.

Dabei ist das Vorstellungsgespräch eine entscheidende Situation, die die beruflichen Bedingungen für den potenziellen Mitarbeiter auf Jahre hinaus festlegen kann. Abgesehen von der Gehaltsverhandlung kann der Bewerber in allen Phasen des Jobinterviews durch vertiefende Fragen erfahren, wo genau er eingesetzt wird, welche Erwartungen das Unternehmen an den Stelleninhaber hat, welche über die in der Stellenanzeige beschriebenen hinausgehen, wie das Team zusammengesetzt ist und vieles mehr. Wer keine Fragen stellt, den erwarten womöglich unliebsame Überraschungen im neuen Unternehmen. Eine Kündigung und erneute Jobsuche nach kurzer Zeit machen sich in keinem Lebenslauf gut und müssen beim nächsten Arbeitgeber erklärt werden.

Haken Sie vor allem nach, wenn der Jobanbieter die künftigen Aufgaben nur sehr vage beschreibt.

Unpassende Fragen wirken kontraproduktiv

Am besten machen Sie sich als Bewerber im Vorfeld Stichpunkte zu allen Fragen, die Ihnen einfallen. Dann wählen Sie die für Sie wichtigsten Fragen aus, die Sie im Interview stellen wollen.

Überschütten Sie den Interviewer nicht mit unwichtigen Detailfragen.

Denn Vorsicht: Der Personalverantwortliche begrüßt zwar interessierte Fragen, die auf Engagement und Gründlichkeit hinweisen. Er will aber auch nicht »gelöchert« und mit allen möglichen Detailfragen bombardiert werden, die Sie leicht selbst hätten recherchieren können. Ein Zuviel an Fragen könnte Sie schnell als Erbsenzähler erscheinen lassen, der später als Mitarbeiter permanent auf seine Rechte pochen will. Es ist also wichtig, das richtige Maß zu finden und sich auf die wirklich relevanten Fragen zu beschränken. Am besten stellen Sie die Fragen am Ende des Gesprächs oder formulieren sie vereinzelt als Zwischenfragen, wenn sie gerade in den Themenbereich passen. Die meisten wichtigen Fragen werden sich im Laufe des Gesprächs ohnehin ganz von selbst beantworten.

Bei Aufgaben mit Führungsverantwortung sollten Sie sich über die Unternehmensstruktur und -hierarchie informieren.

Vermeiden Sie Missverständnisse, indem Sie das Wichtigste zusammenfassen.

Beispielfragen für Bewerber

- »Wie genau ist mein Verantwortungsbereich abgesteckt?«
- »In Ihrer Stellenausschreibung betonen Sie ... Können Sie erläutern, was das für die Stelle konkret im Berufsalltag bedeutet?«
- »Wie sind meine Aufgaben gewichtet?«
- »Wer ist mein direkter Vorgesetzter?«
- »Wem gegenüber habe ich Weisungsbefugnis?«
- »Wer berichtet an mich?«
- »Wie viele Personen arbeiten in der betreffenden Abteilung?«
- »Wie groß ist das Team, in dem ich arbeiten würde?«
- »Werde ich mit konkreten Zielvorgaben arbeiten?«
- »Gibt es regelmäßige Feedbackgespräche?«
- »Mit welchen anderen Abteilungen werde ich eng zusammenarbeiten?«
- »Mit wem teile ich meinen Arbeitsplatz?«
- »Gibt es eine bestimmte Person, die mich einarbeiten wird?«
- »Wie selbstständig kann ich arbeiten?«
- »In welchem Rahmen kann ich selbst Entscheidungen treffen?«
- »Wie hoch ist meine Budgetverantwortung?«
- »Welche Unterschriftsvollmachten werde ich haben?«
- »Ist ein Auslandsaufenthalt vorgesehen?«
- »Wie sieht es mit Geschäftsreisen aus?«
- »Wie stellen Sie sich den idealen Mitarbeiter vor?«
- »Womit kann ein Mitarbeiter Sie positiv überraschen?«
- »Wie gehen Sie mit Vorschlägen, Ideen und Feedback Ihrer Mitarbeiter um?«
- »Für mich hat sich im Gespräch gezeigt, dass Sie von dem neuen Stelleninhaber schwerpunktmäßig Folgendes erwarten ... *(Zusammenfassung der wichtigsten Anforderungen)*. Habe ich damit die Aufgabenstellung richtig verstanden?«

Stellen Sie Fragen, die vorwiegend Ihren eigenen Nutzen betreffen, erst gegen Ende des Gesprächs.

Beispielfragen für Bewerber (Fortsetzung)

- »Aus welchem Grund wird die Position neu besetzt?«
- »Wie lange hatte der bisherige Stelleninhaber seine Position inne?«
- »Wurde die Position neu geschaffen?«
- »Wie sehen Sie mein Entwicklungspotenzial in Ihrem Unternehmen?«
- »Welche Weiterentwicklungsmöglichkeiten gibt es für mich im Unternehmen?«
- »Werde ich in einem Großraumbüro arbeiten oder sind es abgeschlossene einzelne Büros?«
- »Wäre es möglich, dass Sie mir den Arbeitsplatz zeigen?«
- »Kann ich meine Kollegen vorab kurz kennenlernen bzw. in der Abteilung besuchen?«
- »Ist es möglich, meinen Vorgesetzen vorher kennenzulernen?«
- »Was halten Sie von einem Probearbeitstag in Ihrem Unternehmen?«
- »Wie werden Überstunden bei Ihnen gehandhabt?«
- »Gibt es bei Ihnen eine Gleitzeitregelung?«

Den richtigen Zeitpunkt wählen

Bei diesen beispielhaft aufgeführten Fragen stehen die Fragen, die sich vorwiegend auf die Aufgaben der zukünftigen Stelle beziehen, am Anfang der Liste. Damit beweist der Bewerber, dass er sich besonders für die Aufgabeninhalte und den Umfang seiner künftigen Verantwortung interessiert. Wenn er im selben Kontext seine Fähigkeiten und Qualifikationen nennt, präsentiert er dem Personalverantwortlichen damit den Nutzen, den er dem Unternehmen als Mitarbeiter bieten kann.

Die Fragen am Ende des Katalogs, zum Beispiel nach der Überstundenregelung, beziehen sich indirekt oder direkt auf den persönlichen Nutzen des Bewerbers. Deshalb ist es geschickt, sie im Jobinterview erst etwas später zu stellen, dann, wenn der Kandidat sich im inhaltlichen Bereich bereits sehr gut »verkauft« hat.

Fragen zu Gehalt und Urlaub kommen erst gegen Ende des Interviews zur Sprache.

Wenn kein zweites Vorstellungsgespräch geplant ist, kommen die Gehaltsfrage und weitere Themen wie Urlaub und Sozialleistungen zum Schluss des Jobinterviews zur Sprache. Am besten warten Sie hier das Signal der Personalverantwortlichen ab, die diese Themen einleiten werden. Das Gehalt wird in den meisten Fällen aktiv von der Unternehmensseite angesprochen. Lassen sich die Personaler dann nicht weiter zum Urlaub oder den Sozialleistungen aus, können Sie zum Beispiel anschließend fragen: »Es stehen noch ein paar Fragen zum Urlaub bzw. den Sozialleistungen aus. Ist ein zweites Gespräch geplant oder wollen wir diese Fragen gleich jetzt noch klären?«

Auch die Frage nach der Erstattung der Reisekosten gehört ganz ans Ende des Bewerbungsgesprächs, falls sie nicht ohnehin bereits im Vorfeld geklärt wurde. Mit diesem Verhalten beweisen Sie, dass Ihnen die inhaltlichen Fragen zu Ihrer potenziellen neuen Aufgabe vorrangig wichtig sind, sie also intrinsisch motiviert sind. Erkundigen Sie sich dagegen gleich zu Beginn des Gesprächs nach Gehalt, Urlaubstagen, Arbeitszeiten und Sozialleistungen, beweist das, dass Sie vornehmlich an Geld und Freizeit interessiert sind.

Unternehmen wollen Mitarbeiter, die vor allem an den Aufgaben interessiert sind.

Unternehmen aber suchen vor allem eines: Mitarbeiter, die ihre Position mit Begeisterung antreten und ihre Aufgaben engagiert und motiviert wahrnehmen. Wer dagegen im Jobinterview zwischen den Zeilen durchblicken lässt, am liebsten Dienst nach Vorschrift zu tun und vor allem seine Vorteile und Rechte als Arbeitnehmer im Auge zu haben, hat kaum Aussichten auf die neue Stelle.

Tipp **Fragen stellen**

In der Regel werden Bewerber gegen Ende des Vorstellungsgesprächs aufgefordert, ihre eigenen Fragen zu stellen. Einige aus Ihrer Liste werden sich im Verlauf des Gesprächs bereits von selbst beantwortet haben. Trotzdem sollten Sie zu diesem Zeitpunkt noch ein paar Fragen auf Ihrer Liste parat haben. Denn Bewerber, die keine Fragen stellen, werden von Personalentscheidern als passiv und desinteressiert eingeschätzt.

Nicht nur beim Formulieren der Antworten auf die Fragen des Interviewpartners, sondern auch dann, wenn Sie Ihre Fragen vorab zusammenstellen und wenn Sie sie im Interview aussprechen, sollten Sie stets die Wirkung auf Ihr Gegenüber im Blick behalten. Fragen und Formulierungen, die den Eindruck erwecken, Sie seien sich Ihrer Einstellung im betreffenden Unternehmen ganz sicher, sind im Vorstellungsgespräch unangemessen. Dem Interviewpartner können Sie den Eindruck vermitteln, Sie neigten dazu, »die Rechnung ohne den Wirt« zu machen. Bleiben Sie also während des gesamten Gesprächs so diplomatisch, dass sich Ihre Geprächspartner nicht überrumpelt fühlen.

Möglichkeit: ein vorbereitendes Rollenspiel

Bauen Sie Ihre Unsicherheit und Spannung durch gute Vorbereitung ab.

Die meisten Bewerber verspüren eine gewisse Unsicherheit vor einem Vorstellungsgespräch, wenn nicht sogar starkes Lampenfieber oder Angst. Besonders, wenn es um eine Position geht, die ein Kandidat besonders begehrt, steigt die Angst vor dem Versagen und damit die Nervosität. Wer das Gefühl hat, in Bewerbungssituationen nicht hundertprozentig sicher zu sein, sollte unbedingt vorher üben – zum Beispiel vor dem Spiegel mit einem imaginären Interviewpartner. Noch wesentlich erfolgversprechender ist es, die Bewerbungssituation in einem Rollenspiel nachzuempfinden. Das vorbereitende Training in einem möglichst gut simulierten Rollenspiel kann Unsicherheit und innere Spannung sehr gut abbauen.

Suchen Sie sich Ihre Partner genau aus

Wählen Sie nur Rollenpartner aus, die Ihnen vertraut sind.

Je nachdem, wie realistisch die Bewerbungssituation nachgestellt werden soll, wählt der Bewerber mehrere Personen für das Rollenspiel aus. Zum Beispiel: Ein Rollenpartner spielt den zukünftigen Vorgesetzten, einer den Mitarbeiter aus der Personalabteilung, der ebenfalls beim Vorstellungsgespräch anwesend ist, ein Dritter beobachtet das Rollenspiel lediglich und gibt seine Eindrücke wieder. Wer nicht so viele Rollenspieler zur Verfügung hat, begnügt sich mit einem Rollenpartner, der sowohl die Rolle des Interviewers einnimmt als auch die des Beobachters, der das Verhalten des Bewerbers während des Rollenspiels gleichzeitig verfolgt und reflektiert. Bei den Rollenpartnern handelt es sich idealerweise um Personen, denen Sie als Bewerber vertrauen und von denen Sie ehrliches Feedback erwarten können.

Fordern Sie ehrliche und konstruktive Kritik von Ihren Rollenpartnern.

Schließlich geht es im vorbereitenden Rollenspiel nicht darum, sich ausschließlich Lob, sondern ehrliche und konstruktive Kritik von den Rollenpartnern einzuholen, damit Sie Ihr Verhalten korrigieren und für die reale Bewerbungssituation optimieren können.

Nehmen Sie Kritik im Rollenspiel nicht persönlich.

Um Konflikte im Rollenspiel von vornherein zu vermeiden, empfiehlt es sich, zunächst einmal klare Feedbackregeln zu vereinbaren.

Zehn Regeln für positives Feedback im Rollenspiel

1) Der Bewerber erklärt sich ausdrücklich mit konstruktivem Feedback ihm gegenüber einverstanden.
2) Der Kandidat fordert das Feedback seiner Rollenpartner zusätzlich durch Fragen ein.
3) Der Bewerber hört sich das Feedback in Ruhe an und unterbricht nicht.
4) Der Bewerber nimmt Kritik nicht persönlich, sondern nimmt sie als Anlass, kritisch darüber nachzudenken, Nutzen daraus zu ziehen und sein Verhalten – wenn nötig – zu ändern.
5) Der Feedbackgeber gibt auch unaufgefordert Feedback, immer dann, wenn es sinnvoll ist.
6) Das Feedback ist so ausführlich und so konkret wie möglich. Wahrnehmungen werden als Wahrnehmungen, Vermutungen als Vermutungen und Gefühle als Gefühle mitgeteilt (z. B. »Ich empfinde ...«).
7) Das Feedback analysiert nicht die Persönlichkeit des Bewerbers.
8) Der Feedbackgeber kritisiert den Bewerber nicht in seiner Person als Ganzes, sondern nur das beobachtete konkrete Verhalten.
9) Der Feedbackgeber übt nicht nur Kritik, sondern lobt auch. Das heißt, er formuliert positive Gefühle und Wahrnehmungen.
10) Das Feedback folgt möglichst unmittelbar auf das Verhalten.

Den Ablauf des Rollenspiels vorher gemeinsam festlegen

Vorbereitung des Rollenspiels
Damit der Bewerber einen konkreten Nutzen aus dem Rollenspiel ziehen kann, legen die Beteiligten vorher gemeinsam fest, welchen Ablauf das simulierte Vorstellungsgespräch haben soll. Die Beteiligten bereiten alle Phasen des Bewerbungsgesprächs vor, beginnend mit dem ersten Eindruck, wenn der Bewerber den Besprechungsraum betritt bzw. wenn die Begrüßung stattfindet, über die typischen Fragen, die an den Bewerber gestellt werden, bis hin zur Verabschiedung. Jeder Beteiligte überlegt sich im Vorfeld, wie er in der entsprechenden Phase des gespielten Vorstellungsgesprächs agieren will, welche Fragen er stellen und welche Aussagen er treffen wird. Erst wenn sich jeder gut genug vorbereitet fühlt, wird mit dem Rollenspiel begonnen. Das Bewerbungsgespräch kann dann komplett durchgespielt oder in die verschiedenen Phasen unterteilt werden.

Beispiel: Phasen des Rollenspiels

- Begrüßung und Vorstellung
- Small Talk
- Vorstellung des Unternehmens
- Fragen zu Bewerbung und Lebenslauf
- Typische Fragen im Vorstellungsgespräch
- Kritische Fragen
- Fragen des Bewerbers
- Die Gehaltsfrage
- Fragen zu Urlaub und Sozialleistungen
- Verabschiedung

Spielen Sie die verschiedenen Gesprächsphasen im Rollenspiel Schritt für Schritt durch.

Im ersten Durchlauf des Rollenspiels wird am besten jede einzelne Phase separat gespielt und dann gleich anschließend gemeinsam ausgewertet und verbessert. Erst wenn der Bewerber sich in jeder einzelnen Phase sicher fühlt, wird das Gespräch als Ganzes geprobt.

Durch das Rollenspiel verlieren Sie Ihre Angst vor dem Interview.

Das sind die Vorteile eines vorbereitenden Rollenspiels:
Der Bewerber

- gewinnt Sicherheit und Selbstvertrauen für die reale Gesprächssituation,
- verliert durch das Training im Rollenspiel seine Angst,
- erhält von seinem Gesprächspartner eine Rückmeldung und erkennt dadurch die Diskrepanz zwischen seinem tatsächlichen Verhalten und seinem beabsichtigten Verhalten,
- übt die Begrüßung und Verabschiedung im Vorstellungsgespräch,
- baut sprachliche und rhetorische Unsicherheiten ab,
- entscheidet sich für zielorientierte Formulierungen,
- korrigiert Verhaltensfehler im Vorfeld,
- lernt, im richtigen Augenblick die Gesprächsführung zu übernehmen,
- nimmt mit seinem Rollenpartner alle möglichen Fragen des Vorstellungsgesprächs vorweg,
- kann seine Außenwirkung wie Körpersprache und Mimik vom Rollenpartner einschätzen lassen und verbessern,
- entwickelt seine Fähigkeit zur Selbstbeobachtung weiter,
- übt neue Verhaltensweisen ein,
- erkennt die Ursachen für das Scheitern in früheren Bewerbungssituationen.

Das sind die Gefahren eines vorbereitenden Rollenspiels:

Stecken Sie den Rahmen für das Rollenspiel nicht zu eng.

- Es fehlt die Vorbereitung, der Beginn ist zu abrupt.
- Die Teilnehmer nehmen das Rollenspiel nicht ernst. Es wird als Spielerei betrachtet.
- Die Rollenspieler sind gehemmt.
- Der Bewerber will sich nicht lächerlich machen.
- Der Rahmen wird in der Vorbereitung zu eng gesteckt, sodass kein Raum für Spontaneität bleibt.
- Es ist zu wenig Zeit zur Verfügung.
- Im Rollenspiel wird immer wieder ein starres Muster wiederholt, das der Bewerber einübt. Wenn das reale Vorstellungsgespräch von diesem Muster abweicht, verliert der Bewerber seine Sicherheit.
- Ungeeignete Rollenpartner verunsichern den Bewerber durch ihre Kritik mehr, als dass sie ihn stärken.
- Der Bewerber kann keine Kritik ertragen und blockiert.
- Der Bewerber nimmt seine Rollenpartner nicht ernst.
- Die Rollenpartner haben keine Erfahrung mit Bewerbungssituationen.
- Das Feedback ist nicht konstruktiv.
- Positive Verhaltensweisen werden nicht durch Lob verstärkt.

Variieren Sie das Rollenspiel spontan.

Das Vorstellungsgespräch kann im Rollenspiel mehrmals wiederholt und in seinem Ablauf immer wieder spontan variiert werden. So gewinnt der Bewerber zunehmende Sicherheit, auch mit unvorhergesehenen Situationen im Vorstellungsgespräch umzugehen.
Sehr hilfreich für den Bewerber ist es auch, zwischendurch die Position des Interviewers einzunehmen, also die Rollen zu tauschen. Damit kann er sich besser in die Lage des Vorgesetzten hineinfühlen und gewinnt zusätzliches Verständnis für die verschiedenen Situationen im Vorstellungsgespräch.

Die Standardfragen im Vorstellungsgespräch

Zu einer guten und ausführlichen Vorbereitung gehört auch, sich auf die möglichen Fragen des Interviewers vorzubereiten. Gibt es Brüche oder Lücken im Lebenslauf, sind diese der erste Ansatzpunkt. Hier müssen unbedingt passende Erklärungen und Antworten vorbereitet werden. Denn als Bewerber können Sie sicher davon ausgehen, dass Unternehmensvertreter in dieser Richtung detailliert nachhaken werden und nachvollziehbare Begründungen erwarten.

Warum bewerben Sie sich für diese Position bzw. dieses Unternehmen?

Die Vorbereitung auf alle Standardfragen ist ein Muss.

Neben individuellen Fragen, die auf den spezifischen Lebenslauf und die Bewerbungsunterlagen des einzelnen Bewerbers abzielen, gibt es zwei Standardfragen, mit denen Bewerber fast in jedem Vorstellungsgespräch rechnen müssen.

Verdeutlichen Sie den »roten Faden« Ihrer beruflichen Laufbahn.

Am leichtesten fällt dem Bewerber die Argumentation, wenn die neue Stelle eine logische Weiterentwicklung zur bisherigen beruflichen Karriere darstellt. Bewirbt sich zum Beispiel die Chefsekretärin bei einem neuen Unternehmen als Vorstandsassistentin, ist der Wunsch nach diesem Karrieresprung für den Personalverantwortlichen leicht nachvollziehbar.

Gerade einen widersprüchlichen Lebenslauf müssen Sie glaubhaft begründen.

Ganz besonders Bewerbungen, die nicht so logisch begründbar sind und vielleicht sogar zu einem Branchen- oder Tätigkeitswechsel führen, müssen glaubhaft dargestellt werden, um überhaupt Aussicht auf Erfolg zu haben.

Mögliche Begründungen, warum der Bewerber sich für diese spezielle Position beworben hat:

Der Bewerber …

- ist seit Jahren in dieser Branche tätig und kennt Wettbewerber und Kunden,
- sieht das Anforderungsprofil in der Stellenausschreibung als neue, spannende berufliche Herausforderung,
- will seine umfangreiche Erfahrung in die beschriebenen Tätigkeitsbereiche einbringen,
- führt eine vergleichbare Tätigkeit bereits in der jetzigen Position aus,
- sieht die angebotene Stelle als folgerichtige Weiterentwicklung in seiner beruflichen Laufbahn an,
- hat seine Ausbildung/Weiterbildung/Umschulung auf diesen Aufgabenbereich ausgerichtet,
- hatte schon immer ein starkes Interesse für diese Aufgabenstellung und nur auf die Gelegenheit gewartet, sich in diesem Bereich einbringen zu können,
- sieht die beschriebene Aufgabe als seine Berufung an und wird sie mit Engagement und Begeisterung ausfüllen, weil er seit Jahren bereits ehrenamtlich/nebenberuflich in diesem Bereich tätig ist,
- weiß, dass er die Stelle erfolgreich ausfüllen wird, weil er über folgende Erfahrungen und Qualifikationen verfügt.

Bringen Sie jetzt all Ihr Hintergrundwissen ins Spiel.

Um diese Antworten auszufeilen und zu untermauern, können Bewerber auf die Hintergrundinformationen zurückgreifen, die sie im Rahmen ihrer ausführlichen Recherche zur Gesprächsvorbereitung gewonnen haben.
Diese Informationen eignen sich vor allem auch für die Begründung, warum sie gerade für dieses Unternehmen arbeiten möchten.

Mögliche Begründungen, warum der Bewerber sich speziell für dieses Unternehmen beworben hat:

Der Bewerber ...

- ist überzeugt von den Produkten/Dienstleistungen des Unternehmens,
- pflegt auch privat eine Leidenschaft für die Produkte/Dienstleistungen des Unternehmens (z. B. Autos, Mode, Film usw.),
- ist von dem hohen Servicestandard des Unternehmens begeistert,
- ist überzeugt von den Unternehmenszielen,
- hat mit Bewunderung die Personalpolitik des Unternehmens in der Krise verfolgt,
- bewundert die Marktführerschaft des Unternehmens und möchte gern ein Teil des Unternehmens sein,
- vertraut auf die wirtschaftliche Solidität des Unternehmens,
- identifiziert sich mit den ethischen Richtlinien des Unternehmens,
- bewundert und achtet das Engagement des Unternehmens im sozialen Bereich,
- hat sehr viel Positives von Mitarbeitern gehört, die bereits im Unternehmen tätig sind, z. B. über gute Entwicklungs- und Fortbildungsmöglichkeiten,
- glaubt an die strategische Ausrichtung und den künftigen Markterfolg des Unternehmens,
- bewundert die familienfreundliche Mitarbeiterpolitik des Unternehmens.

Vorsicht – folgende Gründe sollten Bewerber lieber nicht angeben, um darzulegen, dass sie gerade für dieses Unternehmen tätig sein möchten:

- Es gibt eine Betriebsrente.
- Das Unternehmen zahlt gut.
- Es gibt überdurchschnittlich viele Urlaubstage.

- Es wird ein 13. Monatsgehalt gezahlt.
- Die Mitarbeiter bekommen Urlaubsgeld.
- Der Arbeitsweg ist angenehm kurz.
- Das Unternehmen hat eine gute Betriebskantine.
- Es werden wenig Überstunden angeordnet.
- Der Bewerber möchte seinem letzten Arbeitgeber (einem Wettbewerber) eins auswischen.
- Der beste Freund des Bewerbers arbeitet im Unternehmen.
- Der Bewerber hat sich allgemein beworben, weil dieses Unternehmen eine Stelle ausgeschrieben hat.

Unternehmen suchen motivierte Mitarbeiter, die nicht ausschließlich ein finanzielles Interesse haben.

Warum diese Begründungen bei Personalentscheidern nicht gut ankommen, ist offensichtlich. Der Bewerber signalisiert damit, dass ihm nicht die Aufgabeninhalte der Position bzw. das Besondere am Unternehmen wichtig sind, sondern nur die persönlichen Vorteile, die er durch die Anstellung gewinnen würde. Der Bewerber zeigt damit, dass vor allem Geld, Freizeit und sonstige Annehmlichkeiten Priorität für ihn haben. Der Einsatz für die Aufgabe und das Unternehmen sind zweitrangig. Solche Mitarbeiter stellt kein Unternehmen gerne ein.

Warum wollen Sie wechseln?

Eine unvermeidliche Frage: »Warum wollen Sie das Unternehmen wechseln?«

Eine weitere zentrale Frage der Personalverantwortlichen im Vorstellungsgespräch – sofern der Bewerber sich nicht aus der Arbeitslosigkeit heraus bewirbt – wird sein, warum er seinen bisherigen Arbeitsplatz verlassen und nicht mehr bei seinem jetzigen Arbeitgeber tätig sein will.

Kaum ein Bewerber wird das Unternehmen wechseln wollen, wenn er in allen Bereichen mit seiner aktuellen Tätigkeit zufrieden ist. Die meisten Stellenwechsel entspringen einer Unzufriedenheit, die mit dem alten Arbeitsplatz zu tun hat, sei es Ärger mit dem Chef, zu geringes Gehalt, Mobbing bzw. Konflikte mit Kollegen oder langweilige Tätigkeit und Unterforderung. Hin und wieder planen Bewerber einen Stellenwechsel auch deshalb, weil sie unbedingt in dieser aufregenden/schönen Stadt/Gegend leben möchten oder weil die große Liebe in der Nähe wohnt bzw. weil der Lebenspartner dorthin versetzt wurde und sie ihm folgen wollen.

Sprechen Sie niemals schlecht über Ihre vergangene Tätigkeit bzw. Ihren früheren Chef.

Was die Unzufriedenheit am alten Arbeitsplatz anbelangt, gilt eine grundlegende Regel für das Jobinterview: Ein Bewerber darf über seinen früheren Vorgesetzten oder Arbeitgeber niemals schlecht reden und verschweigt die Probleme, die es vielleicht gab, besser! Denn Personaler neigen schnell zu folgenden Assoziationen:

- Wer Ärger mit seinem früheren Chef hatte, ist wahrscheinlich eine schwierige Persönlichkeit und wird sich auch mit dem neuen Vorgesetzten nicht verstehen.
- Wer gemobbt wurde, ist ein Opfertyp und kann sich nicht wehren, eine Eigenschaft, die nicht zu einem positiv eingestellten und motivierten Mitarbeiter passt.

Erzählen Sie nichts über Konflikte am früheren Arbeitsplatz.

- Wer Streit mit Kollegen hatte, ist nicht teamfähig, und wer seine Arbeit langweilig fand, ist sicher ungeeignet für Routinetätigkeiten, die auch bei der neuen Tätigkeit anfallen werden.
- Wer sich über ein zu geringes Gehalt beschwert, scheint vorwiegend materialistisch motiviert und weniger an den Inhalten der Aufgabe orientiert zu sein. Kein Chef will einen Mitarbeiter, der ihm ständig mit neuen Gehaltsforderungen in den Ohren liegt.

Für Personaler gilt ganz allgemein: Wer heute schlecht über seinen alten Chef oder Arbeitgeber spricht, wird es morgen auch über seinen neuen Chef und Arbeitgeber tun. Deshalb werden Bewerber, die dies tun, besser nicht eingestellt. Übrigens: Auch wer dem Ruf der Liebe folgt oder seine berufliche Laufbahn an den Standortwechseln seines Partners ausrichtet, wird dies wahrscheinlich immer wieder tun. Das zumindest liegt für Personaler nahe. Und wer kann garantieren, dass in Kürze nicht eine neue Liebe entflammt oder der Lebensgefährte wieder versetzt wird?

Begründen Sie den Wechsel mit dem Wunsch nach beruflicher Weiterentwicklung.

Wie aber soll ein Bewerber einen Stellenwechsel begründen? Am besten kommt bei den Personalverantwortlichen die logische berufliche Weiterentwicklung als Begründung an.

Zeigen Sie gegenüber Ihrem früheren Unternehmen Loyalität.

Bezeugen Sie Loyalität

Das heißt: Bleiben Sie loyal gegenüber Ihrem bisherigen Unternehmen und äußern Sie sich zufrieden und positiv über die Inhalte Ihrer momentanen Aufgabe. Betonen Sie aber, dass es jetzt an der Zeit sei, sich – entsprechend Ihren beruflichen Zielen – weiterzuentwickeln. Begründen Sie Ihre Bewerbung damit, dass sowohl das Anforderungsprofil der ausgeschriebenen Position als auch die strategische Ausrichtung des Unternehmens vor diesem Hintergrund genau zu Ihren Vorstellungen passen.

Den Stellenwechsel mit mangelnden Perspektiven und Weiterentwicklungsmöglichkeiten im jetzigen Unternehmen zu begründen, ist nur unter einer Voraussetzung erlaubt: Der Bewerber ist momentan in einem kleineren Unternehmen tätig und/oder bereits so weit in der Unternehmenshierarchie aufgestiegen, dass für ihn in diesem Unternehmen tatsächlich keine Aufstiegsmöglichkeiten mehr bestehen.

Erklären Sie, dass die Herausforderung der neuen Stelle genau zu Ihren beruflichen Zielen passt.

Beispielbegründung Stellenwechsel

»In meinem jetzigen Unternehmen bin ich als Abteilungssekretärin für zwei Chefs tätig. Ich arbeite für beide sehr gern, und in den letzten drei Jahren konnte ich eine Menge Erfahrungen für meinen Beruf sammeln und viel Neues dazulernen.

Mein persönliches berufliches Ziel ist es aber, mich noch einen Schritt weiterzuentwickeln und als Assistentin im Geschäftsleitungsbereich eines Unternehmens tätig zu sein.

Ich bin überzeugt davon, dass ich hier meine Fähigkeiten als Assistentin voll entfalten kann.

Ihre Stellenbeschreibung passt genau zu meinen beruflichen Zielvorstellungen. Zudem planen Sie – wie ich aktuellen Pressemitteilungen Ihres Unternehmens entnommen habe –, weitere Geschäftsstellen in Großbritannien aufzubauen. In diesem Zusammenhang fällt sicher die mündliche und schriftliche Kommunikation mit englischsprachigen Geschäftspartnern an. Hier könnte ich meine fundierten Kenntnisse in der englischen Sprache gut einbringen und noch ausbauen. Das würde mir sehr entgegenkommen und viel Spaß machen.«

Die häufigsten Arbeitgeberfragen im Vorstellungsgespräch

Mit folgenden Fragen werden Bewerber in Vorstellungsgesprächen immer wieder konfrontiert. Deshalb ist es ratsam, sich bereits vorher gute Antworten zu überlegen.

Arbeitgeber

Frage: Was erwarten Sie von uns als Ihrem neuen Arbeitgeber? Warum wollen Sie gerade bei uns arbeiten?

Betonen Sie nicht Ihr finanzielles Sicherheitsbedürfnis.

Reaktion: Die falsche Antwort wäre zum Beispiel folgende: »Ich erwarte einen sicheren Arbeitsplatz und eine gute Bezahlung.« Damit zeigt der Bewerber, dass er sich nur absichern will. Alles andere interessiert ihn nicht. Mit dieser Frage will der Personaler aber gerade herausfinden, ob das Unternehmen und die Aufgabe selbst für den Bewerber einen wirklichen Anreiz darstellen.

Legen Sie dar, wo für Sie die Vorteile des neuen Unternehmens liegen.

Betonen Sie an dieser Stelle die Vorzüge des Unternehmens (z. B. internationale Ausrichtung, dezentral organisiert, nachvollziehbare Unternehmensleitlinien) und dass das Anforderungsprofil der Stelle genau zu Ihren Qualifikationen und beruflichen Zielen passt.

Beispiel
»Sie wünschen sich Organisationsstärke, Zuverlässigkeit, Kommunikationsstärke, gute englische Sprachkenntnisse …
Diese Anforderungen entsprechen genau meinen Stärken.
So wie Sie die Aufgabe beschreiben, bin ich mir sicher, dass sie mir sehr viel Spaß machen wird, vor allem weil sie für mich persönlich eine sinnvolle Weiterentwicklung darstellt.«

Aufgaben

Frage: Welche Aufgaben hatten Sie in Ihrer bisherigen Stelle?

Reaktion: Hier wird eine sachliche Antwort erwartet, in der Sie – ohne ins Detail zu gehen – die wesentlichen Aufgabenbereiche Ihres Arbeitsplatzes aufzählen.

Als Bewerber berichten Sie über Ihre Tätigkeit und achten darauf, dass Sie möglichst viele Aufgaben nennen, die auch in der neuen Position auf Sie zukommen würden.

Beschreiben Sie Ihre Erfahrungen, die Sie in die neue Stelle einbringen können.

Berufswahl

Frage: Was waren die Gründe für Ihre Studien- bzw. Berufswahl?

Reaktion: Der Interviewer will hören, dass der Bewerber seinen Beruf wirklich als Berufung sieht und ihn gern, wenn nicht leidenschaftlich ausübt. Schlechte Antworten wären: »Weil man Vater wollte, dass ich diesen Beruf ergreife.« Oder: »Weil es damals nur Lehrstellen für diesen Beruf gab.« Diese Antworten weisen auf Fremdbestimmung oder Notlösungen hin. Besser: »Mir war schon sehr bald – noch während meiner Schulzeit – klar, dass ich ...« Oder: »Meine Stärken lagen immer schon im Zahlenbereich. Mathematik hat mir in der Schule viel Spaß gemacht. Da lag es nahe, dass ich später ...«

Zeigen Sie, dass Sie Ihren Beruf lieben.

Einarbeitung

Frage: Wie stellen Sie sich den Einstieg bei uns vor?

Reaktion: Kein Personaler möchte auf diese Frage hören: »Na ja, ich fang halt mal an und werde mich schon durchwursteln.« Besser: »Ich habe schon einige Berufs-(Praktikums-)Erfahrung und werde viele Tätigkeiten sicher reibungslos übernehmen können. Bei anderen werde ich aber auch Unterstützung brauchen. Es wäre schön, wenn

Schätzen Sie Ihre Einarbeitungszeit motiviert, aber realistisch ein.

Sie mir für Fragen einen erfahrenen Kollegen nennen könnten. Gibt es in Ihrem Unternehmen eine bestimmte Vorgehensweise, was die Einarbeitung von neuen Mitarbeitern anbelangt?«

Erfolge

Frage: Was waren bisher Ihre größten Erfolge? Oder: Beschreiben Sie uns Ihre Erfolge bei Ihrem letzten Arbeitgeber.

Übertreiben Sie nicht mit Ihrer Selbstdarstellung.

Reaktion: Diese Frage beantworten Sie am besten wahrheitsgemäß und selbstbewusst, ohne Ihr Licht unter den Scheffel zu stellen. Das heißt: Relativieren Sie Ihre Erfolge nicht, treten Sie aber auch nicht zu großspurig auf, sondern stellen Sie sachlich dar, was Sie erreicht haben. Dabei geht es nicht nur um herausragende Erfolge, sondern um alle Vorteile und Verbesserungen für das Unternehmen, die Sie im Rahmen Ihres Verantwortungsbereichs erzielen konnten: von Kostensenkungen über Umsatzsteigerungen und Projekterfolgen bis hin zur Verbesserung des Teamklimas. Gleichzeitig lassen Sie durchblicken, dass Sie diese Leistungen auch für das neue Unternehmen erbringen wollen.

Erwartungen

Frage: Was erwarten Sie von der neuen Aufgabe? Oder: Welche Aufgabenschwerpunkte sind für Sie wichtig?

Sagen Sie ganz klar, was Sie von Ihrer neuen Stelle erwarten.

Reaktion: Mit dieser Frage soll überprüft werden, ob die Erwartungen des Bewerbers an die Aufgabe tatsächlich erfüllt werden können. Hier empfiehlt es sich, seine inhaltlichen Erwartungen an die Tätigkeit deutlich zu formulieren. Denn es bringt keinen der Beteiligten weiter, wenn der Bewerber das Unternehmen bereits in der Probezeit enttäuscht verlässt.

Flexibilität

Signalisieren Sie, dass Sie flexibel sind.

Frage: Wie gehen Sie mit Veränderungen um?
Reaktion: Bei dem heutigen schnellen Wandel in den Unternehmen müssen Mitarbeiter in der Regel viel Flexibilität zeigen. Starre Routinearbeiter, die sich vor jeder Veränderung im Job fürchten, lieben Vorgesetzte nicht. Auf diese Frage antworten Sie deshalb zum Beispiel, dass Veränderungen zum Leben gehören und das Berufsleben interessant machen. Veränderungen beinhalten die Chance, sich weiterzuentwickeln.

Hobbys

Die Hobbys geben dem Personaler Aufschluss über bestimmte Fähigkeiten des Bewerbers.

Frage: Was machen Sie gern in Ihrer Freizeit? Oder: Was sind Ihre Hobbys?
Reaktion: Hobbys geben dem Personaler Aufschluss über die Persönlichkeit und die Vorlieben des Bewerbers. Dadurch kann er wieder Rückschlüsse ziehen, wie gut er zu der ausgeschriebenen Aufgabe passt. Münzsammler wird er als genaue, eher detailverliebte Mitarbeiter sehen, Hobbyköche als kreativ, aktive Sportler als dynamische Macher und Leseratten als Kopfarbeiter. Ganz so platt wird zwar kein Interviewer Hobbys auslegen. Deshalb können Sie Ihre Hobbys getrost nennen. Seien Sie aber vorsichtig mit der Angabe von Hobbys, die mit Aggressionen oder Süchten in Verbindung gebracht werden können, zum Beispiel: »Ich züchte Kampfhunde«, »Ich gehe häufig in die Spielbank« oder »Ich gehe gern mit meinen Freunden einen trinken«. Bei der Angabe der Anzahl der Hobbys sollte sich der Bewerber auf zwei bis drei beschränken, sonst könnte ihm übermäßige Freizeitliebe unterstellt werden.

Kritik

Begründen Sie detailliert, warum Sie gut mit Kritik umgehen können.

Frage: Wie gehen Sie mit Kritik um?
Reaktion: Darauf will der Personaler nicht nur hören »Ich kann ganz gut mit Kritik umgehen«, sondern eine detaillierte Antwort, die ihm zeigt, dass der Kandidat sich mit diesem Thema bereits bewusst auseinandergesetzt hat und wirklich kritikfähig ist, zum Beispiel: »Ich begrüße konstruktives Feedback sowohl von meinem Vorgesetzten als auch von meinen Kollegen. Nur dadurch kann ich mich weiterentwickeln. Kritik darf allerdings nicht persönlich werden oder unfair sein. Dann hake ich nach, bis ich den sachlichen Punkt der Kritik nachvollziehen kann.«

Leistung

Sprechen Sie selbstbewusst von Ihren bisherigen Erfolgen.

Frage: Was können Sie für uns leisten? Oder: Warum sollten wir uns für Sie entscheiden?
Reaktion: An dieser Stelle gehen Sie als Bewerber selbstbewusst auf Ihre bisherigen beruflichen Erfolge ein und nennen ganz konkrete Beispiele. Diese Beispiele verknüpfen Sie mit den Anforderungen des neuen Stellenprofils. Stellen Sie Ihre besonderen Kenntnisse und Qualifikationen, mit denen Sie das Unternehmen in Zukunft unterstützen können, möglichst überzeugend dar.

Misserfolge

Erzählen Sie, wie Sie aus Fehlern gelernt haben.

Frage: Was waren Ihre größten Misserfolge, und wie sind Sie damit umgegangen?
Reaktion: Misserfolge hat jeder Mensch im Leben. Sie zu leugnen, wäre unglaubwürdig. Der Interviewer prüft mit dieser Frage die Fähigkeit des Bewerbers zur Selbstreflexion. Dramatische Vorfälle und schwere Niederlagen im Berufs- und Privatleben behalten Sie aber für sich. Zeigen

Sie lieber, wie Sie aus einem Fehler oder einer Niederlage gelernt und daraus etwas Positives gemacht haben.

Beispiel
»Ich hätte die Ausbildung zum ... gleich an meine Lehre anschließen sollen. Das hätte mich beruflich wahrscheinlich schneller zu meinen Zielen geführt. Damals habe ich die Bedeutung dieses Abschlusses aber nicht erkannt. Andererseits konnte ich mir so später selbst beweisen, dass ich mit viel Durchhaltevermögen konsequent meine Ziele verfolge. Denn eine Abendfortbildung über zwei Jahre neben der vollen Berufstätigkeit ist kein Zuckerschlecken.«

Motivation

Frage: Welche Tätigkeiten machen Sie besonders gern? Oder: Was fasziniert Sie an Ihrem Beruf?

Zählen Sie eine Reihe von Tätigkeiten auf, die Sie gerne ausüben.

Reaktion: Am besten gibt der Bewerber möglichst viele Tätigkeiten an, die ihm Spaß machen und die auch im Anforderungsprofil der neuen Stelle genannt sind, also zum Beispiel: »Ich organisiere gern«, »Ich habe gern mit Menschen im Beruf zu tun«, »Es macht mir Spaß, mit Zahlen umzugehen«, »Ich liebe es, immer wieder vor neue Herausforderungen im Beruf gestellt zu werden«, »Ich mag das Gefühl, etwas bewirken zu können«.

PC-Kenntnisse

Frage: Wie gut sind Ihre PC-Kenntnisse?
Reaktion: Hier geben Sie wahrheitsgemäß Ihre PC-Kenntnisse wieder, weisen auf eventuelle Fortbildungen hin und nennen Beispiele, wie Sie diese Kenntnisse mit Ihren bisherigen Tätigkeiten verknüpft haben.

Qualifikation

Langweilen Sie den Interviewer nicht mit einer wortgetreuen Wiederholung Ihres Lebenslaufs.

Frage: Was qualifiziert Sie für diese Position?
Reaktion: Auf diese Frage hin nennen Sie Ihre fachlichen, methodischen und sozialen Kompetenzen und verbinden diese mit den Anforderungen und Aufgaben der neuen Stelle. Nicht empfehlenswert ist hier die Wiederholung des Lebenslaufs. Den hat der Personaler schon gelesen.

Sozialverhalten

Frage: Wenn ich Ihr Kollege wäre, was würde ich besonders an Ihnen schätzen?
Reaktion: Auf diese Frage nennen Sie vor allem Eigenschaften, die zum Anforderungsprofil der Stelle passen, zum Beispiel: Teamfähigkeit, Organisationsfähigkeit, Loyalität, Termintreue, Kreativität.

Schwächen

Sagen Sie nicht: »Ich habe keine Schwächen.«

Frage: Welche Schwächen haben Sie?
Reaktion: Kein Mensch hat nur Stärken. Und eine selbstbewusste Persönlichkeit steht zu ihren Stärken, aber auch zu ihren Schwächen. Im Jobinterview allerdings sollte der Bewerber – was seine Schwächen anbelangt – nicht alle Karten offen auf den Tisch legen. Aussagen wie »Ich bin faul« oder »Ich gerate leicht in Stress« sind tabu, auch wenn sie der Wahrheit nahekommen. Am besten nennen Sie zwei, maximal drei Schwächen, die im Grunde genommen auch positiv ausgelegt werden können.

Beispiel
»Ich kann nicht ausschließlich mit Routineaufgaben leben. Sonst langweile ich mich. Die mache ich sicher auch, aber sie gehören nicht zu meinen beliebtesten Tätigkeiten. Ich brauche auch immer wieder eine neue Herausforderung.« Oder: »Ich bin ehrgeizig. Misserfolge treffen mich und machen mir zu schaffen. Deshalb versuche ich, sie zu vermeiden oder so schnell wie möglich wieder auf die Erfolgsspur zu kommen.«

Selbstmotivation

Erzählen Sie, wie Sie Durchhänger überwinden.

Frage: Wie motivieren Sie sich selbst?
Reaktion: Weniger gut kommt folgende Antwort an: »Meine Arbeit ist schließlich meine Pflicht, die ich nach bestem Wissen und Gewissen ausführe.« Das klingt nach »Dienst nach Vorschrift« und weniger nach Leistungsträger. Geben Sie besser verschiedene Strategien zu Selbstmotivation an, die Ihnen zur Verfügung stehen.

Beispiel
»In erster Linie motiviere ich mich natürlich über meine Aufgabe und die damit verbundenen Ziele. Wenn ich mir mein Ziel immer wieder vor Augen halte, gibt mir das die Kraft weiterzumachen. Aber auch allein die Arbeit im Team ist für mich eine tägliche Motivation. Ich freue mich einfach jeden Tag auf die Zusammenarbeit mit meinem Kollegen. Und sollte ich tatsächlich mal einen Durchhänger haben, dann hilft mir dabei am besten Sport. Ich gehe mit ein paar Freunden zum Mountainbiken. Danach fühle ich mich immer wie neugeboren.«

Stärken

Nennen Sie alle Stärken, die Sie im Vorfeld in Ihrer Analyse herausgefunden haben.

Frage: Wo liegen Ihre Stärken? Oder: Wie würde Ihr letzter Arbeitgeber Ihre Stärken beschreiben?
Reaktion: Greifen Sie hier auf Ihre Stärken-Schwächen-Analyse zurück und beschreiben Sie selbstbewusst Ihre Stärken anhand von Beispielen. Idealerweise verknüpfen Sie Ihre Stärken gleich mit den Anforderungen für die neue Position.

Team

Welche für ein Team förderlichen Eigenschaften können Sie einbringen?

Frage: Wann ist Teamarbeit für Sie effizient? Oder: Welche Bedeutung hat für Sie die Arbeit im Team?
Reaktion: Für die meisten Positionen wird Teamfähigkeit vorausgesetzt. Bei dieser Frage verknüpfen Sie geschickt die Vorteile von Teamarbeit mit den Eigenschaften, die Sie persönlich teamfähig machen.

Beispiel
»In Teams ergänzen sich die jeweiligen Stärken der einzelnen Mitglieder. Dadurch entstehen Synergieeffekte. Voraussetzung für eine gute Teamarbeit ist, dass jeder die Qualifikation und Persönlichkeit des anderen respektiert und durch regelmäßige Kommunikation immer wieder Einigkeit bezüglich des gemeinsamen Ziels hergestellt wird. Mir persönlich kommt die Arbeit im Team sehr entgegen, weil ich sowohl gerne organisiere als auch koordiniere und vorzugsweise im Dialog nach Lösungen suche.«

Unternehmen

Zeigen Sie, dass Sie überzeugt und begeistert von diesem Unternehmen sind.

Frage: Was wissen Sie über unser Unternehmen?
Reaktion: Bei einer guten Vorbereitung wird der Bewerber hier die Informationen anbringen, die er im Rahmen seiner Recherche gefunden hat. Selbstverständlich geben Sie

nur positive Informationen über das Unternehmen wieder. Negative Presse zum Beispiel behalten Sie für sich.

Warm-up

Frage: Erzählen Sie uns etwas über sich selbst.

Bedenken Sie: Auch wenn Sie nur locker plaudern, erfährt der Personaler wichtige Details über Sie.

Reaktion: Diese Frage wird meist ziemlich früh im Vorstellungsgespräch gestellt und gehört zur sogenannten Warm-up-Phase. Das heißt, der Bewerber soll hier erst einmal locker ins Plaudern kommen. Am besten beginnen Sie mit der generellen beruflichen Richtung, die Sie eingeschlagen haben und warum Sie das getan haben. Dann folgen die wichtigsten beruflichen Stationen sowie Ihre Zielsetzungen und Beweggründe für diese Schritte. Greifen Sie nur einige Eckpunkte aus Ihrem Lebenslauf auf. Den müssen Sie allerdings gut im Kopf haben, damit keine Widersprüche auftauchen. Wichtig: Erzählen Sie sachlich und selbstbewusst, werden Sie nicht großspurig und beschränken Sie sich auf maximal drei Minuten Redezeit.

Werdegang

Frage: Erzählen Sie uns etwas mehr über Ihren Werdegang.

Berichten Sie über wichtige Abschnitte in Ihrem Berufsleben, in denen Sie viel gelernt haben.

Reaktion: Der Lebenslauf in Stichpunkten liegt den Unternehmensvertretern bereits vor. Jetzt wollen sie hören, welche beruflichen Schwerpunkte der Bewerber setzt, welche Stationen im Beruf besondere Bedeutung für ihn hatten und wie zielorientiert und logisch er seine bisherige Karriere begründen kann.

Ziele beruflich

Frage: Welche beruflichen Ziele haben Sie für die nächsten Jahre? Oder: Wo sehen Sie sich beruflich in fünf Jahren?

Beweisen Sie, dass Sie klare berufliche Ziele haben und diese konsequent verfolgen.

Reaktion: Diese Frage ist eine gute Chance für den Kandidaten, den roten Faden seiner Karriere zu verdeutlichen und seine Zielstrebigkeit zu betonen. Aber Vorsicht: Die Ziele sollten mit der neuen Stelle vereinbar sein. Denn wenn Sie bereits für die nächsten zwei oder drei Jahre berufliche Zukunftsvorstellungen formulieren, die die ausgeschriebene Position nicht erfüllen kann, katapultieren Sie sich ins Aus. Idealerweise beschreiben Sie eine angestrebte Entwicklung, die Sie auch im neuen Unternehmen durchlaufen können. Auch wichtig: Signalisieren Sie, dass Sie zwar zielstrebig, aber auch flexibel sind, also nicht starr und mit Scheuklappen auf Ihr großes Ziel zusteuern.

Ziele privat

Frage: Welche privaten Ziele haben Sie für die nächsten Jahre?

Achtung: Geben Sie nicht zu viel von Ihrem Privatleben preis.

Reaktion: Diese Frage einfach abzulehnen nach dem Motto »Das gehört hier nicht zum Thema«, ist nicht zu empfehlen. Die Wahrheit über alle privaten Pläne müssen Sie aber dennoch nicht ausplaudern. Am besten beantworten Sie diese Frage positiv und allgemein: »Ich bin sehr zufrieden mit meinem Privatleben und wünsche mir, dass alles so bleibt, wie es ist.«

Zufriedenheit

Frage: Wenn Sie beruflich noch einmal ganz von vorn anfangen könnten: Was würden Sie anders machen?

Sagen Sie nicht, dass Sie unzufrieden mit Ihrem bisherigen beruflichen Weg sind.

Reaktion: Wichtig ist, dass Sie hier grundsätzlich Zufriedenheit mit dem bisherigen beruflichen Werdegang signalisieren. Denn danach beurteilt der Personaler, wie gern der potenzielle Mitarbeiter in seinem Beruf tätig ist. Um realistisch zu bleiben, können Sie aber eine kleine Einschränkung machen.

Beispiel
»Im Großen und Ganzen bin ich sehr zufrieden mit meiner bisherigen Laufbahn. Den Umweg über ... würde ich vielleicht nicht mehr machen. Auf der anderen Seite habe ich dort aber sehr viele Erfahrungen gesammelt, die mir auf den weiteren Stationen meines Berufsweges sehr nützlich waren.«

Die kritischsten Arbeitgeberfragen

Neben den üblichen sachlichen Fragen werden Bewerber häufig auch mit Fangfragen oder provozierenden Fragen konfrontiert. Damit will der Interviewer den Kandidaten aus der Reserve locken oder seine Stressstabilität testen. Das erste Gebot bei einer besonders kritischen oder provokanten Frage für den Bewerber heißt: Ruhe bewahren und sich nicht zu einer vorschnellen Antwort verleiten lassen! Die folgenden kritischen Fragen sollte jeder Bewerber in seine Vorbereitung mit aufnehmen.

Absage vorgetäuscht

Frage: Wie würden Sie reagieren, wenn wir Ihnen jetzt sagen, dass Sie in diesem Interview nicht besonders gut abgeschnitten haben?

Lassen Sie sich nicht verunsichern!

Reaktion: Diese Frage dient ganz klar zur Verunsicherung. Als Bewerber reagieren Sie hier am besten ruhig und wahrheitsgemäß.

Beispiel
»Ich wäre schon überrascht. Denn ich habe bisher den Eindruck, dass unser Gespräch sehr angenehm und positiv verlaufen ist. Bitte sagen Sie mir doch genauer, was Sie damit meinen.«

Anekdote

Frage: Wir sind jetzt mit allen Fragen durch und haben noch fünf Minuten Zeit. Erzählen Sie uns noch eine kleine Anekdote aus Ihrem Leben?

Seien Sie vorsichtig mit humoristischen Äußerungen.

Reaktion: Wer hier nicht den Geschmack oder Humor seines Gegenübers trifft, kann in letzter Minute den Erfolg des Gesprächs zunichtemachte. Deshalb: Auf diese Aufforderung antworten Sie am besten grundsätzlich: »Im Augenblick fällt mir dazu beim besten Willen nichts ein.«

Arbeitgeber aktuell

Frage: Wie würden Sie Ihren derzeitigen Arbeitgeber beschreiben? Oder: Kennen Sie die größten Missstände in Ihrer jetzigen/vorigen Firma?

Stellen Sie Ihren bisherigen Arbeitgeber ausschließlich positiv dar.

Reaktion: Diese Frage soll den Bewerber dazu verleiten, Negatives über seinen jetzigen Arbeitgeber preiszugeben oder sogar Betriebsgeheimnisse auszuplaudern. Wer in diese Falle tappt, hat sofort verloren. Geben Sie deshalb an dieser Stelle nur allgemeine, sachliche Informationen über Ihren derzeitigen Arbeitgeber und beschränken Sie sich auf positive Aussagen.

Beispiel
»Ich arbeite in meiner Firma sehr gern, das Arbeitsklima ist gut und meine Aufgaben waren interessant und vielseitig. Jetzt steht für mich beruflich aber der nächste Schritt an, und deshalb ...«

Arbeitslosigkeit

Frage: Warum sind Sie schon so lange arbeitslos?
Reaktion: Eine heikle Frage, die nicht mit »Bisher hat mich keiner genommen« beantwortet werden darf. Stellen Sie klar, dass Sie die Zeit der Arbeitslosigkeit produktiv genutzt haben, um Ihre Karriere weiterzuentwickeln – auch wenn dies auf den ersten Blick nicht deutlich wird. Auf keinen Fall dürfen Sie sich in Ihrer Antwort dazu hinreißen lassen, über den Arbeitsmarkt zu jammern oder sich als Opfer darzustellen. Dass Sie keine Arbeit unter Ihrem Qualifikationsniveau angenommen haben, sollten Sie auf eine strategische Entscheidung zurückführen. Das beweist, dass Sie langfristig planen können.

Beispiel
»Ich wollte vorzugsweise wieder in der gleichen Branche und in einer Position tätig sein, die auf meine vergangene aufbaut. In diesem Bereich kann ich einfach am meisten Erfahrung und Know-how einbringen. Ich will meine ursprünglichen beruflichen Ziele trotz der plötzlichen Arbeitslosigkeit nicht ganz aus den Augen verlieren. Das hat meine Suche natürlich eingeschränkt und Zeit gekostet.«

Ausbildung

Frage: Warum haben Sie so lange studiert?

Finden Sie eine triftige Begründung für eine lange Studienzeit.

Reaktion: Eine ehrliche Antwort wie zum Beispiel »Ich habe nicht konsequent genug gelernt« oder »Ich habe zu viel mit meinen Kommilitonen gefeiert« kommt an dieser Stelle nicht gut an. Begründen Sie eine lange Studienzeit besser mit einem Reisejahr zur Erweiterung Ihres Horizonts bzw. Verbesserung Ihrer Sprachkenntnisse vor dem Einstieg in das Berufsleben. Oder geben Sie an, dass Sie sich Ihr Studium mit Nebenjobs selbst verdienen mussten. Das zeugt von Ausdauer und Fleiß. Betonen Sie, dass Sie auf diese Weise Berufserfahrung sammeln und –

sofern es stimmt – sogar Branchenkenntnisse erwerben konnten.

Bewerberauswahl

Zeigen Sie niemals Ärger.

Frage: Wir sind noch nicht von Ihnen überzeugt. Nennen Sie uns ein paar gute Gründe: Warum sollten wir uns gerade für Sie entscheiden?

Reaktion: Damit soll der Bewerber verunsichert und unter Druck gesetzt werden. Die Personaler wollen das Selbstvertrauen des Kandidaten testen. Wer jetzt ärgerlich oder aggressiv wird und aufgibt, nach dem Motto »Wenn ich Sie jetzt noch nicht überzeugt habe, wann dann?«, punktet nicht. Am besten greifen Sie jetzt wieder auf Ihre Stärken zurück, die Sie in der neuen Position für das Unternehmen einbringen können. Wichtig ist es, den Nutzen für das Unternehmen zu verdeutlichen und noch einmal seine Begeisterung und Motivation für die Aufgabe fühlbar zu machen, ohne zu dick aufzutragen.

Bewerbungen

Lassen Sie ruhig durchblicken, dass Sie sich gezielt auch woanders beworben haben.

Frage: Wo haben Sie sich außerdem noch beworben?

Reaktion: Hier wäre es falsch zu erzählen, dass Sie zig Bewerbungen an die verschiedensten Unternehmen geschickt haben. Das würde nur beweisen, dass es Ihnen lediglich darum geht, irgendeinen Job zu bekommen, ohne spezifisches Interesse für eine bestimmte Aufgabe. Der Bewerber gibt hier am besten ehrlich zu, dass er sich gezielt auf Positionen beworben hat, die zu seinem Qualifikationsprofil passen. Die Andeutung, dass er auch noch mit einem anderen Unternehmen in Verhandlung steht, kann seinen Marktwert noch steigern.

Eigenkündigung

Frage: Warum haben Sie bei Ihrem vorigen Arbeitgeber gekündigt?
Reaktion: In so einem Fall geht der Interviewer mit hoher Wahrscheinlichkeit davon aus, dass es schwere Konflikte gab, die den Bewerber dazu bewogen haben, selbst zu kündigen. Denn in der Regel bewerben sich Mitarbeiter aus einer Festanstellung heraus. Weil Bewerber sich bei solchen Fragen aber auch nicht negativ über den früheren Arbeitgeber äußern sollten, ist diese Frage schwierig zu beantworten. Bei der Wahrheit können Sie bleiben, wenn zum Beispiel ein Krankheitsfall oder Pflegefall in der Familie Ihre permanente Anwesenheit und damit die Kündigung erforderte. Einigermaßen akzeptabel sind auch ein lange geplantes Sabbatjahr, Kindererziehungszeiten und berufliche Neuorientierung.

Entweder-oder-Fragen

Antworten Sie auf Entweder-oder-Fragen ausweichend.

Frage: Was ist Ihnen lieber: Die Arbeit mit persönlichem Kundenkontakt oder Gespräche mit Kunden am Telefon?
Reaktion: Entweder-oder-Fragen sind immer gefährlich. Bewerber sollten sich hier generell nicht in eine Ecke drängen lassen, sondern versuchen, auf die Frage mit »sowohl als auch« zu antworten.

Beispiel
»Ich mag beides sehr gern. Zwischendurch, finde ich, ist es immer wichtig, den Kontakt zum Kunden in einem persönlichen Gespräch wieder zu festigen. Und am Telefon oder auch per E-Mail können organisatorische Abläufe zeitsparend geklärt werden.«

Fachwissen

Betonen Sie selbstbewusst Ihre fachlichen Qualifikationen.

Frage: Welches Fachwissen müssen Sie noch erwerben?
Reaktion: Hier soll der Bewerber verunsichert und auf sein fachliches Selbstbewusstsein hin getestet werden. Denn er geht ja davon aus, dass die Interviewer seine Qualifikationsnachweise gelesen und ihn deshalb eingeladen haben. Die passende Antwort wäre hier:

Beispiel
»Ich bin überzeugt, dass meine fachliche Qualifikation den Ansprüchen der Position genügt. Wie mein Lebenslauf zeigt, habe ich durch meine Ausbildung und die vergangenen Stationen meines beruflichen Werdegangs das entsprechende fachliche Know-how erworben und auch erfolgreich umgesetzt. Selbstverständlich werde ich auch in der neuen Position offen sein für jede fachliche Weiterentwicklung und Fortbildung. Das erachte ich für besonders wichtig.«

Familie

Frage: Sie haben Familie und noch kleine Kinder. Wie können Sie das mit Ihrem Beruf vereinbaren?
Reaktion: Mit diesen Fragen sehen sich vorzugsweise Frauen konfrontiert. Weisen Sie als Bewerberin am besten darauf hin, dass alles sehr gut organisiert ist (z. B. mit Tagesmutter bzw. Großeltern) und dass Ihre familiären Verpflichtungen auch beim jetzigen Arbeitgeber kein Hindernis oder einen Nachteil darstellen.

Jobhopping

Frage: Sie waren nicht besonders lange in den jeweiligen Unternehmen tätig. Warum haben Sie so häufig gewechselt?

Geben Sie für häufige Arbeitgeberwechsel nachvollziehbare Gründe an.

Reaktion: Jobhopper sollten sich auf diese Frage besonders gut vorbereiten und ihre häufigen Wechsel gut begründen können, zum Beispiel mit dem Bedürfnis, in den ersten Berufsjahren möglichst viel Erfahrung zu sammeln, das Fachwissen zu vertiefen oder die Branche von Grund auf kennenzulernen. Auf keinen Fall dürfen sie aber Konflikte für die Wechsel nennen oder sonstige negative Äußerungen über die früheren Arbeitgeber machen.

Konfliktbewältigung

Frage: Wie gehen Sie mit Konfliktsituationen um? Oder: Wie gehen Sie mit schwierigen Kollegen um?

Kontern Sie Fangfragen geschickt.

Reaktion: Diese Frage könnte eine Fangfrage sein. Antwortet der Bewerber »Damit kann ich sehr gut umgehen«, bedeutet das für den Personaler, dass Konflikte für den Bewerber sozusagen an der Tagesordnung sind. Weisen Sie als Bewerber deshalb besser darauf hin, dass Sie nicht allzu häufig in Konfliktsituationen geraten.

Beispiel

»Ich kann nicht sagen, dass ich häufig in Konfliktsituationen gerate. Wenn aber doch und wenn es um etwas geht, was mir sehr wichtig ist, bin ich durchaus bereit, meinen Standpunkt sachlich zu verteidigen und gemeinsam mit dem anderen eine konstruktive Lösung zu suchen, die für beide vertretbar ist.«

Konflikte mit Vorgesetzten

Ernsthafte Konflikte mit ehemaligen Vorgesetzten erwähnen Sie besser nicht.

Frage: Hatten Sie schon einmal Differenzen mit Ihrem Chef?

Reaktion: Wer schon einige Jahre Berufsleben hinter sich hat und diese Frage entrüstet mit »Nein, natürlich nicht!« beantwortet, macht sich eher unglaubwürdig. Denn Meinungsverschiedenheiten mit einem Vorgesetzten gibt es immer wieder einmal. Weisen Sie als Bewerber lieber darauf hin, dass Sie zwar nie einen Konflikt mit einem Chef hatten, Meinungsverschiedenheiten im fachlichen Bereich aber schon ab und zu vorkamen und sachlich und konstruktiv diskutiert wurden.

Kündigungsgrund

Frage: Warum wurde Ihnen in der letzten Firma gekündigt?

Reaktion: Diese Frage sollte ein Bewerber immer sachlich und nüchtern beantworten. Sind betriebsbedingte Kündigungen der Grund für die Entlassung, wird dies von Personalentscheidern in der Regel akzeptiert. Lesen die Unternehmensvertreter allerdings eine verhaltensbedingte Kündigung aus den Zeugnissen des Bewerbers heraus, sieht das anders aus. Hier hilft Ihnen nur, bei der Wahrheit zu bleiben, die Sachlage möglichst frei von Emotionen zu schildern und unter keinen Umständen negativ über den früheren Arbeitgeber zu sprechen.

Motivation

Frage: Was würden Sie tun, wenn Sie eine Million im Lotto gewinnen würden?

Sagen Sie, dass Ihnen Ihre Arbeit grundsätzlich immer Spaß macht.

Reaktion: Wer hier in strahlende Euphorie verfällt und vom Traumleben auf seiner Luxusyacht erzählt, hat schon verloren, weil er damit zeigt, dass er seinen Job nur aus Gründen des Broterwerbs macht. Unglaubwürdig ist dagegen derjenige, der behauptet, dass sich für ihn nichts ändern würde, weil er weiterhin regelmäßig seiner Arbeit nachgehen würde. Mit der folgenden sinngemäßen Antwort kommen Bewerber am besten weg:

Beispiel
»Natürlich wäre das schön. Wer würde sich das nicht wünschen! Sicher würde so viel Geld das Leben um einiges erleichtern. Ich glaube aber nicht, dass ich ganz aufhören würde zu arbeiten. Ich denke, ich würde immer wieder etwas auf diesem Gebiet unternehmen. Dazu macht mir meine Arbeit einfach viel zu viel Spaß.«

Provokation

Reagieren Sie souverän auf Provokationen.

Frage: Sie sagen, Sie arbeiten gern im Team. Warum können Sie nicht allein arbeiten?

Reaktion: Diese Frage dürfte vom Interviewpartner bewusst provokativ formuliert worden sein; sie dreht dem Bewerber das Wort im Mund um. Nehmen Sie diesen Aspekt zur Kenntnis, aber gehen Sie nicht darauf ein. Ihr Gegenüber hat Sie mit dieser Frage einer Prüfung unterzogen, in der er herausfinden wollte, wie Sie auf Provokationen generell reagieren und ob Sie schnell aus der Haut fahren. Bleiben Sie ruhig, lassen Sie sich nicht verunsichern, und antworten Sie freundlich auf der sachlichen Ebene: Betonen Sie, dass Sie beides wertschätzen.

Beispiel
»Das eine schließt das andere nicht aus. Wenn ich gern im Team arbeite, heißt das nicht, dass ich nicht allein und eigenverantwortlich arbeiten kann. Es kommt immer auf die Aufgabe an. Die eine lässt sich besser im Team bewältigen, wie z. B. ein Projekt. Die andere löst man schneller und effizienter, wenn man sie allein anpackt, wie z. B. die rasche Erledigung einer Kundenreklamation.«

Team

Erkennen Sie Testfragen zu Ihrer Teamfähigkeit.

Frage: Haben Sie das Gefühl, dass Sie – was Ihr Tätigkeitsfeld anbelangt – Ihren Kollegen weit voraus sind?
Reaktion: Hier werden die Selbstreflexions- und die Teamfähigkeit des Bewerbers getestet. Achten Sie darauf, dass Sie keine Antwort geben, die von übertriebener Eitelkeit zeugt oder davon, dass Ihre Fähigkeiten nach Ihrer Einschätzung bisher verkannt wurden. Ihrem Gegenüber würden Sie so den Eindruck vermitteln, dass der Umgang mit Ihnen eher schwierig ist.

Beispiel
»Jeder im Team hat seine besonderen Fähigkeiten, Kenntnisse und Qualitäten. Gerade das macht ja die Vorzüge eines Teams aus: dass sich die Mitglieder gegenseitig ergänzen und so ein optimales Ergebnis erzielen.«

Überstunden

Äußern Sie sich zum Thema Überstunden vorsichtig!

Frage: Wie halten Sie es mit Überstunden?
Reaktion: Auch hier kann der Bewerber leicht in eine Falle tappen. Sagt er, dass er regelmäßig Überstunden macht und dies als Selbstverständlichkeit sieht, könnten Personaler den Schluss ziehen, dass er nicht effizient arbeiten kann. Oder – und das ist ebenso wenig begrüßenswert – sie gewinnen den Eindruck, dass sie ihm in Zukunft so viel

Überstunden wie möglich aufbürden können, weil ihm seine Freizeit ohnehin nicht so wichtig ist. Am geschicktesten antworten Sie hier so:

Beispiel
»Grundsätzlich halte ich sehr viel von effizientem Arbeiten. Mit einer konsequenten Zeitplanung und dem Setzen von Prioritäten kann man eine Menge Zeit gewinnen. Natürlich ist mir bewusst, dass die von Ihnen angebotene Tätigkeit anspruchsvoll ist und von mir zeitliche Flexibilität verlangen wird. Ich denke, es kommt bei einer anspruchsvollen Tätigkeit auch nicht auf feste Uhrzeiten an, sondern auf das Ergebnis und generell auf die sinnvolle Ausgewogenheit von Arbeit und Freizeit.«

Die Gehaltsfrage im Vorstellungsgespräch

Viele Unternehmen verlangen bereits mit den Bewerbungsunterlagen die Gehaltsvorstellungen. Wer hier noch keine Angaben gemacht hat, muss spätestens im Vorstellungsgespräch Farbe bekennen. Die Antwort auf diese Frage ist eine der schwierigsten im Jobinterview. Setzt der Bewerber seine Gehaltsvorstellung zu niedrig an, muss er damit rechnen, für die nächsten Jahre auf diesem Niveau zu verharren. Liegt seine Forderung weit über dem veranschlagten Budget des Unternehmens, läuft er Gefahr, dass er damit als Mitarbeiter nicht infrage kommt. Grund genug also für Sie, sich auf die Gehaltsfrage vor dem Vorstellungsgespräch sehr gut vorzubereiten.

An der Gehaltsfrage kann noch alles scheitern.

In aller Regel wird die Frage des Gehalts gegen Ende des ersten, eventuell aber auch erst im zweiten Vorstellungsgespräch von der Unternehmensseite aus angesprochen. Das Gehalt ist eines der ausschlaggebenden Kriterien, ob man miteinander »ins Geschäft kommt« oder nicht. Sie können noch so gut auf die ausgeschriebene Position passen: Wenn das Unternehmen das von Ihnen geforderte

Gehalt nicht zahlen kann oder will, ist jedes weitere Gespräch reine Zeitverschwendung.

Abwarten, bis Ihr Gegenüber das Thema anschneidet

Warten Sie ab, bis die Personalverantwortlichen das Gehalt ins Spiel bringen.

Bei entsprechend hoch dotierten Positionen ist davon auszugehen, dass das Gehalt erst in einem zweiten Gespräch verhandelt wird. In Vorstellungsgesprächen, bei denen es nicht um derartige Führungs- oder Expertenpositionen geht, ist das Gehalt meist bereits im ersten Gespräch ein Thema. Haben Sie als Bewerber lange genug auf die Gehaltsfrage gewartet und wird sie von den Unternehmensvertretern dennoch nicht angeschnitten, können Sie sie auch selbst stellen und zwar im Rahmen Ihrer abschließenden Fragen.
Sie sollte aber auch bei diesen Fragen nicht gleich an erster Stelle stehen, sondern einer oder zwei fachlichen bzw. inhaltlichen Fragen folgen. Sie können sie zum Beispiel so formulieren: »Das Gehalt ist zwar nicht das Hauptkriterium, aber trotzdem bedeutsam. Soll dieses Thema heute noch angesprochen werden oder haben Sie noch ein weiteres Gespräch vorgesehen?«

Vorsicht, wenn die Gehaltsfrage gleich zu Beginn kommt!

Manchmal verfolgen die Unternehmensvertreter auch die Überraschungsstrategie und überrumpeln den Kandidaten gleich zu Beginn des Gesprächs mit der Frage nach dem Gehalt. Wenn die Personaler aber nicht nachdrücklich auf einer klaren Aussage mit Angabe von konkreten Zahlen insistieren, versuchen Sie besser, sich um diese Frage herumzuwinden und Zeit zu gewinnen. Denn wer in einer so frühen Phase einen eher niedrigeren Betrag nennt, hat bereits alle Chancen vergeben, im Laufe des Gesprächs noch besondere Punkte zu sammeln und die Personalverantwortlichen so von sich zu überzeugen, dass sie auch einer höheren Summe zustimmen. Oder aber – falls ein Gehaltswunsch an der oberen Grenze geäußert wurde – der Bewerber steht während des gesamten Gesprächs unter Rechtfertigungsdruck, weil er beweisen muss, dass er seinen Forderungen auch gerecht wird.

Zögern Sie die Gehaltsfrage im eigenen Interesse so lange wie möglich hinaus.

Lassen Sie sich nicht zu früh festlegen!

Mit folgenden Antworten können Sie sich aus der Affäre ziehen, wenn die Gehaltsfrage gleich zu Beginn des Gesprächs auf den Tisch kommt:

- »Ich möchte leistungsgerecht bezahlt werden.«
- »Ich wünsche mir eine leistungsgerechte Bezahlung, wie sie auch die anderen Leistungsträger in vergleichbaren Positionen in Ihrem Unternehmen erhalten.«
- »Das ist ein sehr sensibler Punkt. Darf ich zum Ende des Gesprächs darauf zurückkommen? In erster Linie erscheinen mir inhaltliche Fragen zur Aufgabe wichtig. Das Gehalt ist dann eine sicher auch wichtige, aber nachrangige Frage.«
- »Geben Sie mir erst Gelegenheit, Sie und die von Ihnen angebotene Position im heutigen Gespräch etwas näher kennenzulernen? Mit der Nennung meines derzeitigen Gehalts gebe ich mehr oder weniger ja auch Gehaltsstrukturen meines derzeitigen Arbeitgebers preis. Das möchte ich aus Loyalitätsgründen erst tun, wenn wir feststellen, dass eine Zusammenarbeit generell infrage kommen könnte. Bitte haben Sie dafür Verständnis.«

Loten Sie aus, welchen Stellenwert die angebotene Position für das Unternehmen hat.

Dem Bewerber sollte generell daran gelegen sein, dass die Gehaltsfrage so spät wie möglich auf den Tisch kommt. Denn je länger er Zeit hat, sich selbst und seine Fähigkeiten möglichst vorteilhaft darzustellen, desto mehr steigt die Wahrscheinlichkeit, dass die Unternehmensvertreter dazu bereit sind, ihr Gehaltsangebot etwas nach oben zu schrauben. Außerdem hat er Zeit, selbst ausreichend Fakten zu prüfen und zwischen den Zeilen zu lesen, um abzutasten, ob er es riskieren kann, die obere Grenze seiner Gehaltsvorstellungen auszureizen oder ob er die Zahl besser ein wenig niedriger ansetzt. Zum Beispiel lässt sich im Laufe des Gesprächs genauer erkennen, welchen Stellenwert die infrage stehende Position für das Unternehmen hat, mit welchem Maß an Verantwortung und mit welchen Kompetenzen und Zuständigkeiten sie verbunden ist. Wer die Ruhe behält, kann auf diese Weise höher pokern.

Zapfen Sie möglichst viele Quellen an, um zu einer realistischen Gehaltsvorstellung zu kommen.

Gehaltsvergleiche einholen

Damit die Forderung des Bewerbers ungefähr im Rahmen des Möglichen liegt und er sich nicht zu billig, aber auch nicht zu teuer verkauft, ist vorher eine gründliche Recherche vergleichbarer Gehälter wichtig. Dabei kann er sich unterschiedlicher Quellen bedienen:

- Freunde oder Bekannte, die in der gleichen Branche in ähnlichen Positionen tätig sind.
- Personalberater, die der Bewerber kontaktieren kann, um mit ihnen seine Positionierung am Markt und seinen Marktwert zu besprechen.
- Das Internet, aus dem sowohl Gehaltsstudien von Personalberatungsunternehmen als auch Gehaltsvergleiche verschiedenster Berufe und Branchen abgerufen werden können. Zum Beispiel:
  www.lohnspiegel.de → Lohn- und Gehalts-Check,
  www.nettolohn.de/gehaltsvergleich.html,
  www.GehaltsVergleich.com,
  http://karriere-journal.monster.de/geld-gehalt/gehaltstabellen/jobs.aspx.
- Berufsverbände, Gewerkschaften und Tarifverträge.

Nennen Sie als Gehaltswunsch das Jahresbruttogehalt.

Außerdem gibt es Unternehmen, die sich auf die individuelle Vergütungsberatung spezialisiert haben. Im Internet ist eine Reihe von Anbietern in diesem Bereich zu finden, außerdem Gehaltschecks, bei denen der Nutzer seine spezifischen beruflichen Daten eingeben kann, um anschließend den entsprechenden Gehaltsvorschlag zu erhalten.
In der Regel werden beim Gehalt Jahresbruttogehälter verhandelt (inklusive Urlaubs- und Weihnachtsgeld). Deshalb sollten auch die recherchierten Vergleichsgehälter als Jahresbruttoverdienste notiert werden. Prämien sind in den Jahresbruttogehältern nicht enthalten.

Nennen Sie Ihre Gehaltsforderung selbstbewusst und ohne zu zögern.

Personaler zielen in der Regel darauf ab, dass der Bewerber – was die Höhe des Gehalts anbelangt – seine Karten zuerst offen auf den Tisch legt. Damit Sie hier möglichst sicher sein können, richtig zu liegen, ist eine gründliche Recherche der marktüblichen Gehälter im Vorfeld unbedingt zu empfehlen.

Im Zweifel Offenheit

Die meisten seriösen Unternehmen machen faire Gehaltsangebote im Rahmen ihres Gehaltsgefüges.

Sicher gibt es auch Berufsnischen, die keine Gehaltstabelle abdeckt und in der sich der Bewerber sehr schlecht einordnen kann, was die Bezahlung angeht. Statt im Dunkeln zu tappen und mit Ihrer Gehaltsforderung völlig danebenzuliegen, gewinnen Sie hier mit Ehrlichkeit am meisten: »Es fällt mir sehr schwer, mich – was das Gehalt betrifft – einzuordnen.« Diese Strategie funktioniert aber nur, wenn sie glaubhaft ist. Ansonsten wird Ihnen Unwissenheit und mangelnde Vorbereitung unterstellt. Die Erfahrung zeigt, dass die meisten Unternehmensvertreter ohnehin faire Angebote machen. In vielen Unternehmen gibt es ein bestimmtes Gehaltsgefüge, in dem – zumindest annähernd – gleiches Geld für gleiche Arbeit bezahlt wird. Jeder Chef weiß, dass Mitarbeiter untereinander auch über das Geld reden. Bei zu großen Gehaltsunterschieden würden sie den sozialen Frieden im Unternehmen riskieren.

Der Gehaltswunsch: hoch pokern oder tiefstapeln

Berufserfahrung rechtfertigt ein höheres Gehalt.

Grundsätzlich lassen sich Berufserfahrung und nachweislich erzielte Erfolge in früheren Unternehmen in Euro und Cent aufwiegen. Das heißt: Bewerber mit Berufserfahrung und besonderen Zusatzqualifikationen können beim Gehalt höher ansetzen als Berufsanfänger oder Quereinsteiger. Eine Gehaltsforderung an der oberen Grenze sollten Sie gut begründen können, denn die Frage »Womit rechtfertigen Sie eine so hohe Gehaltsforderung?« kommt dann mit großer Wahrscheinlichkeit. Sprechen Sie jetzt Ihre Rechercheergebnisse bezüglich verschiedener Gehaltsstudien an und verweisen Sie auf Ihre Qualifikationen, besonderen Kenntnisse, Erfolge und Ihre Berufserfahrung.

Arbeiten Sie den Nutzen heraus, den das Unternehmen durch Sie hat

Wer seine Gehaltsforderung überzeugend begründen will, muss vor allem den Nutzen veranschaulichen, den er dem Unternehmen als Mitarbeiter bieten kann.

Beweisen Sie, dass Sie für das Unternehmen nur mit gutem Geld aufzuwiegen sind.

Falsch sind also Begründungen des Bewerbers, er brauche so viel Geld, weil die Lebenshaltungskosten in dieser Region höher sind oder weil er noch sein Haus abzahlen muss. Wenn das Unternehmen in einer Gegend angesiedelt ist, in der die Kosten des täglichen Lebens höher sind als anderswo, ist dies den Unternehmensvertretern bekannt und die Zusatzkosten sind bereits im Gehaltsgefüge des Unternehmens einkalkuliert.
Richtig und Erfolg versprechend dagegen ist es, wenn der Bewerber durch die Angabe seiner besonderen Qualifikationen und Erfahrungen verdeutlicht, warum gerade er als Mitarbeiter dem Unternehmen einen besonderen Nutzen und damit finanzielle Vorteile bieten kann. Mit fast hundertprozentiger Sicherheit punkten Sie hier, wenn Sie anhand von konkreten Zahlen darlegen können, wie sich Ihre Erfolge finanziell positiv auf Ihr jetziges Unternehmen ausgewirkt haben. Dahinter steht folgendes einfache Rechenexempel, das jeder Unternehmensvertreter anstellen wird: Was müssen wir in den neuen Mitarbeiter investieren, und wie hoch ist im Gegenzug die Rendite, die der Mitarbeiter dem Unternehmen bringen kann?

Tipp **Nennen Sie Zahlen!**

Wenn der Bewerber frühere Erfolge in Zahlen benennen und damit Einsparungen und Kostensenkungen für das jetzige/frühere Unternehmen in Summen oder Prozenten belegen kann, steigen seine Chancen, ein höheres Gehalt verhandeln zu können, erheblich.

Den Rahmen abstecken

Lassen Sie sich nicht zu lange bitten, wenn Sie nach Ihrem Gehaltswunsch gefragt werden.

Wenn es ein Unternehmensvertreter darauf anlegt, dass der Bewerber die Zahlen zuerst auf den Tisch legt, wird dieser kaum darum herumkommen. Er kann noch einmal versuchen, das Blatt zu wenden, indem er vorsichtig eine weiterführende Frage stellt, zum Beispiel: »In welchem

Gehaltsrahmen ist die Position in Ihrem Unternehmen angesiedelt?«
Lässt sich der Personaler darauf ein, haben Sie als Bewerber bereits einen deutlichen Hinweis. Die Antwort könnte z. B. lauten: »Zwischen 40 000 und 50 000 €, je nach Größe des Verantwortungsbereichs.« Sie können sich jetzt näher an Ihr zukünftiges Gehalt herantasten, indem Sie noch einmal auf das künftige Verantwortungsgebiet eingehen: »Sie haben gesagt, die Position ist mit einer Budgetverantwortung von xy € verknüpft und umfasst den gesamten Einkauf von …«
Lässt sich der Gesprächspartner zu keiner Aussage herbei, sondern beharrt auf seiner Frage, müssen Sie als Bewerber reagieren und eine Zahl oder zumindest einen Gehaltsrahmen nennen. Denn erfahrungsgemäß reagieren Personaler empfindlich, wenn Bewerber auch nach der zweiten Aufforderung nicht auf die Frage eingehen oder sie mit platten, direkten Gegenfragen konfrontieren, nach dem Motto: »Was sind Sie denn bereit zu zahlen?«

Geben Sie eine Gehaltsspanne an, wenn Sie sich nicht sicher sind.

Wer sich nicht ganz sicher ist, was er erwarten kann, und nicht Gefahr laufen will, mit einer zu hohen Gehaltsforderung aus dem Rennen zu fliegen, kann mit den folgenden beiden Strategien Erfolg haben:

- Der Bewerber antwortet auf die Frage nach dem Gehaltswunsch mit der Angabe einer Gehaltsspanne. Er sagt zum Beispiel: »Ich habe mir ein Jahresgehalt zwischen 40 000 und 50 000 € vorgestellt.« Allerdings muss er damit rechnen, dass die Unternehmensvertreter ihr Angebot dann eher an der unteren Grenze ansetzen.
- Der Kandidat gibt sein bisheriges Einkommen an: »Mein derzeitiges Gehalt liegt bei 40 000 €«. Dieses Vorgehen ist durchaus üblich. Jeder Personaler weiß, dass sich ein berufserfahrener Kandidat – was das Gehalt anbelangt – steigern will. Somit gilt das momentane Gehalt automatisch als Untergrenze.

Tipp **Forderung anpassen**

Wer nach gründlicher Recherche der branchenüblichen Gehälter zu dem Ergebnis gekommen ist, dass sein jetziges Gehalt zu niedrig ist, wird sich sicher hüten, es als Basis für die Verhandlungen mit dem neuen Arbeitgeber anzusetzen. Er steigt besser gleich höher ein. Auch bei einem Wechsel der Branche kann sich das Gehalt bei gleicher Tätigkeit erheblich verändern und muss entsprechend höher oder niedriger angesetzt werden.

Berücksichtigen Sie bei Ihrer Gehaltsforderung auch die wirtschaftlichen Rahmenbedingungen.

Natürlich steht es dem Bewerber frei, einen genau definierten Betrag zu nennen. Wenn seine aktuelle Stelle angemessen dotiert ist, kann er seine Gehaltsforderung beim neuen Unternehmen ca. 20 % höher ansetzen. Vorausgesetzt, es herrscht nicht gerade eine Wirtschafts- bzw. Branchenkrise, in die das betreffende Unternehmen involviert ist. Steht das Unternehmen gut da und befindet sich im Aufwärtstrend, sind die Unternehmensvertreter eher offen für höhere Gehaltsforderungen, als wenn es gerade schwierige Zeiten durchmacht und in einigen Bereichen vielleicht sogar über Stellenabbau nachdenken muss.

Die Übernahme von mehr Verantwortung rechtfertigt ein höheres Gehalt.

Ist die neue Aufgabe gegenüber der früheren mit einem größeren Verantwortungsbereich und erweiterten Kompetenzen verbunden, wird Ihre Gehaltsforderung entsprechend höher ausfallen. Als Grundlage dienen auch hier wieder die branchenüblichen Gehälter in ähnlichen Positionen.

Konkret werden – Für und Wider

Die Angabe einer exakten Gehaltssumme birgt das Risiko, dass Sie zu hoch oder zu niedrig liegen.

Grundsätzlich begrüßen Personalverantwortliche die genaue Angabe von Gehaltswünschen. Denn damit wissen sie, welche Vorstellungen der Kandidat hat, und können besser zwischen den einzelnen Bewerbern vergleichen. Letztendlich wollen sie aber immer erreichen, dass der neue Mitarbeiter mit seinem Gehalt zufrieden ist. Denn ein unzufriedener neuer Mitarbeiter, der schon sehr bald wieder kündigt, weil er eine besser dotierte Stelle gefunden hat, kostet das Unternehmen wesentlich mehr Geld, als es beim Gehalt eingespart hat. Mit der Angabe eines exakten Betrags geht der Bewerber allerdings ein größeres Risiko ein, mit seiner Forderung zu hoch zu liegen, die Budgetgrenze des Unternehmens zu überschreiten und damit auszuscheiden. Greift der Bewerber mit seiner Gehaltsforderung eher höher, muss er mit der folgenden Frage rechnen, auf die er möglichst gut vorbereitet sein sollte:

Frage: Warum glauben Sie, dass Sie ein so hohes Gehalt wert sind?

Stehen Sie selbstbewusst zu Ihrer Gehaltsforderung.

Reaktion: »Zum einen spricht dafür meine zielorientierte und sehr fundierte Ausbildung und die diversen Zusatzqualifikationen, die ich in die Aufgabe einbringen kann. Zum anderen bin ich seit einigen Jahren in der Branche tätig, kenne sie sehr genau und habe zahlreiche gute Kontakte aufgebaut, die ich erfolgreich für Ihr Unternehmen nutzen möchte. Auch meine Erfolge bei meinem vorigen Arbeitgeber sprechen für sich. Bei der XY GmbH habe ich durch einen durchdachten Einkauf und gute Verhandlungen nachweislich Kostensenkungen in meinem Verantwortungsbereich von bis zu 25 Prozent erzielt. Diese Erfahrungswerte möchte ich gern in Ihr Unternehmen einbringen. Ich halte deshalb ein Jahresbruttogehalt von 48 000 € für angemessen. Wenn man die führenden branchenspezifischen Gehaltsspiegel betrachtet, liege ich mit dieser Vorstellung nicht wesentlich über dem Durchschnitt.«

Selbstbewusst auftreten – aber nicht arrogant

Nehmen Sie Blickkontakt mit dem Interviewer auf, wenn Sie Ihren Gehaltswunsch aussprechen.

Ganz wichtig beim Gehaltspoker ist die Haltung des Bewerbers, mit der er seine Gehaltsvorstellung äußert. Es gilt, gelassen zu bleiben und den Betrag ruhig, selbstbewusst und mit fester Stimme zu nennen. Schauen Sie als Bewerber den Fragesteller dabei direkt an. Vermeiden Sie es, dabei ins Stottern zu geraten, den Blick oder die Stimme zu senken oder im Konjunktiv zu sprechen. Das lässt den Interviewer sofort schließen, dass Sie sich nicht sicher sind, ob Sie sich den Job überhaupt zutrauen. Genauso wenig zielführend ist es, die Flucht nach vorn anzutreten und die Gehaltsforderung mit aggressivem Unterton anzubringen.

Formulieren Sie Ihre Gehaltsforderung sachlich und ruhig, weder aggressiv noch zu bescheiden.

Vorsicht: Diese oder ähnliche Formulierungen bei der Gehaltsforderung kommen nicht gut an

- »Unter 30 000 € arbeite ich nicht!«
- »30 000 € brauche ich schon.«
- »30 000 € muss ich auf alle Fälle haben.«
- »30 000 € würde ich schon gern verdienen.«
- »Ich hätte mir 30 000 € vorgestellt.«
- »Ich weiß nicht, sind 30 000 € angemessen?«

Lassen Sie sich von Schweigepausen nicht irritieren.

Manche Personaler versuchen den Bewerber zusätzlich zu verunsichern, indem sie zum Beispiel schweigen, nachdem der Kandidat sein Wunschgehalt genannt hat, oder eine einschränkende Bemerkung machen, wie: »Tatsächlich, so viel?« Wer gut vorbereitet ist und weiß, dass er sich im üblichen Rahmen bewegt, kann gelassen bleiben und das Schweigen aushalten oder antworten: »Ja, das halte ich für angemessen.«

Die Zukunft einbeziehen

Das Ergebnis des Gehaltspokers ist entweder Zufriedenheit auf beiden Seiten oder aber eine Diskrepanz bei den gegenseitigen Vorstellungen. Wenn das Gehaltsangebot für Sie jenseits der Schmerzgrenze liegt, muss jedoch noch nicht alles verloren sein. Wenn Ihnen sehr viel an dieser Stelle liegt, können Sie zum Beispiel eine Gehaltsstaffelung vorschlagen:
»Ich bin davon ausgegangen, dass meine Gehaltsvorstellung angemessen ist. Ich würde die von Ihnen angebotene Position sehr gern übernehmen. Allerdings müssen bei einer Zusammenarbeit beide Seiten zufrieden sein. Die Inhalte der Aufgabe stehen für mich zwar im Vordergrund, das Gehalt muss mittelfristig aber auch stimmen. Was halten Sie von folgendem Vorschlag: Wir einigen uns für die

Probezeit auf 30 000 €, nach der Probezeit erhöhen Sie auf 32 000 €. Nach einem Jahr können Sie sich sicher ein genaues Bild von mir und meinen Fähigkeiten machen. Dann erhöhen wir auf 35 000 €.«

Fragen Sie nach Ihren Weiterentwicklungsmöglichkeiten.

Auch die vertragliche Einigung auf jährliche Personalentwicklungsgespräche, in denen das Gehalt geprüft und gegebenenfalls angepasst wird, kann den pozentiellen neuen Mitarbeiter davor bewahren, dass er für Jahre auf einem niedrigen Gehaltslevel eingefroren wird. In diesem Zusammenhang sollte Sie als Bewerber vor allem fragen, welche Weiterentwicklungs- und Aufstiegsmöglichkeiten Ihnen das Unternehmen in Aussicht stellen kann. Um Ihre Karriere vorantreiben zu können, kommt es vor allem darauf an, dass Mitarbeiter in einem Unternehmen entsprechend gefördert werden. Wer sein Können schnell unter Beweis stellt und rasch aufsteigen kann, wird seine ursprünglichen Gehaltseinbußen schnell wettmachen. Ein gutes Gehalt gleicht deshalb mangelnde Aufstiegschancen nicht immer aus.

Zusatzleistungen verhandeln

Wer sich unter Wert verkauft hat, kann mit Zusatzleistungen noch gewinnen.

Der Gehaltspoker beim Bewerbungsgespräch ist immer eine Sache des Verhandlungsgeschicks, des Selbstbewusstseins und der Frage, wie der Bewerber seinen Marktwert einschätzt. Je nachdem, in welcher Situation sich der Jobkandidat befindet, ob er Zeit hat, in Ruhe eine passende und besser dotierte Stelle zu finden, oder ob er sich in einer Drucksituation befindet, wird er mehr oder weniger nervös in die Gehaltsverhandlung einsteigen. Nicht jeder ist in der Lage, auch in Situationen, in denen er mit dem Rücken zur Wand steht, mit kühler Miene hoch zu pokern.

Das Monatsgehalt ist nicht alles

Wer aus Unsicherheit voreilig ein eher niedriges Gehalt genannt hat und an der schnellen Zustimmung des Personalentscheiders erkennen kann, dass er auch hätte mehr verlangen können, muss sich nicht gleich über sich selbst ärgern. Vielleicht kann er noch etwas mehr bei den »Fringe Benefits« heraushandeln, den freiwilligen Lohnnebenleistungen des Unternehmens. Dasselbe gilt, wenn der Bewerber mit seinen Gehaltsvorstellungen zu hoch liegt und das Unternehmen nicht bereit ist, sich über ein bestimmtes Grundgehalt hinauszubewegen. Zu beachten ist dabei, dass in größeren Unternehmen Zusatzleistungen häufig bereits im Tarifvertrag oder in Betriebsvereinbarungen geregelt sind. Eine individuelle Anpassung ist dann nicht möglich.

Steuerfreie Zusatzleistungen wirken sich am Monatsende gehaltserhöhend aus.

Mehr Urlaubstage, konsequent bezahlte Überstunden oder eine generell kürzere Arbeitszeit können ebenfalls ein Grund sein, ein etwas niedrigeres Gehalt zu akzeptieren. Je nach persönlicher Gewichtung des Bewerbers kann mehr Freizeit ein niedrigeres Gehalt mehr als aufwiegen. Unter dem Strich kann ein Mitarbeiter durch entsprechende steuerfreie Zusatzleistungen mehr finanzielle Vorteile erreichen als durch ein Mehr an Gehalt, das ohnehin zum Großteil dem Finanzamt zugutekommt. Freiwillige Leistungen eines Unternehmens können den monatlich zur Verfügung stehenden Betrag mehr oder weniger stark erhöhen, vor allem wenn sie steuerbegünstigt sind und dem Mitarbeiter der Gegenwert damit brutto für netto zu Verfügung steht. Beispiele:

Handeln Sie freiwillige Zusatzleistungen heraus.

- Dienstwagen
- Betriebliche Altersversorgung
- Zuschüsse zur Kinderbetreuung
- Bezahlte Weiterbildung
- Benzingutscheine
- Warengutscheine
- Waren- oder Wertgutscheine von anderen Unternehmen
- Essensmarken
- Kostenloser Parkplatz
- Privater Computer

Tipp **Die Verhandlung um Zusatzleistungen**

Wenn Sie zu erkennen geben, dass Ihnen die Bezahlung das Wichtigste ist, macht dies einen schlechten Eindruck auf die Unternehmensvertreter. Wer um jeden Cent und jede Zusatzleistung feilscht wie auf dem Basar, läuft Gefahr, abgelehnt zu werden.

Innerlich vorbereiten auf das Vorstellungsgespräch

Zu starke Nervosität kann sich im Vorstellungsgespräch negativ auswirken.

Ob der Bewerber auf der Zielgeraden, dem Vorstellungsgespräch, das Rennen macht oder nicht, wird auch davon abhängen, in welcher Verfassung er an diesem Tag ist. Manche Kandidaten sind so aufgeregt, dass schon am Morgen alles schiefgeht. Sie erscheinen abgehetzt zum Termin und sitzen den Unternehmensvertretern unkonzentriert und nervös gegenüber. Ein denkbar schlechter erster Eindruck. Denn dies wird nicht die letzte Stresssituation sein, die dem potenziellen Mitarbeiter im Laufe seines Arbeitslebens begegnen wird. Wer bereits beim ersten Vorstellungsgespräch keine Nerven zeigt, so werden die Personalverantwortlichen folgern, wird auch andere Druck- und Stresssituation im Zusammenhang mit der ausgeschriebenen Position nicht souverän meistern können. Darum sollten Sie als Bewerber am entscheidenden Tag unbedingt dafür sorgen, dass Sie ausgeglichen zum vereinbarten Termin erscheinen.

Je besser vorbereitet, desto gelassener ins Vorstellungsgespräch

Auch nervöse und ängstliche Menschen können einiges tun, um am entscheidenden Tag des Vorstellungsgesprächs die Ruhe zu bewahren. Wer erst ein paar Stunden vor dem Termin anfängt, sich Gedanken zu machen, welche Unterlagen er mitnehmen muss und was er anzieht, riskiert, unter Druck zu geraten und abgehetzt im Wunschunternehmen anzukommen.

Frühzeitig beginnen

Eine fundierte inhaltliche und organisatorische Vorbereitung ist die Grundlage für eine stabile mentale und psychische Verfassung am Vorstellungstag. Sie sollte mit dem Tag beginnen, an dem der Bewerber sich generell entscheidet, sich bei verschiedenen Unternehmen zu bewerben. Im Grunde kann er bereits ab diesem Zeitpunkt alle Schritte eines erfolgreichen Bewerbungsgesprächs vorbereiten, die noch nicht mit einer spezifischen Position und einem bestimmten Unternehmen verbunden sind, angefangen bei einer allgemeinen fundierten beruflichen Stärken-Schwächen-Analyse über typische Fragen im Vorstellungsgespräch bis hin zur Überlegung, wie Brüche im Lebenslauf glaubhaft begründet werden können. Auch in Rollenspielen kann der Bewerber das Interview bereits allgemein trainieren, bevor überhaupt das erste Einladungsschreiben eintrifft.

Verleihen Sie Ihrer Vorbereitung den letzten Schliff.

Flattert eine Einladung ins Haus, befasst sich der Bewerber nun mit den Detailfragen, die sich mit der ganz speziellen Position befassen. Jetzt heißt es für Sie, Ihre Argumentation für das Vorstellungsgespräch noch einmal spezifisch im Sinne der beschriebenen Qualifikationen und Aufgaben durchzuspielen, eine aktuelle und detaillierte Recherche bezüglich des Unternehmens durchzuführen, das zum Gespräch eingeladen hat, und die Anreise zu planen. Nicht selten werden Bewerber so kurzfristig zum Jobinterview gebeten, dass nur noch wenig Zeit für die Vorbereitung bleibt. Dann ist jeder Bewerber froh, wenn er die Hauptarbeit bereits geleistet hat.

Wer sich gut vorbereitet hat, braucht sich keine Sorgen zu machen.

Allein das Gefühl, alles getan zu haben, um in der letzten Bewerbungsrunde gut abzuschneiden, gibt Ihnen als Bewerber ein zufriedenes Gefühl und trägt zur inneren Ruhe bei. Denn wer behaupten kann, schon bei der Vorbereitung sein Bestes gegeben zu haben, muss sich – auch im Falle einer Niederlage – nicht mit Selbstvorwürfen à la »Hätte ich doch ...« quälen.

Absagen ins Kalkül ziehen

Die folgende Einstellung beruhigt: Misserfolge sind eine Chance zu lernen.

Auch die grundsätzliche innere Einstellung eines Bewerbers, mit Niederlagen umzugehen, trägt dazu bei, ob er am Tag des Vorstellungsgesprächs gelassen oder aufgeregt ist. Wenn Sie jeden Misserfolg im Leben zum Anlass nehmen, Ihre gesamte Person infrage zu stellen, brauchen Sie viel zu lange, um sich davon wieder zu erholen. Mit jeder Prüfungssituation steigt die Angst umso mehr, weil Sie ja aus Erfahrung wissen, wie viel Kraft Sie aufbringen müssen, um das Tal der Tränen zu durchqueren, oder wie schnell Sie aus dem inneren Gleichgewicht geraten, falls Sie eine Niederlage einstecken müssen. Viel sportlicher, gesünder und letztendlich erfolgreicher ist die Einstellung: »Misserfolge gehören zum Leben und sind eine Lernaufgabe für mich. Ich versuche es so lange immer wieder, bis ich mein Ziel erreicht habe, und lasse mich von Niederlagen nicht unterkriegen.«

Angst lässt Probleme noch größer erscheinen.

Für Bewerber, denen gekündigt wurde, die kurz vor der Entlassung stehen oder bereits längere Zeit arbeitslos sind, mag dieser Rat höhnisch klingen. Bei vielen geht es um die Existenz: Die Raten für das Haus müssen weiter gezahlt, die Familie muss ernährt werden. Wie soll alles weitergehen, wenn sich die Suche nach einem neuen Job länger hinzieht? All das sind Gründe genug, um nervös zu sein, wenn es im Vorstellungsgespräch um so viel mehr geht als nur darum, sich möglichst gut zu verkaufen, um seine Karriere voranzutreiben. Angst funktioniert oft wie eine Lupe, die das Betrachtete unendlich vergrößert. Die Gedanken kreisen immer wieder um dieselben Katastrophenszenarien, und die Stimmungslage richtet sich an diesen negativen Gedanken aus.

Ein detaillierter Lebensplan gibt Sicherheit.

Wenn Sie in einer solchen Lage stecken, ist es hilfreich, sich auf alle Eventualitäten gedanklich vorzubereiten, sich zeitig mit der eigenen Existenzangst auseinanderzusetzen – allein, gemeinsam mit dem Partner oder mit der ganzen Familie. Es gilt, mit spitzem Bleistift einen Zeitplan mit den jeweiligen dazugehörenden Handlungsschritten aufzustellen.

Die Lebenssituation realistisch einschätzen
Beantworten Sie dabei zum Beispiel folgende Fragen:

- Bis wann reichen die finanziellen Mittel, um den momentanen Lebensstandard aufrechtzuerhalten (Arbeitslosengeld, eventuell Abfindung, Ersparnisse usw.)?
- Bin ich bereit, vorübergehend auch eine geringer qualifizierte Arbeit anzunehmen, um den Einkommensverlust zum Teil abzufangen? Wie lange reichen dann die übrigen Geldmittel, um meinen Lebensstandard aufrechtzuerhalten?
- Kann oder will ich einen Kredit aufnehmen, wenn das Geld zur Neige geht, und bis wann muss ich den Kredit beantragen?
- Ab wann muss ich aktiv werden (Verkaufszeit für das Haus bzw. Wohnungssuche einplanen), um mich wohnlich zu verändern, falls kein neuer Job in Aussicht ist und das Geld knapp wird?

Blicken Sie Ihrer schlimmsten Angst ins Auge.

Ein derartiger Notfallplan, zum Beispiel für die nächsten zwei Jahre, führt Ihnen die Schritte vor Augen, die Sie unternehmen müssen, um einer Krise, die meist einer diffusen Angst vor dem existenziellen Nichts entspringt, entgegenzusteuern. Auch wenn die jeweiligen Schritte schmerzhaft sind, so zeigen sie doch Abschnitte, die den Abstieg bis hin zum schlimmsten Fall bremsen und zeitlich verzögern. Für jeden ist der schlimmste Fall ein anderer. Je weniger man jedoch bereit ist, ihm ins Auge zu blicken, umso bedrohlicher wird er. Paradoxerweise verliert er seinen Schrecken, wenn man sich damit auseinandergesetzt hat und zu der Einsicht kommt, dass es immer wieder Chancen und Möglichkeiten gibt. Jetzt wird die Energie nicht mehr von der Angst aufgezehrt, sondern man ist frei, um sich mit aller Kraft dafür einzusetzen, dass der schlimmste Fall erst gar nicht eintritt. Mit dieser Einstellung begeben Sie sich als Bewerber wesentlich ruhiger in die Prüfungssituation eines Vorstellungsgesprächs.

Stressfrei ankommen mit dem richtigen Zeitmanagement

Voraussetzung für den Erfolg ist, dass der Bewerber einigermaßen ruhig, stressfrei und pünktlich zu seinem Vorstellungsgespräch erscheint. Wer es nicht einmal schafft, zum Vorstellungsgespräch pünktlich zu kommen, wird es auch im Job nicht so genau mit der Zeit nehmen. Das ist die Schlussfolgerung der Unternehmensvertreter, die diesen Fehler des Bewerbers gleich mit einem dicken Minuspunkt vermerken werden.

Für optimale Bedingungen sorgen

Sorgen Sie für ausreichend Schlaf.

Gehen Sie also am Abend vor dem Vorstellungstermin zeitig zu Bett und stehen Sie am Morgen früh auf. Dann bleibt Ihnen genügend Zeit für eine besonders sorgfältige Morgentoilette und ein entspanntes Frühstück, bevor Sie sich dann in Ruhe auf die Fahrt oder Anreise begeben.

Planen Sie Unvorhergesehenes ein.

Doch jeder kennt die verflixte Situation, wenn vor einem wichtigen Termin plötzlich unvorhergesehene Dinge passieren: Das Einladungsschreiben mit der Adresse ist plötzlich nicht zu finden, der Weg stellt sich als länger heraus als ursprünglich angenommen, das Umleitungsschild stand im vergangenen Monat noch nicht an dieser Stelle, der nicht eingeplante Stau stellt die pünktliche Ankunft infrage usw.

Die Anreise

Deshalb lohnt es sich in jedem Fall, die Anreise zu dem Ort, an dem das Vorstellungsgespräch stattfinden soll, genau vorzubereiten, und zwar schon so früh wie möglich – also Tage vor dem eigentlichen Termin! Hilfsmittel, die den schnellsten Weg zum Ziel beschreiben, gibt es genug, angefangen bei der Landkarte über den Stadtplan über diverse Routenplaner im Internet bis hin zum Navigationssystem im Auto.

Findet das Gespräch in der Nähe Ihres Wohnortes statt, stellt die Anreise kein großes Problem dar. Trotzdem ist es empfehlenswert, dass Sie den Standort des Unternehmens schon einmal vorab aufsuchen, um den ungefähren Zeitbedarf für die Anfahrt abzuschätzen. Wie lange sind die Fahrtzeiten von Bahn und Bus? In welchem Zeittakt fahren die öffentlichen Verkehrsmittel am betreffenden Tag? Bei der Anreise mit dem Auto: Wo gibt es Staurisiken?

Machen Sie sich mit dem Firmengelände vertraut.

Wenn der Bewerber das Unternehmen erreicht hat: In welchem Gebäude findet das Gespräch statt? Wie viel Zeit braucht er eventuell noch, um über das Firmengelände zu gehen? Gibt es Sicherheitskontrollen, die zusätzlich Zeit rauben? Diese Fragen sollten Sie als Bewerber vor allem dann klären, zum Beispiel im Sekretariat des Gesprächspartners, wenn Sie den Standort vorher nicht aufsuchen können, weil er zu weit entfernt liegt. Je nachdem, mit wie vielen Unwägbarkeiten bei der Anreise zu rechnen und wie weit das Ziel entfernt ist, sollten Sie einen entsprechend großen Zeitpuffer einplanen und die Abfahrt zeitig genug vorsehen.

Planen Sie ausreichend Zeitpuffer ein.

Bei einer weiten Anreise per Auto, Bahn oder sogar Flugzeug oder wenn der Termin sehr früh am Tag liegt, ist es sogar zu überlegen, einen Tag früher anzureisen und eine Nacht im Hotel zu verbringen. Bei der Anfahrt mit Bahn oder Flugzeug müssen Sie im Vorfeld zusätzlich überprüfen, mit welchem Verkehrsmittel Sie vom Zielbahnhof oder -flughafen weiter zum Unternehmensstandort kommen und wie viel Zeit Sie für diese Fahrt benötigen. Zu bedenken ist auch, dass an Bahnhöfen von kleineren Ortschaften häufig kein Taxi oder Bus bereitsteht. Das kann unter Umständen einen längeren Fußmarsch nötig machen. Falls Sie das nicht möchten, kalkulieren Sie genügend Zeit ein, um ein Taxi herbeizurufen.
Generell ist es zu empfehlen, einen früheren Flug oder Zug zu wählen – dann haben Sie ausreichend Zeit für Unvorhergesehenes. Und auch bei einer weiten Anreise mit dem Auto planen Sie die Abfahrt von zu Hause besser zwei Stunden früher. So gehen Sie kein Risiko ein – die verbleibende Zeit verbringen Sie dann lieber in einem Restaurant oder Café vor Ort. Aber Vorsicht: Verrauchte Kneipen und Imbissstuben, die nach abgestandenem Fett riechen, sollten Sie besser meiden. Sonst nimmt Ihre Klei-

dung womöglich den Geruch der Umgebung an, und ein nach Rauch und Fett riechendes Outfit macht gleich einen schlechten Eindruck bei den Personalentscheidern.

Pünktlichkeit

Pünktlichkeit ist ein Muss bei jedem Vorstellungsgespräch.

Pünktlichkeit ist eine der grundlegenden Höflichkeitsregeln sowohl im Berufs- als auch im Privatleben. Wer den anderen warten lässt, signalisiert ihm damit, dass er für ihn nicht wichtig ist. Nicht weniger unhöflich ist es, wenn man viel zu früh zum vereinbarten Termin erscheint und den anderen bei Tätigkeiten stört, die er noch vor dem Termin erledigen wollte. Erscheint der Bewerber fünf Minuten zu früh zum Vorstellungstermin, ist das gerade noch im Toleranzbereich. Wenn Sie noch zeitiger da sind, sollten Sie lieber noch einmal eine Runde um den Block drehen. Aber jede Minute nach der vereinbarten Uhrzeit ist ein dicker Minuspunkt. Da hilft es auch nichts, dem Taxifahrer oder der Bahn die Schuld zu geben.

Benachrichtigen Sie Ihre Gesprächspartner, wenn Sie sich verspäten.

Trotzdem kann es vorkommen, dass sich auch bei guter Planung und ohne Verschulden des Bewerbers Verzögerungen bei der Anreise ergeben: ein unvorhergesehener Stau, eine Autopanne oder Ähnliches. In so einem Fall ist es wichtig, dass Sie den oder die Ansprechpartner so früh wie möglich benachrichtigen. Speichern Sie zu diesem Zweck sowohl den Namen des zuständigen Ansprechpartners als auch die Telefonnummer am besten direkt in Ihr Handy. So können Sie rechtzeitig Bescheid geben, wenn trotz aller Vorkehrungen doch etwas Unvorhergesehenes dazwischenkommt.

Die größte innere Sicherheit für das Zeitmanagement am Vorstellungstag erlangen Sie als Bewerber, wenn Sie das betreffende Unternehmen tatsächlich schon einmal vor dem Vorstellungstermin aufsuchen. Damit ist Ihnen die Fahrtroute bereits bekannt, Sie können sich mit den Gegebenheiten vor Ort vertraut machen und sich erkundigen, wo Sie die restliche Wartezeit vor dem Termin möglichst entspannt und angenehm verbringen können. Das ist natürlich nur möglich, wenn der Unternehmensstandort nicht zu weit von Ihrem Wohnort entfernt liegt.

Ein gepflegtes Erscheinungsbild ist im Vorstellungsgespräch unerlässlich

Kleider machen Leute und geben Sicherheit.

Dass man sich am Vorstellungstag ausgiebig Zeit nimmt für eine besonders sorgfältige Morgentoilette, ist eine Selbstverständlichkeit. Doch auch in Sachen Erscheinungsbild heißt es, bereits Tage vor dem eigentlichen Termin Vorbereitungen zu treffen. Der Grund: Wer als Bewerber sicher ist, dass er das passende Outfit gewählt hat, und weiß, dass er einen gepflegten und stilsicheren Eindruck macht, fühlt sich gleich viel ruhiger und selbstbewusster. Und dieses Selbstbewusstsein können die Gesprächspartner sehen und spüren.

Angemessene Kleidung und gepflegtes Äußeres

Klären Sie dazu folgende Fragen:

- Welches Outfit wähle ich für das Vorstellungsgespräch?
- Sind das Outfit und alle dazugehörigen Accessoires (Tücher, Krawatten, Strümpfe) in einem sauberen und ordentlich gebügelten Zustand? Muss etwas neu gekauft oder gereinigt werden?
- Sind die Schuhe geputzt, die Absätze und Schuhspitzen nicht abgelaufen? Oder müssem sie noch zum Schuster gebracht werden?
- Wie sitzt die Frisur? Sind die Haare ordentlich geschnitten? Ist (bei einem männlichen Bewerber) der Nacken ordentlich ausrasiert?
- Sind die Fingernägel und Hände gepflegt?

Das Erscheinungsbild bestimmt den Eindruck, den die Personalentscheider von Ihnen gewinnen, maßgeblich mit.

Das Erscheinungsbild trägt zur Wirkung der Persönlichkeit bei und hat auch später Einfluss auf die weiteren Karriereschritte. Welches Outfit für das Vorstellungsgespräch angemessen ist, hängt von der ausgeschriebenen Position und vom Unternehmen ab. Von einem Bewerber, der sich als Facharbeiter bei einem Bauunternehmen bewirbt, wird kein eleganter Businessanzug erwartet, wohl aber ein ordentliches Jackett mit Hemd und passender Hose. Hier ist die Krawatte nicht Pflicht, nachteilig für den Ausgang des Bewerbungsgesprächs ist sie aber ganz gewiss nicht. Bewirbt sich ein Kandidat dagegen bei einer Bank oder Versicherung, kann er davon ausgehen, dass konservative Businesskleidung erwartet wird. In Unternehmen der kreativen Branche dagegen, wie in Werbeagenturen oder Modefirmen, wird ein dezenter Anzug oder ein schlichtes Kostüm vielleicht eher mit mangelnder Kreativität assoziiert. Hier ist ein kreatives, aber geschmackvolles Outfit erwünscht, das sich vom grauen Einerlei im übrigen Business abhebt. Wer bereits in der betreffenden Branche tätig war, wird ungefähr wissen, was für ein Kleidungsstil hier üblich ist, und kann sich darauf einstellen.

Am Vorstellungstag wählen Sie die Garderobe lieber etwas eleganter als zu lässig.

Faustregeln für die Kleidung
Der Kandidat sollte sich so kleiden, wie er glaubt, dass er das Unternehmen nach außen hin am besten repräsentieren könnte – seriös, modern und gepflegt. Ist ein Bewerber sehr unsicher, welche Kleidung angemessen ist, greift er auf schlichte Businessgarderobe zurück. Damit kann er nichts falsch machen. Für Handwerker, Fahrer und Facharbeiter muss es nicht unbedingt ein Anzug sein; hier sind auch Baumwollhosen (keine Jeans!) und ein passendes Sakko mit Krawatte angemessen. Ungeeignet aber sind Hemden mit kurzem Arm.

Das passende Business-Outfit für männliche Bewerber

Vorn am Fußrist soll das Hosenbein einen leichten Knick haben.

- Der **Businessanzug** wird in den Farben Grau, Dunkelgrau, Dunkelblau oder auch Dunkelbraun gewählt. Diese Farben vermitteln Seriosität, Verlässlichkeit, Stärke, Autorität und Kompetenz. Wichtig ist, dass er gut passt. Ist er zu eng, wirkt er billig. Ist er zu weit, sieht er aus wie vom größeren Bruder ausgeliehen. Die Hose muss in der Länge richtig sitzen. Das Hosenbein verdeckt dabei gerade die Schnürsenkel der Schuhe, der Saum fällt zum Absatz hin leicht ab bis zur oberen Kante des Schuhabsatzes. Das Sakko sollte nicht zu kurz und nicht zu lang sein. Wenn man die Arme hängen lässt, sollte der Saum des Sakkos etwa auf Höhe der Handknöchel abschließen. Auch die Sakkoärmel müssen die richtige Länge haben. Die Manschette des Hemds muss einen guten Zentimeter herausschauen. Beim Knöpfen des Sakkos gilt folgende Faustregel: Hat das Sakko drei Knöpfe, wird der mittlere geschlossen, bei vier Knöpfen die mittleren beiden oder man lässt nur den untersten offen. Bei einem dreiteiligen Anzug mit Weste bleibt der unterste Westenknopf immer geöffnet.

Der Hemdkragen muss genau passen.

- Das passende **Hemd** zum Anzug ist entweder weiß, blau oder pastellfarben. Die Farbtöne lockern die strenge Wirkung des Businessanzugs etwas auf. Weiß wirkt eher hart. Die Ärmellänge reicht bis zum Daumenansatz. Weil man im Vorstellungsgespräch allein aus Aufregung ins Schwitzen kommt, sollte das Hemd unbedingt aus Naturfasern bestehen. Hemden aus Chemiefasern saugen Hautfeuchtigkeit nicht auf, was schneller zu Geruchs- und Fleckenbildung führt.
  Es darf nicht mehr als ein Finger zwischen Hemdkragen und Hals passen, und der oberste Knopf muss geschlossen sein. Farbige Hemden mit weißem Kragen sind out. Kurzärmelige Hemden sind – auch im Sommer – tabu, ebenso karierte Hemden. Hemden mit Streifen sind mit Vorsicht zu genießen, weil nicht jedes gestreifte Hemd zum Businessanzug passt und zudem die Kombination mit der Krawatte schwierig wird. Abgewetzte Ärmel oder Kragen sind undenkbar.
- Die passende **Krawatte** ist ein schwieriges Thema. Wer nicht geschmackssicher ist, wählt am besten eine einfarbige Krawatte, die den Farbton des Hemdes oder des Anzugs aufgreift (eventuell auch ein in sich gemustertes Exemplar). Ein sorgfältiger Krawattenknoten ist ein Muss – er wird so gebunden, dass die Krawatte in der Länge genau bis zum Gürtel reicht. Der Knoten sollte immer das Kragenband verdecken. Wenn nicht,

ist er zu lose gebunden. Nicht erlaubt sind bemalte Seidenkrawatten oder witzige Motive. Faustregel: Von den drei Teilen (Anzug, Hemd, Krawatte) sollten maximal zwei gemustert sein.

- Der **Gürtel** ist aus Leder und hat die gleiche Farbe wie die Schuhe. Die Schließe ist dezent und gold- oder silberfarben.

Hosenträger sind tabu.

- Die **Schuhe** sind ebenfalls aus Leder und schwarz oder braun. Mehrfarbige Schuhe kommen im Business nicht gut an. Wer bei Schmuddelwetter einen Vorstellungstermin hat, sollte ein Tuch dabeihaben, mit dem er, kurz bevor er das Unternehmensgebäude betritt, noch einmal dezent die Schmutzspuren abwischt.
- Die **Socken** müssen farblich zum Anzug und zu den Schuhen passen (z. B. schwarze Socken zum schwarzen Anzug). Tennissocken oder dicke Sportsocken sind tabu, genauso wie starke Musterungen oder auffällige Designer-Embleme auf den Herrensocken. Die Schaftlänge der Socken muss die Behaarung am Männerbein vollständig bedecken, auch bei übergeschlagenem Bein. Besonders elegant sind Kniestrümpfe.
- Im Prinzip sollte eine dezente **Uhr** mit Lederarmband außer dem Ehering der einzige Schmuck eines Mannes sein. Eine Ausnahme ist höchstens noch der Siegelring. Protzige Golduhren, monströse Tauchuhren, beringte Finger oder Gold- bzw. Silberkettchen um den Hals machen eher einen billigen Eindruck.

Rucksäcke und billige Werbetaschen kommen nicht gut an.

- Auch die **Aktentasche** ist aus braunem oder schwarzem Leder und besticht durch ein klassisches Design. Die darin befindlichen Unterlagen fliegen nicht lose herum, sondern sind in Ordnern zusammengeheftet. Die Schreibutensilien sind nicht billige Werbestifte, sondern ein schöner Kugelschreiber und eventuell ein dazu passender Füller. Die Visitenkarten sind in einer dafür vorgesehen Visitenkartentasche aufbewahrt. Das Handy darf, genauso wenig wie die Geldbörse, niemals am Hosenbund befestigt sein oder Sakko- bzw. Hosentasche ausbeulen.

- Ein dezentes **Aftershave** unterstreicht die Gepflegtheit des Bewerbers. Aufdringliches Eau de Toilette oder sogar Parfüm sollte vermieden werden.

Das perfekte Business-Outfit für Bewerberinnen

Minis und hoch geschlitzte Röcke sind für das Business-Outfit unpassend.

- Das Pendant zum Businessanzug des Mannes ist das **Businesskostüm** oder der **Hosenanzug** für die Frau. Mit dezenten Farben wie Schwarz, Blau, Grau, Braun oder auch Beige liegt die Bewerberin immer richtig. Auch hier dürfen die Hosenbeine nicht zu kurz oder zu lang sein, ebenso wenig wie die Ärmel. Beim Kostüm sollte der Rock das Knie umspielen. Er darf auch länger sein, aber keinesfalls kürzer.
  Bei der Frau gelten jedoch nicht ganz so starre Regeln wie beim Mann. Der Blazer muss z. B. nicht unbedingt geschlossen sein.

Auf Blusen mit auffälligem Muster, Aufdrucken oder Aufschriften verzichten Sie am besten.

- Die passende **Bluse** bzw. das dazugehörige Top ist am besten einfarbig.
  Wer unter der Jacke nur ein Top mit Spaghettiträgern anhat, darf die Jacke während des Gesprächs auf keinen Fall ausziehen. Auch bei der Bluse gilt: lieber Natur- als Chemiefasern, um Schweiß- und Geruchsbildung vorzubeugen.
- Hosen oder Röcke mit Gürtelschlaufen werden auch mit **Gürtel** getragen. Er ist aus Leder, dezent und passt farblich zu den Schuhen. Auf auffällige Gürtelschnallen wird verzichtet. Auch hier wirkt eine schlichte gold- oder silberfarbige Schließe am besten.
- Die **Schuhe** sind aus Leder und geschlossen. Selbst im Sommer werden – streng genommen – im Business weder zehen- noch fersenfreie Schuhe getragen. Schwere Stiefel im Winter sind ebenso wenig geeignet. Bei schlechtem Wetter wählt man elegante Stiefel oder eine Stiefelette. Der Absatz ist flach bis mittelhoch. High Heels haben im Business nichts zu suchen. Bei Frauen sind zweifarbige Schuhe erlaubt, solange es sich um dezente Farbkombinationen handelt. Die Schuhe sollten immer dunkler als die Kleidung sein

oder gleichfarbig, aber nie heller. Bunte und auffällige Schuhe mit ungewöhnlichen Absätzen sind tabu.

Die Beine sind immer bekleidet.

- Auch im Hochsommer trägt die perfekte Businessfrau gut sitzende **Feinstrumpfhosen** und zeigt keine nackten Beine. Zum Hosenanzug können Kniestrümpfe getragen werden. Söckchen oder Socken sind ein No-Go. Zum Vorstellungstermin empfiehlt es sich, eine Ersatzstrumpfhose dabeizuhaben, falls noch kurz zuvor eine Laufmasche auftaucht. Strümpfe mit Naht oder auffälliger Musterung sind tabu.
- Ein geschmackvolles **Seidentuch,** das die Farben der Bluse bzw. des Kostüms aufnimmt, ist ein Accessoire, das jede Businessfrau gut kleidet und das gesamte Outfit etwas auflockert.

Für Schmuck gilt: Weniger ist mehr.

- Auch bei der Auswahl des **Schmucks** ist Zurückhaltung geboten. Lieber ein schönes Stück als eine Vielzahl von unterschiedlichen Stilen und Farben. Brillenträgerinnen wählen kleine Ohrringe, um nicht zu sehr vom Gesicht abzulenken. Riesige auffällige Ohrringe sind für das Vorstellungsgespräch nicht geeignet. Wer etwas größere Ohrringe als Blickfang wählen will, verzichtet dafür auf die Kette, damit die schönen Stücke zur Wirkung kommen. Die klassische Schmuckausstattung für die seriöse Businessfrau: Armbanduhr, dezente Ohrringe, dezente Kette (wenn überhaupt) und einen, maximal zwei Ringe neben dem Ehering. Der Schmuck muss im Material aufeinander abgestimmt sein. Piercings werden von sehr vielen Arbeitgebern abgelehnt.

Auch bei Frauen sind Rucksäcke für das Bewerbungsgespräch nicht geeignet.

- Die **Tasche** ist aus Leder und passt farblich zu den Schuhen. Idealerweise ist auch der Aktenkoffer farblich passend. Was Schreibutensilien und Unterlagen anbelangt, gilt dasselbe wie für die Männer.
- Das **Make-up** ist unbedingt dezent zu halten; zu viel Kajal, Rouge und eine auffällige Lippenstiftfarbe wirken schnell ordinär. Auch knallig lackierte Fingernägel oder überlange Kunstfingernägel mit verspielten Ornamenten und Glitter kommen je nach Aufgabe und Branche nicht gut an. Die Personalverantwortlichen stellen sich

Die Frisur ist eine Frage des Geschmacks, sollte aber nicht zu auffällig sein.

Das Outfit darf nicht von den Qualifikationen ablenken.

schnell die Frage, ob die langen Nägel auch praktisch für die tägliche Arbeit sind, z. B. an der Computertastatur.

- Ein dezentes **Parfüm** ist erlaubt. Sich mit schwerem, aufdringlichem Parfüm übermäßig einzusprühen, ist dagegen nicht ratsam. Nicht jeder ist von der Parfümnote, die man persönlich bevorzugt, angetan.
- Schrille **Haarfarben** wie z. B. Pink oder Orange kommen nicht gut an. Das versteht sich von selbst. Wer seine Haare getönt oder gefärbt hat, sollte dies vor dem Vorstellungsgespräch mit Sorgfalt wiederholen. Ist ein andersfarbiger Haaransatz sichtbar, wirkt das ungepflegt. Ansonsten gilt nur: Wer eine auffällige, wallende Haarmähne hat, sollte diese zum Bewerbungsgespräch lieber zurückbinden.

Fazit für die Bewerberin: Wer das richtige Outfit wählen will, hält sich an den Rat des Modeschöpfers Giorgio Armani: »Eleganz heißt nicht, ins Auge zu fallen, sondern im Gedächtnis zu bleiben.«

Das heißt: Es geht nicht darum, die Personalverantwortlichen von den schönen Beinen, dem reizvollen Dekolleté oder dem straffen Bauch zu überzeugen, sondern von seinem Können und dem Nutzen, den man dem Unternehmen als Mitarbeiterin bieten kann. Deshalb sind im Bewerbungsgespräch die Schultern – auch im Hochsommer – immer bedeckt. Spaghettiträger und rückenfreie Tops oder solche, die den Bauch hervorblitzen lassen, sind tabu. Der Ansatz des Busens darf nicht zu sehen sein. Die Bewerberin trägt auch keine Stoffe, die Unterwäsche oder Körper durchscheinen lassen. Wer wirklich schöne, schlanke Beine hat, darf den Rock etwas kürzer tragen. Maximum: zwei Fingerbreit über dem Knie.

Benimm im Vorstellungsgespräch

Gutes Benehmen ist im Berufsleben ein wichtiger Faktor. Je höher man sich auf der Karriereleiter nach oben bewegt, desto mehr. In welchem Maße die Personalverantwortlichen ein Auge auf das stil- und etikettesichere Auftreten des Bewerbers legen, hängt deshalb davon ab, welche Position besetzt werden soll. Bewerber, die das Unternehmen im Kontakt mit Kunden oder Geschäftspartnern nach außen hin repräsentieren, ob am Telefon und/oder persönlich, werden stärker auf gute Manieren getestet als Bewerber für die Produktion.

Die Grundlagen guten Benehmens sollte jeder Bewerber beherrschen. Sie sind die Basis für das höfliche und soziale Miteinander im Team.

Auf dem Weg zum Besprechungsraum: Vorstellen und Begrüßen

Wer sich bei einem größeren Unternehmen vorstellt, wird den ersten Kontakt mit der Mitarbeiterin oder dem Mitarbeiter am Empfang haben. Üblicherweise ist die Ankunft des Bewerbers hier bereits angekündigt, zumindest gehört das zum professionellen Stil eines Unternehmens.

Sich vorstellen

Am Empfang wendet der Bewerber sich mit einem Lächeln an den Empfangsmitarbeiter, sucht den Blickkontakt und stellt sich selbst vor.

Kein guter Stil ist es, auf den Gruß des anderen zu warten.

In konservativen Branchen wählt der Bewerber den Tagesgruß, nennt dann seinen Namen und weist auf seinen Termin im Unternehmen hin, zum Beispiel so: »Guten Morgen, ich bin Leonie Weber. Ich habe um 14:00 Uhr einen Termin mit Herrn Berger.« In jungen, kreativen Branchen ist auch das lockere »Hallo« erlaubt: »Hallo, ich bin Leonie Weber …« Nun wird der Empfangsmitarbeiter den Kandidaten telefonisch ankündigen und dann zum Besprechungsraum begleiten oder ihm den Weg erklären. In beiden Fällen bedankt der Bewerber sich höflich.

Zeigen Sie gegenüber allen Mitarbeitern des Unternehmens Freundlichkeit und Höflichkeit.

Ob ein Handschlag angebracht ist oder nicht, kommt auf die Situation an. Empfangsmitarbeiter arbeiten häufig hinter einer Abgrenzung. In diesem Fall ist kein Handschlag zur Begrüßung üblich.

- Die Sekretärin

  Begleitet der Empfangsmitarbeiter den Bewerber zum Besprechungsraum, wird er die Führung übernehmen, um den Weg durch das Firmengebäude zu zeigen. Lässt er dem Kandidaten den Vortritt, nimmt dieser das Angebot an. In dieser kurzen Zeit wird sich ein kleiner Small Talk entwickeln über das Wetter oder die Anreise des Bewerbers.

  Vorsicht: Unterschätzen Sie die Begegnung mit Empfangsmitarbeitern und Sekretärinnen nicht! Im Zweifelsfall erkundigt sich der Personalverantwortliche am Empfang, häufiger noch bei seiner Sekretärin, welchen Eindruck der Bewerber dort hinterlassen hat.

  Besonders Sekretärinnen werden von ihren Chefs bei der Personalauswahl gerne zurate gezogen.

  Behandeln Sie die Sekretärin oder Assistentin deshalb immer genauso höflich und respektvoll wie ihren Vorgesetzten, denn sie ist sein verlängerter Arm. Sie gering zu schätzen bzw. herablassend zu behandeln ist eine Verfehlung, die schon manchen Bewerber den begehrten Job gekostet hat.

- Betreten des Fahrstuhls

  Benutzen Sie auf dem Weg zum Besprechungsraum einen Fahrstuhl, gilt grundsätzlich folgende Etiketteregel: Der Ranghöhere hat den Vortritt beim Betreten und Aussteigen. In Begleitung des Empfangsmitarbeiters ist der Bewerber der Gast und hat damit Anspruch auf den Vortritt. Warten Sie jedoch höflichkeitshalber kurz ab, ob der Mitarbeiter Ihnen diesen auch gewährt. Wenn Sie gemeinsam mit einem der Interviewer den Fahrstuhl betreten, lassen Sie diesen zuerst einsteigen. Wenn der hierarchisch Höherstehende jedoch zu verstehen gibt, dass er Ihnen als Gast den Vortritt lassen will, nehmen Sie das Angebot an. Der Tagesgruß und ein »Auf Wiedersehen« sind beim Betreten oder Verlassen eines Aufzugs immer angebracht, wenn sich bereits Personen darin befinden. Damit beweisen Sie als Bewerber Aufgeschlossenheit und Höflichkeit gegenüber den Mitarbeitern des Unternehmens.

Das Anklopfen

Wenn Sie ohne Begleitung zum Besprechungsraum gehen und die Tür des entsprechenden Raums geschlossen ist, klopfen Sie an, bevor Sie den Raum betreten. Ertönt – nach kurzem Abwarten – keine Aufforderung zum Eintreten, dürfen Sie die Tür öffnen. Sind Sie dagegen in Begleitung eines Unternehmensvertreters, warten Sie, bis er Ihnen die Tür öffnet.

Die Begrüßung

Grundsätzlich grüßt derjenige zuerst, der einen Raum betritt, und derjenige, der auf eine Gruppe zukommt.

In der Regel begrüßt der Personalverantwortliche, der zum Vorstellungsgespräch eingeladen hat, den Bewerber. Er ist in dieser Situation sozusagen der Gastgeber. Meist betritt der Bewerber in Begleitung des Empfangsmitarbeiters den Besprechungsraum. Dieser übernimmt dann das Bekanntmachen. Geschieht dies nicht, wird sich der Personalverantwortliche selbst vorstellen. Der Bewerber reagiert darauf zum Beispiel so: »Guten Tag, ich bin Leonie Weber. Ich freue mich, Sie kennenzulernen.« Wurde der Kandidat bereits vorgestellt, erübrigt es sich natürlich, dass er seinen Namen noch einmal nennt. Betritt der Bewerber den Raum ohne Begleitung und wird er nicht vorgestellt, ergreift er selbst die Initiative, indem er auf den oder die Unternehmensvertreter zugeht und sich vorstellt.

Etikette und Hierarchie

Im beruflichen Umfeld richten sich die Etiketteregeln generell nach der Hierarchie.

Der Bewerber grüßt grundsätzlich immer den Höchstrangigen zuerst, gleichgültig, ob es ein Mann oder eine Frau ist. Wenn er nicht weiß, welcher Gesprächspartner den höchsten Rang einnimmt, grüßt er den zuerst, der ihm am nächsten steht. In diesem Fall wird es niemand übel nehmen, wenn er der Rangfolge nicht gerecht wird.

Beim Begrüßen aufstehen

Was für Männer schon immer galt, gilt heute auch für Frauen im Berufsleben: Wer sitzt, zum Beispiel im Konferenz- oder Warteraum, steht im Berufsleben zur Begrüßung auf. Wenn Sie beispielsweise bereits am Besprechungstisch sitzen und ein weiterer Unternehmensvertreter betritt den Raum, um am Vorstellungsgespräch teilzunehmen, dann stehen Sie auf.

Jeder Mensch hört seinen Namen am liebsten.

Namen und akademische Grade

Der Kandidat spricht jeden Gesprächspartner mit seinem Namen an. Die Anrede mit dem Namen macht den Kontakt gleich viel persönlicher, und der Angesprochene honoriert dies mit mehr Aufmerksamkeit. Voraussetzung: Der Name ist bereits bekannt oder steht auf dem Namensschild des Mitarbeiters. Achten Sie darauf, dass Sie den Namen richtig aussprechen. Wenn Sie nicht sicher sind, ob Sie den Namen richtig verstanden haben oder korrekt aussprechen können, sprechen Sie ihn lieber nicht aus. Das ist geschickter, als den falschen Namen zu sagen. Den Namen können Sie mehrmals im Gespräch als Anrede wiederholen, allerdings nicht zu oft, damit es nicht aufdringlich wirkt.
Professoren- und Doktortitel sollten in Deutschland immer mit genannt werden. Hat ein Personalverantwortlicher einen solchen akademischen Grad, so wird dieser in Verbindung mit dem Namen genannt, zum Beispiel: »Guten Tag, Herr Dr. Gruber.« Diese korrekte Anrede ist eine selbstverständliche Höflichkeit. Ist der Gesprächspartner Professor, wird er auch als solcher angesprochen, also: »Guten Tag, Herr Professor Gruber.« Der dazugehörige Doktor fällt im persönlichen Gespräch weg. Weglassen dürfen Sie die akademischen Grade erst, wenn die betreffende Person Sie ausdrücklich dazu auffordert. Akademische Grade wie Diplom-Ingenieur, Master oder Bachelor werden im Gespräch nicht genannt.

Zur Begrüßung gehört der obligatorische Handschlag.

Der Handschlag

Streng nach Etikette entscheidet immer der Höherrangige, ob er die Hand reichen möchte oder nicht. Beispiel: Geht der Bewerber auf den Personalchef zu, grüßt er ihn zwar und stellt sich vor, reicht ihm aber nicht die Hand, sondern wartet, bis dieser sie ihm entgegenstreckt. Auf den

Handschlag verzichten sollten Sie in Situationen, in denen Sie den anderen dadurch in eine unbequeme Situation bringen, zum Beispiel, wenn jemand beide Hände voll mit Unterlagen oder Taschen hat.

Der richtige Händedruck

Üben Sie Ihren Händedruck sehr bewusst aus.

In den Händedruck wird bei der ersten Begegnung bewusst oder auch unbewusst viel hineininterpretiert. Ein zu schlaffer Händedruck zum Beispiel vermittelt Schüchternheit und Passivität, der Schraubstockgriff dagegen übermäßige Dominanz. Die negativsten Eindrücke hinterlassen Händedrücke, die zu lasch und zu kurz bzw. zu fest und zu lang sind. Ein angenehmer, gut spürbarer Druck sollte es sein, der ungefähr 3 Sekunden dauert und nicht zu leicht, aber auch nicht zu fest ist. Ein solcher Händedruck gilt als sympathisch und selbstbewusst. Wenn Sie bei Aufregung zu nassen Händen neigen, waschen Sie sich die Hände vorher mit einer milden Seife und sorgen mit Entspannungsübungen für innere Ruhe. Wenn Sie befürchten, trotzdem vor Aufregung feuchte Hände zu bekommen, stecken Sie in Ihre rechte Jacken- oder Sakkotasche ein saugfähiges Tuch (das natürlich nicht sichtbar ist). Kurz vor der Begrüßung trocknen Sie sich Ihre Hand in der Tasche möglichst unauffällig ab.

Die angemessene Distanzzone

Die richtige Distanz zum Gesprächspartner kann ausschlaggebend dafür sein, wie gut ein Gespräch verläuft.

Hält ein Bewerber bei der Begrüßung oder im Gespräch zu viel Abstand von seinen Gesprächspartnern, wird er unter Umständen als unsicher oder kontaktscheu eingestuft. Wer seinem Gesprächspartner allerdings zu nahe rückt, wird als aufdringlich und unsensibel eingeschätzt. Halten Sie deshalb lieber Abstand. Im beruflichen Bereich gilt eine Distanzzone von einem halben bis zu einem Meter als angenehm. Die Nähe der Intimzone, die sich unterhalb der 50-Zentimeter-Grenze befindet, ist nur unter Freunden und Verwandten akzeptabel.

Im Besprechungsraum: vom Platznehmen bis zum Aufstehen

Die Garderobe

In der Regel bietet der Mitarbeiter, der den Bewerber zum Besprechungszimmer begleitet, an, sich um seine Garderobe zu kümmern, zum Beispiel so: »Darf ich Ihnen den Mantel/die Jacke abnehmen?« Daraufhin legt der Bewerber seinen Mantel ab und übergibt ihn dem Mitarbeiter des Unternehmens. Dieser wird das Kleidungsstück dann zur nächstgelegenen Garderobe bringen. Ist die Bewerberin eine Frau und schickt sich ein Mitarbeiter des Unternehmens oder auch einer der Interviewpartner an, ihr aus dem Mantel zu helfen, nimmt sie diese kleine Hilfe an und honoriert die Aufmerksamkeit mit einem freundlichen »Vielen Dank«. Dasselbe gilt, wenn ihr nach dem Vorstellungsgespräch wieder in den Mantel geholfen wird. Grundsätzlich ist diese kleine Hilfe im Berufsleben aber keine zwingende Etiketteregel zwischen Mann und Frau. Kümmert sich niemand um Ihren Mantel, dürfen Sie ihn ausziehen, wenn Ihnen ein Stuhl angeboten wurde, um sich hinzusetzen. Am besten legen Sie Ihren Mantel dann auf einen leeren Stuhl daneben, verbunden mit der höflichen Frage: »Darf ich meinen Mantel hier ablegen?«

Die Hand in der Hosentasche

Verbergen Sie Ihre Hände nicht in der Hosen- oder Jackentasche.

Standard in westeuropäischen Ländern ist es, bei Gesprächen die Hände nicht über einen längeren Zeitraum in der Hosen- oder Jackentasche zu verbergen. Abgesehen davon, dass diese Geste grundsätzlich als schlechter Stil gilt, interpretieren sie viele als Ausdruck der Arroganz oder auch der Unsicherheit.

Das Sakko bzw. die Jacke

Behalten Sie Ihre Jacke während des gesamten Vorstellungsgesprächs an.

Gleichgültig, ob Mann oder Frau: Sakko bzw. Kostüm- oder Hosenanzugsjacke dürfen nicht abgelegt werden. Wenn Sie als Bewerber Ihre Jacke anbehalten, beweisen Sie damit, dass Sie die Grundregeln der Business-Etikette beherrschen. Ein einreihiges Sakko darf beim Hinsetzen geöffnet werden. Beim Aufstehen wird der mittlere Knopf jedoch sofort wieder geschlossen, damit das Sakko perfekt sitzt. Das gilt im Prinzip auch für Frauen, wird bei ihnen allerdings weniger konsequent erwartet. Das zweireihige Jackett bleibt auch beim Sitzen geschlossen. Ausnahme: Es ist ein sehr heißer Tag, und die Interviewer legen selbst ihre Sakkos ab bzw. bieten Ihnen an, Ihre Jacke auszuziehen. Wägen Sie ab – je nachdem, wie stark Sie schwitzen –, ob Sie Ihre Jacke ablegen oder eventuelle Schweißflecken besser verbergen. Auf keinen Fall erlaubt: die Krawatte lockern.

Platz nehmen

Setzen Sie sich aus Höflichkeit erst dann hin, wenn alle anderen Unternehmensvertreter Platz genommen haben.

Üblicherweise bieten die Unternehmensvertreter dem Bewerber an, am Besprechungstisch Platz zu nehmen. Auf keinen Fall dürfen Sie sich hinsetzen, ohne aufgefordert zu werden. Bleibt das Angebot zum Hinsetzen aus, warten Sie, bis alle Unternehmensvertreter sitzen, und nehmen dann erst Platz. Achten Sie darauf, sich so hinzusetzen, dass Ihre Kleidung beim längeren Sitzen nicht unnötig knittert. Bewerberinnen, die ein Kostüm tragen, streichen ihren Rock glatt und achten darauf, dass er beim Hinsetzen nicht zu weit nach oben rutscht. Unschön ist, wenn beim Aufstehen ein völlig zerknautschter Rock zum Vorschein kommt.

Das Handy

Nehmen Sie keinen Handyanruf entgegen, lassen Sie das Handy ausgeschaltet.

Das Handy des Bewerbers sollte während des Vorstellungsgesprächs unbedingt ausgeschaltet bleiben. Unerwartete Anrufe, die sich mit lauten Klingeltönen ankündigen, oder eingehende SMS, die das Gespräch mit permanenten Piepstönen unterbrechen, machen einen schlechten Eindruck. Wenn Sie Anrufe entgegennehmen, machen Sie damit deutlich, dass es für Sie noch Wichtigeres gibt als den momentanen Vorstellungstermin. Diese Haltung kommt bei den Interviewern nicht gut an.

Die Bewirtung

Wenn dem Bewerber ein Getränk angeboten wird, nimmt er das Angebot – je nach Bedarf – dankend an oder lehnt es ab. Auf die Frage »Möchten Sie eine Tasse Kaffee oder ein Glas Wasser?« wählen Sie das Getränk, das Ihnen mehr zusagt. Antworten Sie höflich zum Beispiel so: »Im Augenblick nicht, vielen Dank!« Oder: »Ein Glas Wasser bitte! Vielen Dank.« Wasser ist dabei die unverfänglichste Alternative. Zu Kaffee oder Tee werden Zucker und Milch gereicht. Achten Sie hier als Bewerber darauf – wenn Sie das Getränk nicht schwarz zu sich nehmen –, dass Sie keine großen Mengen an Zucker in die Tasse kippen, nicht mit lautem Löffelklang umrühren, sondern dezent und möglichst leise, und dabei nichts verschütten. Der Löffel wird nach dem Umrühren auf der rechten Seite der Untertasse abgelegt. Greifen Sie nie selbst nach der bereitstehenden Kaffee- oder Teekanne, sondern warten Sie, bis Ihnen eingeschenkt wird.

Zurückhaltung zeugt von Benehmen

Serviert der Gastgeber zusätzlich Gebäck oder andere Konferenzsnacks, verzichtet der Bewerber am besten darauf. Zurückhaltung zeugt hier von Benehmen. Im Übrigen darf ohnehin nicht mit vollem Mund gesprochen werden. Am besten geht er das Risiko erst gar nicht ein, gegen diese Etiketteregel zu verstoßen. Absolutes No-Go: Der Bewerber äußert ohne Aufforderung einen individuellen Bewirtungswunsch, zum Beispiel: »Haben Sie vielleicht Coca-Cola da?« Eine solche Unhöflichkeit katapultiert jeden sofort ins Abseits.

Grundsätzlich gilt: Die Bewirtung bleibt eine absolute Nebensächlichkeit. Verwenden Sie als Bewerber möglichst wenig Aufmerksamkeit auf die Speisen und Getränke, die Ihnen geboten werden. Ihre gesamte Konzentration richtet sich auf Ihre Gesprächspartner und den Inhalt des Gesprächs. Auch das Angebot, eine Zigarette zu rauchen, lehnen Sie deshalb dankend ab.

Die Sitzhaltung

Stützen Sie auf keinen Fall die Ellbogen auf dem Tisch ab.

Nimmt der Bewerber Platz, setzt er sich auf die gesamte Sitzfläche des Stuhls. Wer sich nur vorne auf die Kante setzt, wirkt unsicher und fluchtbereit. Am vorteilhaftesten ist eine aufmerksame Körperhaltung. Das heißt: Neigen Sie sich leicht nach vorne, wenn Sie an einem Besprechungstisch sitzen, und legen Sie dabei Ihre Unterarme bis maximal zur Mitte auf dem Tisch ab. Die Hände befinden sich immer oberhalb der Tischkante und dürfen hier auch verschränkt werden. Als wenig vorteilhaft gilt es, wenn ein Bewerber den Stuhl zurückschiebt, sich gemütlich zurücklehnt, die Beine übereinanderschlägt und womöglich noch die Arme verschränkt. Diese Sitzhaltung zeugt von Selbstgefälligkeit und wirkt arrogant. Männer achten auch darauf, dass ihre Beinstellung beim Sitzen nicht zu breit ist. Das wirkt unvorteilhaft, dominant und provozierend.
Sitzt der Interviewer hinter seinem Schreibtisch und Sie als Bewerber ihm gegenüber, dürfen Sie auf keinen Fall die Unterarme auf den Schreibtisch Ihres Gegenübers stützen oder gar darauf Notizen anfertigen.

Die Unterlagen

Es erscheint großspurig und unhöflich, wenn Sie Ihre Unterlagen auf dem Besprechungstisch großzügig auszubreiten.

Bringt der Bewerber weitere Unterlagen oder einen Block mit, um sich Notizen zu machen, legt er diese geordnet vor sich auf den Tisch. Vermeiden Sie es unbedingt, die Unterlagen dabei großzügig auszubreiten bzw. zu viele Schriftstücke auf einmal auf den Tisch zu legen.

Small Talk

Beachten Sie beim Small Talk unbedingt die Tabuthemen.

Zu Beginn eines Vorstellungsgesprächs versuchen Personalverantwortliche häufig, die Situation durch einen kurzen Small Talk aufzulockern, um dem Jobkandidaten die Nervosität zu nehmen. Themen sind zum Beispiel die Anreise oder das Wetter. Als Bewerber sollten Sie sich aber darüber im Klaren sein, dass Sie bereits beim Small Talk einer Prüfung unterliegen. Ellenlange Statements, Besserwisserei, Angabe und das Abspulen von Witzen kommen nicht gut an. Beschränken Sie sich am besten auf Themen wie Sehenswürdigkeiten des Ortes / der Region, Sport, Kunst und Kultur und Reisen. Tabuthemen beim Small Talk sind Krankheiten, besonders die eigenen, Geld und persönliche Finanzen, Politik, Religion, persönliche und berufliche Probleme, Schicksalsschläge.

Das Zuhören

Wichtig: Fallen Sie Ihren Gesprächspartnern nie ins Wort. Lassen Sie sie ausreden und stellen Sie dann Ihre Frage oder antworten Sie.

Ob beim Small Talk oder anschließend beim eigentlichen Jobinterview: Der Bewerber hört seinen Gesprächspartnern konzentriert zu und hält dabei Blickkontakt. Auch stille Anwesende übergeht er nicht, sondern wendet ihnen seine Aufmerksamkeit zu und bindet sie so mit in das Gespräch ein. Er signalisiert, dass er die Äußerungen seines Gegenübers aufgenommen hat, indem er zwischendurch nickt oder kurze Bestätigungen einfließen lässt, zum Beispiel: »Ich verstehe«, »Das ist richtig« oder Ähnliches. Wenn es zum Thema passt, zeigt er immer wieder durch ein Lächeln Verbindlichkeit, zum Beispiel bei der Begrüßung oder beim Small Talk. Ein freundlicher Gesichtsausdruck trägt zu einer angenehmen Atmosphäre bei und wird von den Personalverantwortlichen positiv bewertet, auch im Hinblick auf den Kontakt mit Kunden und die Zusammenarbeit mit Kollegen.

Die Visitenkarte

Ein Fehlgriff beim Vorstellungsgespräch: Sie überreichen eine Visitenkarte Ihres früheren Arbeitgebers.

Zum Ende des Jobinterviews hin werden oft Visitenkarten getauscht. Überreicht der Kandidat seine Visitenkarte, sollte die Schrift nach oben und zum Empfänger zeigen. Umgekehrt nimmt er eine Visitenkarte wie ein kleines Geschenk entgegen: Er bedankt sich, liest die Angaben durch und steckt sie weg, aber auf keinen Fall achtlos. Am besten hält er ein dafür vorgesehenes Visitenkarten-Etui bereit.

Fauxpas übergehen

Andere auf ihre Fehler aufmerksam zu machen, gilt als schlechter Stil.

Auch Unternehmensvertreter verhalten sich nicht immer nach allen Regeln der Business-Etikette. Wie sich die Interviewer dem Bewerber gegenüber benehmen, verrät sehr viel über die Unternehmens- und Führungskultur, die den Kandidaten erwartet. Sollte ein Interviewer unpassende Bemerkungen machen und sich danebenbenehmen, sprechen Sie als Bewerber den Fauxpas lieber nicht an, sondern übergehen Sie die Situation. So beweisen Sie Souveränität. Gleichzeitig drängt sich für Sie die Frage auf, ob Sie sich in dieser Unternehmenskultur als Mitarbeiter wirklich wohlfühlen können.

Rauchen

Vorsicht: Achten Sie darauf, dass Ihre Kleidung nicht stark nach Rauch riecht, wenn Sie zum Jobinterview kommen.

Am besten verzichten Bewerber schon eine Weile vor dem Vorstellungsgespräch auf das Rauchen, auch wenn sie nervös sind. Wer draußen noch schnell eine Zigarette anzündet und gierig raucht, um sich zu beruhigen, bevor er das Unternehmensgebäude betritt, wird vielleicht schon beobachtet. Es macht keinen guten Eindruck, wenn ein Bewerber so offensichtlich »süchtig« ist. In den meisten Unternehmen ist das Rauchen in den Arbeitsräumen ohnehin verboten. Nicht selten gibt es Konflikte zwischen Nichtrauchern und Rauchern. Die wollen Unternehmen, so gut es geht, vermeiden. Starke Raucher sind deshalb in keinem Unternehmen gern gesehen.
Selbstverständlich lehnen Sie als Bewerber ab, wenn Ihnen eine Zigarette angeboten wird, und Sie fragen auch nicht während des Vorstellungsgesprächs nach, ob und wo Sie eine Zigarette rauchen können. Fragen, ob in den Unternehmensräumen während der Arbeit geraucht werden dürfe oder ob Raucherpausen abgestempelt werden müssen, katapultieren einen Bewerber ebenso ins Aus. Und: Nach dem Gespräch – wenn Sie das Unternehmen verlassen – zünden Sie sich besser erst dann eine Zigarette an, wenn Sie außer Sichtweite sind.

Die Verabschiedung

Nicht vergessen: Bei einem geöffneten Sakko werden beim Aufstehen die Knöpfe geschlossen.

Wenn das Gespräch zu Ende ist, bleibt der Bewerber so lange sitzen, bis seine Gesprächspartner aufstehen. Erhebt sich die Person, die hierarchisch am höchsten angesiedelt ist, steht der Kandidat auf jeden Fall auf, auch wenn die anderen noch sitzen bleiben. Und wenn einer der Teilnehmer das Gespräch früher verlässt, steht der Bewerber ebenfalls auf, um sich formgerecht von ihm zu verabschieden.

Eine höfliche und korrekte Verabschiedung rundet den Eindruck im Bewerbungsgespräch ab.

Wichtig: Auch wenn das Gespräch nicht ideal gelaufen ist oder der Bewerber für sich selbst schon entschieden hat, dass er für das Unternehmen nicht tätig sein will: Eine freundliche und höfliche Verabschiedung muss sein!

Der erste Eindruck ist entscheidend

Ob ein Bewerber gute Arbeit leisten wird, wissen die Entscheider bei der Einstellung nicht.

Fragt man Personalverantwortliche, nach welchen Kriterien sie sich für oder gegen einen Bewerber entscheiden, geben sie an, dass sie beim Einstellungsverfahren eine Reihe von Informationen, Daten und Fakten, ja sogar wissenschaftliche Tests für ihre Entscheidung heranziehen. Schließlich stellen Personalentscheidungen für Unternehmen ein nicht zu unterschätzendes Risiko dar, das möglichst klein gehalten werden soll. Entscheidet sich das Unternehmen für den falschen Bewerber, ist dieser Fehlgriff mit hohen Kosten verbunden: Die gesamte Einarbeitungszeit war umsonst, die Lohnzahlungen sind ins Leere gelaufen, wenn der neue Mitarbeiter nicht wie erwartet gearbeitet hat, die dringend anstehenden Aufgaben wurden nicht oder nicht zufriedenstellend erfüllt, und die Suche nach einem neuen Mitarbeiter kostet wiederum Zeit und Geld.

Personalentscheider versuchen, möglichst viele Unsicherheitsfaktoren beim Auswahlprozess auszuschalten.

Doch bei der Einstellungsentscheidung gibt es keine letzte objektive Sicherheit. Das bestätigen alle Entscheider. Es kann passieren, dass alle Fakten für einen Bewerber sprechen, alle Tests darauf hinweisen, dass er genau der Richtige für die zu besetzende Position ist. Und doch entscheiden sich die Personalverantwortlichen dagegen. Warum? Weil entgegen allen objektiven Tatsachen der Bauch »Nein« sagt. Die meisten erfahrenen Personaler geben zu, dass sie in hohem Maße ihrer Intuition folgen, auch wenn sie das Gefühl manchmal nicht begründen können.
Beim Vorstellungsgespräch liegen die meisten objektiven Daten über den Bewerber bereits vor. Zeugnisse, Qualifi-

kationen und Berufserfahrung sind geprüft. Jetzt wollen die Entscheider sich ein Urteil über die Persönlichkeit des Bewerbers machen und prüfen, wie er kommuniziert und argumentiert, ob er authentisch ist, ob die Chemie stimmt und ob sie sich vorstellen können, dass er in die bestehende Unternehmenskultur passt. Dabei ist der erste Eindruck, den der Bewerber auf die Personalverantwortlichen macht, sehr oft entscheidend für den weiteren Verlauf der Begegnung und damit auch für den Erfolg des Vorstellungsgesprächs.

Beim ersten Eindruck wird die Informationssuche bereits nach drei bis fünf Sekunden eingestellt – das Urteil über den anderen steht erst einmal fest. Das heißt: Der erste Eindruck vom Bewerber fällt zum Beispiel positiv aus, weil er als authentisch und sympathisch eingeschätzt wird, oder aber er ist negativ, weil die Kleidung unpassend oder das Auftreten zu forsch ist. Was genau diesen negativen Eindruck hervorruft, kann derjenige, der beurteilt, in der Kürze der Zeit meist nicht sagen. Viele Äußerlichkeiten werden in Sekundenschnelle vom Unterbewusstsein aufgenommen und zu einem Gesamtbild verarbeitet.

Entscheidend ist nicht nur das Sachliche

Als Bewerber werden Sie anhand vieler Faktoren blitzartig vom Entscheider beurteilt.

Nach einer Studie des amerikanischen Psychologen Albert Mehrabian ist der Inhalt des Gesagten nur zu sieben Prozent für den ersten Eindruck maßgeblich – die restlichen 93 Prozent entfallen auf die Körpersprache (Körperbau, Bewegungsabläufe, Haltung, Gang, Gestik, Mimik, Distanzverhalten), die Kleidung (Qualität, Stilrichtung, Passform, Farbe), die Sprache (Stimmlage, Klang, Modulation, Lautstärke, Dialekt, Wortwahl) und den Geruch (Parfüm, Körpergeruch).

Ein lascher Händedruck, fehlender Blickkontakt bei der Begrüßung, nachlässige Kleidung: All das kann zu einem schlechten ersten Eindruck beitragen.

All das erfassen die Entscheider beim ersten Kontakt innerhalb von Bruchteilen von Sekunden und gleichen es mit ihren Erwartungen ab. Parallel dazu fließen Werte, Erfahrungen, aber auch vorgefertigte Meinungen und Vorurteile in die Bewertung ein und vervollständigen das nun entstandene Bild.

Zwar wissen viele Personaler, dass sie nicht dem ersten Eindruck erliegen und die Qualifikationen vernachlässigen dürfen. Trotzdem sollte jedem Bewerber bewusst sein, dass der erste Eindruck im Vorstellungsgespräch eine entscheidende Bedeutung haben kann. Fällt der erste Eindruck vom Bewerber positiv aus, ist deshalb aber noch nicht alles gewonnen. Während des gesamten Vorstellungsgesprächs kommt es sehr stark darauf an, wie sich der Kandidat darstellt. Eine Studie der Universität Darmstadt kommt sogar zu dem Ergebnis, dass für die Karriere generell das Auftreten, der äußere Eindruck und eine natürliche Souveränität wichtiger sind als alle Zeugnisse. Das bedeutet aber wiederum nicht, dass die fachliche Qualifikation eines Bewerbers unwichtig ist. Sie bildet die Basis, um überhaupt ins Vorstellungsgespräch zu kommen. Fachkompetenz ist also die Pflicht. Die Kür, sozusagen das Entscheidende, wer das Rennen in der Vorstellungsrunde macht, ist die Art, wie ein Bewerber sich selbst und sein Können im Jobinterview präsentiert.

Ob Sie die entsprechenden Fachkompetenzen für die ausgeschriebene Stelle besitzen, haben die Entscheider bereits im Vorfeld geprüft.

Die Körpersprache im Vorstellungsgespräch

Die Körpersprache entscheidet in hohem Maße darüber, wie überzeugend Sie wirken.

Die meisten Bewerber achten im Vorstellungsgespräch viel zu wenig auf ihre Körpersprache. Dabei messen Personalverantwortliche den körpersprachlichen Signalen des Kandidaten viel mehr Bedeutung zu als dem, was er sagt. Körperhaltung, Mimik und Gestik werden von den Verantwortlichen zum Teil sehr bewusst interpretiert, zum Teil werden die Signale auch unbewusst aufgenommen und verarbeitet. Auf die leichte Schulter nehmen sollten Bewerber ihre Außenwirkung daher nicht. Im vorbereitenden Rollenspiel können Sie neben einer überzeugenden Argumentation auch eine selbstbewusste Körperhaltung üben.

Den Raum selbstbewusst betreten

Zum ersten Eindruck und zur gesamten Selbstpräsentation gehört, wie der Bewerber seinen Gesprächspartnern

Grundsätzlich sollten Räume nicht zögernd betreten, aber auch nicht erstürmt werden.

gegenübertritt bzw. wie er einen Raum betritt. Wenn Sie als Bewerber in einen Raum gehen wollen, in dem sich die Personalverantwortlichen bereits versammelt haben, beachten Sie Folgendes: Nach dem Anklopfen und der Aufforderung zum Eintreten öffnen Sie die Tür, bleiben kurz im Türrahmen stehen, um sich zu orientieren, und gehen dann zielstrebig und ohne übereilt zu wirken auf die Person oder die Personen, die sich im Raum befinden, zu. In diesem Augenblick ist es besonders wichtig, dass Sie mit offenem Blick und einem Lächeln auf die Entscheider zugehen. Das signalisiert Offenheit und Freundlichkeit und macht sofort sympathisch.

Wer sich dagegen bereits beim Öffnen der Türe halb dahinter versteckt und schüchtern hervorschaut, um festzustellen, ob er erwünscht ist oder sich vielleicht doch in der Tür geirrt hat, muss – je nachdem, für welche Position er sich beworben hat – womöglich bereits Minuspunkte auf seinem Bewertungskonto verbuchen. Ein Mitarbeiter mit Kundenkontakt oder mit Führungsfunktion zum Beispiel darf einen Raum nicht zaghaft und schüchtern betreten, sondern muss selbstbewusst in Erscheinung treten.

Auf die Körperhaltung achten

Wer aufrecht geht, fühlt sich mit der Zeit selbstbewusster.

Während dieser wenigen ersten Sekunden, in denen der Bewerber den Besprechungsraum betritt, werfen die Anwesenden bereits einen intensiven Blick auf den Ankömmling und gewinnen ihren ersten Eindruck, der – wie gesagt – maßgeblich sein kann. Umso wichtiger ist es, dass Sie als Bewerber auf eine selbstbewusste Körperhaltung achten. Gehen Sie aufrecht, lassen Sie die Schultern nicht nach vorn hängen, sondern ziehen Sie sie eher etwas zurück, und halten Sie den Kopf gerade. Diese kleinen Korrekturen an der Haltung habe eine große Wirkung. Jeder Bewerber kann eine selbstbewusste Körperhaltung zu Hause üben und wird feststellen, dass eine aufrechte Haltung auch positive Auswirkungen auf das persönliche Befinden hat.

Tipp **So signalisieren Sie Selbstbewusstsein**

Wenn Sie Ihren Gesprächspartnern gegenüberstehen:

- Belasten Sie beide Beine. Das gibt Ihnen Stehvermögen und Sicherheit.
- Knicken Sie nicht in der Hüfte ein, sondern stehen Sie aufrecht. Machen Sie sich also nicht klein.
- Stellen Sie die Füße leicht auseinander. Das vermittelt Ihrem Gegenüber den Eindruck, dass Sie einen festen Standpunkt haben.
- Lassen Sie die Schultern nicht nach vorn hängen, sondern ziehen Sie die Schulterblätter nach hinten und unten.
- Halten Sie den Kopf aufrecht.
- Unterstützen Sie Ihre Aussagen durch eine natürliche Gestik.
- Vorsicht: Stützen Sie die Hände nicht ausladend auf den Hüften ab. Diese Körperhaltung demonstriert Macht und Dominanz, nach dem Motto: »Ich brauche mehr Platz, ich fühle mich überlegen.« Diese Geste wirkt sehr negativ beim Bewerber, fast aggressiv.

Vermeiden Sie Körperhaltungen, die Dominanz ausstrahlen. Sie kommen im Bewerbungsgespräch nicht gut an.

Wenn Sie Ihrem Gesprächspartner gegenübersitzen:

- Nehmen Sie die gesamte Sitzfläche des Stuhls ein.
- Stellen Sie die Beine nebeneinander und überkreuzen Sie sie nicht. Mit dieser Sitzhaltung wirken Sie selbstsicher.
- Legen Sie die Füße nicht um die Stuhlbeine. Das zeugt von Unsicherheit und Verkrampfung.
- Wippen Sie nicht mit den Füßen. Das kann sowohl Arroganz als auch Nervosität signalisieren.
- Achten Sie auf eine aufrechte, leicht nach vorn gebeugte und zu Ihrem Gesprächspartner hin offene Sitzposition.
- Sitzen Sie nicht zu breitbeinig. Das wirkt dominant und zeugt von schlechtem Stil.

Nehmen Sie im Bewerbungsgespräch keine abweisende Körperhaltung ein.

Tipp **So signalisieren Sie Selbstbewusstsein (Fortsetzung)**

- Achten Sie darauf, dass Ihre Beine nicht zum Ausgang weisen. Damit signalisieren Sie, dass Sie sich unwohl fühlen und gleich gehen wollen.
- Lehnen Sie sich nicht zurück, und verschränken Sie nicht die Arme. Das wirkt wie eine Barriere, die ein Gespräch behindern kann.

Ein plötzliches Zurückweichen des Gesprächspartners bedeutet in den meisten Fällen Ablehnung.

Tipp **So lesen Sie die Körpersprache**

Im Sitzen:

- Ein steifer Oberkörper: Anspannung und beginnende Ablehnung.
- Mit dem Oberkörper zurückweichen: Ich bin damit nicht einverstanden.
- Mehrmaliges Zurückwerfen des Kopfes: Ablehnung.
- Die Füße unter dem Stuhl zurücknehmen: sich distanzieren.
- Arme vor der Brust verschränken: Abweisung.

Im Stehen:

- Einen Schritt zurücktreten: Distanz zwischen sich und den Bewerber bringen, Ablehnung.
- Blick über die Schulter, der Oberkörper wird dem Bewerber nicht voll zugewendet: Ablehnung.
- Eine Barriere aufbauen, zum Beispiel hinter den Schreibtisch oder Besprechungstisch treten: Distanz herstellen.

Achten Sie beim Interviewer auf die Haltung seines Oberkörpers.

Als Sympathie und Zustimmung können Sie folgende Körperhaltungen deuten:

- Der Oberkörper des Gesprächspartners ist leicht nach vorn gebeugt: Aufmerksamkeit.
- Der Gesprächspartner wendet dem Bewerber seinen Oberkörper voll zu: Sympathie, Interesse.

Tipp **So lesen Sie die Körpersprache (Fortsetzung)**

- Das Gegenüber verringert die Distanz, tritt einen Schritt näher: Sympathie.
- Die Fußspitzen weisen zum Bewerber hin: Zustimmung.
- Die Armhaltung ist offen, die Hände gestikulieren oberhalb der Gürtellinie: positive Einstellung, Sympathie.
- Interviewer und Bewerber gleichen gegenseitig ihre Körperhaltung immer wieder an, das heißt, sie spiegeln sich: Zustimmung, Sympathie.

Selbstbewusste Körperhaltung für Frauen

Vermeiden Sie in Ihrer Haltung typisch weibliche Signale.

Die meisten Männer haben eine selbstbewusstere Körperhaltung als Frauen. Deshalb an dieser Stelle ein paar w chtige Tipps für Bewerberinnen. Typisch weibliche Körperhaltungen sind:

- übereinandergeschlagene Beine,
- verschränkte Arme,
- eingeknickte Hüfte,
- den Kopf schief halten,
- die Hände verbergen.

Die Körperhaltung muss selbstbewusst und präsent wirken.

Das alles sind Schutzhaltungen, die Unsicherheit ausdrücken und unbewusst den Beschützerinstinkt beim Gegenüber mobilisieren sollen. Im Jobinterview wirken diese Signale eher negativ. Denn hier wollen Frauen signalisieren, dass sie die ausgeschriebene Position, sowohl was ihre Qualifikation als auch was ihre Persönlichkeit anbelangt, sehr gut ausfüllen können. Um dies zu untermauern, sollten Bewerberinnen auch durch ihre Körperhaltung mehr Raum gewinnen und damit Selbstbewusstsein vermitteln. Wichtig ist deshalb, dass Bewerberinnen ihren Sitzplatz am Besprechungstisch selbstbewusst und selbstsicher einnehmen und die Beine im Sitzen nebeneinanderstellen. Damit »erden« sie sich. Dasselbe gilt für Gespräche im Stehen. Das Körpergewicht muss gleichmäßig auf beide Beine verteilt werden, ohne in der Hüfte einzuknicken. Damit bleiben auch ganz automatisch Wirbelsäule und Kopf gerade. Aber Vorsicht: Wie die männlichen sollten auch weibliche Bewerber weder breitbeinig sitzen noch stehen. Das gilt auch im Hosenanzug als schlechter Stil.

Ihre Hände sagen möglicherweise mehr über Sie aus als Ihre Worte.

Die Gestik

Für das Vorstellungsgespräch gilt generell: Der Bewerber gestikuliert natürlich, aber eher sparsam als weit ausladend. Zu raumgreifende Gesten können unruhig und hektisch wirken und bei den Personalverantwortlichen den Eindruck erwecken, der Bewerber sei zu extrovertiert und neige zur Selbstdarstellung. Diese Eigenschaften sprechen jedoch gegen die Teamfähigkeit.
Fazit: Positive Aussagen sollte der Bewerber immer auch durch positive – öffnende und harmonische – Gesten verstärken.

Tipp **Interesse, Sympathie und Selbstbewusstsein signalisieren**

- Im Stehen die Arme einfach locker neben dem Körper hängen lassen. Damit werden dem Gegenüber Offenheit und Sicherheit signalisiert, weil der Oberkörper ungeschützt bleibt. Noch besser: Arme oberhalb der Taille anwinkeln und natürlich gestikulieren. Gesten in Höhe der Taille werden als neutral und oberhalb als positiv gewertet. Oder beide Hände in Höhe der Gürtellinie locker ineinanderlegen. Der Vorteil ist, dass die Hände sofort bereit zur Gestik sind, wenn wir handeln oder etwas mit Gesten verdeutlichen wollen.
- Die Hände immer sichtbar lassen und nicht verstecken. Das lässt Vertrauen entstehen.
- Die Hände nach oben öffnen, die Handinnenflächen zeigen. Diese Geste wirkt besonders positiv. Sie demonstriert Offenheit und signalisiert, dass wir bereit sind, etwas zu geben, zum Beispiel Leistungsbereitschaft und Engagement. Gleichzeitig unterstreicht sie die Argumentation in sehr positiver Weise.

Nutzen Sie die Geste der offenen Hände so oft wie möglich im Vorstellungsgespräch.

Tipp **Interesse, Sympathie und Selbstbewusstsein signalisieren (Fortsetzung)**

- Handbewegungen und Armbewegungen, die von unten nach oben verlaufen, wirken ebenfalls besonders positiv und motivierend.
- Die Fingerkuppen einer Hand aneinanderlegen. Damit unterstreichen wir eine Aussage.
- Mit den Händen ein Spitzdach nach oben formen. Diese Geste signalisiert zum einen Sicherheit, aber auch Nachdenklichkeit.
- Den kleinen Finger reiben. Diese Bewegung signalisiert Zuwendung und Genuss.

Sich die Hände reiben kann unterschiedlich interpretiert werden.

- Sich die Hände reiben. Wenn die Geste nicht zu häufig eingesetzt wird, beweist sie Zufriedenheit, Freude oder Sicherheit. In Zusammenhang mit einem selbstgefälligen Gesichtsausdruck kann sie aber ausdrücken, dass der Betreffende einen (materiellen) Schachzug zum eigenen Vorteil und zum Nachteil des anderen gemacht hat.

Tipp **Diese Gesten wirken unangemessen**

Generell negativ wirken Bewegungen der Arme unterhalb der Gürtellinie.

- Die Arme können zwar im Stehen zwischendurch auch einmal ruhig nach unten hängen. Sobald die Gestik einsetzt, müssen die Hände aber über die Taille gehoben werden. Denn Bewegungen der Hände unterhalb der Gürtellinie signalisieren eine Unsicherheit und/oder innerliche Abwesenheit.
- Schulterzucken mit Zeigen der Handinnenflächen unterhalb der Taille. Diese Geste wird als Entschuldigungsgeste und damit als Hilflosigkeit und Unterwerfung gedeutet. Im Bewerbungsgespräch schließt man aus dieser Geste auf Unsicherheit und Passivität.
- Häufiges Zeigen des Handrückens. Diese schließende Geste wird als verschlossen und damit negativ empfunden.

»Hand-Hals-Gesten« werden im Jobinterview immer negativ bewertet.

Versteckte Hände – in den Hosentaschen oder hinter dem Rücken – kommen nicht gut an.

Spielen Sie nicht mit Gegenständen – das wirkt unkonzentriert und nervös.

Tipp **Diese Gesten wirken unangemessen (Fortsetzung)**

- Eine Hand greift an den Hals oder an den Mund. Zwar werden Handbewegungen oberhalb der Taille grundsätzlich positiv gewertet. Eine Ausnahme bilden jedoch die sogenannten »Hand-Hals-Gesten«. Es sind meist Verlegenheitsgesten, die den Impuls zu einer anderen negativen Geste unterdrücken und umleiten sollen, weil dem Sprechenden in letzter Sekunde bewusst wurde, dass ihn seine Gestik verraten könnte. Stattdessen greift die Hand dann zum Hals.
- Ans Ohrläppchen greifen. Dies wird zuweilen als Bestrafungsgestik gedeutet. Sie zeigt angeblich, dass wir dem anderen eine Aussage übel nehmen.
- Das Kinn streicheln. Diese Handbewegung soll von Selbstgefälligkeit zeugen.
- Mit den Händen eine Barriere in Richtung des Gesprächspartners zu formen beweist Unsicherheit und Ablehnung.
- Aneinanderlegen der Zeigefinger bei verschränkten Händen, wobei die Zeigefinger auf das Gegenüber deuten. Diese Geste wird »doppelläufige Pistole« genannt und weist auf Aggression hin.
- Einen oder mehrere Finger auf die Lippen legen: Zurückhalten von Informationen.
- Die Hände vor der Brust falten: deutet auf Unsicherheit und Verkrampfung hin.
- Mit den Fingern trommeln: Unsicherheit und Nervosität.
- Sich an die Nase fassen lässt Unsicherheit, Verwirrung oder Verlegenheit vermuten.
- Die Brille hastig abnehmen deutet Erregung an.
- Die Brille hochschieben: Unsicherheit oder der Versuch, Zeit zu gewinnen.
- Hinter dem Rücken mit der einen Hand das Handgelenk der anderen Hand umfassen: steht für Enttäuschung und Verkrampfung.

Tipp	Diese Gesten wirken unangemessen (Fortsetzung)

- An den Oberarm fassen zeugt von Wut.
- Am Ringfinger reiben: Der Betreffende ist emotional aufgewühlt.
- Der Zeigefinger vor dem Kinn: Damit wird Handlungsbereitschaft signalisiert.
- Den Finger auf die geschlossenen Lippen legen: Etwas wird zurückgehalten.
- Der Mittelfinger über dem Kinn oder vor dem Mund signalisiert Stolz und Selbstsicherheit. Diese Geste ist im Jobinterview jedoch eher den Personalern vorbehalten. Der Bewerber sollte sie besser vermeiden.

Die Hand vor den Mund legen bedeutet: Das Gesagte soll zurückgenommen werden.

Die Mimik

Ihr Gesichtsausdruck sagt viel darüber aus, was Sie gerade empfinden.

Es gibt Menschen, denen man jede Gefühlsregung sofort an der Mimik ansieht.

Zur Körpersprache gehören nicht nur Haltung und Gestik, sondern auch die Mimik, also der Gesichtsausdruck.
Der Gesichtsausdruck von vielen Menschen ist lebhaft, während andere sich durch ein sogenanntes Pokerface auszeichnen. Ihre Mimik ist reduziert und lässt kaum Rückschlüsse auf ihr Gefühlsleben zu. Personalverantwortliche sind in der Regel Profis und werden deshalb versuchen, ihren eigenen Gesichtsausdruck so gut wie möglich im Griff zu haben.
Der Bewerber soll sich ja möglichst unverfälscht darstellen und nicht gleich am Gesichtsausdruck des Interviewers erkennen können, wenn seine Aussagen oder seine Selbstpräsentation nicht gut ankommen. Menschen, denen die Gefühle ins Gesicht geschrieben sind, werden sich als Bewerber sehr schwertun, ein undurchdringliches Gesicht zu machen. Wer dies zwanghaft versucht, wirkt höchstens unecht und hinterlässt aus diesem Grund auch keinen guten Eindruck.

Menschen mit einem lebhaften Gesichtsausdruck werden als sympathisch eingestuft.

Menschen mit lebhafter Mimik wirken offen, lebhaft und vertrauenswürdig. Es ist also gar nicht notwendig, sich für das Bewerbungsgespräch ein Pokerface anzutrainieren oder zu versuchen, eine bestimmte Mimik an den Tag zu legen.

Beachten Sie bei Ihrer Mimik vor allem drei Dinge:

- immer wieder einmal freundlich und verbindlich lächeln,
- den Blickkontakt mit allen Personalverantwortlichen suchen und
- einen neugierigen, interessierten Blick aufsetzen, wenn die Personaler über das Unternehmen und die Aufgabe berichten.

Lächeln: das beste Mimiksignal

Ein Lächeln ist das sympathischste Mimiksignal, das ein Mensch geben kann. Mit einem strahlenden Lächeln gewinnt man Herzen. Voraussetzung: Das Lächeln kommt von innen und ist nicht aufgesetzt.

Personen »mit schiefem Lächeln« werden gemieden.

Bei einem echten Lächeln werden automatisch die Wangen hochgezogen und die Augen lachen mit. Um die Augen herum bilden sich Lachfältchen und die Augenbrauen senken sich. Beim vorgetäuschten Lächeln dagegen sind die Muskeln rund um die Augen nicht aktiv. Es wirkt wie eine Grimasse und endet oft sehr abrupt. Dieses unechte oder schiefe Lächeln wird von anderen unbewusst abgelehnt. Im Gegensatz zum echten Lächeln, das Vertrauen und Zuneigung aufbaut, erntet das unechte Lächeln Misstrauen und Ablehnung. Bewerber sind deshalb gut beraten nur zu lächeln, wenn ihnen wirklich danach zumute ist.

Ein Dauerlächeln ist nicht glaubwürdig und wirkt zudem unterwürfig. Besonders bei der Mimik ist Authentizität sehr wichtig.

Grundsätzlich ist es hilfreich, über die wichtigsten Mimiksignale informiert zu sein, sowohl um die Mimikreaktionen der Interviewer interpretieren zu können als auch um sich über die eigene Mimik besser im Klaren zu sein.

Ein häufiger Blickkontakt zeugt von Vertrauen und Sympathie.

Zusammengepresste Lippen: Die Person ist angespannt und distanziert sich innerlich.

Tipp **Die wichtigsten Mimiksignale**

- Mit der Zunge über beide Lippen fahren: Der Betreffende genießt die Situation und ist mit ihr zufrieden.
- Die Augen sind weit geöffnet: Die Person ist sehr interessiert.
- Ein offener Mund bei weit geöffneten Augen drückt Erstaunen aus.
- Die Lippen spitzen: Der Betreffende prüft das gerade Gesagte ganz genau.
- Nur eine Lippe lecken: Der Interviewer denkt über die Äußerungen des Bewerbers nach.
- Stirnrunzeln: Erstaunen oder erstes Anzeichen von Ärger.
- Augenbraue(n) hochziehen: ein Zeichen für Skepsis und Kritik.
- Augenbrauen zusammenziehen: Der Betreffende ist ärgerlich.
- Nase rümpfen: Das Angebot / die Äußerung wird abgelehnt.
- Häufiges Wegsehen: ein Zeichen für Desinteresse.
- Konstanter und eindringlicher Blickkontakt: Das Gegenüber ist ärgerlich und kurz vor einer aggressiven Äußerung.
- Geöffneter Mund bei gleichzeitig hängender Unterlippe und zurückgeschobenem Kinn: Das »lange Gesicht« signalisiert Ablehnung.
- Ein angehobener Mundwinkel zeigt Arroganz und Überheblichkeit.
- Hochgeschobene Unterlippe: Kann sowohl Arroganz und Überheblichkeit als auch Nachdenklichkeit bedeuten.
- Ein häufiger Lidschlag deutet auf Unsicherheit und Nervosität hin.

Die Stimme

Die Stimme sorgt machtvoll, aber unbewusst für Faszination, Sympathie und Durchsetzungsvermögen.

Fragt man Personalverantwortliche, welchen Stellenwert die Stimme eines Bewerbers hat, unterstreichen viele von ihnen, dass die Stimme eines Bewerbers einen wesentlichen Eindruck hinterlasse. Bei potenziellen Mitarbeitern mit Kundenkontakt achten die Unternehmensvertreter sogar sehr bewusst auf Stimme und Modulation des Bewerbers. Denn die Stimme eines Mitarbeiters am Telefon ist oft die erste Visitenkarte des Unternehmens. Innerhalb der ersten Sekunden eines Telefonats macht sich ein Anrufer ein erstes Bild von seinem Gesprächspartner am anderen Ende der Leitung. Ein Großteil der Befragten zieht deshalb Bewerber mit angenehmer Stimme und Sprechweise anderen Bewerbern vor.

Strebt ein Bewerber eine Führungsposition an, wird seiner Stimme bei der Personalauswahl sogar besonders viel Bedeutung beigemessen. Bei der Bewertung der Stimme eines Jobkandidaten gehen die meisten Unternehmensvertreter nach ihrem subjektiven Eindruck vor. Nur wenige legen objektive Bewertungskriterien zugrunde.

»Ein Mann mit einer kräftigen, wohltönenden Stimme hat es im Berufsleben einfacher als eine Frau mit Piepsstimme«, sagt Susanne Rausch, Karriereberaterin in Berlin. Eine angenehme, gut verständliche Stimme ist für Berufstätige sehr wichtig. Aber Vorsicht: Eine überlaute Stimme kommt auch nicht gut an. Wichtig an der Stimme sind Stimmlage, Sprechmelodie, Geschwindigkeit, die Dauer von Pausen sowie die Lautstärke.

Eine klare Aussprache kommt gut an

Achten Sie darauf, dass Sie nicht zu schnell sprechen und deutlich artikulieren.

Eine gute Berufsstimme klingt laut der Phonetikerin Vivien Zuta vom Frankfurter Institute for Advanced Studies (FIAS) sachlich und bestimmt, gleichzeitig aber auch persönlich und freundlich. Dazu gehört ein mittleres Sprechtempo. Bewerber, die stimmlich sicher wirken und ihre Stimme flexibel einsetzen können, kommen deshalb gut an. Voll klingende mittlere Stimmlagen werden hohen oder betont tiefen vorgezogen.

Schnelles Sprechen erweckt den Eindruck, dass Sie sich nicht wohlfühlen und schnell fertig werden möchten. Zu langsames Sprechen wirkt einschläfernd.

Wer sehr monoton und langsam spricht, klingt gelangweilt und lässt damit den Eindruck von Motivation und Engagement vermissen, der für ein Vorstellungsgespräch so wichtig ist. So können die Chancen für den Job – nur aufgrund der Stimme – schnell schwinden.

Stimmtraining kann helfen

Professionelle Stimmtrainer erzielen Stimmveränderungen und -verbesserungen in relativ kurzer Zeit.

Die gute Nachricht für Bewerber mit zu leiser Stimme, mit monotoner oder undeutlicher Sprechweise: Mit einem Stimmtraining können Mängel an der Stimme schnell ausgeglichen werden. Wer seine Aussprache verbessern will, wiederholt zum Beispiel immer wieder Sätze mit vielen Vokalen. Um der Stimme mehr Lautstärke und Klang zu geben, trainiert man die Bauchatmung und spricht im Rhythmus der Bauchatmung immer wieder die Silben: »Hopp, hepp, hupp«. Gute Übung: Legen Sie sich mit einem Buch auf dem Bauch auf den Rücken. Das Buch muss sich im Atemrhythmus heben und senken.
Wer zu monoton spricht und seine Aussprache melodischer machen möchte, liest spannende Geschichten, die viel direkte Rede enthalten, laut vor, akzentuiert dabei genau und versucht – wie ein Schauspieler –, die Emotionen der beschriebenen Personen mit seiner Stimme eindrucksvoll wiederzugeben.
Und nicht vergessen: Die Atmung ist die Energie der Gedanken. Die Stimme eines Menschen ist immer nur so gut wie seine Atmung. Auch aus diesem Grund sind Entspannungsübungen kurz vor dem Bewerbungsgespräch eine sinnvolle Maßnahme. Nur wer entspannt ist, kann seinen Atem frei fließen lassen.

Mit einer ausgefeilten Rhetorik im Vorstellungsgespräch überzeugen

Mit sprachlicher Gewandtheit können Sie punkten.

Es gibt Menschen, die rhetorisches Talent besitzen und ihre Gesprächspartner mit sprachlicher Gewandtheit und Brillanz beeindrucken. Diese Fähigkeit hat nicht jeder. Vor allem im Vorstellungsgespräch, in dem beim Bewerber womöglich Anspannung und Aufregung dominieren, kann es schon passieren, dass die Worte nicht so selbstverständlich fließen wie in der lockeren Runde im Freundeskreis.

Bei Führungspositionen und Tätigkeiten mit Kundenkontakt achten Personaler besonders auf die sprachliche Souveränität des Bewerbers.

Aber: Eine lebendige, anschauliche Sprache, die Begeisterung und Engagement transportiert, hat viel Überzeugungskraft und kann andere Schwächen des Bewerbers wettmachen.

Und je nachdem, welche Position besetzt werden soll, etwa die eines Verkäufers oder Einkäufers, achten die Interviewer besonders auf die rhetorische Sicherheit und Verhandlungsstärke des Kandidaten. Die folgenden Seiten fassen wichtige Grundlagen erfolgreicher Rhetorik zusammen, die an die Empfehlungen des Rhetorik- und Dialektiktrainers Dr. Albert Thiele angelehnt sind.

Die Grundregeln wirkungsvoller Rhetorik

Wem die Fähigkeit, andere Menschen mit einem brillanten rhetorischen Feuerwerk zu überzeugen, nicht in die Wiege gelegt wurde oder wer sich nicht durch entsprechende Rhetorikkurse eine professionelle Sprechweise angeeignet hat, wird sich auch mit noch so viel Vorbereitung auf sein Vorstellungsgespräch nicht zu einem Rhetorikprofi wandeln. Das muss auch gar nicht sein. Es genügt, wenn Sie sich die folgenden Grundregeln erfolgreicher Rhetorik immer wieder vor Augen führen und zum Beispiel im Rollenspiel versuchen, sie zu berücksichtigen.

Machen Sie sich vor dem Vorstellungsgespräch klar, welchen konkreten Nutzen Sie dem Unternehmen in dieser Position bieten können.

Sprechen Sie nach dem Motto: In dir muss brennen, was du in anderen entzünden willst.

Reden Sie nicht um den heißen Brei herum. So verlieren Sie an Glaubwürdigkeit.

Grundregeln erfolgreicher Rhetorik

1) Die Botschaft muss klar sein. Der Kandidat sollte schon vor dem Vorstellungsgespräch genau wissen, wie er sich im Interview verkaufen will. Welche seiner Stärken und Qualifikationen, die besonders gut für die Position passen, will er betonen? Welches Alleinstellungsmerkmal hat er? Das heißt, was kann er Besonderes in das Unternehmen einbringen, etwas, das andere vielleicht nicht vorweisen können? Was sind seine Ziele bezüglich der neuen Position? Wie will er das Unternehmen in Zukunft als Mitarbeiter erfolgreich unterstützen? Wer sich zu diesen Themen vorher ausführlich Gedanken gemacht hat, bei dem fließen auch die Worte flüssiger und überzeugender.
2) Die Interviewer sind wichtig, nicht der Bewerber. Das heißt: Das, was der Kandidat sagt, muss seinen Gesprächspartnern am Tisch gefallen und nicht ihm selbst. Deshalb ist es von großem Vorteil, wenn der Bewerber sich bereits im Vorfeld über die Positionen und Aufgabengebiete der Anwesenden informiert hat. So kann er besser auf deren Interessen eingehen.
3) Wer die Wahrheit sagt, wirkt authentisch. So kommen auch die Aussagen glaubwürdig und überzeugend an. Es hat also keinen Sinn, sich im Vorstellungsgespräch zu verstellen und Überzeugungen von sich zu geben, die nichts mit der eigenen inneren Einstellung zu tun haben. Allein die Körpersprache und Stimme werden verräterisch sein. Erfahrene Personaler entlarven solche Versuche sofort. Und nur wer authentisch ist, kann andere auch von sich überzeugen.
4) Rede weniger, sage mehr. Dieses Motto ist für Bewerber Erfolg versprechend. Nur die für das Vorstellungsgespräch und die neue Aufgabe wichtigen Fakten werden angesprochen. Sie sollen Hand und Fuß haben und selbstbewusst vorgetragen werden. Bringen Sie Ihre Botschaft auf den Punkt und reden Sie nicht um den heißen Brei herum.

Grundregeln erfolgreicher Rhetorik (Fortsetzung)

5) Zuhören können ist eine wichtige rhetorische Qualität. Wenn ein Unternehmensvertreter spricht, hält der Bewerber interessiert Blickkontakt zu ihm, hört ihm aufmerksam zu und unterbricht ihn nicht.

Negative Emotionen haben im Bewerbungsgespräch nichts zu suchen.

6) Emotionen gehören zu einer lebendigen Sprache. Wenn ein Bewerber Begeisterung, Interesse und Willenskraft in seiner Sprache ausdrücken kann, hat er schon viel gewonnen. Aussagen wie »Es macht mir riesigen Spaß, mit vielen Kunden in Kontakt zu sein«, »Ich habe Zahlen immer schon geliebt« oder »Computer sind meine Leidenschaft« dürfen ruhig sein. Sie zeigen, dass der Bewerber seine Position nicht nur mit dem Kopf, sondern auch mit dem Herzen ausfüllen wird.

Vermeiden Sie Fremdwörter und langatmige Umschreibungen.

7) Eine klare verständliche Sprache ist Voraussetzung für eine gute Kommunikation. Die Personalverantwortlichen müssen die Botschaft des Bewerbers sofort und unmissverständlich verstehen können. Fachausdrücke aus dem Bereich, in dem die Position besetzt werden soll, sind natürlich erlaubt, um die Vertreter des Unternehmens von der fachlichen Kompetenz zu überzeugen.

8) Der Bewerber sollte keine Monologe halten, auch wenn vielleicht der eine oder andere Personalverantwortliche selbst dazu neigt zu monologisieren. Bewerber, die zu lange und zu ausführlich von sich selbst reden, laufen Gefahr, als überzogene Selbstdarsteller eingestuft zu werden.

Die Gesprächspartner werden Ihre ungeteilte Aufmerksamkeit sehr wertschätzen.

9) Eine direkte Ansprache überzeugt. Im Augenblick des Gesprächs konzentriert sich der Bewerber immer auf diejenigen, die er gerade ansprechen möchte.

10) Nachfragen vermeidet Missverständnisse. Wenn der Bewerber nicht sicher ist, ob er die Aussage eines Unternehmensvertreters richtig verstanden hat, ist es sinnvoll, wenn er das Gesagte noch einmal mit

Grundregeln erfolgreicher Rhetorik (Fortsetzung)

eigenen Worten wiederholt, zum Beispiel so: »Sie sehen also einen wichtigen Schwerpunkt in der ... Habe ich Sie da richtig verstanden?«

11) Der erste Eindruck ist entscheidend, der letzte bleibt. Das heißt: Der sprachliche Einstieg und der Schluss des Bewerbers im Jobinterview hinterlassen bei den Unternehmensvertretern einen nachhaltigen Eindruck. Deshalb sind eine souveräne Vorstellung und Begrüßung ebenso wichtig wie die Verabschiedung.

Kritische Fragen und Gegenargumente im Vorstellungsgespräch

Betrachten Sie Einwände wie kritische Fragen und Gegenargumente nicht als Angriff auf Ihre Person.

Personaler versuchen, Bewerbern mit kritischen Fragen auf den Zahn zu fühlen, sie gelegentlich auch zu verunsichern. Sie wollen hinter die Fassade des Kandidaten schauen und eventuelle Schwächen und Ungereimtheiten aufdecken. Mit einer ausgefeilten Rhetorik können Bewerber solche Einwände, manchmal sogar Angriffe, geschickt parieren. Wichtig ist, dass Sie sich von solchen kritischen Einwänden nicht verunsichern lassen oder gar aggressiv reagieren. Im Gegenteil: Jede Frage zeugt vom Interesse des Interviewers und davon, dass er noch mehr über Sie, den Bewerber, erfahren will. Reagieren Sie deshalb am besten immer positiv auf sachliche Einwände. Denn Personaler messen Kandidaten nicht nur an der Qualität ihrer Argumente, sondern auch an der Art und Weise, wie sie mit Kritik und gegenteiligen Meinungen umgehen.

Will man Sie provozieren? Dann handelt es sich nicht mehr um einen sachlichen Einwand, sondern um einen Angriff.

Bei einem Einwand oder einer Frage geht es für den Bewerber erst einmal darum herauszufinden, warum der Interviewer nachfragt. Hat er vielleicht nur eine Aussage nicht richtig verstanden? Hakt er nach, weil er grundsätzlich eine ganz andere Auffassung hat? Oder will er bewusst provozieren, um die Stressresistenz und die Souveränität des Bewerbers zu testen?

Tipp **Zeit gewinnen**

Wenn ein Einwand oder eine kritische Frage kommt, auf die der Bewerber nicht sofort eine Antwort parat hat, wendet er die Methode der Wiederholung an – er wiederholt den Einwand mit eigenen Worten. Damit gewinnt er Zeit zum Überlegen: »Verstehe ich Sie richtig, Herr Müller, dass Sie ...?«

Einwandtechniken

Methode der bedingten Zustimmung

Gehen Sie auf jeden Einwand ein. Bleiben Sie ruhig und lassen Sie sich nicht in eine Rechtfertigungsposition drängen.

Der Rhetoriktrainer Albert Thiele empfiehlt für ein lebendiges Gespräch, das trotz unterschiedlicher Ansätze der Gesprächspartner harmonisch verlaufen soll, verschiedene Formen der Reaktion auf Einwände. Bei der Methode der bedingten Zustimmung greift der Bewerber einen Aspekt des Einwands auf und stimmt bedingt zu. Erst dann erklärt er den eigenen Standpunkt auf verständliche Weise und präzisiert oder relativiert ihn:

Beispiele

- »In diesem Aspekt stimme ich Ihnen zu. Ich möchte dazu noch Folgendes erläutern ...«
- »Ich bin Ihnen dankbar, dass Sie diesen Punkt ansprechen. Dazu möchte ich sagen, dass ...«
- »Ich verstehe Ihren Standpunkt. Wir dürfen jedoch nicht übersehen, dass ...«

Umformulierungsmethode

Der Kandidat formuliert den Einwand in eine positive Frage um. Damit nimmt er ihm die Schärfe und bringt die Diskussion wieder souverän auf die Sachebene.

Beispiel

»Wenn ich Sie richtig verstehe, geht es Ihnen um die Frage, wie ich meine Führungsqualitäten einschätze. In meiner jetzigen Position als Projektverantwortlicher für ...«

Wenden Sie die Vorteile-Nachteile-Methode vor allem an, wenn Ihnen Entweder-oder-Fragen gestellt werden.

Personaler wünschen sich Bewerber, die differenzierte Antworten geben können.

Geben Sie zu, konfliktscheu zu sein, stuft der Personaler Sie als Duckmäuser ein. Konfliktbereitschaft dagegen deutet auf einen Unruhestifter hin.

Vorteile-Nachteile-Methode

Auf eine Entweder-oder-Frage antwortet der Bewerber diplomatisch, indem er die Vorteile bzw. Nachteile beider Varianten aufführt. Dies schwächt seine Überzeugungskraft nicht. Vorsicht: Entweder-oder-Fragen und Lieber-dieses-oder-lieber-jenes-Fragen sind häufig Fangfragen. Personaler wollen den Bewerber damit in eine Ecke drängen und zu einer einseitigen Antwort verleiten. Damit gibt der Bewerber entweder spontan eine einseitige Neigung zu erkennen, die dann für die Interviewer sehr aufschlussreich ist, oder er offenbart seinen Gesprächspartnern, dass er auf eine derartige Frage nicht differenziert antworten kann. Diese Fähigkeit ist aber in Unternehmen häufig erwünscht, vor allem, wenn es um Verhandlungen geht, die der Bewerber in Verbindung mit den künftigen Aufgaben führen muss.

Beispiele

Interviewer: »Sind Sie eher Einzelkämpfer oder Teamplayer?«
Bewerber: »Ich denke, beides hat seine Vor- und Nachteile. Einzelkämpfer haben klare Vorteile, wenn …«
»Ich versuche, die Vorzüge beider Arbeitsstile in meine tägliche Arbeit einfließen zu lassen. Es gibt bestimmte Aufgaben wie z. B. …«
Interviewer: »Machen Sie lieber Abenteuerurlaub oder lieber Strandurlaub?«
Bewerber: »Ich mache beides sehr gern. Es gibt Phasen, da brauche ich ein paar Tage Erholung am Strand. Dann möchte ich aber auch wieder Neues entdecken. In einem längeren Urlaub verbinde ich gerne beides.«
Interviewer: »Sind Sie eher konfliktscheu oder konfliktbereit?«
Bewerber: »Weder das eine noch das andere.« Es gibt Dinge, da lohnt es sich einfach nicht, eine Diskussion vom Zaun zu brechen. Und wenn mir ein Kompromiss nicht schwerfällt, warum sollte ich ihn dann nicht eingehen? Bei grundlegenden Differenzen allerdings spreche ich das Problem schon an. Wichtig dabei ist, dass die Beteiligten versuchen, die Angelegenheit ruhig und möglichst sachlich zu besprechen. Ich für meinen Teil achte sehr darauf. Vor allem ist mir wichtig,

dass ich den anderen nicht persönlich verletze. Ich habe bisher die Erfahrung gemacht, dass es für den Teamgeist sehr positiv ist, wenn Meinungsverschiedenheiten auf diese Weise geregelt werden.«

Referenzmethode

Lassen Sie elegant Ihr Hintergrundwissen aus Ihrem Fachbereich einfließen.

Diese Methode ist vor allem dann geeignet, wenn es um Fachfragen geht. Hier kann der Bewerber seine Argumente untermauern und sein Know-how beweisen, indem er Erfahrungen und Erkenntnissen in vergleichbaren Unternehmen der Branche und Aussagen von Experten zitiert.

Beispiele

- »Ich bin vollkommen einer Meinung mit Ihnen, was den Entwicklungsstand der Technologie XY anbelangt. Es gibt aber in einigen Unternehmen bereits Erfahrungen, dass ...«
- »Sie fragen zu Recht nach den Zukunftstrends in diesem Bereich. Auf der vergangenen CEBIT bestätigte sich die Einschätzung des Fraunhofer-Instituts, dass ...«

Verständnismethode

Oft drücken Einwände im Bewerbungsgespräch nur aus, dass Ihr Gegenüber eine andere Sicht der Dinge hat.

Zeigt der Bewerber Verständnis für die Fragen und Einwände seiner Gesprächspartner, beweist er ihnen damit seine Wertschätzung. Mit dieser Haltung zeigt er Verbindlichkeit und verringert Distanz.

Beispiele

- »Ich kann Ihre Frage sehr gut nachvollziehen. In den drei Monaten zwischen meinem Ausbildungsabschluss und meiner ersten Anstellung als ...«
- »Ich kann sehr gut nachvollziehen, dass Sie sich einen Bewerber mit etwas mehr Berufserfahrung wünschen. Dazu möchte ich sagen, dass ...«

Umkehrmethode

Negativaussagen können umgekehrt werden, indem sie auf positive Aspekte gelenkt werden. Der Kandidat weist in seiner Antwort auf die positiven Aspekte des Themas hin.

Beispiele

- »Sie haben recht, ich habe noch keine langjährige Berufserfahrung. Dafür bin ich voller Tatendrang und brennend daran interessiert, bei der Entwicklung Ihrer neuen Produktlinie mitzuwirken.«
- »Da sprechen Sie einen wichtigen Punkt an. Das Sabbatical war für mich nicht eine spontane Auszeit, sondern im Vorfeld wohlüberlegt und geplant ...«

Mit Brückensätzen Zeit gewinnen

Brückensätze helfen Ihnen, gelassen und ruhig zu reagieren.

Neben den genannten Methoden im Umgang mit kritischen Fragen und Einwänden im Bewerbungsgespräch sind auch Brückensätze ein geeignetes Mittel, wenn der Bewerber von einer Frage oder einem Einwand überrascht ist. Mit einem Brückensatz kann er auf ein Thema lenken, das ihm entgegenkommt, und damit zur Deeskalation der Situation beizutragen. Brückensätze helfen ihm auch, Zeit zu gewinnen, um sich die Antwort noch einmal durch den Kopf gehen zu lassen.

Beispiele für Brückensätze

- Einen Angriff neutralisieren: »Das höre ich zum ersten Mal, Herr Müller. Das erstaunt mich.«
- Bedingt zustimmen: »Grundsätzlich stimme ich Ihnen vollkommen zu. Was den zweiten Punkt angeht, denke ich ...«
- Auf den Kernpunkt zurückführen: »Damit sind wir mit Ihrer Frage wieder beim ursprünglichen Thema, dass ...«
- Den Gesprächspartner aufwerten: »Als erfahrener Fachmann wissen Sie sicher ...«
- Ergänzende Ich-Botschaften wählen: »Ich kann Ihre Frage im Augenblick nicht ganz einordnen.«

Verzichten Sie bei Einwänden auf jede Demonstration von Überlegenheit und Dominanz.

Diese Antworten auf kritische Fragen sind tabu

Wenn ein Personaler einen Einwand vorbringt, ist es wichtig, dass der Bewerber das Gespräch mit seiner Antwort nicht auf Konfrontationskurs bringt. Es geht vielmehr darum, seine Bedenken auszuräumen und das Gespräch positiv weiterzuführen. Ansonsten entsteht bei den Unternehmensvertretern eine Abwehrhaltung und die Chancen, den Job zu bekommen, sinken rapide. Widerlegen Sie Einwände also am besten nicht, sondern beantworten Sie sie konstruktiv.

Bedenken Sie: Jeder Mensch hat ein mehr oder weniger ausgeprägtes Bedürfnis nach Wertschätzung.

Auch wenn Sie als Bewerber den subjektiven Eindruck gewinnen, ein Einwand sei sinnlos, unsachlich oder laienhaft: Vermeiden Sie unbedingt folgende oder ähnliche Redewendungen bei Einwänden Personalverantwortlicher:

- »Sie haben mich völlig falsch verstanden.«
- »Jetzt passen Sie mal auf, was ich Ihnen zu sagen habe.«
- »Versetzen Sie sich mal in meine Position.«
- »Das habe ich Ihnen doch gerade vorhin schon beantwortet.«
- »Ich sage es gern noch einmal für Sie.«
- »Nein, das sehen Sie falsch.«
- »Sie verstehen den Grundgedanken nicht.«
- »Das ist doch völliger Unsinn.«
- »Diese Frage erübrigt sich doch wohl, oder?«
- »Ihr Einwand passt überhaupt nicht zum Thema.«
- »Warum fragen Sie mich?«

Mit Aussagen im Konjunktiv signalisieren Sie Unsicherheit und machen sich unbewusst kleiner.

Der Konjunktiv: ein Feind überzeugender Rhetorik

Es gibt Bewerber – häufig sind es Frauen – die eine Sprache mit vielen Konjunktiven und Wörtern wie »vielleicht«, »bisschen«, »eigentlich« pflegen. In Bewerbungsgesprächen wie im Berufsleben generell kommt der Konjunktiv jedoch überhaupt nicht gut an. Denn hier sind klare Aussagen gefragt. Viel erfolgversprechender ist es, wenn es um Ziele und Karriere geht, selbstbewusst und klar zu formulieren.

Selbstbewusst formulieren	
Kein Konjunktiv	**Sondern besser**
»Eigentlich würde ich auch gerne mal eine Projektleitung übernehmen.«	»Mein Ziel ist es, innerhalb der nächsten zwei Jahre selbstständig Projekte zu leiten.«
»Ich hätte mir schon ein Jahresgehalt von XX 000 € vorgestellt.«	»Meine Gehaltsvorstellung liegt bei XX 000 € brutto im Jahr.«
»Ich könnte mir gut vorstellen, die Aufgaben zu übernehmen.«	»Ich bin überzeugt davon, dass ich die Herausforderungen, die mit der Position verbunden sind, aufgrund meiner Qualifikation und meiner Erfahrung sehr gut bewältigen werde.«

Aktiv zuhören: ein wichtiges Element guter Rhetorik

Als aktiver Zuhörer hören Sie dem Sprechenden ganz bewusst zu und versuchen auch das nicht Gesagte herauszuhören.

Zur Sprachgewandtheit und guten Kommunikation gehört auch die Fähigkeit, zuzuhören. Wichtige und wertvolle Informationen erlangt der Bewerber durch »aktives Zuhören«. Die Technik des aktiven Zuhörens wurde von dem amerikanischen Psychologen Carl Rogers entwickelt. Es betont vor allem die emotionalen Aspekte in der Botschaft des Gesprächspartners. Demnach ist es wichtig, nicht allein die sachlichen Aussagen zu hören, sondern auch die nonverbalen Signale der Rede wahrzunehmen, zum Beispiel die Stimmführung, die Betonung, die Mimik oder die Körpersprache. Die Aussage selbst ist erst durch die Einbeziehung dieser Aspekte angemessen zu verstehen.
Aktives Zuhören trägt nicht nur zum Aufbau einer positiven Gesprächsatmosphäre bei, sondern liefert auch viele nützliche Informationen, an die der Bewerber durch Sprechen nie kommen würde.
»Aktives Zuhören« bedeutet:

Personaler reden gern über ihr Unternehmen. Durch aktives Zuhören erweisen Sie ihnen Respekt.

- Der Bewerber wendet sich dem Gesprächspartner mit offener Körpersprache zu und blickt ihn aufmerksam an.

- Er beugt sich seinem Gegenüber leicht entgegen, um Interesse zu signalisieren.
- Er gibt durch Signale zu verstehen, dass er den Ausführungen seines Gegenübers konzentriert folgt. Die Signale sind zum Beispiel gelegentliches Kopfnicken, ein Lächeln, ein zustimmendes »Hmm«, »Aha« oder »Ja« und bestätigende Aussagen wie: »Das ist ja sehr interessant!«, »Ach, das ist ja wirklich erstaunlich!«, »Genau dasselbe denke ich auch!«

Achten Sie beim aktiven Zuhören auf die Körpersignale des anderen.

- Er konzentriert sich ausschließlich darauf, seinen Gesprächspartner zu verstehen.
- Er unterdrückt erst einmal seine Gedanken und Ansichten und widersteht der Versuchung, den anderen zu unterbrechen.
- Er lässt Pausen im Gesprächsfluss zu. Wenn der Gesprächspartner erkennbar eine kurze Denkpause macht, um dann weiterzusprechen, wartet der Bewerber ruhig ab und nutzt die Unterbrechung nicht, um etwas zu entgegnen.

Aktiv zuhören heißt mit allen Sinnen zuhören.

- Er fasst noch einmal kurz zusammen, was sein Gesprächspartner gesagt hat, um zu kontrollieren, ob er ihn richtig verstanden hat.
- Er stellt Rückfragen, wenn er etwas nicht verstanden hat.
- Er notiert sich Fragen, um seinen Gesprächspartner nicht zu unterbrechen, und kommt dann darauf zurück, wenn sich eine Gelegenheit dazu bietet.

Fazit: Ein »aktiver Zuhörer« gibt seinem Gegenüber das Gefühl, dass es in diesem Moment keine wichtigere Person für ihn gibt.

Rechte und Pflichten im Vorstellungsgespräch

Stellt sich ein Bewerber einer Personalauswahl, muss er nicht alles hinnehmen, was ein Arbeitgeber sich im Rahmen dieses Ausleseprozesses einfallen lässt. Vor allem muss er nicht alle Informationen preisgeben, wenn sie für die qualifizierte Ausübung der neuen Tätigkeit nicht relevant sind.

Der Gesetzgeber hat Bewerber mit einer Reihe von Rechten und Pflichten ausgestattet.

Der Arbeitgeber muss sich, wenn er ein Auswahlverfahren durchführt, an gesetzliche Rahmenbedingungen halten, angefangen beim allgemeinen Gleichbehandlungsgesetz über die Zulässigkeit von Fragen bis hin zur Pflicht zur Erstattung von Bewerbungskosten. Tut er dies nicht, kann der Bewerber ihn auf seine Pflichten hinweisen bzw. rechtliche Schritte gegen ihn unternehmen.

Wenn sich ein Bewerber um einen Arbeitsplatz bewirbt, entsteht ein sogenanntes Anbahnungsverhältnis zwischen Arbeitgeber und Bewerber. Damit ergeben sich nach § 311 Abs. 2 BGB gegenseitige Fürsorge-, Sorgfalts-, Loyalitäts- und Aufklärungspflichten. Unter anderem sind die Verhandlungspartner nach außen hin zum Stillschweigen verpflichtet, insbesondere was die Vertragsverhandlungen anbelangt und wenn Betriebsgeheimnisse oder Persönlichkeitsrechte des Bewerbers betroffen sind.

Pflichten des Bewerbers

Der Bewerber ist verpflichtet, alle zulässigen Fragen wahrheitsgemäß zu beantworten.

Fragen nach Ihrem beruflichen Werdegang und Ihrer Qualifikation müssen Sie ehrlich beantworten.

Zudem muss er den Arbeitgeber über alle Umstände, die für das in Aussicht stehende Arbeitsverhältnis von Bedeutung sind, unterrichten. Wenn es also Gründe gibt, die den Bewerber für die angebotene Stelle ungeeignet machen können, muss er diese mitteilen, zum Beispiel: den baldigen Antritt einer Haftstrafe oder einen Gesundheitszustand, der es ihm unmöglich macht, die mit der Stelle verbundenen Tätigkeiten auszuüben. Kommt der Bewerber dieser Pflicht nicht nach, kann der Arbeitgeber den Arbeitsvertrag später wegen arglistiger Täuschung anfechten.

Die Folge: Der Arbeitsvertrag ist unwirksam und der Mitarbeiter muss das Unternehmen verlassen.
Der Bewerber muss außerdem das Unternehmen, bei dem er sich beworben hat, rechtzeitig darüber informieren, wenn er sich für ein anderes Unternehmen entschieden hat. Die Kosten für die Bewerbungsunterlagen trägt der Bewerber einschließlich der Portokosten. Das betrifft grundsätzlich auch die Unterlagen, die der Arbeitgeber noch zusätzlich verlangt wie zum Beispiel ein Führungszeugnis des Bundesamtes der Justiz (früher: polizeiliches Führungszeugnis), zu beantragen beim örtlichen Einwohnermeldeamt, oder eine Arbeitserlaubnis.

Pflichten des Arbeitgebers

Aus dem vorvertraglichen Vertrauensverhältnis, das im Bewerbungsprozess zwischen Unternehmen und Bewerber entsteht, ergeben sich für den Arbeitgeber Obhuts- und Sorgfaltspflichten. Sie bestehen zum Beispiel darin, dass der Arbeitgeber Bewerbern den Eingang der Bewerbung bestätigen und die Unterlagen – falls es zu keiner Einstellung kommt – nach Abschluss des Bewerbungsverfahrens auf eigene Kosten zurücksenden muss. In der Zwischenzeit ist er verpflichtet, die Bewerbungsunterlagen aufzubewahren und sorgsam zu behandeln.

Die Unterlagen müssen in einwandfreiem Zustand an Sie zurückgesendet werden.

Die Unterlagen dürfen bei der Rücksendung keine Risse, Eselsohren, Fettflecken oder sonstigen Schäden aufweisen. Sonst kann der Bewerber Schadensersatzansprüche geltend machen. Die Praxisrelevanz ist allerdings gering, weil die Schäden meist geringfügig sind. Wird der Bewerber tatsächlich eingestellt, kommen die Bewerbungsunterlagen in seine Personalakte.
Zahlreiche Bewerber schicken ihre Unterlagen initiativ an Unternehmen, das heißt, ohne gezielt auf eine Stellenanzeige oder -ausschreibung zu antworten. Hier sieht die Rechtslage anders aus:

Auf unverlangt eingehende Bewerbungen braucht der Arbeitgeber nicht zu reagieren.

Der Arbeitgeber muss in diesem Fall keine Eingangsbestätigung senden und sie nur zurückschicken, wenn der Absender einen Freiumschlag beigelegt hat. Eine explizite

Rechtspflicht besteht aber auch hier nicht. Meldet sich der Bewerber nach Zusendung seiner Bewerbungsunterlagen nicht wieder, kann das Unternehmen sie innerhalb einer angemessenen Frist – etwa drei Monate – vernichten.

Unerlaubte Fragen

Natürlich wollen Personaler im Bewerbungsgespräch möglichst viel über den potenziellen Mitarbeiter erfahren. In einigen Bereichen hat der Gesetzgeber jedoch zu viel Neugierde einen Riegel vorgeschoben. Denn dem Interesse des Arbeitgebers, sich im konkreten Einzelfall über die Eignung des zukünftigen Mitarbeiters für die vorgesehene Tätigkeit zu vergewissern, steht das Interesse des Bewerbers an der Wahrung seiner Privatsphäre und seines Persönlichkeitsrechts gegenüber. Vor allem das Allgemeine Gleichbehandlungsgesetz (AGG) verbietet jegliche Diskriminierung und schützt Bewerber vor Ungleichbehandlung.

Diskriminierende Fragen sind nicht erlaubt

Besonders Fragen, die im Bewerbungsgespräch auf diese sechs Bereiche abzielen, sind unzulässig.

In den folgenden sensiblen Bereichen sind Bewerber gesetzlich im Prinzip vor Diskriminierung geschützt: Ungleichbehandlung aufgrund

- des Geschlechts,
- der Rasse oder der ethnischen Herkunft,
- der Religion oder Weltanschauung,
- des Alters,
- einer Behinderung oder
- der sexuellen Identität.

Das bedeutet allerdings nicht, dass Fragen zu einzelnen dieser Bereiche immer und ausnahmslos unzulässig sind. In Einzelfällen sind sie durchaus erlaubt: zum Beispiel dann, wenn eine Behinderung die Ausübung einer bestimmten Tätigkeit unmöglich macht.
Kann der Bewerber vor Gericht beweisen, dass er im Vergleich zu einer anderen Person diskriminiert wurde, muss der Arbeitgeber aufgrund § 15 Allgemeines Gleichbehand-

lungsgesetz (AGG) Schadensersatz leisten. Zum einen muss dem Bewerber dann der materielle Schaden, also der Vermögensschaden, der ihm aufgrund der Ablehnung entstanden ist, ersetzt werden. Zum anderen hat er auch Anspruch auf Entschädigung in Bezug auf den immateriellen Schaden. Diese ist im Fall einer Nichteinstellung auf drei Monatsgehälter begrenzt, sofern der Bewerber auch ohne Diskriminierung nicht angenommen worden wäre (§ 15 Nr. 2 S. 2 AGG).

Bei unzulässigen Fragen dürfen Sie sogar lügen.

Der Bewerber kann die Antwort auf eine unzulässige Frage verweigern. Und nicht nur das: Er darf solche Fragen sogar mit einer Lüge beantworten, wenn er befürchten muss, dass der neue Arbeitgeber aufgrund seines Schweigens negative Rückschlüsse ziehen könnte. Wenn die Unternehmensvertreter eine verbotene Frage stellen, sollten Bewerber jedoch nicht gleich auf Konfrontation gehen und auf die rechtliche Unzulässigkeit hinweisen. Es sei denn, die Frage ist eine regelrechte Provokation und der Bewerber hat aufgrund dessen ohnehin kein Interesse mehr an einer Zusammenarbeit.

Mit unfreundlichen oder aggressiven Reaktionen katapultieren Sie sich schnell ins Aus.

Bewegt der Arbeitgeber sich mit seinen Fragen am Rande des Erlaubten, empfiehlt sich Sachlichkeit oder eben eine elegante Lüge. Es kann auch durchaus sein, dass ein Personaler einen Kandidaten mit unerlaubten Fragen auf die Probe stellen will. Er ist dann weniger an einer wahrheitsgemäßen Antwort interessiert, sondern vielmehr an der Art, wie sein Gegenüber mit dieser Situation umzugehen weiß.

Wenn der Bewerber nach wie vor an der Stelle interessiert ist, weist er den Unternehmensvertreter also besser nicht direkt auf die Unzulässigkeit der Frage hin.

Stellen Interviewer wiederholt unzulässige Fragen, ist es für den Bewerber an der Zeit zu überlegen, ob dieses Unternehmen wirklich das richtige für ihn ist. In diesem Fall kann er davon ausgehen, dass der Arbeitgeber auch im späteren Arbeitsverhältnis nicht immer korrekt handeln wird.

Nach dem AGG stellt die Frage nach einer Schwangerschaft eine unmittelbare Diskriminierung wegen des Geschlechts dar.

Fragen nach Krankheiten sind unzulässig, wenn der Arbeitgeber nur den generellen Gesundheitszustand abfragen will.

Diese Arbeitgeberfragen sind unzulässig

Generell gilt: Bewerber müssen nur die Fragen im Jobinterview wahrheitsgemäß beantworten, deren Inhalt direkt mit der Ausübung der betreffenden Tätigkeit in Zusammenhang steht.

1) **Die Frage nach der Schwangerschaft.** Grundsätzlich muss eine Bewerberin dem Arbeitgeber bei ihrer Bewerbung keine bestehende Schwangerschaft mitteilen. Nach der Rechtsprechung des Europäischen Gerichtshofes ist die Frage nach einer Schwangerschaft selbst dann unzulässig, wenn einer Beschäftigung der Frau von vornherein ein mutterschutzrechtliches Beschäftigungsverbot (z. B. Anstellung in Nachtarbeit oder gesundheitsgefährdende Labortätigkeiten) gemäß § 4 Mutterschutzgesetz entgegensteht (Bundesarbeitsgericht, 6.2.2003 – 2 AZR 621/01).
2) **Fragen nach Krankheiten.** Der Bewerber muss über Krankheiten, die er bereits überwunden hat, keine Auskunft erteilen. Zumindest dann nicht, wenn keine wesentlichen Nachwirkungen zurückgeblieben sind. Auch was seinen gegenwärtigen gesundheitlichen Zustand anbelangt, darf der Arbeitgeber nicht jede Frage stellen. Fragen nach dem Gesundheitszustand sind nur zulässig, soweit sie für die künftige Tätigkeit des Arbeitnehmers von Bedeutung sind. Zum Beispiel: Fragen nach Allergien gegen Stoffe, mit denen der Kandidat bei seinen neuen Aufgaben in Berührung kommen würde, Frage nach Bandscheibenschäden bei einem Fernfahrer.
   Was wiederkehrende Krankheiten anbelangt, wie Migräne, Allergien, Hexenschuss usw., darf der Arbeitgeber nur fragen, wenn die Krankheitssymptome so stark vom »normalen« Gesundheitszustand abweichen, dass der Arbeitgeber auch bei einem bestehenden Arbeitsverhältnis zur Kündigung berechtigt wäre.

Ansteckende Krankheiten muss der Bewerber von sich aus mitteilen.

Auch die Frage nach dem Kinderwunsch ist unzulässig.

Diese Arbeitgeberfragen sind unzulässig (Fortsetzung)

3) **Die Frage nach einer HIV-Infektion.** Vor Ausbruch der Krankheit ist diese Frage – wegen des Blutkontakts – nur dann erlaubt, wenn sie Auswirkungen auf die ausgeübte Tätigkeit haben könnte, zum Beispiel in medizinischen Berufen (Ärzte, Krankenschwestern, Hebammen usw.).
4) **Frage nach Alkohol- und Drogenabhängigkeit.** Auch diese Frage ist nur erlaubt, wenn die Sucht den Arbeitnehmer an der Ausübung seiner künftigen Tätigkeit hindert. Bewerber für eine Tätigkeit als Chauffeur oder Kraftfahrer zum Beispiel müssen ihre Sucht ungefragt mitteilen.
5) **Fragen nach Vorstrafen.** Danach darf der Arbeitgeber nur fragen, wenn eine Vorstrafe relevant für die ausgeübte Tätigkeit sein könnte, z. B. bei Positionen, die eine besondere Vertrauensstellung beinhalten.
6) **Die Frage nach den Vermögensverhältnissen.** Diese Frage ist grundsätzlich nicht zulässig. Es sei denn, die Vermögensverhältnisse des Bewerbers könnten Einfluss nehmen auf die zu besetzende Stelle, z. B. bei einem Kassierer einer Bank oder bei Tätigkeiten in sonstigen Vertrauenspositionen.
7) **Die Frage nach den Eheplänen.** Ist ein Bewerber unverheiratet, darf der Arbeitgeber nicht danach fragen, ob er beabsichtigt in absehbarer Zeit zu heiraten. Die Frage nach dem Familienstand, also ob er ledig, verheiratet, verwitwet oder geschieden ist, ist dagegen erlaubt.
8) **Die Frage nach der Religionszugehörigkeit.** Diese Frage ist generell unzulässig, es sei denn, es geht um einen Arbeitsplatz in einem Tendenzbetrieb. Tendenzbetriebe haben neben wirtschaftlichem Erfolg weitere Ziele, zum Beispiel politische, religiöse oder ethische. Alle kirchlichen Einrichtungen sind Tendenzbetriebe. Sie dürfen bei der Auswahl des Bewerbers die Religionszugehörigkeit berücksichtigen. Ausnahme: Die

Diese Arbeitgeberfragen sind unzulässig (Fortsetzung)

Frage nach der Zugehörigkeit zu Scientology darf der Arbeitgeber unter Umständen stellen. Das BAG hat jedenfalls in einem Beispielfall klargestellt, dass die religiösen oder weltanschaulichen Lehren von Scientology nur als Vorwand für die Verfolgung rein wirtschaftlicher Ziele dienen.

9) **Die Frage nach der Rasse oder ethnischen Herkunft.** Die Rassenfrage stellt stets eine Diskriminierung (Rassismus) dar und ist unzulässig. Auch die Frage nach der ethnischen Herkunft ist nur in den Ausnahmefällen erlaubt, wenn es sich zum Beispiel um eine Tätigkeit für eine Vereinigung einer ethnischen Gruppe selbst handelt.

10) **Die Frage nach dem Alter.** Grundsätzlich ist diese Frage unzulässig, weil sie nach dem AGG eine Diskriminierung darstellt, wenn die Einstellungsentscheidung auch vom Alter abhängig gemacht wird. In der Praxis schreiben die meisten Bewerber ihr Alter aber bereits in die Bewerbung. Zudem können die Personalverantwortlichen das Alter spätestens dann abschätzen, wenn ihnen der Bewerber im Vorstellungsgespräch gegenübersitzt.

11) **Die Frage nach einer früheren Stasitätigkeit.** Diese Frage ist nach einer Entscheidung des BVerfG ein schwerwiegender Eingriff in das Persönlichkeitsrecht des Bewerbers. Sie kann in Ausnahmefällen gerechtfertigt sein, wenn es sich zum Beispiel um eine höherrangige Tätigkeit im öffentlichen Dienst handelt.

Liegt die Stasivergangenheit mehr als 30 Jahre zurück, hat sie – je nach Betrachtung des Einzelfalls – keine Bedeutung mehr.

12) **Die Frage nach dem vorherigen Gehalt.** Diese Frage ist nur zulässig, wenn sich hieraus Rückschlüsse auf die Qualifikation des Bewerbers ziehen lassen.

Ihr aktuelles Gehalt müssen Sie nicht preisgeben.

13) **Die Frage nach der Zugehörigkeit zu einer Gewerkschaft oder Partei.** Auch diese Fragen sind generell unzulässig, es sei denn, der Kandidat bewirbt sich um eine Tätigkeit in einer Partei oder Gewerkschaft.

Unzulässig ist auch die Frage nach einer Behinderung, die keine Schwerbehinderung ist, wenn diese für die Tätigkeit nicht erheblich ist.

Diese Arbeitgeberfragen sind unzulässig (Fortsetzung)

14) **Die Frage nach dem Kündigungsgrund.** Diese Frage liegt besonders nahe, wenn Sie auf eigenen Wunsch gekündigt haben. Der Arbeitgeber darf dennoch nicht danach fragen. Sie dürfen lügen, wenn Ihnen eine ehrliche Antwort schaden würde.
15) **Die Frage nach der sexuellen Identität.** Der Arbeitgeber darf zum Beispiel nicht danach fragen, ob ein Bewerber homosexuell oder heterosexuell veranlagt ist. Religionsgemeinschaften können hier eine Ausnahme darstellen.
16) **Die Frage nach einer Schwerbehinderung.** Gemäß § 81 Abs. 2 Sozialgesetzbuch IX gelten Fragen nach einer Behinderung als unzulässig. Schwerbehinderte Menschen dürfen nicht benachteiligt werden. Im Einzelnen gelten die Regelungen des Allgemeinen Gleichbehandlungsgesetzes (AGG). Achtung: Zulässig ist die Frage, ob ein Bewerber zur Verrichtung einer beabsichtigten Tätigkeit geeignet ist. Fragt ein potenzieller Arbeitgeber im Vorstellungsgespräch danach, muss ein Bewerber auf gesundheitliche, seelische oder ähnlich schwerwiegende Beeinträchtigungen hinweisen, die eine Ausübung der vertraglich beabsichtigten Tätigkeit unmöglich machen.
17) **Die Frage nach sportlichen Hobbys.** Grundsätzlich gehen die privaten Aktivitäten eines Bewerbers den Arbeitgeber nichts an. Es gibt hier für den Bewerber aber keinen Grund, zu lügen oder auf die Fragen nicht zu antworten. Ausnahmen: Risikosportarten wie zum Beispiel Freeclimbing oder Rennfahren geben Sie lieber nicht an. Das könnte dem Arbeitgeber – was die Ausfallwahrscheinlichkeit anbelangt – zu riskant sein.

Der Bewerber muss den Interviewer nicht darauf hinweisen, dass dieser eine unzulässige Frage gestellt hat.

Die Folgen wahrheitswidriger Antworten

Stellen Unternehmensvertreter im Vorstellungsgespräch unzulässige Fragen, müssen sie damit rechnen, dass diese vom Bewerber nicht wahrheitsgemäß beantwortet werden. Kommt es zum Abschluss des Arbeitsvertrags, ist dieser gültig, auch wenn der Bewerber auf eine unzulässige Frage mit einer Lüge geantwortet hat.

Beantwortet der Bewerber allerdings eine **zulässige** Frage wahrheitswidrig, dann muss er damit rechnen, dass der Arbeitgeber den Arbeitsvertrag wegen Irrtum oder arglistiger Täuschung anfechten wird, wenn die Lüge ans Tageslicht kommt.

Bei der berechtigten Anfechtung eines Arbeitsvertrags muss vorher nicht der Betriebsrat des Unternehmens befragt werden.

Voraussetzungen für das Anfechtungsrecht des Arbeitgebers:

1) Die Frage war zulässig.
2) Der Bewerber hat den Arbeitgeber mit seiner Antwort durch Vorspiegelung oder Entstellung von Tatsachen über den wahren Sachverhalt getäuscht.
3) Die Tatsachen, die der Kandidat verschwiegen oder falsch dargestellt hat, haben Auswirkungen auf seine Tätigkeit im Unternehmen.
4) Die Unwahrheit war entscheidend für den Abschluss des Arbeitsvertrags.

Ist die Anfechtung des Arbeitgebers berechtigt, endet das Arbeitsverhältnis mit sofortiger Wirkung. Bei der Anfechtung handelt es sich nicht um eine Kündigung. Damit gibt es auch keine Kündigungsfrist.

Tipp | **Gewissenhaft entscheiden**

Gut vorbereitete Bewerber wissen im Vorstellungsgespräch, welche Fragen zulässig sind und welche nicht. Ob Sie allerdings das künftige Arbeitsverhältnis auf einer Lüge aufbauen wollen, weil sie z. B. den Schuldenberg oder die Schwangerschaft verschweigen, sollte gut überlegt sein. Denn der Arbeitgeber erfährt in absehbarer Zeit ohnehin von der Schwangerschaft oder den Geldsorgen, etwa durch Gehaltspfändungen. Damit sind das Vertrauen und auch das gute Arbeitsverhältnis dahin.

Oft ist es besser, Fragen zu umschiffen oder doch wahrheitsgemäß zu beantworten, statt zu lügen.

Die Offenbarungspflichten von Arbeitgeber und Bewerber

Im Rahmen einer Bewerbungssituation bestehen zwischen Bewerber und Unternehmen wechselseitige Offenbarungs- oder Aufklärungspflichten. Das heißt, beide Parteien müssen **unaufgefordert** alle Umstände offenlegen, die einer Ausübung der infrage kommenden Tätigkeit entgegenstehen könnten.

Viele kleinere Unternehmen wissen oft gar nicht, dass sie Offenbarungspflichten haben.

Der Arbeitgeber hat eine Offenbarungspflicht, wenn ...

- die betreffende Tätigkeit mit besonderen Gefahren oder Risiken, z. B. gesundheitlicher Art, verbunden ist;
- eine Pflicht zum Tragen spezieller Schutz-, Arbeits- oder Dienstkleidung besteht;
- sich bereits zum Zeitpunkt des Bewerbungsgesprächs abzeichnet, dass das Unternehmen in absehbarer Zeit nicht mehr existieren wird;
- das Unternehmen in ein Vergleichs-, Konkurs- oder Insolvenzverfahren verwickelt ist;
- das Unternehmen akute Zahlungsschwierigkeiten hat;
- der Arbeitsplatz, um den es in der Bewerbung geht, bald wegfallen wird, zum Beispiel wenn eine Betriebsschließung oder -verlegung geplant ist;
- geplant ist, dass der Arbeitsplatz in absehbarer Zeit an einen anderen Ort verlegt werden soll;
- sich die Anforderungen an die Tätigkeit, was die Qualifikation anbelangt, in absehbarer Zeit wesentlich ändern werden;
- der Betriebsrat des Unternehmens sich gegen Neueinstellungen ausgesprochen hat.

Der Arbeitnehmer kann unter bestimmten Voraussetzungen den Arbeitsvertrag anfechten.

Liegen einer oder mehrere der genannten Umstände vor und kommt der Arbeitgeber seiner Offenbarungspflicht nicht nach, kann der Arbeitnehmer – falls es zum Abschluss eines Arbeitsvertrags gekommen ist – diesen anfechten. Unter Umständen kann er sogar Schadensersatz fordern, weil er sein bisher bestehendes Arbeitsverhältnis aufgrund des neuen Jobangebots aufgelöst hat. In diesem

Für die Einstellung gilt: Der Arbeitgeber muss die für die Tätigkeit maßgeblichen Voraussetzungen aufklären.

Fall muss der Arbeitnehmer aber nachweisen, dass er die Tätigkeit gar nicht angenommen hätte, wenn der Arbeitgeber seiner Offenbarungspflicht nachgekommen wäre und ihn über die hindernden Umstände informiert hätte. Bewerber müssen nur in wenigen Fällen einer Offenbarungspflicht nachkommen, das heißt bestimmte Umstände offenlegen, ohne dass der Personalverantwortliche explizit danach fragt: dann, wenn es um Umstände geht, die die Erfüllung der Tätigkeit unmöglich machen oder ausschlaggebend für die Ausübung der Tätigkeit sind. So etwa wenn ein Wettbewerbsverbot vorliegt, die Verbüßung einer Haftstrafe ansteht, wenn es beschäftigungsrelevante Vorstrafen gibt oder Erkrankungen. Auf keinen Fall hat der Mitarbeiter eine Offenbarungspflicht in Angelegenheiten, für die grundsätzlich vonseiten des Arbeitgebers ein Fragerecht besteht, zu denen dieser die Fragen aber (noch) nicht gestellt hat.

Der Bewerber hat eine Offenbarungspflicht, wenn …

- ihm die arbeitsvertragsgemäße Aufnahme und Erfüllung des Arbeitsverhältnisses unmöglich ist,
- er die Tätigkeit nur beschränkt oder nicht in der vorgesehenen Art und Weise ausüben kann,
- er die Tätigkeit zum vorgesehenen Zeitpunkt nicht beginnen kann.

Verschweigt der Bewerber Hinderungsgründe oder täuscht er die Unternehmensvertreter diesbezüglich arglistig, kann das Unternehmen den Arbeitsvertrag anfechten und eventuell sogar Schadensersatzansprüche stellen, wenn die hindernden Umstände ans Tageslicht kommen.

Wenn alle wichtigen Fragen geklärt sind und sich das Vorstellungsgespräch dem Ende zuneigt, gilt es für den Kandidaten, trotzdem noch hellwach und aufmerksam zu bleiben. Personaler sind erfinderisch und haken oft noch unerwartet mit einer scheinbar beiläufigen Frage nach, wenn sich der Bewerber bereits sicher fühlt und seine Konzentration nachgelassen hat. Vorsicht also vor einer spontanen und unüberlegten Antwort. Prüfen Sie erst, ob der Interviewer vielleicht zum Abschluss noch einmal eine überlegte und differenzierte Antwort von Ihnen erwartet.

Signalisieren Sie nicht, dass Sie ein Jasager sind, der sogar sein Privatleben für den Job opfert.

Beispiel
Interviewer: »Ach ja, was ich noch fragen wollte: Was sagt denn Ihr Lebensgefährte dazu, wenn Sie ab und zu einmal Überstunden machen müssen?«
Bewerber: »Mein Partner weiß, dass in meinem Beruf kein ›Nine to five‹-Job möglich ist und dass auch hin und wieder Überstunden anfallen können, wenn es die Situation erfordert. Grundsätzlich versuche ich jedoch, meine Aufgaben so straff wie möglich zu strukturieren. Viele Überstunden zu machen, bedeutet ja nicht unbedingt, effizient zu arbeiten.«

Die Verabschiedung im Vorstellungsgespräch

Gewichten Sie Arbeitszeiten, Überstunden und Urlaub nicht zu stark durch eine abschließende Frage.

Häufig wählen Personaler folgende Frage als Abschlussfrage, womöglich sogar erst, wenn alle Beteiligten schon aufgestanden sind, um sich zu verabschieden: »Haben Sie noch eine Frage, die Sie vergessen haben? Gibt es noch etwas, das Ihnen besonders wichtig ist? Auch hier heißt es, wach zu bleiben und nicht wie aus der Pistole geschossen zu fragen: »Wie sind denn die Arbeitszeiten bei Ihnen geregelt?« Die Frage ist aus der Sicht des Bewerbers sicher verständlich. Er möchte sich darauf einstellen können, ob die Arbeitszeiten flexibel gestaltet sind, ob es Gleitzeit gibt oder nicht.

Der letzte Eindruck bleibt

Diese Frage sollten Sie als Bewerber aber bereits vorher, im Rahmen der Fragen, die Sie vorbereitet hatten, angesprochen haben. Stellen Sie diese Frage im Zusammenhang mit Fragen nach dem Urlaub, den Sozialleistungen und dem Gehalt, erhält sie kein so starkes Gewicht und lässt gar nicht erst den Verdacht aufkommen, dass Sie vielleicht nur Dienst nach Vorschrift machen möchten. Nutzen Sie diese Frage im Rahmen der allgemeinen Aufbruchstimmung besser so:

Beispiel
Interviewer: »Liegt Ihnen noch irgendeine Frage auf dem Herzen?«
Bewerber: »Nein, vielen Dank. Sie haben mir wirklich einen sehr umfassenden Eindruck von Ihrem Unternehmen und der zu besetzenden Stelle vermittelt, Herr Berger. Mein erster, sehr positiver Eindruck, den ich von Ihrer Stellenausschreibung hatte, wurde in diesem Gespräch mit Ihnen noch einmal bestätigt. So wie Sie die Aufgaben beschrieben haben, bin ich nach wie vor sehr an der Stelle interessiert: zum einen, weil ich sicher bin, dass mir die Arbeit sehr viel Spaß machen würde, zum anderen, weil ich glaube, dass meine Qualifikationen und meine Fähigkeiten optimal auf die Aufgabe zugeschnitten sind. Wie sieht von Ihrer Seite das weitere Vorgehen aus? Gibt es schon einen ungefähren Zeitrahmen, wann ich mit einer Antwort von Ihnen rechnen kann?«

Gegen Ende nicht mehr viele Detailfragen

Je nach Gesprächsverlauf fällen viele Bewerber bereits während des Jobinterviews eine Bauchentscheidung für oder gegen den Job.

Voraussetzung für eine so positive Abschlussantwort: Sie als Bewerber haben während des gesamten Vorstellungsgesprächs tatsächlich einen positiven Eindruck von dem Unternehmen und den potenziellen Vorgesetzten gewonnen. In diesem Fall sollten Sie Ihren Gesprächspartnern Ihren guten Eindruck und Ihr nach wie vor vorhandenes Interesse an der neuen Stelle unbedingt signalisieren, aber ohne sich anzubiedern. In dieser letzten Phase des Vorstellungsgesprächs ist eine Detailfrage zu Aufgabeninhal-

ten oder Leistungen des Unternehmens nicht mehr sinnvoll. Damit können Sie eher mehr kaputt machen als noch gewinnen.
Sollten wirklich noch Fragen offen sein, die Ihnen in letzter Sekunde einfallen, behalten Sie diese jetzt besser für sich. Sie haben ja immer noch die Möglichkeit, nachträglich per Telefon oder E-Mail nachzufragen.
Was Jobkandidaten unbedingt beachten sollten: Es macht einen sehr schlechten Eindruck, wenn sie das Vorstellungsgespräch von sich aus beenden. Wie beim Hinsetzen gilt auch beim Aufstehen am Schluss des Gesprächs: Der hierarchisch Höherstehende, in diesem Fall der oder die Personalverantwortliche, gibt das Signal für das Ende und steht vor dem Bewerber vom Besprechungstisch auf. Erst dann erhebt sich auch der Bewerber.

Gutes Benehmen auch beim Gesprächsende

Beachten Sie bei der Verabschiedung genau wie bei der Begrüßung die hierarchische Rangfolge.

Als Bewerber verabschiedet man sich zuerst mit einem Händedruck und einem freundlichen festen Blick vom ranghöchsten Gesprächsteilnehmer, wobei man diesen noch einmal bei seinem Namen nennt. Gleichzeitig bedankt man sich für die Zeit, die sein Gesprächspartner sich genommen hat:

Beispiel
»Herr Berger, noch einmal herzlichen Dank für die Zeit, die Sie sich für mich genommen haben und die ausführlichen Informationen. Es war schön, Sie kennengelernt zu haben. Auf Wiedersehen.«

Machen Sie Ihren guten Eindruck nicht mit einem schlechten Abgang zunichte.

Auch bei den übrigen Gesprächsteilnehmern bedankt sich der Bewerber höflich und verabschiedet sich mit einem Händedruck. In der Regel wird einer der Unternehmensvertreter vorgehen und die Tür öffnen, um den Bewerber hinauszubegleiten. Preschen Sie also nicht vor, um fluchtartig den Raum zu verlassen, sondern bleiben Sie auch jetzt ruhig. Wichtig ist, dass Sie bis zum letzten Augenblick des Vorstellungsgesprächs Ihr Interesse wachhalten, sich auf die Gesprächspartner konzentrieren und auf Ihre Körpersprache achten, auch dann, wenn Sie glauben, das Vorstellungsgespräch sei für Sie nicht optimal gelaufen. Oft lassen sich Personaler nicht hinter die Stirn schauen und signalisieren dem Bewerber nicht, dass sie sehr positiv von ihm beeindruckt sind. Unter Umständen kann dies eine letzte Prüfung für den Kandidaten sein, um festzustellen, wie er mit schwer einschätzbaren, unsicheren Situationen umgehen kann.

Desinteresse professionell verbergen

Die Höflichkeit gebietet es, die Einladung zum Vorstellungsgespräch wertzuschätzen.

Und auch wenn der Kandidat selbst bereits im Vorstellungsgespräch erkennen kann, dass eine Zusammenarbeit mit diesem Arbeitgeber – gleichgültig aus welchen Gründen – nicht infrage kommt, gilt es, bis zur letzten Minute interessiert, aufmerksam und höflich zu bleiben und sich seine Ablehnung nicht anmerken zu lassen. Schließlich haben die Unternehmensvertreter dem Bewerber ihre Zeit gewidmet und ihn mit wichtigen Informationen des Unternehmens versorgt. Zudem kann es durchaus passieren, dass Sie dem einen oder anderen der Gesprächspartner, die Ihnen heute gegenübersitzen, irgendwann in Ihrem künftigen Berufsleben wieder begegnen. Die Welt, besonders innerhalb bestimmter Branchen, ist klein. Es wäre ungünstig für Sie, wenn Sie heute bei einem Unternehmensvertreter einen schlechten Eindruck hinterlassen, der übermorgen vielleicht in einem anderen Unternehmen Ihr neuer Vorgesetzter werden kann.

Denken Sie immer daran: Das Vorstellungsgespräch ist bis zur letzten Minute eine Prüfungssituation für Sie.

Als Bewerber dürfen Sie sich deshalb auf keinen Fall in der Verabschiedungsphase zur Lässigkeit verleiten, die Hände in Hosen- oder Jackentasche verschwinden lassen oder sonst irgendwelche Etikettefehler begehen. Das gilt, solange Sie für irgendeinen Unternehmensvertreter in Sichtweite sind, also nicht nur während Sie durch das Gebäude gehen, um es zu verlassen, sondern auch noch vor dem Unternehmensgebäude, solange Sie vom Firmengelände aus gesehen werden können. Entspannen können Sie erst dann, wenn Sie komplett außer Sichtweite sind.

Die Entscheidung: Ist der Job der richtige?

Wenn eindeutige Faktoren für oder gegen ein Arbeitsverhältnis sprechen, ist die Entscheidung nicht schwer.

Es gibt Bewerbungsgespräche, in denen dem Kandidaten in den ersten zehn Minuten klar wird, dass er für dieses Unternehmen nicht arbeiten will. Zum Beispiel, weil sich die Aufgabeninhalte im Gespräch doch ganz anders darstellen, als sie in der Stellenanzeige versprochen wurden. Es kann auch sein, dass sich die Gehaltsvorstellungen des Bewerbers und des Unternehmens nicht annähern lassen oder dass der Kandidat einfach spürt: Die Chemie stimmt überhaupt nicht. Mit dieser Unternehmenskultur komme ich nie zurecht! Umgekehrt ist der Kandidat vielleicht so begeistert von dem Gespräch und dem Unternehmen, dass er sehnlichst hofft, die Jobzusage zu erhalten.

Nicht spontan entscheiden

Schreiben Sie eine Präferenzliste: Was ist Ihnen im Rahmen Ihrer neuen Arbeitsstelle am wichtigsten?

So eindeutig liegen die Fakten jedoch nicht immer. Häufig verlassen Bewerber das Vorstellungsgespräch mit einem diffusen Gefühl und können nicht gleich mit Sicherheit sagen, ob sie sich für oder gegen den Job entscheiden sollen. Dann heißt es erst einmal, zu Hause in Ruhe Fakten zu sammeln und das Für und Wider sachlich abzuwägen. Halten Sie sich noch einmal Ihre Ziele vor Augen. Das heißt, schreiben Sie auf, welche Faktoren Ihnen im Rahmen Ihrer neuen Arbeitsstelle besonders wichtig sind. Notieren Sie das, worauf Sie in keinem Fall verzichten wollen, ganz oben und schließen Sie die anderen Faktoren mit abnehmender Wichtigkeit an.

Anhand Ihrer Präferenzliste können Sie relativ objektiv das Für und Wider abwägen.

Wenn Sie ganz akribisch vorgehen wollen, können Sie die Faktoren sogar noch gewichten, zum Beispiel auf einer Skala von 1 bis 6:

6 = Dieser Faktor ist für mich unverzichtbar.
5 = Das ist mir sehr wichtig.
4 = Es ist mir wichtig.
3 = Es wäre schön, muss aber nicht unbedingt sein.
2 = Das ist mir nicht so wichtig.
1 = Das hat kaum Bedeutung für mich.

Beispiel Präferenzliste

Ziele geordnet und gewichtet	
Ziele	**Gewichtung**
Berufliche Entwicklungsmöglichkeiten im Unternehmen	6
Abwechslungsreiches, interessantes Aufgabengebiet	6
Sprungbrett für meine weitere Karriere	6
Weiterbildungsmöglichkeiten	5
Gutes Betriebsklima	5
Flexible Arbeitszeiten	4
Gute Sozialleistungen, Altersvorsorge	4
Überdurchschnittliche Bezahlung	3
Zeit für Privatleben	3
Angenehme Arbeitszeiten, wenig Überstunden	2
Möglichkeit zu Auslandsaufenthalten	2
Keine zu hohen Leistungsanforderungen, die eine starke Stressstabilität fordern	1
Unternehmensimage	1
Kurzer Arbeitsweg	1
...	...

Anschließend stellen Sie eine Pro-und-Kontra-Liste auf: Stellen Sie die Punkte, die für die neue Stelle sprechen, den Nachteilen gegenüber, die mit der neuen Aufgabe verbunden sind. Orientieren Sie sich dabei an Ihrer Präferenzliste.

Beispiel Pro-und-Kontra-Liste

Entscheidung: Ist der Job der richtige für mich?			
Pro	**Gewichtung**	**Kontra**	**Gewichtung**
Berufliche Weiterentwicklung ist möglich	+6	Gehalt an der unteren Grenze, aber Prämien	–3
Interessante und abwechslungsreiche Aufgabe	+6	Unregelmäßige Arbeitszeiten und viele Überstunden	–2
Weiterbildung in meinem Fachbereich	+5	Sehr hohe Leistungsanforderungen	–1
Auslandsaufenthalt vorgesehen	+2	Ungünstig für Privatleben	–3
Kurzer Arbeitsweg	+1	Kein ideales Sprungbrett für die weitere Karriere, weil relativ kleines Unternehmen	–6
Pro	+20	**Kontra**	–15

Gewichten Sie die Vorteile, die für den Job sprechen, und auch die Nachteile.

In diesem Beispiel wird der Bewerber nach dem Abwägen der objektiven Faktoren dazu tendieren, das Jobangebot anzunehmen, sofern auch das Unternehmen sich für ihn entscheidet. Die gewichteten Vorteile (+20) überwiegen die gewichteten Nachteile (–15).

Sind alle Pros und Kontras gewichtet, fällt die Entscheidung leichter.

Ein gutes Gefühl ist unabdingbar für eine Zusage

Objektive Faktoren allein zählen jedoch nicht bei der Entscheidung für oder gegen den Job. Die meisten Bewerber beziehen ihr Gefühl mit ein und lassen auch ihre Intuition sprechen: Sind die Vertreter des Unternehmens sympathisch? Erscheinen ihre Aussagen vertrauenswürdig? Ist der Umgangston eher locker und unverkrampft oder formell? Fühle ich mich während des Vorstellungsgesprächs wohl und wertgeschätzt?

Genauso handeln übrigens die Personalverantwortlichen. Sie nutzen das Vorstellungsgespräch nicht nur dazu, wei-

Auf beiden Seiten trägt das Gefühl mit dazu bei, ob der Arbeitsvertrag zustande kommt oder nicht.

tere objektive Informationen vom Bewerber zu erhalten, sondern vor allem auch, um sich einen umfassenden gefühlsmäßigen Eindruck zur Persönlichkeit des Kandidaten zu machen: Passt er zur Unternehmenskultur? Wird er sich gut in das Team einfügen? Ist er motiviert und leistungsbereit?

Vertrauen Sie Ihren Empfindungen nicht blind.

Gefühle können trügen

Aber Vorsicht: Als Bewerber sollten Sie bei einer Jobentscheidung nicht ausschließlich auf ihre Intuition setzen. Auch das Gefühl kann täuschen. Das können viele Menschen, die falsche gefühlsmäßige Entscheidungen getroffen haben, bestätigen. Stellen Sie sich deshalb zum Beispiel folgende Fragen:

- Warum finde ich den potenziellen Chef so sympathisch bzw. unsympathisch? Erinnert er mich vielleicht an jemanden von früher, den ich mochte oder nicht mochte?
- Warum habe ich ein so schlechtes Gefühl bei der Beschreibung der objektiv wirklich interessanten Aufgaben? Habe ich vielleicht Angst, die Herausforderung nicht zu bewältigen?

Nicht immer weist das Gefühl den richtigen Weg. Oft sind es Ängste oder schlechte Erfahrungen, die uns blockieren und daran hindern, einen bestimmten Weg zu gehen. Deshalb lohnt es sich, Ihr Bauchgefühl zu hinterfragen und Ihre Eingebungen und Empfindungen zu prüfen. Es ist zwar wichtig, die eigene innere Stimme immer wahrzunehmen. Genauso wichtig ist es aber, den eigenen Emotionen nicht blind zu vertrauen. Denn gerade, wenn es um grundlegende Weichenstellungen im Berufsleben geht, ist auch der Verstand gefragt.

Schriftlich für das Vorstellungsgespräch danken

Wenn Bewerber nach dem Jobinterview weiterhin interessiert sind, die Stelle zu bekommen, ist ein schriftlicher Dank für das Vorstellungsgespräch oft ein entscheidender Schritt hin zu diesem Ziel.
Wer sich in einem kurzen Brief für den freundlichen Empfang und das angenehme Gespräch bedankt und gleichzeitig noch einmal versichert, dass er an einer Zusammenarbeit interessiert ist, wird mit dieser Geste einen sehr positiven Eindruck bei den Personalverantwortlichen hinterlassen und womöglich auf der Ziellinie gegenüber seinen Mitbewerbern den entscheidenden Schritt voraus sein.
Denn mit einem schriftlichen Dank rufen Sie sich nicht nur erneut in Erinnerung, sondern beweisen auch, dass Sie Stil haben. Aber Vorsicht: Schreiben Sie natürlich und ohne sich anzubiedern oder den Personaler mit Lob zu überhäufen. Das kommt nicht gut an und lässt die Absicht dahinter nur allzu gut erkennen.
Auf der nächsten Seite finden Sie ein Beispiel, an dem Sie sich orientieren können. Greifen Sie aber unbedingt die individuelle Situation auf, die Ihr Gespräch geprägt hat!

Muster E-Mail »Dank für das Gespräch«

An:	MoritzBerger@Semantec.org
Cc:	
Bcc:	
Betreff:	Vorstellungsgespräch am 5.7.2016; Bewerbung als Assistentin des Bereichsleiters Controlling

Sehr geehrter Herr Berger,

Sie haben sich gestern viel Zeit für mich genommen und mir einen umfassenden Einblick gewährt in Ihr Unternehmen und in das Aufgabengebiet, das eine Assistentin im Bereich Controlling erwartet. Dafür bedanke ich mich heute noch einmal ganz herzlich bei Ihnen!

Sie haben mir eine spannende und abwechslungsreiche Tätigkeit beschrieben, und ich bin von der Aufgabenvielfalt, die diese Position mit sich bringt, begeistert. Nach wie vor habe ich sehr großes Interesse daran, Sie in Zukunft als Assistentin unterstützen zu dürfen. Über Ihre Zusage würde ich mich deshalb sehr freuen.

Mit freundlichen Grüßen

Leonie Weber
Jostweg 5
12648 Berlin
Tel.: 030 1234567
E-Mail: LeonieWeber@provider.de

Das Zweitgespräch

Wenn Sie zum zweiten Gespräch eingeladen werden, sind Sie in der engsten Auswahl.

Je nachdem, um welche Stelle sich ein Jobinteressent beworben hat, wird er nach dem ersten Vorstellungsgespräch noch einmal zu einer zweiten Gesprächsrunde eingeladen. Das kommt häufig vor, wenn Fach- und Führungspositionen besetzt werden sollen. Im ersten Gespräch ging es dann um die grundsätzliche fachliche und persönliche Qualifikation sowie darum, ob der Bewerber in die Unternehmenskultur und zum Team passt. Auch die Gehaltsfrage wurde wahrscheinlich grob geklärt.

Mehr Gesprächspartner im Zweitgespräch

In der zweiten Runde lernt der Bewerber in der Regel weitere Unternehmensvertreter, wie zum Beispiel seinen Fachvorgesetzten, den Geschäftsführer oder einen Teamleiter, kennen. Diese Personen sind zwar über seine Qualifikationen und über den Verlauf des ersten Vorstellungsgesprächs grob informiert. Aber jetzt lernen sie den Kandidaten persönlich kennen, gewinnen ihren ersten Eindruck über ihn, klären Detailfragen seiner fachlichen Eignung und fällen ihr eigenes Urteil.

Für das zweite Gespräch gelten – was Ihre Selbstpräsentation anbelangt – die gleichen Regeln wie für das erste.

Zeigen Sie sich darum auch im zweiten Gespräch selbstbewusst und verbindlich, und legen Sie viel Wert auf Ihr Outfit, das beim zweiten Gespräch ein anderes sein sollte als beim ersten. Sonst könnte der Eindruck entstehen, Sie hätten nur dieses eine Business-Outfit. Glauben Sie nicht, Sie hätten den Sieg bereits in der Tasche. Sie sind nicht der einzige Kandidat, der zur zweiten Runde eingeladen wird. Und Ihre Wettbewerber werden ebenfalls versuchen, ihr Bestes zu geben.

Fachfragen noch stärker im Fokus

Erstellen Sie zu Hause eine Liste, welche Fragen im ersten Gespräch noch nicht geklärt wurden.

Auch auf das zweite Gespräch sollten Sie sich als Bewerber deshalb sehr gut vorbereiten. Arbeiten Sie Ihre Antworten zu noch möglichen offenen Fragen wieder detailliert aus, um souverän antworten zu können und Ihren ersten guten Eindruck im zweiten Gespräch nicht wieder zunich-

tezumachen. Auch eigene Fragen, für die Sie im ersten Gespräch keine Gelegenheit hatten, gehören auf die Checkliste für das zweite Gespräch.
Häufig sind es fachliche Fragen, die im zweiten Gespräch thematisiert werden, vor allem, wenn jetzt der Fachvorgesetzte anwesend ist. In diesem Bereich können Sie sich über die Fachpresse, über Literatur und Internet fachlich und branchenintern noch einmal auf den neuesten Stand bringen. Aber auch noch offene Fragen zum Lebenslauf, Details zum Gehalt, Zusatzleistungen, Prämien, Weiterbildungsmöglichkeiten und Einzelheiten, die sich auf den Arbeitsvertrag beziehen, können Gegenstand des Gesprächs werden. Möglicherweise haben diejenigen Gesprächspartner, die beim ersten Gespräch noch nicht dabei waren, jetzt ebenfalls Fragen zu Ihren Unterlagen – es können die gleichen sein, aber auch gänzlich andere.

Die erneute Vorbereitung ist unabdingbar

Machen Sie sich aber ebenso Gedanken zu den Themen, die bisher noch nicht ausführlich besprochen wurden. Ihre Gesprächspartner sollen ein zweites Mal den Eindruck gewinnen, dass Sie wissen, was Sie wollen, und dass Ihre gute Vorbereitung und Ihr souveräner Auftritt im ersten Gespräch keine Eintagsfliege war. Weil im zweiten Vorstellungsgespräch meistens weitere Gesprächspartner hinzukommen, die dem Bewerber wiederum Fragen stellen, kann es vorkommen, dass sich die eine oder andere Frage aus dem ersten Gespräch genauso oder ähnlich wiederholt.

Es wäre fatal, wenn Sie jetzt andere oder sogar gegenteilige Antworten auf die gleichen Fragen geben würden.

Gehen Sie deshalb in Gedanken das erste Gespräch noch einmal Schritt für Schritt durch und vergegenwärtigen Sie sich, was Sie auf die jeweiligen Fragen geantwortet haben. Besonders bei den Fragen zum Lebenslauf ist es notwendig, dass Sie sie unbedingt genauso beantworten, falls gleiche oder ähnliche Fragen im zweiten Gespräch wieder auftauchen. Widersprüche können Sie sonst schnell ins Aus katapultieren.

Bleiben Sie auch bei wiederholten Fragen freundlich und geduldig.

Vorsicht: Reagieren Sie niemals unwillig, wenn sich Fragen wiederholen, nach dem Motto: »Das habe ich Ihnen doch alles vor einer Woche schon einmal erzählt« oder »Das steht doch alles in meinem Lebenslauf«. Setzen Sie auch im zweiten Gespräch auf Verbindlichkeit und Höflichkeit, und beantworten Sie alle Fragen ruhig und geduldig. Denken Sie auch daran, die neuen Gesprächspartner in Ihre Antworten einzubeziehen und machen Sie nicht den Fehler, sich an diejenigen zu halten, die Sie schon vom letzten Mal kennen: Die neuen Gesprächsteilnehmer könnten Ihre direkten Vorgesetzten werden – oder diejenigen sein, die Entscheidung über Ihre Einstellung fällen.

Tipp **Das zweite Vorstellungsgespräch**

Gehen Sie davon aus, dass Sie sich auch beim zweiten Mal genauso gut verkaufen müssen wie im ersten Gespräch:

- Verdeutlichen Sie erneut, warum Sie überzeugt sind, dass Sie genau der richtige Mitarbeiter für diese Position sind.
- Weisen Sie wieder auf Ihre wichtigsten Qualifikationen hin, die Sie befähigen, die Stelle optimal auszufüllen.
- Zeigen Sie unverändert Ihren Willen zum Engagement, Ihre Motivation und Ihre Begeisterung für die angebotene Aufgabe.
- Konzentrieren Sie sich darauf, vor allem auch die Anwesenden von sich zu überzeugen, die beim ersten Gespräch noch nicht dabei waren.

Bedenken Sie: Alle beteiligten Unternehmensvertreter wollen jetzt beim zweiten Gespräch ganz sicher bestätigt sehen, dass Sie mit Ihnen die richtige Wahl treffen werden.

Wiederholen Sie im zweiten Gespräch Ihre zentralen Argumente, warum Sie die richtige Frau oder der richtige Mann für die Position sind.

Finanzielle Fragen sind ganz sicher ein Thema der zweiten Runde.

Fehler vermeiden

Viele Bewerber scheitern im zweiten Vorstellungsgespräch, weil sie mit falschen Vorstellungen hineingehen. Sie meinen, es ginge nur noch um Detailfragen bezüglich der Vergütung oder um Fachfragen. Aus diesem Grund verhalten sich die einen eher abwartend, der Elan aus dem ersten Gespräch ist nicht mehr sichtbar, oder sie treten plötzlich mit überzogenem Selbstbewusstsein auf und feilschen um jeden Urlaubstag und jeden Cent beim Gehalt. Fragen bezüglich Gehalt, Urlaub, Firmenwagen, Sozialleistungen, Versicherungen und Firmenrenten sollte ein Bewerber aber auch beim zweiten Termin nicht gleich zu Beginn anschneiden. Besser ist es, auch hier auf die Initiative der Personalverantwortlichen zu warten.

Ein weiterer sehr grober Fehler: Wenn Kandidaten im zweiten Gespräch plötzlich ganz andere Sichtweisen und Vorstellungen entwickeln, als sie im ersten Gespräch dargelegt haben. Wenn die Unternehmensvertreter im Folgegespräch bei Ihnen als Bewerber keinen roten Faden erkennen können, verlieren Sie Ihre Glaubwürdigkeit.

Deshalb ist es bei Vorstellungsgesprächen, ob in der ersten oder auch in der zweiten Runde, generell wichtig, dass sich Kandidaten so authentisch wie möglich darstellen. Je unverfälschter und ehrlicher Sie sich geben, desto weniger laufen Sie Gefahr, durch Widersprüche und Ungereimtheiten aus dem Rennen zu fallen. Besonders wer bei der Beschreibung seines Lebenslaufs ein paar Notlügen eingebaut hat, muss sich im zweiten Gespräch genau daran erinnern und sie detailgenau und logisch wiederholen, wenn er nicht ertappt werden will.

Grundsätzlich ist das zweite Gespräch eine Art Kontrolle und Festigung der gegenseitigen Eindrücke. Die Personalverantwortlichen prüfen, ob sie mit ihrer ersten Einschätzung bezüglich des Bewerbers richtig lagen. Aber auch Sie als Bewerber können sich noch einmal ein zweites Bild von dem Unternehmen und Ihren potenziellen Vorgesetzten machen.

Auch im zweiten Gespräch können Sie noch vertiefende Fragen zum Aufgabeninhalt stellen.

Fragen zum Erstgespräch jetzt artikulieren

Wenn beim Kandidaten also nach dem ersten Gespräch noch vertiefende Fragen zu den Aufgabeninhalten oder zu den Zielen aufgetaucht sind, kann er diese in der zweiten Runde ruhig stellen. Das beweist, dass er sich mit den zukünftigen Aufgaben gründlich auseinandersetzt und – so, wie es sich die Unternehmensvertreter wünschen – vor allem am Inhalt seiner Aufgaben interessiert ist. Alle Details bezüglich der Bezahlung und des Arbeitsvertrags sind ohnehin Pflichtprogramm in der zweiten Runde, aber erst einmal nicht entscheidend dafür, ob der Bewerber die zweite Runde erfolgreich absolviert.

Fazit: Wenn Sie beim zweiten Vorstellungsgespräch den positiven Eindruck, den Sie im ersten Gespräch hinterlassen haben, bestätigen und anschließend bei der Verhandlung von Gehalt und Arbeitsvertrag etwas Flexibilität zeigen und sich nicht an Details festbeißen, haben Sie den Arbeitsvertrag so gut wie in der Tasche.

Es gibt eine Vielzahl von Details zu berücksichtigen, wenn ein Bewerber zu einem Vorstellungsgespräch eingeladen wird. Trotzdem hängt es immer vom Gesamteindruck ab, den ein Bewerber hinterlässt, ob die Personalverantwortlichen sich für ihn entscheiden oder nicht. Niemand muss dem Anspruch gerecht werden, perfekt zu sein. Natürlichkeit kommt bei den meisten Unternehmensvertretern sehr gut an. Viele werden sogar misstrauisch, wenn die Fassade allzu professionell wirkt.

Kleine Unsicherheiten sind grundsätzlich erlaubt

Im Gegenteil: Kleine Unsicherheiten oder auch Fehler machen menschlichen Charme aus. Letztendlich zählt bei erfahrenen Personalern, ob ein Bewerber glaubwürdig ist und begeistert von der Aufgabe, um die es geht. Unternehmen suchen Leistungsträger, die gerne und überzeugt dazu beitragen, den Erfolg des Unternehmens zu steigern. Das ist ihr grundsätzliches Interesse. Dafür sind sie bereit, eine Gegenleistung in Form von Lohn und sonstigen Zusatzleistungen zu bieten. Bewerber, die überzeugend darstellen können, dass sie sich motiviert und engagiert mit all ihren Qualifikationen für die Ziele des Unternehmens einsetzen wollen, haben die besten Karten im Wettbewerb um eine neue Stelle. Kandidaten dagegen, die nur an finanziellen Vorteilen bei geringem Einsatz interessiert sind, werden von Personalern schnell entlarvt und werden Absagen erhalten.

Nachfrage-Schreiben
Einstellungsverfahren
Reisekostenabrechnung
Nachfrage-Schreiben
Einstellungsverfahren
Reisekostenabrechnung
Nachfrage-Schreiben
Einstellungsverfahren
Reisekostenabrechnung
Nachfrage-Schreiben
Einstellungsverfahren
Reisekostenabrechnung
Nachfrage-Schreiben
Einstellungsverfahren
Reisekostenabrechnung
Nachfrage-Schreiben
Einstellungsverfahren
Reisekostenabrechnung
Nachfrage-Schreiben
Einstellungsverfahren
Reisekostenabrechnung
Nachfrage-Schreiben
Einstellungsverfahren
Reisekostenabrechnung
Nachfrage-Schreiben
Einstellungsverfahren
Reisekostenabrechnung
Nachfrage-Schreiben
Einstellungsverfahren
Reisekostenabrechnung
Nachfrage-Schreiben
Einstellungsverfahren
Reisekostenabrechnung
Nachfrage-Schreiben
Einstellungsverfahren
Reisekostenabrechnung
Nachfrage-Schreiben
Einstellungsverfahren
Reisekostenabrechnung
Nachfrage-Schreiben
Einstellungsverfahren
Reisekostenabrechnung
Nachfrage-Schreiben
Einstellungsverfahren
Reisekostenabrechnung
Nachfrage-Schreiben
Einstellungsverfahren
Reisekostenabrechnung
Nachfrage-Schreiben

Die Nachbereitung

Das Nachfrage-Schreiben

Nach längerer Zeit ohne Antwort auf Ihre Bewerbung können Sie nachhaken.

Kennen Sie eine der folgenden Situationen?

- Sie haben sich auf eine vielversprechende Stelle beworben, bei der Sie sich gute Chancen ausrechnen. Aber bis jetzt haben Sie keine Antwort (noch nicht einmal einen Zwischenbescheid) auf Ihre Bewerbung bekommen.
- Der Zwischenbescheid ist schon so lange her, dass Sie sich fragen, was aus Ihren Unterlagen geworden ist.
- Sie haben eine Initiativbewerbung verschickt und wissen nicht, was daraus geworden ist.
- Das Vorstellungsgespräch ist gut verlaufen, aber Sie haben ernst zu nehmende Konkurrenz. Jetzt möchten Sie gern nachhelfen, damit die Entscheidung für Sie fällt.

Die Nachfrage per E-Mail ist besser.

Wenn Sie in einer dieser Situationen stecken, kann es lohnend sein, nachzuhaken, wie es um Ihre Bewerbung steht. Das geht – sofern Sie es sich zutrauen – ohne Weiteres per Telefon. Andernfalls können Sie auch – sofern Sie über die entsprechende E-Mail-Adresse verfügen bzw. die E-Mail-Adresse eines konkreten Ansprechpartners herausfinden können – eine E-Mail schreiben. Von einem klassischen Brief per Post ist abzuraten, denn er ist zu förmlich. Schließlich verfolgen Sie in aller Regel lediglich drei Ziele:

- Sie wollen erfahren, wie der Stand der Stellenbesetzung ist und ob Sie noch im Rennen sind.
- Sie wollen Initiative und damit Ihr Interesse an der Stelle zeigen, sich und Ihre Bewerbung damit in Erinnerung bringen.
- Sie räumen Zweifel aus dem Weg, dass Sie die Stelle möglicherweise gar nicht antreten wollen, falls die Entscheidung auf Sie fallen sollte (ein wichtiger Faktor bei der Endauswahl).

Vermeiden Sie alles, was nach Vorwurf klingt.

Vermeiden Sie Forderungen!

Auch wenn Sie lange gewartet haben und ärgerlich sind, dass Sie noch keine Antwort auf Ihre Bewerbung haben: Ihr Nachfrage-Schreiben sollte

- weder fordernd sein
- noch den Empfänger zur Eile antreiben (z. B. zu einer schnellen Entscheidung)
- noch Anspielungen auf schlechte Organisation, Trödelei oder Schlamperei enthalten
- noch den Anschein erwecken, Sie hätten die Stelle besonders nötig.

Zu früh nachzuhaken, schadet nur.

Der richtige Zeitpunkt: wann Sie nachfragen sollten

Schicken Sie Ihre Nachfrage-E-Mail zu früh los, verärgern Sie damit unter Umständen den Empfänger. Das gilt vor allem, wenn dieser noch mitten in der Vorauswahl steckt. Umgekehrt dürfen Sie aber nicht den Zeitpunkt verpassen, an dem die Vorauswahl (Einladung zum Vorstellungsgespräch) oder die endgültige Auswahl (nach dem Vorstellungsgespräch) getroffen wird. Die folgende Tabelle zeigt Ihnen, mit welchen Lauf- und Prüfzeiten (= Wartezeiten für den Bewerber) Sie normalerweise rechnen müssen: Solange Sie sich innerhalb der genannten Fristen bewegen, sollten Sie nicht nachhaken. Erst wenn die Frist verstreicht, ohne dass Sie etwas vom Empfänger Ihrer Bewerbung hören, können Sie nachfragen.

Übersicht: normale Lauf- und Prüfzeiten einer Bewerbung

Nachricht des Arbeitgebers	Lauf- und Prüfzeiten (= Wartezeiten)
Stellenausschreibung	Dauer der Bewerbungsfrist: zwei Wochen
Zwischenbescheid (Eingangsbestätigung)	eine Woche bis drei Wochen nach der Stellenausschreibung
Einladung zum Vorstellungsgespräch	drei bis sechs Wochen nach dem Zwischenbescheid
Zusagen (schriftlich oder mündlich)	spätestens ein bis zwei Wochen nach dem Vorstellungsgespräch

Übersicht: normale Lauf- und Prüfzeiten einer Bewerbung (Fortsetzung)

Nachricht des Arbeitgebers	Lauf- und Prüfzeiten (= Wartezeiten)
Absagen	etwas später als Zusagen, spätestens drei bis vier Wochen nach dem Vorstellungsgespräch
Alternative: Einladungen zum Zweitgespräch	spätestens zwei Wochen nach dem ersten Vorstellungsgespräch
Zusagen (schriftlich oder mündlich)	spätestens zwei Wochen nach dem zweiten Vorstellungsgespräch
Absagen	etwas später als Zusagen, spätestens vier Wochen nach dem zweiten Vorstellungsgespräch

Beachten Sie: Individuelle Laufzeiten haben Vorrang
Natürlich sind die oben genannten Zeitspannen eine grobe Vereinfachung. Schließlich ist das Verfahren zur Bewerberauswahl nicht standardisiert. Jeder potenzielle Arbeitgeber handhabt es anders. Rechnen Sie auf jeden Fall mit längeren Lauf- und Prüfzeiten im öffentlichen Dienst (dort müssen oft mehrere Personen eine Bewerbung prüfen, bevor zum Vorstellungsgespräch gebeten wird). Wenn ein potenzieller Arbeitgeber z. B. im Zwischenbescheid oder Vorstellungsgespräch einen Termin nennt, bis zu dem er sich spätestens wieder melden will, hat dieser Vorrang vor den oben genannten Zeiten.

Vier Fälle, in denen ein Nachfrage-Schreiben Erfolg verspricht

Der Empfänger darf sich nicht zu einer Entscheidung gedrängt fühlen.

Nicht immer ist die Bitte um eine schnelle Antwort gut für Ihre Chancen. Seien Sie sorgfältig bei der Wahl des richtigen Zeitpunktes. Halten Sie aber auch die vier Fälle auseinander, in denen Sie nachfragen können und sollten:

- Fall 1: Sie haben noch nicht einmal einen Zwischenbescheid bekommen.
- Fall 2: Der Zwischenbescheid ist schon lange her.
- Fall 3: Sie haben eine Initiativbewerbung verschickt.
- Fall 4: Sie haben das Vorstellungsgespräch gerade hinter sich gebracht.

Fall 1: Sie haben noch nicht einmal einen Zwischenbescheid bekommen

Aber Achtung: Kleinere Unternehmen versenden oft gar keinen Zwischenbescheid. Formulieren Sie das Nachfrage-Schreiben entsprechend vorsichtig.

Zwei bis drei Wochen nachdem Sie Ihre Bewerbung verschickt haben, sollten Sie zumindest einen Zwischenbescheid erhalten haben. Wenn nicht, dann können Sie ruhig nachhaken. Am wenigsten Arbeit macht in diesem Fall die Nachfrage per Telefon oder E-Mail. Melden Sie sich mit Namen und informieren Sie Ihren Telefongesprächspartner darüber, dass Sie sich am »Soundsovielten« auf die »Stellenanzeige XY« beworben haben. Dann formulieren Sie freundlich, dass Sie noch keine Eingangsbestätigung erhalten haben und sich erkundigen möchten, ob Ihre Bewerbung eingegangen ist. Alternativ können Sie auch eine E-Mail schreiben.

Inhalt: Nachfrage, ob die Bewerbung angekommen ist

Vorwürfe vermeiden

Formulieren Sie jedes Nachfrage-Schreiben in freundlichem Ton. Verleihen Sie vorsichtig Ihrer Verwunderung Ausdruck, dass Sie noch nichts gehört haben. Fragen Sie nach, ob die Bewerbung angekommen ist. Eventuell können Sie auch nochmals Interesse an der offenen Stelle bekunden. Wiederholen Sie aber nichts, was schon im Anschreiben Ihrer Bewerbung steht.

Fall 2: Der Zwischenbescheid ist schon lange her

Von einer Nachfassaktion sollten Sie absehen, wenn im Zwischenbescheid steht, man möge auf Nachfragen verzichten.

»Danke für die Überlassung Ihrer Bewerbung. Die Prüfung der Unterlagen wird einige Zeit beanspruchen. Bitte haben Sie so lange Geduld. Wir werden uns zu gegebener Zeit wieder an Sie wenden.« – Wer kennt sie nicht, die Vertröstungsbriefe, die fast jede Bewerbung nach sich zieht? Als Bewerber steht man ratlos da: Was bedeutet »einige Zeit«? Wie früh ist »zu gegebener Zeit«? Darf man nachhaken, wenn man länger nichts mehr vom Empfänger der Bewerbung hört?
Antwort: Man darf, aber nicht sofort. Wenn Sie ein solches Schreiben bekommen haben, dann sollten Sie mit dem Nachhaken etwas länger warten, also mindestens drei Wochen. Haben Sie dann weder eine Absage noch eine

Einladung zum Vorstellungsgespräch bekommen, können Sie durchaus mit einem Anruf oder einer E-Mail an Ihre Bewerbung erinnern.

Inhalt: Bezug auf den Zwischenbescheid, Nachfrage

Beim Nachhaken trotz Vertröstungszwischenbescheid ist Vorsicht geboten. Nehmen Sie Bezug auf den Zwischenbescheid, damit Ihr Nachfrage-Schreiben nicht so wirkt, als würden Sie die Bitte um Geduld ignorieren. Fragen Sie höflich an, bis wann Sie mit einer Antwort auf Ihre Bewerbung rechnen können.

Fall 3: Sie haben eine Initiativbewerbung verschickt

Bei einer Initiativbewerbung lohnt sich das Nachhaken erst recht.

Auch bei einer Initiativbewerbung sollten Sie nachhaken, wenn Sie nach drei bis sechs Wochen noch keine Antwort haben. Manchmal gibt es auch bei Initiativbewerbungen einen Zwischenbescheid, etwa mit der Aussage, dass Ihre Bewerbung in verschiedenen Abteilungen des Hauses herumgereicht wird, um zu prüfen, ob Bedarf besteht. In einem solchen Fall haken Sie etwa drei Wochen später nach.

Inhalt: Nachfrage, ob sich eine Einsatzmöglichkeit gefunden hat

Da Sie die Initiativbewerbung dem Empfänger unaufgefordert zugesandt haben, müssen Sie in Ihrem Nachfrage-Schreiben Verständnis signalisieren, wenn er sich mit der Entscheidung Zeit lässt. Am besten fragen Sie, ob sich eine Einsatzmöglichkeit gefunden hat. Bieten Sie dem potenziellen Arbeitgeber an, die Bewerbung zu behalten für den Fall, dass er später darauf zurückkommen will.

Fall 4: Sie haben das Vorstellungsgespräch gerade hinter sich

Sie waren beim Vorstellungsgespräch und sind mit einem Hochgefühl herausgekommen, weil es sehr gut gelaufen ist? Aber Sie wissen auch, dass Sie ernst zu nehmende Konkurrenz unter den anderen Bewerbern haben? In die-

Wer nach dem Vorstellungsgespräch noch einmal betont, wie gern er die Stelle hätte, erhöht seine Chancen.

ser Situation kann eine geschickt formulierte Nachfrage-E-Mail den gewünschten Erfolg bringen. Sie müssen sich aber damit beeilen, denn die Entscheidung fällt meist schnell: Schicken Sie sie ein oder zwei Tage nach dem Vorstellungsgespräch los, damit sie noch Wirkung zeigt.

Nach dem Vorstellungsgespräch verspricht eine Nachfrage-E-Mail am meisten Erfolg

Kurz bevor die endgültige Entscheidung fällt, hat eine Nachfrage-E-Mail die größten Erfolgsaussichten: Schließlich kommt es häufiger vor, dass am Schluss der Bewerberauswahl zwei oder drei gleichermaßen geeignete Kandidaten übrig sind. Ein Personalverantwortlicher sucht dann regelrecht nach Argumenten, die den Ausschlag geben. Eine Nachfrage-E-Mail ist hier genau richtig: Sie zeigen Initiative und – vielleicht das wichtigste Argument – räumen die letzten Zweifel aus, ob Sie die Stelle im Fall einer Zusage auch wirklich antreten. Letzteres sollten Sie als Beweggrund für eine Entscheidung zu Ihren Gunsten nicht unterschätzen; denn eine Absage des Bewerbers in letzter Minute kommt gar nicht so selten vor.

Inhalt: Dank für das Gespräch, Bestätigung Ihres Interesses an der Stelle

Bringen Sie in der Nachfrage-E-Mail keine neuen Fakten über Ihre Person ins Spiel. Das wäre kontraproduktiv.

In der Nachfrage-E-Mail nach dem Vorstellungsgespräch sollten Sie weder Inhalte des Anschreibens aufgreifen noch mit neuen Qualifikationen (z. B. »Übrigens kann ich auch noch …«) aufwarten. Über Ihre Eignung müsste zu diesem Zeitpunkt längst alles gesagt sein. Stattdessen

- bedanken Sie sich für das (Vorstellungs-)Gespräch,
- erwähnen Sie, dass Sie selbst einen sehr positiven Eindruck gewonnen haben,
- betonen Sie, dass Ihnen wirklich an der Stelle liegt und dass Sie sie im Fall einer Zusage auf jeden Fall antreten.

Wenn Sie zwei Stellen in Aussicht haben ...
Vermeiden Sie es, den Empfänger unter Termindruck zu setzen: *Ich brauche Ihre Entscheidung bis morgen, weil man mir noch eine weitere Stelle angeboten hat.* – Dieser Satz in einer Nachfrage-E-Mail führt ziemlich sicher zu einer Absage. Schließlich will sich der Empfänger seine Entscheidung reiflich überlegen. Wenn Sie ihm signalisieren, dass es sowieso unsicher ist, ob Sie kommen, wird er sich wohl eher für einen anderen Bewerber entscheiden. Wenn Sie wirklich zwei Stellen zur Auswahl haben, dann überlegen Sie sich erst, welche Sie lieber antreten würden. Ist es die Stelle, für die Sie noch keine Zusage haben, dann können Sie dies in Ihrer Nachfrage-E-Mail signalisieren und mit der Bitte um eine schnelle telefonische Vorabzusage oder Absage verbinden.

Unterlagen zurückverlangen

Bitten Sie höflich um Rückgabe, wenn Sie keine Rückmeldung bekommen, Ihre Bewerbung aber teure Arbeitsproben enthält.

Hin und wieder kommt es vor, dass eine Bewerbungsmappe weder beantwortet noch zurückgesandt wird. Ärgerlich ist das vor allem bei Bewerbungen im Kreativbereich, wenn Sie der Bewerbungsmappe teure Arbeitsproben beigelegt haben, zum Beispiel Farbkopien, kostspielige Handabzüge von Fotos. Vielleicht haben Sie sogar Originale verschickt, deren Reproduktion Ihnen zu aufwendig erschien. In einem solchen Fall machen Sie nichts falsch, wenn Sie den Empfänger darum bitten, die Sachen zurückzuschicken.

Inhalt: höfliche Bitte um Rückgabe

Auch wenn Sie unter Umständen Monate gewartet haben, bleiben Sie freundlich im Ton. Fordern Sie nicht, sondern bitten Sie darum, Ihre Bewerbung zurückzusenden. Signalisieren Sie Ihr Einverständnis für den Fall, dass der Empfänger die Unterlagen weiter benötigt, um zu einem späteren Zeitpunkt auf Sie zurückzukommen.

Muster E-Mail »Bewerbung angekommen?«

An:	Elisabeth.Wurzer@RSH.de
Cc:	
Bcc:	
Betreff:	Haben Sie meine Bewerbung erhalten?

Sehr geehrte Frau Wurzer,

am 29. Januar 2016 habe ich mich bei Ihnen als Assistentin des Geschäftsführers beworben. Bislang habe ich noch keine Eingangsbestätigung erhalten.

Ist meine Bewerbung bei Ihnen eingegangen?

Ich freue mich auf eine kurze Antwort.

Mit freundlichen Grüßen

Antje Plessar
Am Fuchsgrund 11
06246 Delitzsch
Tel.: 0351 111222333
E-Mail: a.plessar@webprovider.de

Muster E-Mail »Zwischenbescheid ist schon älter«

An:	kathrin.gratwohl@betten-gratwohl.de
Cc:	
Bcc:	
Betreff:	Meine Bewerbung / Stand des Bewerbungsverfahrens

Sehr geehrte Frau Gratwohl,

am 19.2.2016 habe ich mich bei Ihnen als Verkäuferin im Einzelhandel beworben; Anfang März erhielt ich einen Zwischenbescheid.

Heute möchte ich mich über den aktuellen Stand der Stellenausschreibung informieren und mein weiterhin großes Interesse an der ausgeschriebenen Stelle bekräftigen.

Ich freue mich auf eine kurze Antwort.

Mit freundlichen Grüßen

Jana Föhr
Schauinslandweg 18
79256 Buchenbach
Tel.: 0172 2345678
E-Mail: j.foehr@fr.web.net

Muster E-Mail »Nach Initiativbewerbung«

An:	C.Merklin@KMM.de
Cc:	
Bcc:	
Betreff:	Meine Initiativbewerbung als Diplom-Ingenieur Maschinenbau

Sehr geehrter Herr Merklin,

knapp zwei Monate ist es her, dass ich Ihnen meine Initiativbewerbung geschickt habe. Laut Ihrem Zwischenbescheid vom 30. September finden Sie meine Qualifikationen interessant, und Sie haben meine Bewerbung in Ihrer Firma herumgereicht, um festzustellen, ob in einer Ihrer Abteilungen Bedarf besteht.

Heute möchte ich mich nach dem aktuellen Stand erkundigen.

Ist meine Bewerbung noch im hausinternen Umlauf?

Ich freue mich auf eine kurze Antwort und stehe Ihnen für weitere Fragen gern zur Verfügung.

Mit freundlichen Grüßen

Valentin Breitner
Haselweg 12
73529 Schwäbisch Gmünd
Tel.: 0172 444333222
E-Mail: breitner@netweb.com

Muster E-Mail »Nach dem Vorstellungsgespräch«

An:	PhilippMohn@InvestBank.com
Cc:	
Bcc:	
Betreff:	Dank für das gestrige Gespräch

Sehr geehrter Herr Mohn,

das gestrige Gespräch ist noch lange in mir nachgeklungen – danke dafür!
Die Philosophie Ihrer Bank gefällt mir – ebenso die Tatsache, dass Sie die Eigenverantwortlichkeit Ihrer Mitarbeiter stärken und Fortbildungen unterstützen. Auch Ihre Ansichten über den Umgang mit Kunden teile ich voll und ganz.

Ich habe einen durchweg positiven Eindruck von InvestBankCenter Düsseldorf gewonnen und kann mir gut vorstellen, meine Erfahrungen und Fähigkeiten für Sie einzusetzen.

Ich freue mich auf Ihre Entscheidung.

Mit freundlichen Grüßen

Dominik Wiehlert
Universitätsstraße 11
40215 Düsseldorf
Tel.: 0211 11223344
E-Mail: wiehlert@netwebservices.de

Muster E-Mail »Anderes Angebot liegt vor«

An:	AnetteBernauer@Trachtenzauber.de
Cc:	
Bcc:	
Betreff:	Vielen Dank und eine Bitte

Sehr geehrte Frau Bernauer,

haben Sie vielen Dank für den freundlichen Empfang und das konstruktive Vorstellungsgespräch in Ihrem Münchner Stammhaus. Was Ihre letzte Bemerkung angeht, ich solle Ihnen die „spitzfindigen" Fragen nicht übel nehmen – das habe ich zu keiner Zeit getan. Als Personaler weiß ich, dass man nur dann die wirklich guten Kandidaten findet, wenn man die eine oder andere kritische Frage stellt.

Was meinen Eindruck angeht: Ihr Haus passt auch bei näherem Kennenlernen in das Bild, das Sie auf Ihrer Website und in der Presse vermitteln: grundsolide, der traditionellen Unternehmerethik verpflichtet und im Umgang mit den Mitarbeitern manchmal hart, aber immer fair.
Mein Wunsch, bei Ihnen als Personalleiter zu arbeiten, hat sich durch unser Gespräch noch verstärkt.

Eine Bitte: Mir liegt ein Angebot für eine Personalleiterstelle in Nürnberg vor. Bis Ende dieser Woche muss ich dort zu- oder absagen. Ich will Sie nicht unter Druck setzen, bin Ihnen aber dankbar, wenn Sie mich informieren, sobald Sie Ihre Entscheidung gefällt haben. Die Stelle bei Ihnen ziehe ich jedem anderen Angebot vor.

Mit freundlichen Grüßen

Benjamin Lehmann
Lindenallee 3
20100 Hamburg
Tel.: 040 1234567
E-Mail: lehmann@net.com

Das Einstellungsverfahren

Was erlaubt ist und was nicht

Es gibt Unternehmen, die ihre potenziellen Mitarbeiter auf Herz und Nieren untersuchen wollen, um auf keinen Fall eine kostspielige Fehlentscheidung zu treffen. Die Maßnahmen zur Prüfung des Kandidaten gehen dann noch weit über das Vorstellungsgespräch hinaus. Aber nicht alles ist erlaubt, was vonseiten des Arbeitgebers als notwendig erachtet wird.

Die Einstellungsuntersuchung

Bei bestimmten Tätigkeiten verlangt bereits der Gesetzgeber oder die Berufsgenossenschaft, dass bei neuen Mitarbeitern eine Einstellungsuntersuchung vorgesehen wird bzw. ein ärztliches Attest vorgelegt werden muss. Unter Umständen muss auch zum Schutz des künftigen Mitarbeiters geklärt werden, ob er überhaupt auf Dauer gesundheitlich in der Lage ist, die angebotene Tätigkeit auszuführen. Einstellungsuntersuchungen sind also gesetzlich erlaubt.

Der künftige Arbeitgeber kann Sie nicht zwingen, die Untersuchung beim Werksarzt machen zu lassen.

Der Bewerber hat die freie Wahl, bei welchem Arzt er sich untersuchen lassen will. Der Arzt muss lediglich fachlich geeignet sein. Häufig einigen sich Arbeitgeber und Bewerber auf den arbeitsmedizinischen Dienst, um eine objektive und unabhängige, aber im Hinblick auf den Arbeitsplatz fachlich einwandfreie Untersuchung zu gewährleisten. Die Kosten für die Untersuchung muss der Arbeitgeber übernehmen, es sei denn, der Bewerber weigert sich zum Beispiel, sich vom arbeitsmedizinischen Dienst untersuchen zu lassen, mit dem der Arbeitgeber eine pauschale Honorarvereinbarung getroffen hat. Dann hat unter Umständen der Bewerber die Kosten für die Untersuchung bei seinem Hausarzt zu übernehmen.

Die ärztliche Untersuchung darf sich nur auf den Arbeitsplatz und die damit verbundenen Arbeitsleistungen beziehen. Genetische Analysen zum Beispiel stellen einen kla-

Der Arzt ist grundsätzlich an seine ärztliche Schweigepflicht gebunden.

ren Verstoß gegen die Menschenwürde dar und sind deshalb gesetzlich unzulässig.
Der Bewerber befreit den Arzt von seiner ärztlichen Schweigepflicht nur hinsichtlich der Auskunft, die er im Hinblick auf den künftigen Arbeitsplatz machen muss.
Sie beschränkt sich auf die Aussage: für den Arbeitsplatz gesundheitlich geeignet oder nicht geeignet.

Datenschützer stehen Bluttests allgemein sehr kritisch gegenüber.

Bluttest

Grundsätzlich gilt: Der Arbeitgeber darf nur einen Bluttest machen, wenn dieser für die Leistungserbringung in der fraglichen Tätigkeit entscheidend ist. Bewerber für einen Job im Lebensmittelbereich müssen einem Bluttest zustimmen, um sicherzustellen, dass sie keine infektiösen Krankheiten, wie zum Beispiel Hepatitis C, haben.
Ein HIV-Test ist erforderlich bei der Einstellung von medizinischem Personal, weil diese mit dem Blut von anderen Menschen in Kontakt kommen. Ansonsten sind Bluttests nicht zulässig. Sie dürfen vor allem nicht gemacht werden, um das allgemeine unternehmerische Risiko zu senken, einen Mitarbeiter einzustellen, der für Krankheiten anfällig ist. Ein Bewerber muss einem Bluttest nicht zustimmen, wird dann aber wahrscheinlich nicht in die engere Wahl gezogen, gleichgültig ob die Forderung nach dem Test nun berechtigt war oder nicht. Wer den Test freiwillig macht, kann einen Arzt seines Vertrauens wählen.
In jedem Fall sollte der Bewerber wissen, dass aus datenschutzrechtlichen Gründen die Gesundheitstests nichts in der Personalakte zu suchen haben. Der Werksarzt muss seine Akten getrennt führen.

Psychologische Tests und Auswahlseminare

Viele Unternehmen versuchen Entscheidungssicherheit zu erlangen, indem sie Bewerber psychologischen Tests unterziehen. Für deren Zulässigkeit gibt es folgende rechtliche Grundsätze:

Der Bewerber muss

- sich dem Test freiwillig unterziehen;
- darüber aufgeklärt werden, wie er den Test absolvieren soll und welche Persönlichkeitsdaten durch ihn ermittelt werden;
- sichergehen können, dass es sich lediglich um die Ermittlung von Merkmalen handelt, die sich auf den Arbeitsplatz beziehen;
- erkennen können, dass die Daten nicht auf einem anderen Weg, z. B. durch Arbeitszeugnisse, ermittelt werden können;
- sicher sein, dass die Untersuchung von einem Psychologen mit Hochschulabschluss durchgeführt wird.

Erlaubt sind zum Beispiel Tests, um die manuelle Geschicklichkeit zu überprüfen, und Kreativtests, die auf die Anforderungen des Arbeitsplatzes abzielen.

Testsituationen, die die Anforderung der zu besetzenden Stelle simulieren, sind erlaubt.

Aber: Bewerber dürfen in der Testsituation von Unternehmensvertretern nicht heimlich beobachtet werden. Ebenso wenig sind allgemeine IQ-Tests oder Persönlichkeitstests erlaubt. Auch Interviews, um die Stressresistenz des Bewerbers im Hinblick auf seine emotionale oder intellektuelle Belastungsfähigkeit zu überprüfen, sind verboten.

Grafologisches Gutachten

Grafologische Gutachten interpretieren anhand der Handschrift des Bewerbers dessen Persönlichkeit.

Es gibt keine eindeutige gesetzliche Regelung, ob grafologische Gutachten im Rahmen des Bewerbungsprozesses erlaubt sind oder nicht. Nach allgemeiner Auffassung ist jedoch die Zustimmung des Bewerbers notwendig. Wenn zu den Bewerbungsunterlagen ein handschriftlicher Lebenslauf verlangt wird, ist in der Regel davon auszugehen, dass ein grafologisches Gutachten gemacht wird. Weil die Rechtsprechung in diesem Bereich nicht eindeutig ist, besteht hier unter Umständen die Gefahr, dass sich Arbeitgeber wegen Verletzung des Persönlichkeitsrechts schadenersatzpflichtig machen.

Wenn Sie vermeiden wollen, dass ein grafologisches Gutachten gemacht wird, dann äußern Sie diesen Wunsch in Ihren Bewerbungsunterlagen. Allerdings laufen Sie dann

Gefahr, dass Ihre Unterlagen nicht in die engere Auswahl kommen. Lässt ein Arbeitgeber trotz des ausdrücklichen Wunsches des Bewerbers ein grafologisches Gutachten anfertigen, ist dies eine Verletzung des Persönlichkeitsrechts. Der Bewerber kann dann verlangen, dass das Gutachten vernichtet wird; unter Umständen hat er sogar Anspruch auf Schmerzensgeld.

Informationen über den Bewerber einholen

Grundsätzlich dürfen Unternehmen Informationen über Bewerber einholen, wenn sie ein »berechtigtes, billigenswertes und schutzwürdiges« Interesse daran haben. Sie müssen den Bewerber aber darüber informieren, wenn sie zum Beispiel beim früheren Arbeitgeber Auskünfte über ihn einholen wollen.

Ignoriert das Unternehmen Ihr Verbot, können Sie Schadensersatz verlangen, z. B. wenn Sie dadurch Ihren aktuellen Arbeitsplatz verlieren.

Bewerber können es einem Unternehmen auch dann verbieten, sich bei Dritten nach ihnen zu erkundigen, zum Beispiel beim aktuellen Arbeitgeber, wenn der Bewerber noch in einem Arbeitsverhältnis steht. Gibt der Kandidat die Erlaubnis zum Einholen von Auskünften, hat er auch Anspruch darauf, dass sein früherer Arbeitgeber wahrheitsgemäß Auskunft über ihn gibt. Dazu ist der frühere Arbeitgeber schon aufgrund seiner »nachwirkenden Fürsorgepflicht« gegenüber ehemaligen Mitarbeitern verpflichtet. Verweigert er die Auskünfte oder gibt sogar falsche Informationen weiter, kann ihn der Bewerber auf Schadensersatz verklagen, wenn er aufgrund dieses Verhaltens den neuen Job nicht bekommt.

Im Internet darf der Arbeitgeber so viel über Sie in Erfahrung bringen, wie er will.

Dass Personaler im Internet nach Informationen über Bewerber suchen, ist mittlerweile gang und gäbe. Hier gibt es keine Einschränkungen.

Ein Führungszeugnis – eine Urkunde des Bundeszentralregisters, die gegebenenfalls Vorstrafen auflistet – kann der Arbeitgeber verlangen, wenn dies für die neue Stelle erforderlich ist, zum Beispiel bei Tätigkeiten in einer Bank oder bei Sicherheitsdiensten.

Schufa-Auskünfte darf ein Unternehmen nicht ohne die Erlaubnis des Bewerbers einholen. Es darf auch nur dann darum bitten, wenn diese Auskunft für den künftigen Arbeitsplatz relevant ist, das heißt, wenn der Mitarbeiter zum Beispiel in seiner neuen Position mit großen Geldmengen oder Werten zu tun hat.

Grundlagen und Regeln zu Sicherheitsüberprüfungen finden Sie im Sicherheitsüberprüfungsgesetz (SÜG).

Auskünfte vom Verfassungsschutz darf ein Unternehmen nur dann einholen, wenn die Tätigkeit »sicherheitsempfindlich« ist, zum Beispiel in der Kern- und Rüstungsindustrie, aber auch in bestimmten Bereichen der Energieversorgung und Telekommunikation. Der Arbeitgeber muss die Notwendigkeit dieser Überprüfung genau darlegen.

Der Arbeitsvertrag

Die Bewerbung an sich ist kein rechtsverbindliches Angebot und verpflichtet weder den Bewerber noch das Unternehmen dazu, dass ein Arbeitsvertrag zustande kommt. Gewinnt der Arbeitgeber einen guten Eindruck von einem Bewerber, macht er ihm nach dem Bewerbungsprozess in der Regel ein entsprechendes Angebot. Sind sich beide Parteien einig, kommt es zum Abschluss des Arbeitsvertrags.

Laut Gesetz muss ein Arbeitsvertrag nicht sofort schriftlich geschlossen werden.

Der Arbeitsvertrag muss mindestens darüber Auskunft geben, dass der Arbeitnehmer gegen Entgelt weisungsgebundene Arbeit für den Arbeitgeber leistet. Laut Nachweisgesetz muss der Arbeitgeber die wesentlichen Vertragsbedingungen bis spätestens einen Monat nach Beginn des Arbeitsverhältnisses schriftlich bestätigen, sofern kein Arbeitsvertrag vorliegt, vgl. § 2 Abs. 4 Nachweisgesetz (NachwG). Hat der Kandidat bereits für den Arbeitgeber gearbeitet und es kommt danach keine Einigung zustande, handelt es sich um ein »fehlerhaftes Arbeitsverhältnis«. Die in der Vergangenheit geleistete Arbeit muss dann vergütet, für die Zukunft kann das Arbeitsverhältnis mit sofortiger Wirkung aufgelöst werden.

Wenn kein Arbeitsvertrag zustande kommt

Aus einer Bewerbungssituation ergibt sich für beide Parteien ein vorvertragliches Schuldverhältnis, wie es in der Sprache der Juristen heißt. Aus diesem Verhältnis leiten sich eine Reihe von gegenseitigen Verpflichtungen ab:

- Der Kandidat muss den Arbeitgeber umgehend darüber informieren, wenn er an der Stelle nicht mehr interessiert ist, weil er sich zum Beispiel in der Zwischenzeit für einen anderen Arbeitgeber entschieden hat.
- Der Arbeitgeber darf einem interessierten Bewerber nicht den sicheren Eindruck vermitteln, dass der Abschluss des Arbeitsvertrages nur noch Formsache ist, und sich dann doch für einen anderen Mitarbeiter entscheiden. Tut er dies trotzdem und kündigt der Mitarbeiter aus diesem Grund seinen aktuell noch bestehenden Arbeitsvertrag, macht sich der Arbeitgeber schadenersatzpflichtig.
- Die mit der Bewerbung verbundenen Kosten muss grundsätzlich der Arbeitnehmer tragen, außer diejenigen Kosten, die mit einer Einladung zum Vorstellungsgespräch verbunden sind.

Wenn Sie sich aus der Arbeitslosigkeit heraus bewerben, kann die Agentur für Arbeit einen Zuschuss bewilligen.

- Der Arbeitgeber darf die Bewerbungsunterlagen grundsätzlich nicht an Dritte weitergeben, es sei denn, der Bewerber erlaubt oder wünscht dies ausdrücklich. Die personenbezogenen Daten unterliegen dem Datenschutz.
- Bei einer Bewerbung auf eine ausgeschriebene Stelle hat der abgelehnte Bewerber Anspruch auf die Rücksendung seiner Bewerbungsunterlagen. Sofern es sich um eine Initiativbewerbung handelt, gilt dieser Anspruch nicht.

Das Unternehmen darf den Fragebogen nicht dauerhaft aufbewahren, um bei neu frei werdenden Stellen wieder auf den Bewerber zuzukommen.

- Der abgelehnte Bewerber hat Anspruch auf Vernichtung des von ihm ausgefüllten Fragebogens. Dieser Anspruch ergibt sich aufgrund des allgemeinen Persönlichkeitsrechts. Er kann jedoch in Ausnahmefällen wegfallen, wenn das Unternehmen ein »berechtigtes Interesse« daran hat, den Fragebogen aufzubewahren, zum Beispiel, wenn das Unternehmen mit einer gerichtlichen Auseinandersetzung rechnen muss.
  Es kann sich aber nicht darauf berufen, dass es den Fragenbogen aufheben muss, weil er mit denen künftiger Bewerber verglichen werden soll.

Übernachtungskosten müssen nur dann erstattet werden, wenn dem Bewerber die An- und Abreise am selben Tag nicht zuzumuten ist.

- Der Arbeitgeber muss die Reisekosten des Bewerbers nach § 670 BGB ersetzen – also Fahrt, Verpflegung und eventuell Übernachtung –, wenn er ihn ausdrücklich zu einem Vorstellungsgespräch eingeladen hat. Diese Verpflichtung besteht unabhängig davon, ob ein Arbeitsvertrag zustande kommt oder nicht. Die Vergütung orientiert sich an den Steuerrichtlinien für Dienstreisen (gefahrene Kilometer mit Pkw, Bahnreise 2. Klasse). Flugkosten muss der Arbeitgeber nur dann ersetzen, wenn dies mit dem Bewerber so abgesprochen wurde. Der Arbeitgeber kann jedoch die Übernahme der Vorstellungskosten im Vorfeld ausschließen. Bei hohen Anreisekosten empfiehlt es sich generell, die Erstattung vor dem Vorstellungsgespräch mit dem Unternehmen abzusprechen.

Schnupperarbeitstag

Um sich besser kennenzulernen und gegenseitig zu testen, ob eine Arbeitsbeziehung für beide Seiten in Zukunft infrage kommen könnte, vereinbaren Unternehmen und Bewerber hin und wieder einen Arbeitstag auf Probe, auch Schnupperarbeitstag genannt.

Das Einfühlungsverhältnis ist kein Arbeitsverhältnis.

Damit gehen Sie ein sogenanntes Einfühlungsverhältnis ein, das noch kein Arbeitsverhältnis ist, sodass der Bewerber an diesem Tag keinerlei Verpflichtung hat, seine Arbeitskraft einzubringen, und der Arbeitgeber nicht weisungsbefugt ist. Alle Tätigkeiten, die der Bewerber verrichtet, sind freiwillig. Wenn diese Voraussetzungen vorliegen, muss der Arbeitgeber diesen Tag auch nicht vergüten. Das »Schnuppern« darf jedoch maximal zwei bis drei Tage dauern, sonst geht es in ein Probearbeitsverhältnis über und muss vergütet werden.

Die Absage

Auch wirklich engagierte und leistungsbereite Bewerber müssen damit rechnen, eine Absage zu bekommen. Denn wenn Sie sich bewerben, müssen Sie immer mit einer mehr oder weniger großen Anzahl von qualifizierten Mitbewerbern rechnen.

Nutzen Sie die Erfahrung für die Zukunft!

Lassen Sie sich deshalb im Fall einer Absage nicht gleich entmutigen, auch wenn Sie es bereits bis zum Vorstellungsgespräch geschafft haben. Setzen Sie sich also hin und lassen Sie das vergangene Vorstellungsgespräch noch einmal in Ruhe Revue passieren: Was ist gut gelaufen? Was weniger gut? Was können Sie beim nächsten Mal anders, was noch besser machen? Welche Verhaltensweisen, welche Antworten können dafür verantwortlich gewesen sein, dass Sie keinen Arbeitsvertrag angeboten bekommen haben?

Gerade jetzt ist es wichtig, dass Sie sich nicht in ein Loch fallen lassen und als Versager fühlen, sondern die richtigen Schlussfolgerungen aus der Niederlage ziehen. Sich auf dem Arbeitsmarkt zu behaupten bedeutet nicht: »Ich bekomme nie eine Absage auf meine Bewerbungen und wenn doch, dann habe ich persönlich versagt.«. Sondern es bedeutet schlechterdings: »Ich bin im Stande, daraus zu lernen und es beim nächsten Mal besser zu machen.« Mit anderen Worten: Sie haben zwar heute nicht gewonnen, aber Sie haben die Chance bekommen, aus Ihrem Misserfolg zu lernen und es beim nächsten Mal besser zu machen. Die Suche geht weiter, und dieses Vorstellungsgespräch war eine Investition in Ihre Berufserfahrung auf der Suche nach dem passenden Job. Vielleicht haben Sie schon nach dem nächsten Vorstellungsgespräch den Arbeitsvertrag in der Tasche, den Sie sich wünschen.

Die Reisekostenabrechnung

In der Regel können Sie mit einer Erstattung der Reisekosten rechnen.

Quer durch die Republik zu einem Vorstellungsgespräch zu fahren geht ganz schön ins Geld. Benzin, Fahrkarten, Übernachtungskosten – scheuen Sie sich nicht, nach dem Vorstellungsgespräch eine Erstattung dieser Auslagen beim potenziellen Arbeitgeber zu beantragen. In den meisten Fällen ist das ohne Weiteres möglich.

Es ist keineswegs unverschämt, den Arbeitgeber um Erstattung der Reisekosten zu bitten.

Regelfall: Verlangen Sie eine Erstattung der Reisekosten

Bei Fahrt- und Übernachtungskosten können Sie davon ausgehen, dass sie Ihnen erstattet werden. Das ist längst Usus. Der potenzielle Arbeitgeber ist dazu sogar gesetzlich verpflichtet, sofern er Sie nicht bei der Einladung darauf hinweist, dass er die Reisekosten nicht übernimmt. Bei größeren Firmen erhalten Sie üblicherweise schon am Ende des Vorstellungsgesprächs Informationen darüber, wie Sie Ihre Reise- und gegebenenfalls die Übernachtungskosten abrechnen. Manchmal bekommen Sie hierfür gleich das passende Formular in die Hand gedrückt.
Ist das Vorstellungsgespräch beendet und hat der potenzielle Arbeitgeber noch keine Angaben zur Reisekostenerstattung gemacht, sollten Sie diesen Punkt zunächst nicht ansprechen. Warten Sie erst einmal den weiteren Verlauf der Stellenbesetzung ab. Erhalten Sie eine Absage, können Sie Ihre Reisekosten umgehend einfordern. Erhalten Sie eine Zusage, sollten Sie abwägen. Wenn Sie einen geringen Betrag in Rechnung stellen, kann das kleinlich wirken.

Wer Sie nicht einlädt, hat auch nicht die Pflicht, Ihre Reisekosten zu zahlen.

Wann eine Erstattung nicht infrage kommt

Hat der potenzielle Arbeitgeber Sie nicht eingeladen, dann haben Sie auch kein Recht, eine Reisekostenerstattung von ihm zu verlangen. Dies bezieht sich hauptsächlich auf Fälle, in denen ein Bewerber von sich aus anreist, um seine Bewerbungsmappe persönlich zu übergeben oder sich spontan vorzustellen.

Wenn Sie sich ganz in der Nähe Ihres Wohnorts vorgestellt haben, verzichten Sie lieber darauf, Ihre Reisekostenabrechnung einzureichen. Das wirkt sonst gar zu knauserig.

Sie selbst sagen die Stelle ab: Die Reisekosten können Sie trotzdem zurückverlangen

Eine Reisekostenerstattung können Sie selbst dann verlangen, wenn Sie selbst eine angebotene Stelle ausschlagen.

Schwieriger ist der folgende Fall: Angenommen, Sie bekommen eine Zusage, sind aber beim Vorstellungsgespräch zu dem Schluss gekommen, dass Sie die Stelle lieber nicht antreten wollen. Wie sieht es jetzt mit der Reisekostenerstattung aus?
Rechtlich gesehen haben Sie trotzdem Anspruch darauf. Berücksichtigen Sie aber auch die psychologische Seite: Es erscheint fast unhöflich, trotz Absage eine Erstattung der Fahrt- und Unterbringungskosten zu verlangen. Dennoch sollten Sie nicht zu viele Skrupel haben – zumindest nicht bei großen Unternehmen, Behörden oder Verbänden. Denn es ist auch in einem solchen Fall durchaus legitim, die Erstattung der Kosten zu verlangen.

Falls Sie vom potenziellen Arbeitgeber kein Geld bekommen, reichen Sie den Erstattungsantrag bei der Arbeitsagentur ein oder machen Sie die Kosten steuerlich geltend.

Falls der potenzielle Arbeitgeber Ihnen gleich in der Einladung zum Vorstellungsgespräch mitgeteilt hat, er werde Ihre Reisekosten nicht übernehmen, sollten Sie schon im Voraus von der Bundesagentur für Arbeit prüfen lassen, ob nicht diese Ihnen Ihre Auslagen erstatten kann. Bis zu einem bestimmten Höchstbetrag ist das in der Regel möglich, vorausgesetzt, Sie sind als arbeitssuchend gemeldet. Wenn Sie im laufenden Jahr ein eigenes Einkommen haben, bietet sich aber eine Alternative an: Machen Sie die Reisekosten auch in der nächsten Steuererklärung als Werbungskosten geltend. Auf diese Weise bekommen Sie zwar nicht den ganzen Aufwand heraus, aber dafür brauchen Sie sich keine weiteren Gedanken über die abgesagte Stelle zu machen.

Der richtige Zeitpunkt für die Abrechnung

Erst nach Abschluss des Auswahlverfahrens die Reisekosten abrechnen

Nichts spricht dagegen, Ihre Reisekostenabrechnung gleich nach dem Vorstellungsgespräch an den potenziellen Arbeitgeber zu schicken. Das ist besonders dann empfehlenswert, wenn Sie größere Summen vorgestreckt haben und nicht lange auf das Geld verzichten können. Einfühlsamer handeln Sie aber, wenn Sie das Ende des Auswahlverfahrens abwarten. Denn mit der Abrechnung signalisieren Sie: »Der Fall ist für mich erledigt.« Manche Personalverantwortlichen, hauptsächlich aber Inhaber kleinerer Betriebe oder Behördenchefs, könnten sonst den Schluss ziehen, dass Sie Ihre Bewerbung gedanklich schon abgeschlossen und ad acta gelegt haben. Am besten warten Sie also, bis Sie eine Zu- oder Absage erhalten haben.

Wenn Sie zweimal anreisen mussten, reichen Sie am Schluss zwei Reisekostenabrechnungen ein.

Falls es eine zweite Auswahlrunde gibt, Sie also noch einmal zu einem Vorstellungsgespräch, einem Assessment-Center oder einem Auswahlverfahren erscheinen müssen, warten Sie, bis dieser Termin ebenfalls verstrichen und die endgültige Entscheidung gefallen ist. Dann fassen Sie die Reisekosten beider Termine zusammen. Für den Arbeitgeber, bei dem Sie sich beworben haben, bedeutet dies eine Kostenersparnis: Ihre Unterlagen müssen nur einmal bearbeitet werden, und es reicht eine Überweisung des Gesamtbetrags auf Ihr Konto. Vergessen Sie aber nicht, das Datum jedes Vorstellungstermins einzeln aufzuführen. Falls Sie einen größeren Betrag ausgelegt haben, brauchen Sie sich nicht zu genieren, in zwei getrennten Abrechnungen um Erstattung der Reisekosten für jedes einzelne Vorstellungsgespräch zu bitten.

Wie Sie den Antrag auf Reisekostenerstattung formulieren

Schreiben Sie eine Rechnung über Ihre Reisekosten.

Formulieren Sie Ihre Reisekostenerstattung als Bitte. Bleiben Sie freundlich und sachlich im Ton. Folgende Angaben sollten Sie machen, damit die Erstattung reibungslos und ohne Rückfragen klappt:

- Ihr Name
- Ihre vollständige Adresse
- vollständige Anschrift des Arbeitgebers, bei dem Sie sich vorgestellt haben *(aus steuerlichen Gründen unerlässlich)*
- Gesamtbetrag der Reisekosten (*ggf. Belege beifügen*)
- Ihre Bankverbindung (Name des Kreditinstituts, IBAN und, bei einem Arbeitgeber im Ausland, BIC)

In der Reisekostenabrechnung kurz auf den Stand des Auswahlverfahrens eingehen

Schlussformulierung: Hier können Sie auf den Stand des Auswahlverfahrens eingehen

Falls Sie auf das Ergebnis der Auswahl eingehen möchten, dann bieten sich – je nach Stand – folgende Schlussformulierungen an:

Textbausteine für die Reisekostenabrechnung

Stand des Auswahlverfahrens	Textbaustein
Sie warten noch auf das Ergebnis.	Ich freue mich, bald wieder von Ihnen zu hören, und bin auf Ihre Entscheidung gespannt!
Sie sollen zu einem zweiten Vorstellungsgespräch eingeladen werden.	Ich freue mich, in der engeren Wahl zu sein und bald zu einem zweiten Gespräch zu Ihnen zu kommen. Bis dahin freundliche Grüße.
Sie haben eine Absage bekommen.	Schade, dass es mit der Stelle nicht geklappt hat. Trotzdem vielen Dank!
Sie haben eine Zusage bekommen.	Ich freue mich sehr, dass Ihre Wahl auf mich gefallen ist. Vielen Dank!
Sie haben nach einer Zusage die Stelle selbst abgesagt.	(Keine weitere Erklärung nötig. Hier bleibt es bei einem einfachen:) Vielen Dank!

Muster Anschreiben »Erstattung der Reisekosten«

Nina von Lauffe
Neue Kölner Str. 3
51465 Bergisch Gladbach
Tel.: 02202 122333
E-Mail: VonLauffe@cologneweb.de

Rechtsanwälte
Dr. Carolin Rainer und Paul Ugaroff
Lindenallee 15
90429 Nürnberg

Bergisch Gladbach, 28.3.2016

Bitte um Erstattung meiner Reisekosten

Sehr geehrte Frau Dr. Rainer, sehr geehrter Herr Ugaroff,

haben Sie herzlichen Dank für die Einladung zum Vorstellungsgespräch am … und die freundliche Aufnahme in Ihrem Hause. Mit diesem Schreiben bitte ich Sie um Erstattung meiner Reisekosten in Höhe von … Euro.

Die Belege für meine Aufwendungen liegen diesem Schreiben bei.
Meine Bankverbindung:
Kreditinstitut: …
IBAN: …
BIC: …

Vielen Dank!

Mit freundlichen Grüßen

Nina von Lauffe

Muster Anschreiben »Erstattung der Reisekosten«

Fabian Probst | Altmark-Allee 311
39104 Magdeburg | Tel.: 0391 33221100
Mobil: 0171 1223334444
E-Mail: f.probst@mailweb.de

Fraunhofer-Institut für Solare Energiesysteme
Dr. Nicole Brunner
Sollingstraße 5
37085 Göttingen

Magdeburg, 23.2.2016

Danke für das Gespräch – Bitte um Erstattung der Reisekosten

Sehr geehrte Frau Dr. Brunner,

vielen Dank für das interessante und anregende Vorstellungsgespräch am 15. Februar!

Nun bitte ich Sie, mir die Reisekosten (Bahnfahrt zweiter Klasse und Anfahrt mit dem Taxi) zu ersetzen. Fahrschein und Taxiquittung habe ich diesem Schreiben beigelegt.

Meine Kontoverbindung:
Name der Bank: …
IBAN: …
BIC: …

Mit freundlichen Grüßen

Fabian Probst

Register

Register

A

B

M

N

O

P

Q

R

S

T